金属橡胶材料及工程应用

白鸿柏　路纯红　曹凤利　李冬伟　著

科学出版社

北　京

内 容 简 介

本书全面系统地介绍在减振缓冲领域广泛应用的金属橡胶材料及其工程应用。全书共分五篇。第一篇为金属橡胶概论，简要介绍金属橡胶的概念、成型工艺流程、国内外金属橡胶研究概况及其主要应用领域；第二篇为金属橡胶制备技术，主要介绍由军械工程学院金属橡胶工程研究中心首创并已应用于实际生产的金属橡胶制备设备与工艺；第三篇为金属橡胶性能表征理论，主要介绍在金属橡胶力学性能表征、疲劳损伤、高/低温及海洋腐蚀环境下力学行为等方面取得的创新性成果；第四篇为金属橡胶工程应用技术理论，主要介绍金属橡胶空间网状结构的参数化模型及性能预测、金属橡胶隔振器实验研究与动力学建模、参数识别及响应计算、金属橡胶非线性组合结构动力学分析方法，为金属橡胶的工程应用奠定了坚实的技术理论基础；第五篇为金属橡胶工程应用，主要介绍金属橡胶在军事和民用领域的工程应用实例。

本书适合非线性振动、减振缓冲等专业的高年级大学生、研究生、教师及工程技术人员阅读参考。

图书在版编目(CIP)数据

金属橡胶材料及工程应用/白鸿柏等著．—北京：科学出版社，2014.6
ISBN 978-7-03-040871-6

Ⅰ.①金…　Ⅱ.①白…　Ⅲ.①金属材料—合成橡胶—减振材料　Ⅳ.①TB333②TB535

中国版本图书馆 CIP 数据核字（2014）第 119513 号

责任编辑：霍志国 / 责任校对：钟洋　朱光兰
责任印制：钱玉芬/ 封面设计：铭轩堂

科学出版社 出版
北京东黄城根北街 16 号
邮政编码：100717
http://www.sciencep.com

北京凌奇印刷有限责任公司 印刷
科学出版社发行　各地新华书店经销

*

2014 年 6 月第　一　版　开本：787×1092 1/16
2014 年 6 月第一次印刷　印张：29 3/4　插页：2
字数：650 000

POD定价：128.00元
（如有印装质量问题，我社负责调换）

前言

随着科技的迅猛发展，各种高技术装备面临着越来越严峻的特殊环境下的减振缓冲问题。例如，在高温环境中工作的新一代大功率作战飞机、核/常规动力潜艇、核电站高温流体介质管道等；在低温环境中工作的航天液体火箭发动机的高压液氢、液氧涡轮泵低温转子系统等；在外太空工作的卫星激光角反射器等，这就要求起减振缓冲作用的阻尼材料有较强的环境适应性，具有耐高/低温、真空中不挥发、不惧怕空间辐射等性能。

目前大量使用的各种橡胶阻尼减振部件能够满足一般条件下减振缓冲的需要，但因其对温度变化的适应性较差，同时又存在随时间老化的缺陷而难以满足特殊环境下的使用要求，由此出现了许多新型减振缓冲材料，其中最具代表性的就是金属橡胶。

金属橡胶（metal rubber）是一种功能结构材料，它是由细金属丝经一定工序制成，具有类似橡胶材料的空间网状链接结构，当受到载荷作用产生变形时，宏观上呈现类似黏弹性材料的非线性滞迟泛函本构关系，微观上表现为细金属丝螺旋线匝之间的滑移、摩擦、挤压和变形，由此产生的金属丝间的摩擦力可以耗散大量的振动或冲击能量，起到减振缓冲的作用。金属橡胶以金属丝为原材料，不仅具有橡胶般良好的弹性和更强的阻尼性能，而且具有所选金属材料耐高/低温、耐腐蚀、不易老化、在真空中不挥发、不惧怕辐射环境、保存期不受限制等固有特性，这对解决恶劣环境下的减振缓冲问题具有重要意义。

最早进行金属橡胶研究的国家是美国。20 世纪 60 年代，美国军方首先将金属橡胶应用于军用飞机机载仪器设备的减振、缓冲、密封、摩擦耗能和阻尼耗能减振器。20 世纪 70 年代开始，俄罗斯萨马拉国立航空航天大学的专家对截获的美军飞机上的金属橡胶进行了持续的理论与试验研究，设计开发出的金属橡胶构件在航空航天和民用领域都得到了广泛的应用。

由于前苏联、美国对金属橡胶研究成果的严密封锁，过去我国科技工作者对金属橡胶技术知之甚少。金属橡胶逐渐被重视起来，源于李中郢等编译的俄罗斯契戈达耶夫的专著《金属橡胶构件的设计》，书中全面介绍了俄罗斯萨马拉国立航空航天大学的专家在金属橡胶方面进行的长期系统深入的理论与试验研究工作，对我国科技工作者了解和认识到金属橡胶的重要工程应用价值起到了不可估量的作用，而作者本人以及金属橡胶工程研究中心的诸位同事也从中受益匪浅。

1996 年 7 月～1998 年 7 月，作者在西安交通大学振动工程研究所开展了为期两年的博士后科学研究工作。在合作导师黄协清教授的指导下，开展了干摩擦类隔振系统参数识别与响应计算方面的研究工作，第一次接触到了金属橡胶这种新型的弹性多孔状材料，并深刻意识到它在振动工程，特别是武器装备减振缓冲领域的重要价值。1998 年博士后出站后来到中国人民解放军军械工程学院工作，在解放军总部和军械工程学院机关的大力支持下，随即开始了金属橡胶工程研究中心的筹建工作。

2000 年至今，军械工程学院金属橡胶工程研究中心在我国武器装备技术发展需求的牵引下，紧紧围绕武器装备中大量存在的减振缓冲这一重大课题，开展了长达十几年持续不断的研究。经过艰苦不懈的努力，掌握了金属橡胶制备的核心技术，建立了金属橡胶性能分析与表征、组织结构优化与设计的科学理论，发展了金属橡胶工程应用的技术理论，初步建立了适应高技术装备减振缓冲需求的金属橡胶技术体系。同时，该中心密切与地方军工企业合作，建立了我国第一个金属橡胶产学研示范基地，为金属橡胶在高技术装备中的产业化应用做出了重要贡献。经过十几年的发展和建设，该中心已经成为我国金属橡胶领域重要的科学研究和人才培养基地，为推动我国金属橡胶行业的科技进步日益发挥着开拓者的作用。

作者在金属橡胶工程研究中心工作期间，得到了国家和军队各级科研主管部门的大力支持，先后得到国家自然科学基金、武器装备军内科研项目、武器装备“十五”、“十一五”、“十二五”预先研究项目、武器装备预先研究重点基金、国家新世纪优秀人才资助计划等 14 项科研项目的资助，科研经费累计达到 1000 余万元。这些充足的科研经费为金属橡胶研究工作的顺利开展和丰硕科研成果的取得奠定了坚实的物质基础。

金属橡胶工程研究中心在十几年的研究过程中，发表金属橡胶研究相关学术论文 100 余篇，授权国家及国防发明专利 15 项，由科学出版社出版学术专著 1 部，培养的研究生的论文多篇获得军队和河北省优秀硕士、博士学位论文，完成的科研项目“新型金属橡胶材料制备、机理及其在武器装备中的应用研究”获 2005 年度军队科技进步一等奖。

目前，科技创新型国家发展战略给金属橡胶行业带来了前所未有的机遇。然而，国内金属橡胶方面的学术著作十分匮乏，严重影响了金属橡胶研究工作的广泛开展。基于此，作者决定将军械工程学院金属橡胶工程研究中心十几年的创新性研究成果做一阶段性总结，并以学术专著的形式展现在广大科技工作者面前，旨在起到抛砖引玉的作用，进一步引起我国科技界的广泛关注，使越来越多的科技工作者投入到这一研究领域，为共同推动我国金属橡胶行业的科技进步做出更大的贡献。

国内十几年的研究与推广工作表明，金属橡胶作为一种弹性多孔状材料，其良好的弹性阻尼特性及环境适应性（耐高/低温、抗强辐射、耐油污染等）特别适合高技术装备的减振缓冲需求，具有突出的优越性和不可替代性。本书重点围绕减振缓冲这一主题，系统介绍军械工程学院金属橡胶工程研究中心十几年的创新性研究成果。

作者在长达十几年的金属橡胶研究中，先后与多位富有创造力的科技工作者有过愉快的合作，他们为本书的最终成稿做出了很大的贡献。他们是北京科技大学刘国权教授、董秀萍博士、寇宏宁硕士；西安交通大学黄协清教授、陈花玲教授、左宏教授；国防科学技术大学白书欣教授；河北金擘机电科技有限公司金属橡胶研发中心许士恩高级工程师；军械工程学院国家级教学名师张培林教授、彭威副教授；学生路纯红博士、杨建春博士、李冬伟博士、侯军芳博士、李宇明博士、陶帅博士、王尤颜博士、郝惠荣博士、李玉龙博士、曹凤利博士、黄凯博士、刘振广硕士、刘树峰硕士、李拓硕士、林臻硕士、陈亚硕士等。特别是主要学术助手路纯红博士不仅在具体科研项目实施与完成中做出了很多贡献，而且在专著写作中提出了许多宝贵的修改意见，并进行了大量的文字校对、插图绘制等方面的工作。

在此，对以上诸位合作者的辛勤付出表示最诚恳的致谢！

限于作者的水平，有疏漏之处，请广大读者批评指正。

作 者
2014 年 5 月于军械工程学院

目　录

第一篇　金属橡胶概论

第二篇　金属橡胶制备技术

第三篇 金属橡胶性能表征理论

第五篇　金属橡胶工程应用

【第一篇】

金属橡胶概论

第1章 绪 论

本章的核心内容是简要介绍金属橡胶概念、成型工艺流程、国内外金属橡胶研究概况及主要应用领域。

1.1 金属橡胶概念[1]

金属橡胶由各种牌号细金属丝经冷冲压工艺制造而成，同时具有橡胶的高弹性、大阻尼特性以及金属优异的物理机械性能，因而得名。制备金属橡胶所用金属丝及缠绕螺旋卷、金属橡胶毛坯、冲压成型后金属橡胶制品如图 1－1～图 1－3 所示。

图 1－1　金属丝及螺旋卷

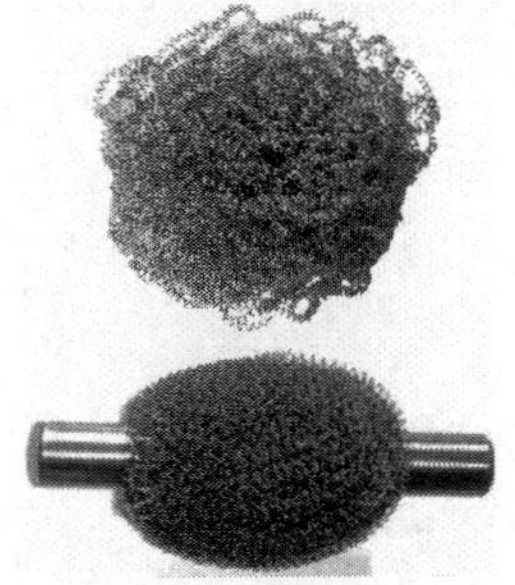

图 1－2　金属橡胶毛坯

图 1－3　金属橡胶制品

金属橡胶是一种弹性多孔状材料，内部为金属丝相互交错勾连形成的空间网状结构，在承受交变载荷时，材料内部线匝之间发生摩擦、滑移、挤压、变形，可以耗散大量的振动能量，起到阻尼减振作用，使它在高技术武器装备减振缓冲领域得到广泛应用。另外，金属橡胶内部线匝相互交错勾连形成互相连通的孔隙，允许流体、气体通过，这使它在调压、过滤、吸声降噪等领域也得到一定的应用。

由于制备金属橡胶的原材料是金属丝，不含任何橡胶成分，与橡胶相比，具有在真空中不挥发，不惧怕辐射环境，耐高/低温，耐腐蚀，疲劳老化寿命长，可以长期保存等优点，是一种特别适用于航空航天、尖端军事技术需要的新型高弹性、大阻尼材料，以其替代橡胶制成的弹性阻尼元件对提高航空航天、尖端军事产品的寿命、可靠性和使用性能具有明显的优势。

1.2 金属橡胶成型工艺概述[2]

通过十几年的艰苦探索，军械工程学院金属橡胶工程研究中心掌握了制备金属橡胶的核心工艺技术。金属橡胶制备基本工艺流程包括以下内容。

1. 选择金属丝的材质及直径

金属丝是制备金属橡胶的原材料，合理选择金属丝的材质及直径在制备金属橡胶的过程中处于重要的地位。金属丝的材质由金属橡胶制品的工作条件（如温度、湿度、侵蚀性介质、载荷等）决定。例如，工作在无腐蚀环境中，通常采用 30VMnSi、50VCr 等；工作在高温和侵蚀性介质中，一般采用 304（06Cr19Ni10）或 316（06Cr17Ni12Mo2）等奥氏体不锈钢。同时，作为构成金属橡胶的最基本单元，金属丝的弹性模量与强度直接影响金属橡胶的机械性能。弹性模量决定材料的刚度，强度大但弹性模量低的材料不适合作为结构材料使用，在承受载荷时将产生很大的残余变形。研究中所用金属丝主要选用奥氏体不锈钢材料，既克服了橡胶类有机非金属材料不耐高/低温、容易疲劳老化的缺陷，又克服了一般碳素钢及其他金属材料耐腐蚀性差的不足。

金属丝的直径取决于金属橡胶制品的尺寸及所要求具有的机械性能，是影响金属橡胶制品弹性及阻尼性能的重要因素之一。制品承载能力要求越高，金属丝强度越大，直径也相应增大。研究中所用金属丝的直径范围为 0.10～0.30mm。

2. 绕制螺旋卷

金属丝的材质及直径选定后，便要在专用缠绕设备上将其绕制成螺旋卷，螺旋卷的直径同样会对金属橡胶制品的弹性及阻尼性能产生影响。一般将线卷直径控制在金属丝直径的5～15 倍，而后对螺旋卷进行等螺距均匀拉伸，使拉伸后的螺距与螺旋卷直径大致相等，以保证制作毛坯时螺旋卷线匝间咬合勾连良好，提高毛坯体积的稳定性。

以往对螺旋卷进行等螺距均匀拉伸通常采用手工拉伸或使螺旋卷通过校准孔的方法。这些方法往往使拉伸后的螺旋卷螺距均匀一致性差，效率低，而且对螺旋卷直径精度要求较高。军械工程学院金属橡胶工程研究中心独创了一种基于机电控制的螺旋卷定螺距拉伸技术，较好地解决了传统螺旋卷拉伸工艺存在的技术问题，可以实现各种丝径及卷径密匝金属丝螺旋卷的定螺距拉伸。

经定螺距拉伸后的螺旋卷，可以用于制备毛坯。

3. 制备毛坯

制备毛坯时首先要按毛坯质量对螺旋卷进行配料。考虑到金属橡胶制品的参数（体积 V、密度 ρ），毛坯质量按 $M=V\rho$ 确定。金属橡胶制品的尺寸、孔隙度和机械性能在很大程度上与配料有关。金属橡胶制品的密度不同，制备时的成型压力也不同，导致制品的最终性能不同。特别值得注意的是，配料时应使螺旋卷的根数尽量少（根数的增多意味着没有约束的螺旋卷线头的增多），以保证整个制品的拉压强度和阻尼性能。

毛坯的成型方法主要有：手工铺砌毛坯、螺旋卷缠绕毛坯、螺旋卷铺设毛坯、铠装毛坯等。

传统的手工铺砌毛坯工艺主要依靠人工来完成，金属橡胶制品尺寸及性能难以得到保证，且劳动生产率低，已经不能满足现代国防工业规模化生产的需求。

螺旋卷缠绕毛坯工艺是将定螺距拉伸后的螺旋卷按照一定的缠绕轨迹缠绕到芯轴上制成毛坯。该工艺可以采用数控毛坯缠绕设备对螺旋卷缠绕运动轨迹进行精确控制，从而解决了金属橡胶制品成型尺寸及性能一致性差的技术难题，且生产效率高，适用于具有常规尺寸且构型简单的金属橡胶制品的毛坯成型。

螺旋卷铺设毛坯工艺是将定螺距拉伸后的螺旋卷按照一定的铺设轨迹铺设成网片状结构制成毛坯。该工艺可以采用数控毛坯铺设设备对螺旋卷铺设轨迹进行规划和精确控制。

铠装毛坯工艺是将定螺距拉伸后的螺旋卷在芯轴上缠绕一定数量后，将选定的弹簧套在毛坯上（毛坯的直径比弹簧的内径稍大即可），再将剩余的螺旋卷缠绕在弹簧外径上，并注意保证弹簧内外径之间金属丝螺旋卷的勾连良好。采用铠装毛坯工艺制成的金属橡胶制品，由于在制品内部铠装了弹簧，在承受载荷时，金属橡胶和铠装弹簧共同承载，金属橡胶制品抵抗残余变形的能力得以显著提高，且制品的承载范围及疲劳寿命得以大幅度提高。

4. 冷冲压成型

将金属橡胶毛坯放入预先设计加工好的冲压模具内，在一定的压力下进行冷冲压成型。对于尺寸较小、外形结构简单的金属橡胶制品可进行一次成型，而对于尺寸较大、外形结构复杂的金属橡胶制品则需要分步多次成型。在这里有一点需要引起特别注意，将冷冲压成型后的金属橡胶制品从模具中取出后，由于失去模具的约束，在弹性恢复力的作用下制品沿不同方向会产生不同程度的膨胀（沿压力成型方向膨胀量最大，其他方向次之），因此，金属橡胶制品的成型尺寸比模具内的测量尺寸要稍大一些，在设计模具时要充分考虑这一因素。

5. 后期处理

对冷冲压成型后的金属橡胶制品进行后期处理的方法及步骤，主要取决于制品的工作环境和特殊的使用性能。压制过程中产生的金属屑和污物等杂质会影响金属橡胶制品的最终性能，故一般要进行清洗。对无特殊要求的制品可以用清洁剂清洗，对于弹性阻尼元件，则需要采用超声波清洗。对有耐腐蚀工作要求的制品，还要涂敷保护膜。为调整制品的硬度和塑性，必要时还要进行热处理。总之，各种后期处理方法对金属橡胶制品的最终性能将产生不同的影响。

最后需要提到金属橡胶制品成型后的组织不一致性。金属橡胶制品的组织不一致性主要表现为宏观不一致性和微观不一致性。其中，宏观不一致性是由制造工艺不合理造成的（主要是毛坯制备工艺方法不合理），可以被消除；微观不一致性则是由金属橡胶组织本身不能获得分布均匀的孔隙而形成的，取决于制品的孔隙度、螺旋卷直径及金属丝直径。

1.3 金属橡胶主要应用领域概述[1]

根据金属橡胶的组织结构特点，并参考俄罗斯科学家的工作，金属橡胶潜在的应用前景包括以下六个方面。

1. 阻尼减振

金属橡胶的弹性、毛细多孔结构、在高/低温条件下良好的工作能力以及不受限制的保存期，决定了它在轴承工业、对象需要减振的装置和系统中有很高的使用效率。例如，用在火箭发动机上的管路支承，仪器舱内的仪器底座，惯导系统中的设备减振安装等。

2. 热防护

金属橡胶特别适于做大尺寸载热对象的热防护壳。使用金属橡胶作为散热壳体是由于金属橡胶材料有如下优点：

（1）即使与防护对象接触的散热表面积很大，外壳的质量也很小；

（2）外壳弹性阻尼特性高，对于外表面形状复杂的对象，防护外壳安装也很简单；

（3）在大温差及不利大气因素作用下能在很宽的工作压力范围内保持工作能力；

（4）能综合解决热防护及噪声抑制问题。

3. 过滤和减压

利用金属橡胶的多孔性可以制造性能优良的过滤器、减压阀和调压器，用于火箭发动机和气动液压系统。金属橡胶过滤与减压装置不仅工作温度范围宽，介质稳定性好，而且有效孔隙度高，寿命长。

4. 热管技术

带有金属橡胶芯衬的热管的传热和使用性能优于传统的热交换装置，应用可流过不同热载体（从液氨到熔盐和熔融金属）的金属橡胶芯衬可制造出具有良好传热性能的热管。

5. 密封技术

用薄金属壳裹带弹性的金属橡胶形成的密封件比不带金属橡胶的 O 型密封环等密封元件的密封效果要好得多，尤其是在带有很大污染性的工作介质当中使用，效果更加明显。例如，刷式新型密封件在使用寿命方面比传统的迷宫式密封件及接触式断口金属环密封件有更高的可靠性。

6. 医学技术

金属橡胶可用于超低温条件下工作的装置和测量仪表结构。用于医学，特别是制造高精度薄壁零件应用于人类各种器官（其中包括口腔和鼻腔）电泳治疗的电极，能保持长时间持续工作并避免表皮损伤。

应该着重指出，尽管金属橡胶有以上诸多潜在的应用前景，但是从目前国内外应用情况看，减振缓冲仍然是其最主要、最成熟的应用领域。

1.4　金属橡胶研究概况

国外，金属橡胶制品的雏形最早出现于20世纪60年代，美国军方首先将其应用于军用飞机机载仪器设备的减振、缓冲。20世纪70年代开始，俄罗斯萨马拉国立航空航天大学的专家对导弹击落截获的美军飞机上的金属橡胶进行了持续不断的研究，他们设计开发出的金属橡胶制品不仅在航空航天领域得到应用，而且在民用领域也得到广泛的应用。

国内，由于前苏联和美国对金属橡胶研究成果的严密封锁，直到20世纪90年代，随着苏联的解体和中俄技术交流的增多，我国少数专家才接触到这项技术并认识到其重要价值，包括军械工程学院在内的少数单位的有关专家开始了对金属橡胶的理论与实验研究工作。

1.4.1　金属橡胶制备工艺技术研究概况

金属橡胶制备工艺技术涉及制备金属橡胶用金属丝、螺旋卷绕制技术、毛坯制备技术、冲压成型技术及后期处理技术。

国外，俄罗斯萨马拉国立航空航天大学的专家在金属橡胶制备方面提出了很多极富创造性的工艺技术，对提高金属橡胶性能做出了很大贡献[1]。但是，这些工艺技术很多采用传统手工实现，制品尺寸及性能的一致性很难得到保证，并且生产效率低，不适于进行大批量的工业化生产。

国内，军械工程学院金属橡胶工程研究中心自2000年开始，在充分吸取俄罗斯专家研究经验的基础上，投入大量的人力物力开展了金属橡胶先进制备设备的研制开发工作。经过艰苦探索，独创了一整套金属橡胶自动化制备设备，包括：可实现螺旋卷高速无限长缠绕的数控金属丝螺旋卷绕制设备，可实现密匝螺旋卷定螺距精密拉伸以及多角度缠绕的数控金属橡胶毛坯缠绕设备，可实现任意金属丝直径绕制的半自动金属丝螺旋卷绕制设备，可实现薄壁大长径比金属橡胶制品制备的数控碾压成型设备，可实现大尺寸金属橡胶板材制品及具有复杂构型的金属橡胶制品制备的数控金属橡胶毛坯铺设设备，可实现电脉冲放电精确控制的金属橡胶制品电脉冲放电强化设备，能显著提高金属橡胶制品耗能特性的非圆截面丝热轧制设备，以及能精确控制金属橡胶制品冲压成型过程的数控冲压成型设备等。这些成套数控制备设备的成功研制，为我国金属橡胶制品的规模化批量生产奠定了坚实的技术基础。

此外，军械工程学院金属橡胶工程研究中心和北京科技大学新金属材料国家重点实验室、国防科技大学航天与材料工程学院密切合作，在国内率先开展了金属橡胶热处理工艺、近似三角异型截面丝热轧制工艺及高温抗氧化涂层工艺的研究[3−9,38]。同时，在先进毛坯缠绕工艺、冲压成型工艺及金属橡胶-橡胶叠层结构成型工艺、高能电脉冲放电强化工艺及金属橡胶制品成型质量表征方法等方面也开展了独具特色的研究[10−12]。

哈尔滨工业大学是国内较早开展金属橡胶研究的单位之一，在金属橡胶制备工艺及设备方面也做出了许多重要贡献，特别是在用于流体密封的微小截面金属橡胶制品制备工艺技术方面取得了很大的成绩[13−17]。

郑州航空工业管理学院是最近几年在金属橡胶研究领域比较活跃的单位之一，在金属橡胶去应力退火处理工艺技术、大丝径 65Mn 金属橡胶稀土硼碳氮共渗处理工艺技术等方面也进行了一些积极探索[18−22]。

总体上来看，国内在金属橡胶研究领域面临的瓶颈问题主要是制备设备自动化程度不高，技术水平落后，很多单位仍采用手工作坊式的制备方法。这样，就导致金属橡胶制品（试件）尺寸及性能一致性、稳定性很差，造成实验数据不能重复，难以取得准确的定性或定量的研究结论，甚至有时会出现不能自圆其说，相互矛盾的结论。这些情况也同样是一直困扰复合材料研究与产业化应用的主要问题，应该引起高度重视。更为严重的是，落后的制备设备水平使现有的金属橡胶制备工艺技术研究存在很大缺陷。例如，研究毛坯缠绕角度对金属橡胶制品力学性能的影响时，如果不能在金属橡胶试件制备过程中保证一致的螺旋卷直径、一致的拉伸螺距、一致的缠绕力、一致的冲压成型过程，就难以得到令人信服的结论，甚至得到错误的结论。另外，落后的制备设备水平也成为金属橡胶从实验室走向产业化工程应用的最大障碍。虽然军械工程学院金属橡胶工程研究中心在金属橡胶成套数控制备设备研制方面取得了一些进展，但仍有很长的路要走。

1.4.2 金属橡胶性能表征理论研究概况

金属橡胶性能表征理论涉及微观组织结构特征、弹性变形与阻尼耗能性能、气/流体性能、声学性能、电学性能及疲劳老化性能等方面。

国外，俄罗斯专家在金属橡胶压缩强度分析理论、基于唯象学分析方法的金属橡胶弹性变形与阻尼耗能理论及气/流体过滤理论等方面做出了许多开创性的贡献[1]。

国内，军械工程学院金属橡胶工程研究中心积极与多家科研院所及高校合作，开展了金属橡胶性能表征理论的研究，取得了许多具有开创性的研究成果。

(1) 与中国科学院力学研究所合作，在国内率先开展了金属橡胶在不同加载方式（压缩、拉伸、弯曲与剪切）、不同加载速率下力学性能的实验研究工作。首次揭示了金属橡胶的非线性各向异性性质，通过松弛实验证实了金属橡胶具有不明显的黏弹性质，并建立了基于微弹簧组合的金属橡胶压缩变形本构模型[23,24]。

(2) 与西安交通大学机械结构强度与振动国家重点实验室[38]合作，基于金属橡胶微观组织结构特征，对弹性变形与阻尼耗能机理做了系统深入的研究。在金属橡胶压缩变形时微观滑移现象捕捉实验研究的基础上，首次提出了以线匝之间不同变形阶段微观滑移模式为核心的金属橡胶压缩变形与耗能的微观物理机制，并将压缩变形过程明确区分为线弹性阶段、软特性阶段和指数硬化阶段。同时，建立了基于十字交叉螺旋卷细观结构的金属橡胶压缩变形本构模型，该模型较好地解释了金属橡胶制备工艺参数与压缩变形性能之间的关系，与已有的实验研究结果相当吻合。

(3) 与北京科技大学新金属材料国家重点实验室合作，在国内率先开展了基于金属材料学理论的金属橡胶性能分析研究[25－30]。通过X射线衍射仪及SAE X射线能谱分析技术、Keyence VHX－100K三维视频显微系统、Cambrige S－360扫描电镜(SEM)分析技术、图像分析软件Image－proplus及QMAS定量金相分析系统、OLYMPUS LEXT OLS3000型激光扫描共焦显微镜（LSCM)、清华大学摩擦学国家重点实验室提供的SRV高温摩擦磨损实验系统，深入研究了制备金属橡胶的金属丝微观组织结构特征、组织内部线匝在动态循环载荷作用下的摩擦磨损规律与断裂机制。同时，在国内首次建立了金属橡胶三维空间网状结构模型，在此基础上开展了金属橡胶弹性变形与阻尼耗能、气/流体过滤性能的预测研究。

(4) 在国内首次将纤维增强复合材料疲劳特性研究中的基于唯象学方法的剩余强度模型、剩余刚度模型引入金属橡胶疲劳老化性能表征与寿命预测中[31－34]，并与金属橡胶非线性泛函本构关系模型及其参数识别方法有机结合起来，解决了损伤参量确定及定量分析的难题。

(5) 以武器装备减振缓冲应用需求为背景，在国内率先开展了金属橡胶高/低温环境、海洋腐蚀环境及空间动态载荷环境下金属橡胶弹性变形与阻尼耗能、疲劳老化性能的研究，为金属橡胶在武器装备中的广泛应用奠定了基础[35－39]。

(6) 在国内率先开展了基于平面丝网编织工艺技术制备的金属橡胶弹性变形与阻尼耗能微观物理机制、疲劳老化性能分析与寿命预测的研究[40]。

(7) 在国内率先提出了基于变长度曲梁的细观结构单元和接触作用模型，结合摩擦接触点分布规律，建立了金属橡胶的本构模型[41]，实现了金属橡胶迟滞力学特性的描述，从理论上解释了金属橡胶的弹性性能和多点接触的干摩擦阻尼特性，为金属橡胶刚度和阻尼的预估以及金属橡胶产品的设计提供了理论依据。

(8) 在国内首次开展了金属橡胶电阻性能的研究[42,43]，为进一步开展金属橡胶电脉冲放电强化技术研究奠定了基础。但是，这一领域的研究工作仅仅处于起步阶段，还有很多更深入的研究工作需要开展，如金属橡胶电学结构、电学特性随制备工艺参数的变化规律等。该领域的研究成果可用于解决低密度金属橡胶制品的制备、提供一定拉伸强度的承受拉载荷的金属橡胶制品的制备等技术难题，从而大大拓展金属橡胶的使用范围。

另外，国内多所高校也在金属橡胶性能表征理论方面开展了大量的、卓有成效的研究工作。例如，北京航空航天大学在金属橡胶压缩变形本构模型研究方面取得了比较突出的研究成果[44−47]；哈尔滨工业大学在金属橡胶空间静载荷作用时弹性变形与阻尼耗能性能、流体过滤性能、吸声降噪性能、密封性能研究领域做了许多很出色的工作[48−56]；西安交通大学继承和发展了基于唯象学的分析方法，独立提出了基于散体元方法的金属橡胶弹性变形与阻尼耗能表征理论[57]。

总体上来看，国内在金属橡胶性能表征理论研究方面取得了大量的研究成果，使我们对金属橡胶性能有了更全面、更深入的认识，为进一步开展金属橡胶推广应用工作奠定了一定基础。

1.4.3 金属橡胶工程应用技术理论研究概况

金属橡胶减振缓冲应用中的技术理论涉及动态载荷一变形泛函本构关系模型、非线性隔振系统设计优化、响应计算方法及非线性组合结构动力学分析理论等方面。

国外，俄罗斯专家在基于马吉尼格原理的金属橡胶隔振系统响应计算分析领域开展了一定的理论与实验研究工作[1]。美国专家对金属橡胶减振元件的非线性动态特性及金属橡胶作为阻尼元件的轴承系统进行了理论与实验研究[58,59]。

国内，军械工程学院金属橡胶工程研究中心率先建立了以双折线滞迟泛函本构关系为核心的金属橡胶减振元件实验建模与参数识别方法、金属橡胶减隔振系统响应计算与优化设计方法、金属橡胶非线性组合结构振动抑制分析方法，同时发展了以迟滞曲线分解技术为核心的金属橡胶减振元件实验建模与参数识别方法、金属橡胶减隔振系统响应计算与优化设计方法，以及基于黏弹等效原理的金属橡胶阻尼耗能计算方法，形成了一个相对完整的金属橡胶减振缓冲工程应用技术理论体系，取得的主要研究成果如下。

1. 金属橡胶减振元件实验建模及参数识别方面

(1) 在大量实验研究的基础上，在国内率先提出了将金属橡胶动态载荷一变形泛函本构关系分解为有记忆环节和无记忆环节两部分，并在此基础上将金属橡胶元件简化为含有立方非线性的黏性阻尼双折线滞迟泛函恢复力的非线性元件。随后，又利用等效线性化分析方法很好地解释了实验中出现的金属橡胶隔振系统刚度软化、谐振峰漂移现象；针对金属橡胶隔振系统中出现的幅频曲线跳跃现象，利用基于状态转移矩阵的 Floquet 分析理论，完美地解释了幅频曲线在分叉点出现的稳定超临界鞍结分叉和稳定的亚临界鞍结分叉现象[60,61]。

(2) 在国内首次将迹法模型与双折线滞迟泛函本构关系相结合，提出了一种基于电液伺服实验机正弦位移加载的参数识别算法。并针对某些特殊结构产生的滞迟恢复力不对称现象，进一步将迹法模型推广至拉伸和压缩具有非对称性弹性恢复力的金属橡胶隔振系统，提出了参数识别的分离算法[62—65]。

（3）在三次非线性黏性阻尼双折线滞迟泛函本构模型、非线性弹性复合阻尼本构模型研究的基础上，提出了一种基于电液伺服实验机正弦位移加载方式的广义恢复力本构模型及参数识别算法[66,67]。

2. 金属橡胶减隔振系统响应计算方面

（1）在国内首次将双折线滞迟泛函本构关系傅里叶级数展开技巧与一次谐波平衡法（HB）相结合，提出了解决单自由度基础激励或激振质量含有立方非线性的黏性阻尼双折线滞迟振动系统正弦激励下响应计算的迭代方法，同时探讨了隔振系统的特性及优化设计问题，又进一步将此方法推广至两自由度激振质量金属橡胶隔振系统的响应计算[68—74]。

（2）在国内首次将双折线滞迟泛函本构关系与增量谐波平衡法（IHB）结合，将IHB法推广应用于单自由度三次非线性黏性阻尼双折线滞迟振动系统响应计算。随即又将此法推广至两自由度金属橡胶隔振系统，同时探讨了柔性基础金属橡胶隔振系统的特性及优化设计问题[75—76]。

（3）在国内首次将Krylov-Bogoliubov慢变参数法与双折线滞迟泛函本构关系相结合，发展了与傅里叶级数展开法及等效线性化法等价的三次非线性黏性阻尼双折线滞迟振动系统响应计算方法[77—80]。

（4）在前期研究的基础上，通过引入阻尼成分因子，进一步提出了能够描述金属橡胶复杂阻尼耗能机理的非线性弹性复合阻尼本构关系模型及其参数识别方法，并发展了傅里叶级数展开与特殊点状态方程结合的响应计算方法（FSPE）及等效线性化法与谐波平衡法相结合的响应计算方法（ELHB）[11]。

3. 非线性组合结构动力学分析理论方面

随着金属橡胶在高技术装备减振缓冲中的推广应用，出现了很多插入金属橡胶弹性阻尼元件的非线性组合结构振动抑制问题。国内外现有的分析理论大部分都是处理离散自由度的金属橡胶振动系统（如常见的单自由度、两自由度振动系统），已经难以适应目前的技术发展需要。

军械工程学院金属橡胶工程研究中心在国内率先开展了含有金属橡胶弹性阻尼元件的非线性组合结构振动抑制分析理论的研究。在胡海岩院士1988年研究工作[81]的基础上，在国内首次将基于脉冲响应函数矩阵描述线性部分的动态特性，便于将实验与计算相结合的对接面积分法引入含有金属橡胶弹性阻尼元件的非线性组合结构振动抑制分析中。

最近，军械工程学院金属橡胶工程研究中心结合金属橡胶弹性阻尼元件在某鱼雷发射装置中的应用，在国内率先开展了基于Solidworks实体三维造型，Ansys有限元网格剖分及Adams/Vibration分析模块的含有圆环型金属橡胶元件的复杂转子结构动力学分析方法的探索性研究。

此外，军械工程学院金属橡胶工程研究中心在国内首次开展了金属橡胶一碟簧复合减振器及其在轨道交通减振中应用的探索性研究[82]。

另外，国内其他高校也在金属橡胶工程应用技术理论研究方面开展了大量的研究工作。例如，哈尔滨工业大学在金属橡胶隔振系统建模及响应计算方法，特别是冲击激励时响应计算分析理论等方面做出了有特色的研究成果[83-87]；西安交通大学在金属橡胶非线性本构关系方面开展了一些理论与实验研究[88-92]；北京航空航天大学在带金属橡胶阻尼器转子系统动力特性分析理论与实验研究方面取得了很好的研究成果[93]。

总体上来看，国内在金属橡胶工程应用技术理论研究方面还存在明显不足。特别是含金属橡胶元件的非线性组合结构分析理论，由于涉及连续体的非线性振动分析，存在较大的难度。这一技术理论滞后现状严重制约了金属橡胶的应用，也是下一步重点要解决的问题。

1.4.4 金属橡胶工程应用概况

国外，俄罗斯萨马拉国立航空航天大学的专家在金属橡胶推广应用方面取得了令人瞩目的成绩，他们开发研制的金属橡胶制品在航空航天、尖端军事以及民用领域得到了广泛的应用[1]。

国内，经过我国科技工作者长期的理论与实验研究工作积累，金属橡胶正逐步从实验室走向产业化发展阶段。

军械工程学院金属橡胶工程研究中心经过十几年的不懈努力，掌握了金属橡胶制备的核心技术，建立了金属橡胶性能分析与表征、组织结构优化与设计的科学理论，发展了金属橡胶工程应用的技术理论，初步建立了适应高技术装备减振缓冲需求的金属橡胶技术体系。同时，该中心密切与地方军工企业合作，建立了我国第一个金属橡胶产、学、研示范基地，为金属橡胶在高技术装备中的产业化应用做出了重要贡献。目前，该中心研制的金属橡胶制品在空间大型机械臂及天线、卫星激光角反射器、探空火箭朗缪尔探针、航空发动机管路、作战飞机电子仪器设备及火控系统、无人侦察机光电平台、大型水面战舰光电装置、潜艇光电桅杆及辅助设备与管路、鱼雷发射及动力装置、特大型变压器、地震及台风多发地区的输变电塔架、安装有精密设备的建筑等方面得到了批量应用。国内金属橡胶研究领域“实验室出的论文很多，能够批量化实际应用的成果却很少”的窘境得到了一定程度的改观，为推动我国金属橡胶行业的科技进步做出了重要贡献。

另外，哈尔滨工业大学在推动金属橡胶工程应用方面也做了大量的工作，研制的金属橡胶制品在飞机起落架、潜艇设备及工业装备中得到了一些实际应用。

总体上来看，由于普遍存在的落后的难以适应规模化生产的金属橡胶制备工艺技术水平，再加上国内对金属橡胶这种新型材料认识不够深入，没有引起大家广泛的重视，推广应用工作还需进一步加大力度。随着我国国力的不断增强，科学技术的不断进步，金属橡胶行业正迎来一个快速发展的历史机遇，必将在我国国防和经济建设中发挥越来越大的作用。

◇◇◇ 参考文献 ◇◇◇

[1] 切戈达耶夫．金属橡胶构件的设计．李中郢，译．北京：国防工业出版社，2000.
[2]《新型金属橡胶材料制备、机理及其在武器装备中的应用研究》技术总结报告（内部资料）．军械工程学院，2004.
[3] 曹凤利，白鸿柏，王尤颜，等．回火对金属橡胶材料疲劳特性影响分析．热加工工艺，2012，41（14）：44-47.
[4] 杨建春，刘国权，董秀萍，等．回火对 Cr-Ni-Mn 不锈钢丝微观组织和性能的影响．热加工工艺，2011，40（8）：175-180.
[5] 杨建春．金属橡胶材料制备、多尺度表征及与工程应用研究．北京：北京科技大学博士论文，2010.
[6]《宽温域高耗能金属橡胶阻尼材料》技术总结报告（内部资料）．军械工程学院，2010.
[7] 郝慧荣，白鸿柏，刘红，等．金属橡胶异型丝热轧电加热法的温度控制．新技术新工艺，2008，（1）：55-57.
[8] 郝慧荣，白鸿柏，张慧杰．非圆截面丝金属橡胶与普通金属橡胶阻尼性能比较．机械科学与技术，2009，28（2）：210-213.
[9] 牛犁，董秀萍，杨建春，等．金属橡胶用异型不锈钢微丝轧制成形对组织性能的影响规律研究．航空材料学报，2009，29（2）：18-24.
[10] 李宇明，白鸿柏，郑坚，等．金属橡胶材料编织与电脉冲强化工艺．机械工程师，2007，（1）：52-54.
[11] 路纯红．金属橡胶/橡胶复合叠层耗能器实验及理论研究．石家庄：军械工程学院博士论文，2009.
[12] 刘振广．金属橡胶电脉冲放电问题若干研究．石家庄：军械工程学院硕士论文，2004.
[13] 姜洪源，敖宏瑞，夏宇宏，等．金属橡胶成型工艺研究及其应用．机械设计与制造，2001，（2）：85-86.
[14] 夏宇宏，姜洪源，张蕊华，等．毛坯尺寸对金属橡胶微观组织结构特性的影响．哈尔滨工业大学学报，2006，38（9）：1461-1464.
[15] 夏宇宏，姜洪源，敖宏瑞，等．簧丝走向对金属橡胶构件性能的影响分析．中国机械工程，2002，13（10）：880-883.
[16] 闫辉，夏宇宏，敖宏瑞，等．大直径小截面金属橡胶密封环制备方法的研究．润滑与密封，2003，（4）：31-32，36.
[17] 闫辉，夏宇宏，姜洪源．金属橡胶密封构件最小过盈量的研究．润滑与密封，2005，（5）：14-15，20.
[18] 赵程，刘长红，罗昆．大丝径金属橡胶制备与共渗工艺研究．热加工工艺，2009，38（14）：73-75.
[19] 赵程，张军，张恒．大丝径 65Mn 金属橡胶稀土硼碳氮共渗．金属热处理，2009，34（2）：89-91.

[20] 赵程，罗昆，李响．304、65Mn 金属橡胶退火工艺参数比较．热加工工艺，2011，40（14）：93-94，97.

[21] 罗昆，赵程，李响．304MR 去应力退火工艺参数优化评价方法探讨．热加工工艺，2012，41（18）：223-224.

[22] 赵程，罗昆，李响．304 金属橡胶去应力退火工艺．噪声与振动控制，2011，(6)：180-182.

[23] 彭威，白鸿柏，郑坚，等．金属橡胶材料基于微弹簧组合变形的细观本构模型．实验力学，2005，20（3）：455-462.

[24] 李宇明，彭威，白鸿柏，等．金属橡胶材料宏观和细观力学模型．机械工程学报，2005，41（9）：38-40.

[25] 董秀萍，刘国权，杨建春，等．金属橡胶隔振构件中不锈钢丝疲劳断裂的原因．机械工程材料，2009，33（4）：36-38.

[26] 董秀萍，刘国权，牛犁，等．金属橡胶隔振构件中不锈钢丝的微动摩擦磨损性能研究．摩擦学学报，2008，28（3）．248-253.

[27] 董秀萍，刘国权，杨建春，等．金属橡胶用冷拉拔奥氏体不锈钢丝的微观组织．航空材料学报，2007，27（6）：35-39.

[28] 寇宏宁，刘国权，杨建春，等．金属橡胶用 Cr-Ni-Mn 系不锈钢丝的微观组织及力学性能研究．航空材料学报，2006，26（4）：24-28.

[29] 董秀萍．金属橡胶材料结构及关键性能的实验与建模研究．北京：北京科技大学博士论文，2008.

[30] 寇宏宁．金属橡胶用 Cr-Ni-Mn 系不锈钢丝的微观组织及力学性能研究．北京：北京科技大学硕士论文，2006.

[31] 王尤颜．金属橡胶构件弹性变形细观分析与疲劳损伤表征理论研究．石家庄：军械工程学院博士论文，2010.

[32] 王尤颜，白鸿柏，侯军芳．金属橡胶材料疲劳损伤性能研究．机械工程学报，2011，47（2）：65-71.

[33] 李宇明，白鸿柏，郑坚．金属橡胶材料疲劳特性．材料开发与应用，2011，26（5）：49-53.

[34] 曹凤利，白鸿柏，王尤颜，等．振幅对金属橡胶材料疲劳寿命的影响分析．中国机械工程，2013，24（5）：671-675.

[35] 侯军芳．金属橡胶材料高/低温环境耗能、疲劳特性研究．石家庄：军械工程学院硕士论文，2005.

[36] 侯军芳，白鸿柏，李冬伟，等．高低温环境金属橡胶减振器阻尼性能实验研究．航空材料学报，2006，26（6）：50-54.

[37] 侯军芳，白鸿柏，李冬伟，等．高低温环境下金属橡胶材料疲劳特性实验研究．宇航材料工艺，2007，(2)：77-80.

[38]《金属橡胶材料高/低温条件下耗能理论与制备技术研究》中国国防科学技术报告（内部资料）．军械工程学院，2006.

[39] 林臻．海洋腐蚀环境下金属橡胶阻尼耗能与疲劳损伤特性研究．石家庄：军械工程学院硕士论文，2014.

[40] 李拓．新型金属橡胶的制备技术与性能分析．石家庄：军械工程学院硕士论文，2014.

[41] 曹凤利，白鸿柏，任国全，等．基于变长度悬臂曲梁的金属橡胶材料本构模型．机械工程学报，2012，48（24）：61-66.

[42] 侯军芳，刘振广，白鸿伯，等．基于电脉冲放电烧结工艺的金属橡胶材料电阻特性实验研究．机械

科学与技术，2006，25（6）：753-756.
[43] 刘振广．金属橡胶电脉冲放电问题若干研究．石家庄：军械工程学院硕士论文，2004.
[44] 陈艳秋，郭宝亭，朱梓根．金属橡胶减振垫刚度特性及本构关系研究．航空动力学报，2002，17（4）：416-420.
[45] 郭宝亭，朱梓根，崔荣繁，等．金属橡胶材料的理论模型研究．航空动力学报，2004，19（3）：314-319．.
[46] 朱彬，马艳红，洪杰．金属橡胶刚度阻尼模型理论分析．北京航天大学学报，2011，37（10）：1298-1302.
[47] 朱彬，马艳红，张大义，等．金属橡胶迟滞特性本构模型研究．物理学报，2012，61（7）：078101-1-018101-8.
[48] 敖宏瑞，夏宇宏，姜洪源，等．二维载荷作用对金属橡胶干摩擦阻尼性能的影响．机械设计与制造，2002，（5）：72-74.
[49] 闫辉，姜洪源，李瑰贤，等．空间载荷作用下金属橡胶材料静态实验研究．功能材料，2005，36（6）：937-939，944.
[50] 姜洪源，国亚东，陈照波，等．0Cr18Ni9Ti金属橡胶过滤介质的压力损失特性．功能材料，2008，10（39）：1646-1648.
[51] 姜洪源，武国启．金属橡胶材料非线性吸声特性研究．机械工程学报，2010，46（19）：70-77.
[52] 姜洪源，武国启，耶・阿・伊兹儒勒夫．金属橡胶材料声学参数理论计算及实验研究．声学学报（中文版），2007，32（6）：542-546.
[53] 姜洪源，武国启，夏宇宏，等．金属橡胶材料特征参数对其吸声性能影响的实验研究．振动与冲击，2007，26（11）：54-58.
[54] 夏宇宏，姜洪源，敖宏瑞，等．圆柱形金属橡胶节流元件水力学特性参数计算．哈尔滨工业大学学报，2005，37（5）：584-586，603.
[55] 夏宇宏，贾长海，李瑰贤，等．金属橡胶节流元件内部结构特性及节流机理的实验研究．润滑与密封，2004，（5）：4-9.
[56] 夏宇宏，姜洪源，闫辉，等．直角滑环式组合型金属橡胶密封件的密封机理及应用研究．宇航学报，2007，24（4）：404-409.
[57] 宋凯．金属橡胶非线性离散结构单元模型的理论与实验研究．西安：西安交通大学博士论文，2004.
[58] Mark Z，John V. Experimental evaluation of a metal mesh bearing damper. Journal of Engineering for Gas Turbines and Power，2000，（122）：326-329.
[59] Bugra H. E. Nonlinear dynamic characterization of oil-free wire mesh dampers . Journal of Engineering for Gas Turbines and Power，2008，（130）：032503-1-032503-8.
[60] 白鸿柏，张培林，郑坚，等．滞迟振动系统及其工程应用．北京：科学出版社，2002.
[61] 白鸿柏，黄协清，陈振藩．密频近线性系统2阶超谐共振Hopf分叉．应用力学学报，1998，15（3）：78-83.
[62] 李冬伟，白鸿柏，杨建春，等．金属橡胶动力学建模及参数识别．振动与冲击，2005，24（6）：57-60，138.
[63] 李宇明，郑坚，白鸿柏．金属橡胶材料的动态力学模型．材料研究学报，2003，17（5）：499-504.
[64] 路纯红，白鸿柏，胡仁喜．金属橡胶/橡胶复合叠层耗能器动力学模型．振动工程学报，2008，21

(5)：493-497.
[65] 路纯红，白鸿柏．金属橡胶/橡胶复合叠层耗能器实验建模与参数辨识．振动与冲击，2007，26 (11)：5-8.
[66] 郝慧荣，白鸿柏，侯军芳，等．金属橡胶广义恢复力模型辨识．振动与冲击，2008，27 (11)：105-108.
[67] 郝慧荣，白鸿柏，刘红，等．金属橡胶迟滞环的广义恢复力模型．机械科学与技术，2008，27 (12)：1559-1562.
[68] 白鸿柏，张培林，黄协清．滞迟动力吸振器简谐激励响应的迭代计算方法研究．机械科学与技术，2000，19 (6)：901-903.
[69] 白鸿柏，张培林，黄协清．摩擦系数随速度变化振动系统 Fourier 级数计算方法研究．机械科学与技术，2000，19 (5)：745-746，749.
[70] 白鸿柏，郑坚，张培林，等．2 自由度滞迟振动系统简谐激励响应的等效线性化计算方法研究．机械工程学报，2000，36 (11)：90-93.
[71] 白鸿柏，张培林，黄协清．非恒定滑动摩擦系数振动系统等效线性化计算方法研究．振动与冲击，2000，19 (1)：77-78，84.
[72] 白鸿柏，张培林，黄协清．干摩擦动力吸振器简谐激励响应计算的最优化方法研究．振动与冲击，2000，19 (3)：43-45.
[73] 白鸿柏，张培林，黄协清．黏性阻尼滞迟振子简谐激励响应的等效线性化计算方法研究．振动与冲击，2000，19 (4)：44-47.
[74] 白鸿柏，黄协清．干摩擦非线性减振器构成的迟滞振动系统的响应计算．机械工程学报，1998，34 (5)：70-75.
[75] 白鸿柏，黄协清．柔性基础上的干摩擦隔振系统．振动与冲击，1998，17 (3)：34-37，61.
[76] 白鸿柏，黄协清．三次非线性黏性阻尼双线性滞迟振动系统 IHB 分析方法．西安交通大学学报，1998，32 (10)：35-38，46.
[77] 白鸿柏，张培林，黄协清．变滑动摩擦系数振子简谐激励 Krylov-Bogoliubov 计算方法．机械强度，2002，24 (1)：56-58.
[78] 白鸿柏，郑坚，张培林，等．黏性阻尼双线性滞迟振子简谐激励响应的 Krylov-Bogoliubov 计算方法．机械工程学报，2000，36 (10)：27-29，58.
[79] 白鸿柏，张培林，黄协清．滑动摩擦系数随速度变化振子随机激励 Krylov-Bogoliubov 计算方法研究．机械科学与技术，2001，20 (3)：346-347.
[80] 白鸿柏，张培林，黄协清．干摩擦振动系统随机激励响应的 Krylov-Bogoliubov 计算方法．振动与冲击，2000，19 (2)：83-85.
[81] 胡海岩．振动控制中的非线性组合结构动力学研究．南京：南京航空学院博士论文，1988.
[82] 黄凯．应用复合减振器的梯形轨枕提高轨道的减振效果．噪声与振动控制，2013，10 (5)：161-165.
[83] 闫辉，姜洪源，刘文剑，等．具有迟滞非线性的金属橡胶隔振器参数识别研究．物理学报，2009，58 (8)：5238-5243.
[84] 夏宇宏，姜洪源，魏浩东，等．金属橡胶隔振器抗冲击性能研究．振动与冲击，2009，28 (1)：72-75.
[85] 姜洪源，夏宇宏，敖宏瑞，等．金属橡胶与弹簧组合型隔振器建模及分析方法．哈尔滨工业大学学

报，2003，35（5）：520-524.

[86] 敖宏瑞，姜洪源，闫辉，等．单自由度金属橡胶隔振系统干摩擦阻尼的识别．机械设计，2004，21（4）：28-30.

[87] 姜洪源，郝德刚．环形金属橡胶隔振器系统建模与实验研究．湖南科技大学学报（自然科学版），2005，20（1）13-16.

[88] 李宇燕，黄协清．密度和形状因子变化时金属橡胶材料的本构关系．航空学报，2008，29（4）：1084-1090.

[89] 李宇燕，黄协清，李福林．基于BP神经网络的金属橡胶本构关系的预估方法．航空动力学报，2011，26（25）：1128-1134.

[90] 李宇燕，黄协清．高度对金属橡胶材料力学性能的影响．航空材料学报，2010，30（2）：94-97.

[91] 李宇燕，黄协清．承载面积对金属橡胶材料本构关系的影响．振动、测试与诊断，2010，30（5）：544-546.

[92] 李宇燕，黄协清．金属橡胶材料阻尼性能的影响参数．振动、测试与诊断，2009，29（1）：23-26.

[93] 郭宝亭，朱梓根．金属橡胶阻尼器在转子系统中的应用．航空动力学报，2003，18（5）：662-668.

【第二篇】

金属橡胶制备技术

第2章 制备金属橡胶的金属丝

本章的核心内容是简要介绍制备金属橡胶常用的冷拉拔金属丝牌号选择、微观组织结构及力学性能，这对于进一步开展金属橡胶制品力学性能的研究具有重要意义。

2.1 金属丝牌号选择[1]

目前，金属橡胶作为新型非线性弹性阻尼材料，通常应用在使用条件比较恶劣的高技术装备中（如陆、海、空三军作战装备）起减振缓冲作用，这就要求制备金属橡胶的原材料——金属丝，具有高的抗拉强度、弹性极限、韧性和疲劳强度，并耐腐蚀，且在高/低温环境中仍保持稳定的性能。因此，用于制造各种类型和用途弹簧的弹簧钢丝成为金属橡胶原材料的首选。

2.1.1 弹簧钢丝的分类及使用特性

弹簧钢丝按化学成分可分为：碳素弹簧钢丝、合金弹簧钢丝和不锈弹簧钢丝。碳素弹簧钢丝和合金弹簧钢丝在干燥空气和非腐蚀性介质中使用，疲劳极限是相对稳定的，但在潮湿空气、海洋性气氛和腐蚀性介质中，钢丝的疲劳极限则随着应力循环次数的增加而持续下降，此时，腐蚀破坏成为弹簧失效的主要因素。

不锈弹簧钢丝具有良好的耐腐蚀性能，按显微组织结构可分为马氏体型、铁素体型、奥氏体型三类；按加工和使用方式可分为相变强化型、形变强化型和沉淀硬化型三类。马氏体不锈钢丝属于相变强化型弹簧钢丝，强度适中，柔韧性好，可以加工成各种形状复杂的弹簧元件，淬火-回火后的弹簧元件性能均匀、各向同性、具有良好的耐腐蚀性能，在空气、水、水蒸气和一些弱酸性介质中有比较稳定的疲劳极限。铁素体不锈钢丝属于形变强化型弹簧钢丝，无法通过淬火-回火强化。耐腐蚀性能稍优于马氏体不锈钢，冷加工性能良好，能承受90%以上减面率的拉拔，但其冷加工强化系数较低，成品钢丝抗拉强度一般不超过1100N/mm^2，多用于制作低应力弹簧，或进一步加工成形状复杂的异形弹簧。奥氏体不锈钢具有优良的耐腐蚀性能，虽然无法通过热处理强化，但具有优异的冷加工塑性，且冷加工强化系数高，可以通过大减面率拉拔达到相当高的强度。形变强化的奥氏体不锈钢丝的耐腐蚀性能优于马氏体钢丝和铁素体钢丝，在低温和高温下均能保持良好的强韧性，用于制作在腐蚀性环境和各种腐蚀性介质中使用的弹性元件。由于奥氏体不锈钢具有全面的和良好的综合性能，从石油、化工、纺织等传统工业部门，到食品加工、家电、日用品，奥氏体不锈弹簧钢丝起着其他钢丝无法取代的作用。

综上所述，用于制备金属橡胶的金属丝首选直径 0.1～0.3mm 的各种牌号的奥氏体不锈钢丝。

2.1.2 化学成分对不锈钢的组织和性能的影响

不锈钢是指一些在空气、水、酸性溶液及其他腐蚀介质中具有较高化学稳定性，在高温下具有抗氧化性的钢。不锈钢的组织结构、抗氧化性能、耐腐蚀性能及冷加工强化系数等与其化学成分密切相关，了解化学成分对不锈钢的组织和性能的影响，对于正确选择不锈弹簧钢丝牌号具有重要指导作用。

1. 铬（Cr）元素

铬是决定不锈钢耐腐蚀性能的主要元素。

金属腐蚀可分为化学腐蚀和电化学腐蚀两种。在高温下金属直接与空气中的氧反应，生成氧化物，是一种化学腐蚀。在常温下这种腐蚀进行得很缓慢，金属的腐蚀主要是电化学腐蚀。

电化学腐蚀的本质是金属在介质中离子化。以铁为例，电化学腐蚀过程可表示为

$$Fe - 2e^- = Fe^{2+}$$

一种金属耐电化学腐蚀的能力，取决于本身的电极电位。电极电位越负，越易失去电子，发生离子化。电极电位越正，越不易失去电子，不易离子化。铬提高钢耐腐蚀性能的第一个原因是铬使铁-铬合金钢的电极电位提高。

铬提高钢耐腐蚀性能的第二个原因是铁-铬合金钢在氧化性介质中极易形成一层致密的钝化膜（$FeO \cdot Cr_2O_3$），这层钝化膜稳定、完整，与基体金属结合牢固，将基体与介质完全隔开，从而有效地防止钢进一步氧化或腐蚀。但在还原性介质中，这层膜有破裂的倾向。一般来说，不锈钢的耐腐蚀性能和抗氧化性能随铬含量的增加而增加。

2. 碳（C）元素

碳具有双重作用，是不锈钢中仅次于铬的第二号常用元素，不锈钢的组织和性能在很大程度上取决于碳含量及其分布形态。

碳是稳定奥氏体元素，它对奥氏体的稳定作用很强烈，约为镍（Ni）的 30 倍。同时，碳能显著提高不锈钢的强度，从 2Cr13、3Cr13、4Cr13 到 9Cr18 随含碳量的增加逐级提高。在奥氏体钢中碳也是最有效的固溶强化元素。但是，因为碳对耐腐蚀性能有不利的影响，奥氏体和铁素体钢很少用碳来强化，其含碳量多在 0.15%以下。

3. 镍（Ni）元素

镍是稳定奥氏体元素。

镍是不锈钢中第三号常用元素，它在钢中起扩大奥氏体区、稳定奥氏体组织的作用。铬不锈钢加入一定量的镍后，组织和性能都发生明显变化。例如，1Cr17为铁素体钢，热处理后抗拉强度在500MPa左右，加入2.0%的镍，变为1Cr17Ni2马氏体钢，淬火后抗拉强度达1100MPa以上。研究表明，当铬为18%时，只需要8%的镍，常温下就能得到奥氏体组织，这就是18-8型不锈钢的由来。镍能显著地提高铬钢的耐腐蚀性能和高温抗氧化性能，铬-镍奥氏体钢比铬含量相同的铁素体和马氏体钢有更好的耐腐蚀性能。对于奥氏体钢，镍能降低钢的冷加工硬化趋势，改善冷加工性能，使钢在常温和低温下均具有很高的塑性和韧性。

4. 锰（Mn）和氮（N）元素

锰是奥氏体形成元素，它能抑制奥氏体的分解，使高温形成的奥氏体组织保持到室温。锰稳定奥氏体的作用为镍的1/2倍，2%的锰可以替代1%的镍。

铬-锰钢要在常温下得到完全的奥氏体组织，与钢中的碳和铬含量密切相关，当碳低于0.2%、铬大于14%～15%时，不论向钢中加入多少锰都不能得到纯奥氏体组织。要得到奥氏体组织必须增加碳含量或降低铬含量，这两种做法都会降低钢的耐腐蚀性能，所以锰不能代替全部镍。

含锰钢具有冷加工强化效应显著、耐磨性高的优点。缺点是对晶间腐蚀很敏感，并且不能通过加钛和铌来消除晶间腐蚀。

氮也是稳定奥氏体元素，氮与锰结合能取代比较贵的镍。氮稳定奥氏体的作用比镍大，与碳相当。同时，在奥氏体中氮也是最有效的固溶强化元素之一。氮与铬的亲和力要比碳与铬的亲和力小，奥氏体钢中很少见到Cr_2N的析出。因此，氮能在不降低耐腐蚀性能的基础上，提高不锈钢的强度，研制含氮不锈钢是近年来不锈钢工业的趋势。

5. 钛（Ti）和铌（Nb）元素

钛和铌可以防止晶间腐蚀。

铬-镍奥氏体不锈钢在450～800℃温度区加热，常发生沿晶界的腐蚀破坏，称为晶间腐蚀。一般认为，晶间腐蚀是碳从饱和的奥氏体以$Cr_{23}C_6$形态析出，造成晶界处奥氏体贫铬所致。防止晶界贫铬是防止晶间腐蚀的有效方法。如将各种元素按与碳的亲和力大小排序，顺序为钛、锆、钒、铌、钨、钼、铬、锰。钛和铌与碳的亲和力都比铬大，把它们加入钢中后，碳优先与它们结合生成碳化钛（TiC）和碳化铌（NbC），这样就避免了析出碳化铬而造成晶界贫铬，从而有效防止晶间腐蚀。由于铌的价格昂贵（是钛的70倍），因此广泛采用的是加钛不锈钢。

但是，含钛钢存在一些缺点，如TiO_2和TiN以夹杂物存在，含量高且分布不均匀，降低钢的纯净度；铸锭表面质量差，极易造成大批废品等。

6. 钼（Mo）和铜（Cu）元素

钼和铜可以提高耐腐蚀性能。

不锈钢的钝化作用是在氧化性介质中形成的，通常所说的耐腐蚀，多指氧化介质。在非氧化性酸中如稀硫酸和强有机酸中，一般铬不锈钢、铬-镍不锈钢均不耐腐蚀。特别是在含有氯离子（Cl^-）的介质中，由于氯离子能破坏不锈钢表面的钝化膜，造成不锈钢局部地区的腐蚀，即点蚀。在不锈钢中加入钼和铜是提高不锈钢在非氧化性介质中抗蚀性能的有效途径。

钼能促使不锈钢表面钝化，具有增强不锈钢抗点腐蚀和缝隙腐蚀的能力，但只有在含铬钢中才能发挥作用。一般来说，铬含量越高，钼提高钢耐点蚀性能的效果越明显。研究表明，钼提高钢耐点蚀性能的能力相当于铬的 3 倍。1Cr17 钢中加入 1%的钼（1Cr17Mo）可使其在有机酸和盐酸中耐腐蚀性能明显提高。18－8 铬-镍钢中加入 1.5%～4.0%的钼，可以提高其在稀硫酸、有机酸（乙酸、蚁酸、草酸）、硫化氢、海水中的耐腐蚀性能。此外，钼还能改善奥氏体不锈钢的高温力学性能。

不锈钢中加入铜可提高不锈钢在硫酸中的耐腐蚀性能，并可提高不锈钢的冷加工性能。

7. 其他元素

上述 9 种元素一般作为合金元素加入钢中，硅、硫、磷一般作为残余元素存在于钢中。为了某些特定目的，不锈钢有时也加入硅、硫、磷、铝和稀土等元素。

硅是形成铁素体元素，在提高不锈钢的抗氧化和热强性能方面有良好的作用，但会使不锈钢的冷加工能力下降。硅对 18－8 型奥氏体的耐硝酸腐蚀性能有不利影响，当硅含量处于 0.8%～1.0%时影响最显著，但硅能提高奥氏体不锈钢的抗应力腐蚀能力。

硫在一般不锈钢中是残余元素。硫对钢的强度影响不大，但降低不锈钢的韧性，使钢的延伸值和冲击值大幅度下降。

磷在不锈钢中也是残余元素。在奥氏体不锈钢中磷的危害不像一般钢中那样显著，含量允许偏高一些。另外，磷对钢有一定的强化作用。

铝是稳定铁素体的元素，可以提高钢的耐高温氧化性能。铝含量达 1%左右时，有显著的沉淀硬化效果，但铝会降低钢抗硝酸腐蚀能力。

稀土元素应用于不锈钢，主要是改善工艺性能，保证热加工顺利进行。

最后，应该强调的是，不锈钢的组织和性能取决于各元素综合作用的结果。

2.1.3 金属橡胶原材料——奥氏体不锈钢丝

奥氏体不锈钢具有高的耐腐蚀性能，常温和低温下具有很高的塑性和韧性，加工性能远优于其他类型的不锈钢，所以金属橡胶制备中大量采用各种牌号的奥氏体不锈钢金属丝。常见的牌号包括：0Cr18Ni9Ti（中国）、1Cr18Ni9Ti（中国）、304（美国）、316（美国）、321（美国）等。其中，0Cr18Ni9Ti、1Cr18Ni9Ti 是落后的不锈钢生产工艺的产品代表，随着我国及世界各国不锈钢生产工艺的改进，已是淘汰产品。由于我国国情，仍然保留，以满足落后的使用习惯及生产水平的需要，属于不推荐钢种。按国家标准 GB/T 20878—

2007，如果真正需要用0Cr18Ni9Ti或1Cr18Ni9Ti时，也应该尽量使用0Cr18Ni10Ti。

目前，钢丝行业除航空部门仍保留使用0Cr18Ni9Ti或1Cr18Ni9Ti外，304（06Cr19Ni10）和316（06Cr17Ni12Mo2）已经成为钢丝的主导产品，也是制备金属橡胶的主要原材料。

1. 304（06Cr19Ni10）不锈钢

304不锈钢是应用最为广泛的一种铬-镍不锈钢，具有良好的耐腐蚀性、耐热性、低温强度和机械特性，业内也称为18－8型不锈钢。它的抗腐蚀性能要优于430不锈钢，但是价格又比316不锈钢便宜，因此广泛应用于对腐蚀性要求不是十分苛刻的金属橡胶制品制备中。

304中最为重要的元素是Ni、Cr，但是又不仅限于这两种元素，具体的要求由产品标准规定。行业常见判定情况认为只要Ni含量大于8%，Cr含量大于18%，就可以认为是304不锈钢。这也是业内会把这类不锈钢称为18－8型不锈钢的原因。其实，相关的产品标准对304有着非常明确的规定，而这些产品标准针对不同形状的不锈钢又有一些差异。304的物理性能参数见表2－1。

表2－1 304的物理性能参数

抗拉强度 σ_b/MPa	条件屈服强度 $\sigma_{0.2}$/MPa	伸长率 δ/%	断面收缩率 ψ/%	硬度
≥520	≥205	≥40	≥60	≤187HBS；≤90HRB；≤200HV

304不锈钢出现生锈现象，可能有以下几个原因：不锈钢在氯离子存在的环境中，腐蚀很快，甚至超过普通的低碳钢，所以对不锈钢的使用环境有要求，而且需要经常擦拭，除去灰尘，保持清洁干燥；固溶处理时，合金元素没有溶入基体，致使基体组织合金含量低，抗蚀性能差；这种不含钛和铌的材料有晶间腐蚀的倾向，加入钛和铌，再配以稳定处理，可以减少晶间腐蚀。

2. 316（06Cr17Ni12Mo2）不锈钢

316不锈钢，因添加Mo元素，故其耐海洋和侵蚀性工业大气腐蚀性能和高温强度特别好，耐腐蚀性能优于304不锈钢，可在苛刻的条件下使用。

316在871℃（1600℉）以下的间断使用和在927℃（1700℉）以下的连续使用中，具有好的耐氧化性能。在427～857℃（800～1575℉）的范围内，最好不要连续使用，但在该温度范围以外连续使用时，该不锈钢具有良好的耐热性。316L不锈钢的耐碳化物析出的性能比316不锈钢更好，可用于上述温度范围。

但是，由于316价格高，一般用在武器装备比较关键的部位，如发动机启动器等高温部件、潜艇发射装置等海洋腐蚀性强部件的减振缓冲。316的物理性能参数见表2－2。

表 2-2　316 的物理性能参数

抗拉强度 σ_b/MPa	条件屈服强度 $\sigma_{0.2}$/MPa	伸长率 δ/%	断面收缩率 ψ/%	硬度
≥520	≥205	≥40	≥60	≤187HBS；≤90HRB；≤200HV

3. 321（06Cr18Ni11Ti）不锈钢

321 不锈钢是 Ni-Cr-Ti 型奥氏体不锈钢，其性能与 304 非常相似，但是由于加入了金属钛，有效地控制了碳化铬的形成，使其具有更好的耐晶界腐蚀性及高温强度。同时，321 不锈钢的高温应力破断性能及高温抗蠕变性能都优于 304 不锈钢。

321 不锈钢其中的 Ti 作为稳定化元素存在，但它同时是热强钢种，在高温方面比 316L 要好得多。而且在不同浓度、不同温度的有机酸和无机酸中，尤其是在氧化性介质中具有良好的耐磨蚀性能。321 的物理性能参数见表 2-3。

表 2-3　321 的物理性能参数

抗拉强度 σ_b/MPa	条件屈服强度 $\sigma_{0.2}$/MPa	伸长率 δ/%	断面收缩率 ψ/%	硬度
≥520	≥205	≥40	≥50	≤187HBS；≤90HRB；≤200HV

2.2　金属丝冷拉拔工艺[1]

如前所述，制备金属橡胶的原材料主要是奥氏体不锈钢经过冷拉拔工艺而制成的不锈钢丝。拉拔后的不锈钢丝发生了很大变形，内部组织结构发生变化，横截面积大大减小，不锈钢丝本身的变化对其组织性能以及金属橡胶制品的性能都将产生重要影响[2,3]。

钢丝冷拉拔目前主要是以传统工艺为主，它的特点是在实际生产中热处理次数多，生产周期长，能耗高，效率低，拔制的钢丝越细，所需退火的次数越多，产品的价格也越高。虽然现在也有一些新的拉拔工艺，如利用电塑性（材料在电子照射、电场、电流脉冲等电刺激下，变形抗力降低、塑性增加的一种现象）开发的电塑性加工技术实现了高效低耗，但是传统生产工艺设备简单，成本较低，技术便于推广，所以目前应用最广泛的还是传统的冷拉拔工艺。

2.2.1　钢丝拉拔时受力分析

钢丝拉拔时一般受到三种力的作用，即拉拔力 P、模孔壁给钢丝的正压力 N、模孔与钢丝表面的接触摩擦力 T，如图 2-1 所示。

正压力 N 和摩擦力 T 是伴随拉拔力而产生的。模孔壁给钢丝的正压力 N 方向总是垂直于模壁并对钢丝起压缩作用，而摩擦力 T 则是钢丝前进的阻力。拉拔力 P 作用于被拉金属的前端。在拉拔力 P 的作用下，金属在变形区内产生相应内力，轴向为拉应力 σ_l，径向则分别为压应力 σ_r 和 σ_θ。因此在拉拔过程中，金属在变形区处于一向受拉和两向受压的应力状态。

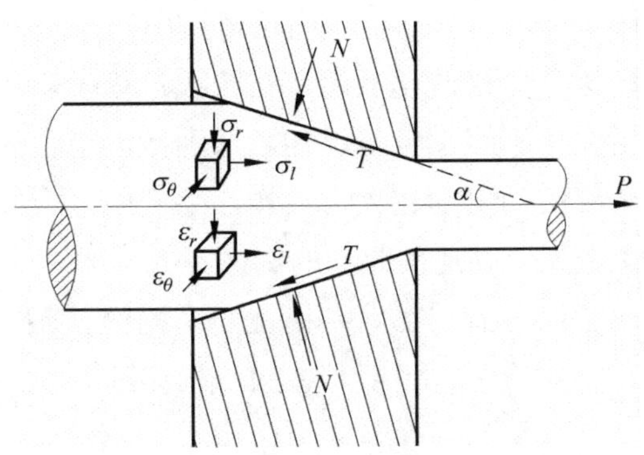

图 2－1　钢丝拉拔时的受力状态

2.2.2　拉拔变形区内金属流动特点

研究金属在模孔内的变形分布及其流动规律，传统的研究方法是采用网格法。通过拉拔前后坐标网格的变化情况，可以定性分析和定量计算出金属在模孔内的变形情况及其流动规律。图 2－2 为采用网格法测得的在锥形模孔内拉拔圆棒材时坐标网格的变化。通过对坐标网格拉拔前后的变化分析，可以看到金属在变形区内的流动情况。

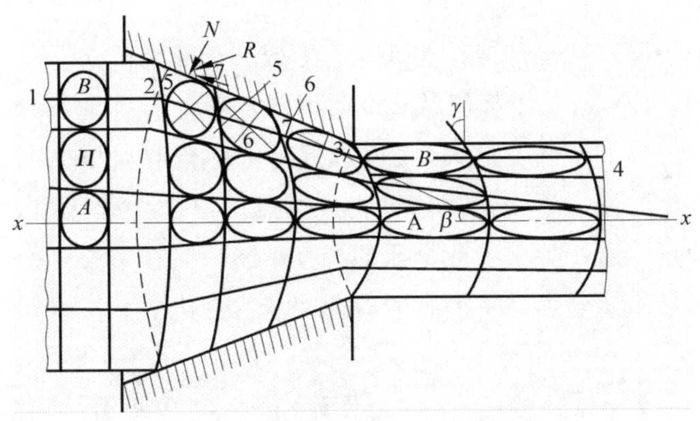

图 2－2　圆棒拉拔时截面坐标网格的变化

由图 2－2 可见，拉拔后轴线上的正方形格子 A 变成了矩形，内切圆变成了正椭圆，其长轴和拉伸方向一致。根据格子的变化情况可以认为：金属轴线上的变形是轴向延伸，在径向和周向方向上则被压缩。

拉拔后在周边上的正方形格子 B 变成了平行四边形，在拉拔方向上被拉长，在径向上被压缩，内切圆变成了斜椭圆，其长轴与拉伸方向交成 β 角。该角度变化的情况是由入口端向出口端逐渐减小。由此可见，周边上的格子除受到轴向拉伸、径向拉伸和周向压缩外，还发生了切变形。切变形的大小与模角、减面率、摩擦系数等因素有关。当模角增大、减面率加大以及摩擦系数增加时切变形也将增大。

网格的横截面在拉拔前是直线，进入变形区后开始变成弧形线，凸向钢丝拉拔方向，实际上成一球形弧面。由图 2-2 可知，这些弧形线的曲率由入口到出口端面逐渐增大，直到出口端后才不发生变化。这种网格变化表明：在拉拔过程中周边层的金属流动速度小于中心层，并且随着模角的增大和摩擦系数的增加，这种截面上金属流动速度的不均匀性愈加明显，这是因为周边层金属流动阻动较大。在实际生产中经常能见到拉拔后的圆棒端部呈燕尾形，这就是横截面上金属流动速度差异的例证。

由上述网格变化情况还可以看到，在同一横截面上椭圆长轴与拉拔方向交成 β 角，由中心层向周边层逐渐增大。这就清楚地说明，在同一横截面上切变形也是不同的，周边的切变形大于中心的切变形。

2.2.3 金属的不均匀流动和应力的不均匀分布对金属丝性能的影响

拉拔生产中，金属丝制品时常产生一些缺陷，如内部的杯锥状裂纹、表面裂纹、起刺、内部晶粒大小不均匀、力学性能不均匀等。这些缺陷的产生与拉拔过程中金属的不均匀流动和应力的不均匀分布具有密切的联系，从而对金属橡胶制品的性能产生重要影响。

1. 杯锥状裂纹

杯锥状裂纹一般多呈周期性，并以杯锥状分布在中心轴线上。这种缺陷一旦产生，必然使钢丝的承载能力下降，甚至造成拉拔断丝，形成杯锥状断口。

阿威瑟（B. Avifsouz）分析了杯锥状裂纹的形成过程，如图 2-3 所示。在拉拔过程中，由于金属变形不均匀，表层金属变形大，芯部变形小，钢丝在轴线方向上表层产生压应力，芯部产生拉应力，在中心线上逐步形成速度不连续点。根据秒流量相等原则，钢丝的出口速度必然大于进线速度，这样势必引起金属的相互牵制，又在中心轴上产生很大的拉应力，最后只能以裂纹的形成来达到力的平衡和顺应速度场的变化。

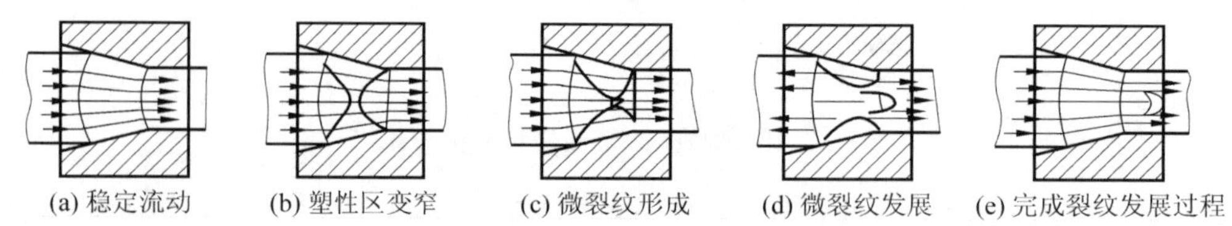

图 2-3 中心裂纹形成和发展过程

由于表层金属既沿轴向运动，又向芯部运动，且受到模孔的摩擦阻碍，因此表层金属沿轴向流动后始终滞后于芯部金属，这样使中心裂纹形成杯锥状。裂纹产生后，芯部金属的附加应力和表层金属的附加应力都得到松弛，变形区内金属流动恢复正常。但当不均匀变形累积到一定程度后，则中心区域又形成另一个杯锥状裂纹，故这种裂纹通常是周期性的。

这种裂纹存在于钢丝芯部，不容易被发现，极易造成钢丝在以后的深加工过程中（如制备金属橡胶时螺旋卷成型、毛坯成型及冲压成型）发生断丝。因此，在钢丝拉拔过程中应注意防止内部产生杯锥状裂纹。

2. 表面裂纹

表面裂纹是拉拔圆棒或线材时经常能见到的另一种缺陷，这种缺陷的情况如图 2-4 所示。

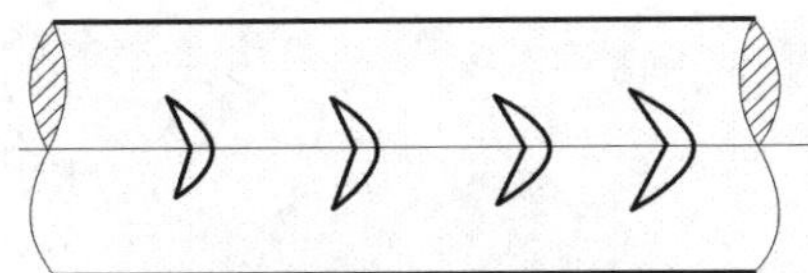

图 2-4　表面裂纹示意图

表面裂纹是拉拔过程中不均匀变形和拉拔速度选择不当所引起的。在拉拔时，如果拉拔速度过大，金属不均匀流动加剧，拉拔所产生的热量来不及逸散而产生局部过热，当超出金属的强度极限时，因金属流动不均匀产生的表面附加拉应力即会在制品上产生周期裂纹。这种裂纹的形状不仅与应力的性质和分布情况有关，也与金属的流动速度和裂纹向内扩展的速度有关。值得注意的是，表面裂纹及其扩展对金属橡胶制品的疲劳老化性能将产生比较大的影响（参考第 15 章）。

2.3　冷拉拔金属丝微观组织结构[2]

用马托粉将冷拉拔变形后的四种不同直径（变形量）的 0Cr18Ni9Ti 不锈钢丝镶嵌之后，机械研磨成金相试样。试样经王水浸蚀后，采用光学显微镜和 Cambridge S-360 扫描电镜（SEM）对不锈钢丝截面显微组织进行观察。图 2-5 为不锈钢丝纵截面的显微组织，图 2-6 为不锈钢丝横截面的显微组织，图 2-7 为不锈钢丝横纵截面 SEM 扫描照片。

在冷拉拔过程中，由于受到较大的拉应力和压应力，不锈钢组织产生强塑性变形，其内部的晶粒形状也会发生相应的变化。由图 2-5 可以看出，不锈钢丝的内部组织在纵向方向上被拉长，原来的面心立方晶格结构被拉长为条状或纤维状，而且晶格发生滑移，产生了大量位错，使得晶界变得模糊不清。此时，不锈钢丝的力学性能也具有明显的方向性，纵向的强度和塑性远远大于横向，材料呈现出各向异性的特征，这种组织特征在通常情况下被称为“纤维状组织”。随着变形的发生，不仅晶粒的外形会发生变化，而且晶粒内部的亚结构也会发生显著的变化，从而对冷拉拔钢丝的性能产生较大的影响。

由于冷拉拔变形后诱发了大量马氏体组织，而马氏体组织是非常细小的，不易看清，沿钢丝横截面方向看只能看见密布的小黑点，称为隐晶马氏体，如图 2-6 所示。

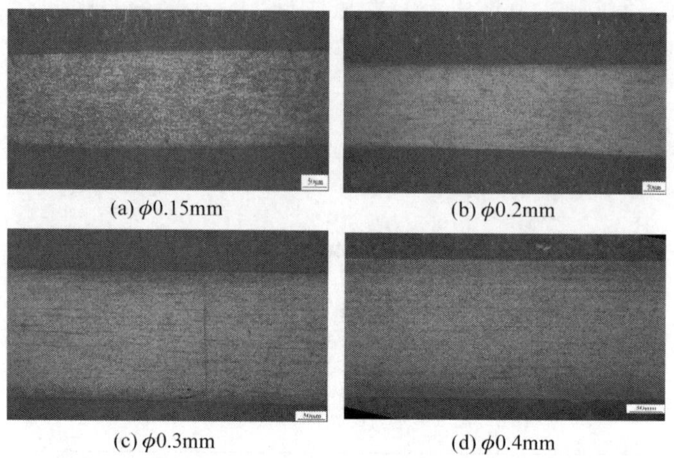

(a) ϕ0.15mm (b) ϕ0.2mm

(c) ϕ0.3mm (d) ϕ0.4mm

图 2-5 0Cr18Ni9Ti 不锈钢丝纵截面显微组织

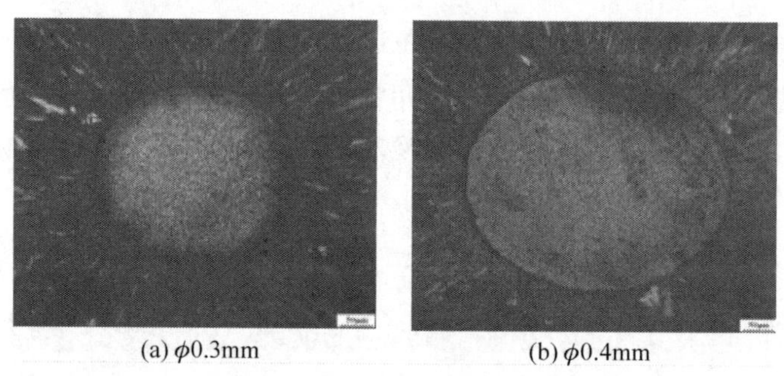

(a) ϕ0.3mm (b) ϕ0.4mm

图 2-6 0Cr18Ni9Ti 不锈钢丝横截面显微组织

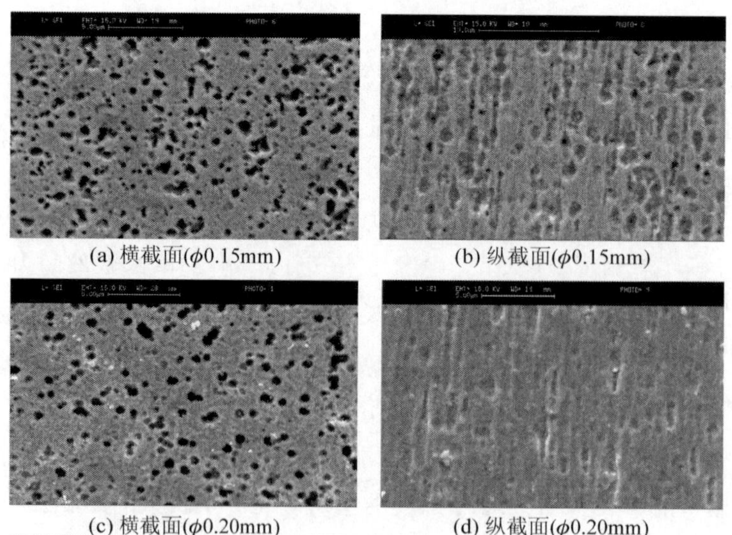

(a) 横截面(ϕ0.15mm) (b) 纵截面(ϕ0.15mm)

(c) 横截面(ϕ0.20mm) (d) 纵截面(ϕ0.20mm)

图 2-7 不同直径不锈钢丝的横、纵截面 SEM 照片

图2-7为不同直径（变形量）不锈钢丝的截面SEM照片。通过这些照片的分析，表明经过不同变形量冷拉拔后的不锈钢丝横截面均存在大量孔洞，并且孔洞沿冷拉拔方向被拉长。

0Cr18Ni9Ti是一种亚稳态的过饱和固溶体，$M_{23}C_6$ 和MC是这类不锈钢中主要的碳化物类型，它们在γ相中有一个极限的溶解度，其在晶界的沉淀与晶间腐蚀有着密切关系。发生形变诱发马氏体转变后，强化合金元素在马氏体中形成过饱和固溶体，便得到马氏体基体上弥散着第二相的强化组织。硬而脆的第二相仍然散落在各处，由于其相对于基体比较坚硬，不能跟随基体进行协调变形，因而沿着拉拔方向的两端与基体脱离，形成微孔洞。

一般来说，经过固溶处理硬而脆的第二相会溶解到基体中，在一定程度上可以防止或者控制第二相沉淀的不利影响。因此在拉拔过程中配合合理的热处理工艺将会改善这些微孔洞的生成。

由图2-7钢丝的横截面组织可以看出，随着冷拉拔钢丝变形量的增大，钢丝内部的孔洞尺寸有减小的趋势；沿钢丝拉拔方向被拉长的孔洞也越加明显。

另外，不锈钢丝在生产和拉拔过程中，由于钢丝的质量和工艺等问题，在钢丝内部还可能存在夹杂物（图2-8），夹杂物与不锈钢基体界面属材料内部的薄弱环节，在金属发生流变时与界面脱离，拉拔时导致应力集中，超过界面处的结合力而沿界面开裂，与基体之间形成缝隙，此类缝隙在拉拔应力作用下伸长为孔洞，制样时尚未脱落的夹杂物在SEM照片中依然可见。

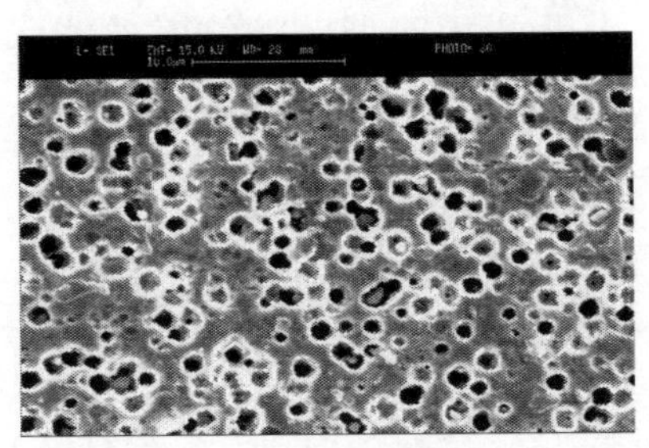

图2-8　不锈钢丝孔洞中的夹杂物

另外，冷拉拔金属丝微观缺陷对金属橡胶制品性能影响的定性分析参见第15章。

◇◇◇ 参考文献 ◇◇◇

[1] 徐效谦，明绍芬．特殊钢钢丝．北京：冶金工业出版社，2005.

[2] 寇宏宁．金属橡胶用Cr-Ni-Mn系不锈钢丝的微观组织及力学性能研究．北京：北京科技大学硕士论文，2006.

[3]《金属橡胶材料高/低温条件下耗能理论与制备技术研究》中国国防科学技术报告（内部资料）．军械工程学院，2006.

第3章 金属丝螺旋卷绕制技术

本章的核心内容是介绍金属丝螺旋卷的绕制工艺技术，包括有芯轴绕制设备及工艺、无芯轴绕制设备及工艺。

3.1 半自动有芯轴螺旋卷绕制

3.1.1 半自动有芯轴螺旋卷绕制设备

绕制金属丝螺旋卷是制备金属橡胶的第一道重要工序，螺旋卷的缠绕质量（卷径及均匀度）对后续的毛坯制备及金属橡胶制品的力学性能具有重要影响。

半自动有芯轴螺旋卷绕制设备的工作原理如图3－1所示，主要由芯轴、线轴架、压力调节装置组成。其中，芯轴两端固定在由调速电机带动的锁紧装置中，线轴架用于安装固定绕有金属丝的线轴，压力调节装置用于调节缠绕时丝线张力以控制螺旋卷直径和稀疏程度。

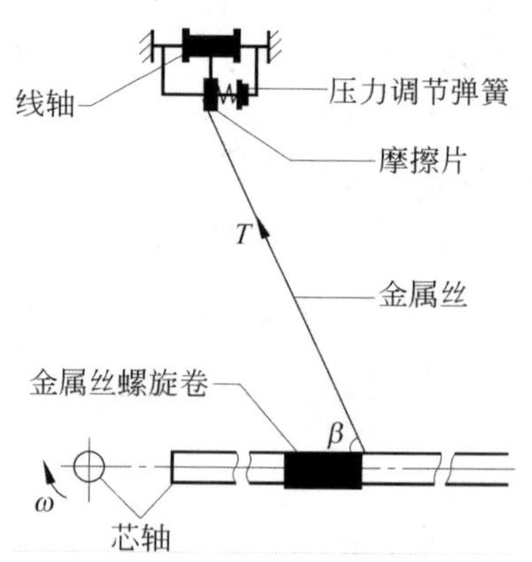

图3－1　半自动有芯轴螺旋卷绕制原理

半自动有芯轴螺旋卷绕制设备的工作效率取决于芯轴在锁紧装置中的安装与拆卸时间及调速电机的转速，同时与金属丝的直径和螺旋卷的卷径密切相关。军械工程学院金属橡胶工程研究中心研制了多工位半自动绕丝机，可以在一定程度上提高这类设备的劳动生产率，图3－2为绕丝机的结构示意图。

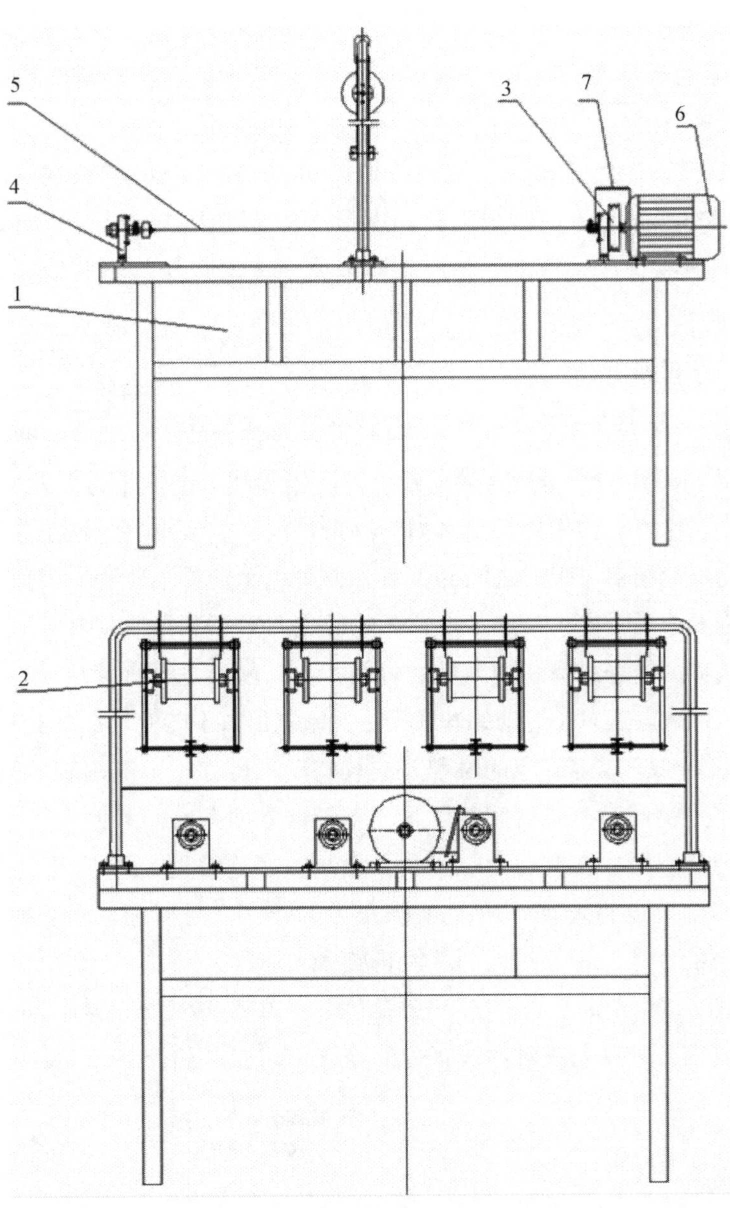

图3-2　多工位半自动绕丝机

多工位半自动绕丝机主要由工作台1、线轴架2、缠绕机构3、锁紧机构4、芯轴5、电机6、防尘罩7组成。工作台1是绕丝机的工作台面，用于安装、支撑线轴架2、缠绕机构3及锁紧机构4；线轴架2用于安装固定绕有金属丝的线轴，并为螺旋卷绕制提供一定的张紧力；芯轴5是螺旋卷的缠绕轴，为一定直径的不锈钢丝，具体尺寸根据螺旋卷直径确定；缠绕机构3通过电机6驱动芯轴5旋转，实现螺旋卷的绕制成型；锁紧机构4用于夹持并拉紧芯轴5，使芯轴5保持平直。该设备结构简单，操作方便，工作可靠，具有自动停机及报警功能，解决了细丝径（≤0.1mm）螺旋卷成型的技术难题。通过更换芯轴 5，可以实现任意丝径和卷径的螺旋卷多工位绕制，生产效率高，螺旋卷成型质量好，直径及螺距均匀。

半自动有芯轴螺旋卷绕制设备的主要特点是可以完成任意丝径和卷径的螺旋卷缠绕，同时，它也是目前对金属丝表面磨损破坏程度最小的成型方法，这一点对提高金属橡胶制品疲劳老化性能具有重要意义（关于金属丝表面光洁度对金属丝疲劳破坏的影响分析参见第 14 章）。

3.1.2 丝线张力测量系统[1]

如图 3－1 所示，螺旋卷绕制过程中，电机带动芯轴旋转产生缠绕力矩，在压力调节弹簧的作用下摩擦片与丝线间的摩擦力使丝线上产生沿引线方向的张力 T。

目前，张力测量主要有频率测量法和力学测量法两种。频率测量法是先测出丝线的振动频率，利用丝线的振动频率与张力之间的关系，便可求出丝线的张力。但此方法只能测量静态平均张力，其测量结果受支承条件的因素影响较大。力学测量法有直接测量和间接测量两种。直接测量法是将力传感器串联在测量的丝线中，其优点是可直接从传感器输出值，测出导线或绳索的张力；缺点是对于运动的丝线无法实施测量，不能实现在线实时测量。

金属丝通过缠绕加工成螺旋卷的过程是连续的动态过程，不能用直接测量法进行测量，必须建立合适的张力测试系统进行间接测量。基于这方面考虑，我们自行设计出图 3－3 所示双悬臂梁式张力传感器。在制备金属丝螺旋卷时，使金属丝经摩擦片后先通过张力传感器，然后连接到芯轴上进行缠绕。由于缠绕张力的作用，悬臂梁式弹性体支架发生变形，再将应变计输出的信号进行相应的处理就能得到张力。

如图 3－4 所示，测量系统由张力传感器（图 3－3）、应变放大器、滤波器、数据采集系统、计算机等组成，可以完成对丝线张力的连续实时测试和控制，并通过计算机显示。

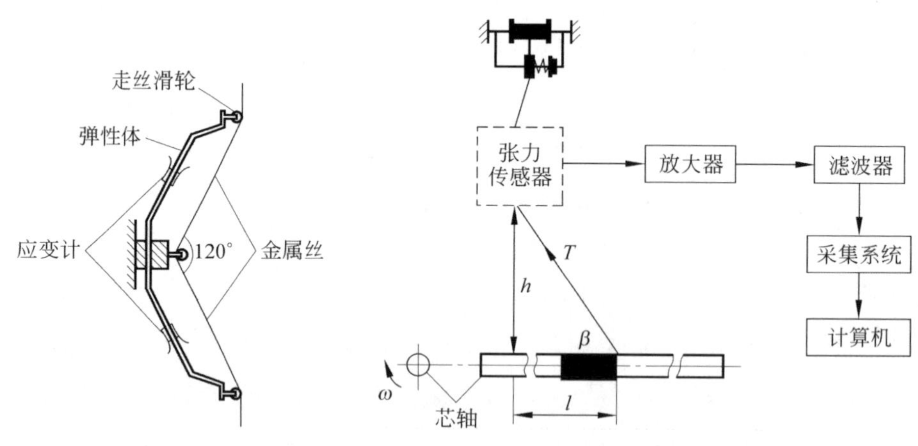

图 3－3　丝线张力传感器　　图 3－4　丝线张力测量系统

测试时，首先将经过标定的张力传感器固定在绕丝机的支架上，金属丝经摩擦片后依次通过张力传感器的三个走丝滑轮缠绕在芯轴上。螺旋卷绕制过程中，由于张力的存在，张力传感器中的悬臂梁式弹性体支架产生形变，应变计把感受到的应变量转化为电压信号输入到应变放大器中，放大后的电压信号经过滤波器滤波，通过数据采集系统输入到计算机中进行处理，从而实现张力 T 的在线测试。测试过程中应变量只是一个中间量，无需知道确切大小，只需将缠绕过程中的输出电压值与标定的值进行比较，再经过反推计算就能得到张力 T 的值。

3.1.3 引线角 β 计算

螺旋卷缠绕时，金属丝的引线方向与螺旋卷成型方向之间产生了一定的夹角 β，称为引线角。缠绕过程中，β 是一个连续变化的量，它沿螺旋卷成型方向从 90°逐渐减小。缠绕过程中，直接测量 β 的大小很难实现，但它可以通过三角关系表示出来。

假定张力传感器下端到芯轴的距离为 h（定值），随着缠绕过程的进行，经过时间 t 丝线所在位置与起始点间的距离为 l，则有 h、l 与 β 的关系为

$$\tan\beta = \frac{h}{l} \tag{3-1}$$

式中，l 为随缠绕时间 t 的增加而增加的变量。假设在缠绕过程中，芯轴上的螺旋卷各线匝间紧密排列，t 时刻芯轴上丝线所在位置与起始点间的距离 l 可近似认为等于 n 个金属丝直径 D_j 的累加。当芯轴转速为 ω_x 时，有如下关系

$$l = (\omega_x t + 0.5)D_j \tag{3-2}$$

图 3-5 为电机与芯轴传动结构示意图，芯轴转速 ω_x 与电机转速 ω 有关。电机转速 ω 通过内槽直径分别为 $\phi_1 = 21\text{mm}$、$\phi_2 = 28\text{mm}$ 的“V 型”皮带轮和齿数分别为 $z_1 = 45$、$z_2 = z_3 = 90$ 的齿轮 1、2、3 传递变为芯轴转速 ω_x。通过计算得出芯轴转速为 ω_x 与电机转速 ω 的关系为

$$\omega_x = \frac{3}{8}\omega \tag{3-3}$$

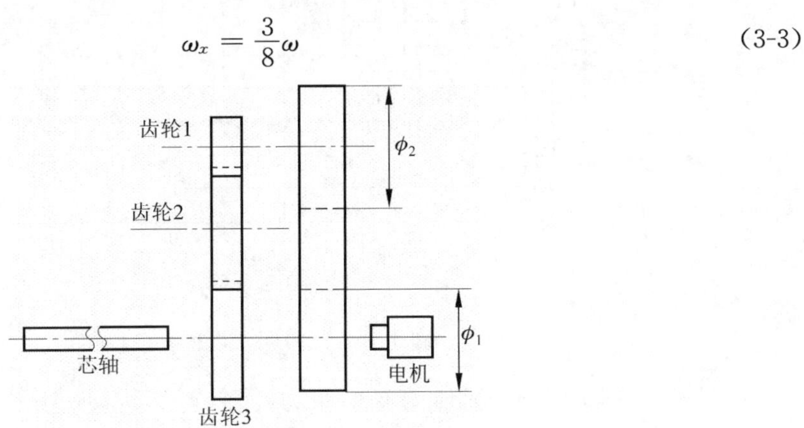

图 3-5 电机与芯轴传动结构示意图

由式（3-1）～式（3-3）得到引线角 β

$$\beta = \arctan \frac{8h}{(3\omega t + 4)D_j} \tag{3-4}$$

由式（3-4）可以看出，在电机转速 ω 一定时，引线角 β 是随缠绕时间 t 不断变化的。

3.1.4 缠绕参数对螺旋卷成型质量的影响

缠绕参数包括引线角 β、芯轴直径 D_x、丝线张力 T、电机转速 ω。

1. 引线角 β、芯轴直径 D_x 及压力调节弹簧松紧度与张力 T 的关系

我们在室温（25℃）、h=400mm、电机转速 ω=150r/min 条件下，用直径 0.3mm 的金属丝分别在直径 1.4mm、1.0mm 芯轴上进行缠绕实验，考察芯轴直径 D_x 对张力 T 的影响。测试结果如图 3－6 所示。

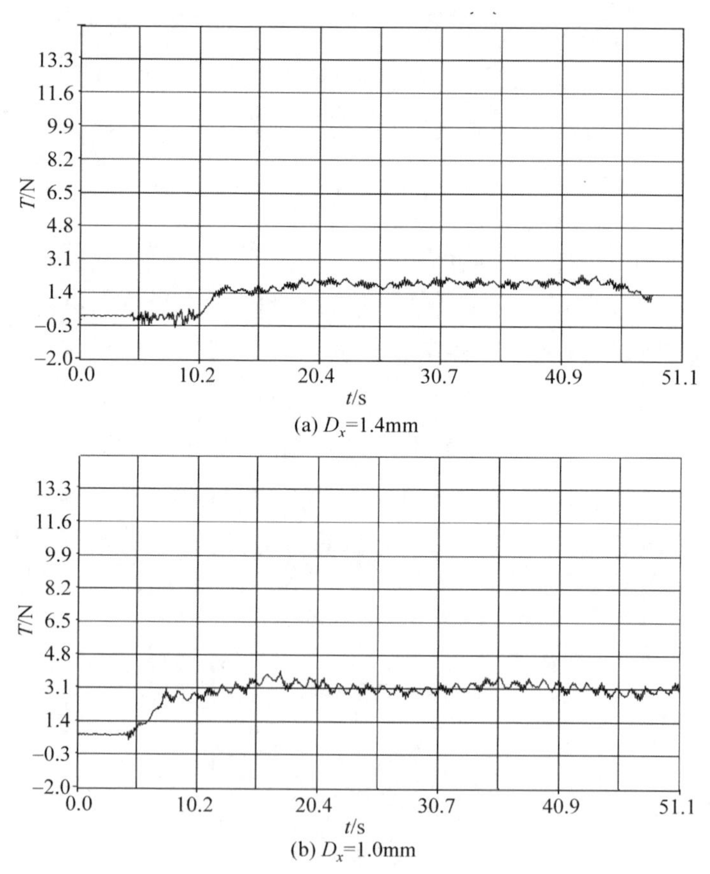

图 3－6 张力 T 与时间 t 的关系图

由图 3－6 不难看出，芯轴直径对张力的影响显著，张力 T 随着芯轴直径 D_x 减小而增大。

由式（3-4）可知，引线角 β 是时间 t 的函数。为进一步考察张力 T 与引线角 β 的关系，在室温（25℃）、h=400mm，丝线直径 0.3mm，芯轴直径 1.4mm，电机转速 ω=300r/min 时，将采集数据取平均值，并通过时间与引线角的关系计算出对应的引线角的余切值，如图 3-7 所示。

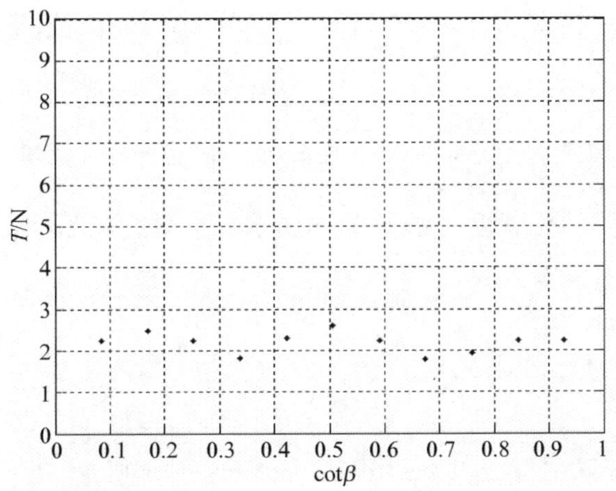

图 3-7　张力 T 与引线角余切值 cotβ 之间的关系

由图 3-7 可知，随着引线角余切值的增大（即引线角 β 减小），张力 T 始终在 2N 附近波动，考虑到振动和系统噪声等因素的影响，可以认为引线角 β 的变化不影响张力 T，即张力 T 不随引线角 β 的变化而变化。

这样，我们可以得出结论：张力 T 随着芯轴直径 D_x 的增大而减小，与引线角 β 的变化无关。

实验中发现，虽然引线角不影响缠绕张力，但引线角的变化对螺旋卷的缠绕质量影响显著。图 3-8 是缠绕时张力分解示意图，从图中可知：张力 T 可分解为阻止螺旋卷成型的分力 T_1 和使金属丝发生弯曲的分力 T_2。缠绕过程中，随着螺旋卷长度的增加，引线角 β 逐渐减小，同时 T_1 逐渐增大，T_2 逐渐减小。由于 T_1 与螺旋卷的成型方向相反，所以随着它的增大，成型螺旋卷的螺距 λ 呈由大变小的趋势，即螺旋卷线匝排列得越来越紧，甚至还会发生金属丝重叠缠绕的现象；由于 T_2 使金属丝发生弯曲并最终形成螺旋卷，随着它的减小，作用在金属丝上的弯曲力矩变小，使成型螺旋卷的截面直径呈由小变大的趋势，即螺旋卷与芯轴的接触越来越松。可见，引线角 β 的变化会导致最终成型的螺旋卷不均匀，螺距及卷径一致性差，影响螺旋卷的成型质量。为了克服引线角对螺旋卷成型质量的影响，在芯轴上加装一个导丝卡子（图 3-9），导丝卡子的作用就是保证缠绕过程中金属丝所受张力 T 始终与芯轴垂直。随着缠绕的进行，导丝卡子被螺旋卷推动向前，从而避免了因引线角变化而导致的螺旋卷不均匀现象。

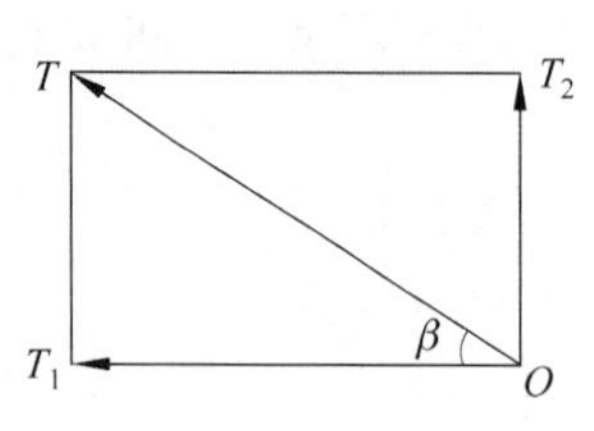

图 3-8　张力分解图

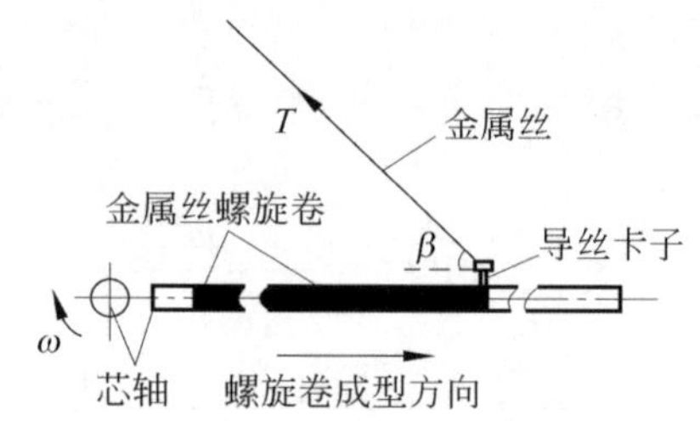

图 3-9　加装导丝卡子后螺旋卷制备示意图

为了考察压力调节弹簧松紧度对张力 T 的影响，实验选取芯轴直径 1.4mm、电机转速 450r/min，分别测试压力调节弹簧较紧、较松及适中时的张力 T。图 3-10 是计算机采集到的张力 T 与时间 t 关系曲线。

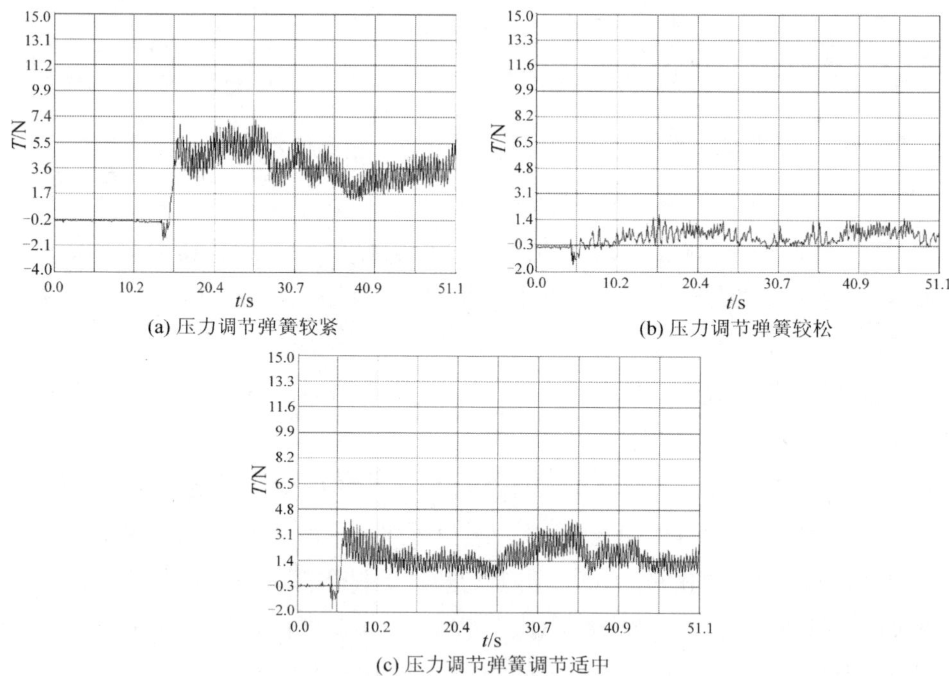

图 3-10　压力调节弹簧松紧度不同时，张力 T 与时间 t 的关系图

由图 3-10 可知，张力 T 受压力调节弹簧松紧度影响非常显著。在其他工况相同时，压力调节弹簧越松，张力 T 越小；压力调节弹簧越紧，张力 T 越大。

2. 芯轴直径 D_x、张力 T 对螺旋卷直径 D_l 的影响

为考察螺旋卷直径 D_l 与芯轴直径 D_x 、张力 T 之间的关系，我们对不同芯轴直径、不同张力情况下制备的螺旋卷直径进行了测量，结果列于表 3-1，表中 $\bar{D}_l$ 表示螺旋卷直径平均值。取未撤销张力 T 的情况下，金属丝紧密缠绕在芯轴上时的螺旋卷直径为其理论直径，经计算，芯轴直径 D_x 为 1.4mm、1.0mm 时的螺旋卷理论直径分别为 2.0mm、1.6mm。

表 3－1　不同张力 T、芯轴直径 D_x 时的螺旋卷直径 D_l

D_x/mm	T/N	D_l/mm					$\bar{D}_l$/mm
1.4	1.1	2.36	2.38	2.36	2.36	2.38	2.368
	3.1	2.36	2.34	2.36	2.36	2.36	2.357
	5.3	2.36	2.34	2.36	2.34	2.36	2.352
1.0	3.1	1.62	1.62	1.62	1.62	1.64	1.628

观察表 3－1，并比较不同芯轴直径时螺旋卷直径的理论值，不难发现：螺旋卷直径 D_l 的实测值大于理论值；芯轴直径 D_x 相同时，成型后的螺旋卷直径 D_l 随丝线张力 T 的增大而减小；丝线张力 T 越大、芯轴直径 D_x 越小，成型后的螺旋卷直径 D_l 越接近于理论值。

分析其原因主要有三点：一是螺旋卷从芯轴上撤出后，由于弹性变形将发生沿螺旋卷直径方向扩张和沿螺旋卷缠绕方向伸长的现象；二是缠绕过程中金属丝发生塑性变形，且丝线张力 T 越大、芯轴直径 D_x 越小，金属丝的塑性变形越大；三是测量过程中存在误差。

因此，可以得出结论：在螺旋卷制备过程中金属丝的弹性变形与塑性变形影响成型后的螺旋卷直径。张力较小或选用直径较大的芯轴时，弹性变形量大，螺旋卷直径与理论值差距较大；张力较大或选用直径较小的芯轴时，塑性变形程度大，螺旋卷直径相对接近理论值。

3. 芯轴直径 D_x、张力 T 对螺旋卷弹性变形特性的影响

成型的金属丝螺旋卷可以看作一段很长的弹簧，其弹性变形特性可用弹性系数 K 来表示。为考察芯轴直径 D_x 、张力 T 对螺旋卷弹性系数 K 的影响规律，实验中任意截取每种工况下缠绕的小段螺旋卷为研究对象，经多次测量计算，再取平均值。为便于比较，选取其中芯轴直径 D_x 和张力 T 不同、其他加工工况相同、截取长度相同的一组螺旋卷的测量、计算结果进行分析。

实验中将小弹簧（小段螺旋卷）竖直悬空挂起，上端固定，下端依次挂质量 M 不同的砝码，如图 3－11 所示，并依次记录其被拉伸的长度 Δl，测量结果见表 3－2。

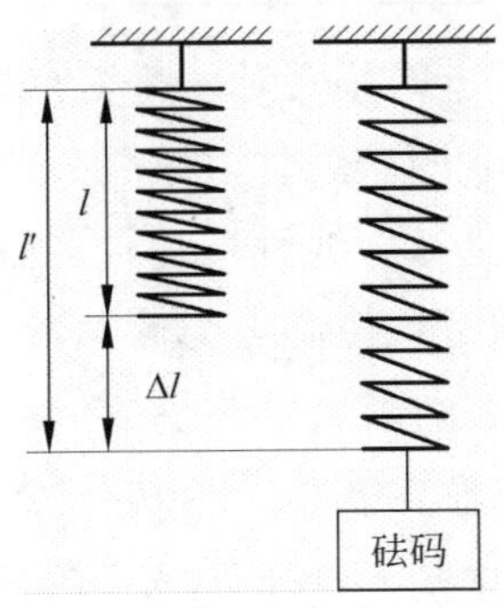

图 3－11　螺旋卷弹性系数 K 测量示意图

实验中发现，小弹簧自身质量很小，其重力对弹性变形的影响几乎为零，可以忽略不计。此时螺旋卷的弹性系数 K 为

$$\begin{cases} K = Mg/\Delta l \\ \Delta l = l' - l \end{cases} \tag{3-5}$$

表 3-2　螺旋卷弹性系数 K 测量数据表

D_x/mm	T/N	l/mm	l'/mm	Δl/mm	M/kg	K/(N/mm)	$\bar{K}$/(N/mm)
1.4	1.1	30	39	9	0.1	0.111	0.0858
			54	24	0.2	0.083	
			67	37	0.3	0.081	
			81	51	0.4	0.078	
			95	65	0.5	0.076	
	3.1	30	37	7	0.1	0.143	0.1074
			49	19	0.2	0.105	
			60	30	0.3	0.100	
			72	42	0.4	0.095	
			83	53	0.5	0.094	
	5.3	30	31	1	0.1	1.000	0.3222
			39	9	0.2	0.222	
			50	20	0.3	0.150	
			62	32	0.4	0.125	
			74	44	0.5	0.114	
1.0	3.1	30	31	1	0.1	1.000	0.6056
			33	3	0.2	0.667	
			36	6	0.3	0.500	
			39	9	0.4	0.444	
			42	12	0.5	0.417	

从表 3-2 中发现，在加载 0.1kg 的砝码时，螺旋卷的弹性系数 K 值均较大，即螺旋卷的伸长量较小；在加载 0.2～0.5kg 的砝码时，弹性系数 K 值相对较小，即螺旋卷的伸长量较大，且伸长量与所加砝码质量呈近似线性变化；芯轴直径相同时，螺旋卷弹性系数 K 随张力 T 增大而增大；张力 T 相同时，螺旋卷弹性系数 K 随芯轴直径 D_x 的增大而减小，且芯轴直径 D_x 对螺旋卷弹性系数 K 的影响显著。

4. 电机转速 ω 对张力 T、螺旋卷直径 D_l 及弹性系数 K 的影响

电机转速 ω 是螺旋卷制备工艺中的一个重要技术参数，它直接关系到生产效率。为研究 ω 是否影响张力 T 、螺旋卷直径 D_l 及弹性系数 K，我们在芯轴直径为 1.4mm，电机转速分别为 150r/min 、300r/min 、500r/min 、700r/min，压力调节弹簧松紧度适中的情况下进行

实验，测量张力 T，并分别对各转速下制备的螺旋卷进行螺旋卷直径 D_l 和弹性系数 K 测量，测量结果见表 3－3。

表 3－3　电机转速 ω 不同时，张力 T、螺旋卷直径 D_l、弹性系数 K

ω/(r/min)	T/N	$\bar{D}_l$/mm	$\bar{K}$/(N/mm)
150	1.49	2.356	0.1022
300	2.28	2.348	0.1090
500	3.01	2.344	0.1352
700	3.05	2.336	0.1700

从表 3－3 可以看出，随着电机转速 ω 的增大，缠绕张力 T 增大、成型后的螺旋卷直径 D_l 减小、螺旋卷弹性系数 K 增大。

3.2　数控无芯轴螺旋卷绕制

3.2.1　数控无芯轴螺旋卷绕制设备

金属丝螺旋卷绕制可以通过专用的数控弹簧缠绕设备完成。目前，市场上常见的数控弹簧缠绕设备的原理如图 3－12 所示。

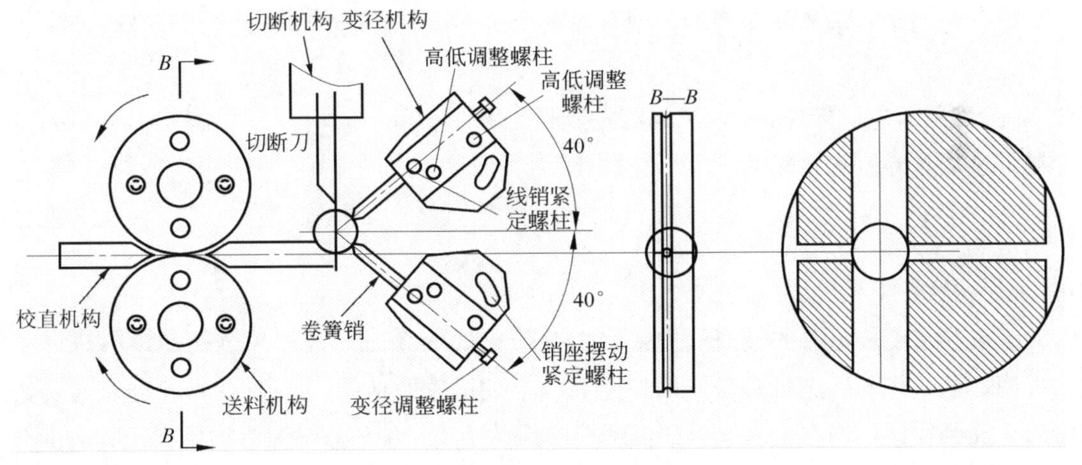

图 3－12　数控弹簧缠绕设备工作原理

数控弹簧缠绕设备主要由校直机构、送料机构、变径机构、切断机构四部分组成，是一种典型的机电一体化设备。

1. 校直机构

校直机构的位置在料架与送料滚轮之间，它由一组或两组校直滚轮或压线板组成。校直机构的目的是消除钢丝原有的弯曲变形，经校直后，能挺直地进入变径机构，以便提高卷簧的成型精度。

2. 送料机构

送料机构是靠一对或两对送料滚轮压紧钢丝，以送料滚轮的旋转带动钢丝直线前进的装置。送料滚轮通过扇形不完全齿轮传动送料轮轴上的齿轮实现旋转，上、下滚轮的转速相同，但旋转方向相反。送料滚轮旋转一周，送料长度就是送料滚轮的周长，弹簧的展开长度可由送料滚轮的旋转圈数决定，扇形不完全齿轮的齿数控制送料滚轮的旋转圈数。

3. 变径机构

变径机构是卷绕弹簧时，弹簧外径的控制机构。它由两个顶杆和驱动顶杆的变径凸轮组成。生产圆柱弹簧时，弹簧走丝不变，调整两个顶杆至相应位置，符合弹簧的外径尺寸，然后固定两个顶杆位置不变。

4. 切断机构

用于完成卷绕成型弹簧的切断。控制器根据卷绕弹簧的长度控制切断刀实现钢丝的切断。

3.2.2 螺旋卷成型过程中金属丝表面损伤机理与润滑介质选择

1. 卷绕成型过程中金属丝受力分析

如图 3-12 所示，设备工作时金属丝首先在送料机构的牵引下通过校直机构进入卷簧销线槽中螺旋成型。

若金属丝与送料滚轮间无滑动，则金属丝从送料滚轮通过的线速度，即送丝速度

$$v = \omega R \tag{3-6}$$

式中，ω 为送料滚轮的转速；R 为送料滚轮半径。

则，金属丝卷绕的角速度

$$\omega' = \frac{v}{r} \tag{3-7}$$

式中，r 为螺旋卷半径。

对螺旋卷卷绕成型时的金属丝进行受力分析，如图 3-13 所示。金属丝没有进入到卷簧销线槽之前，只受到送料机构作用在金属丝上的沿轴线的拉力 F'。金属丝进入卷簧销线槽中后，受到线槽作用在金属丝上的沿线槽法线的力 F，将 F 分解为沿线槽切线方向的分力 F_1 和沿金属丝轴线方向的分力 F_2。其中，F_2 与送料机构作用在金属丝上的沿轴线的拉力 F' 大小相等，方向相反，是一对作用力与反作用力；F_1 则使金属丝沿线槽运动，并使金属丝发生弯曲塑性变形。

2. 卷绕成型后金属丝表面损伤

任何光滑的表面从微观看都是不平的，两个不平的固体表面之间的相对运动必然要产生摩擦。如图 3-12、图 3-13 所示，金属丝在卷绕成型时先后在校直机构、送料机构中摩擦滑动，随后在卷簧销线槽中弯曲变形并伴随与卷簧销线槽内壁的摩擦，这些都会造成金

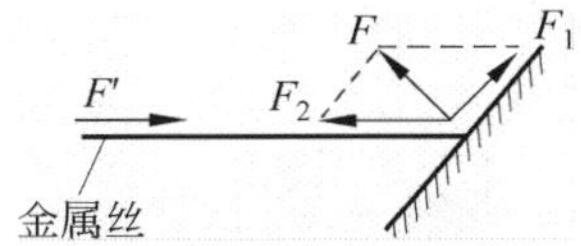

图 3-13 卷绕成型时金属丝的受力状态

属丝表面的摩擦损伤，形成表面裂纹源，从而影响金属橡胶制品的性能。

为了了解卷绕成型后金属丝表面的损伤及光滑程度，选用北京元中北奥光学技术有限公司提供的 OLYMPUS LEXT OLS3000 型激光扫描共焦显微镜（LSCM）对 ϕ0.3mm 的实验用钢丝表面进行观察，表面形貌及表面轮廓观察结果如图 3-14 所示。

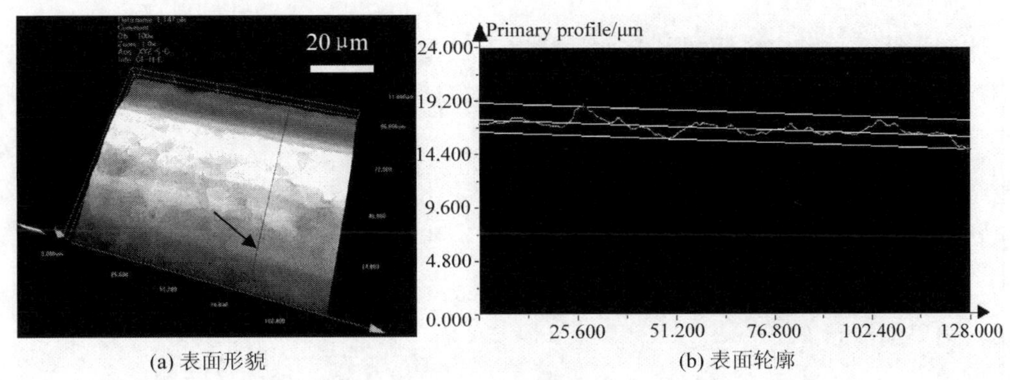

(a) 表面形貌 (b) 表面轮廓

图 3-14 卷绕后不锈钢丝表面 LSCM 观察

LSCM 表面观察发现，金属丝表面有微米量级的凹凸起伏［图 3-14（a）］。随机选取其中一位置进行线扫描得到表面轮廓曲线［图 3-14（b）］。用 OLYMPUS LEXT OLS3000 激光扫描共焦显微镜及其自带的软件统计分析得到卷绕后金属丝表面粗糙度，见表 3-4。

表 3-4 卷绕后不锈钢丝的表面粗糙度

符号	R_a	R_z	RS_m
名称	轮廓算术平均偏差	微观不平度十点高度	轮廓微观不平度平均间距
定义	取样长度内轮廓偏距绝对值的算术平均值	取样长度内最大轮廓峰高的平均值和最大轮廓谷深的平均值之和	含有一个轮廓峰和相邻一个轮廓谷的一段中线长度
数值/μm	3.447	0.520	17.685

由表 3-4 可知，轮廓算术平均偏差 R_a 值为 3.447μm，轮廓微观不平度的平均间距为 17.685μm。计算表明，在中等大小的磨损痕迹上平均存在 200 余个微米量级的凹凸体。

由图 3-14（a）可知，这些磨损痕迹存在的微米量级的凹凸体正是由于金属丝螺旋成型过程中的摩擦损伤产生的表面裂纹源。

3. **卷绕成型过程中金属丝的润滑**[2]

1）卷绕成型过程中润滑剂的作用

金属丝在卷绕成型过程中与校直机构及送料机构中与之接触的金属表面及在卷簧销线槽中与线槽内壁接触的金属表面之间都会形成摩擦。通过合理地选择润滑介质，在金属丝和与之接触的摩擦表面之间形成理想的润滑膜，把两者隔离开来，可以改善金属丝表面的润滑条件，使螺旋卷成型比较容易，并可以显著降低金属丝表面的摩擦损伤，提高丝线表面光洁度，降低表面裂纹源的数量。

2）卷绕过程中的摩擦润滑状态

（1）流体润滑状态。

流体润滑状态也称完全润滑。在这种状态下，金属丝与接触金属表面距离较远，完全被一层连续的润滑膜隔开，这层润滑膜有足够的厚度、强度和附着性，其摩擦系数 μ 只有 0.001 ～ 0.005，是比较理想的润滑状态。

卷绕过程中金属丝通过校直机构时，由于运动比较平稳且变形极小，很容易建立起流体润滑；但在通过卷簧销线槽时，由于弯曲变形中线槽内壁对金属丝表面施加的压力分布不均匀，同时由于金属丝卷曲成螺旋卷过程的抖动，很难建立起流体润滑。

（2）边界润滑状态。

边界润滑状态也称不完全润滑。在这种状态下，部分润滑膜遭到破坏，形成一种处于完全润滑与干摩擦之间的边界状态。在边界润滑状态下，金属丝与接触金属表面紧密接触，接触面间有一层极薄的一般只有几个分子厚的润滑膜，其润滑性能主要取决于润滑剂本身的化学性能以及金属丝表面特征，因而分子链越长，边界润滑越稳固。其作用机理为：润滑剂中脂肪酸、皂类等极性分子，由于物理吸附或化学吸附作用，定向地排列在金属丝表面，呈“细绒毛”状的分子栅。极性分子的这种定向排列使得相邻的同层分子相互紧密吸引，形成一层具有一定强度的整体，两相邻分子层之间却很容易滑动，剪切力很弱。因此，边界润滑膜具有较好的耐压能力、渗透能力以及较低的摩擦系数（$\mu = 0.1 \sim 0.3$）。

（3）混合润滑状态。

混合润滑状态是介于边界润滑和流体润滑之间的一种润滑状态，$\mu = 0.005 \sim 0.1$。润滑剂依靠本身的黏附力和化学活性，在金属丝表面形成吸附膜和反应膜而来起到润滑作用，膜层厚度与金属丝表面状态有关，表面粗糙的金属丝容易形成比较厚的润滑膜。

一般认为，金属丝通过卷簧销线槽卷曲形成螺旋卷时属于边界润滑和混合润滑。

3）对润滑剂性能的要求

性能优良的润滑剂必须兼有润滑性能和工艺性能，在各种恶劣的卷绕条件下都能形成稳定的润滑膜。因此，优良的卷绕成型润滑剂应具有如下性能：

（1）附着性好，能充分覆盖新旧表面，形成连续、完整，并有一定厚度的润滑膜。

（2）充分低的摩擦系数。

（3）耐热性好，软化温度与变形区温度相适应，高温（300～400℃）下仍能保持良好的润滑性能。

（4）在高压下具有不造成润滑膜破坏的高负荷能力。

（5）性能稳定，不易发生物理或化学变化，对金属丝和与之接触的金属不腐蚀。

（6）不对后处理带来不好的影响。

（7）对人体和环境无害。

4）润滑剂的选择

金属橡胶制备中螺旋卷的绕制一般采用小丝径（ϕ0.1～0.3mm）不锈钢弹簧丝（304 或 316），螺旋卷直径控制在一定范围（是金属丝直径的 10～15 倍）。

根据金属丝卷绕过程中的摩擦润滑状态，可选用湿式（水融性）润滑剂或油性润滑剂，使用时将其注入数控绕丝机储液盒内。设备工作时，通过送料滚轮旋转将润滑剂均匀地涂覆在金属丝表面形成润滑膜。

（1）湿式（水融性）润滑剂。

湿式润滑剂由动物油或矿物油加入多种添加剂组成，可分为乳化液和皂液两类。

乳化液是由乳化油加水组成的一种水包油型乳浊液；皂液由天然脂肪酸的碱金属皂（钾、钠）组成。此外，还加入油性剂、防腐剂、消泡剂、抗氧化剂等添加剂。

（2）油性润滑剂。

油性润滑剂是以矿物油为主，添加含氯的极压添加剂、油性改善剂等成分，比较适用于不锈钢丝的卷绕成型。极压添加剂依靠与金属表面起化学反应生成极压膜来改善润滑；油性改善剂依靠极性分子吸附在金属表面来改善润滑。

3.2.3　螺旋卷成型工艺参数的优化

螺旋卷成型工艺参数包括送丝滚轮转速 ω 、螺旋卷直径 D 、螺旋卷长度 L。

1. 送丝滚轮转速

由式（3-6）可知，送丝速度 v 与送料滚轮半径 R 和送料滚轮转速 ω 成正比。一般，送料滚轮半径 R 是确定的，转速 ω 可通过控制送料轴的转速进行调节。

由式（3-7）可知，如果送丝速度 v 过大，当螺旋卷直径一定时，金属丝卷绕的角速度 ω' 很大，随着卷绕过程的进行，成型螺旋卷将围绕旋转中心产生剧烈的旋转和摆动。这种剧烈的旋转和摆动会影响卷绕过程的稳定性，从而缩短螺旋卷的成型长度，同时还会破坏润滑膜，使金属丝表面产生大量的摩擦损伤。

因此，在金属丝卷绕过程中，一般将送料滚轮转速 ω 控制在 5000r/min 左右。此时，通过附加辅助装置能够稳定缠绕长度 10m 左右的螺旋卷。

2. 螺旋卷直径

1）螺旋卷直径对金属橡胶制品力学性能的影响

大量理论与实验研究表明，在其他工艺参数相同时，螺旋卷直径直接影响金属橡胶制品的弹性阻尼性能，金属橡胶制品的压缩刚度与螺旋卷直径 D 成反比。

2）螺旋卷直径对成型过程稳定性的影响

大量的工艺实验研究也表明，螺旋卷直径过小时，螺旋卷成型过程变得不稳定。

3）螺旋卷直径 D 对金属丝表面质量的影响

由图 3－13 可知，金属丝卷绕成型过程可以简化为金属丝的平面弯曲问题，如图 3－15 所示。

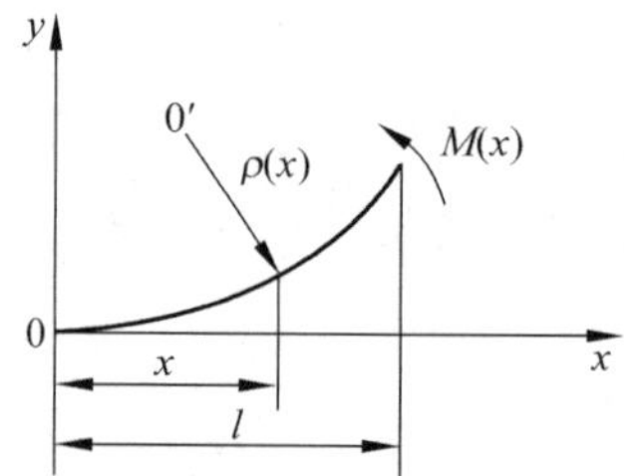

图 3－15　金属丝平面弯曲力学分析模型

根据工程力学分析理论[3]，金属丝弯曲时轴线的曲率方程为

$$\frac{1}{\rho(x)}=\frac{M_z(x)}{EI_z} \tag{3-8}$$

式中，$\rho(x)$ 和 $M_z(x)$ 分别为坐标为 x 的截面上的弯矩和金属丝轴线弯曲后该处的曲率半径；E 为金属丝弹性模量；I_z 为金属丝横截面对中性轴的惯性矩。

由式（3-8）不难看出，如假设 $\rho(x)$ 近似等于螺旋卷直径（近似误差来源于螺旋卷离开卷簧销线槽时由于弹性变形引起的直径变化），则金属丝弯曲时承受的弯矩 $M_z(x)$ 与 $\rho(x)$ 成反比。即螺旋卷直径越小，弯矩 $M_z(x)$ 越大；螺旋卷直径越大，弯矩 $M_z(x)$ 越小。

由图 3－13 可知，弯矩 $M_z(x)$ 与线槽作用在金属丝上的沿线槽法线的力 F 成正比（螺旋卷直径一定），即弯矩 $M_z(x)$ 越大，F 越大，作用在金属丝线表面的压力越大，摩擦力和对润滑膜的破坏也越大。可见，过小的螺旋卷直径会使金属丝卷绕成型后的表面质量变差。

大量的工艺实验研究表明，一般螺旋卷直径 D 控制在金属丝直径的 10～15 倍。

3. 螺旋卷长度 L

由前面分析可知，螺旋卷长度 L 受送丝滚轮转速 ω、螺旋卷直径 D 的影响非常大。

同时，大量的工艺实验研究表明，在送丝滚轮转速 ω、螺旋卷直径 D 一定的情况下，螺旋卷长度还与电机的功率有关。电机功率越大，则推动螺旋卷离开卷簧销线槽的力也越大，能够平稳缠绕的螺旋卷长度也越长；电机功率越小，则推动螺旋卷离开卷簧销线槽的力也越小，能够平稳缠绕的螺旋卷长度也越短。

◇◇◇ 参 考 文 献 ◇◇◇

[1] 刘红．非圆截面丝制造金属橡胶技术研究．军械工程学院硕士论文，2009.
[2] 徐效谦，明绍芬．特殊钢钢丝．北京：冶金工业出版社，2005.
[3] 刘鸿文．材料力学．北京：高等教育出版社，1991.

第4章 金属橡胶毛坯制备技术

本章的核心内容是介绍金属橡胶毛坯的制备技术，包括传统手工铺砌毛坯、数控螺旋卷缠绕毛坯设备及工艺、数控螺旋卷铺设设备及工艺、数控金属丝编织-嵌槽毛坯设备及工艺。

4.1 传统手工铺砌毛坯技术

俄罗斯萨马拉国立航空航天大学[1]在传统手工铺砌毛坯方面提出了许多极富创造力的工艺技术，可以显著地提高金属橡胶的弹性阻尼性能。然而，由于传统手工铺砌毛坯主要依靠人工来完成，导致金属橡胶制品尺寸及性能一致性很差，且劳动生产率低，已经不能满足现代国防工业规模化生产的需求。因此，以计算机控制为核心的先进金属橡胶毛坯制备技术正逐渐取代传统落后的手工铺砌技术。

4.2 数控螺旋卷缠绕毛坯技术

以计算机控制技术为核心的金属橡胶毛坯缠绕工艺采用精密螺旋卷定螺距拉伸技术、精确的缠绕轨迹控制技术以及精确的毛坯尺寸控制技术，使金属橡胶毛坯的成型质量及劳动生产率大幅度提高，为金属橡胶制品的规模化生产奠定了坚实的技术基础。

军械工程学院金属橡胶工程研究中心研制了基于 PMAC 多轴控制技术的数控毛坯缠绕设备，图 4-1 为数控毛坯缠绕设备的结构示意图。

如图 4-1 所示，数控毛坯缠绕设备主要由缠绕机构 1、导丝机构 2、定螺距拉伸机构 3、缠绕直径检测机构 4 及控制系统 5 五部分组成。缠绕机构 1 用于驱动主轴以一定转速旋转，并将测量得到的电机转速输送到控制系统；导丝机构 2 用于驱动送丝装置以一定速度及位移沿线性滑轨做往复直线运动，并利用滚压装置压紧毛坯，使螺旋卷勾连良好；定螺距拉伸机构 3 用于对密匝金属丝螺旋卷进行定螺距拉伸；缠绕直径检测机构 4 用于实时测量毛坯缠绕直径，并将数据传送到控制系统 5；控制系统 5 通过变频器控制缠绕机构 1 的三相异步电机转速，并根据用户设定参数及设备各传感器输出信号控制导丝机构 2 中送丝装

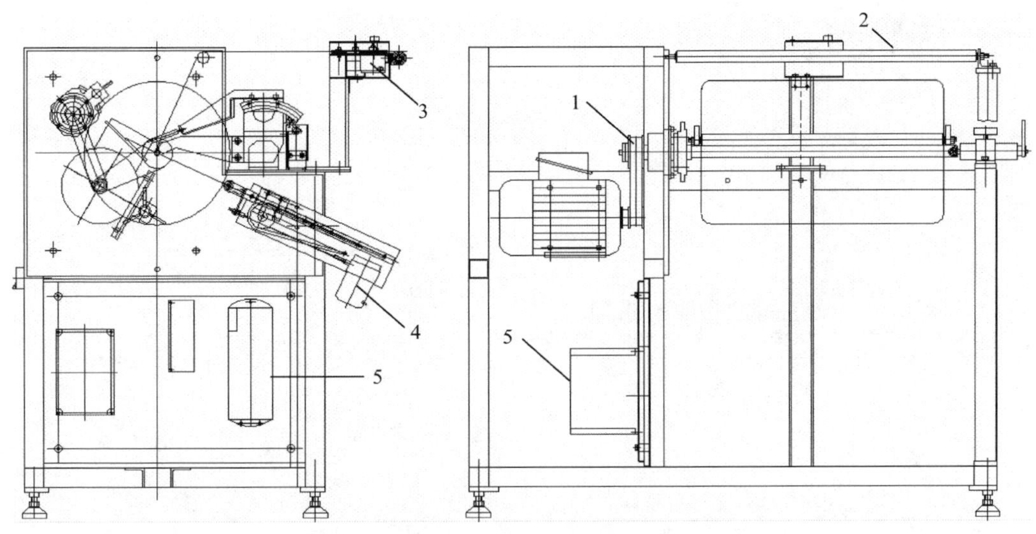

图4-1　数控毛坯缠绕设备结构示意图

置的移动速度、位移及定螺距拉伸机构3中步进电机转速，从而对螺旋卷螺距大小及螺旋卷缠绕运动轨迹进行精确控制。

该设备采用国际上先进的PMAC多轴控制技术，实现了从螺旋卷定螺距拉伸到毛坯缠绕的全自动精确控制，解决了金属橡胶制品成型尺寸及性能一致性差的技术难题，废品率大大降低，生产效率得到大幅度的提高，降低了生产成本，适用于制备具有常规尺寸且构型简单的金属橡胶毛坯，且密匝金属丝螺旋卷的丝径及卷径不受限制。

目前，数控毛坯缠绕设备已经在河北金擘机电科技有限公司金属橡胶产学研示范基地投入使用，用于武器装备减振缓冲用金属橡胶制品的批量化生产。

4.3　数控螺旋卷铺设毛坯技术

军械工程学院金属橡胶工程研究中心通过对金属橡胶毛坯制备工艺进行大量的研究发现，对于大尺寸金属橡胶板材制品及具有复杂构型的金属橡胶制品，不适于采用螺旋卷缠绕工艺制备毛坯。目前，国内外在制备此类具有特殊结构的金属橡胶毛坯方面尚无有效的技术手段，大多采用传统的手工铺砌技术，劳动强度大，生产效率低，且产品尺寸及性能的一致性难以得到保证。

军械工程学院金属橡胶工程研究中心为解决大尺寸金属橡胶板材制品及具有复杂构型的金属橡胶制品的成型问题，研制了基于PMAC多轴控制技术的数控毛坯铺设设备，图4-2为数控毛坯铺设设备的结构示意图，铺设毛坯如图4-3所示。

如图4-2所示，数控毛坯铺设设备主要由定螺距拉伸机构1、高精度轨迹机器人装置2

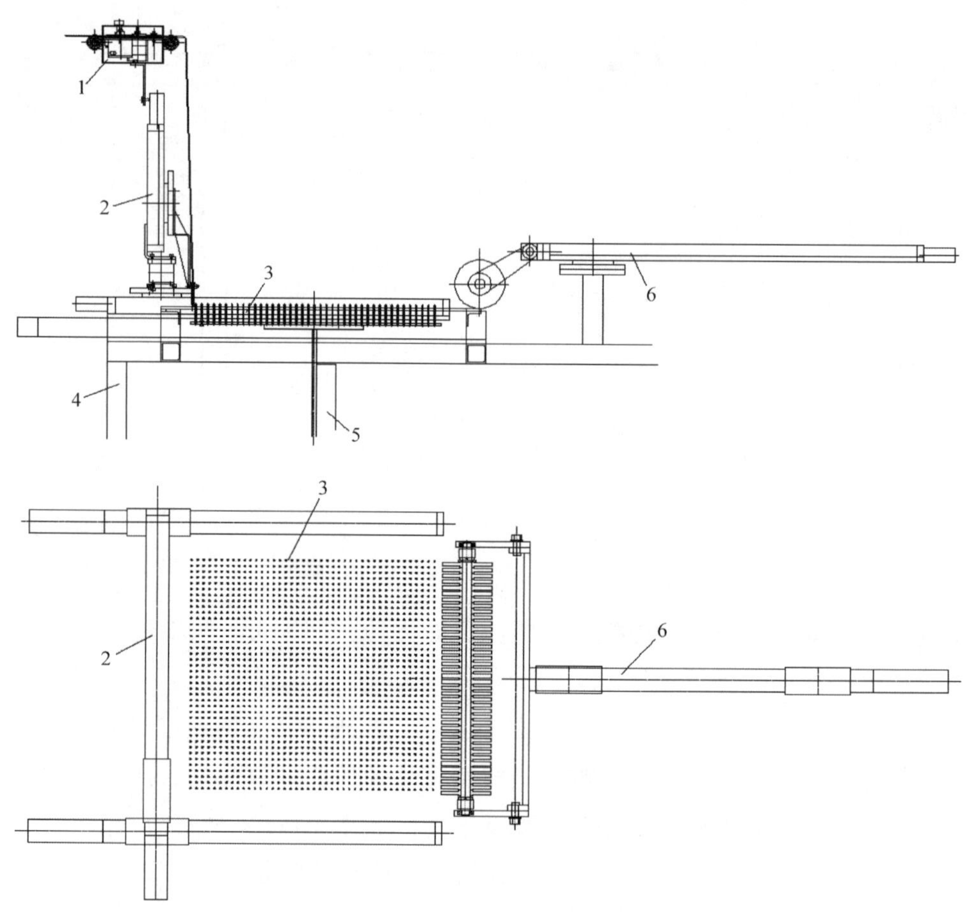

图 4-2　数控毛坯铺设设备示意图

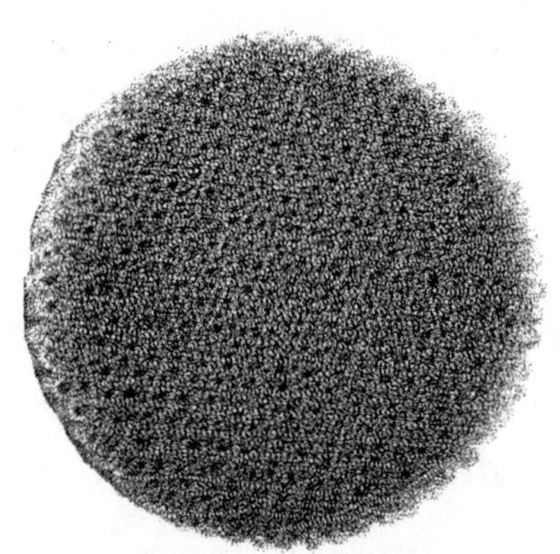

图 4-3　多层铺设毛坯

（铺设机构 2）、铺设平台 3、机架 4、升降机构 5、滚压机构 6 及控制系统七部分组成。定螺距拉伸机构 1 用于对密匝金属丝螺旋卷进行定螺距拉伸。高精度轨迹机器人装置 2（铺设机构 2）包括三个相互垂直的线性滑轨及导丝机构，用于对定螺距拉伸后的螺旋卷线匝进行三维立体铺设。铺设平台3包括支承板及铺设定型装置，铺设定型装置由定型销和固定板组成，用于对铺设过程中的金属丝螺旋卷线匝进行定位，确定铺设毛坯的外形轮廓。升降机构5用于带动铺设定型装置上下运动。在铺设开始前，根据毛坯的厚度，利用升降机构调整铺设定型装置的初始位置，使定型销顶部与支承板之间保持一定距离，以便对金属丝螺旋卷线匝进行定位；在铺设过程中，控制系统根据已铺设毛坯的厚度，通过升降机构带动铺设定型装置向上移动一定距离，始终保持定型销上有足够用于缠绕螺旋卷的空间；在铺设结束后，升降机构带动铺设定型装置向下运动，直至定型销顶部低于支承板，使铺设完成的毛坯顺利从定型销中脱出。滚压机构6由线性滑轨及滚轮组成，用于对铺设完成的每一层毛坯进行滚压，使铺设毛坯层与层之间螺旋卷勾连良好。控制系统利用预先设定的三维立体铺设轨迹，对定螺距拉伸机构中的步进电机、高精度轨迹机器人三个方向的伺服电机、升降机构中的伺服电机及滚压机构中的伺服电机进行协调控制，实现金属橡胶毛坯的三维立体铺设。

该设备采用国际上先进的PMAC多轴控制技术，实现了螺旋卷定螺距拉伸、三维立体铺设轨迹规划及三维立体铺设毛坯的全自动精确控制，解决了大尺寸金属橡胶板材制品及具有复杂构型的金属橡胶制品的毛坯成型问题。目前，该设备已经在河北金擘机电科技有限公司金属橡胶产学研示范基地投入使用，用于武器装备减振缓冲用金属橡胶制品的批量化生产。

4.4　数控金属丝编织-嵌槽毛坯技术

为解决传统低刚度（小密度）金属橡胶制品尺寸及性能稳定性差的问题，军械工程学院金属橡胶工程研究中心采用金属丝专用编织设备及金属丝网滚压设备，提出了数控金属丝编织-嵌槽毛坯制备工艺方法。金属丝编织及滚压设备如图4-4所示，制备的金属丝网及毛坯如图4-5所示。

金属丝编织-嵌槽毛坯制备工艺过程[2]如下：

（1）首先根据金属橡胶制品的尺寸及物理、机械性能要求，选择金属丝的材质及直径。

（2）将选定的细金属丝在编织设备（如圆纬针织机）上编织成一定宽度的金属丝网。金属丝网的宽度根据金属橡胶制品的尺寸而定，金属丝网的网孔大小及形状由编织设备控制。

（3）将经过预压整形处理后的金属丝网送入滚压设备的压槽轧辊中进行冷轧，在金属丝网上均匀地压制出若干沟槽，如图4-5（a）所示。沟槽深度会对成型后金属橡胶制品的性能产生影响，因此压槽加工前，需根据所设计的沟槽深度调整压槽轧辊之间的间隙。为得到设计的沟槽深度，有时需要进行多次反复冷轧成型。

(a) 金属丝编织设备

(b) 金属丝网滚压设备

图 4-4 金属丝编织及滚压设备

(a) 金属丝网

(b) 毛坯

图 4-5 金属丝网及毛坯

（4）将冷弯压槽后的金属丝网卷缠成毛坯，如图 4-5（b）所示，卷缠时要保证金属丝网沟槽之间良好地嵌合。

这种基于金属丝编织-嵌槽技术的金属橡胶毛坯制备工艺具有工艺简单，自动化程度高，所制备的金属橡胶制品尺寸及性能一致性好，废品率低等优点。同时，采用这种工艺方法制备的金属橡胶制品外形具有类似弹簧的螺旋沟槽结构，能够保证金属橡胶制品在具有很好的成型质量的前提下，又具有很低的刚度（密度），并且在使用过程中残余变形小，结构及性能稳定性好，使用寿命长。

◇◇◇ 参 考 文 献 ◇◇◇

[1] 切戈达耶夫．金属橡胶构件的设计．李中郢，译．北京：国防工业出版社，2000.

[2] 李拓．新型金属橡胶的制备技术与性能分析．石家庄：军械工程学院硕士论文，2014.

第5章 金属橡胶冲压成型技术

本章的核心内容是介绍金属橡胶冲压成型模具设计及冲压工艺设计，并分析讨论金属橡胶制品成型质量的影响因素。

5.1 冲压模具设计

金属橡胶毛坯的冲压成型是金属橡胶制品制备过程中最重要的工序之一，而冲压模具设计是否合理、功能是否完善，又将直接影响金属橡胶制品的成型质量及废品率[1]。

在进行冲压模具设计时，首先应根据所要制备的金属橡胶制品的结构形状对冲压模具进行构型设计（成型原理），这是决定金属橡胶制品能否成型，以及成型质量（包括几何尺寸、力学性能、内部组织结构等）能否满足设计要求的关键。此外，还要考虑工位安装、限位保护、模具强度、脱模及尺寸精度控制等一系列问题。

5.1.1 大尺寸长方体金属橡胶冲压模具

大尺寸长方体金属橡胶制品是指长、宽、高均大于100mm的金属橡胶制品，如图5-1所示，其外形结构比较简单，但由于其尺寸较大，为达到要求的成型尺寸及力学性能，冲压成型压力相对较高（一般大于1500kN）。在进行冲压模具设计时，一方面要保证金属橡胶制品成型后的尺寸精度，另一方面还要考虑到成型后的脱模问题。

图5-1 大尺寸长方体金属橡胶制品

对于大尺寸长方体金属橡胶制品，其高度方向一般为压力成型方向，尺寸精度由阳模冲头行程控制；其他两个方向的尺寸精度则由模具内腔长、宽尺寸控制。需要特别注意的是，通过大量的工艺实验研究发现，将冲压成型后的金属橡胶制品从模具中取出时，由于失去模具的约束，在弹性恢复力的作用下金属橡胶制品的体积会发生膨胀，长、宽、高尺寸均有所增加，而且各个方向上尺寸的膨胀量一般也不相同。因此，为保证成型后金属橡胶制品的尺寸精度，必须合理设计模具内腔尺寸，其中，模具内腔高度尺寸要根据毛坯的长度进行设计。

大尺寸长方体金属橡胶制品冲压成型后，一般需要借助液压机的顶出装置将其从模具内腔中顶出。液压机顶出缸的行程小于模具内腔高度，且金属橡胶与模具内腔相接触的表面之间的摩擦阻力很大，导致成型后金属橡胶制品脱模十分困难。为解决这一技术难题，我们提出了分体式模具设计思想，如图 5－2 所示。分体式模具由盖板及模具体两部分组成，模具内腔分成上、下两个成型区，Ⅰ区在初始冲压成型阶段承受的压力比较小，主要起毛坯的纫入导向作用；Ⅱ区在后期冲压成型阶段承受很大的压力，是主承载区。因此，将Ⅰ区设计成可拆卸的活动盖板结构。冲压前将盖板 1 通过螺栓固定在Ⅰ区模具体 2 上；冲压过程中毛坯在阳模冲头作用下纫入模具并压入Ⅱ区；冲压过程结束后，将活动盖板 1 卸下并启动液压机顶出缸，当顶出缸到达最大行程时，模具内的成型金属橡胶制品底部将到达Ⅰ区。由于此时盖板 1 已经与模具体 2 分离，故可用专用工具将模具内的金属橡胶制品顺利取出，解决了金属橡胶制品脱模困难的技术难题。

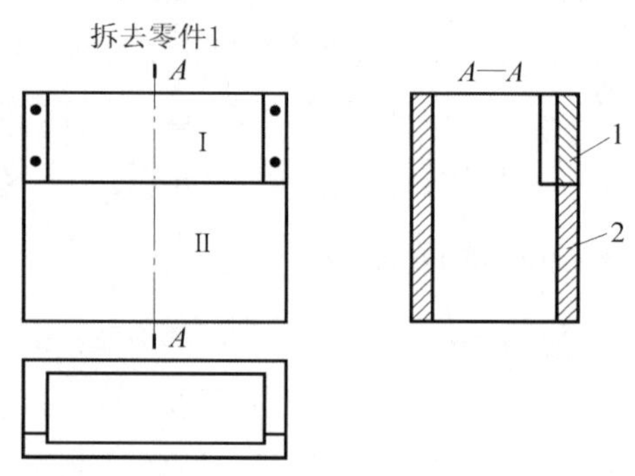

图 5－2　分体式模具示意图

5.1.2　大尺寸薄壁圆环状金属橡胶冲压模具

大尺寸薄壁圆环状金属橡胶制品是指外径尺寸大于 300mm，壁厚小于 3mm，高度小于 15mm 的金属橡胶制品，如图 5－3 所示。此类金属橡胶制品的外形结构虽然比较简单，但由于其属于薄壁大尺寸构件，因此冲压模具设计相对比较复杂。图 5－4 是军械工程学院金属橡胶工程研究中心设计的用于制备大尺寸薄壁圆环状金属橡胶制品的组合冲压模具示意图。

如图 5－4（a）所示，进行冲压成型前，首先采用数控全自动毛坯缠绕设备在芯轴 4 上进行毛坯缠绕。芯轴 4 内部焊接有十字交叉形式的提手，便于毛坯缠绕后将芯轴 4 放置在外套 5 内。连接螺栓 12 和螺母 13 用于将成型压套 6、垫块 2 及芯轴 4 连成一体，防止芯轴由于自重自行下落而从毛坯中脱出。

图 5-3　大尺寸薄壁圆环状金属橡胶制品

如图 5-4（b）所示，通过调整定位垫 8 的高度可以控制成型后金属橡胶制品的高度尺寸。

如图 5-4（c）所示，冲压过程结束后，将底部支撑盘 1 换成退模支撑盘 9，并松开连接螺栓 12 和螺母 13，利用退模压套 10 使芯轴 4 和上、下垫块 2 一起退出外套 5。

如图 5-4（d）所示，将退模支撑盘 9 换成底部支撑盘 1，利用退芯轴压套 11 将芯轴 4 从成型后的金属橡胶制品中退出。

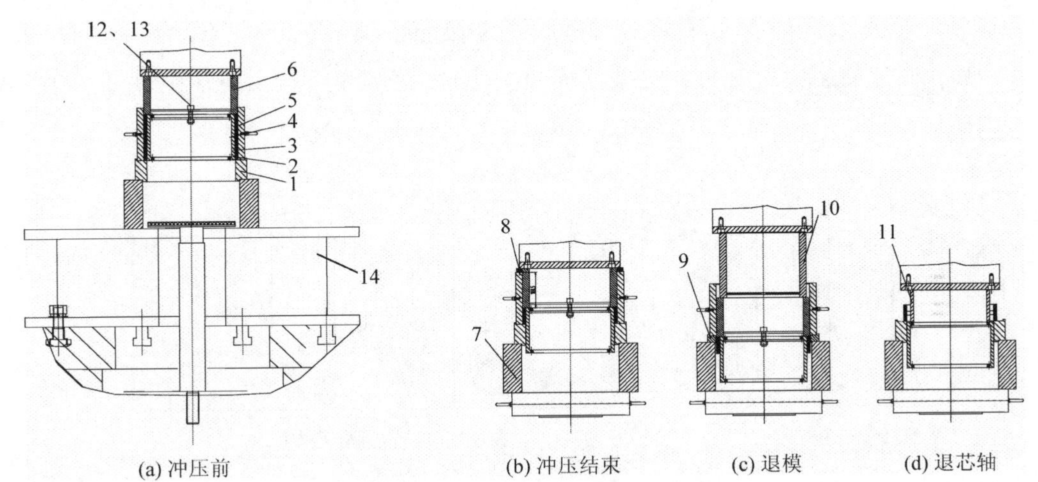

图 5-4　组合冲压模具

1—底部支撑盘；2—垫块；3—金属橡胶毛坯；4—芯轴；5—外套；6—成型压套；7—退模套；8—定位垫；9—退模支撑盘；10—退模压套；11—退芯轴压套；12—连接螺栓；13—螺母；14—液压机工作台组件

考虑到金属橡胶制品的成型压力较高（一般为 4500～5500kN）以及严格的尺寸要求，组合模具必须经过强度校核和变形计算。

5.1.3　异形金属橡胶冲压模具

异形金属橡胶制品是指结构形状不规则的金属橡胶制品。以图 5-5 所示扇形金属橡胶制品为例，其断面形状比较复杂，由多段圆弧及直线构成，上下表面均为曲面，不易冲压成型，给冲压模具构型设计带来了很大困难，主要表现在以下几点：

（1）考虑到需要曲面成型，阳模冲头和阴模内腔都应具有相应的曲面形状，同时由于成型金属橡胶制品退模后的空间膨胀特性比较复杂，对阳模冲头和阴模内腔曲面形状设计提出了很高的要求，必须通过反复实验确定。

（2）阳模冲头和阴模内腔复杂曲面设计还要考虑制造工艺能否达到技术要求，特别是曲面的加工比较困难。

图 5-5　扇形金属橡胶制品

我们提出了三种冲压模具设计方案，如图 5-6 所示。冲压模具包括阳模冲头 1、模具体 2 及阴模 4。

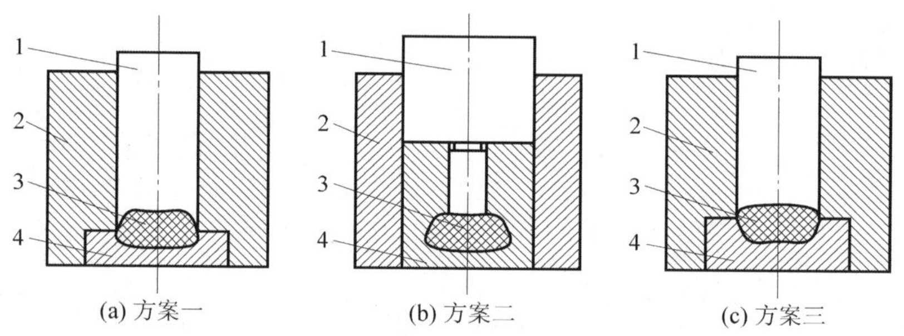

图 5-6　扇形金属橡胶冲压模具示意图

1—阳模冲头；2—模具体；3—成型后的金属橡胶；4—阴模

通过大量反复实验发现，如采用图 5-6（a）所示冲压模具设计方案一，冲压成型过程中金属橡胶毛坯在模具内由小弧面端向大弧面端挤压成型，由于毛坯流动性差，成型后的金属橡胶制品大弧面端尺寸很难达到设计要求，且金属橡胶制品整体密度分布不均匀，大弧面端比较稀疏，小弧面端比较密实。如采用图 5-6（b）所示冲压模具设计方案二，则由于阴模 4 内腔与阳模冲头 1 配合的部分比较狭窄，给金属橡胶毛坯的制备造成一定的困难，并且成型后的金属橡胶制品仍会出现与方案一同样的问题，此外，阳模冲头 1 和阴模 4 的结构形状均比方案一复杂，给模具的加工带来困难。图 5-6（c）所示冲压模具设计方案三虽然在结构上与方案一十分相似，但是冲压成型过程中金属橡胶毛坯在模具内由大弧面端向小弧面端挤压成型，金属橡胶毛坯的挤压成型方向与方案一相反，从而解决了金属橡胶制品大弧面成型困难的问题，且成型后的金属橡胶制品整体密度分布比较均匀。经过综合比较，最终确定采用图 5－6（c）所示方案三作为扇形金属橡胶制品冲压模具设计方案。

此外，由于阳模冲头和阴模内腔都是曲面形状，在进行模具加工时，首先应根据设计的几何参数进行精密曲面线切割，严格控制一次切割进给量；然后进行调质热处理，最后还要对线切割曲面进行研磨修形处理，以保证阳模冲头和阴模内腔的曲面配合精度，避免出现挤丝现象。

5.2　冲压工艺设计

金属橡胶制品冲压过程一般在具有数控编程功能的液压机上进行，对于成型压力在300kN 以下的金属橡胶制品，也可以采用电子万能实验机进行冲压成型。采用数控冲压设备可以对冲压过程实现精确控制，使金属橡胶制品的几何尺寸、力学性能一致性得到保证，显著地降低规模化生产中的废品率。

在进行冲压工艺设计时，对于尺寸较小、外形结构简单的金属橡胶制品可一次冲压成型，而对于尺寸较大、外形结构复杂的金属橡胶制品则需要分步多次成型。通过大量的工艺实验发现，采用一般分步多次冲压成型工艺并不能保证得到满足较高尺寸精度及力学性能要求的金属橡胶制品。为了解决这一难题，军械工程学院金属橡胶工程研究中心提出了适用于数控冲压设备的金属橡胶双梯度冲压成型工艺[2]，具体实施过程如图 5－7 所示。

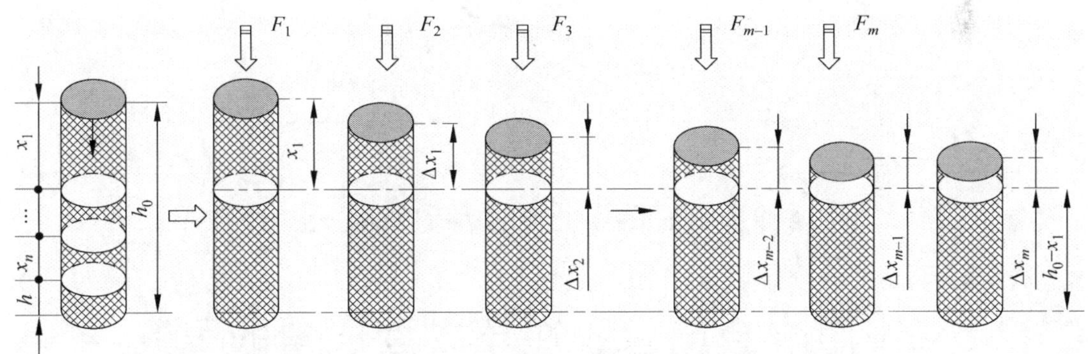

图 5－7　双梯度冲压成型示意图

双梯度冲压成型工艺是在一般分步多次冲压成型工艺基础上进行改进后的成型工艺。

一般分步多次冲压成型工艺将金属橡胶毛坯高度从 h_0 压到 h 的过程为连续逐次压缩过程。

$$h_0 \rightarrow \{h_0 - x_1\} \rightarrow \{h_0 - x_1\} - x_2 \rightarrow \{h_0 - x_1 - x_2\} - x_3 \rightarrow \cdots \rightarrow \{h_0 - x_1 - x_2 - \cdots x_n\} = h$$

而双梯度冲压成型工艺则在每一步压缩 x_i 过程中又叠加了一个逐次压缩过程，也称双连续逐次压缩过程。

首先是第一步 x_1 的冲压过程，以位移 x_1 来控制压制过程；第一次冲压毛坯，使毛坯的高度减少至 $h_0 - x_1$，此时冲压压力为 F_1。当释放压力 F_1 后，在弹性恢复力的作用下，毛坯高度增加 Δx_1，称为弹性恢复量。

再次冲压毛坯，使它的高度仍然减少至 $h_0 - x_1$，此时冲压压力为 F_2。当释放压力 F_2 后，在弹性恢复力的作用下，毛坯高度增加 Δx_2。

重复以上步骤，直到 $F_m = F_{m-1}$，且 $\Delta x_m = \Delta x_{m-1}$，此时保持压力 F_m，并使毛坯高度保持在 $h_0 - x_1$，第一步 x_1 的冲压过程结束。

然后依次按照以上方法逐次完成 x_i 压缩过程，即可得到满足尺寸精度及力学性能要求的金属橡胶制品。

双梯度冲压成型工艺可以通过具有数控编程功能的液压机或电子万能实验机实现，程序的编制还要结合大量的工艺实验进行。

研究表明，双梯度冲压成型工艺相比一般分步多次冲压成型工艺可以显著提高金属橡胶制品的承载能力（图 5-8），这意味着规模化生产中可以节约大量的金属丝原材料，降低金属橡胶制品的成本。

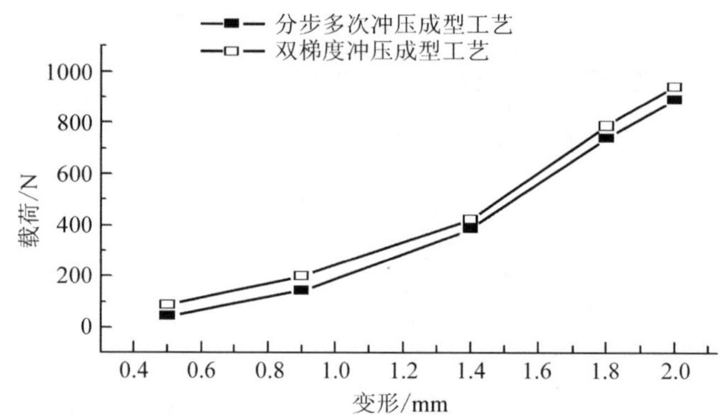

图 5-8　两种冲压成型工艺载荷—变形曲线对比

5.3　影响金属橡胶冲压成型质量的因素

一般来说，评价金属橡胶制品成型质量的标准主要是测量其几何尺寸是否超差，力学性能是否达到设计要求，内部组织结构是否均匀一致。大量的生产实践表明，金属橡胶制品的成型质量与制造过程中的各个环节密切相关，影响因素很多，作用机理也比较复杂。

1. 金属丝螺旋卷绕制过程的影响

绕制金属丝螺旋卷是制备金属橡胶的第一道重要工序。在金属丝螺旋卷绕制过程中，螺旋卷的直径及螺距必须控制在一定的公差范围内，从而保证一定长度螺旋卷的弹性变形特性基本一致，这是保证金属橡胶制品成型质量的前提。

2. 毛坯制备过程的影响

金属橡胶毛坯制备过程中，螺旋卷螺距的拉伸必须均匀一致，对于螺旋卷缠绕毛坯，毛坯各层缠绕角度可以相同，也可以按一定规律变化，但缠绕的轨迹必须保持一致。同时，缠绕时线匝之间的良好勾连也非常重要，它决定了金属橡胶制品内部组织结构是否稳定，对于冲压成型过程影响很大。

3. 毛坯冲压成型过程的影响

金属橡胶冲压成型过程中，线匝之间相互挤压、空间位置不断变化，是一个具有一定随机特性的动态过程。这一过程受冲压速率及其变化规律影响很大，同一批次毛坯采用不同的冲压成型工艺，金属橡胶制品的尺寸及性能可能差别很大。同时，合理的冲压模具设计也非常重要。金属橡胶毛坯的流动性很差，一些制品在边缘处出现疏松现象一般都是由于模具构型设计不合理造成的。

因此，正如其他工业领域产品遇到的问题一样，没有先进的数控制备设备和合理的制备工艺，规模化生产中很难制造出质量稳定的金属橡胶制品。

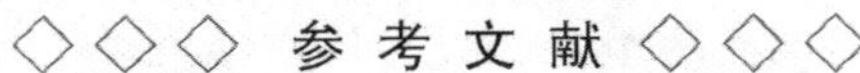

参考文献

[1]《宽温域高耗能金属橡胶阻尼材料》技术总结报告（内部资料）. 军械工程学院，2010.
[2] 杨建春. 金属橡胶材料制备、多尺度表征及与工程应用研究. 北京：北京科技大学博士论文，2010.

第6章

金属橡胶后期处理技术

本章的核心内容是介绍金属橡胶后处理工艺技术，包括金属橡胶制品的振动稳定和回火热处理，并分析讨论热处理温度对不锈钢丝微观组织及物理机械性能的影响。

6.1 金属橡胶制品的振动稳定

经过冲压成型后的金属橡胶制品内部线匝之间相互咬合，形成了具有一定稳定性的组织结构。但是，仍有部分线匝之间的咬合处于不紧密、不稳定的临界状态。大量的工艺实验表明[1-3]，对金属橡胶制品施加一定频率、一定幅值、一定周期的振动载荷，有利于这部分不稳定结构向稳定结构转化。通常，采用电液伺服材料试验机（图 6 - 1）完成金属橡胶制品的振动稳定处理。

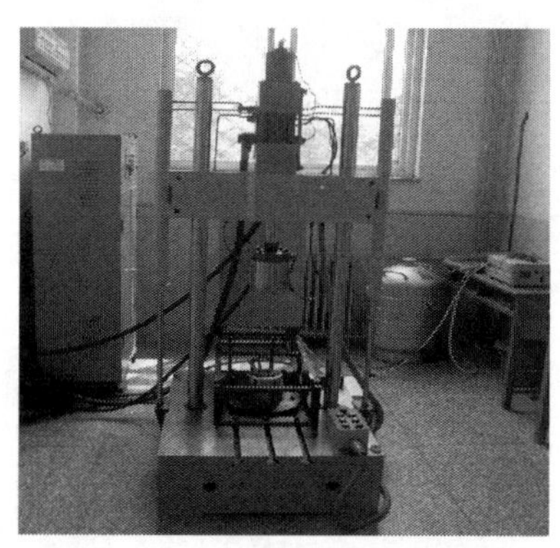

图 6 - 1 电液伺服材料试验机

金属橡胶制品的结构、尺寸及力学性能差别很大，因此需要结合具体情况通过一定的工艺实验来确定一个合理的振动稳定工艺（加载幅值、频率及稳定循环次数）。

6.2 金属橡胶制品的热处理稳定

金属橡胶制品的力学性能受到诸多加工工艺的影响，而热处理工艺是改善其力学性能的重要手段。通过对不同回火温度处理后的金属橡胶制品的宏观结构尺寸及力学性能进行测试比较，并对制备金属橡胶的Cr-Mn-Ni系冷拉拔不锈钢丝在不同回火温度下的微观组织进行详细观察，分析了回火温度对冷拉拔不锈钢丝微观组织的影响，为确定金属橡胶制品热处理温度提供了科学依据。

6.2.1 回火温度对金属橡胶制品宏观结构尺寸的影响

采用丝径0.15mm的Cr-Mn-Ni系冷拉拔不锈钢丝制备9组空心圆柱形金属橡胶试件，测试回火前（冲压成型后）与回火后试件外形尺寸、平均值及变化率，结果列于表6-1，回火前、后试件外形尺寸、变化率曲线如图6-2、图6-3所示。

表6-1 9组试件回火前、后结构尺寸统计表

序号	回火前（成型后）			温度/℃	回火后			尺寸变化率		
	高度	内径	外径		高度	内径	外径	高度	内径	外径
1	10.09	9.80	20.23	350	10.40	9.66	20.21	0.030	0.014	0.001
2	9.953	9.77	20.24	375	10.16	9.70	20.19	0.020	0.008	0.003
3	10.15	9.80	20.20	400	10.40	9.72	20.16	0.025	0.009	0.002
4	10.19	9.86	20.21	425	10.45	9.70	20.19	0.026	0.016	0.001
5	9.95	9.81	20.28	450	10.08	9.70	20.16	0.013	0.011	0.006
6	10.08	9.78	20.17	475	10.21	9.71	20.19	0.013	0.007	0.001
7	10.19	9.86	20.21	500	10.46	9.70	20.19	0.026	0.016	0.001
8	10.17	9.80	20.21	525	10.39	9.67	20.10	0.022	0.013	0.005
9	10.08	9.82	20.21	550	10.22	9.78	20.11	0.014	0.005	0.005
均值	10.09	9.81	20.24		10.31	9.70	20.16	0.021	0.011	0.004

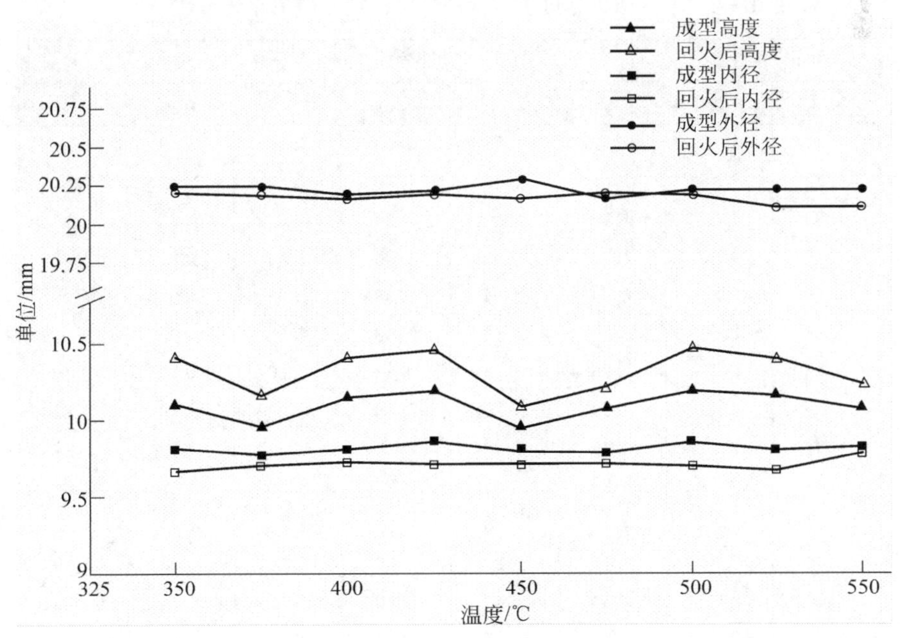

图6-2 回火前、后试件结构尺寸统计

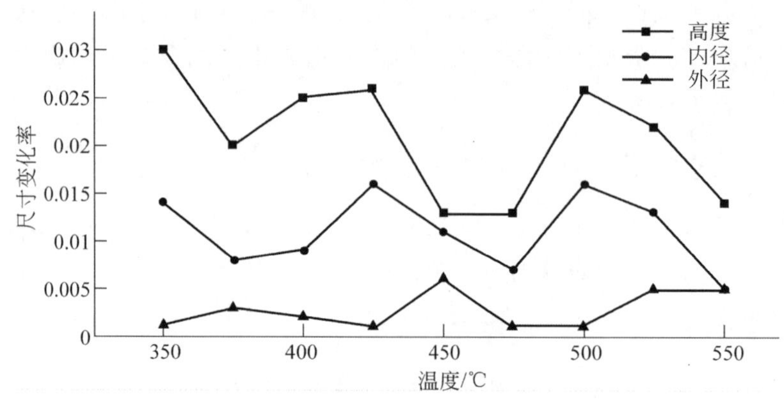

图 6-3 不同回火温度试件尺寸变化率

由表 6-1 及图 6-2、图 6-3 不难看出，经不同回火温度处理后，金属橡胶试件的外形尺寸均发生了变化。其中，试件的高度有所增加，平均增加 2.1%；内径与外径均有所减小，内径平均减小 1.1%，外径平均减小 0.4%。由此可得出结论：经过回火处理后，金属橡胶试件的尺寸发生变化，高度的变化幅度最大，内径的变化幅度次之，外径的变化幅度最小。同时注意到，在 475℃回火温度下，试件三个尺寸变化率均较小。

6.2.2 回火温度对金属橡胶制品力学性能的影响[4]

对不同回火温度处理的 9 组 44 个试件（350℃回火处理 4 个试件，其余 8 个回火温度各处理 5 个试件）进行静态加载实验，各组试件静态载荷和变形平均值见表 6-2。

表 6-2 不同回火温度下试件的静态载荷及变形平均值统计表

压力/N	变形平均值/mm								
	$A_{350℃}$	$A_{375℃}$	$A_{400℃}$	$A_{425℃}$	$A_{450℃}$	$A_{475℃}$	$A_{500℃}$	$A_{525℃}$	$A_{550℃}$
67.80	1.51	1.62	1.72	1.73	1.73	1.48	1.69	1.67	1.65
169.49	1.72	1.73	1.85	1.82	1.82	1.57	1.82	1.84	1.81
271.19	1.83	1.83	1.96	1.90	1.90	1.64	1.90	1.95	1.92
372.88	1.93	1.92	2.04	1.98	1.96	1.74	1.97	2.03	2.00
474.58	2.03	2.00	2.11	2.04	2.03	1.83	2.03	2.09	2.07
576.27	2.13	2.07	2.18	2.10	2.08	1.92	2.09	2.15	2.13
677.97	2.23	2.13	2.25	2.15	2.13	2.00	2.13	2.19	2.20
779.66	2.29	2.19	2.31	2.20	2.19	2.06	2.18	2.23	2.23
881.36	2.34	2.24	2.35	2.25	2.24	2.11	2.21	2.27	2.27
983.05	2.39	2.28	2.39	2.29	2.29	2.15	2.23	2.31	2.30
1084.75	2.44	2.32	2.42	2.33	2.33	2.18	2.25	2.35	2.33
1186.44	2.48	2.36	2.46	2.36	2.36	2.22	2.28	2.39	2.37
1288.14	2.53	2.39	2.50	2.40	2.40	2.26	2.30	2.43	2.40
1389.83	2.57	2.42	2.53	2.44	2.43	2.30	2.33	2.47	2.43

续表

压力/N	变形平均值/mm								
	$A_{350℃}$	$A_{375℃}$	$A_{400℃}$	$A_{425℃}$	$A_{450℃}$	$A_{475℃}$	$A_{500℃}$	$A_{525℃}$	$A_{550℃}$
1491.53	2.61	2.45	2.56	2.49	2.45	2.32	2.35	2.50	2.45
1593.22	2.64	2.47	2.60	2.52	2.49	2.37	2.37	2.53	2.46
1694.92	2.67	2.49	2.63	2.56	2.51	2.41	2.40	2.56	2.48
1796.61	2.70	2.52	2.67	2.59	2.54	2.44	2.43	2.58	2.50
1898.31	2.72	2.53	2.71	2.63	2.58	2.49	2.47	2.61	2.53
2000.00	2.75	2.55	2.74	2.66	2.62	2.53	2.50	2.64	2.56

为了更好地解释回火温度对金属橡胶试件力学性能的影响，将表 6-2 数据分为 350～475℃和 475～550℃两组，绘制载荷-变形曲线如图 6-4、图 6-5 所示。

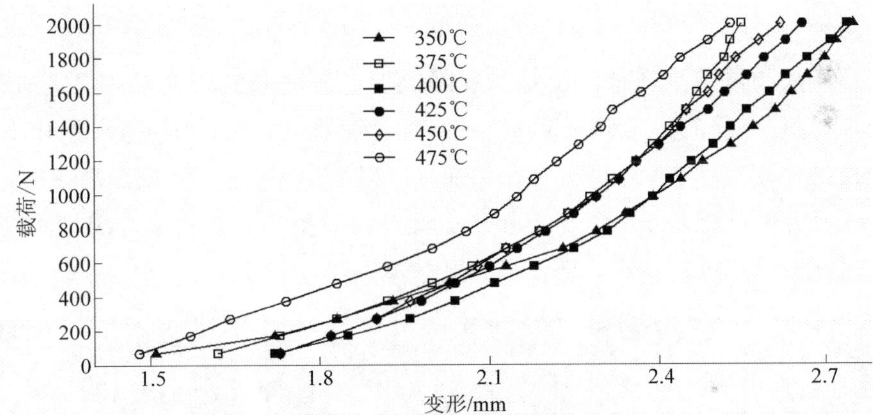

图 6-4　350～475℃回火时载荷-变形曲线

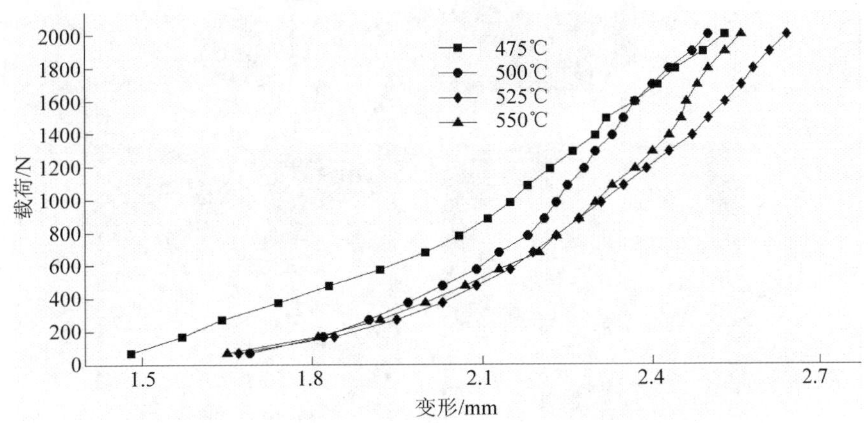

图 6-5　475～550℃回火时载荷-变形曲线

从图 6-4、图 6-5 可以看出，在 350～475℃，随着温度的升高，载荷-变形曲线呈向左移动的趋势，说明金属橡胶试件的承载能力逐渐增大；在 475～550℃，随着温度的升高，载荷-变形曲线呈向右移动的趋势，说明金属橡胶试件的承载能力逐渐减小。475℃是一个拐点，低于475℃回火时金属橡胶试件的承载能力随温度升高而增大，而高于475℃回火时金属橡胶试件的承载能力随温度升高而减小。

6.2.3 回火温度对不锈钢丝微观组织的影响

分别从350℃、400℃、450℃、500℃和550 ℃回火试件中各任取一件，取丝制样，在扫描电镜下观测其微观结构，得到Cr-Ni-Mn系不锈钢丝在不同回火温度下400×SEM横、纵截面图（图6-6和图6-7）和6400×SEM横、纵截面图（图6-8和图6-9）。

观察图6-6、图6-7可知，350～500℃回火，金属丝内部晶体结构没有多大的改变。但仔细观察6400×SEM横截面微观组织形貌（图6-8），发现在350～400℃，截面上斑点增多，说明随着回火温度的提高，碳化析出物增多，α'相马氏体和残余奥氏体分解成ε碳化物和较低过饱和度的α固溶体；特别是到550℃时斑点缩小，且周边模糊，说明发生了扩散，出现了回复和再结晶现象，位错密度降低形成等轴晶粒的铁素体，伴有微裂纹焊合，微孔溢出，材料强度降低。450～500℃回火时，残余内应力已消除，ε碳化物析出达到平衡，微裂纹焊合，但还未发生回复和再结晶，所以在475℃材料强度最高。

对金属丝样件进行表面粗糙度实验，实验界面如图6-10所示。统计不同温度下不锈钢丝横、纵截面凹点结构参数，见表6-3、表6-4。

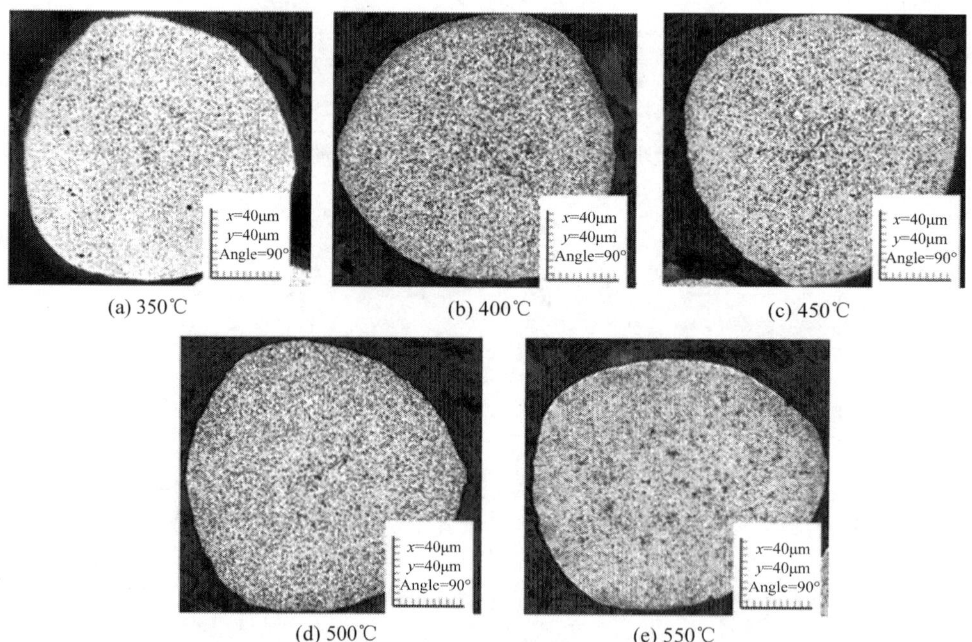

(a) 350℃ (b) 400℃ (c) 450℃ (d) 500℃ (e) 550℃

图6-6 不同回火温度不锈钢丝400×SEM横截面图

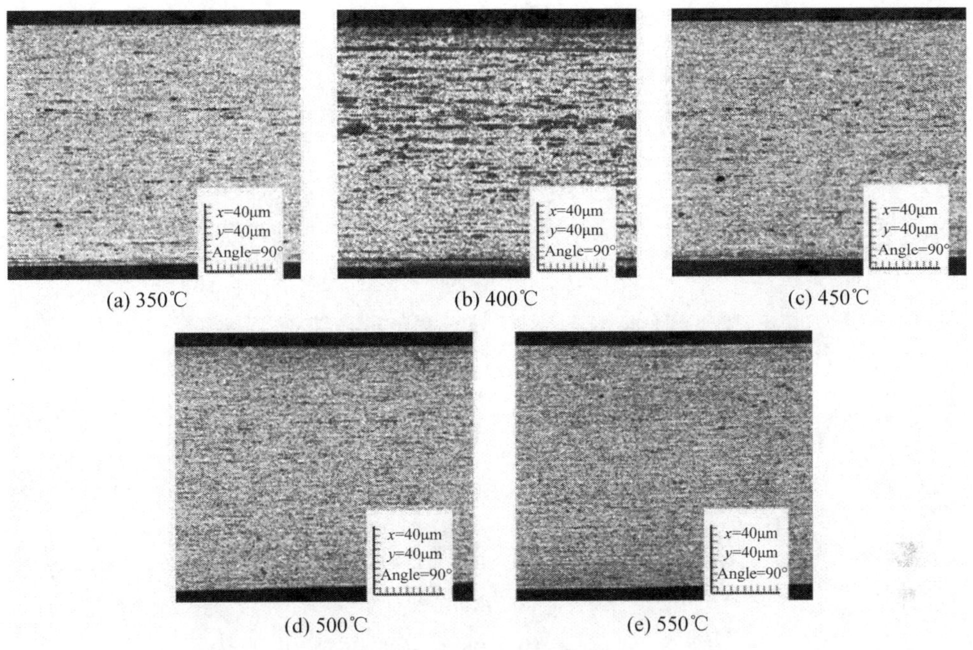

(a) 350℃　(b) 400℃　(c) 450℃

(d) 500℃　(e) 550℃

图6-7　不同回火温度不锈钢丝400×SEM纵截面图

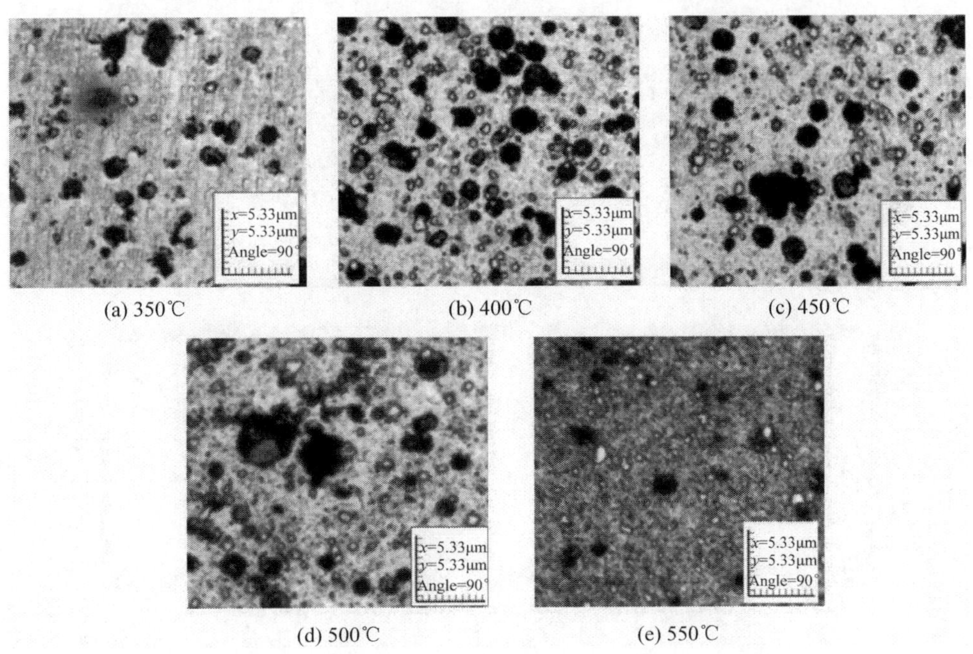

(a) 350℃　(b) 400℃　(c) 450℃

(d) 500℃　(e) 550℃

图6-8　不同回火温度不锈钢丝6400×SEM横截面图

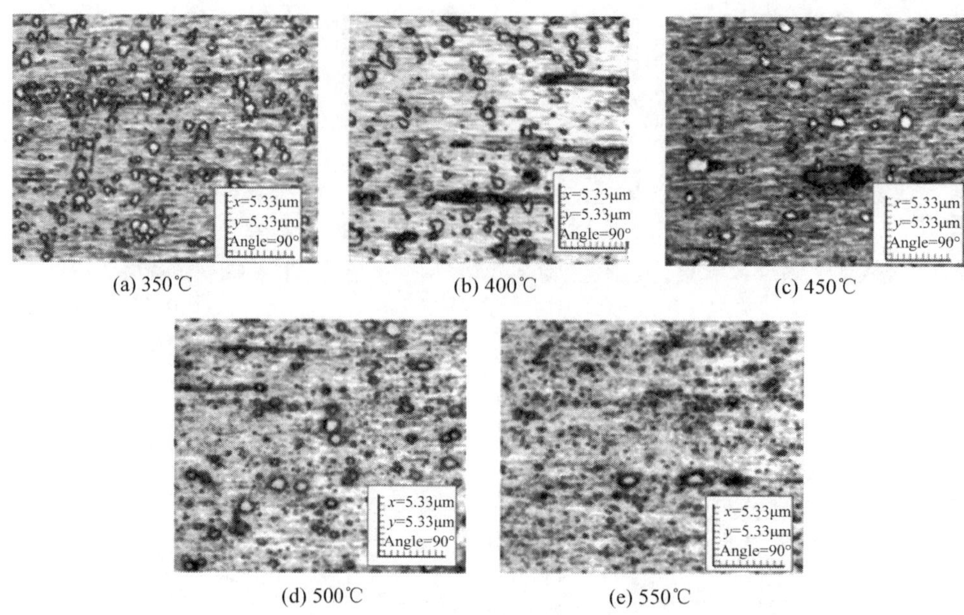

(a) 350℃　(b) 400℃　(c) 450℃

(d) 500℃　(e) 550℃

图 6-9　不同回火温度不锈钢丝 6400×SEM 纵截面图

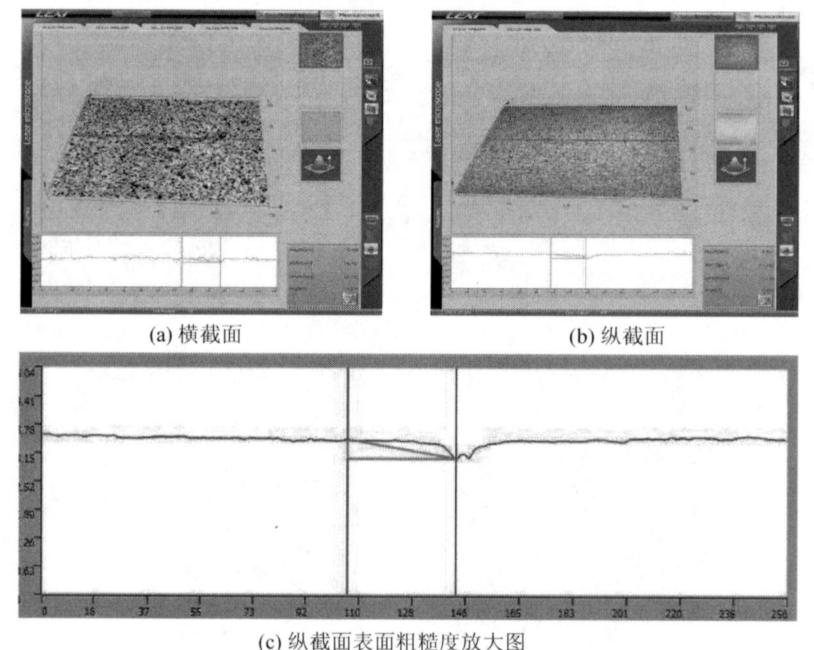

(a) 横截面　(b) 纵截面

(c) 纵截面表面粗糙度放大图

图 6-10　不锈钢丝截面粗糙度激光显微电镜扫描图

表6-3　不同温度下不锈钢丝横截面凹点结构参数统计表

	350℃-h-1000×	400℃-h-1000×	450℃-h-1000×	500℃-h-1000×	550℃-h-1000×
深度/μm	0.583	0.68	0.871	0.989	0.424
宽度/μm	23.515	39.9	47.1	29.9	10.767
长度/μm	23.512	39.906	47.108	29.915	10.255
角度/(°)	1.421	0.977	1.059	1.895	2.255

表6-4　不同温度下不锈钢丝纵截面凹点结构参数统计表

	350℃-v-1000×	400℃-v-1000×	450℃-v-1000×	500℃-v-1000×	550℃-v-1000×
深度/μm	1.06	1.476	1.158	0.354	0.425
宽度/μm	65.97	46.233	73.304	61.9	37.232
长度/μm	65.977	46.259	73.313	61.901	37.236
角度/(°)	0.921	1.829	0.905	0.327	0.655

凹点深度相对回火温度变化关系曲线如图6-11所示。随着回火温度的升高，纵截面粗糙度在350～400℃区间升高，在400～500℃区间下降。横截面粗糙度在350～500℃区间升高，在500～550℃区间下降。这说明冷拉拔使得金属丝内部晶粒被拉长，发生大量的位错，其性能产生了各向异性。但经过回火处理后被拉长的晶粒发生回复再结晶，材料性能各向异性变弱。横、纵截面粗糙度在475℃左右交叉，与此温度下试件宏观机械性能具有较好的一致性。

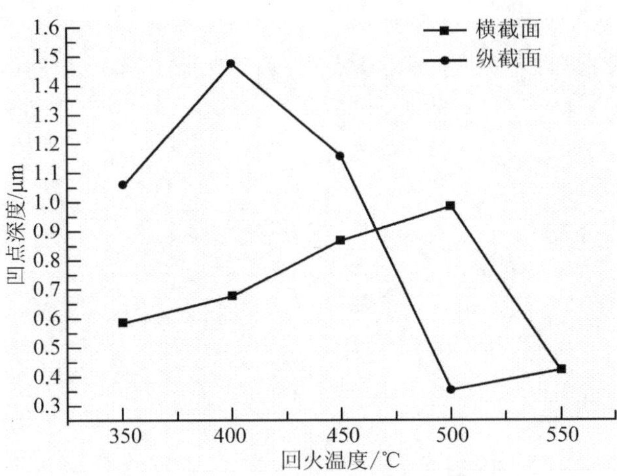

图6-11　不同温度下不锈钢丝纵、横截面凹点深度

综合实验结果来看，经475℃回火的试件结构尺寸变化率最小；从350～550℃的9组热处理试件的变形幅度来看，高度的变化幅度最大，外径的变化幅度最小，内径的变化幅度居两者之间。原因在于试件高度为成型方向，其在成型时变化的幅度最大，且试件结构密实，回火时参与变形恢复的丝线最多。对于内、外径来说，往往靠近芯轴缠绕的螺旋卷较多，而远离芯轴缠绕的螺旋卷则较少，加之螺旋卷之间的干涉使得变形过程的流动性较

差，导致成型后试件内径一侧结构较密实，而靠近外径一侧结构较疏松。较密实的部分经回火处理后尺寸的恢复程度大，否则相反。

制备金属橡胶试件所用的 Cr-Ni-Mn 系冷拉拔不锈钢丝，经历了拔丝时大塑性拉伸变形以及冲压成型时大塑性压缩弯曲变形，内部存在着大量的位错、微裂纹和微孔洞，晶界处析出硬质 ε 碳化物，且有较大的残余内应力。中低温回火首先是将冷变形引起的组织畸变趋于平衡，消除内应力，同时使 α' 相马氏体和残余奥氏体分解成 ε 碳化物和较低过饱和度的 α 固溶体。而高温回火使不锈钢丝内部组织发生回复和再结晶，伴有微裂纹焊合，微孔溢出，位错密度降低形成等轴晶粒的铁素体基体，使材料强度降低。在 450～500℃，残余内应力已消除，ε 碳化物析出达到平衡，微裂纹焊合，但还未发生回复和再结晶，所以在 475℃材料强度最高。因此，可以得出如下结论：由 Cr-Ni-Mn 系冷拉拔不锈钢丝制备的金属橡胶制品较理想的回火温度为 475℃左右，应在 450～500℃。

◇◇◇ 参考文献 ◇◇◇

[1]《新型金属橡胶材料制备、机理及其在武器装备中的应用研究》技术总结报告（内部资料）. 军械工程学院，2004.

[2]《金属橡胶材料高/低温条件下耗能理论与制备技术研究》中国国防科学技术报告（内部资料）. 军械工程学院，2006.

[3]《宽温域高耗能金属橡胶阻尼材料》技术总结报告（内部资料）. 军械工程学院，2010.

[4] 杨建春，刘国权，董秀萍，等. 回火对 Cr-Ni-Mn 不锈钢丝微观组织和性能的影响. 热加工工艺，2011，40（8）：175-180.

第7章 金属丝高温抗氧化涂层工艺技术

本章的核心内容是介绍1Cr18Ni9Ti不锈钢丝高温抗氧化涂层工艺技术，并分析讨论不同涂层工艺的特点与适用性。

7.1 高温抗氧化涂层方法

不锈钢在中低温下具有优秀的抗氧化能力，是因为其中含有的铬元素与氧反应可以生成致密的钝化膜 Cr_2O_3，有效地阻断氧继续向钢内部扩散。但在高温下，Cr_2O_3 会转变为挥发性的 CrO_3，从而使材料中的铬元素不断消耗，最终失去抗氧化能力。为提高不锈钢的高温抗氧化性能，最有效的办法就是隔断其与大气中氧的接触，寻求在高温下稳定的涂层。

惰性贵金属银、金、铂、铱等涂层在高温下不与氧发生反应，但成本太高，加之硬度太低不能满足金属橡胶制品耐磨损的要求，因此不适于用作不锈钢表面的抗高温氧化涂层。

陶瓷玻璃涂层可用于不锈钢的高温抗氧化保护。其中料浆法[1]是将黏接相 SiO_2、Al_2O_3、B_2O_3、Na_2O_3 和陶瓷相 Cr_2O_3 按一定的比例混合加水调制成料浆，将料浆喷涂或刷涂在不锈钢基体上，室温晾干，150℃烘干，加热至1150℃熔烧，在不锈钢基体上制得玻璃与陶瓷的混合涂层。该方法主要用于不锈钢板材，在很细的线材上未见报道，并且处理温度过高，线材容易在处理过程中被氧化。也有在钢丝上直接涂覆玻璃液的研究，将预热的不锈钢丝通过熔融的玻璃液，在钢丝上涂覆一层玻璃层，但是存在涂覆不均匀的情况。

离子镀是近十几年发展起来的一种最新的真空镀膜技术。该技术是在真空条件下，利用气体放电使气体或被蒸发物质部分电离，并在气体离子或被蒸发物质离子的轰击下，将蒸发物质或其反应物沉积在基片上的方法，可用于不锈钢的高温抗氧化保护，但从沉积的效率、成本和设备来说，这个方法对于细钢丝是不合适的。

铝涂层被广泛用于高温使用下的各种金属和合金的保护。典型的应用是铁铬铝电炉丝，在空气中可以在1100℃下长时间工作。另一个例子就是航空发动机叶片经过渗铝后可以抵抗高温燃气的长时间腐蚀。铝涂层的抗氧化能力主要是因为在氧化环境中形成了稳定致密的、与基体结合良好的 Al_2O_3 薄膜。在600℃时，Al_2O_3 晶体是在一层无定形膜下由氧向内扩散而生长的，在1600℃以下，氧在氧化铝中的扩散系数为 $6.3\times10^{-8}cm^2/s$。

金属的钝化处理是指通过成膜、沉淀或局部吸附作用，使金属表面的局部活性点失去化学活性而呈现钝态或生成特定的氧化膜，钢铁通过钝化处理在环境介质中的热力学稳定性提高，化学性质稳定，可提高钢材的抗蚀性，是钢铁零件表面防护装饰的方法之一。其处理方法一般为化学方法，处理温度较低，工艺简单。

综合考虑以上因素，拟采用铝涂层与表面钝化处理的方法对制备金属橡胶用不锈钢丝进行高温抗氧化处理。然而，由于制备金属橡胶的细金属丝直径一般小于 0.3mm，长度大于 10m，而通常的处理方法所处理的材料的线度都大大高于这个尺度，针对这种特殊性必须对处理工艺进行系统研究。

7.2 表面铝涂层处理[2]

通过在不锈钢表面涂覆铝可以有效地提高其抗高温氧化能力。同时，从冶金学角度分析，铝涂层与不锈钢基体有很好的结合力，可以满足金属橡胶制品工作条件下的力学性能要求。此外，通过对铝涂层的合金化，可以进一步提高其抗高温氧化能力。

在不锈钢表面涂覆铝层的成熟方法有料浆法、粉末固渗法及热浸镀法。

料浆法是把金属（合金）的料浆均匀涂覆于基材表面，在惰性气体或真空中使料浆熔化，通过液体-固体扩散形成涂层[3]。

粉末固渗法是将表面清洁的工件埋入装有粉末渗剂的密封渗罐中，加热到反应温度，保持一段时间，在高温下粉末渗剂发生反应，在工件表面吸附具有活性的原子态铝，随即扩散进入工件内，形成表面合金层。

热浸镀法是将表面处理后的不锈钢件经过助镀剂清洁表面浸入加热后的铝液，通过铝液向钢丝内部扩散，形成镀层。在钢丝上热浸镀铝，一般在纯铝中加入少量的硅元素，可以提高镀铝层的耐热性和塑性。

由于制备金属橡胶的金属丝很细（通常直径小于 0.3mm），要在丝上得到厚度为 4～6μm 的均匀铝层，存在一定难度。对料浆法、粉末固渗法、热浸镀法在不锈钢丝表面制取铝涂层分别进行了实验研究，实验方案如图 7-1 所示。

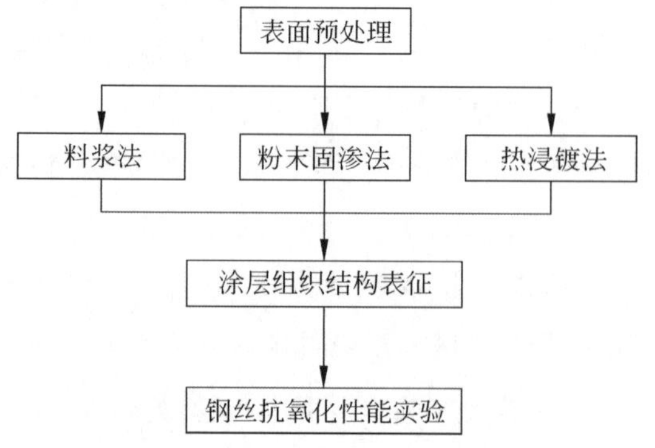

图 7-1 高温抗氧化涂层实验方案

7.2.1　表面预处理

1Cr18Ni9Ti 不锈钢丝在进行表面镀铝处理之前必须进行表面预处理，除去丝材表面油污及氧化物，才能使后续加工获得满意效果。不锈钢丝的表面预处理有酸碱预处理和表面除油处理。在铝粉漆分解法、铝粉料浆法、粉末固渗法中表面预处理采用酸碱预处理。酸碱预处理过程较复杂，处理过程如图 7-2 所示。热碱液处理是为了除去不锈钢丝表面的油污。预浸蚀液含有六甲基四胺，可以保证钢丝基体不受腐蚀，另外在预蚀液进行光泽处理时，六甲基四胺可使钢丝微凸表面呈活化状态而优先溶解，微凹表面呈钝化态而被保护[4]。经过除挂灰处理后钢丝表面会形成褐色膜，光泽处理把褐色膜除去即可。

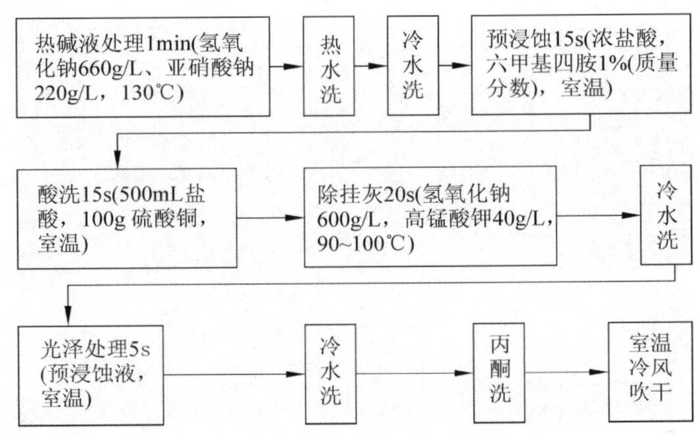

图 7-2　不锈钢丝表面酸碱预处理的流程

在进行热浸镀铝之前采用有机溶剂表面除油处理。有机溶剂除油一般为丙酮除油。钢丝在丙酮中用超声振动清洗 30min 可将表面的油污除尽。

在进行发蓝和钝化等预氧化处理前除了丙酮超声除油还要进行化学除油和酸洗，工艺参数见表 7-1。

表 7-1　预氧化处理前的钢丝表面预处理

步骤	配方	温度	时间	备注
有机溶剂除油	丙酮	室温	5min	超声
化学除油	NaOH 60g/L，Na_3PO_4 60g/L	70～90℃	30min	搅动
酸洗	10%(体积分数) HCl 溶液	室温	10min	搅动

7.2.2　料浆法涂层

铝粉漆由超细铝粉与有机介质组成，常用作热水管的防蚀涂层，是一种相对室温来说的高温漆。用铝粉漆作为料浆法铝涂层的铝源，在高温下钢丝表面铝粉漆中的有机成分受热分解挥发，留下的铝粉熔化铺展在钢丝表面并向内部扩散形成镀铝层。

在 1Cr18Ni9Ti 不锈钢丝的表面涂覆一层铝粉漆，待表面漆干后放入真空度为 0.1Pa 的管式炉中升温至 700℃保温 30min，随炉降温，工艺流程如图 7－3 所示。处理温度 700℃，稍高于铝的熔点 660℃，铝粉可以熔化并向基材发生扩散。

真空处理后的钢丝表面由原来的银白色漆层转变为黑色的疏松层。漆中含有机物质，在高温真空环境中有机成分会发生分解和碳化，一方面会在钢丝表面漆层留下气孔和残渣，形成黑色的疏松层，另一方面残渣会影响铝在高温下沿钢丝表面的铺展及向钢丝内部的扩散。这两方面都会阻碍形成防护性良好的铝涂层。因此，用铝粉漆在高温真空中分解不能得到理想的铝涂层。

铝粉料浆法是铝粉漆分解法的改进方法，工艺流程如图 7－4 所示。

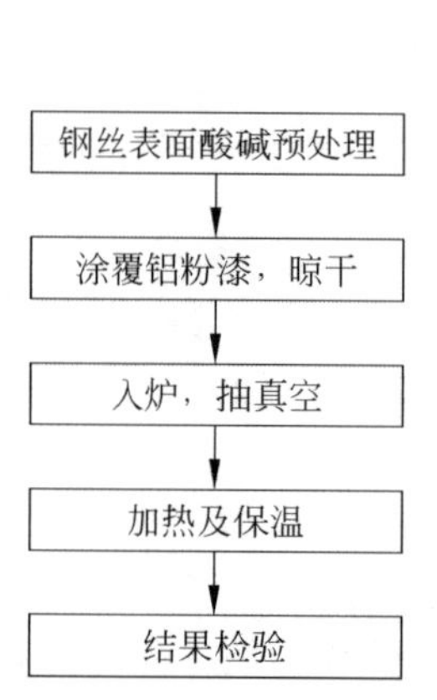

图 7－3　铝粉漆分解法的工艺流程

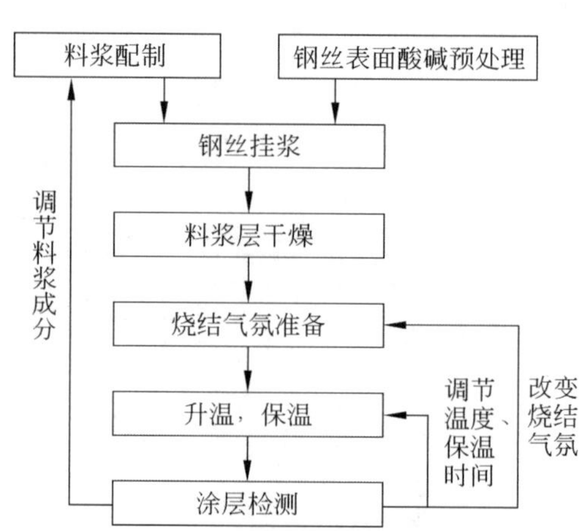

图 7－4　铝粉料浆法工艺流程

料浆为超细铝粉用无水乙醇分散而成，在料浆内添加 K_2ZrF_6 或甘油。乙醇为小分子，加热过程中乙醇极易挥发，剩下的铝粉熔化铺展在钢丝表面并向内部扩散形成铝层。K_2ZrF_6 一般作为热浸镀里面的助镀剂，有溶解 Al_2O_3、清洁铝粉表面的作用。甘油的作用主要有两个：一是具有很高的黏稠度和密度，可以提高料浆分散剂的黏性和密度，增大铝粉在料浆中的分散性与悬浮性，提高钢丝上挂浆的附着性和均匀性；二是当料浆中分散剂只有无水乙醇时，无水乙醇挥发后，钢丝表面的铝粉十分容易剥落，而甘油在室温下几乎不挥发，少量的甘油可提高铝粉在钢丝表面的附着性。在加热过程中，当温度升至甘油的沸点（290℃），甘油挥发除去，不会残留在料浆中影响熔化扩散。

实验时，将超细铝粉分散在无水乙醇中，使用超声波振荡使其分散均匀，调节无水乙醇的量使料浆成为乳状，添加 K_2ZrF_6 或甘油。

钢丝样品经过酸碱预处理后通过料浆，其表面覆挂一薄层均匀的料浆，分别在粗真空、高真空、氩气气氛中进行处理，烧结温度选择 750℃、850℃、900℃、950℃，时间 30min。涂层处理后，用弯折的方法粗略考察钢丝的力学性能，并将处理后的钢丝截面用树脂镶样，抛光后使用3%硝酸乙醇腐蚀40s，观察金相。

处理条件及处理后钢丝的力学性能、料浆层状态和钢丝表面状态见表7-2。在酸碱预处理后浸泡于KF溶液中，可以防止在进行热处理前不锈钢丝重新被氧化。

表7-2　不同处理条件及处理后的状态

编号	预处理	料浆成分	气氛	热处理过程	力学性能	料浆层	钢丝表面
1	酸碱处理	铝粉、无水乙醇	抽粗真空，真空度为0.08Pa	随炉升至900℃，保温30min，随炉冷至室温	韧性好	黑色	灰黑色
2	酸碱处理	铝粉、无水乙醇	抽粗真空后充高纯氩气并保持一定流量	随炉升至950℃，保温30min，随炉冷至室温	韧性好	白灰色	暗灰色
3	酸碱处理	铝粉、无水乙醇、5%氟锆酸钾	抽粗真空后充高纯氩气并保持小流量	随炉升至950℃，保温30min，随炉冷至室温	韧性好变软	灰色	暗灰色
4	酸碱处理后饱和KF溶液浸泡	铝粉、无水乙醇	抽粗真空后充高纯氩气并保持小流量	随炉升至750℃，保温30min，随炉冷至室温	韧性好	浅灰色	部分为银白色，部分为灰色
5	酸碱处理后饱和KF溶液浸泡	铝粉、无水乙醇+2%甘油	抽粗真空后充高纯氩气并保持小流量	随炉升至750℃，保温30min，随炉冷至室温	韧性好	深灰色	光亮，微偏黄的银白色
6	酸碱处理后饱和KF溶液浸泡	铝粉、无水乙醇+5%甘油	抽粗真空后充高纯氩气并保持小流量	随炉升至750℃，保温30min，随炉冷至室温	韧性好	深灰色	光亮，微偏黄的银白色
7	酸碱处理后饱和KF溶液浸泡	铝粉、无水乙醇+2%甘油	高真空，真空度为5×10^{-3}Pa	随炉升至750℃，保温30min，随炉冷至室温	韧性好	银白色	光亮，银白色
8	酸碱处理后饱和KF溶液浸泡	铝粉、无水乙醇+2%甘油	高真空，真空度为5×10^{-3}Pa	随炉升至850℃，保温30min，随炉冷至室温	韧性好变软	灰黑色	光亮，浅黄色
9	酸碱处理后饱和KF溶液浸泡	铝粉、无水乙醇+2%甘油	高真空，真空度为5×10^{-3}Pa	随炉升至900℃，保温30min，出炉空冷	韧性好变软	灰黑色	灰黑色

通过实验发现，经过高温处理后，钢丝表面的料浆层没有变得致密均匀，也没有与钢丝基体紧密结合，仍然容易剥落。

7.2.3　粉末固渗法

粉末固渗法是将表面清洁的工件埋入装有粉末渗剂的密封渗罐中，加热到反应温度，保持一段时间，在高温下粉末渗剂发生反应，在工件表面吸附具有活性的原子态铝，随即扩散进入工件内，形成表面合金层。

粉末固渗法的工艺流程如图 7-5 所示。粉末渗剂由供铝剂、催渗剂（活化剂）、填充剂三部分组成，供铝剂为铝粉，催渗剂为 NH_4Cl，填充剂为 Al_2O_3。渗剂组成为铝粉 5%（质量分数，200 目以下）、Al_2O_3 94%（质量分数，100 目）、NH_4Cl 1%（质量分数）。Al_2O_3 使用前在 800～900℃下煅烧 1h，以除去其中的水和挥发性杂质。

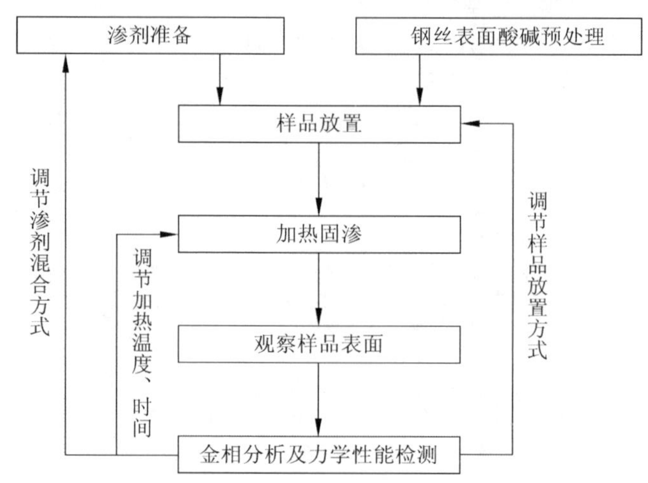

图 7-5 粉末固渗法工艺流程

实验时，通过改变热处理工艺参数、渗剂混合方式及样品放置方式进行对比分析。热处理工艺参数见表 7-3。

表 7-3 不同的热处理工艺

编号	加热条件	冷却条件	编号	加热条件	冷却条件
1	720℃×1h+930℃×30min	随炉冷	6	930℃×30min	出炉空冷
2	720℃×1h+930℃×30min	出炉空冷	7	930℃×20min	出炉空冷
3	720℃×1h+930℃×1min	出炉空冷	8	930×20min（上、中、下）	出炉空冷
4	820℃×1h	出炉空冷	9	930℃×20min	出炉空冷
5	720℃×1h	出炉空冷			

放料方式为底部放氯化铵，其上放氧化铝和铝粉的混合物，表面处理后的钢丝样品埋在渗剂中，如图 7-6 所示。在试样 8 的处理过程中，放置钢丝在催渗剂的底部、中部和表层。试样 9 的固渗过程中采用氯化氨、铝粉、氧化铝均匀混合的渗剂，加热条件为 930℃×20min，出炉空冷。用弯折的方法粗略考察渗铝后不锈钢丝的力学性能，钢丝截面用树脂镶样，抛光后用 3%的硝酸乙醇腐蚀 40s，用光学显微镜对钢丝截面进行观测，如图 7-7、图 7-8 所示，结果见表 7-4。

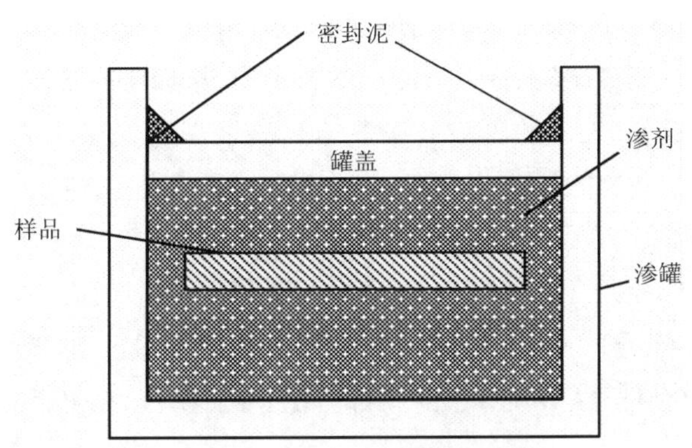

图 7－6　粉末固渗装置示意图

表 7－4　粉末固渗铝后的钢丝状态

编号	表面颜色	截面金相	力学性能	备注
1	无光泽的灰色	全部为晶粒，内部粗大，外部细小	十分脆	
2	无光泽的灰色	全部为晶粒，内部粗大，外部细小	脆	
3	无光泽的灰色	周围有凹凸不平的锯齿，显示出晶界	韧性好	
4	无光泽的灰色	没有显示出晶界	韧性好	表面有可剥落的黑色皮
5	无光泽的灰色	不能显示晶界	韧性好	
6	银白色	全部为晶粒，内部粗大，外部细小	较脆	
7	银白色	不能显示晶界	较脆	
8（上）	微黄	不能显示晶界	韧性好	
8（中）	银白色	有约 4μm 的渗层，内部没有显示晶粒	较脆	
8（下）	黑色	全部为晶粒	脆	
9	银白色	有约 4μm 的渗层，内部无晶粒组织	较脆	
未固渗处理的钢丝	有光泽的铁灰色	无晶粒组织	好	金相采用同样的腐蚀条件

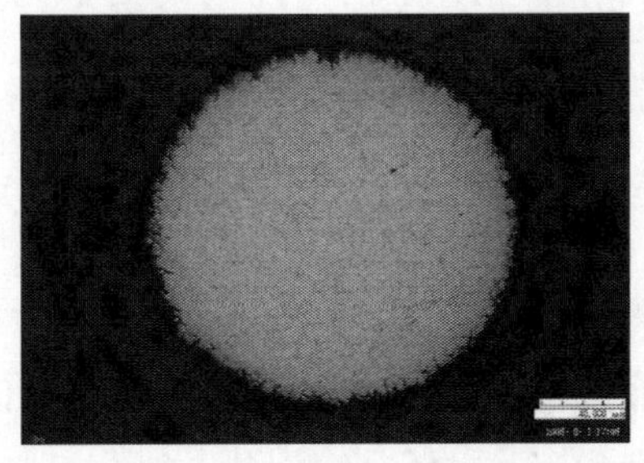

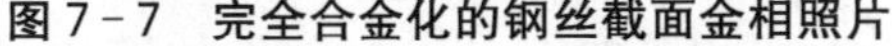

图 7－7　完全合金化的钢丝截面金相照片

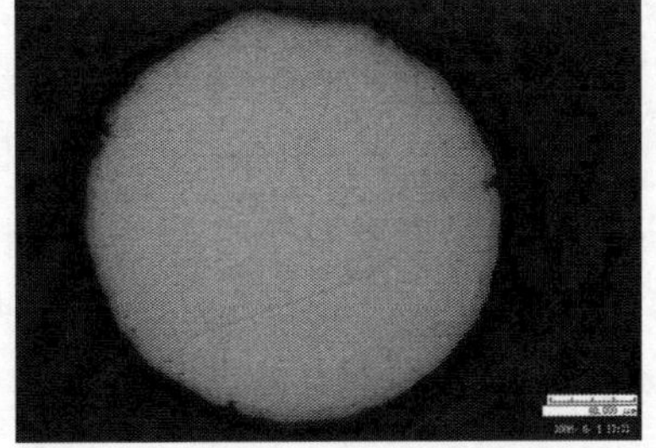

图 7－8　有理想渗层的钢丝截面金相照片

在第 1、2 组的固渗过程中，为两段式加热方式，经过固渗的钢丝截面金相呈现清晰晶粒组织，内部晶粒粗大，外部晶粒细小（图 7－7）。未合金化的不锈钢基体经过硝酸乙醇腐蚀后没有显示出晶界，而渗铝后晶界被腐蚀显示晶粒组织，这是铝扩散到晶界的结果，可以认为遍布晶粒组织的钢丝完全被铝元素合金化。

第 3 组的固渗过程中，同样为两段式加热方式，钢丝的截面金相却未观察到晶粒，钢丝未合金化。该过程中是刚升温到 930℃便出炉冷却，说明高温阶段对铝元素在钢丝中的扩散有决定作用。通过 720℃×1h 的固渗（第 5 组）验证了这一结论。

在第 4 组（820℃×1h）的固渗过程中，同样未能得到银白色表面，截面金相也未观察到晶界及渗层结构。说明 820℃时固渗反应未能进行。

930℃时固渗反应能够进行，在钢丝表面沉积了铝元素。但在 930℃保温 30min 钢丝就会被完全合金化（即被渗透），钢丝变得十分脆。在催渗剂位于渗罐底部的情况下，放置在催渗剂中部的钢丝表面有约 4μm 的渗层，内部无晶粒组织，是理想的渗层（图 7－8）。在接下来的均匀混合渗剂的实验中（第 9 组），同样得到了理想的渗层。

通过实验发现，该方法存在一个严重的缺陷，即钢丝会变得十分脆（表 7－4）。这主要是由于固渗是反应扩散，会在钢丝表面形成合金层，合金化后的材料十分脆。此外，由于钢丝的直径很小，相当容易被渗透，导致钢丝完全合金化而变得很脆，使钢丝的力学性能严重恶化。只有当渗罐小（直径只有 30mm），渗罐内能够均匀受热，样品的真实加热温度和时间容易控制的情况下，才会出现与第 9 组固渗相似的结果——不锈钢丝只在外部有一层很薄的渗层，而内部未被合金化。如果渗罐体积大，罐内受热均匀性和真实加热时间很难控制，将会使直径小于 0.3mm 的细不锈钢丝的处理变得非常困难，几乎是不可行的。

7.2.4 热浸镀铝法

热浸镀铝法的工艺流程如图 7－9 所示。钢丝表面经过除油处理后，置于热的 K_2ZrF_6 溶液中浸泡，待溶液冷至室温，取出钢丝干燥备用。将预处理后的钢丝通过自制热浸镀装置（图 7－10）进行镀铝，铝液中添加少量硅元素，热浸镀过程中在铝液表面撒上 K_2ZrF_6 以露出新鲜表面。热浸镀温度分别为 720℃和 760℃，热浸镀时间分别为 1s、2s、5s、10s、30s、60s。

铝液液面和空气接触，液面上会生成氧化膜，当不锈钢丝通过液面进入铝液时，氧化膜会黏附在钢丝上阻碍钢丝表面和铝液的接触，从而无法获得良好的镀层。K_2ZrF_6 为热浸镀铝的助镀剂，它可以和铝液表面的氧化膜发生反应，产生清洁的铝液表面，使热浸镀铝能够顺利进行。K_2ZrF_6 在热水中溶解度十分大，冷却至室温后，K_2ZrF_6 的溶解度急剧下降，会在不锈钢丝表面析出一层均匀的 K_2ZrF_6 晶体。

为实现连续在不锈钢丝表面涂覆质量可控的铝涂层，经过反复实验，设计了如图 7－10 所示的热浸铝装置。该装置主要由浸铝坩锅炉、导丝架、收丝机构组成。导丝架有两个功能，一是将钢丝从液面压入铝液进行热浸镀铝，并将出丝方向转向；另一个是控制钢丝出铝液时的表面状态，通过导丝口实现。导丝口是导丝架的主要部分，对钢丝的镀层厚度与表面状态有重要作用。导丝口由石墨块加工而成，在合适大小的石墨块打一个约 1mm 的孔，其中填入玻璃纤维毡，形成柔性限制孔，刮掉多余的铝液，使钢丝表面镀层完整光滑均匀，并能很好地控制镀层厚度。收丝机构通过调速电机带动收丝轮实现收丝，其主要功能是控制浸镀的时间。

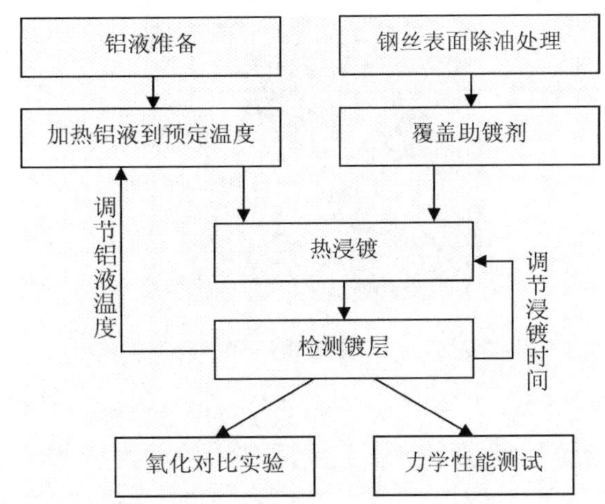

图 7-9　热浸镀铝法工艺流程

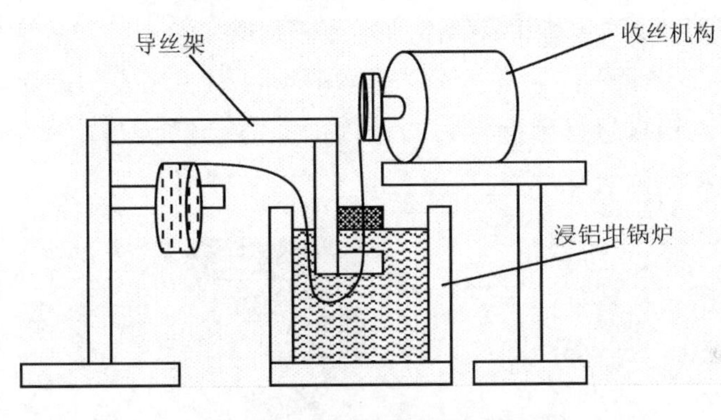

图 7-10　热浸铝装置示意图

将所得热浸镀铝钢丝和原丝在 600℃、800℃、900℃进行氧化对比实验。用扫描电镜观察钢丝截面镀层组织，用万能拉伸实验机测试钢丝的抗拉强度。

1. 热浸镀参数

通过观察镀层形貌发现，760℃所得的镀层比 720℃所得的镀层更均匀光滑，浸镀时间为 1s 的钢丝存在镀层不均匀和漏镀的现象，浸镀时间为 2～60s 的镀层均匀且厚度差别不大。这是由于不锈钢中的 Ni 元素和铝液中的 Si 元素对铝扩散有着强烈的阻碍作用。例如，当钢中 Ni 含量从 1.92%提高到 12%时，其合金层厚度不论在 750℃还是 850℃下均发生很大变化，从 70～100μm（1.92% Ni）降到 10～14μm（8.5% Ni）；当铝液中有一定 Si 含量时，镀层厚度几乎不随镀铝时间的延长而增大，但是随着浸镀时间增长钢丝变软[5]。确定最佳热浸镀工艺为：热浸镀温度 760℃，热浸镀时间 2～3s。图 7-11 为通过最佳工艺镀得的不锈钢丝。

2. 渗层组织

图 7-12 和图 7-13 分别为原状态镀铝丝和经 600℃×50h 氧化后的镀铝丝的电镜照片。

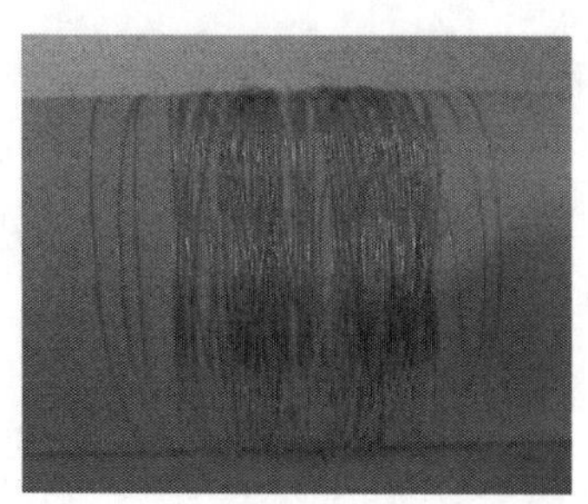

图 7-11　热浸镀铝不锈钢丝实物

从图 7-12 可以看出，原状态镀铝丝镀层厚度为 4～6μm，镀层与钢丝基体有很平滑清晰的界面，界面结合良好。能谱分析表明镀层主要成分为铝，含有 4%的硅。Si 元素对镀层结构也有较大影响，纯铝的镀层为锯齿状组织，含 Si 的镀层为较平坦的带状结构。

如图 7-13 所示，镀铝丝经 600℃×50h 氧化后，镀层中的铝在钢丝基体中均匀扩散形成扩散层，扩散层为 4～6μm，无开裂脱落现象。经能谱分析，从最表面到内部，铝含量呈梯度变化，从外部 64%过渡到界面的 8%，基体中不含铝。这说明镀层向钢丝内部扩散受到了阻碍，钢丝表层高铝含量得到保持，钢丝内部保持无铝状态，有利于表面 Al_2O_3 的稳定性，保证了镀层的高温抗氧化性能。

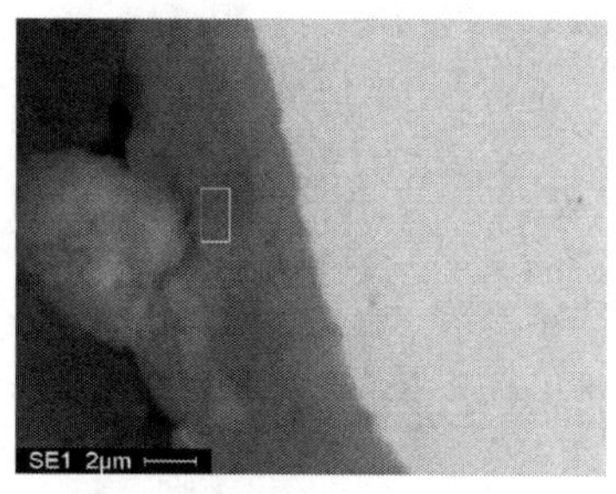

图 7-12　镀铝丝的截面照片

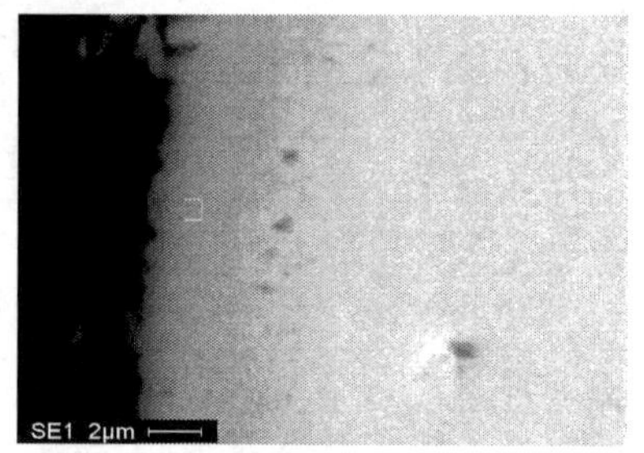

图 7-13　经 600℃×50h 氧化后的镀铝丝截面照片

3. 抗氧化性能

原丝和镀铝丝在 800℃下氧化的质量变化如图 7-14 所示。原丝的氧化增重明显高于镀铝丝的氧化增重。氧化后，镀铝丝表面氧化层为灰白色，光滑无破损，但原丝在 100h 就发生严重的氧化皮脱落。

在 900℃做氧化对比实验，氧化 50h 后，原丝就已经被完全氧化，变得十分易碎；但镀铝丝仍有一定的金属性，仍可以弯曲一定角度，表面氧化膜完整。到了第 100h，镀铝丝才出现了氧化皮脱落。这是由于温度过高，铝镀层向钢丝基体中的扩散和氧通过 Al_2O_3 的速率都增强，一方面钢丝表面形成 Al_2O_3 氧化层的供铝源失去，Al_2O_3 氧化层只要稍微破损便无法自我修复；另一方面氧进入钢丝内部的量增大，也加速了氧化。

结果表明，热浸镀铝可以明显改善不锈钢丝抗高温氧化的能力，为制备高温下工作的金属橡胶制品奠定了技术基础。

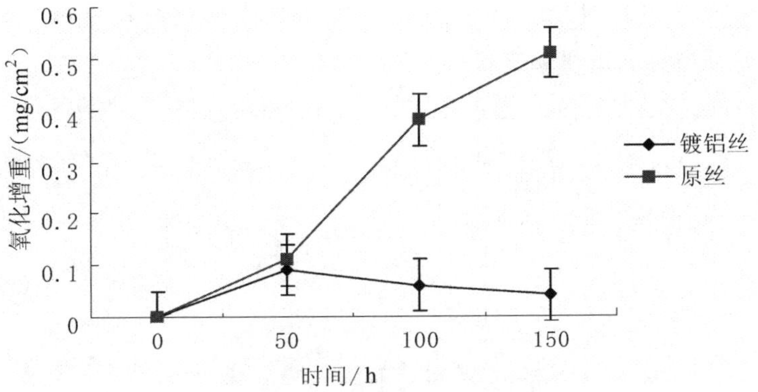

图 7－14 原丝与镀铝丝在 800℃下的氧化增重曲线

4. 力学性能

用万能拉伸实验机测试丝材力学性能。原丝在原状态和经 600℃×25h 退火后两种状态下，都几乎没有塑性变形，而镀铝丝在两种状态下都有较大塑性变形。如图 7－15 所示，原丝在退火前抗拉强度约为 2.5GPa，退火后约为 1.3GPa；镀铝丝在退火前后抗拉强度都约为 1.2GPa，这一数值与不锈钢原丝在 600℃退火后的数据相当。说明热浸镀铝没有损伤钢丝本身的强度，但与原始状态相比因退火发生了软化，对只在室温下工作的钢丝有不利的影响，但对在 500℃以上工作的钢丝没有不利影响。

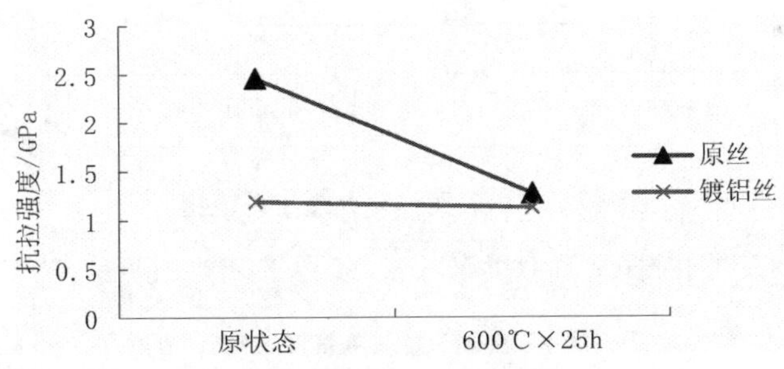

图 7－15 原丝和镀铝丝的抗拉强度

7.3 表面钝化法

钢铁钝化处理以化学法为主，有湿法钝化、电化学法钝化与干法钝化。湿法钝化工艺简单，处理温度低，适合于连续走丝处理。湿法钝化有多种方法：硝酸钝化工艺、硝酸-重铬酸钠钝化、碱性钝化。

在对不锈钢丝进行表面钝化处理之前，通过测试发现，用于钝化处理的 1Cr18Ni9Ti 不锈钢丝在 450℃左右力学性能下降。因此，要保持钢丝力学性能，只有采用处理温度低于

450℃的钝化方法。碱液发蓝的温度最高为 145℃，硝酸-重铬酸钠钝化在室温进行，重铬酸钠发黑的温度为 400℃，这三种方法均可用于不锈钢丝表面预氧化处理，制得致密氧化膜，有望提高高温下不锈钢丝的抗氧化性能。

对钢丝进行表面钝化处理的工艺流程如图 7－16 所示。首先对钢丝进行有机溶剂除油、化学除油、酸洗，然后将清洗后的钢丝进行高温碱液发蓝、硝酸-重铬酸钠钝化和重铬酸钠发黑处理，清洗后在 120℃的干燥箱中烘干 3h。各种工艺参数见表 7－5、表 7－6。

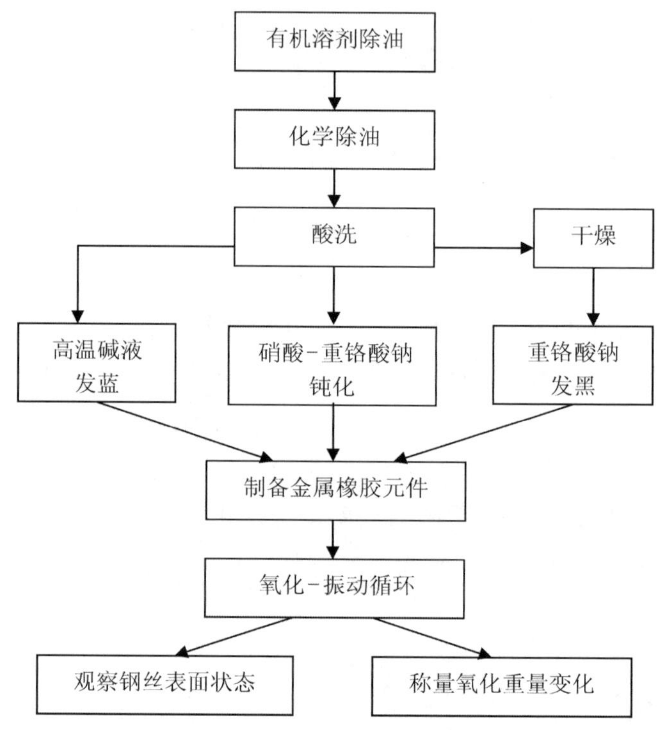

图 7－16　表面钝化处理工艺流程

表 7－5　高温碱液发蓝工艺

	第一槽	第二槽		第一槽	第二槽
NaOH	600 g/L	800 g/L	温度	130～135℃	140～145℃
$NaNO_3$	150 g/L	200 g/L	时间	20 min	50 min

表 7－6　硝酸－重铬酸盐钝化及重铬酸钠发黑工艺

工艺	配方	温度	时间	备注
硝酸-重铬酸钠钝化	40％(体积分数) $NaNO_3$＋3％(质量分数)$Na_2Cr_2O_7$	室温	40min	水溶液
重铬酸钠发黑	$Na_2Cr_2O_7$	400℃	30min	熔融浴

为了考核钝化法制备的钢丝在动态使用下的高温抗氧化性能与耐磨性能，分别采用原丝、发蓝丝、钝化丝制备直径 12mm 的圆柱形金属橡胶试件。发黑时先制成金属橡胶试件，

再进行重铬酸钠熔融浴发黑。每种样品3个，每个样品重2.5g，表面积为70cm²，共氧化160h，期间不定期取出金属橡胶试件振动100次，并在精度为0.1mg的电子天平上称量。

氧化过程中，不同时间取出，金属橡胶试件的表面颜色见表7-7。

表7-7　不同时间钢丝的颜色

颜色变化	原丝	发蓝丝	钝化丝	发黑丝
氧化前	银白色	银白色	银白色	灰黑色
氧化25h	铁灰色	金黄色	茶色	灰黑色
氧化25h	灰黑色	丝团表面有少量变蓝	丝团表面有少量变蓝黑	—
氧化42h	—	丝团表面变篮比例稍微变大	基本变成了蓝黑色	—
氧化4.5h	—	变蓝比例为30%～70%，其他为深金黄色	—	—
氧化14.5h	—	变蓝比例为50%～90%，其他为深金黄色	—	—
氧化48h	—	极少部位为茶色，其他都变成蓝色	—	—

氧化过程中，金属橡胶试件在氧化后和振动后所得重量变化如图7-17所示。

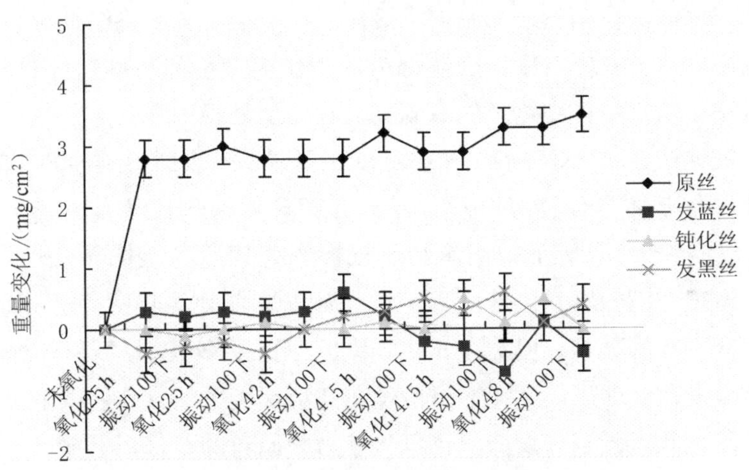

图7-17　金属橡胶试件氧化和振动后的重量变化

由表7-7可知，在高温氧化环境中，采用未经处理的不锈钢丝制备的金属橡胶试件在50h便变成了灰黑色。用发蓝处理后的不锈钢丝制备的金属橡胶试件颜色变化为银白色→金黄色→茶色→浅蓝色→蓝黑色。在160h之后，钢丝表面的颜色才基本上变成蓝黑色。用硝酸-重铬酸钠钝化处理后的不锈钢丝制备的金属橡胶试件颜色变化为银白色→茶色→蓝黑色，比发蓝处理钢丝的颜色变化快，在100h左右便基本上变成了蓝黑色。发黑处理的钢丝则一直为灰黑色。

可见，发蓝丝和钝化丝的颜色变化明显迟于原丝，这是由于经预氧化处理后在不锈钢丝表面形成了一层致密的氧化膜，这层氧化膜具有减缓氧气进入钢丝内部的功能。但是随着时间的增长，氧气仍然能进入钢丝内部，预处理氧化膜便失去作用。

由图7-17可知，原丝在最开始氧化的25h后有一个明显的增重，其他三种丝质量基本不变。这是由于原丝在表面形成氧化膜，质量增大，而其他三种丝表面已经有了一层致密的氧化膜，没有再发生明显的氧化。接下来的氧化和振动后的质量变化基本在电子天平的称量误差范围之内，同时振动也未有明显的掉屑。

以上结果说明，不锈钢丝经预氧化处理后在表面形成了一层致密的氧化膜，使表面在高温氧化环境中呈惰性，从而提高了高温下不锈钢丝的抗氧化性能。

7.4 不同高温抗氧化涂层工艺分析

（1）铝粉漆分解法不能在不锈钢丝表面得到理想的镀铝层。

（2）经铝粉料浆法处理后的不锈钢丝，料浆在钢丝表面形成一层疏松层，不能在钢丝表面熔化铺展；少量甘油的加入可以提高钢丝表面料浆的挂浆性和附着性。钢丝表面的光亮度和颜色在高真空气氛最好，氩气次之，粗真空气氛不适宜用作热处理气氛。

（3）通过粉末固渗法在钢丝表面制得了镀铝层，最佳工艺为将渗剂混合均匀，在 930℃到温入炉，保温 20min，出炉空冷。固渗铝后的钢丝因变脆易折断，并且不能对钢丝进行连续处理。此方法不适宜用作细钢丝的高温抗氧化涂层处理。

（4）用热浸镀铝法在 760℃浸镀 2～3s 可以在不锈钢丝表面得到连续、光滑、均匀的镀层。镀铝丝的镀层与基体界面清晰平整，结合良好，镀层厚度为 4～6μm。氧化 600℃×50h 后，扩散层也为 4～6μm。不锈钢丝经热浸镀铝处理后高温抗氧化性能得到了明显提高。热浸镀铝没有损伤钢丝本身的强度，但与原始状态相比因退火发生了软化，对只在室温下服役的钢丝有不利的影响，但对在 500℃以上工作的钢丝没有不利影响。

（5）高温碱液发蓝处理可以延缓不锈钢丝在高温环境中的氧化。发蓝丝 160h 的氧化状态和原丝 50h 的氧化状态相当，发蓝丝抗氧化能力为原丝的 3 倍；经硝酸-重铬酸钠钝化处理后的不锈钢丝抗氧化能力为原丝的 2 倍。不锈钢丝经预氧化处理后在表面形成了致密的氧化膜，使表面在高温氧化环境中呈惰性，提高了高温下不锈钢丝的抗氧化性能。

◇◇◇ 参考文献 ◇◇◇

[1] 朱建新，刘素兰，张丽清．不锈钢的高温抗氧化涂层．材料保护，2000，38（9）：38-40.
[2]《金属橡胶材料高/低温条件下耗能理论与制备技术研究》中国国防科学技术报告（内部资料）．军械工程学院，2006.
[3] 贾中华．料浆法制备铌合金和钼合金高温抗氧化涂层．粉末冶金技术，2001，19（2）：1-3.
[4] 陈天玉．不锈钢表面处理技术．北京：化学工业出版社，2004.
[5] 李金桂．防腐蚀表面工程技术．北京：化学工业出版社，2003.

第8章 制备金属橡胶的非圆截面丝热轧制技术

本章的核心内容是介绍制备高阻尼耗能金属橡胶的小丝径不锈钢丝热轧制技术，并分析讨论温度控制、孔型及轧辊设计、轧制过程有限元分析、三角型热轧丝微观组织结构特征及力学性能等问题。

8.1 非圆截面金属丝热轧设备

大量的实验及理论分析表明，金属橡胶的阻尼性能来源于其内部金属丝线匝勾连结构之间的滑移、摩擦、挤压、变形，即通过相互接触的金属丝间的干摩擦阻尼来消耗能量，最终起到减振缓冲的作用。因此，金属橡胶的阻尼与其所承受的正压力的大小、接触面的粗糙程度以及相互接触的金属丝的数量有关。为此，最大限度地增加金属橡胶内部金属丝线匝间的接触机会是提高其阻尼性能的有效技术途径。

目前，国内外普遍选用圆形截面冷拔不锈钢丝作为制备金属橡胶的原材料，具有材料来源广泛、价格相对较低、制备工艺简单等优点。但是用圆形截面丝制备的金属橡胶内部金属丝之间的接触方式多为点接触，金属丝之间的接触机会相对较少。设想把圆形截面丝改变为非圆截面丝，则金属丝之间的接触方式多为线、面接触，从而大大增加了金属丝之间的接触机会，增大了干摩擦阻尼，使金属橡胶的阻尼性能得以显著提高。

另外，圆形截面冷拔不锈钢丝在其生产过程中，由于受到较大的拉应力和压应力的作用（参见 2.2.1），发生强塑性变形，内部晶相组织被拉长、破坏，出现许多空洞（微观尺度上的），这些空洞的体积分数有时竟高达 20%，使得金属丝宏观上表现为强度降低。用这样的冷拔不锈钢丝制成金属橡胶后，势必影响金属橡胶的疲劳性能和寿命。因此，在制备金属橡胶之前对冷拔不锈钢丝进行热处理，改善其内部组织、弥补其缺陷、增强其力学性能，将有助于提高金属橡胶的物理机械性能。

基于以上两方面的考虑，军械工程学院金属橡胶工程研究中心研制了既能改变圆形截面金属丝截面形状，同时又能对金属丝进行加热处理的热轧设备，如图 8－2 所示。

8.1.1 热轧制原理

考虑到热轧设备要同时满足对金属丝进行非圆截面轧制和热处理两方面的要求，提出了三种技术方案。

1. **先加热再轧制**

即首先对冷拔不锈钢丝进行热处理，然后再通过非圆截面孔轧制成型。

这种方案的优点是，对金属丝轧制前进行加热处理，改善了其内部的晶相组织，弥补了部分缺陷；由于余温作用，轧制时在轧辊的挤压下再一次使金属丝的内部组织紧密、减少孔洞，并有利于截面形状的成型和提高加工效率。

这种方案的缺点是，热处理与轧制分别进行，难以保证和控制轧制点的温度；虽然改变了冷拔时丝的晶相组织、减少了冷拔丝的孔洞，但保留了余温时的内部组织和孔洞，同时有残余应力存在。

2. **先轧制再加热**

即首先使冷拔不锈钢丝通过非圆截面孔轧制成型，然后再进行热处理。

这种方案的优点是，最后进行热处理能较为彻底地改变丝材晶相组织、减少孔洞，提高了金属丝的力学性能。

这种方案的缺点是，将冷拔丝直接进行轧制，其晶相组织再次遭到破坏，轧制中很容易出现断丝现象，且非圆截面形状不理想，工作效率不高。

3. **加热轧制同时进行**

即在进行加热的同时，使金属丝通过非圆截面孔轧制成型。

这种方案的优点是，有利于非圆截面形状的成型，且最大程度上提高了金属丝的力学性能，工作效率高。

这种方案的缺点是，加热过程难以实现和控制，金属丝温度过高，通过异型孔时容易断丝。

综合考虑以上三种技术方案的优缺点，最终采用加热轧制同时进行的技术方案，并采取电流加热的方式对金属丝进行加热。即利用低电压直接加在丝材两端或一部分，使大电流通过丝材，丝材因本身电阻而迅速加热。这种加热方式的优点是生产效率高，加热速度快且截面温差小，热效率高，金属氧化脱炭少，加热温度不受限制。

热轧设备的工作原理如图 8－1 所示。a、c 为电极，所加电压为 U，通过调节可变滑动电阻 $R_{变1}$ 调整通过金属丝的电流，加热金属丝并控制加热温度。b 为轧辊，通过电动机驱动旋转。设备工作时，金属丝在加热的同时通过轧辊 b 孔型，轧制成非圆截面金属丝。

如图 8－2 所示，非圆截面金属丝热轧设备由控制面板（包括电源开关、温度控制旋钮、转速控制旋钮）、轧辊组、收丝机构及支架等组成。电源开关用于接通、断开电源；温度控制旋钮用于调整金属丝所需加热温度；转速控制旋钮用于调整热轧时轧辊的转速，从

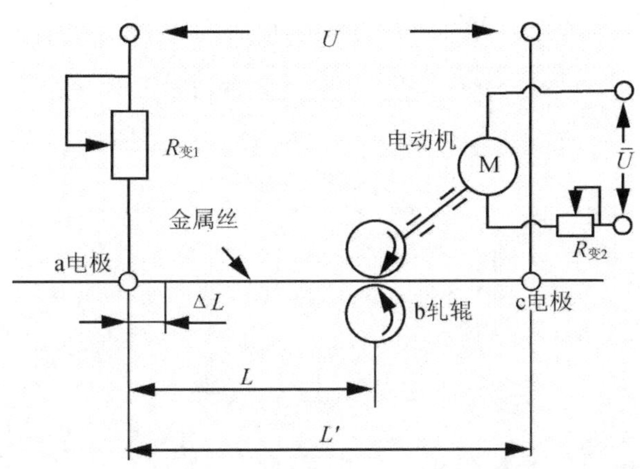

图 8-1　热轧设备工作原理图

而控制金属丝的走丝速度；轧辊组决定热轧后金属丝的截面形状（可同时安装三组轧辊，进行金属丝截面分次成型）；收丝机构用于将轧制成型的非圆截面丝收卷成盘待用；支架放置于地面，用于支撑整个机体。

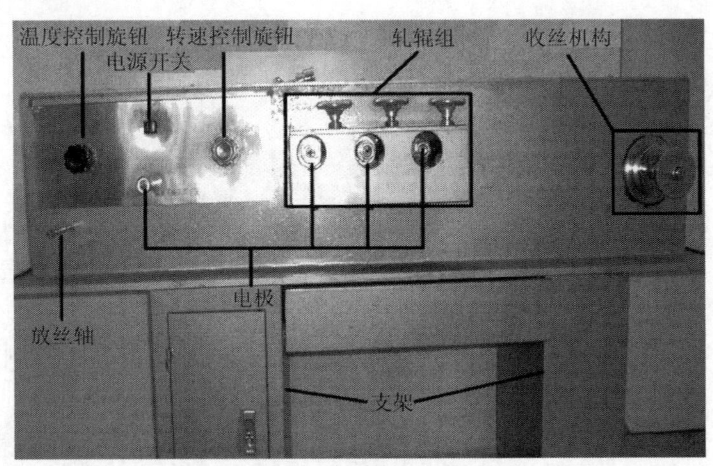

图 8-2　热轧设备实物照片

8.1.2　轧制过程中温度控制[1]

加热温度是金属丝热轧工艺中的一个重要参数。在不同的温度下，金属会呈现不同的相，从而对轧制后金属丝的微观组织及性能产生影响，因此必须对轧制温度进行严格控制。

由图 8-1 可知，接通电源后，长度为 ΔL 的小段金属丝从 a 点运动到轧制点 b 的时间段内产生的热量 Q 为

$$Q = I^2 R_{\Delta L} t = \left(\frac{U_{ac}}{R'_L}\right)^2 R_{\Delta L} t \tag{8-1}$$

式中，I 为回路电流；$R_{\Delta L}$ 为小段金属丝 ΔL 的电阻；t 为小段金属丝 ΔL 从 a 点运动到 b 点的

时间，即通电时间；U_{ac} 为长为 L' 的金属丝两端所加电压；R'_L 为接入回路长为 L' 的金属丝的电阻。若轧制过程中金属丝与轧辊间无滑动，轧辊转速为 ω，直径为 D_z，金属丝的电阻率为 ρ_s，横截面面积为 S，则有

$$\begin{cases} t = (L - \Delta L)/(\omega D_z/2) \\ R'_L = \rho_s L'/S \\ R_{\Delta L} = \rho_s \Delta L/S \end{cases} \tag{8-2}$$

将式（8-2）代入式（8-1）得

$$Q = \frac{2U_{ac}^2 S\Delta L(L-\Delta L)}{\rho_s L'^2 \omega D_z} \tag{8-3}$$

小段金属丝 ΔL 通电后产生热量将引起金属丝温度的变化（不计热量损失），则有

$$Q = cm\Delta T = c\rho S\Delta L(T - T_0) \tag{8-4}$$

式中，c 为金属丝的比热；m 为小段金属丝 ΔL 的质量；ΔT 为温度变化量；ρ 为金属丝的密度；T 为升温后金属丝的温度，即加热温度；T_0 为室温。

由式（8-3）、式（8-4）得

$$\frac{2U_{ac}^2 S\Delta L(L-\Delta L)}{\rho_s L'^2 \omega D_z} = c\rho S\Delta L(T - T_0) \tag{8-5}$$

整理式（8-5）得

$$T = \frac{2U_{ac}^2 (L-\Delta L)}{c\rho\rho_s L'^2 \omega D_Z} + T_0 \tag{8-6}$$

若小段金属丝 ΔL 非常短（$\Delta L \to 0$），则式（8-6）简化为

$$T = \frac{2U_{ac}^2 L}{c\rho\rho_s L'^2 \omega D_z} + T_0 \tag{8-7}$$

式（8-7）即为热轧设备温度控制方程，且此时的加热温度 T 即为轧制点的温度。

当参数（c、ρ、ρ_s、L、L'、ω、D_z）固定时，可定义为温度系数 Φ

$$\Phi = \frac{2L}{c\rho\rho_s L'^2 \omega D_z} \tag{8-8}$$

则温度控制方程可表示为

$$T = \Phi U_{ac}^2 + T_0 \tag{8-9}$$

从式（8-9）可知，加热温度 T 与温度系数 Φ 有关系，且与 U_{ac} 的平方成正比。整个回路中，在不计导线电阻的情况下有

$$U_{ac} = UR'_L/(R'_L + R_{变1}) \tag{8-10}$$

由式（8-9）、式（8-10）可知，当温度系数 Φ 一定时，通过调整可变滑动电阻 $R_{变1}$ 的大小就能实现对加热温度 T 的控制。

8.1.3 轧辊设计

轧辊孔型决定热轧后金属丝的截面形状，工程实际中通过设计各种类型的轧辊来满足

对成型后非圆截面丝截面形状的要求。

轧制过程是在金属丝加热到较高温度时在很短时间内完成的，此时的金属丝相对较软，发生形变时阻力很小，因此可以认为轧制过程中金属丝的应力-应变满足理想刚塑性材料模型，金属丝在轧制过程中虽发生了塑性变形，但体积仍保持不变。

1. 轧辊孔型截面几何形状

轧制非圆截面金属丝的目的是为了增大金属橡胶内部丝与丝之间的接触机会，提高金属橡胶的阻尼性能。为此，轧孔截面几何形状的设计应满足最大限度增加金属丝间接触机会的要求。设想相同牌号、相同直径、相同长度的金属丝，分别经过具有相同截面面积(与原丝截面积相同)、不同截面形状的轧孔轧制后，成型后的非圆截面丝截面形状不同、长度相同。将这些非圆截面丝经完全相同的工艺制备成金属橡胶制品后，非圆截面丝的侧面积越大，丝与丝之间的接触机会就越多。而金属丝的侧面积与其截面周长成正比。因此，最大限度地增大非圆截面丝的截面周长就能满足增大金属橡胶内部丝与丝之间的接触机会，从而提高金属橡胶阻尼性能的要求。

轧制截面是任意多边形的非圆截面丝，就工程实现难易程度来讲，正多边形孔型容易实现；而且由于正多边形的各个边长相等，制成金属橡胶后，金属丝参与接触的机会、接触面积均等，能有效提高金属橡胶的组织均匀性和各向同性。为此，轧孔截面形状通常选择正多边形形状。

考虑面积相同的正三角形和正方形轧孔（图 8－3），它们的边长和高分别为 a、b 和 h、b。由于面积相等，则有

$$\frac{1}{2}a \cdot h = b \cdot b \tag{8-11}$$

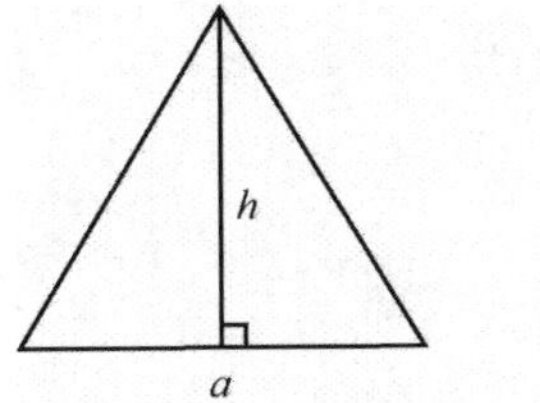

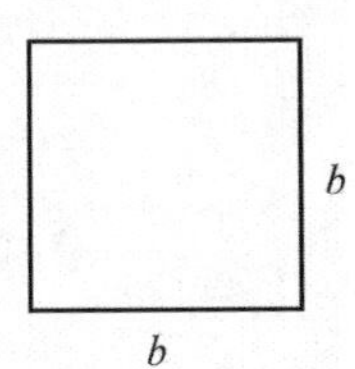

图 8－3　面积相同的正三角形与正方形轧孔

由式（8-11）推得

$$b = \sqrt{\frac{\sqrt{3}}{4}}a \tag{8-12}$$

正三角形的周长 L_s 、正方形的周长 L_f 分别为

$$\begin{aligned} L_s &= 3a \\ L_f &= 4b = 2\sqrt{\sqrt{3}}\,a < L_s \end{aligned} \tag{8-13}$$

由式（8-13）可知，面积相同的情况下，正三角形的周长大于正方形的周长。同理，可以得出正方形的周长大于正五边形的周长。因此在设计轧辊孔型时，以正三角形作为轧孔形状，轧制后的金属丝能够更好地满足提高金属橡胶阻尼性能的要求。

2. 轧辊结构

为满足轧辊孔型是正三角形的要求，经多次实验研究，最终确定轧辊结构如图 8－4 所示。

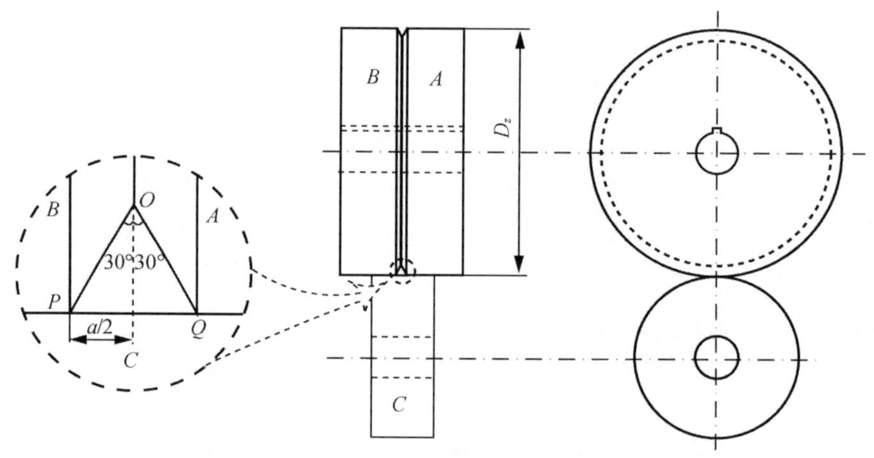

图 8－4　轧辊结构图

如图 8－4 所示，A、B、C 为三个轧辊，其中，轧辊 A、B 相同，且紧紧靠装在主动轴上作为主动轮；轧辊 C 为从动轮，其外圆面与轧辊 A、B 的外圆面紧密接触；轧辊 A、B 相接触的端面均加工出 30°倒角，倒角的长度等于正三角形截面边长 a。这样，三个轧辊的接触处就形成了图 8－4 所示的正三角形截面孔 POQ。假设正三角形的面积与圆截面丝的截面积相同，则有

$$\frac{1}{2}a \cdot \frac{\sqrt{3}}{2}a = \pi\left(\frac{d_s}{2}\right)^2 \tag{8-14}$$

式中，d_s 为轧制前冷拔不锈钢丝的直径。对于不同的 d_s，就要有相对应的 a。也就是对于不同直径的金属丝要设计不同的轧辊倒角尺寸。

8.2　轧制过程中金属丝的受力及变形分析

8.2.1　轧制过程的理论分析

1. 简单轧制圆棒试件受力及变形

直径为 D 的圆棒试件在两个相同轧辊形成的孔型中轧制时的受力如图 8－5 所示。图中

只画出了上轧辊对试件的作用力。

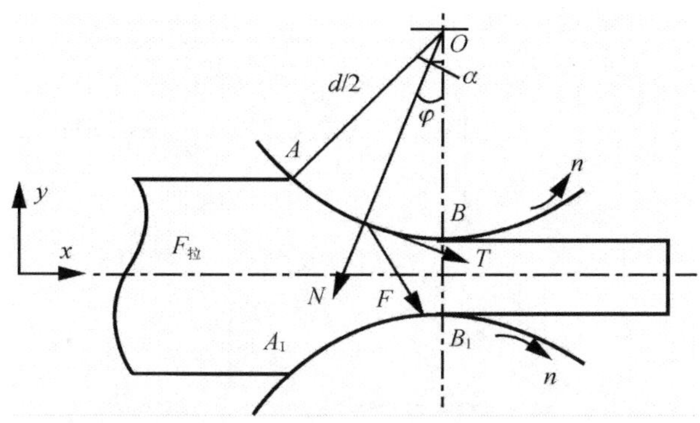

图 8－5　简单轧制过程中试件受力图

如图 8－5 所示，在轧制过程中，试件受到上轧辊施加的作用力为正压力 N 和摩擦力 T，两个力的合力为 F（下轧辊对试件的作用力类似）。其中，x 轴为试件的进给方向，y 轴为垂直试件轴向的方向，z 轴垂直于（x,y）平面。正压力 N 和摩擦力 T 沿 x 、y 轴的分量分别为 N_x、N_y 和 T_x、T_y。稳定轧制时，$T_x > N_x + F_{拉}$，试件以恒定的速度向前运动，内部产生沿 x 轴方向的应力 σ_x，相应的应变 ε_x 使试件沿 x 轴伸长；N_y、T_y 的合力与下轧辊的作用力在 y 轴上的分量的合力平衡，试件内部产生沿 y 轴方向的应力 σ_y，相应的应变 ε_y 使试件沿 y 轴压缩；虽然试件在 z 轴方向不受力的作用，但内部会产生沿 z 轴方向的应力 σ_z，相应的应变 ε_z 使试件沿 z 轴扩展。

2. 圆截面金属丝轧制时受力及变形

圆截面金属丝经过正三角形孔型轧制时，与简单轧制时金属的流动情况不同，但轧件受力情况类似。即同时受到分别垂直于正三角形各边的正压力及摩擦力的作用。轧制过程中，截面形状将发生复杂变化（图 8－6），沿轴向伸长并完成进给。

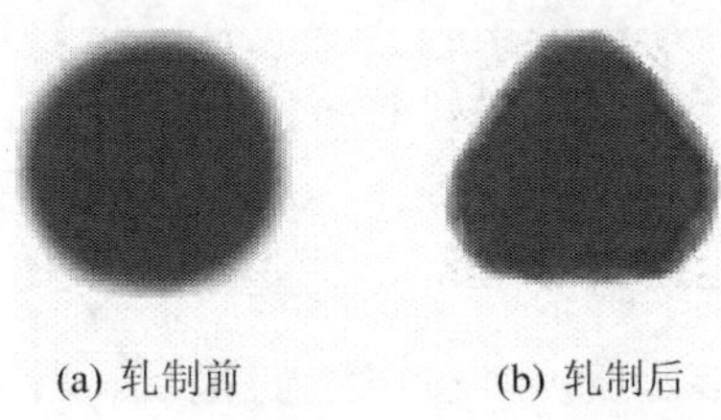

(a) 轧制前　　(b) 轧制后

图 8－6　金属丝轧制前、后截面照片

这种复杂的受力和变形情况，很难整体说明，但单就一个轧辊对金属丝作用进行分析时与前面介绍的简单轧制情况类似。例如，单独就轧辊 A 对金属丝的作用力进行分析，在其截面内建立如图 8－7 所示四轴坐标系：x、y、z 轴在金属丝截面所在平面内且互成 120°角，$\bar{x}$ 轴垂直于金属丝截面且指向金属丝进给方向。靠近轧辊 A 的金属丝在正压力 N 的作用下沿 x 轴的负方向压缩，沿 y、z 轴产生扩展，沿 $\bar{x}$ 轴伸长。轧辊 B、C 对金属丝的作用力及对金属丝变形的影响与轧辊 A 相似。这样，对比轧制前后的金属丝截面变化情况（图 8－6），可以想象金属丝截面形状变化情况如图 8－8 所示。

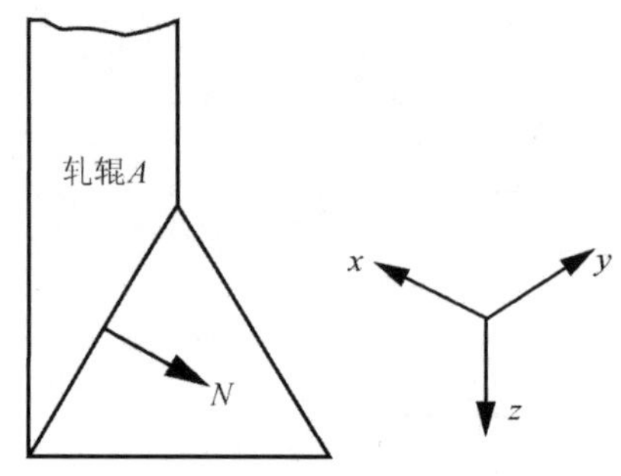

图 8－7　轧件截面内坐标系

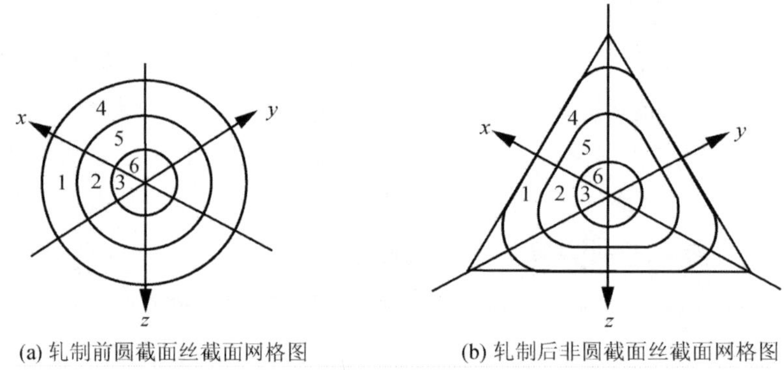

图 8－8　金属丝轧制前、后截面网格变化

8.2.2　轧制过程的有限元分析[2]

1. 二维分析模型

实际轧制过程是一个连续过程，被轧制的 ϕ0.4mm 不锈钢丝几乎是源源不断地从轧辊一端进入，从另一端轧出，受计算时间和计算机内存的限制，有限元分析中不可能完全模拟这个全过程，所以采取孤立的方式来研究这一问题，即研究只针对轧辊轧制的受力二维截面进行。为确保分析的结果能反映实际生产问题，取轧辊的长度大于计算所得接触区域的长度，以保持工艺原型的变形特点。经过以上简化后，所研究的问题转变为 ϕ0.4mm 不锈钢丝圆截面在轧制力的作用下发生变形，接触区域在均布压力的作用下，圆形截面承受来自轧辊的正应力，简化模型如图 8－9 所示。

二维数值模拟的轧制过程中，由于热膨胀引起的变形很小，所以不考虑温度对变形区域产生的影响。另外，轧辊与不锈钢丝之间的摩擦力只涉及钢丝的表面，模拟过程中不加以考虑。划分网格和施加约束后的模型如图 8－10 所示。

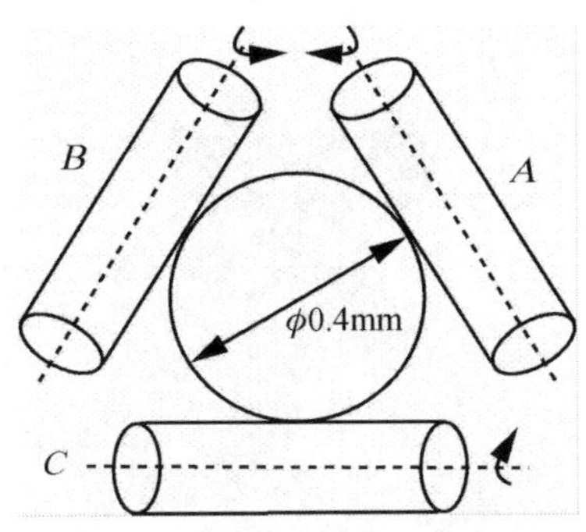

图 8－9　轧制成型的简化模型

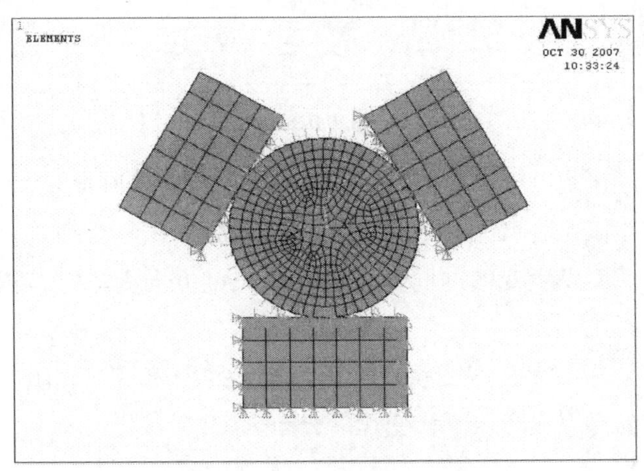

图 8－10　简化模型网格剖分

2. 轧制过程中金属丝的变形

三角型不锈钢丝轧制成型是一个大形变的过程，其形变量可以看成是由调整轧辊的压下量来控制的。三角型不锈钢丝在进行轧制时，首先是轧辊和钢丝之间的局部点接触，随着轧辊压下量的增大，点接触变为线面接触，钢丝上的接触面由于轧制力的作用将会从弧面变为平面。图 8－11 显示了有限元模型计算的整个轧制成型过程三角型不锈钢丝横截面的形状变化。

由图 8－11 可见，随着轧制过程压下量的增大，三角型不锈钢丝内部金属的变形量也增大，其横截面形状的变化也越趋向于三角形。如果继续增加压下量，轧辊与三角型不锈钢丝的接触面积将进一步增大，接触的表面边缘附近会被压制出棱角，棱角如果太尖锐就会产生应力集中而容易发生断裂，对其应用不利，所以轧制成型过程中轧辊的压下量不宜过大。

一般情况下，当轧件在变形区内沿高度（厚度）方向上受到压缩时，金属向纵向和横向流动，轧制后轧件在长度和宽度方向上尺寸增大。由于三角型不锈钢丝的截面形状不规

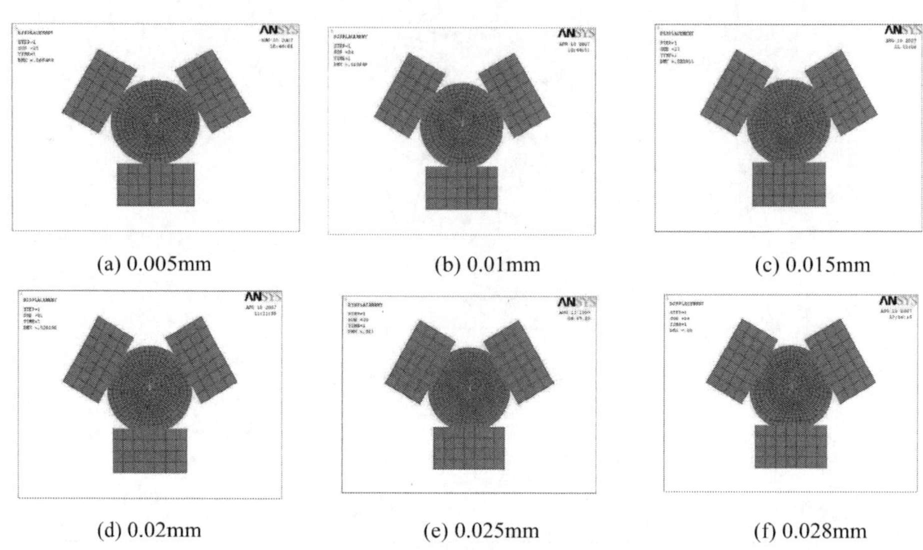

(a) 0.005mm (b) 0.01mm (c) 0.015mm

(d) 0.02mm (e) 0.025mm (f) 0.028mm

图 8－11 不同压下量时三角型不锈钢丝横截面形状

则，并且在轧制后其截面积有所减小，根据轧制过程的体积不变原理，三角型不锈钢丝轧制成型过程中在其横截面发生变形的同时也会伴随长度方向上一定范围的金属流动，即纵向的延伸。

这里研究模拟的是二维情况，只考虑横截面方向的金属流动，图 8－12 为有限元模型计算得到的其横截面内部应变随压下量变化的分布云图。

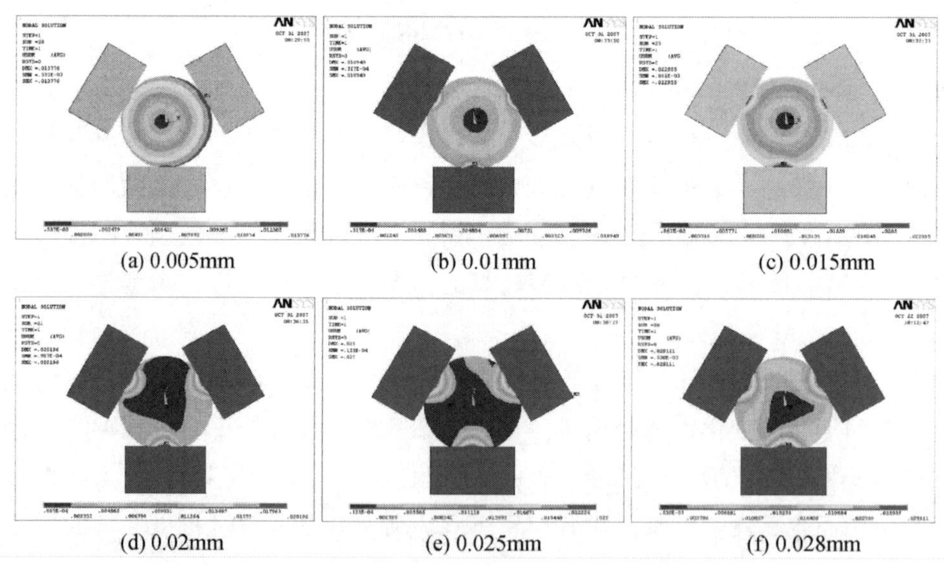

(a) 0.005mm (b) 0.01mm (c) 0.015mm

(d) 0.02mm (e) 0.025mm (f) 0.028mm

图 8－12 三角型不锈钢丝内部应变与压下量的关系（见彩图）

由图 8－12 中的应变计算结果可以看出，随着轧制压下量的增大，三角型不锈钢丝内部的应变越来越大，内部金属的流动也越来越剧烈，在轧辊和不锈钢丝接触的区域范围有较大的应变，而三角型不锈钢丝中心区域变形量非常小。

轧制变形区是指轧制时，轧件在轧辊作用下发生变形的区域。在实际分析中，一般将轧制变形区简化为轧辊与轧件接触面之间的几何区。这里我们把接触面周围应变比较大的区域（大于压下量的 10%）认为是轧制过程中截面的变形区域，把变形量很小（小于压下量的 10%）的中心区域认为是非变形区域。根据模拟数据对模型各结点的位移进行统计，得到实际轧制成型过程中截面变形区域的面积百分比为 49.8%。模拟结果表明，轧制成型过程中三角型不锈钢丝横截面变形区域的面积随压下量的增大而增大，如图 8－13 所示。

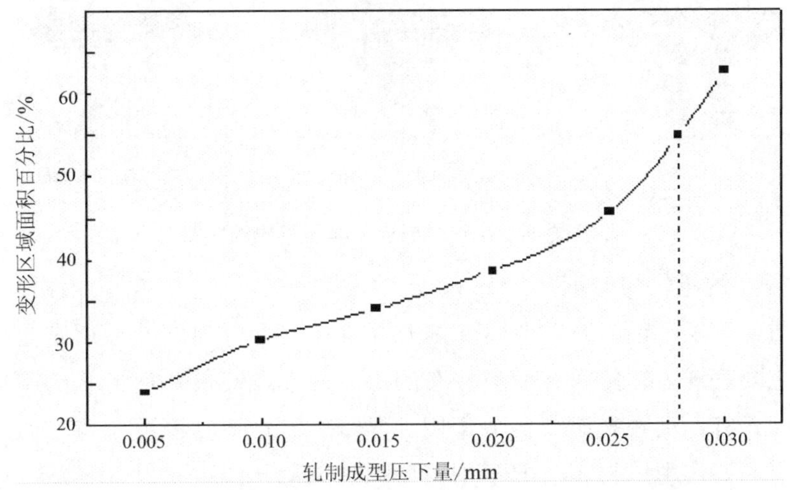

图 8－13　三角型不锈钢丝轧制成型压下量与变形面积的关系

3. 轧制过程中金属丝的应力分布

应力集中是轧制成型过程中应力分布的主要特点，可以凭此判断轧制情况的好坏和轧材中缺陷产生的趋势。在定性分析中，通过应力云图显示可清楚直观地查看应力集中特点，还可通过应力云图对比分析压下量对应力分布的影响和大变形过程中金属流动的特点。图 8－14 为有限元模型计算得到的三角型不锈钢丝横截面内部应力随压下量变化的分布云图。

由图 8－14 可见，轧辊在压下过程中，应力集中都发生在轧辊和三角型不锈钢丝接触的地方，沿表层的接触面到中心部分的径向应力分布规律为：应力都为压应力，径向由中心至接触面压应力呈增加趋势，在接触面上压应力达到最大值，并且压下量越大压应力越大；由于金属的挤压变形，导致在三角型不锈钢丝的非接触表面承受拉应力的作用，拉应力相比于压应力要小得多。

当压下量达到 0.02mm 时，三角型不锈钢丝内部大部分区域都已承受压应力，并且三个轧辊产生的应力作用开始相互交织在一起，压下量再增大，这种交互作用更加明显。以上的应力分析也再次印证了轧制过程中的压下量不宜过大，以免产生较大的残余应力。

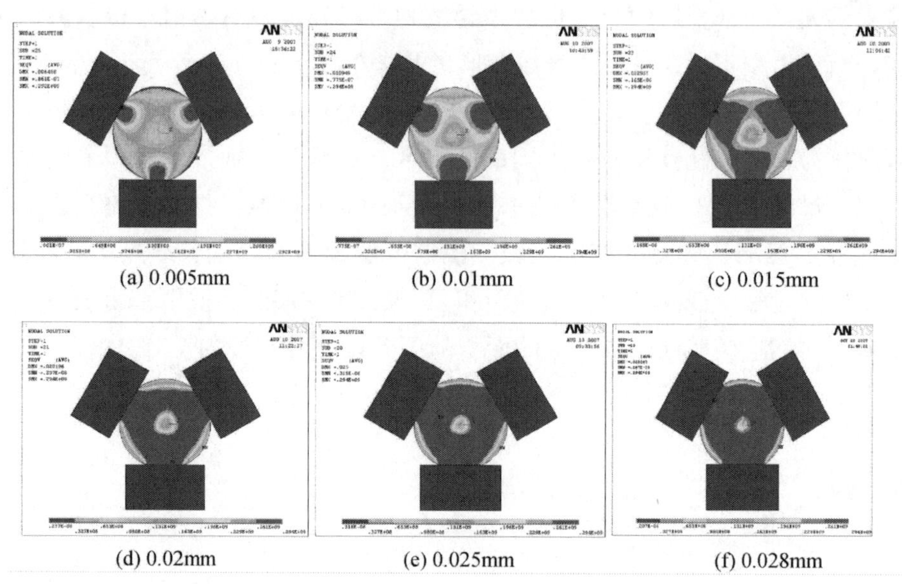
(a) 0.005mm (b) 0.01mm (c) 0.015mm
(d) 0.02mm (e) 0.025mm (f) 0.028mm

图 8－14 三角型不锈钢丝内部应力与压下量的关系（见彩图）

4. 轧制过程中的不均匀变形

许多实验研究结果已经证明，金属轧制过程中在变形区内的变形通常是不均匀的。这种不均匀变形主要表现为轧件内部变形分布的不均匀性及轧件几何形状的不均匀性。引起不均匀变形的因素有：接触表面摩擦力作用，异步轧制，坯料温度不均、组织不均等，其中前两个因素起主要作用。轧制时的不均匀变形对轧制产品的尺寸、形状、内部质量、表面状态、成材率以及轧辊磨损等有着重要的影响。图 8－15 为有限元模拟和实际轧制后三角型不锈钢丝横截面的形貌，对比即可看出实际轧制与模拟结果的差别。

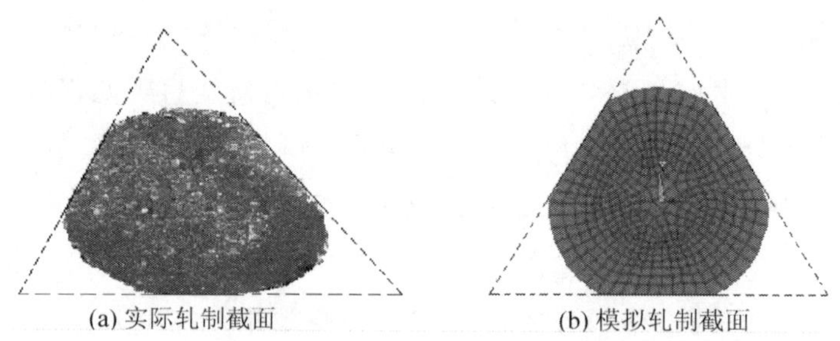
(a) 实际轧制截面 (b) 模拟轧制截面

图 8－15 有限元模拟轧制和实际轧制横截面的形貌对比

有限元模拟中，由于没有考虑摩擦力的作用，三角型不锈钢丝成型时只受到轧辊压力，所以其外形比较规则，接触面延伸后可以围成正三角形。但实际的轧制过程由于摩擦力的作用，轧制过程中钢丝的反复扭转等因素的影响，其表面受力和方向都不同，外形并不规则，接触面延伸后围成的图形也不是正三角形。

另外，实际轧制过程中的异步轧制现象也使轧制后金属丝截面形状不会是规则的正三角形。金属丝在轧制过程中，内应力主要集中在轧辊 A、B 附近，轧辊 C 附近较小，金属丝中心处基本不发生应力变化；相应的轧辊 A、B 附近变形较大，轧辊 C 附近变形较小，金属丝中心处基本不发生变形。轧制过程中，主动轧辊 A、B 的转速大于从动轧辊 C 的转速；且同为主动轧辊的 A、B 上，由于倒角的关系，线速度分别沿 P 到 O、Q 到 O 逐渐减小，轧辊 C 外圆的线速度最小［图 8－4（a）］。这样便出现了异步轧制现象（异步轧制是指两个工作辊表面线速度不相等的一种轧制方法），从而改变了各轧制点、面的轧制压力，进而使内应力、变形发生变化。

8.3　轧制工艺参数对三角型不锈钢丝微观组织的影响[3]

8.3.1　试件与测试方法

实验所用材料为 ϕ0.4mm 圆截面冷拔不锈钢丝及经冷轧、热轧获得的三角形截面丝，轧制条件和实验用三角型不锈钢丝的具体化学成分见表 8－1、表 8－2。

表 8－1　实验用三角型不锈钢丝的轧制条件

样品号	轧制温度/℃	轧制速度/（r/min）	样品号	轧制温度/℃	轧制速度/（r/min）
1	冷轧	350	9	750	100
2	冷轧	300	10	580	100
3	冷轧	250	11	840	150
4	冷轧	200	12	670	150
5	冷轧	150	13	620	150
6	1270	100	14	490	150
7	1000	100	15	410	150
8	950	100			

注：轧制速度为轧辊的转速。

表 8－2　实验用三角型不锈钢丝的化学成分

化学成分	C	Cr	Ni	Ti	Mn	P	其他元素
质量分数/%	0.11	17.00	8.50	0.039	1.02	0.026	常规含量

用 Keyence VHX-100K 三维视频显微系统和 Cambridge S-360 扫描电镜观测了三角型不锈钢丝纵、横截面的显微组织。在 X 射线衍射仪上进行三角型不锈钢丝衍射曲线的测定。

8.3.2　轧制成型三角型不锈钢丝的显微组织

由于三角型不锈钢丝是由 ϕ0.4mm 冷拔不锈钢丝经轧制而成的，所以其显微组织与轧制前冷拔钢丝的显微组织有着密切的关系。冷拉拔时钢丝在拉拔力的作用下，发生塑性变形，随着金属外形的拉长，其内部的晶粒形状也会发生相应的变化，即内部晶粒的形状被拉长，一般与金属外形的改变成比例。当变形量很大时，各晶粒将会被拉长成为细条状或纤维状，晶界已被拉碎或变得模糊不清。图 8-16 为轧制前 ϕ0.4mm 冷拔不锈钢丝的纵截面（原放大倍数 100×）和横截面（原放大倍数 200×）的照片。

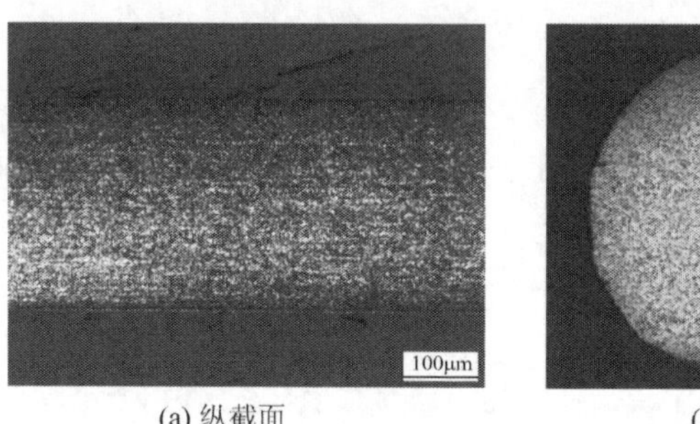

(a) 纵截面

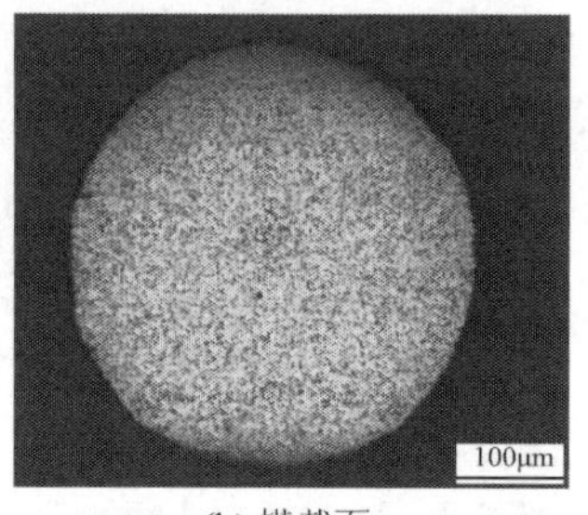

(b) 横截面

图 8-16 冷拔不锈钢丝截面显微照片

由于三角型不锈钢丝的轧制方向与拉拔方向垂直，故三角型不锈钢丝纵截面沿拉拔方向仍呈现出纤维状组织。图 8-17 选取了 1＃、6＃、12＃三角型不锈钢丝纵截面（原放大倍数 100×）和横截面（原放大倍数 200×）的照片。

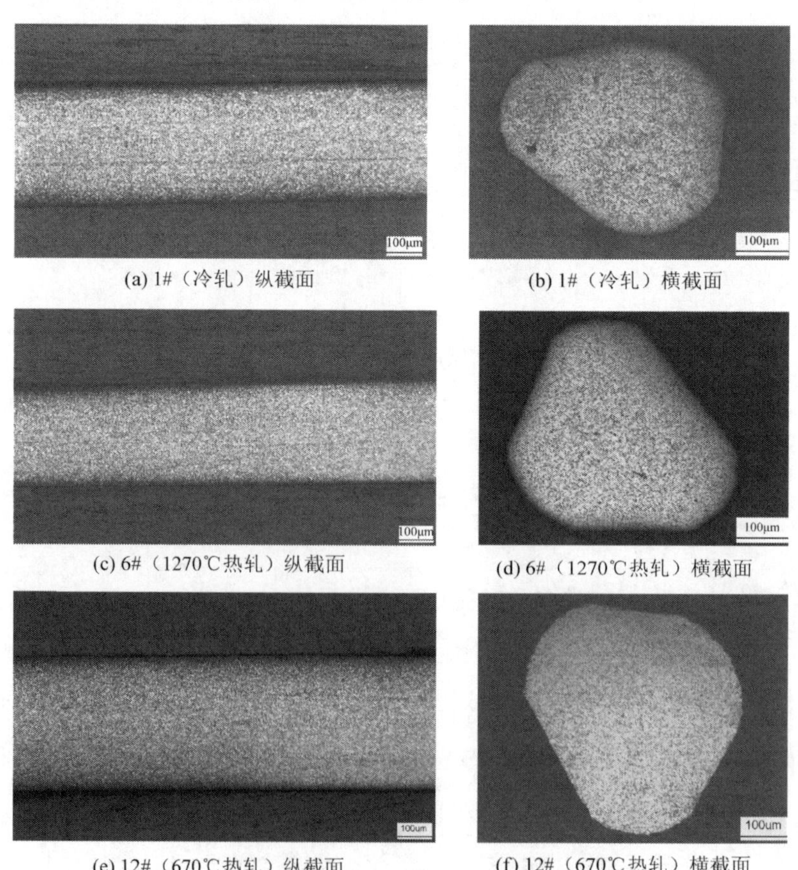

(a) 1#（冷轧）纵截面　(b) 1#（冷轧）横截面

(c) 6#（1270℃热轧）纵截面　(d) 6#（1270℃热轧）横截面

(e) 12#（670℃热轧）纵截面　(f) 12#（670℃热轧）横截面

图 8-17 三角型不锈钢丝截面显微照片

从金相照片图 8－17（a）可以看出，冷轧后的三角型不锈钢丝的纵截面显微组织沿垂直于轧制方向呈短纤维状分布，这是因为不锈钢丝在轧制前的冷拉拔使其外形尺寸发生了改变，其内部晶粒也沿拉拔方向被伸长。由于轧制过程中变形量相对较小，轧制变形对不锈钢丝内部组织的影响并不大。由于 6＃和 12＃采取热轧的方式，当温度升高时，原子扩散能力加强，会自发地向稳定相铁素体和渗碳体转变，部分相产生回复过程，相当于回火的作用，所以 6＃和 12＃纵截面的纤维状组织变得不明显，如图 8－17（c）、（e）所示。

由于轧制前 ϕ0.4mm 不锈钢丝在冷拉拔变形时诱发了大量马氏体组织，其马氏体组织是非常细小的，不易看清，并沿钢丝横截面方向呈密布的小黑点分布，称为隐晶马氏体（参考 2.3 节）。冷轧后的三角型不锈钢丝中仍存在大量马氏体组织，而热轧后三角型不锈钢丝中马氏体组织相对较少，如图 8－17（b）、（d）、（f）所示。

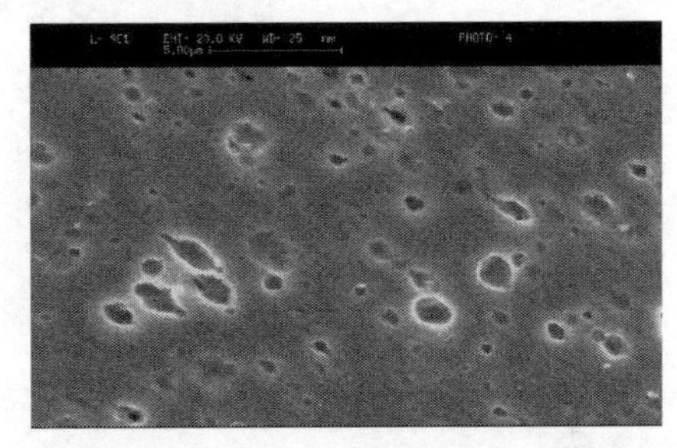

图 8－18　冷拉拔不锈钢丝截面形貌 SEM 照片

图 8－18 为轧制前 ϕ0.4mm 不锈钢丝截面的 SEM 照片。照片表明轧制前不锈钢丝的内部存在大量显微孔洞，这是由于不锈钢丝在冷拉拔过程中的变形导致孔洞的产生并沿拉伸方向长大（参考 2.3 节）。

图 8－19 为 1＃、5＃、7＃、12＃三角型不锈钢丝截面的 SEM 照片。从照片可以看出，三角型不锈钢丝中也存在大量的孔洞。

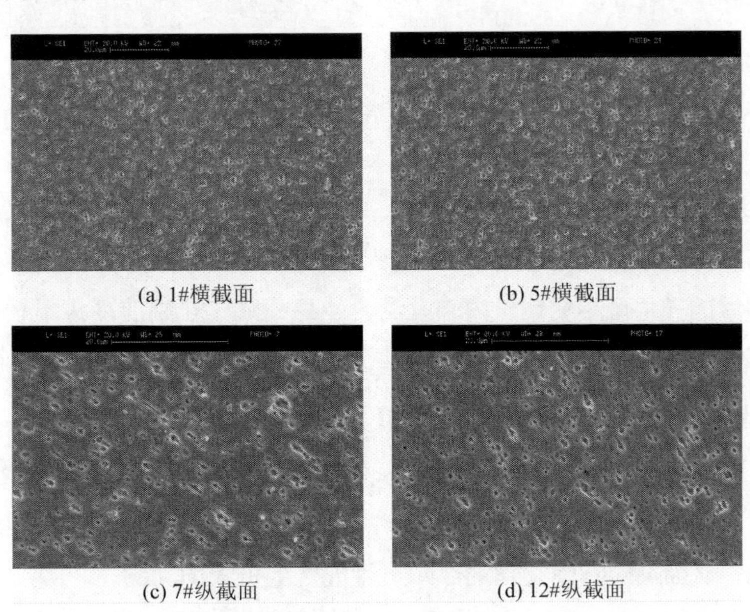

(a) 1#横截面　(b) 5#横截面

(c) 7#纵截面　(d) 12#纵截面

图 8－19　三角型不锈钢丝的截面形貌（SEM 照片）

这是由于三角型不锈钢丝在轧制过程中，由于钢丝的质量和工艺等问题，在钢丝内部存在夹杂物（图 8-20），一般为合金元素的碳化物。夹杂物与不锈钢基体界面属材料内部的薄弱环节，在金属发生流变时与界面脱离，金属丝在轧制时导致应力集中，超过界面处的结合力而沿界面开裂，与基体之间形成缝隙，此类缝隙在应力作用下伸长为孔洞。

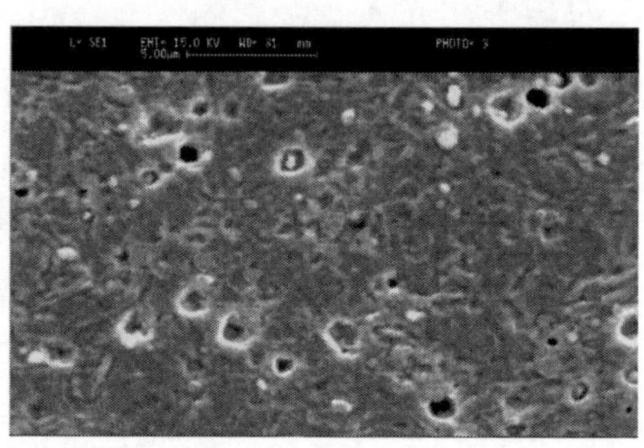

图 8-20　三角型不锈钢丝中的夹杂物

8.3.3　轧制成型三角型不锈钢丝内部孔洞体积分数的测定

通过对三角型不锈钢丝的截面 SEM 照片进行适当的处理，并运用专业图像分析软件 Image—proplus 和定量金相分析系统 QMAS，对 1～15＃不锈钢丝进行内部孔洞体积分数的定量测定，结果列于表 8-3 和图 8-21。

表 8-3　三角型不锈钢丝内部孔洞的体积分数

样品号	体积分数/%	样品号	体积分数/%	样品号	体积分数/%
1	2.459	6	3.283	11	3.011
2	1.764	7	2.092	12	2.508
3	2.884	8	2.085	13	1.692
4	3.019	9	1.799	14	1.551
5	2.276	10	1.212	15	1.578

运用同样的方法，计算测得 ϕ0.4mm 冷拔不锈钢丝内部孔洞体积分数为 3.82%。实验数据表明，轧制后的三角型不锈钢丝内部孔洞的体积分数比轧制前冷拔不锈钢丝有所减小；在一定的轧制速度下，三角型不锈钢丝内部孔洞的体积分数随轧制温度的升高而增加。

8.3.4　轧制成型三角型不锈钢丝的物相分析

ϕ0.4mm 不锈钢丝的冷拉拔过程和三角型不锈钢丝的轧制成型都会使金属丝产生不同程度的变形。随着金属丝的变形，其内部除了发生马氏体相变外，晶粒内部的亚结构也会发生显著的变化，从而会对不锈钢丝的组织和性能产生极大的影响。

通过 X 射线衍射的方法可以定性分析三角型不锈钢丝的物相成分及其变化，探索形变诱发马氏体的情况，并可定量研究三角型不锈钢丝的微观参数和亚结构的变化，探讨其组

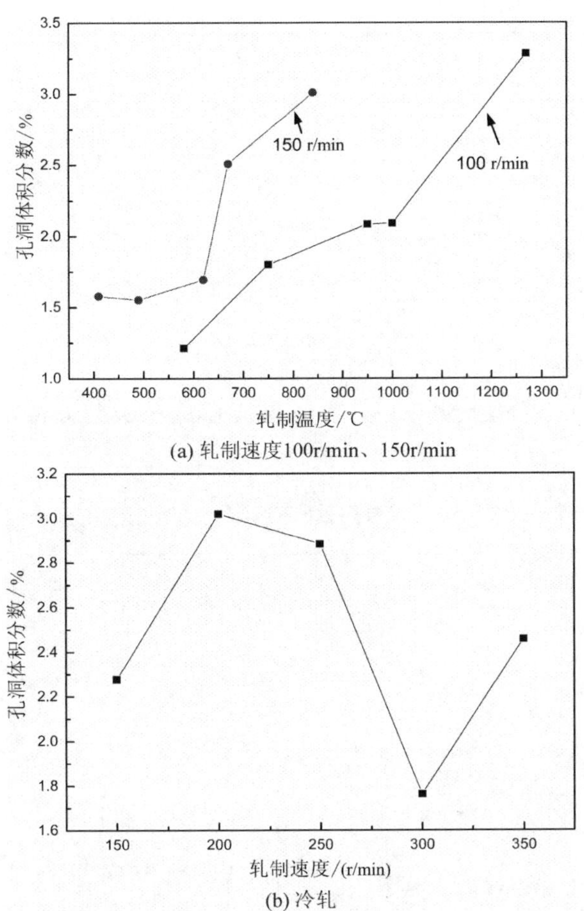

图 8－21　轧制温度和轧制速度对三角型不锈钢丝内部孔洞体积分数的影响

织性能变化产生的原因。

为了研究不同轧制温度和轧制速度对三角型不锈钢丝物相变化的影响规律，本实验分别选取 2＃、5＃、6＃、9＃、12＃、15＃三角型不锈钢丝和用于轧制三角型丝的 ϕ0.4mm 冷拔不锈钢丝进行 X 射线衍射实验，由于实验用不锈钢丝的直径或规格满足摄照要求，故可直接选作试样。

ϕ0.4mm 冷拔不锈钢丝的 X 射线衍射曲线如图 8－22 所示，2＃、5＃、6＃、9＃、12＃、15＃三角型不锈钢丝的 X 射线衍射曲线如图 8－23 所示。

从图 8－22 可以看出，ϕ0.4mm 冷拔不锈钢丝 X 射线衍射图谱中出现了明显的马氏体衍射峰 α，图 8－23（a）、（b）、（d）、（f）中 α 衍射峰也很明显。而图 8－23（c）、（e）中奥氏体的衍射峰 γ 相当明显，马氏体衍射峰 α 相比强度已经很弱，以至于不易辨出。利用 X 射线定量相分析方法，经计算得 ϕ0.4mm 冷拔不锈钢丝中形变诱发马氏体的含量为 82.1%。根据图 8－23 对三角型不锈钢丝中的形变诱发马氏体的含量进行计算，结果列于表 8－4，图 8－24 为该结果的柱状图。

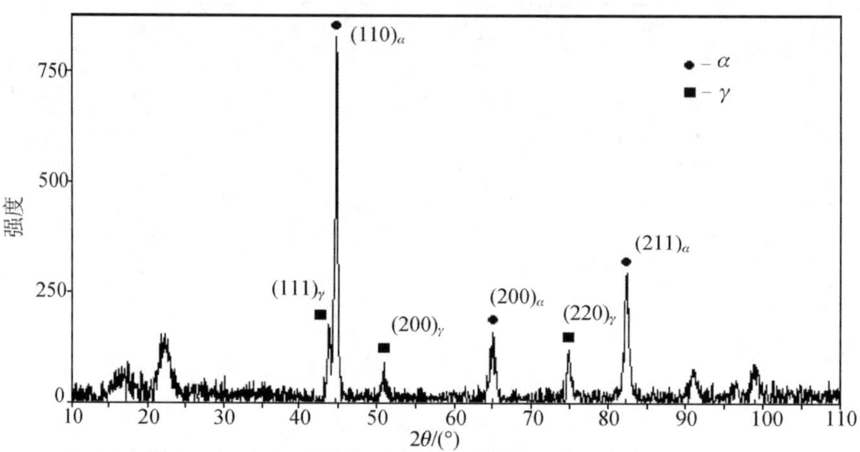

图 8-22　ϕ0.4mm 冷拉拔不锈钢丝的 X 射线衍射图谱

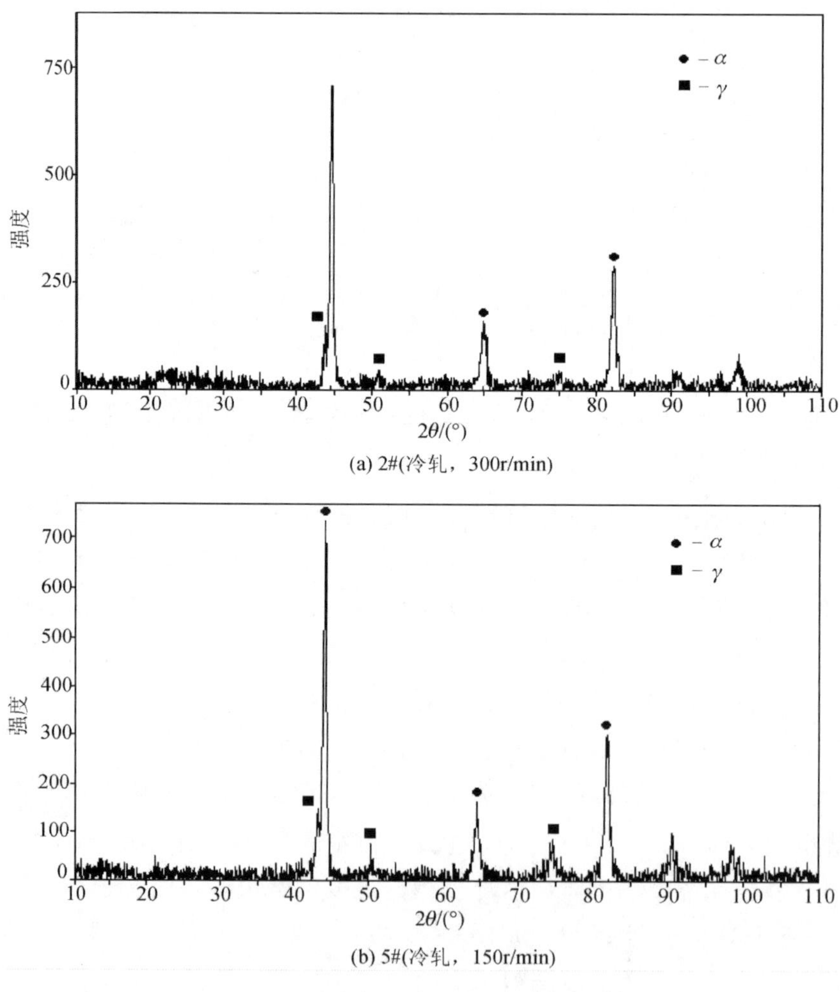

图 8-23　三角型不锈钢丝的 X 射线衍射图谱

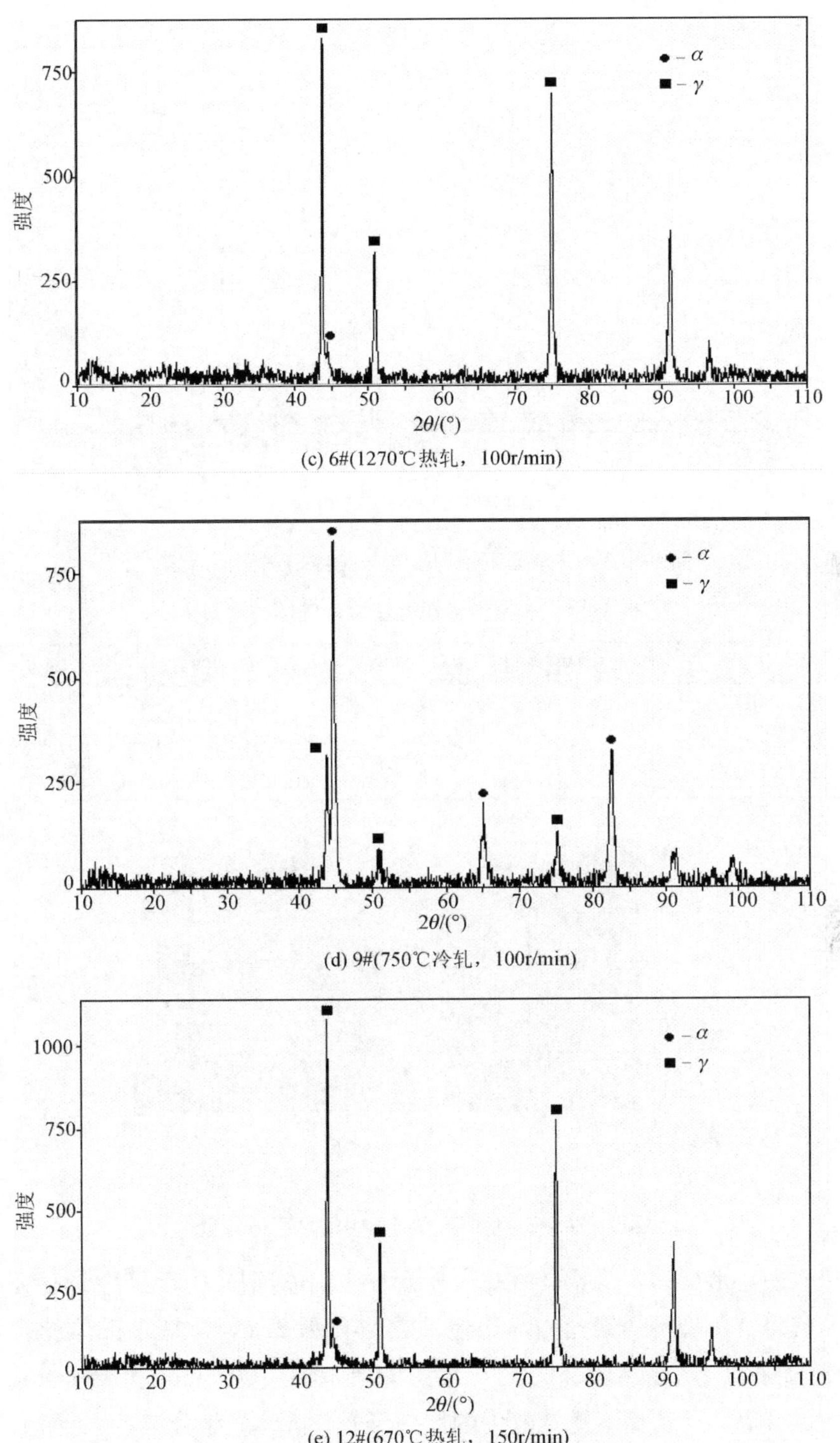

(c) 6#(1270℃热轧，100r/min)

(d) 9#(750℃冷轧，100r/min)

(e) 12#(670℃热轧，150r/min)

图 8－23　三角型不锈钢丝的 X 射线衍射图谱（续）

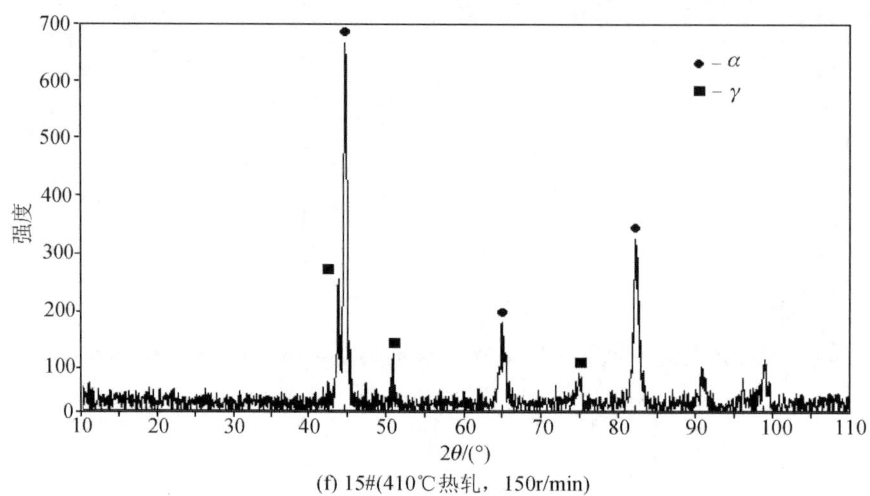

(f) 15#(410℃热轧，150r/min)

图 8-23　三角型不锈钢丝的 X 射线衍射图谱（续）

表 8-4　三角型不锈钢丝中马氏体的含量

样品号	轧制条件	形变马氏体含量/%	样品号	轧制条件	形变马氏体含量/%
2	冷轧，300r/min	85.3	9	750℃热轧，100r/min	76.5
5	冷轧，150r/min	85.6	12	670℃热轧，150r/min	7.4
6	1270℃热轧，100r/min	7.8	15	410℃热轧，150r/min	77.1

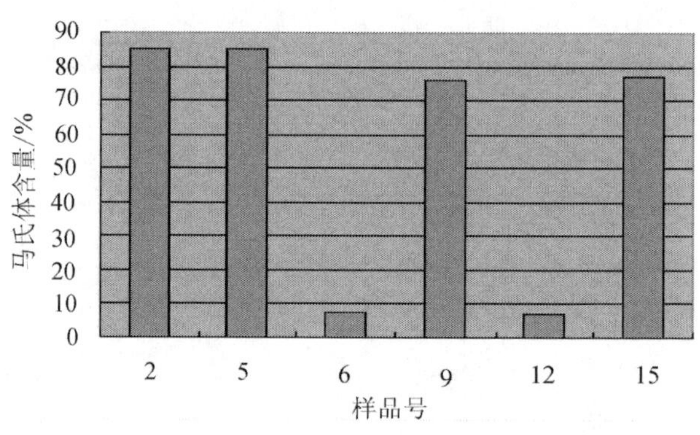

图 8-24　三角型不锈钢丝中的马氏体含量

计算结果表明，形变诱发马氏体在 ϕ0.4mm 冷拔不锈钢丝中已经大量存在。冷轧成型的进一步形变使得三角型不锈钢丝中马氏体的含量有所增加，形变马氏体的含量从冷轧前的 82.1%分别增加到 85.3%和 85.6%。在固定轧制速度 100r/min 和 150r/min 的情况下，随着轧制温度的升高，三角型不锈钢丝中的部分形变马氏体发生分解，9＃和 15＃的形变马氏体含量分别降低为 76.5%和 77.1%。图 8-23 中，6＃和 12＃的奥氏体衍射峰 γ 变得相当强，而马氏体衍射峰（200）α 和（211）α 已经消失，计算后所得形变马氏体含量分别只有 7.8%和 7.4%，而奥氏体的含量高达 90%以上，这表明不锈钢丝已经绝大部分奥氏体化，只有少量的形变马氏体存在。

基于X射线衍射结果我们间接测算了位错密度。经计算，ϕ0.4mm冷拔不锈钢丝的微观应变$<\varepsilon^2>^{\frac{1}{2}}=0.1857$，晶粒尺寸$L$=37.2nm，位错密度$\rho$=6.98×$10^{12}$cm^{-2}。

按照同样的方法对三角型不锈钢丝样品的各项数值进行计算，结果列于表8-5，其对应的柱状图如图8-25所示。

表8-5　三角型不锈钢丝的位错密度值

样品号	轧制条件	微观应变$<\varepsilon^2>^{1/2}$	晶粒尺寸L/nm	位错密度值ρ/（10^{12}cm^{-2}）
2	冷轧，300r/min	0.1796	35.2	7.07
5	冷轧，150r/min	0.1652	26.7	8.57
6	1270℃热轧，100r/min	0.1259	103.9	1.68
9	750℃热轧，100r/min	0.1872	40.3	6.44
12	670℃热轧，150r/min	0.0842	49.9	2.34
15	410℃热轧，150r/min	0.2215	41.4	7.41

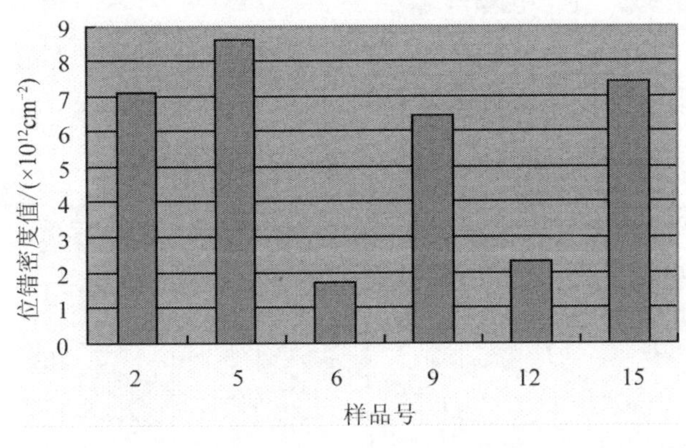

图8-25　三角型不锈钢丝的位错密度

以上的计算结果表明，冷轧成型后，三角型不锈钢丝中的位错密度比φ0.4mm冷拔不锈钢丝略微增大。在固定轧制速度100r/min和150r/min的情况下，随着轧制温度的升高，三角型不锈钢丝中的位错密度呈下降趋势。这是因为随着温度的升高，三角型不锈钢丝中的部分组织发生回复甚至再结晶，缺陷减少。当轧制速度固定为100r/min，轧制温度为1270℃时，位错密度达到最小值1.68×10^{12}cm^{-2}。

8.4　轧制工艺参数对三角型不锈钢丝力学性能的影响[3]

8.4.1　轧制成型三角型不锈钢丝拉伸实验

实验所用材料为ϕ0.4mm圆截面冷拔不锈钢丝及经冷轧、热轧获得的三角形截面丝，具体轧制条件见表 8－1。

实验所用仪器为 Reger-3010 型电子拉伸实验机。根据 GB/T 228—2002 进行三角型不锈钢丝的室温拉伸实验，测量和计算不同轧制条件下三角型不锈钢丝的抗拉强度和延伸率。计算延伸率时，经查阅《钢丝及钢丝绳标准汇编》，选取标距为 20mm。

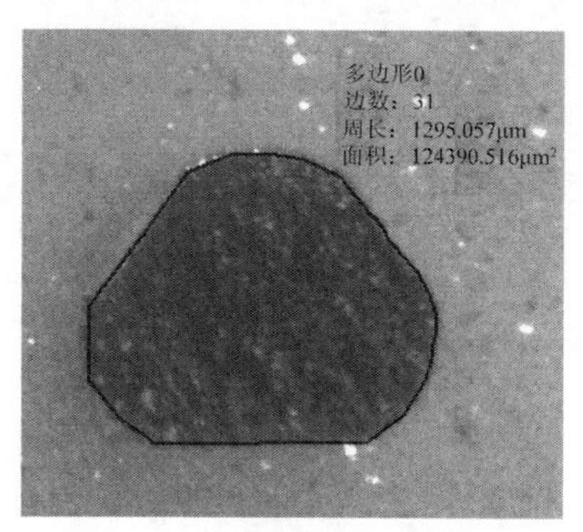

图 8－26　三角型不锈钢丝横截面积测量示意图

由于本实验用三角型不锈钢丝的横截面形状并不规则，截面的面积精度会对其强度产生影响，所以应该先对三角型不锈钢丝横截面的面积进行测量，测量方法为用 XTS-30 连续变倍体视显微镜对三角型不锈钢丝横截面进行拍照，然后再用专门的分析软件测量，如图 8－26 所示。

ϕ0.4mm 冷拔不锈钢丝的横截面积为 0.1257mm²，实验测得三角型不锈钢丝横截面面积的具体数据列于表 8－6，其中变形量为轧制成型后三角型不锈钢丝的横截面面积变化百分比。

表 8－6　三角型不锈钢丝的横截面积

样品号	横截面积/mm²	变形量/%	样品号	横截面积/mm²	变形量/%
1	0.1246	0.88	9	0.1238	1.51
2	0.1244	1.03	10	0.1230	2.15
3	0.1247	0.80	11	0.1239	1.43
4	0.1239	1.43	12	0.1235	1.75
5	0.1255	0.16	13	0.1242	1.19
6	0.1224	2.63	14	0.1251	0.48
7	0.1255	0.16	15	0.1222	2.78
8	0.1242	1.19			

表 8－6 的数据表明，三角型不锈钢丝轧制成型后的横截面面积会略微减小，其变化范围为 0.16%～2.78%，因此由于截面积引起的变化对强度的变化影响较小。

拉伸实验的结果还受试样形状、尺寸及表面粗糙度、试样装夹、实验速度等因素的影响。随着试样截面积的减小，其抗拉强度和断面收缩率有所增加。本实验中以上的影响因素可以限制在一定的范围内，能满足实验的标准要求。

经实验测量，ϕ0.4mm 冷拔不锈钢丝的抗拉强度为 1318MPa，延伸率为 2.2%；三角型不锈钢丝的抗拉强度和延伸率列于表 8－7。轧制温度、轧制速度对三角型不锈钢丝抗拉强度与延伸率的影响规律如图 8－27 所示。

表 8-7　三角型不锈钢丝的抗拉强度

样品号	抗拉强度/MPa	延伸率/%	样品号	抗拉强度/MPa	延伸率/%
1	1376	3.7	9	1463	2.4
2	1374	3.2	10	1449	2.7
3	1425	2.8	11	985	16.3
4	1553	2.1	12	1002	13.8
5	1410	2.5	13	1493	2.7
6	956	20.1	14	1574	2.4
7	958	13.6	15	1546	2.9
8	992	14.2			

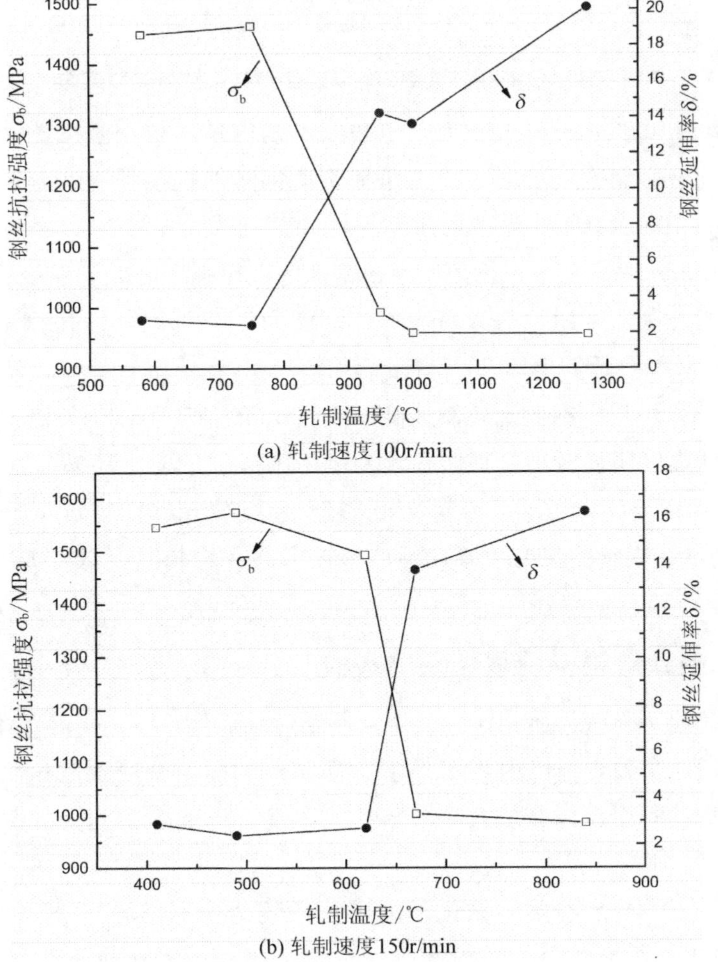

(a) 轧制速度100r/min

(b) 轧制速度150r/min

图 8-27　三角型不锈钢丝的轧制温度、轧制速度对其抗拉强度和延伸率的影响

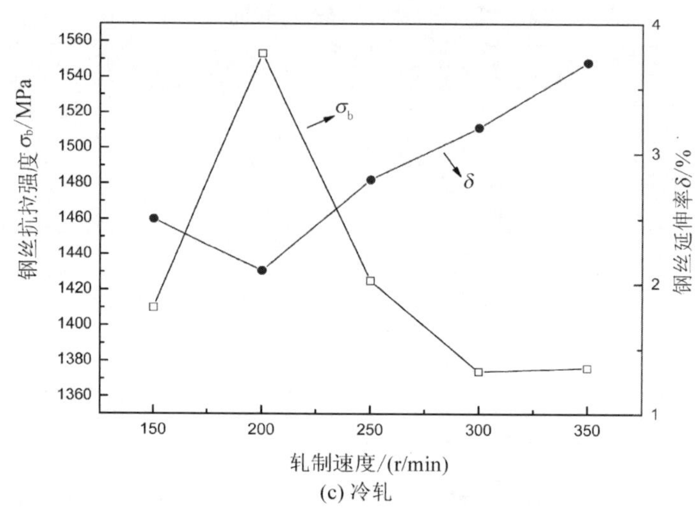

(c) 冷轧

图 8-27 三角型不锈钢丝的轧制温度、轧制速度对其抗拉强度和延伸率的影响（续）

由图 8-27（c）可见，冷轧成型后，三角型不锈钢丝的抗拉强度比 ϕ0.4mm 冷拔不锈钢丝有所提高。随着轧制速度的增大，三角型不锈钢丝的抗拉强度和延伸率变化较小，其抗拉强度在 1374～1553 MPa 变化，延伸率的变化范围为 2.1%～3.7%。在固定轧制速度 100r/min 和 150r/min 的情况下，三角型不锈钢丝的抗拉强度随轧制温度的升高而降低，延伸率随之增加。当轧制速度为 100r/min，轧制温度为 1270℃时，三角型不锈钢丝的抗拉强度达到最小值 956MPa，延伸率达 20.1%。

由图 8-27（a）可见，在固定轧制速度 100r/min 的情况下，当轧制温度高于 950℃时，三角型不锈钢丝的强度明显较小，延伸率较大；在轧制温度低于 750℃时，其强度较高，延伸率较小。由图 8-27（b）可见，在固定轧制速度 150r/min 的情况下，当轧制温度高于 670℃时，三角型不锈钢丝的强度较低，延伸率较大；在轧制温度低于 620℃时，其强度较高，延伸率较小。

8.4.2 轧制成型三角型不锈钢丝硬度实验

实验材料与拉伸实验中所述相同（具体轧制条件见表 8-1）。实验所用仪器为 430SVD 型数显维氏硬度计，实验力条件为 0.3HV，测定试样的显微硬度规范参照 GB/T 4340-84 和 GB/T 4342-84。每个试样在放大 200 倍的显微镜下选取 3 个间隔加载点，所测数据取平均值为平均硬度。

经实验测量，ϕ0.4mm 冷拔不锈钢丝的平均硬度为 HV427。三角型不锈钢丝的平均硬度值列于表 8-8。轧制温度、轧制速度对三角型不锈钢丝硬度的影响规律如图 8-28 所示。

表 8-8 三角型不锈钢丝的显微硬度 (HV)

样品号	平均硬度值	样品号	平均硬度值	样品号	平均硬度值
1	460	6	309	11	462
2	411	7	265	12	348
3	510	8	296	13	441
4	402	9	362	14	481
5	448	10	308	15	409

由图 8-28 可见，相比于 ϕ0.4mm 冷拉拔不锈钢丝，冷轧成型三角型不锈钢丝的硬度值较高，平均硬度值随着轧制速度的增加在 HV 402～510 变化；在固定轧制速度 100r/min 的情况下，随着轧制温度的升高，三角型不锈钢丝的平均硬度值下降到 HV 265～362 的范围内，当轧制温度达到 950℃、1000℃、1270℃时，其平均硬度值分别为 HV 296、265、309；在固定转速 150r/min 轧制的情况下，随着轧制温度的升高，三角型不锈钢丝的平均硬度值下降到 HV 348～409（11＃除外）的范围内。

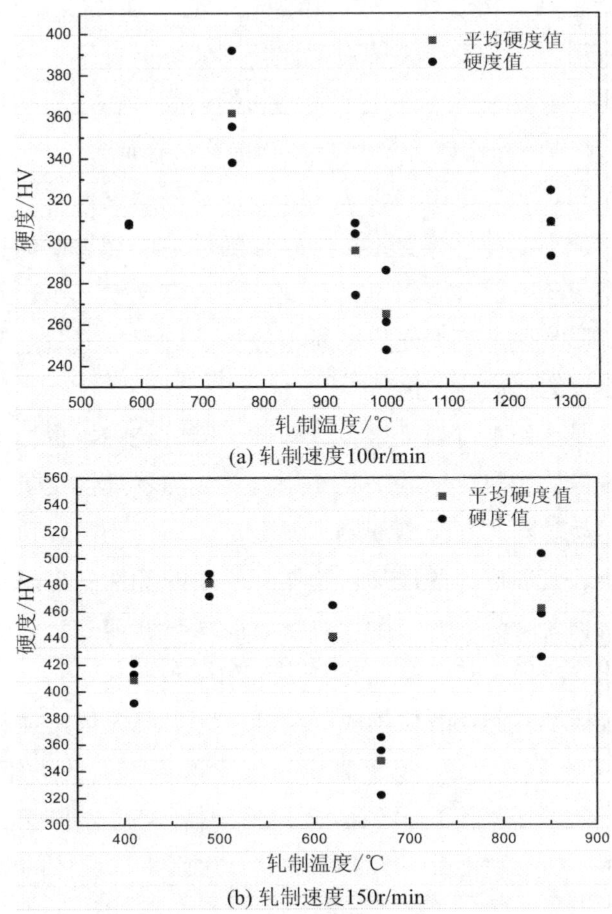

图 8-28 三角型不锈钢丝的轧制温度、轧制速度对其硬度的影响

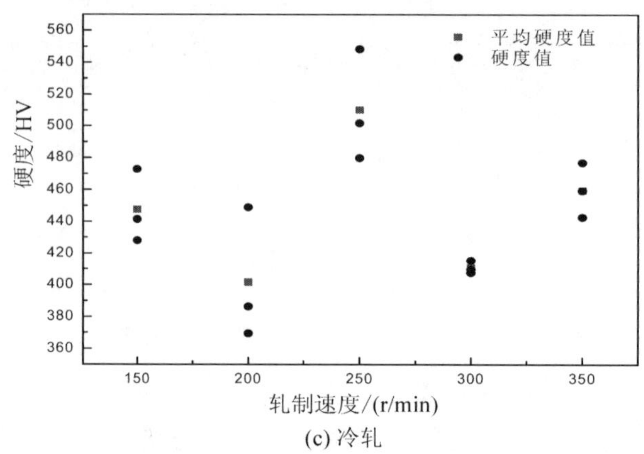

(c) 冷轧

图 8-28 三角型不锈钢丝的轧制温度、轧制速度对其硬度的影响（续）

8.4.3 不锈钢丝冷轧成型过程的强化

不锈钢的强化措施包括固溶强化、马氏体强化、时效强化、加工强化和细晶强化等，以及这些措施的综合应用。本实验研究的对象属于 Cr18Ni9 型钢，其强化原因主要有组织因素和加工因素，组织因素对 Cr18Ni9 型不锈钢的影响表现在：随晶粒尺寸和孪晶间平均距离变小而强度增加；δ 相和马氏体含量增加，钢的强度增加。

由 8.3.4 节结果可知，相比于原材料 ϕ0.4mm 冷拔不锈钢丝，三角型不锈钢丝冷轧成型过程中晶粒尺寸有所减小，马氏体含量增加，伴随着强度和硬度的提高。随着轧制温度的升高，三角型不锈钢微丝中部分组织发生转变，马氏体含量减少，伴随着强度和硬度的下降，这是组织因素的影响。由于冷轧成型属于冷加工过程，因此本节主要讨论冷加工因素对三角不锈钢丝力学性能造成的强化。

加工硬化现象是金属冷加工时强度增大、塑性下降的统称，也称为形变强化。关于加工强化的原因，目前普遍认为与位错的交互作用有关。随着塑性变形的进行，位错密度不断增加，因此位错在运动时的相互交割加剧，便会产生固定割阶、位错缠结等障碍，使位错运动的阻力增大，引起变形抗力的增加。这样，金属的塑性变形就变得困难，继续变形就得增大外力，因此就提高了金属的强度。对于不能用热处理方法进行强化的奥氏体不锈钢来说，用冷加工硬化方法提高其强度就变为最有效的方法。

由实验中所用奥氏体不锈钢丝的化学成分可知，此类奥氏体不锈钢属于亚稳定型，与稳定型奥氏体不锈钢相比，其应力-应变曲线有很大的区别：此类钢在马氏体开始形成（ε=10%～15%）后，应变硬化率显著增加，因此变形后其抗拉强度由于马氏体相变而显著增大。奥氏体不锈钢的加工硬化有一个重要部分，这就是马氏体的形成，由 X 射线物相分析结果可知，实验所用的冷轧三角型不锈钢丝中存在 80%以上的形变马氏体，它对不锈钢丝的性能影响是非常显著的。

奥氏体不锈钢的加工硬化主要是由于马氏体的形成，这种硬化与化学成分的关系表示在图 8-29 中。其中“冷加工硬化系数” x 表示形变实验所需要的能量，也就是应力-应变曲线下的面积，很明显，x 越大，加工硬化也越大。进一步分析 x 的组成如下

$$x=w1+w2+w3 \tag{8-15}$$

式中，$w1$、$w2$、$w3$ 分别表示弹性部分、塑性部分，以及由于马氏体形成所消耗的能量。

$w1$ 及 $w2$ 因固溶体硬化的关系而增加，其中 $w1$ 较小。$w3$ 的大小取决于马氏体的含量以及马氏体的强度：前者视冷加工温度及 Md 的关系而定，后者主要由马氏体中的碳含量及氮含量决定，如图 8-29 (a) 所示。

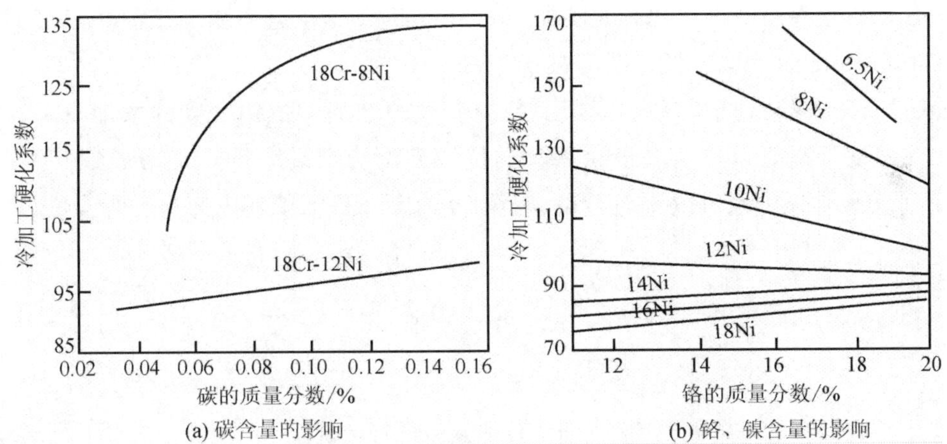

图 8-29 元素含量对冷加工硬化系数的影响

在图 8-29 (b) 中，铬含量相等时，x 值随镍量的增加而减少，这是由于镍能稳定奥氏体。镍含量相等时（质量分数小于 12%），x 值随铬量的增加而减少，这是由于铬也能稳定奥氏体。从直线斜度也可以看出，$w3$ 对于 x 值的影响远比 $w1+w2$ 为大。如果能够避免或减少马氏体的形成，x 值便会大大减少。经 X 射线物相分析得知，冷轧异型不锈钢丝内部大部分已经转变为马氏体，因此由于马氏体的影响，钢丝的抗拉强度和硬度明显提高。

从位错密度的测定结果可知，实验中冷轧异型不锈钢丝内的位错密度 ρ 约为 $1012/cm^2$（ρ 以每平方厘米面积的位错根数计算）。因此，位错强化是冷轧异型不锈钢丝获得高强度的理论基础和重要因素。随着钢丝变形量的进一步增大，钢丝内部位错塞积和缠结逐步加重，使钢丝的强度上升，并且强度增量与位错密度的平方根成正比。

由上述分析可知，冷轧三角型不锈钢丝强度和硬度的提高是各因素综合作用的结果。

8.4.4 三角型不锈钢丝不同温轧或热轧温度对其力学性能的影响

三角型不锈钢丝的温轧或热轧相当于回火或者退火的作用，在这个加热过程中，钢丝内部原子扩散能力加强，组织会自发地向稳定相转变。适当温度的加热可以使三角型不锈钢丝的强度、硬度和韧性等力学性能得到较为良好的配合。

由于轧制三角型不锈钢丝的设备只能考察恒定轧制速度下温度对金属丝的影响，而无法考察在恒温下轧制速度对金属丝的影响，因此这里讨论的温度影响都是在固定轧制速度的情况下。在固定转速 100r/min，当轧制温度高于 950℃时，三角型不锈钢丝的强度和硬度都明显较小，延伸率较大；在轧制温度低于 750℃时，其强度和硬度较高，延伸率较小。在固定转速 150r/min，当轧制温度高于 670℃时，三角型不锈钢微丝的强度和硬度（11＃除外）都较低，延伸率较大；在轧制温度低于 620℃时，其强度和硬度较高，延伸率较小。总结实验数据的规律，可以得知轧制温度对三角型不锈钢丝力学性能的总体趋势是：随着轧制温度的升高，其强度和硬度呈现下降趋势，而延伸率明显提高，并且其力学性能的跳跃性变化有一个分界温度，在轧制速度为 100r/min 时，这个分界温度在 750～950℃；在轧制速度为 150r/min 时，这个分界温度在 620～670℃。

如前所述，金属与合金因塑性变形引起的强度的增加与位错密度的增加有关，由此可以推知，在温度升高时，三角型不锈钢丝的位错密度会显著下降，从而导致其强度下降，这在 X 衍射实验结果中也可以体现出来，而硬度的下降是由于其内部马氏体含量减少。

◇◇◇ 参考文献 ◇◇◇

[1] 郝慧荣．非圆截面丝金属橡胶材料弹性、耗能及疲劳特性研究．石家庄：军械工程学院硕士论文，2008.

[2] 牛犁，董秀萍，杨建春，等．金属橡胶用异型不锈钢微丝轧制成形对组织性能的影响规律研究．航空材料学报，2009，29（2）：18-24.

[3]《宽温域高耗能金属橡胶阻尼材料》技术总结报告（内部资料）．军械工程学院，2010.

第9章 金属橡胶电脉冲放电强化工艺技术

本章的核心内容是介绍金属橡胶电脉冲放电强化工艺技术，包括基于 LabVIEW 虚拟测控技术的电脉冲放电设备、线匝触点之间熔焊机理及熔焊质量检测方法等问题。

9.1 基于 LabVIEW 虚拟测控技术的电脉冲放电设备设计

金属橡胶制品在工程应用中常面临非常恶劣的工作环境，往往同时受到几个方向上的载荷作用，这对其压缩、拉伸、剪切等机械性能指标提出了很高的要求。由于金属橡胶属于各向异性材料，在不同方向上其承载能力不同，一般来讲，压力成型方向能够承受较大的载荷，而在压力成型方向的反方向（通常为拉伸方向）上承载能力却很低，其他方向上的承载能力介于二者之间。金属橡胶制品的各向异性使其同时受到几个方向上的复合载荷作用时，在压力成型方向以外的其他方向上（尤其在压力成型方向的反方向上）很容易发生塑性变形，最终导致撕裂破坏，使其应用范围受到了很大的限制。

因此，研究一种能够提高金属橡胶各向同性的工艺方法，从而提高其拉伸强度及剪切强度，拓宽金属橡胶的应用范围，具有重要的工程应用价值。

俄罗斯萨马拉国立航空航天大学提出了利用电脉冲放电的方法对金属橡胶进行强化处理的工艺技术[1]，如图 9-1 所示。

传统的电脉冲放电设备（图 9-1）存在以下缺点：

（1）放电时施加到金属橡胶元件两端的电极力无法精确测控，而电极力的大小对金属橡胶内部组织结构及宏观电阻值影响很大（参见 9.2.2 小节），从而间接影响流过金属橡胶的电流的分布及强度的一致性。

（2）充放电电压不能精确测控，直接影响放电时流过金属橡胶的脉冲电流波形特征的一致性。同时，放电没有采用大电流容量的控制开关，限制了脉冲电流的强度，使设备的使用性能受到影响，难以完成金属橡胶的大电流放电强化。

（3）自动化程度低。由于没有测控功能，无法对螺旋卷线匝接触点之间的熔焊质量进行在线评估检测，而且劳动生产率低，放电后金属橡胶制品的物理机械性能的一致性难以得到保证，无法适应现代规模化生产的需求。

军械工程学院金属橡胶工程研究中心在深入研究金属橡胶内部电阻特性和线匝接触点

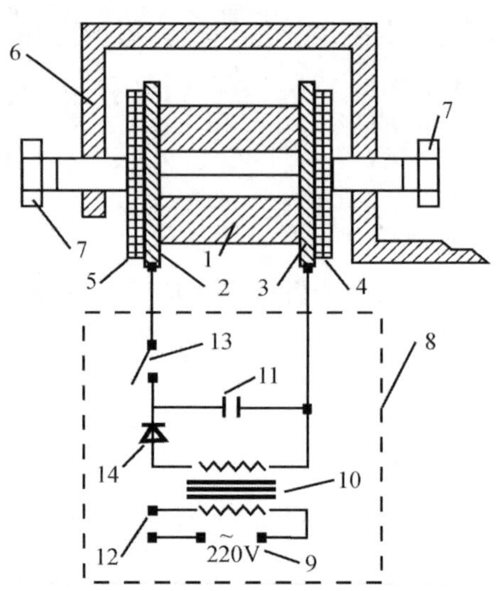

图 9－1　金属橡胶电脉冲放电强化原理

1—金属橡胶元件；2，3—电极；4，5—绝缘垫；6—弓形夹钳；7—夹紧螺栓；8—MNY-20 磁脉冲装置；9—交流电源；10—变压器；11—电容蓄电池；12—开关；13—放电开关；14—二极管

之间熔焊机理的基础上，研制了基于 LabVIEW 虚拟测控平台技术的金属橡胶电脉冲放电强化设备。该设备克服了传统金属橡胶电脉冲放电强化设备的不足，具有自动化程度高，测控精准，金属橡胶制品放电强化性能一致，适用于规模化批量生产等优点。

9.1.1　电脉冲放电设备组成[2]

金属橡胶电脉冲放电强化设备包括：电极组、LabVIEW 虚拟中央控制处理单元、充电测控单元、放电测控单元、分流测控单元及液压测控单元。电极组由上、下两块紫铜电极板、绝缘胶木板和电缆组成，用于夹持待烧结的金属橡胶构件，并组成闭环回路；LabVIEW 虚拟中央控制处理单元，包括计算机及 LabVIEW 虚拟平台，通过 SC-2345/SCB-68 信号调理器与充电测控单元、放电测控单元、分流测控单元、液压测控单元、SCC-A10 衰减器和 LT508-S6 磁场霍尔电流传感器进行数据通信，完成设备数据流输入/输出、控制指令输出、高能脉冲放电后金属橡胶材料接触点熔焊质量检测、设备相关参数调试等功能；充电测控单元通过 JGX-54FA 固态继电器控制超级大容量电容组充电电路的导通和关断，并设置充电限流电阻对充电电流进行控制，同时，LabVIEW 虚拟中央控制处理单元通过 SC-2345 信号调理器、SCC-A10 衰减器采集电容组充电动态电压；放电测控单元通过电子功率驱动器件 IGBT 控制放电电路的导通和关断，同时，LabVIEW 虚拟中央控制处理单元通过 SC-2345 信号调理器、SCC-A10 衰减器、LT508-S6 磁场霍尔电流传感器采集金属橡胶构件两端动态电压、电流信号并写入波形文件；分流测控单元主要完成烧结前金属橡胶构件电阻值的精密测量；液压测控单元主要用于测量并控制烧结时作用在金属橡胶构件两端的电极力，由液压升降系统及BK-2型应变式压力传感器组成，LabVIEW虚拟中央控制处理单元通过SC-2345信号调理器、BK-2型应变式压力传感器采集作用在金属橡胶构件两端的电极力，通过SCB-68信号调理器控制液压升降系统中的电磁阀从而对作用在金属橡胶构件两端的电极力进行控制。

设备系统组成如图9-2所示，图9-3为设备实物照片。

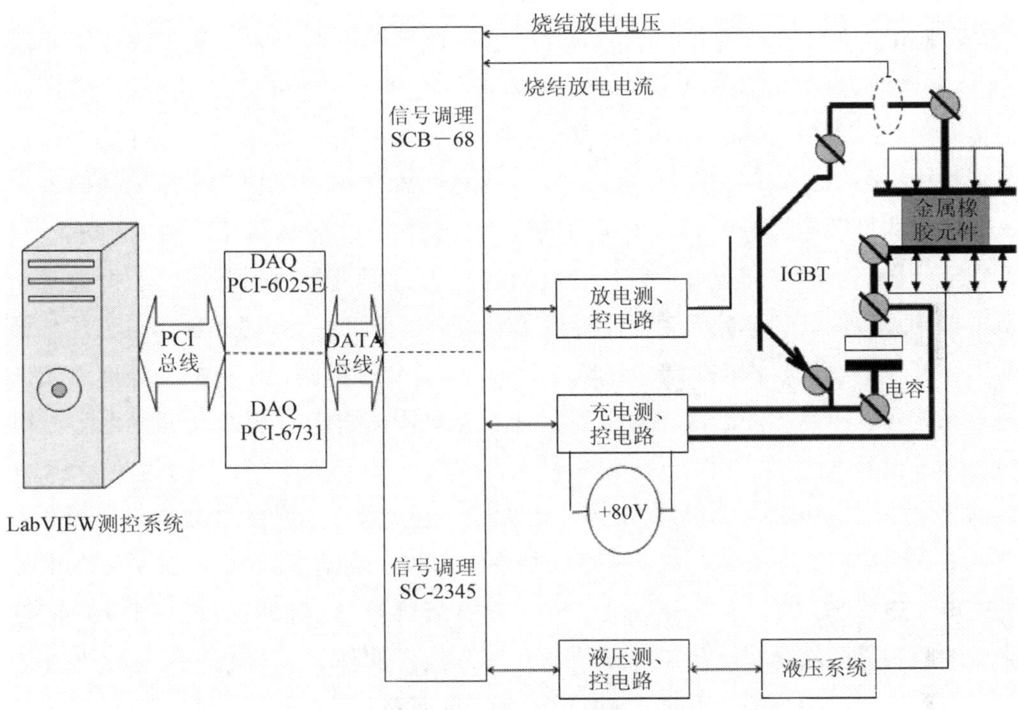

图9-2　金属橡胶电脉冲放电强化设备系统组成

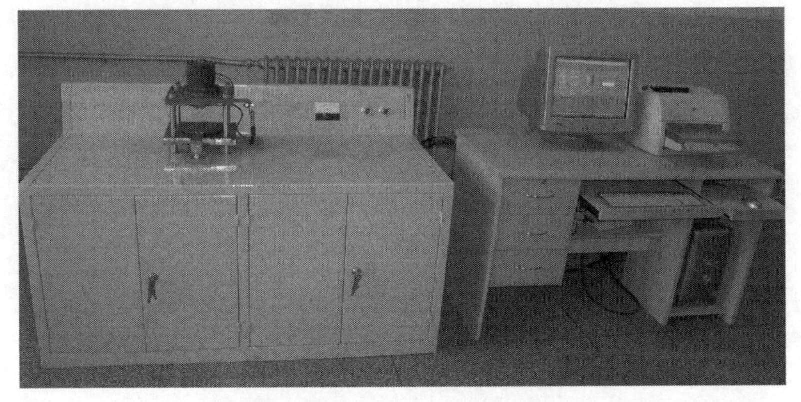

图9-3　金属橡胶电脉冲放电强化设备实物照片

9.1.2 电脉冲放电设备工作原理

采用金属橡胶电脉冲放电强化设备对金属橡胶构件进行高能电脉冲放电处理时，首先将待放电烧结的金属橡胶构件放置于下电极板上，在 LabVIEW 测控软件的主程序面板上设置金属橡胶构件的质量、金属丝材质的比热容及熔点 ΔT、电极慢运行压力、放电烧结压力、放电烧结的初始电压、放电时间等参数。然后，点击主控界面中的“开始”按钮，LabVIEW 虚拟中央控制处理单元判断所设置的参数是否正确，启动液压测控单元，通过 SCB-68 信号调理器对液压升降系统中的电磁阀进行控制，下电极推动金属橡胶构件快速上升。当金属橡胶构件的上表面与上电极接触后，金属橡胶构件两端的压力开始增加，LabVIEW 虚拟中央控制处理单元通过 SC-2345 信号调理器、BK-2 型应变式压力传感器采集作用在金属橡胶构件两端的电极力，当压力增大到设置的电极慢运行压力值时，下电极由快速上升转变为慢速上升。当金属橡胶构件两端的压力达到设置的放电烧结压力值时，LabVIEW 虚拟中央控制处理单元启动分流测控单元，通过 LT508-S6 磁场霍尔电流传感器采集分流电流，计算金属橡胶构件的等效电阻。同时，LabVIEW 虚拟中央控制处理单元启动充电测控单元，接通 JGX-54FA 固态继电器，通过充电限流电阻对超级大容量电容充电，并通过 SC-2345 信号调理器、SCC-A10 衰减器采集电容充电动态电压。当电容组两端电压达到设置的放电烧结电压时，LabVIEW 虚拟中央控制处理单元启动放电测控单元，电子功率驱动器件 IGBT 接通放电电路，对金属橡胶构件实施放电烧结。同时，LabVIEW 虚拟中央控制处理单元通过 SC-2345 信号调理器、SCC-A10 衰减器、LT508-S6 磁场霍尔电流传感器采集金属橡胶构件两端动态电压、电流信号并写入波形文件。当放电时间达到设置的放电时间时，主程序发出指令关断 IGBT，切断放电烧结回路，放电过程结束。经过系统内部设定的一段时间后（用于使熔焊点冷凝），LabVIEW 虚拟中央控制处理单元通过 SCB-68 信号调理器对液压升降系统中的电磁阀进行控制，下电极开始下降，当下电极下降到最底部时，主程序结束，放电烧结过程结束。

放电烧结过程结束后，LabVIEW 虚拟中央控制处理单元调用放电烧结时金属橡胶构件两端的动态电压、电流信号波形文件，计算金属橡胶构件放电过程中电阻的变化率，根据变化率特征点对金属橡胶构件放电烧结质量进行评估。

9.2 金属橡胶电阻特性[2]

9.2.1 金属橡胶组织结构特征与宏观电阻形成

金属橡胶内部组织结构是金属丝螺旋卷线匝之间相互交错勾连形成的空间网状结构，如图 9－4 所示。

从图 9-4 可以看出，金属橡胶内部组织结构可以抽象为许多微小曲梁单元复杂的串并联，同时，微小曲梁单元之间形成接触点。因此，金属橡胶宏观电阻特性是由许多微小电阻单元（内部微小曲梁电阻、接触点电阻）经过复杂的串并联形成的。

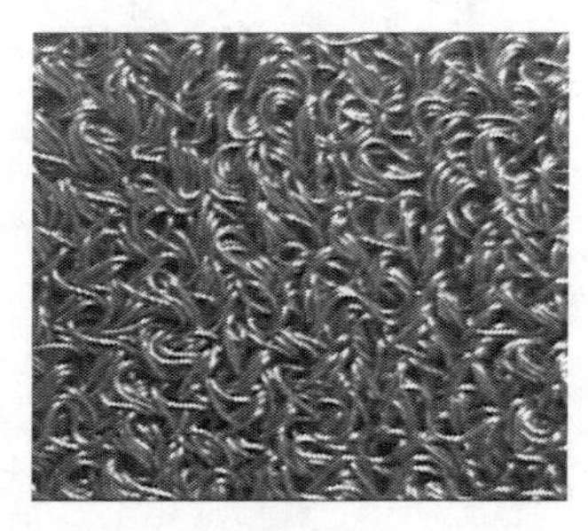

图 9-4 金属橡胶内部组织结构

导体与导体接触时，接触面上特有的电阻称为接触电阻。产生接触电阻的主要原因包括：

（1）任何导体的表面都是不平的，即使经过研磨和抛光的平面，其不平度也在 10^{-7}mm 以上。因此，两个导体相接触时，只能在个别点上建立物理接触，使导电面积减小，带电粒子在电场作用下运动、碰撞，阻尼增强。电流线弯曲又使导电路径加长，从而使两接触面间的电阻增大。

（2）导体表面上经常有氧化膜、油污和其他污物等存在，这些物质具有很大的电阻率，使表面层电阻增大。

接触电阻与导体真实物理接触点的分布和接触点的面积有关，即与材料的性质、表面状态、压力及接触点数量有关[3,4]。

室温下，表面状态对接触电阻有很大的影响。例如，对于普通的低碳钢，当电极力为 2000N 时，各种表面状态的接触电阻如下：用砂轮磨光的为 100$\mu\Omega$；切削加工的为 1200$\mu\Omega$；带铁锈及氧化皮的为 80 000$\mu\Omega$[5]。

电极力增加时，导体间的物理接触点受压弹塑性变形增大，氧化膜受压破碎。所以，随着压力的增大，接触电阻先迅速地减小，而后缓慢地减小。例如，当压力由 100N 增至 2000N 和 6000N 时，钢件的接触电阻从 600$\mu\Omega$ 降至 70$\mu\Omega$ 和 15$\mu\Omega$[5]。当压力减小时，接触电阻并不沿原曲线复原，这是因为受压的导体表面状态不能复原。

加热时，接触电阻变化也十分明显。随着温度升高，接触点的数量和面积都迅速增加，而且加热促使氧化膜破坏，这使得接触电阻随着温度升高而迅速降低。

经过分析可知，金属橡胶的宏观电阻与金属丝材料、金属丝直径、内部线匝接触点的数量、微小曲梁形成的空间网状结构、温度及接触点处的压力等有关。

9.2.2 金属橡胶电阻规律实验研究

1. 实验装置与实验设计

金属橡胶内部线匝之间的交错勾连非常复杂（图 9-4），目前还很难建立金属橡胶内部结构的电学模型，故无法通过理论计算的方法对其电阻的变化规律进行研究，只能试图通过实验进行初步的研究。

用于金属橡胶电阻变化规律实验研究的金属橡胶元件为圆柱形，实验装置原理如图 9-5 所示。

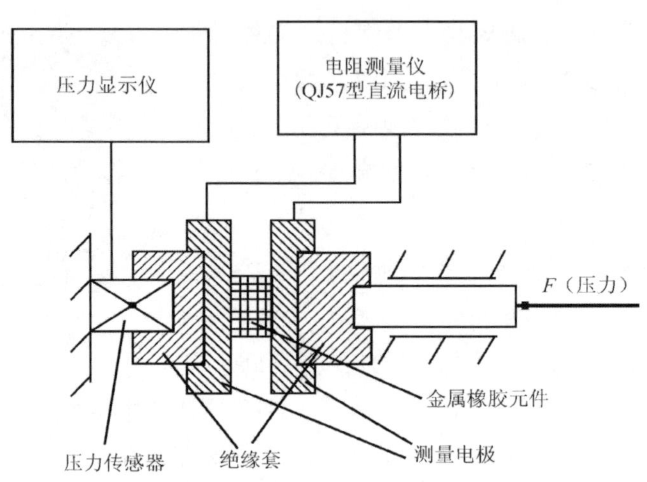

图 9-5 金属橡胶电阻变化规律实验装置原理图

实验装置主要由 QJ57 型直流电桥电阻测试仪、XK3190－A1＋称重仪及压力供给机构等组成。QJ57 型直流电桥电阻测试仪的测量范围为 0.01μΩ～1111.10Ω，精度最低可达到 0.01μΩ。XK3190－A1＋称重仪的测量范围为 0～1000kgf(1kgf＝9.8066)，其最小刻度为 1kgf。压力供给机构通过螺旋副对金属橡胶元件施加压力，其压力范围为 0～300kgf。

根据 9.2.1 分析可知，金属丝材料一定时，金属橡胶的宏观电阻与金属丝直径、金属橡胶内部线匝间接触点的数量、内部线匝的空间结构、温度及接触点处的压力等有关。因此，在金属橡胶制备工艺参数中，影响金属橡胶电阻的参数主要有孔隙度、金属丝直径、螺旋卷直径、螺旋卷的铺设方式等。

孔隙度 k 是金属橡胶的一个重要参数，定义为

$$m = (1-k)\rho v \tag{9-1}$$

式中，m 为金属橡胶的质量；ρ 为金属丝材料的密度；v 为金属橡胶的体积。

由式（9-1）可见，孔隙度与金属橡胶内部单位体积内接触点的数量有直接关系。而螺旋卷的直径和螺旋卷的铺设方式则与金属橡胶内部线匝的空间分布有一定关系。

为了较全面地研究这些工艺参数对金属橡胶电阻的影响规律，同时尽可能减少实验次数，对实验采取了正交设计。实验中各因子（制备金属橡胶的工艺参数）及其各水平的值见表 9-1。

表 9-1 各因子及水平值

代号	制备金属橡胶工艺参数	水平		
		1	2	3
A	孔隙度	0.8	0.75	0.7
B	金属丝直径	0.15mm	0.2mm	0.3mm
C	螺旋卷直径	0.8mm	1mm	1.5mm
D	螺旋卷铺设方式	缠绕	环形编网	平面编网

查正交表[6]，得到一组实验方案，见表 9-2。表中各列中的数字“1”、“2”、“3”分别代表该列对应因子的水平，而每一行就是一个实验方案。

表 9-2 实验方案

实验号＼水平＼因子	A	B	C	D	实验号＼水平＼因子	A	B	C	D
1	1	1	1	1	6	2	3	1	2
2	1	2	2	2	7	3	1	3	2
3	1	3	3	3	8	3	2	1	3
4	2	1	2	3	9	3	3	2	1
5	2	2	3	1					

按照设计的正交实验方案制备了 9 个金属橡胶试件，如图 9-6 所示。

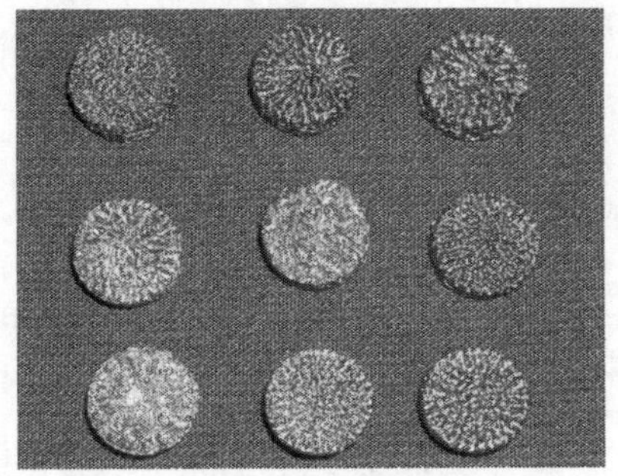

图 9-6 金属橡胶试件

2. 实验数据与分析

1）实验数据

将压力的最大值取为 200kgf，分别测量各试件电阻随压力的变化情况，所得实验数据列于表 9-3。

表 9-3 金属橡胶试件电阻随压力变化实验数据

压力值＼电阻值＼实验元件	1号件	2号件	3号件	4号件	5号件	6号件	7号件	8号件	9号件
1	0.112 2	0.174 5	0.084 1	0.071 60	0.182 3	0.074 72	0.28	0.214 30	0.147 3
2	0.094 53	0.140 1	0.071 3	0.078 90	0.160 5	0.066 02	0.177 1	0.197 40	0.104 6
3	0.087 60	0.130 5	0.060 0	0.072 10	0.152 4	0.062 22	0.143 2	0.186 40	0.096 0
4	0.079 10	0.120 0	0.053 4	0.069 10	0.141 7	0.057 12	0.134 7	0.175 4	0.089 3
5	0.073 10	0.111	0.049 8	0.065 10	0.129 1	0.054 82	0.124 9	0.164 0	0.082 7
6	0.064 10	0.099	0.044 2	0.060 0	0.117 5	0.051 22	0.111 6	0.151 3	0.078 8
7	0.058 20	0.095 7	0.040 1	0.055	0.113 2	0.049 60	0.094 4	0.145 3	0.074 5
8	0.052 92	0.087 6	0.038 4	0.052 50	0.109 0	0.045 60	0.088 8	0.135 4	0.069 4

续表

实验元件 电阻值 压力值	1号件	2号件	3号件	4号件	5号件	6号件	7号件	8号件	9号件
9	0.049 10	0.084 6	0.035 0	0.049 20	0.100 6	0.044 30	0.081 3	0.130 3	0.066 2
10	0.047 10	0.080 4	0.033 42	0.047 50	0.096 4	0.041 90	0.078 4	0.124 1	0.063 2
11	0.044 70	0.077 1	0.031 82	0.045 44	0.090 7	0.039 20	0.072 6	0.119 0	0.061 2
12	0.042 43	0.075 68	0.029 72	0.043 51	0.088 5	0.038 10	0.067 7	0.115 4	0.058 0
13	0.040 60	0.073 6	0.028 44	0.042 51	0.086 4	0.036 20	0.065 9	0.110 9	0.053 3
14	0.038 60	0.070 3	0.027 74	0.040 71	0.084 5	0.035 40	0.060 4	0.105 5	0.052 0
15	0.036 80	0.069 7	0.026 44	0.039 32	0.081 7	0.030 0	0.057 2	0.102 4	0.051 2
16	0.035 72	0.066 50	0.025 25	0.038 80	0.079 1	0.034 2	0.054 1	0.099 64	0.050 5
17	0.034 73	0.064 70	0.024 35	0.038 00	0.077 2	0.032 40	0.052 1	0.096 14	0.048 8
18	0.033 41	0.062 70	0.023 85	0.036 70	0.075 0	0.031 10	0.050 3	0.093 3	0.046 9
19	0.032 19	0.060 2	0.023 15	0.036 30	0.072 6	0.030 50	0.048 2	0.092 7	0.045 6
20	0.034 10	0.058 0	0.021 95	0.035 0	0.071 6	0.029 92	0.045 8	0.091 1	0.043 8
30	0.025 80	0.048 4	0.017 30	0.029 0	0.060 9	0.024 53	0.036 1	0.071 7	0.037 8
40	0.021 8	0.042 4	0.014 80	0.025 8	0.054 5	0.021 35	0.029 73	0.063 8	0.032 7
50	0.019 25	0.039 0	0.013 50	0.022 73	0.050 1	0.018 99	0.026 10	0.056 0	0.029 1
60	0.017 17	0.036 1	0.012 10	0.020 80	0.047 20	0.018 37	0.023 3	0.053 3	0.026 3
70	0.016 17	0.034 0	0.011 12	0.019 32	0.044 40	0.017 25	0.020 80	0.050 3	0.024 6
80	0.014 80	0.031 7	0.010 75	0.018 00	0.042 60	0.015 85	0.019 40	0.046 8	0.023 0
90	0.013 72	0.030 4	0.009 75	0.017 05	0.040 30	0.015 07	0.017 8	0.043 9	0.021 2
100	0.012 94	0.029 8	0.009 14	0.016 13	0.038 5	0.014 19	0.016 6	0.042 1	0.020 0
120	0.011 40	0.027 1	0.008 05	0.014 34	0.035 8	0.012 70	0.015 1	0.039 2	0.018 2
140	0.010 50	0.024 51	0.008 00	0.013 17	0.032 30	0.011 57	0.013 3	0.036 7	0.016 3
160	0.009 33	0.023 11	0.007 20	0.012 19	0.031 4	0.010 69	0.012 3	0.033 6	0.015 0
180	0.008 73	0.022 01	0.006 52	0.011 21	0.030 0	0.010 20	0.011 43	0.031 7	0.013 9
200	0.008 04	0.020 31	0.006 02	0.010 44	0.029 3	0.009 54	0.010 9	0.030 0	0.012 8

注：压力的单位为 kgf，电阻的单位为 Ω。

2）金属橡胶试件电阻组成分析

由实验数据（表 9－3）可知，当压力从 1kgf 到 200kgf 变化时，9 个金属橡胶试件的电阻变化范围是 0.28～0.006 02Ω。

根据 9.2.1 微小电阻单元（内部微小曲梁电阻、接触点电阻）串并联假设，质量为 m 的金属橡胶试件不考虑接触电阻时，理论上的宏观最大电阻 R_{max} 为

$$R_{max} = \frac{\rho_s \rho l^2}{m} \tag{9-2}$$

式中，ρ_s 为金属丝材料电阻率；l 为制备金属橡胶所用金属丝的长度。

金属橡胶试件的质量分别为 6g、7.5g 和 9g，对应表 9－1、表 9－2 中因子 A 的三个水

平，通过式（9-2）计算宏观最大电阻 R_{max}，数量级为 $10^{-5}\Omega$。而实验中测得的电阻值最小为 $10^{-3}\Omega$ 量级，这说明金属橡胶试件中，接触电阻是其电阻的主要组成部分。

3）各因子（工艺参数）对金属橡胶试件电阻的影响

在不同的压力值下，对正交实验所得的数据进行极差分析，得到各因子极差值随压力的变化曲线，如图 9－7 所示。由图中可以看出，在一定的压力下，*B* 因子（金属丝直径）对金属橡胶试件电阻大小的影响最为显著；*A* 因子（孔隙度）影响次之，但也比较显著；*C* 因子（螺旋卷直径）和 *D* 因子（铺设方式）的影响很小，尤其是压力大于 20kgf 以后。

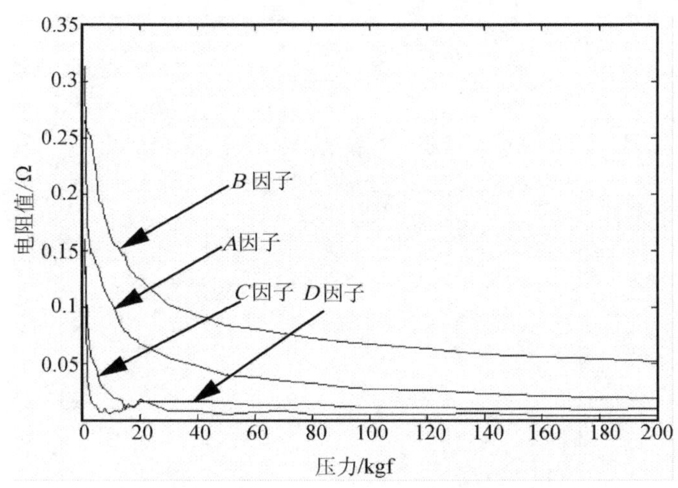

图 9－7　不同压力下各因子极差值的变化曲线

在 9 次实验中，各因子的三个水平各出现三次，三次实验所测电阻值之和，可以反映出该因子对金属橡胶试件电阻的影响。比较某一因子各个水平三次实验电阻值之和的大小，可以得出该因子的水平发生变化时，金属橡胶试件电阻的变化情况。将不同压力下，各因子在各个水平下三次实验结果之和计算出来并绘成曲线，如图 9－8～图 9－11 所示。

由图 9－8～图 9－11 可以看出，不同的压力下因子 *A*（孔隙度）从 0.8 降到 0.7 时，金属橡胶试件电阻值是逐渐升高的；*B* 因子（金属丝直径）从 0.15mm 升高到 0.3mm 时，在不同压力时，金属橡胶试件电阻基本是先升高后降低；*C* 因子（螺旋卷直径）和 *D* 因子（铺设方式）的水平变化时金属橡胶试件的电阻变化规律较复杂，但电阻的变化幅度较 *A* 因子和 *B* 因子要小的多。这说明如果想提高金属橡胶的电阻，可以在其他工艺参数不变的情况下，提高金属橡胶的孔隙度或适当的改变金属丝的直径。

4）电阻随压力的变化规律

为了研究金属橡胶试件电阻随压力的变化规律，将不同工艺参数下金属橡胶试件电阻随压力的变化情况绘制成曲线，如图 9－12 所示。

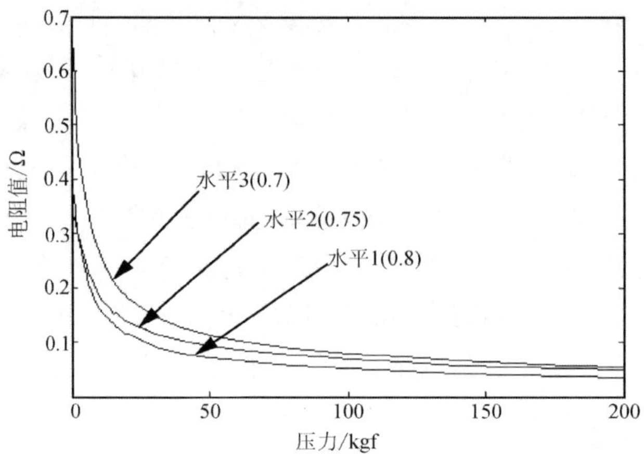

图 9-8　*A* 因子（孔隙度）水平对电阻的影响

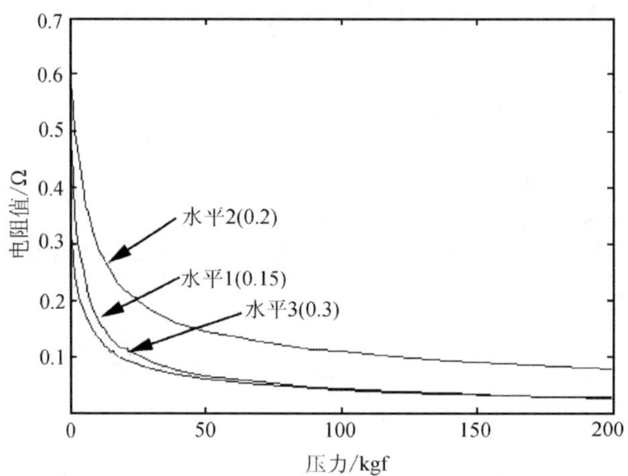

图 9-9　*B* 因子（金属丝直径）水平对电阻的影响

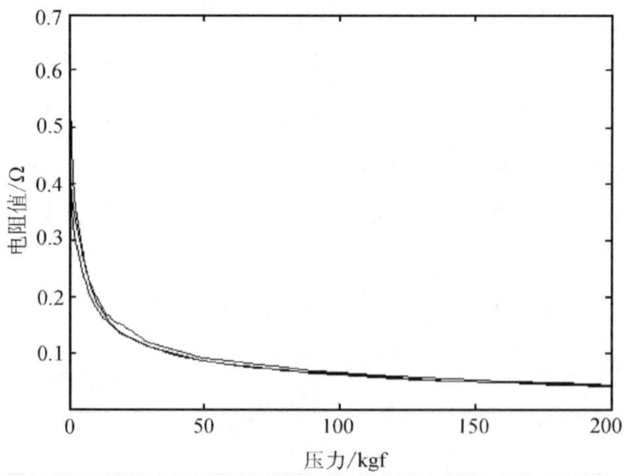

图 9-10　*C* 因子（螺旋卷直径）水平对电阻的影响

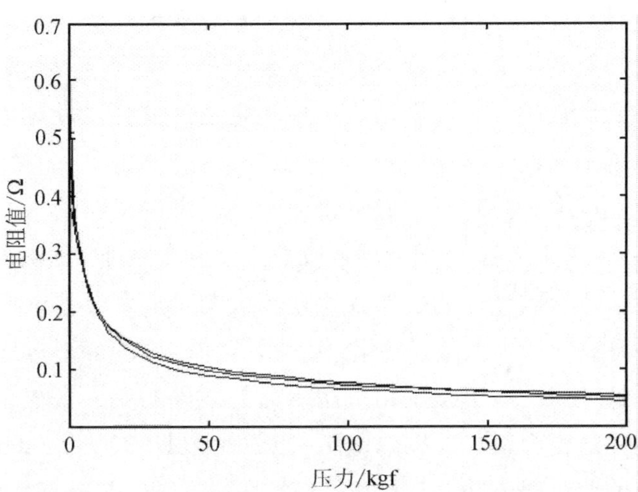

图 9-11 D 因子（螺旋卷铺设方式）水平对电阻的影响

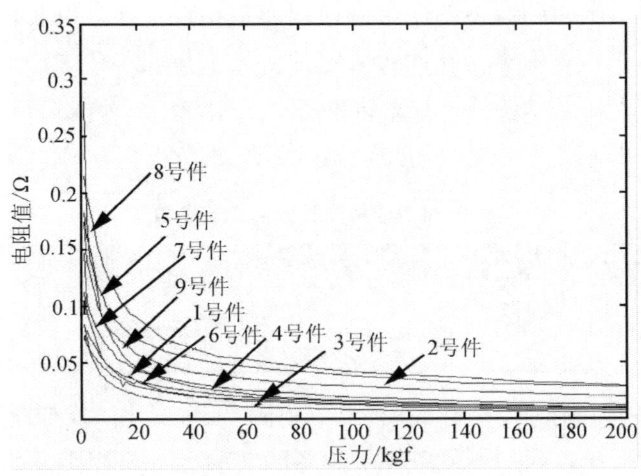

图 9-12 金属橡胶试件电阻随压力的变化曲线

从图 9-12 可以看出，各个金属橡胶试件电阻随压力的变化规律是一致的。刚开始加压时，随着压力的增加，电阻迅速下降，变化速度很快；经过一个转折点后，电阻的下降速度开始减慢，压力对电阻的影响逐渐变小，最终电阻随压力的变化曲线趋于一条水平直线。

经过分析，金属橡胶试件电阻随压力的变化规律之所以如此，与其本身的结构特点及特性有关。圆柱形金属橡胶试件受压时，内部线匝之间的接触点数量增多，横截面上单位面积内线匝接触点间总接触面积增大，而且接触点处的压力增大，导致金属橡胶试件接触电阻下降。由于接触电阻是金属橡胶电阻的主要组成部分，致使金属橡胶的电阻下降（参见 9.2.1）。

金属橡胶试件横截面上单位面积内线匝接触点间总接触面积的增大量与金属橡胶试件高度的变化量有很大的关系。金属橡胶试件受压越严重，高度减少的越多，单位面积内线匝接触点间的总接触面积就越大，金属橡胶试件电阻值的变化量就越大。因此，金属橡胶试件高度的变化量对试件的电阻影响很大。

金属橡胶试件所受压力不同时，其静态刚度值是不同的。随着压力的增加其刚度逐渐增大，呈渐硬性（参见 11.1.1）。根据金属橡胶试件的静态刚度特性，金属橡胶试件在受压初期，压力的单位变化量导致试件的变形较大，较大的变形量导致试件电阻值的变化量较大；随着压力的不断升高，压力的单位变化量所引起的试件的变形量逐渐降低，试件电阻值的变化量也相应降低；当压力单位变化量所引起的试件的变形量很小时，试件电阻值因元件变形所引起的变化量也会很小，导致电阻-压力变化曲线趋于一条水平直线。所以说，金属橡胶电阻随压力的变化规律是由其本身的特性所决定的，与其静态刚度特性密切相关。

既然金属橡胶电阻随压力的变化规律与其本身的特性有关，那么同一工艺条件下制备的圆柱形金属橡胶试件电阻随压力的变化规律应非常相近，其电阻变化速度开始减慢的转折点应比较一致，这是由它的本身特性所决定的。为了验证这一想法，对两组圆柱形金属橡胶试件进行了实验。制备这两组圆柱形试件的工艺参数中，除孔隙度不同外其他都相同。每组 4 个试件，试件的制备工艺完全相同，制备工艺参数见表 9－4。

表 9－4 金属橡胶试件工艺参数

序号	金属丝材质	金属丝直径/mm	螺旋卷直径/mm	孔隙度	螺旋卷铺设方式
A	0Cr18Ni9Ti	0.2	1.5	0.2	缠绕
B				0.3	

实验时压力的取值范围为 1～300kgf，测试电阻-压力变化曲线如图 9－13 所示。

由图 9－13 可以看出，同一工艺条件下制备的实验元件电阻随压力变化的规律十分一致，曲线只在小误差范围内进行波动，而且电阻变化速度开始减慢的转折点十分相近，验证了前面的想法。同时也进一步说明金属橡胶电阻随压力的变化规律是由它本身的固有特性所决定的。由于金属橡胶的电阻大小在电脉冲放电时很重要，因此金属橡胶电阻随压力的变化规律对电脉冲放电时电极间压力的设置有一定的指导意义。

在对金属橡胶进行电脉冲放电时，可以先对其电阻随压力的变化规律进行测试，找出其电阻变化速度开始减慢的转折点。在设置电极间压力时，尽量大于转折点处的压力。此时，一方面金属橡胶的电阻较小，相同的电极电压可以提高放电电流的强度，增强烧结效果；另一方面，相同的电极力变化不至于引起金属橡胶电阻很大的变化，对于控制烧结质量的一致性十分有利。

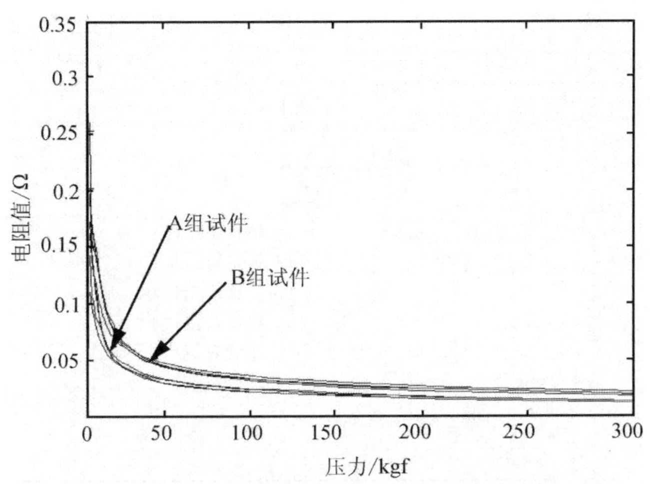

图 9-13　金属橡胶试件电阻-压力曲线

9.3　金属橡胶熔焊机理

9.3.1　金属橡胶熔焊方法

金属橡胶电脉冲放电强化工艺提高其机械性能的实质是在材料内部线匝间的接触点处产生了局部烧结。由于金属橡胶一般是由不锈钢丝经过一系列的制备工艺（缠绕、拉伸、铺放、冷冲压及后期处理等）制备而成，因此金属橡胶的烧结问题便转化为对具有特殊结构的不锈钢材料进行焊接的问题。目前，焊接方法非常多，常见的焊接方法及其分类[7-10]如图 9-14 所示。

1. 电弧焊

电弧焊是现代焊接中应用最广泛的一类焊接方法，它以电弧为能源对金属材料进行焊接。电弧是在一定条件下，电荷通过两电极之间的气体空间的一种导电现象，这种特殊的气体放电现象会产生大量的热。焊接时通过一定的设备和方法产生电弧，然后电弧产生的热量将焊丝和被焊工件的待焊区域熔化，达到将两个或更多被焊工件在待焊区域熔合到一起的目的。电弧焊系统一般由电焊机和焊丝组成，焊丝的作用是向焊接区域提供熔化金属。

2. 气焊

气焊的焊接原理是以氧乙炔或其他可燃气体燃烧火焰为热源，将焊丝和被焊工件的待焊区域熔化进行焊接。与电弧焊系统一样，焊丝是气焊系统中不可缺少的部分。

3. 铝热焊

铝热焊是指利用金属氧化物（如 Fe_2O_3、Fe_3O_4、CuO 等）和还原剂（如 Al）之间的

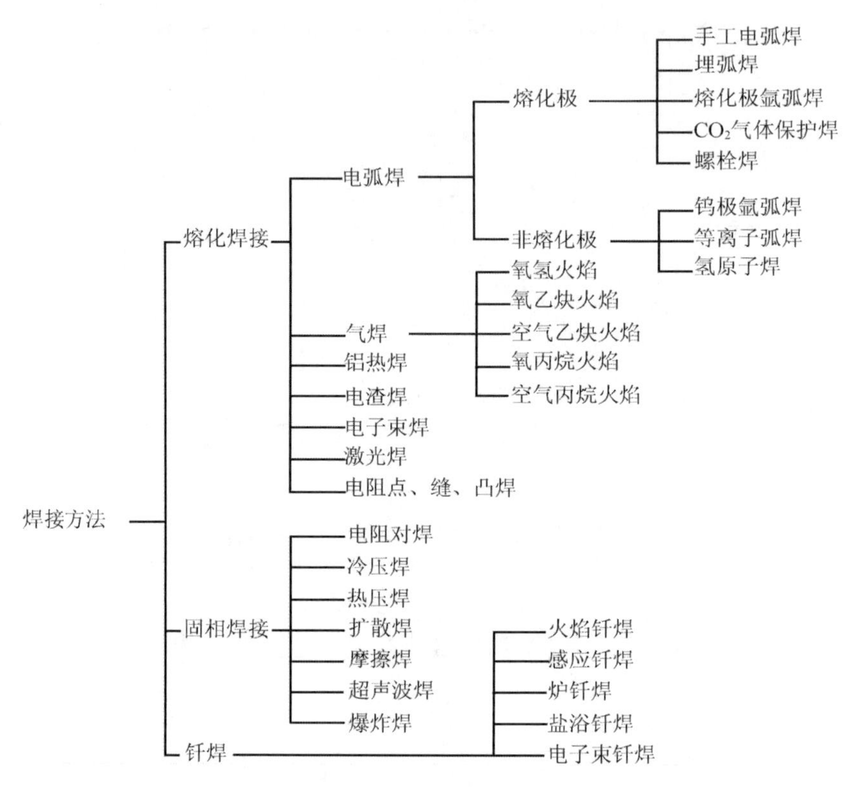

图 9－14　焊接方法及其分类

氧化还原反应（铝热反应）所产生的热量，熔融母材并填充接头而实现接合的一种焊接方法。在铝热焊时将被焊件的两端放入特制的铸型腔内，并保持一定的间隙。对被焊件和型腔预热到一定温度，点燃坩埚中的铝热剂粉（即金属氧化物和还原剂的混合物），进行化学反应。氧化反应生成高温液态金属注入型腔内，使被焊件两端熔化并填满整个型腔。冷凝后，打开铸型腔即完成焊接。铝热焊设备简单，投资小，焊接操作简单，无需电源，适于野外作业，常用于焊接铁路钢轨、建筑和筑路用的钢筋。

4. 电渣焊

电渣焊是一种以电流通过熔渣所产生的电阻热作为热源的焊接方法。焊前先把工件垂直放置，在两工件间留有一定间隙（一般为 20～40mm），在工件的上端装好引弧板，在下端装好引出板，并在工件的两侧表面装好压迫成型装置。开始焊接时使焊丝与引弧板短路起弧，不断加入少量焊剂，利用电弧的热量使之熔化，形成液态熔渣，熔渣达到一定深度后，将焊丝插入熔渣池，电弧熄灭，转入电渣焊接过程。由于高温熔渣具有一定的导电性，当焊接电流由焊丝端部经过渣池流向工件时，在渣池内产生的大量的热将焊丝和工件边缘熔化，熔化的金属沉积到渣池下面形成金属熔池。随着焊丝的送进，金属熔池不断上升并冷却凝固而形成焊缝。这种焊接方法主要应用于厚度较大的工件焊接。其缺点是由于电渣焊热源的特点和焊接速度慢，焊缝金属区域在高温停留时间很长，导致焊接接头的冲击韧性大大降低。

5. **电子束焊**

电子束焊（electronic beam welding）是一种新颖、高能量密度的熔化焊方法。它是利用空间定向高速运动的电子束，在撞击工件表面后，将部分动能转化为热能，从而使被焊金属熔化，冷却结晶后形成焊缝。电子束撞击工件时，其动能的96%可转化为焊接所需的热量，能量密度高达103～155kW/cm^2，而焦点处的最高温度更可达到近6000℃。在焊接时电子束撞击工件表面，电子动能转化成为热能，使金属迅速熔化和蒸发。在高压金属蒸气的作用下熔化的金属被排开，电子束能继续撞击深处的固态金属，很快在被焊金属上钻出一个锁形小孔，表层的高温还可以向焊接深层传导。随着电子束与工件的相对移动，液态金属沿小孔周围流向熔池后部，逐渐冷却，凝固形成了焊缝。电子束焊接方法有很多优点：焊缝深宽比高（即焊缝深而窄，其深度比可达到60∶1，可一次焊透0.1～300mm厚度的不锈钢板）；焊接速度快，焊缝组织性能好；焊接热变形好，等等。电子束焊接的缺点是设备复杂，价格高，而需要防护X射线。

6. **激光焊**

激光是利用原子受激辐射的原理，使工作物质受激而产生一种单色性高、方向性强以及亮度高的光速。由于激光的单色性、方向性均极好，经聚焦后可获得极高的能量密度（可达1013W/cm^2），在千分之几秒甚至更短的时间内，光能转变成热能，其温度可达到万摄氏度以上，极易熔化各种对激光有一定吸收能力的金属。按激光聚焦后在工件上功率密度的不同，激光焊可分为传热焊和深熔焊。采用的激光光斑密度小于105W/cm^{2}时，激光将金属表面加热到熔点和沸点之间，焊接时，金属材料表面将所吸收的激光能转变为热能，使金属表面温度升高而熔化，然后通过热传导方式把热能传向金属内部，使熔化区逐渐扩大，凝固后形成焊点或焊缝，这种焊接机理称为传热焊；当激光光斑上的功率密度足够大时（≥106W/cm^2），金属表面在激光束的照射下被迅速加热，其表面温度在极短的时间内升高到沸点，使金属熔化和气化，产生的金属蒸气以一定的速度离开熔池，逸出的蒸气对熔化的液态金属产生一个附加压力，使熔池金属表面向下凹陷，在激光光斑下产生一个小凹坑，当光束在小孔底部继续加热时，所产生的金属蒸气一方面压迫坑底的液态金属使小坑进一步加深，另一方面，向坑外飞出的蒸气将熔化的金属挤向熔池的四周，此过程进行下去便在液态金属中形成一个细长的孔洞，当光束能量所产生的金属蒸气的反冲压力与液态金属的表面张力各种力平衡后，小孔不再加深，形成一个深度稳定的孔而进行焊接，这种焊接机理称为深熔焊。激光焊的特点是焊接速度快、热影响区小、焊接应力和变形小，而且可以焊接一般焊接方法难以焊接的材料（如高熔点金属、陶瓷和有机玻璃），但是激光焊接设备复杂，价格昂贵，而整体运行效率低。

7. **电阻焊**

电阻焊又称接触焊，是将被焊工件压紧于两电极之间，并通以电流，利用电流流经工件接触面及邻近区域产生的电阻热，将其加热到熔化或塑性状态，使之形成金属结合的一种焊接方法。电阻焊的方法有四种，即点焊、缝焊、凸焊和对焊。

前三种方法属于熔化焊接，而电阻对焊则属于固相焊接。下面以点焊为例说明前三种方法的焊接原理。如图 9－15 所示，将准备焊接的工件置于两电极之间加压，并对焊接处通以电流，利用工件电阻产生的热量加热并形成局部熔化，断电后，在压力继续作用下，形成牢固接头。电阻缝焊和凸焊只是在工艺上与点焊有所不同，前者是使两个旋转的盘状电极在工件上通过，形成一条焊点前后搭接的连续焊缝；而后者则是在工件上预制凸点，焊接时在各凸点处熔化形成焊点。电阻对焊时，将待焊工件置于电极中夹紧，并使两工件的端面压紧，然后通电加热；当工件端面及邻近区域的金属加热到一定温度时，突然增大压力进行顶锻，两工件便在固态下形成牢固的焊接接头。

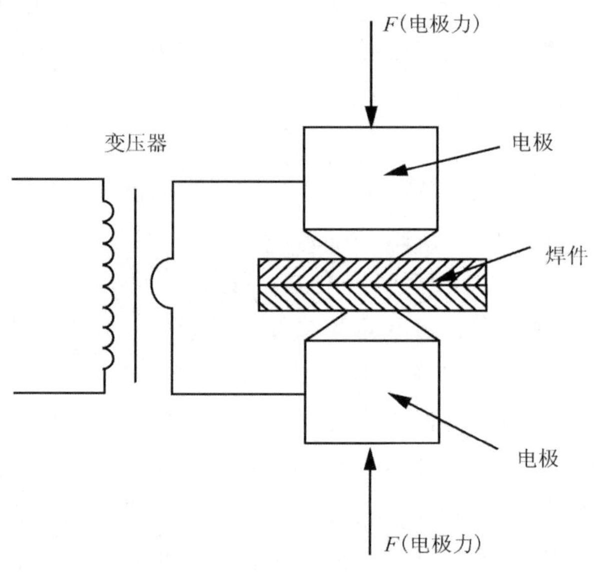

图 9－15　电阻焊原理

电阻焊具有热影响区小，焊接变形和焊接应力小，不需要焊丝、焊条等焊接材料，操作简单，易于实现自动化，生产率高，节约材料等优点。

8. 冷压焊和热压焊

冷压焊和热压焊都是变形焊的一种形式。冷压焊的焊接过程是在室温下进行的，但冷压焊的变形程度比较大，施焊压力比较大。焊接件在强大的外界压力下，工件表面的氧化膜破裂并被塑性流动的金属挤向焊接件外部，使纯金属紧密接触，达到原子间结合，最后形成牢固的焊接接头。热压焊的本质与冷压焊相同，只是在工件加热条件下施加压力，使被焊界面金属产生塑性变形，形成界面金属原子间的结合。

9. 扩散焊

扩散焊是指在一定的温度和压力下，被焊接件的连接表面相互靠近、相互接触，通过使局部发生微观塑性变形，或通过被连接表面产生的微观液相而扩大连接表面的物理接触，然后结合层原子间经过一定时间相互扩散，形成整体连接的过程。扩散焊属于压焊的一种。扩散焊的优点是：焊接接头不存在各种熔化缺陷；可以进行内部及多点、大面积构件的连接；焊接后工件不变形，连接精度高。其缺点是：被焊件连接表面的制备和装配质量比较高（焊接前工件表面要进行处理，必须具备两个条件，即焊件表面金属与金属间达到紧密接触；必须对有妨碍的材料表面污染物加以破坏和分解，以便形成金属间结合）；焊接时加热时间长；焊接设备一次性投资大。

10. 摩擦焊

摩擦焊是在外力作用下，利用被焊工件接触面之间的相对摩擦和塑性流动所产生的热量，使接触面及其附近区域金属达到黏塑性状态并产生宏观塑性变形，通过两侧材料间的相互扩散和动态再结晶而完成焊接。摩擦焊焊接过程为：以两个圆截面工件的摩擦焊接为例，其焊接原理如图9-16所示，工件1夹在可高速旋转的夹头上。焊接开始时，工件1先高速旋转，然后工件2向工件1方向移动、接触，并在工件2上施加一定的轴向压力，即摩擦压力，这时摩擦加热过程就开始了。当通过一段选定的摩擦时间或达到规定的摩擦变形量（即工件2的摩擦位移量）以后，立即停止工件1的转运，同时对接头施加较大的顶锻压力。接头在顶锻压力的作用下产生一定的塑性变形，保持一段时间后，松开两个夹头，取出焊件，完成焊接。摩擦焊的优点是：接头质量高（熔化区金属为锻造组织，不产生与熔化和凝固相关的焊接缺陷），适合异种材料的焊接，生产效率高等。其缺点是：对非圆形截面的工件焊接较困难，所需设备复杂，而且一次性投资大。

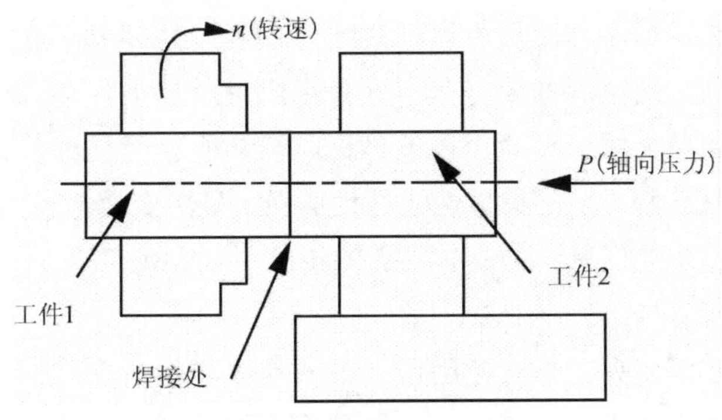

图9-16　摩擦焊接原理

11. 超声波焊

超声波焊（ultrasonic welding）是利用超声频率的机械振动能量和静压力的共同作用，连接同种或异种金属、半导体、塑料及金属-陶瓷等的特殊焊接方法。金属材料在进行超声波焊接时，既不向工件输送电流，也不向工件引入高温热源，只是在静压力作用下将弹性振动能量转变为工件间的摩擦功、形变能及随后有限的温升。其接头的冶金结合是在母材不发生变化的情况下实现的，因而它是一种固态焊接。超声波焊接的优点是：能实现同种金属、异种金属、金属与非金属以及塑料之间的焊接；特别适于金属箔片、细丝以及微型器件的焊接；与电阻焊相比，耗用功率低，焊件变形小；对焊接表面的清洁度要求不高。其缺点是：由于焊接所需功率随工件厚度及硬度的提高而呈指数增加，而大功率的超声波焊机制造困难且成本高，故其仅限应用于焊接丝、箔、片等细薄件；而且目前缺乏对焊接质量进行无损检测的方法与设备。

12. 爆炸焊

爆炸焊是以炸药作为能源进行金属焊接的方法。在焊接时利用炸药产生的冲击力，造成焊件的迅速碰撞而实现连接焊接件的目的。焊缝是在两层或多层同种或异种金属材料之间，在零点几秒内形成的。进行爆炸焊时不需要添加填充金属，也不需要加热。爆炸焊工艺简单，焊接时能在焊件表面形成一种高强度的冶金结合焊缝，可以焊接尺寸范围很宽的各种零件（焊接面积为 13～28m^2），而且焊接时不需要添加填充金属。但是，由于焊接时被焊金属间高速射流呈直线喷射，故爆炸焊一般只用于平面或柱面的焊接。

13. 钎焊

钎焊的种类有很多，其原理是采用熔点比母材低的材料作为钎料，将焊件和钎料加热到高于钎料熔点温度、但低于母材熔点温度，利用毛细作用使液态钎料充满焊件的接头间隙，熔化的钎料润母材表面，冷却后结晶形成冶金成分，完成焊接。

对金属橡胶进行烧结（焊接）时，只希望材料内部螺旋卷线匝间的接触点处形成局部的烧结点，而不希望破坏螺旋卷线匝本身。这是由于金属橡胶在受到载荷作用时，螺旋卷线匝之间的摩擦、滑移、挤压和变形可以耗散大量的能量。因此，在烧结完成后必须保证线匝之间的相对运动，否则金属橡胶将起不到弹性阻尼材料的作用，就失去了金属橡胶应用的基础，从而烧结也就失去了意义。也就是说，烧结的目的是在保证金属橡胶大阻尼弹性特性的前提下，对其某些方面的机械性能进行加强。虽然金属橡胶本质上是不锈钢材料，但是由于金属橡胶制造工艺使其结构具有很大的特殊性（参见 9.2.1 小节），从而使得绝大部分焊接方法不适用于其烧结。

电弧焊或气焊由于温度高、焊接速度慢，很容易破坏螺旋卷线匝，而且焊丝无法伸入金属橡胶的内部，根本无法进行焊接。电渣焊和铝热焊的工作方式也决定了其不能应用于金属橡胶的烧结，高温的电渣熔池或铝反应生成的高温液态金属会将金属橡胶内部的螺旋卷线匝全部熔化掉，从而失去了金属橡胶烧结的意义。电子束焊和激光焊虽然原理可行，但是要逐个对金属橡胶螺旋卷线匝间大量的接触点进行焊接是不实际的，而且其内部的接触点也无法进行焊接。从焊接过程上分析，摩擦焊和爆炸焊根本就无法对金属橡胶进行烧结。若用钎焊对金属橡胶进行烧结，熔化的钎料会充满金属橡胶的孔隙中，钎料冷却后使金属橡胶内部的螺旋卷线匝无法相对运动，从而失去了烧结的意义。对金属橡胶实施冷压焊或热压焊时，由于数量很多的内部线匝会分散压力，使接触点处的压力达不到要求而无法焊接。由于无法对金属橡胶内部螺旋卷线匝之间接触点处的表面进行有效的清理，使得扩散焊也很难对金属橡胶实施烧结。超声波焊虽然特别适于细金属丝的焊接，但它是利用振动能量进行焊接的，而对金属橡胶施加振动激励时，材料内部螺旋卷线匝之间会随着振动激励而发生相对运动，一方面耗散能量，另一方面使线匝间的接触点不能固定在一处，无法达到焊接的目的，所以超声波焊也无法用于金属橡胶材料的烧结。

电阻焊（对焊除外）采用的热源是内部热源，即利用电流通过焊件焊接区时电阻产生的热量进行加热，这便使金属橡胶内部螺旋卷线匝间的接触点处形成焊接点（即烧结点）成为可能，而且电阻焊热源的热量集中，加热时间短，热影响区小，变形小，这些特点都有利于金属橡胶内部线匝表面接触点处的烧结。此外，从金属橡胶电脉冲放电强化工艺原理（图9-1）可以看出，该工艺的原理与电阻点焊的焊接原理十分相似，从本质上说金属橡胶电脉冲放电应属于电阻焊范畴。

9.3.2　电阻焊电源

由前所述，金属橡胶电脉冲放电属于电阻焊范畴，而电阻焊按电流或能量来源又可大致分为交流、直流和脉冲三类。

1. 交流电源

交流电源广泛应用于电阻焊的焊接中，其应用最多的是工频交流电。这种电源形式的电阻焊机可以进行一般的点焊、缝焊和对焊，焊接时电极之间的压力较大，焊接时间较长。

2. 直流电源

直流电源的电阻焊机是在焊接变压器初级接入控制开关，交流电经次级整流后输出。其技术和经济指标较好，可焊接各种材料，且可用较小的功率焊接较厚的焊件，焊接过程中的热量也主要来源于焊件的内部电阻，焊接时间较长。

3. 脉冲电源

脉冲电源包括电容储能和直流脉冲两种方式。电容储能电源焊接是利用储藏在电容中的能量对焊接处突然放电进行焊接的。单相或三相交流电经过整流电路转换成直流电，然后向电容器充电。焊接时，充电的电容器通过电力转换开关向焊接变压器放电，此时在焊接变压器次级接入的焊件上将流过脉冲电流，对焊件进行焊接。其特点是放电时间短，电流峰值高，波形陡峭，在焊接部位熔核的形成过程中接触电阻产生的热量起决定性作用。直流脉冲电源焊接利用普通交流电整流成直流后，供给焊接处以直流电，电流波形缓升缓降，焊接时间较电容储能焊要长。

不同的电阻焊电源对焊接过程的影响是不一样的：对于交流电源、直流电源和直流脉冲电源，由于焊接时间相对于较长，焊接区的热量主要来自焊件的内部电阻，如在进行一般的规范点焊时，接触电阻产生的热量与总热量的比不超过10%；而对于电容储能脉冲电源，由于加热时间极短，接触电阻所产生的热量对熔核的形成起决定性的作用。金属橡胶的电阻由很多微小电阻单元（微小曲梁电阻、接触点电阻）经过复杂的串并联形成（参见9.2.1)，如果采用交流电源或直流电源进行放电，则热量会集中产生在其内部电阻上，即细金属丝上，这样会导致细金属丝的熔断，而达不到预期的烧结目的。如果采用电容储能脉冲电源放电，由于焊接时间极短，焊接时的热量绝大部分产生于金属橡胶内部的接触电阻处（线匝的接触点处)，线匝的内部电阻（线匝本身）上产生的热量很少。在焊接开始后，金属橡胶内部线匝之间接触点处的温度会迅速升高，而线匝本身的温度相对来说要低得多，当线匝间接触点区域的温度达到线匝材质的熔点时，线匝表面接触点的金属开始熔化，而线匝内部却由于温度较低还呈固态，如果此时热量不再继续增加，温度下降，线匝间接触点处的熔融态金属就会冷凝形成烧结点。

而且，由于制备金属橡胶的细金属丝属于奥氏体不锈钢材料，这种形式的焊接方法对材料本身是比较适合的。这是因为奥氏体不锈钢具有较大的膨胀系数，比低碳钢高三分之一以上，焊接变形比较大，因此宜采用相对硬规范[11]，以减小焊接变形[12]。电容储能脉冲放电方式下的焊接方法，由于焊接开始时焊件上流过一峰值高、时间短的大电流，属于硬规范。

根据以上分析，金属橡胶电脉冲放电时的电源应采用电容储能脉冲电源。

9.3.3 脉冲电源产生的趋肤效应

趋肤效应是指当交流电通过导线而变化时，导体表面被包围的磁力线少，因此电感小，感抗与阻抗小，电流就大；而导体内层被包围的磁力线多，因此电感大，感抗与阻抗大，电流就小。由于趋肤效应，载有交流电的输电线路中导线边缘的电流密度大，导线内部的电流密度小，电流密度在其横截面上呈不均匀分布，通过电流时会在导线的边缘部分产生更多的焦耳热[13,14]。而且，电流的频率越高，趋肤效应越明显，导线边缘的电流密度越高，电流产生的热量越向导体表面集中。脉冲电流可以分解成若干频率的正弦电流的合成，这些正弦电流在导线上流过时由于趋肤效应会使导线边缘的电流密度增大。

对金属橡胶进行电脉冲放电时，由于电流通过金属橡胶内部线匝时的趋肤效应，线匝的表面会产生更多的焦耳热，从而更有利于线匝表面各接触点处的熔焊。对 RC 脉冲放电函数进行频谱分析时发现，放电时间的长短对放电函数各谐波分量能量密度的分布有很大的影响。

放电时间无穷大时（$t\to\infty$)，RC 放电函数为一单边指数函数，表示为

$$f(t)=U(t)\cdot \mathrm{e}^{-at}\,(a>0) \tag{9-3}$$

有限放电时间 t_0 时，RC 放电函数可用单边指数函数表示为

$$\tilde{f}(t)=\{U(t)-U(t-t_0)\}\cdot \mathrm{e}^{-at}\,(a>0) \tag{9-4}$$

式中，$U(t)$ 为截断函数。

$$U(t)=\begin{cases}1,\ (t>0)\\0,\ (t\leqslant 0)\end{cases} \tag{9-5}$$

对式（9-3）两边进行 Fourier 变换得

$$F(\omega)=\frac{a-j\omega}{(a^2+\omega^2)} \tag{9-6}$$

由式（9-6）得

$$|F(\omega)|=\frac{1}{\sqrt{a^2+\omega^2}} \tag{9-7}$$

对式（9-4）两边进行 Fourier 变换得

$$\widetilde{F}(\omega)=[(1-e^{-at_0}\cos\omega t_0)+je^{-at_0}\sin\omega t_0]\frac{(a-j\omega)}{a^2+\omega^2} \tag{9-8}$$

由式（9-8）得

$$|F(\omega)|=\sqrt{\frac{1-2e^{-at_0}\cos\omega t_0+e^{-2at_0}}{a^2+\omega^2}} \tag{9-9}$$

式（9-7）、式（9-9）分别为放电时间无穷大（$t\to\infty$）和有限放电时间 t_0 时放电幅频方程。

若设放电时间无穷大（$t\to\infty$）时，电容放电的初始电压为 1V，则放电函数为

$$U_c=e^{-\frac{1}{RC}t}=e^{-\frac{1}{\tau}t} \tag{9-10}$$

式中，U_c 为 RC 电路中电容 C 两端的电压；R 为 RC 电路中电阻的值；C 为 RC 电路中电容的值；$\tau=RC$，称为放电常数。

由此可见，放电函数式（9-3）、式（9-4）中的参数 a 相当于电容放电函数中放电常数的倒数，即 $a=\dfrac{1}{\tau}$。

设 $a=2$，$t_0=0.5$（即 $t_0=\tau$），分别绘出放电函数 $f(t)$ 和 $\widetilde{f}(t)$ 的幅频曲线，如图 9－17 所示。

从图 9－17 可以看出，电容完全放电（$t\to\infty$）和部分放电（$t_0=\tau$）时，放电函数的幅频曲线是不一样的，$\widetilde{f}(t)$ 的幅频曲线在 $f(t)$ 的幅频曲线的基础上进行一定的波动，但其总体上是按照 $f(t)$ 的幅频曲线的变化趋势进行变化的。$\widetilde{f}(t)$ 的幅频曲线的这种波动在一定程度上导致较低频率区域的能量密度减小，而较高频率区域的能量密度增大。

这种能量密度的转移对金属橡胶烧结是很有利的。脉冲放电时，能量越向较高频率处集中，趋肤效应在线匝表面产生的焦耳热就越多，对线匝表面接触点处形成烧结点就越有利。经过进一步研究发现，$\widetilde{f}(t)$ 的幅频曲线在 $f(t)$ 的幅频曲线的基础上进行波动的程度以及能量密度由低频向高频转移的程度与放电时间有极大的关系。图 9－18 表示的是各种有限放电时间时 $\widetilde{f}(t)$ 的幅频曲线。

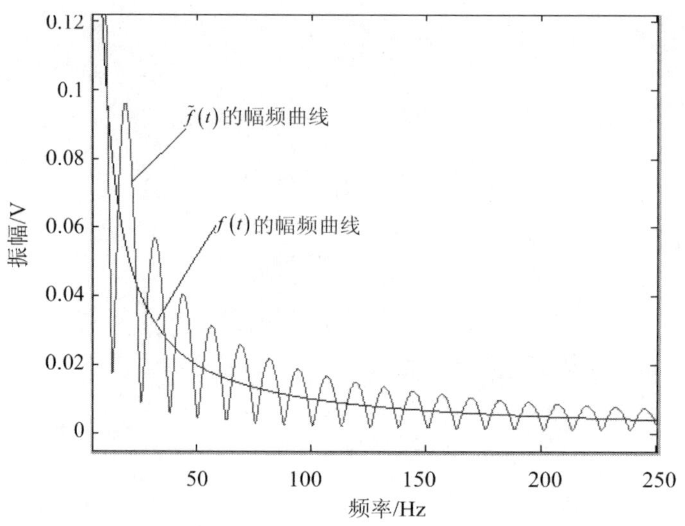

图 9-17 $f(t)$ 和 $\tilde{f}(t)$ 的幅频曲线

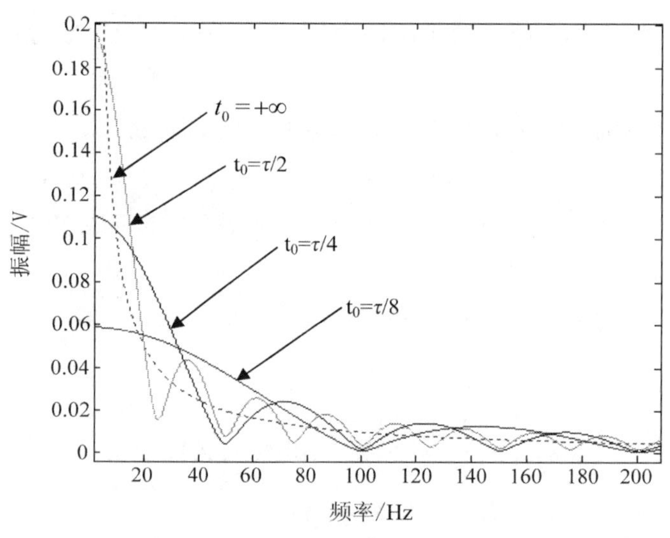

图 9-18 不同放电时间时 RC 放电函数的幅频曲线

由图 9-18 可以看出，放电时间越短，$\tilde{f}(t)$ 的幅频曲线的波动程度就越小，但是其能量密度由低频向高频转移的程度却越明显。因此，当电脉冲放电时间很短时，由于趋肤效应，金属橡胶内部线匝表面的温度要比线匝内部的温度高得多，当线匝表面的接触点处的温度升高到金属熔点而熔融时，线匝内部仍然呈固态，这样就使烧结只发生在线匝表面的接触点处，而线匝本身不会因温度过高而熔断，从而达到只在接触点处形成烧结点的目的。由此可见，电脉冲放电时间的长短对金属橡胶烧结过程有很大影响。

综上所述，由于脉冲电源焊接时热量的产生方式和脉冲电流在金属橡胶线匝内部通过时的趋肤效应，导致放电时金属橡胶内部线匝间接触点处的温度远高于线匝内部的温度，当接触点处熔化时，其内部仍处于固态，从而达到只在接触点处形成烧结点的目的。

9.4　金属橡胶烧结质量评估

金属橡胶电脉冲放电烧结（焊接）质量的评估是金属橡胶烧结中的一个关键问题。寻找一种能有效对金属橡胶放电烧结质量进行评估的方法，对于规模化生产中金属橡胶放电烧结质量的控制具有重要的意义。由于金属橡胶电脉冲放电实质上是一种电阻焊，所以我们从电阻焊焊接质量的评估方法入手对金属橡胶烧结质量评估方法进行讨论。

9.4.1　常见电阻焊焊接质量评估方法

1. 破坏性实验方法

主要包括：撕破检验、低倍检验和力学性能实验等。

1）撕破检验

撕破检验是一种简便的工艺检验方法。具体实施方法为：在相同的焊接条件下焊接出试片，然后将试片撕破，试片撕破后检查留在焊接件结合处的焊点或焊缝，看其直径或宽度是否满足检验标准的要求。

2）低倍检验

低倍检验的目的是确定焊点熔核直径、焊缝宽度、焊透率、压痕深度和宏观缩孔、裂纹等缺陷存在的情况。具体实施方法为：在相同的焊接条件下焊接出试片，将试片从焊点中心、焊缝横向或纵向的中心切开，经磨光和腐蚀后，用 20 倍以下的读数放大镜观察，看所测出的焊点熔核直径和焊缝宽度及焊透高度是否符合检验标准。

3）力学性能实验

焊接接头的力学性能是评定接头质量的重要指标，是接头设计的依据之一，所以它是一种十分重要的检验方法。力学性能实验主要包括常温拉伸、扭转、弯曲、疲劳和冲击实验等项。其实验方法一般是按照各种力学性能实验的要求焊接出样件，然后将样件安装在专门的力学性能实验设备上，对样件的各种力学性能进行测试。

2. 无损检验方法

无损检验以不损坏被检测对象的使用性能为前提，应用一定的技术手段，对工程材料进行有效的检验和测试，借以评价它的物理特性。在电阻焊焊接质量评估中常用的无损检验方法有：X 射线检验、超声波检验、渗透检验、电磁检验和红外线检验等。

1）X 射线检验

X 射线检验可以发现电阻焊接头的内部裂纹、气孔、夹杂及缩孔等缺陷。因为这些缺陷的内含物对 X 射线的吸收能力较基本金属小，射线比较容易通过这些部位，所以在底片上会呈现出黑度较大的缺陷影像。有板间的金属喷溅物时，因其增大了射线照射方向上的金属厚度，使透过被照射金属的射线强度减弱，故底片上会出现黑度较小的喷溅物影像。

但是，X射线检验难以发现点焊和缝焊接头中的未熔合，即没有形成铸造熔核或熔核不足，因为这种缺陷不产生射线照射方向上金属材料厚度差，而且射线透过金属后的强度与金属的状态（铸造或轧制状态）无关。在对多层电阻焊的焊接接头进行X射线检验时，由于各层组织在底片上的影像互相重叠，难以显示缺陷形态及其所在层次，精确度低，而且X射线照相检验法的过程较长，检验工作效率较低。

2）超声波检验

超声波检验能够发现电阻焊接头内存在的气孔、裂纹、夹杂物及未熔合、未焊透等缺陷。对于点焊、缝焊接头质量的检验，熔核尺寸甚为重要。当超声波穿过熔核时，因铸造组织对超声波的衰减作用比母材或热影响区严重，所以超声波通过熔核大和熔深大的焊点时，其反射波高会急剧下降。若熔核过小，则超声波会从未熔合的结合面上发生反射，形成第一次反射波和第二次反射波之间的小反射波。对于未形成熔核的黏接焊点，反射波衰减不大；而脱焊的焊点，则超声波会从二板贴合面上发生反射。由此可判断接头焊透程度。焊接接头中若存在气孔、裂纹及夹杂物等缺陷，超声波会从缺陷处反射而在荧光屏上出现缺陷波，缺陷波的波形及波幅因缺陷的几何形状不同而发生变化，检验时可根据缺陷波形特性估判缺陷性质。

超声波检验常用于对焊接接头质量的检验。检验时要求探伤表面平直、光滑，无沟槽和杂物。特别是粗糙表面和杂物的存在将增加耦合层的厚度，影响透声性能，降低探测能力，因此探伤面应做加工。用超声波检验区别焊接缺陷时，在某种程度上是估判，而估判的准确度在很大程度上取决于检验人员的技术水平和对焊件、焊接工艺等的熟悉情况，以及综合判断的能力，所以其检测结果有很大的主观性。

3）渗透检验

为了发现焊点和焊缝的表面微细裂纹，可利用某些液体渗透性强的特性，使其渗透到焊件表面的缝隙中，经过显示处理，便可直接观察到缺陷形状及范围。这种方法中有着色和荧光两种检验方式，它们的原理都是先用渗透液涂敷在试件表面，由于渗透液与试件之间的接触角很小，故润湿作用强，使渗透液能深入到缺陷内，然后将附着于试件表面的多余渗透液除去，再撒上一种显示剂，使缺陷内的渗透液因毛细管作用而被吸到试件表面，从而显示出缺陷的形状及部位。渗透检验适用于各种金属和非金属材料表面开口的缺陷检验，如果试件表面平整清洁，渗透法能检查出微米级宽度与深度的缺陷。

但这种方法不能发现表面以下的非开口缺陷，而且其检出度在很大程度上取决于试件表面状况，如果缺陷部位被油污、锈垢或其他物质堵塞，则会严重影响检验效果甚至无法进行检验。

4）电磁检验

铁磁性材料制成的焊件，若接头的表面或近表面存在细小裂纹、气孔或夹杂物等缺陷，则当焊件被磁化以后，缺陷处会因磁力线发生畸变而产生漏磁场，焊件表面不连续处的磁力线，大部分将绕过间隙从截面的其余部分通过和从间隙处向外逸出，使表面缺陷处形成漏磁场，若在该处撒上铁磁性微粒，漏磁就会吸收这些微粒，呈现出缺陷宏观图像。因此，缺陷显示的困难随埋藏深度的增加而增大。

5）红外线检验

任何物体在绝对零度以上时都有红外线辐射，而物体内部的不连续状态将会影响温度分布，使缺陷处的表面温度分布与无缺陷处有明显差异，可通过检测仪器测出，而显示缺陷的位置。焊件受聚焦热源的可见光迅速加热并达到一定温度，焊件的表面温度可用红外辐射仪测出，并通过笔式记录器或示波器显示出缺陷，也可以从照相底片上观察焊点或焊缝的热谱图，或者直接通过电视屏观察。该检验方法在焊接生产中应用较少，处于实验中。

经过分析，在各种常用的电阻焊焊接质量的评估方法中，绝大部分都无法对金属橡胶电脉冲放电烧结后的质量进行评估，这是由金属橡胶的结构特点决定的。冲压成型的金属橡胶内部组织是细金属丝线匝相互交错勾连形成的空间网状结构，线匝之间形成若干接触点，电脉冲放电后在其内部线匝之间的接触点处形成焊点，焊点体积小且数量庞大。

若采用撕破检验或低倍检验，一方面相同焊接条件下的试片很难制备，另一方面焊点的体积微小且数量繁多，也会给检验带来极大的困难。

若采用 X 射线检验、超声波检验、电磁检验和红外线检验等无损检验方法，一方面由于焊点的体积小和数量多会造成测试结果图像复杂，很难确定焊点的位置；另一方面，由于在金属橡胶中可能会有多个焊点重合在一起，这便更增加了测试结果图像的复杂度和不准确度，因此也不能对金属橡胶电脉冲放电烧结后的质量进行评估。

由于金属橡胶电脉冲放电烧结后形成的焊点体积很小，渗透检验很难进行，同时这种无损检测方法也根本无法对金属橡胶内部的烧结点进行检测。

力学性能实验这种焊接质量评估方法是通过测试金属橡胶电脉冲放电烧结前后力学性能的变化情况对其烧结质量进行评估的。但是，如果通过力学性能实验对金属橡胶的烧结质量进行评估，就必须将其破坏掉，在质量评估时总希望对每个金属橡胶的烧结质量进行评估，但是又不能将所有的工件都破坏掉，所以力学性能实验方法也不是一种理想的评估方法。

因此，需要找出一种既能对金属橡胶的烧结熔焊质量进行评估，同时又不对其进行破坏的评估方法。

9.4.2 基于动态电阻变化率的金属橡胶烧结质量评估方法

1. 金属动态电阻与熔核生长

电阻焊的焊接过程中有很多参数影响着焊件的焊接质量，如焊接电流、电极间电压和动态电阻等。通过对这些参数加以监测可以对焊接质量进行监控[15−22]。

当焊接时间和电极力保持不变时，焊点熔核的大小与焊接电流有效值密切相关，于是人们根据电流与熔核尺寸的关系，设计了可测量并控制焊接电流有效值为恒定的仪器。点焊时，如控制焊接电流有效值恒定，电极间电压的变化与焊点尺寸存在一定的内在关系。点焊过程中，金属在焊接电流焦耳热作用下熔化，断电后随之冷却、凝固，这一过程中焊接区的导电性和回路阻抗都在变化，因此电极间的电压按一定规律变化，从而形成一条电压变化曲线。表征电压曲线的参数有最大电压值、电压差值、电压变化率和电压曲线包围的面积，这些参数都不同程度地反映了熔核长大的程度。以熔核形成过程中电极间电压发生变化的曲线为依据，取某些表征参数为监控对象，就可以对焊点的质量进行监控。由于在电阻焊过程中，焊件-焊件和电极-电极的接触状态、焊接温度场及电场都在不断地变化，所以焊接区的电阻也在不断地变化，该电阻称为动态电阻。通过对动态电阻进行监控，也可以达到对焊接质量实施监控的目的。

焊件动态电阻的变化规律综合了电极间电压和焊接电流的影响，与熔核的大小有着密切的关系，比简单的电压或电流监控方法更能表达熔核生长的状态，更能有效地反映焊接质量。这种方法依据在交流电或脉冲电流条件下，待焊接材料电阻率对温度有依赖关系，在电流变化期间测定焊件动态电阻变化率（即单位时间内动态电阻的变化幅度，也可以说是动态电阻瞬时值的变化速度），由动态电阻变化率的变化规律反映出焊接区的焊接质量，从而达到对焊接质量进行评估的目的。金属材料的电阻率随温度变化的曲线如图 9－19 所示，可以看出当金属由固态转变成液态时其电阻率会发生突变而增大很多。

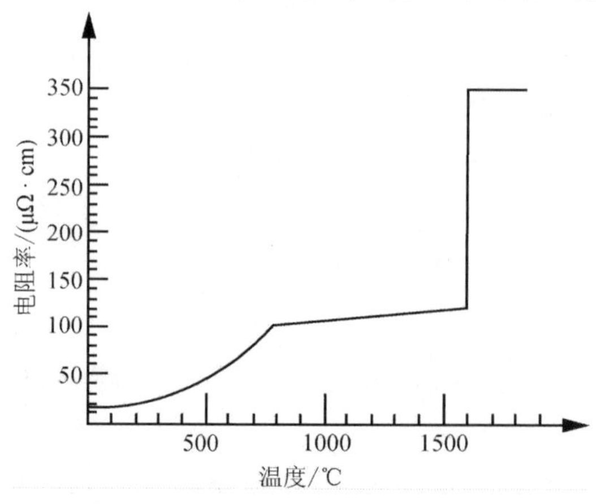

图 9－19 金属材料电阻率随温度变化的曲线

2. 金属动态电阻变化规律

通过计算电流变化期间时刻 T_1 到时刻 T_n 间 n 个小时间段内电极间的动态电阻瞬时值，并逐次计算出前一个动态电阻瞬时值变化到下一个动态电阻瞬时值时动态电阻瞬时值的变化速度 $\frac{\Delta R}{\Delta T}$，就可以将焊接过程中动态电阻变化率的变化规律记录下来。由于它的变化规律可以反映出焊接区熔核的形成状态，对动态电阻变化率的变化规律进行分析便可以达到测定焊接质量的目的。动态电阻可根据任意时刻的焊接电流 I 和加在焊件上的电压 U，按照欧姆定律计算。

$$R = \frac{U}{I} \tag{9-11}$$

描述焊接过程中动态电阻变化的曲线称为动态电阻曲线，根据其特性，可归纳为两类(以点焊为例)：第一类是低碳钢为代表的具有图 9－20（a）形式的电阻曲线，低合金钢、镀锌铁板、钛合金都具有这种类型的动态电阻曲线；第二类是以铝为代表的具有图 9－20（b）形式的电阻曲线，这类材料有铝合金、奥氏体不锈钢等。

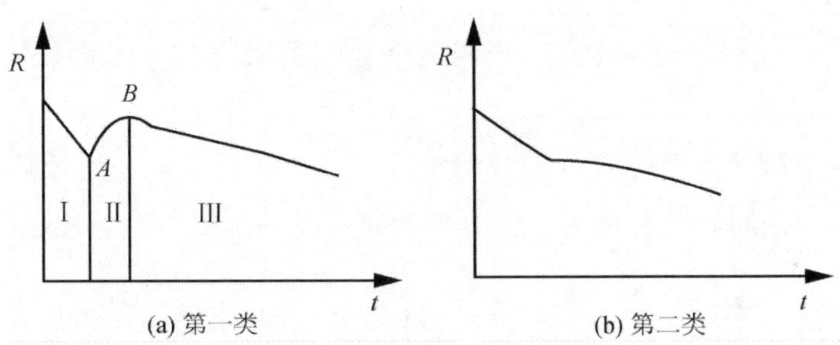

图 9-20　点焊动态电阻曲线

由图 9－20（a）可见，第一类动态电阻曲线变化规律可分三个区段。

第一区段：焊接开始时，接触电阻值较大，动态电阻起始值较大。随着加热焊接区温度的升高，在电极间压力的作用下，接触面积增大，使接触电阻减小，其作用远大于该区电阻率增高的影响，故曲线迅速下降，直到 A 点。

第二区段：金属基本上仍处于固相加热状态。接触面金属已达塑性温度范围，在压力作用下，两板接触良好，接触面外围只能向周围缓慢发展，接触面尺寸变化对电阻的影响转为次要地位，而电阻率随温度的升高而增大起主导作用。所以，这一区段电阻逐渐增大，一直到 B 点。此时，焊接区金属已开始熔化，使电流线向外（低电阻率区）扩展，导电面积增加较快，因而随着温度升高电阻率与导电面积两个矛盾的影响因素又处于平衡状态。

第三区段：焊接区已建立起稳定的温度场，导电区内平均电阻率变化不大，随着熔核的出现、长大，导电面积增大，电阻下降；另外，电极-焊件接触电阻和内部热源加热的焊件表面，在电极力作用下出现电极压痕，导电路径缩短，电阻减小。当熔核长大到一定值后，由于电极接触面尺寸的限制，焊接区产热与散热趋向稳定，且塑性金属被挤向焊件之间，使焊件之间的间隙加大。这样，熔核径向尺寸及导电面积的扩大均受到限制，所以这一区段后期电阻缓慢地降低并趋向稳定。

可见，第一类电阻曲线具有最大值的特征，且最大值的出现与焊点熔核的形成相对应。

由图 9-20（b）可见，第二类电阻曲线的特征是，在点焊初期，随着接触电阻的消失，电阻迅速下降，随后电阻几乎不变，成为一条较平直的曲线，这一段电阻曲线不随熔核尺寸变化而变化。这是因为奥氏体不锈钢的电阻率随温度变化较缓，所以在点焊加热过程中，动态电阻一般单调而缓慢地降低。由此可见，具有这一特征曲线的材料，在一般点焊时，动态电阻曲线上不能明显反映出熔核的形成过程。

3. 金属橡胶动态电阻特性

由上述焊接过程中金属动态电阻的变化规律可以看出，一般点焊时奥氏体不锈钢的动态电阻曲线不能明显反映出熔核的形成过程。目前，金属橡胶大部分是由各种牌号奥氏体不锈钢金属丝制成的，这是不是表明通过监测动态电阻变化率对金属橡胶电脉冲放电后的烧结质量进行评估是不可行的呢？经过认真分析，考虑到金属橡胶独特的内部结构和电阻特性（参见 9.2.1），其烧结过程中动态电阻的变化规律必定与一般奥氏体不锈钢材料的点焊有很大的不同。

根据金属橡胶电脉冲放电烧结过程及烧结原理，金属橡胶动态电阻随时间变化的示意图如图 9-21 所示，参照此图对金属橡胶电脉冲放电时动态电阻的变化规律进行分析。

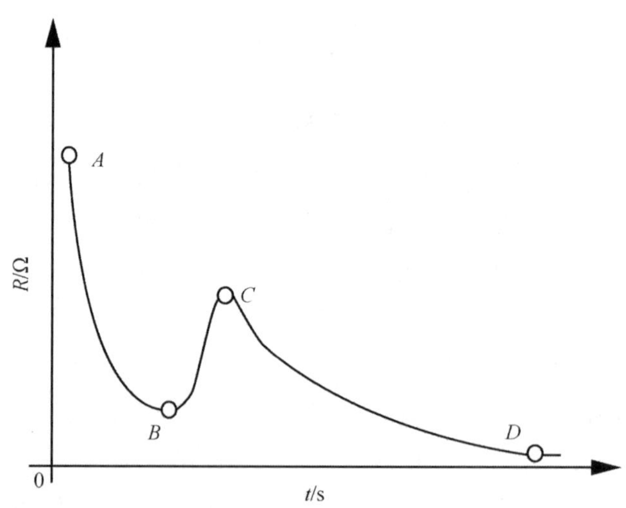

图 9-21　电脉冲放电时金属橡胶动态电阻曲线

根据图 9-21，金属橡胶动态电阻随时间的变化历程可以分成三个典型阶段。

1）动态电阻急剧下降阶段（AB）

金属橡胶烧结时采用电脉冲放电，在烧结开始的瞬间，金属橡胶内部瞬间通过大电流。

由于脉冲放电产生热量的方式（热量集中产生在接触电阻处）以及脉冲电流通过线匝时的趋肤效应，放电电流迅速在金属橡胶内部线匝表面的接触点处生热。由于电流很大，热量来不及向远处传导，导致各接触点处及其附近的小块区域内的温度上升很快。在温度急剧上升的过程中接触点处的接触电阻开始急速下降（参见 9.2.1 小节），由于接触电阻是金属橡胶电阻的主要组成部分，故金属橡胶的动态电阻也要急速下降，这一阶段动态电阻的变化率很大（图 9－21 中的 A 点附近）。

当温度升高到一定值时，金属橡胶的接触电阻降至很低，此时由于接触电阻已经很小，其变化对金属橡胶动态电阻变化的影响也很小，而且奥氏体不锈钢的电阻率随温度变化较缓，这使单位时间内动态电阻的变化幅度很小，所以金属橡胶动态电阻变化率有了较大幅度的下降（图 9－21 中的 B 点附近）。

2）动态电阻急剧上升阶段（BC）

当线匝间接触点处的温度升高到熔点温度时，接触点处开始熔化（熔核形成）。由于液态金属的电阻率要远大于固态，而且由于热量传导的不及时，金属橡胶线匝本身仍处于固态，其电阻没有多大幅度的变化，所以此时金属橡胶的动态电阻会在短时间内有较大幅度的提高，动态电阻的这一突变使其变化率有大幅度的提高（图 9－21 中的 C 点附近）。

3）动态电阻变化平缓阶段（CD）

如果焊接电流仍然很大，当熔核长到很大的程度后，金属橡胶内部的细金属丝会被熔断，甚至整个金属橡胶会被熔焊成一体，引起飞溅，其动态电阻变化率的规律是不确定的；如放电时间比较合适，当接触点处的熔核生长到一定程度时，放电结束，热量向外界散发，这时金属橡胶的温度开始下降，动态电阻变化率先随温度而缓慢下降，随后趋于平缓。

由此可见，奥氏体不锈钢丝制备的金属橡胶在脉冲放电烧结过程中，其动态电阻的变化规律与一般电阻点焊时其他奥氏体不锈钢焊件的动态电阻的变化规律是不同的。这种不同，一方面缘于金属橡胶烧结时供电电源的特殊性；另一方面是由金属橡胶内部结构及电阻组成成分的特殊性决定的。

通过上面的分析，我们发现在金属橡胶电脉冲放电烧结过程中，线匝接触点处熔化形成焊点时金属橡胶动态电阻的变化率会有较大幅度的变化（图 9－21 中的 C 点附近），这个突变点与焊接熔核的形成有很大关系，所以我们认为通过研究金属橡胶动态电阻瞬时值变化率的变化规律达到对其烧结质量进行评估的方法是可行的。

9.5　金属橡胶电脉冲放电强化实验

9.5.1　实验设备及元件

实验设备采用自主研制的金属橡胶电脉冲放电设备（图 9－3）和 PLS—20 电液伺服动

静试验机。PLS—20 电液伺服动静试验机由控制用计算机、主机等组成，如图 9－22 所示。该试验机的最大静载拉压力 20kN，最大加载行程 ±50mm。

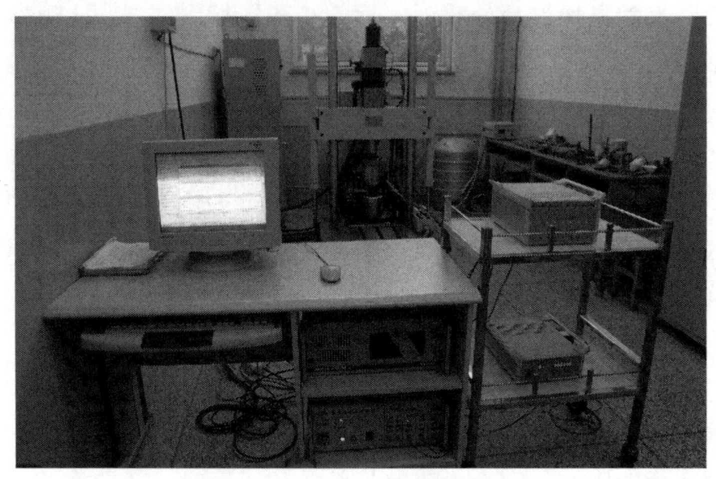

图 9－22　PLS-20 电液伺服动静试验机

如图 9－23 所示，实验所用金属橡胶试件为哑铃形，按照中华人民共和国国家标准《金属拉力试验法》规定的 $l = 11.3\sqrt{s}$ 比例进行设计，试件的中间部分为测试部分，两边的头部用于在试验机夹头上进行夹持。

图 9－23　哑铃形金属橡胶试件

试件分成两组，每组 2 个，采用相同的制备工艺制备。制备试件用金属丝为直径 0.2mm 的 304 的不锈钢丝，绕制螺旋卷内径为 1mm，试件毛坯采用均匀编网方式铺设，成型压力 80kN，质量 30g。

9.5.2　实验过程与结果分析

首先，在金属橡胶电脉冲放电设备上对一组金属橡胶试件进行电脉冲放电烧结。烧结时，设置烧结压力为 30kg，烧结初始电压为 40V，放电时间为 0.1s。然后，在 PLS—20 电液伺服动静试验机上对两组试件分别进行拉伸实验，设置拉伸速度为 5mm/min，拉伸曲线如图 9－24 所示。图中虚线表示没有进行电脉冲放电烧结的金属橡胶试件的拉伸曲线图，实线表示电脉冲放电烧结后的金属橡胶试件的拉伸曲线图。

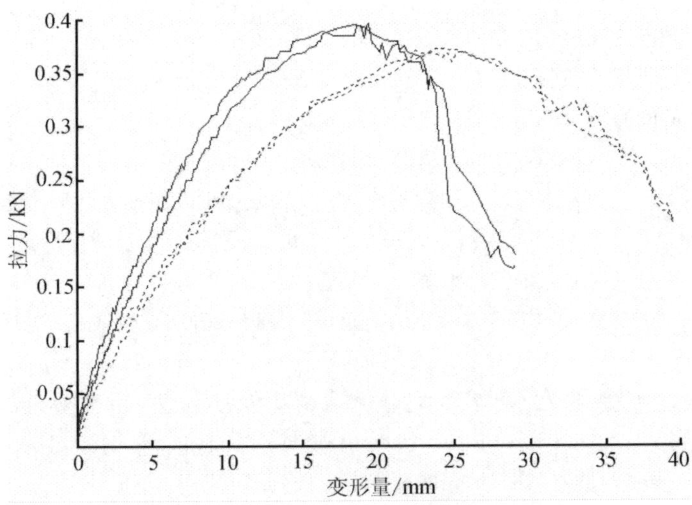

图 9－24　金属橡胶试件拉伸曲线

在拉伸实验中发现，当拉力从最大值处开始降低时，金属橡胶试件的横截面处开始出现裂缝，随着拉伸位移的不断增大，裂缝也越来越大，直至最后被拉断。这表明对于金属橡胶，拉伸曲线上拉力的最大值直接反映了其拉伸强度的大小。

从两组金属橡胶试件的拉伸曲线（图 9－24）上可以看出：金属橡胶试件在电脉冲放电烧结后最大拉力有所提高，这说明其拉伸强度有了一定程度的提高；另外，在发生断裂破坏之前，经过电脉冲放电烧结后金属橡胶试件的刚度也有了一定的提高。这说明电脉冲放电烧结对金属橡胶性能的影响不仅体现在对其拉伸强度的影响，而且由于部分线匝接触点之间存在的熔焊现象，使内部线匝形成的网格得到一定的固化，增加了部分线匝相互滑移的约束，从而使变形抗力增加，提高了拉伸刚度。

◇◇◇　参考文献　◇◇◇

[1] 切戈达耶夫．金属橡胶构件的设计．李中郢，译．北京：国防工业出版社，2000.
[2] 刘振广．金属橡胶电脉冲放电问题若干研究．石家庄：军械工程学院硕士论文，2004.
[3] 孙红伟，张明高．接触电阻的精确测量．实用测试技术．1999，(5)：14-16.
[4] 荣命哲．电接触理论．北京：机械工业出版社，2004.
[5] 中国机械工程学会焊接学会电阻焊专业委员会．电阻焊理论与实践．北京：机械工业出版社，1994.
[6] 韩於羹．应用数理统计．北京：北京航空航天大学出版社，1993.
[7] 姜焕中．焊接方法及设备（第一分册）．北京：机械工业出版社，1981.

[8] 李亚江，王娟，刘鹏．特种焊接技术及应用．北京：化工工业出版社，2004.
[9] 高忠民．实用电焊技术．北京：金盾出版社，2003.
[10] 毕惠琴．焊接方法及设备（第二分册）．北京：机械工业出版社，1981.
[11] 王福田．电阻焊的电流波形特性与参数选择．电焊机，2002，32（11）：34-38.
[12] 刘培基．点焊缝焊质量的控制．北京：国防工业出版社，1984.
[13] 邱祖绶．趋肤效应的原理及应用．机床电器，1999，（1）：39-42.
[14] 丁成文．趋肤效应．大学物理，1983，（12）：5-7.
[15] 王茜．点焊过程恒流控制与熔核尺寸预测系统研究．西安：西北工业大学硕士论文，2004.
[16] 方平．基于DSP的电阻点焊智能控制系统研究．广州：华南理工大学博士论文，2002.
[17] 陈林，王敏．基于微机的电阻焊测控系统．电焊机，1999，29（12）：10-13.
[18] 姜幼卿，陈勤学．基于W78E516B单片机的电阻焊监测仪的研制．仪表技术与传感器，2004，（3）：7-10.
[19] 王笑川，艾雍宜．微机控制的各种阻焊质量监控器的基本原理及方法．电焊机，1994，（5）：13-19.
[20] Livshits G A. Univesal quality assurance method for resistance spot welding based on dynamic resistance. Welding Journal，1997，76（5）：383-390.
[21] Broomhead J H W，Dony P H. Resistance spot welding quality assurance. Welding & Metal Fabrication，1990，（7）：172-179.
[22] Unknown. System monitors spot weld quality during welding. Practical Welding Today，2002，6（1）：14.

【第三篇】

金属橡胶性能表征理论

第10章 金属橡胶力学性能实验研究

本章的核心内容是简要介绍金属橡胶常规力学性能实验。金属橡胶是一种新型弹性多孔状材料，其基本力学性能对于建立力学本构方程、提高金属橡胶制备工艺水平、指导金属橡胶工程应用显得尤为重要[1]。

10.1 拉伸实验

实验采用美国 MTS（Material Test System）810 材料试验机和引伸计，实验装置如图 10-1 所示。

图 10-1 MTS 810 材料试验机

拉伸实验金属橡胶试件按照中华人民共和国国家标准《金属拉力试验法》所规定的 $l=11.3\sqrt{s}$ 比例设计成哑铃形状，中间部分为所测试部分，两边的头部便于在夹头上夹持，试件如图 10-2 所示。试件选用丝径 ρ_s 为 0.2mm，牌号为 0Cr18Ni9Ti 的不锈钢金属丝，成型压力为 8kN，成型后试件密度 ρ_{MR} 为 0.4g/mm^3，横截面积为 10.81mm×11.36mm，标距为 50mm，试件分别以 0.5mm/min、5 mm/min 和 50 mm/min 单轴单向定速拉伸。测试的结果如图 10-3～图 10-5 所示。

根据图 10-3～图 10-5 拉伸曲线，拉伸金属橡胶试件定速拉伸曲线可分成明显的线性变形区和渐软变形区，当相对拉伸量低于 10%时，为小变形阶段，应力—应变关系近似为线性关系；随着变形量的不断增大，当相对拉伸量超过 10%时，拉伸曲线变得弯曲，呈现

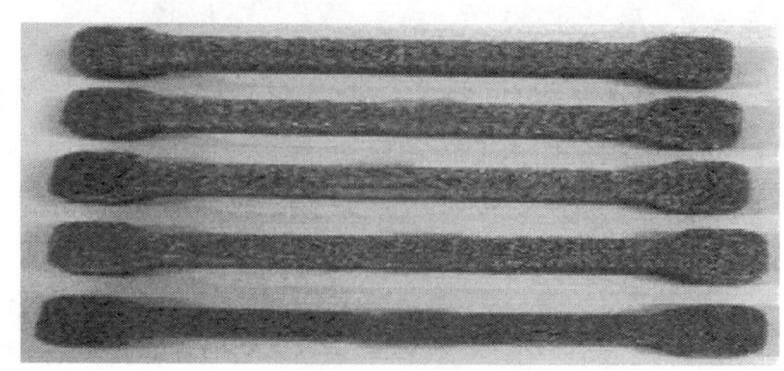

图 10-2 拉伸试件

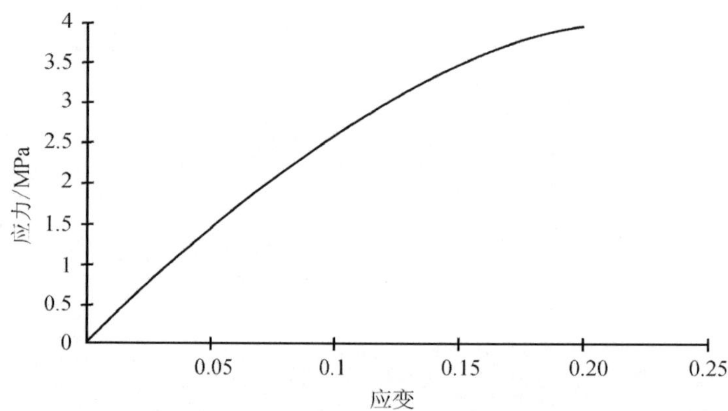

图 10-3 拉伸速度为 0.5mm/min 的测试结果

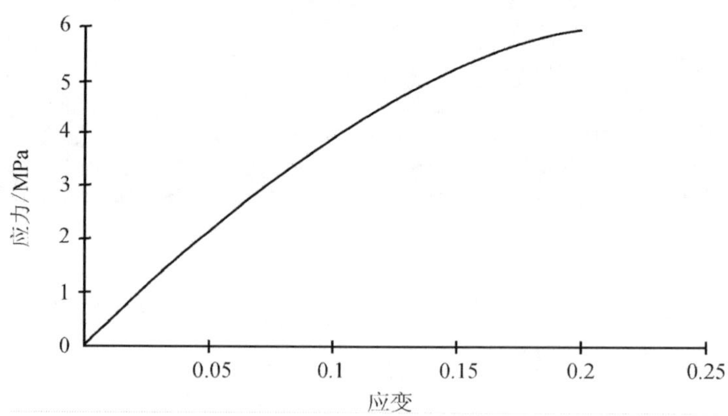

图 10-4 拉伸速度为 5mm/min 的测试结果

出明显的非线性渐软特性，应力一应变关系为非线性关系。这与金属橡胶的内部组织结构有关，在初始线性变形区，线匝之间的相互滑动趋势较弱，大部分弹簧微元参与弹性变形，对应于线性变形阶段；随着拉载荷的增加，一方面，部分弹簧微元的相互勾连结构相继发生脱离，材料内部出现损伤，使拉伸曲线变得弯曲（刚度减弱）；另一方面，部分承受较大载荷的弹簧微元发生塑性变形，更增强了材料的渐软特性，对应于渐软变形区。

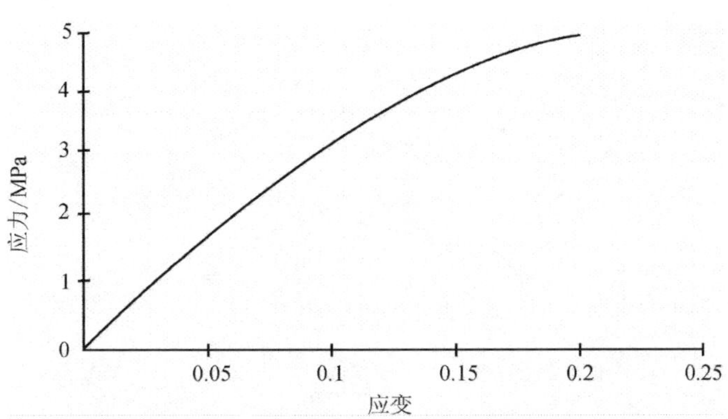

图 10-5 拉伸速度为 50mm/min 的测试结果

同时，在不同的拉伸速率下，应力—应变关系具有一定的变化，表明这种材料具有一定的加载速率相依性。

10.2 压缩实验

压缩实验金属橡胶试件选用丝径 0.2mm，牌号为 0Cr18Ni9Ti 的不锈钢金属丝，成型压力为 8.5kN，成型后试件密度为 0.45g/mm^3，外形几何尺寸为 15.5mm×15.5mm×15.5mm 的立方体，试件如图 10-6 所示。

图 10-6 压缩试件

试件沿成型方向分别以 0.5mm/min、5 mm/min 和 50 mm/min 单轴单向定速压缩，测试结果如图 10-7～图 10-9 所示。

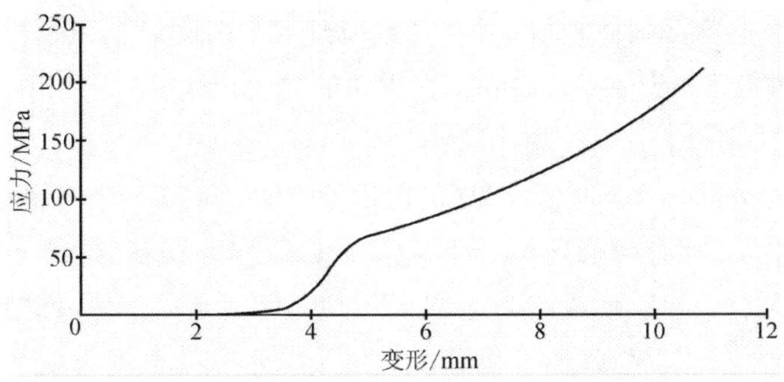

图 10-7 压缩速度为 0.5mm/min 的测试结果

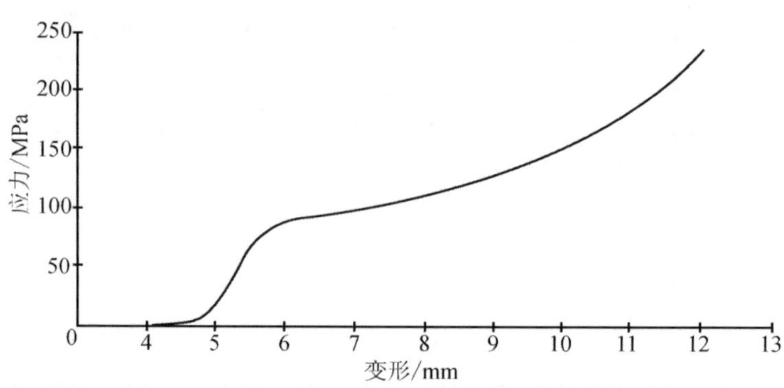

图 10-8　压缩速度为 5mm/min 的测试结果

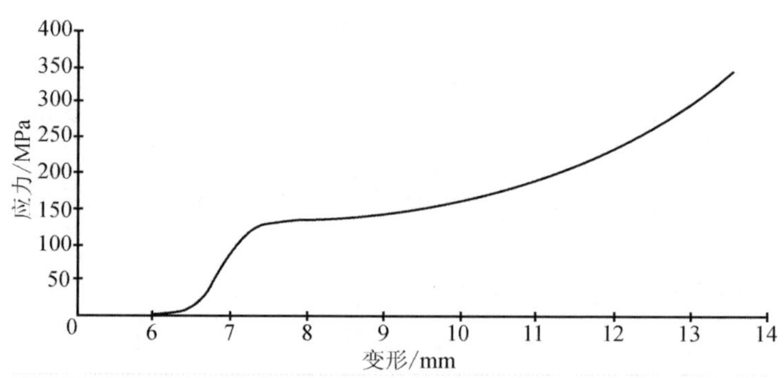

图 10-9　压缩速度为 50mm/min 的测试结果

根据图 10-7～图 10-9 压缩曲线，金属橡胶试件压缩变形过程明显由三个不同阶段组成，依次是弹性变形、渐软变形、指数硬化变形，应力一应变关系也呈现出明显的非线性特征。同时，压缩变形时仍然具有加载速率相依性。压缩变形特性在金属橡胶研究中具有重要地位，更详尽的变形机理分析参见第 11 章。

10.3　剪切弯曲实验

用直接剪切法来观察金属橡胶材料在弯曲过程中的变形情况，试件选用图 10-2 所示哑铃形试件，分别进行了压力成型方向和垂直方向的实验，测试曲线如图 10-10、图 10-11 所示。

根据图 10-10、图 10-11 曲线，试件在压力成型方向加载时，载荷-变形曲线与拉伸试件相似，由弹性变形、渐软变形两个阶段组成；试件在垂直方向加载时，在 3700N 左右，试件表面发生轻微裂纹，导致承载能力急剧下降，随后由于内部螺旋线匝逐渐重新排列咬合，内部损伤得到“愈合”，承载能力得到一定恢复，形成了载荷一变形曲线的毛刺现象，其与压力成型方向加载存在明显不同。

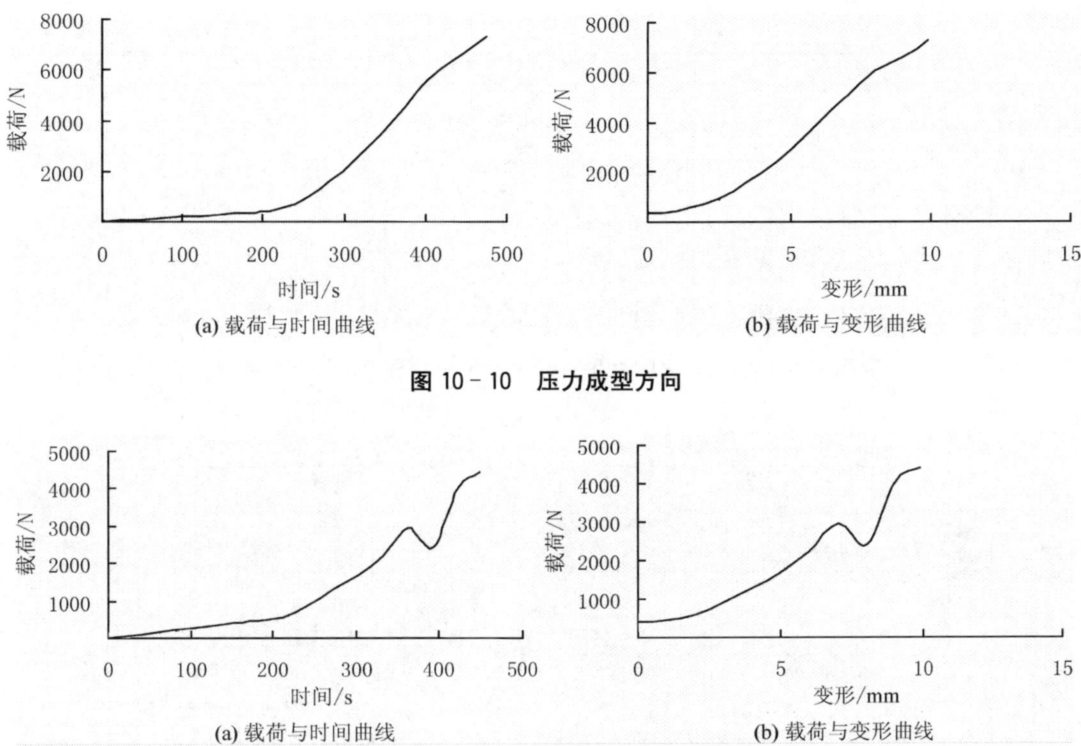

图 10－10　压力成型方向

图 10－11　压力垂直方向

10.4　松 弛 实 验

通过松弛实验研究金属橡胶的黏弹性质。实验采用图 10－6 所示的压缩试件。压缩试件沿成型方向分别以 0.5mm/min、5mm/min 和 50mm/min 单轴单向定速压缩 3.5mm、6mm 和 7.5mm 后保持，测试结果如图 10－12～图 10－14 所示。

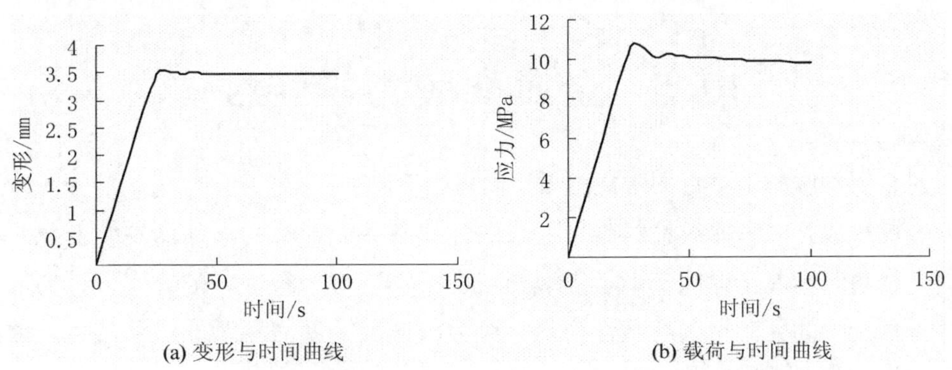

图 10－12　压缩速度为 0.5mm/min，3.5mm 后保持的测试结果

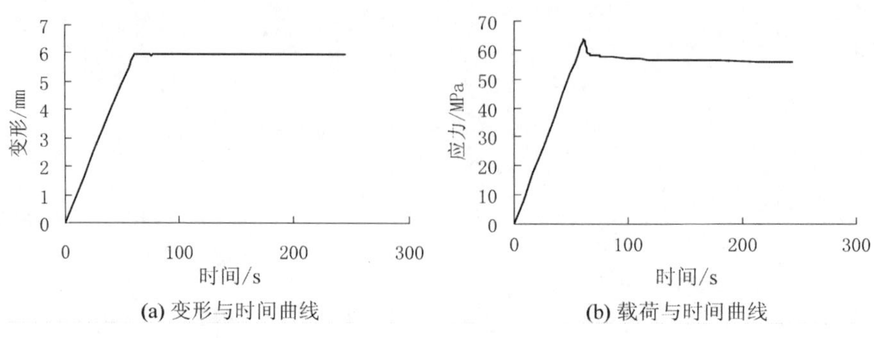

图 10-13 压缩速度为 5mm/min，6mm 后保持的测试结果

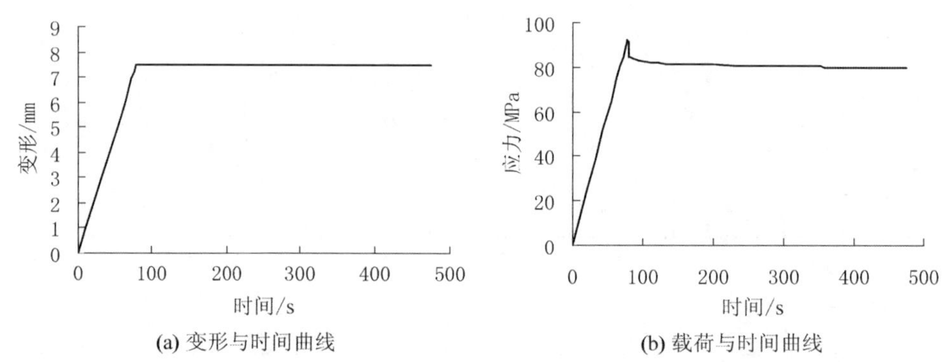

图 10-14 压缩速度为 50mm/min，7.5mm 后保持的测试结果

根据图 10-12～图 10-14 曲线，试件在 0.5mm/min 速度压缩 3.5mm 后保持，在 75s 内，试件成型方向上的应力从 10.676MPa 下降到 9.784MPa 后保持不变，应力下降幅度 8%；试件在 5mm/min 速度压缩 6mm 后保持，在 183s 内，试件成型方向上的应力从 63.49MPa 下降到 55.85MPa 后保持不变，应力下降幅度 12%；试件在 50mm/min 速度压缩 7.5mm 后保持，在 397s 内，试件成型方向上的应力从 91.59MPa 下降到 79.8MPa 后保持不变，应力下降幅度 13%。可见，金属橡胶材料的黏弹性质不明显。

10.5 金属橡胶力学特性

通过对金属橡胶材料进行的常规力学实验可以看到：

（1）金属橡胶是一种非线性材料，材料的性质随着变形量的增加而发生变化。在变形量较小时，材料基本属于弹性变形，应力一应变关系近似为线性；随着变形量的增加，材料在发生弹性变形的同时夹杂有塑性变形，应力一应变关系表现为非线性特性。因此，应该采用非线性本构关系描述其宏观力学性能。

（2）金属橡胶特殊的制备工艺决定了其具有较好的压缩性能，而承受拉伸载荷的能力相对较弱。因此，采用高能电脉冲放电强化工艺增强拉伸强度是一种有效的技术途径，可以极大地拓展金属橡胶的使用范围。

（3）金属橡胶属于各向异性材料，在不同的方向上承载的能力也不同，一般工程应用中建议优先使用压力成型方向承受主要载荷。

（4）实验研究表明，金属橡胶的黏弹性质不太明显，不能简单套用黏弹理论去描述其应力—应变本构关系，而应从内部螺旋线匝互相交叉勾连的组织结构特点入手，发展一种新的理论。

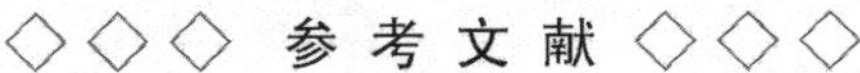

参考文献

[1]《新型金属橡胶材料制备、机理及其在武器装备中的应用研究》技术总结报告（内部资料）. 军械工程学院，2005.

第11章 金属橡胶压缩性能研究

本章的核心内容是系统阐述金属橡胶压缩变形的微观物理机制，着重研究材料在外部压载荷作用下，金属橡胶的基本单元-金属丝线匝之间的相互作用特征及可能的能量耗散规律。金属橡胶特殊制备工艺决定了应优先使其在成型压力方向承受压缩载荷。因此，深入研究金属橡胶压缩变形时的力学特性，对于指导金属橡胶的优化设计具有重要的意义。

11.1 金属橡胶压缩变形典型载荷-变形曲线[1]

11.1.1 不同变形阶段及其特征

金属橡胶作为阻尼材料应用时，绝大多数沿成型压力方向受压变形。根据该材料在其成型压力方向的大量的宏观压缩变形实验，其典型的压载荷-变形曲线如图 11－1 所示。

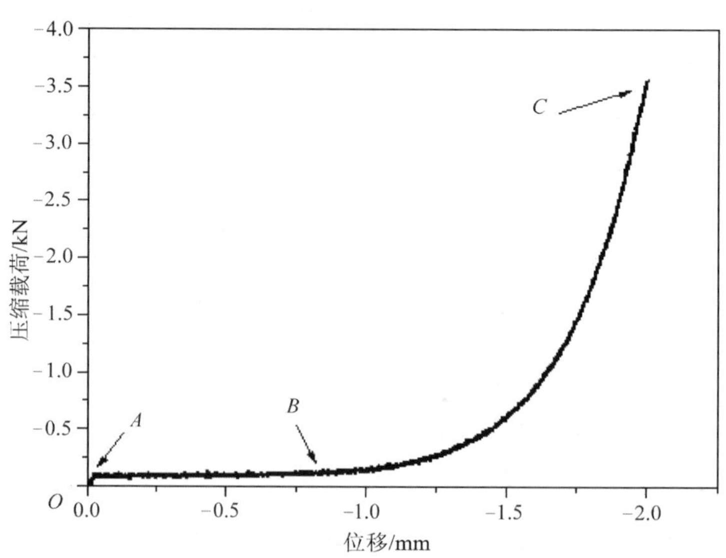

图 11－1 金属橡胶典型压缩载荷-变形曲线

可见，根据曲线的变化特征该曲线可以大致分为三个阶段：第一阶段 OA 段，表现出一定的线弹性特性，该段尽管与其他阶段相比非常短，甚至在有些实验曲线中不出现，但作为可能出现的一个变形阶段，我们还是将此阶段单独区别出来；第二阶段 AB 段，表现为典型的软特性变形阶段，在较大的变形范围内，压缩载荷增加缓慢；第三阶段 *BC* 段，可看作指数硬化阶段或强化阶段，随着变形的增加，压缩载荷急剧上升。

11.1.2　加卸载曲线特征及其能量耗散

加卸载曲线可以直观地反映出材料变形过程中的能量耗散，金属橡胶作为阻尼材料的优势除去其极强的环境适应性及超长的使用寿命之外，即是在变形过程中具有较大的能量耗散。金属橡胶典型的加卸载曲线如图 11－2 所示。由图 11－2 可见，加卸载曲线所包围的面积即为在该加卸载过程中材料耗散的能量。观察在第二阶段的前部分，加载曲线和卸载曲线几乎重合，这反映出在该部分几乎没有能量耗散，在第二阶段的后半部分（图 11－3，变形约在 0.6mm 以后），加卸载曲线分开，其围成的面积开始大于零。变形越大，包围的面积越大。这表明当变形达到这一范围后，材料将发生明显的能量耗散，变形越大，能量耗散越大。

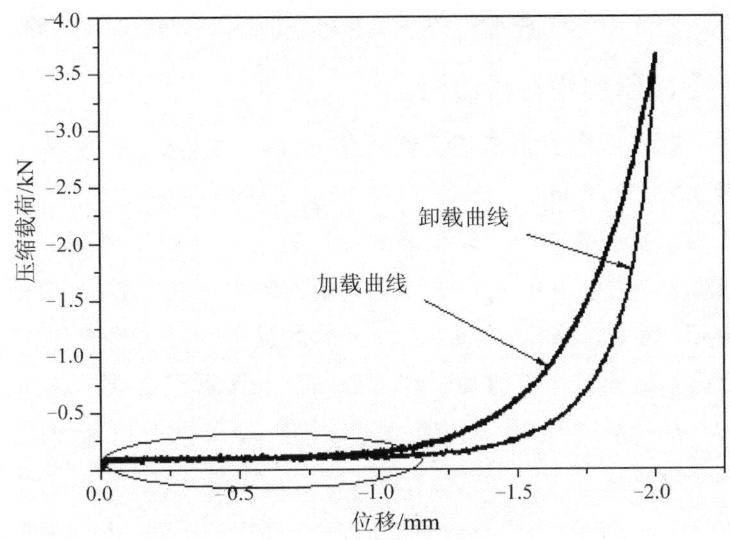

图 11－2　金属橡胶典型加卸载曲线

金属橡胶能量耗散的微观物理机制一般认为是由于材料中线匝之间在外载荷作用下发生相互滑动时，线匝表面之间的干摩擦所引起的。对于这一认识，我们在对加卸载载荷-变形曲线的精细分析中也得到了佐证。图 11－3 为加卸载曲线重合点附近的放大图，在图 11－3 中，由于试验机采样速率的限制，尽管大量的线匝之间微小的相对滑动无法捕捉到，但是相对较大的线匝之间的相对滑动在曲线上还是可以观察到。参考图 11－3 中的椭圆圈内，加载曲线及卸载曲线在同一变形附近发生载荷突降现象，载荷的突降反映出线匝相对滑动的开动，这也是大量线匝相对滑动的主要特征。线匝相对滑动过程中的干摩擦效应是金属橡胶变形耗能的主要方式，下面将进一步研究材料在不同变形阶段的线匝相对滑动的主要方式及特征。

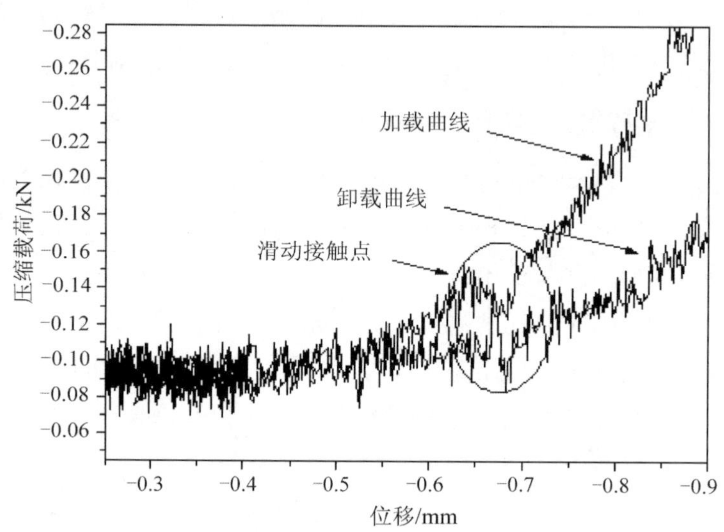

图 11-3 加卸载曲线重合点及金属簧丝相对滑动在曲线上的反映

11.1.3 不同变形阶段的相对滑动模式

通过分析发现，在不同的变形阶段，线匝相对滑动的主要特征还是有一定的区别的，主要表现为微观滑动方式的不同。

微观观察表明，在变形的初期，即压缩变形比较小时（如在图 11-3 中变形在 0.4～0.7mm 范围），相对滑动主要发生在一些位置夹角比较大的相互接触的线匝之间，这些线匝之间沿正交方向相对运动［参考图 11-4（a）的示意模型］。这种滑动方式中，相互接触线匝之间的接触载荷一般比较小，滑动驱动力方向一般接近于滑动的方向，因此这种滑动模式比较容易开动，在变形的早期就可能出现。但是，正因为比较容易滑动，相对滑动过程中耗散的能量相对较少。

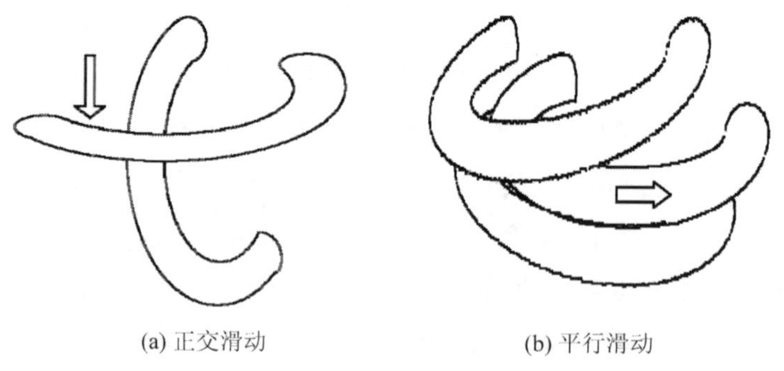

图 11-4 不同变形阶段的不同滑动模式

在变形的后期，压缩变形较大时（如在图 11-3 中变形大于 0.7mm），大量线匝之间的相对滑动则转移到一些位置夹角比较小的相互接触的线匝之间。其相互滑动的方向也几乎平行于线匝所在的平面，类似于线匝之间的互相挤出［参考图 11－4（b）的示意模型］。显然，这种相互滑动的方式中，滑动接触面接触载荷几乎正交于相互滑动的方向，沿滑动方向的驱动力相对较小。因此，只有在较大压缩载荷的作用下，金属橡胶发生较大的压缩变形时，才可能出现这种滑动模式。这种相对滑动一旦开启，由于相对较大的接触载荷，其耗散的能量也相对较大，图 11－2 中不同变形阶段的加卸载曲线包围的面积大小也说明了这一问题。

11.2　金属橡胶压缩变形时微观滑移实验研究[2]

11.2.1　微位移加载装置设计

金属橡胶内部金属丝线匝间存在大量的干摩擦接触，这些干摩擦接触点在载荷作用过程中无法直接观测。我们设计了一套微位移加载装置，结构如图 11－5 所示。通过差动螺旋式微位移进给机构对金属橡胶试件进行微位移加载，通过对称布局串联力放大机构对压缩载荷进行放大。这样通过微位移加载和对压缩载荷放大，从金属橡胶试件的载荷一变形曲线上就能反映出内部线匝之间的滑移挤压摩擦信息。

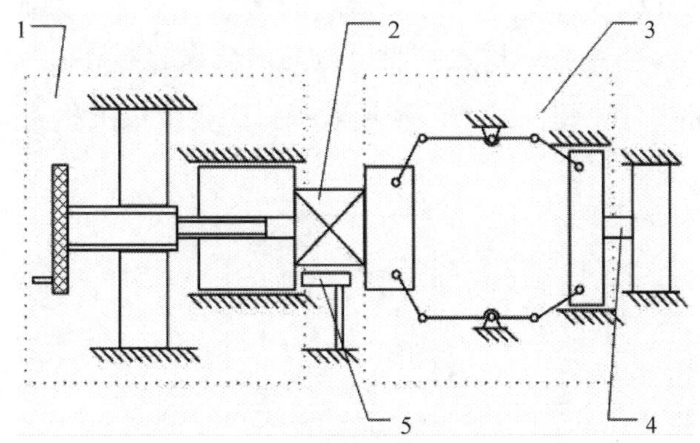

图 11－5　微位移加载装置原理图

1—微位移进给机构；2— 金属橡胶；3— 对称布局串联力放大机构；
4— 力传感器；5— 位移传感器

1. 螺旋式微位移机构

螺旋式微位移机构是利用螺旋传动原理来获得微小直线位移，如图 11－6 所示。为了得到更高精度的微位移，采用差动螺旋式微位移机构，它的螺杆有两段螺距分别为 t_2 和 t_1 的螺纹，t_2 大于 t_1 且螺旋方向相同，则滑块的微位移（即输出位移）s 为

$$s=\frac{(t_2-t_1)\phi}{2\pi} \tag{11-1}$$

式中，ϕ 为手轮转角，若 t_2 和 t_1 分别为 1.25mm 和 1mm，其差值为 0.25mm，手轮的圆周刻度分划为 250 格，则手轮转动 1 格时，运动件的位移量为 1μm，能够实现对金属橡胶试件的微位移加载。

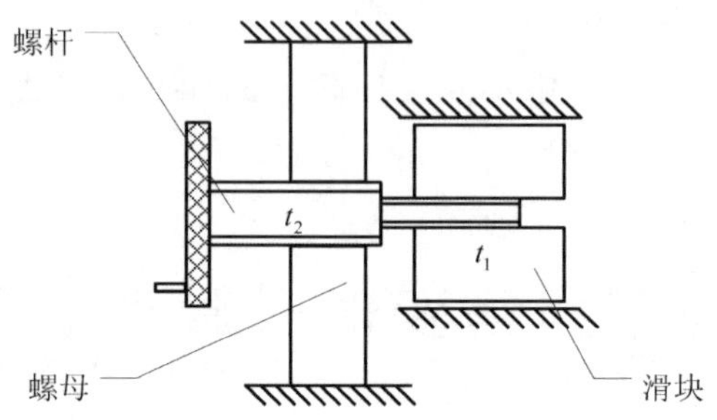

图 11－6　差动螺旋式微位移进给机构示意图

2. 对称布局的铰杆-杠杆-铰杆三级串联力放大机构

该机构是由铰杆—杠杆—铰杆对称组合而成的三级增力机构，其结构简图如图 11－7 所示。图中构件 1 为输入件，2、3、4 为中间串接的铰杆或杠杆，5 为输出件。杆件 1 在驱动力（输入力）的作用下，通过斜铰杆 2、固定杠杆 3、斜铰杆 4，对 F_i 进行了 3 次放大。通过输出件 5 将放大了的力 F_0 传递出去，以完成相应的工作。从结构上看，各构件相对于垂直中心线呈对称分布，输入件与输出件所承受的力对称平衡，因而它们与其相应的孔或轨道之间，理论上不存在摩擦力。相对于非对称型的机械复合传动装置，这在一定程度上减少了整个机构的摩擦损耗，提高了力的传递效率，而且延长了相关运动构件的使用寿命。

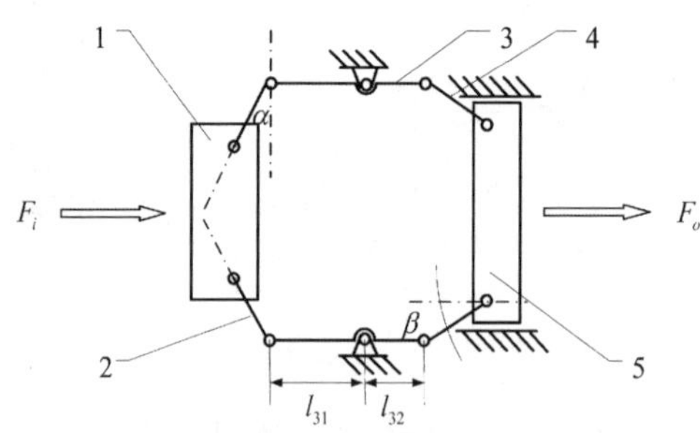

图 11－7　对称布局的铰杆－杠杆－铰杆三级串联力放大机构示意图

1—输入件；2、3、4—中间串接的铰杆或杠杆；5—输出件

机构的输出力与输入力的比值称为该机构的增力系数。不考虑机构摩擦损失的前提下，所计算出的增力系数及输出力称为理论增力系数及理论输出力。对于图 11－7，通过建立力学模型，分析计算得到理论增力系数为

$$i_t = \frac{l_{31}}{l_{32}} \frac{1}{\tan\beta\tan\alpha} \tag{11-2}$$

理论输出力为

$$F_0=\frac{l_{31}}{l_{32}}\frac{F_i}{\tan\beta\tan\alpha} \tag{11-3}$$

式中，α 为输入件行程终止时铰杆 2 与竖直方向的夹角；β 为输出件行程终止时铰杆 4 与水平方向的夹角；F_i 为输入力；F_0 为输出力；l_{31}、l_{32} 分别为杠杆 3 左右两部分的长度。

从式（11-2）可看出，理论增力系数的大小取决 $\frac{l_{31}}{l_{32}}$ 和角度 α、β，$\frac{l_{31}}{l_{32}}$ 越大，角度 α、β 越小，增力效果越好。适当调节这些参数，可得到理想的增力效果。值得注意的是，在实际工程中，由于相关构件的制造精度等方面的原因，α、β 的取值不可能太小，一般取 3°～8°。本机构取 $\frac{l_{31}}{l_{32}}$ 为 2，α、β 取 6°，则理论增力系数 181.05，由于加工精度及各个铰接地方的摩擦，实际增力系数为 20。

11.2.2　金属橡胶线匝滑移现象捕捉

通过图 11－5 所示的微位移加载装置对金属橡胶试件进行压缩实验。试件尺寸为 ϕ20mm×8mm，选用丝径为 0.3mm，牌号为 304 的不锈钢丝制备，如图 11－8 所示。

图 11－8　圆柱形金属橡胶试件

观察到的金属橡胶成型压力方向压缩载荷一变形曲线与图 11－1 相似。第一阶段 *OA* 段，变形区间 0～0.1mm，线弹性阶段；第二阶段 *AB* 段，变形区间 0.1～2.1mm，软特性阶段；第三阶段 *BC* 段，变形区间 2.1～4.3mm，指数硬化阶段。各变形区间捕捉到的金属橡胶内部线匝滑移现象如图 11－9～图 11－11 所示。

11.2.3　金属橡胶不同变形阶段线匝滑移特征

根据图 11－9～图 11－11，不难发现：

第一阶段 *OA* 段（线弹性阶段），在大约 0.03mm 局部放大区间，没有捕捉到明显的线匝之间的滑移及载荷一变形曲线上的跳跃现象。

第二阶段 *AB* 段（软特性阶段），在大约 0.03mm 局部放大区间，捕捉到了明显的线匝之间的滑移及载荷一变形曲线上的跳跃现象。由图 11－10 可以看出，软特性阶段初期压缩载荷发生跳跃需要的变形积累较后期长（初期约 0.01mm，后期为 0.007mm），初期压缩载荷跳跃也较后期小（初期为 0.9N，后期为 1.1N），这表明软特性阶段初期较容易发生滑移。

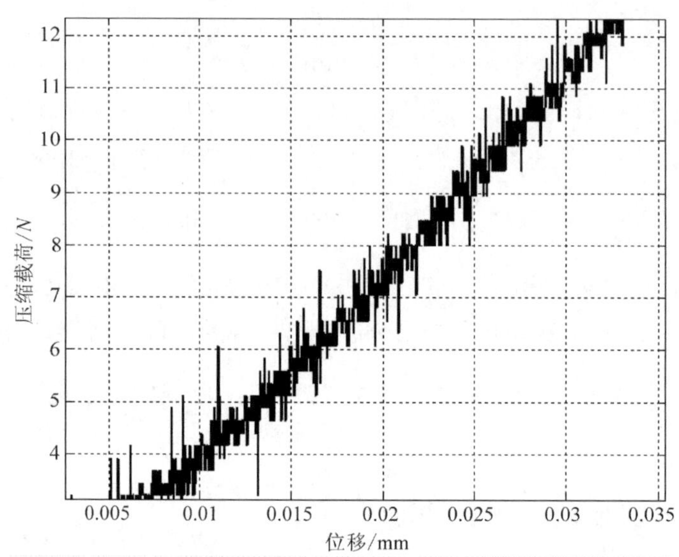

图 11-9　*OA* 线弹性阶段（局部放大）压缩载荷-变形曲线

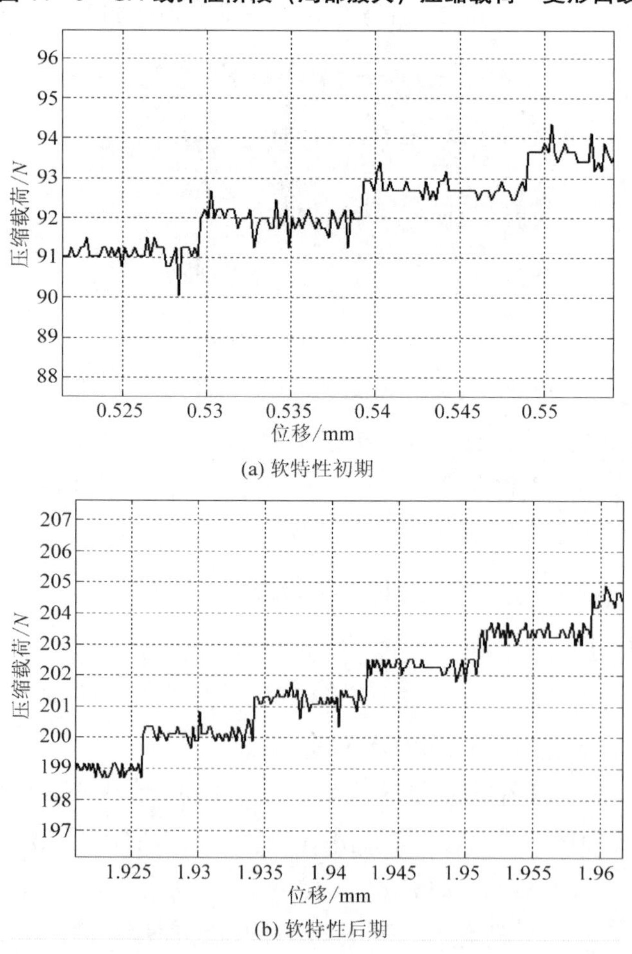

图 11-10　*AB* 软特性阶段（局部放大）压缩载荷-变形曲线

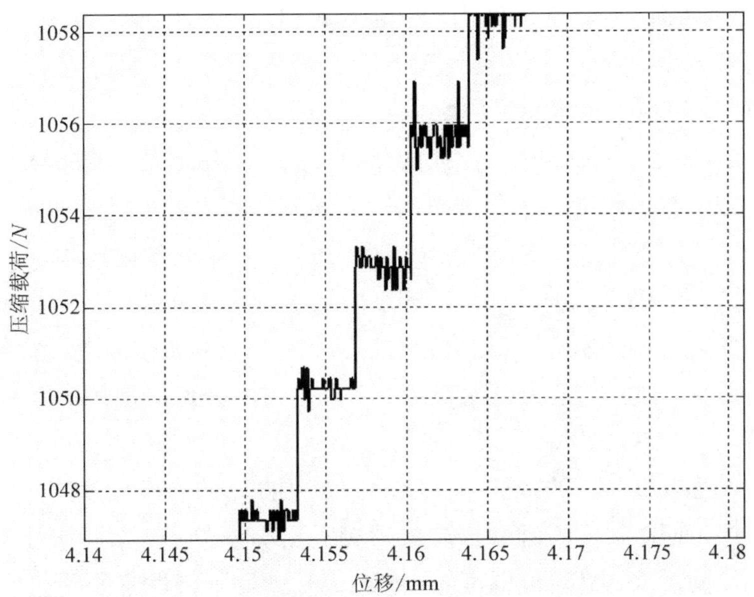

图 11－11　*BC* 指数硬化阶段（局部放大）压缩载荷-变形曲线

第三阶段 *BC* 段（指数硬化阶段），在大约 0.015mm 局部放大区间，也扑捉到了明显的线匝之间的滑移及载荷一变形曲线上的跳跃现象。由图 11－11 可以看出，此时滑移在变形积累大约 0.004mm 后发生，此时压载荷的跳跃为 2.5N 左右，这表明指数硬化阶段线匝之间发生滑移已经非常困难。

11.3　金属橡胶压缩变形微观物理机制

根据 11.1 金属橡胶典型压缩载荷一变形曲线分析，以及 11.2 金属橡胶微位移加载时线匝滑移扑捉实验研究，可以将不同变形阶段微观范围内材料的变形机制，也即线匝的变形及相对运动方式描述如下。

1. 变形的第一阶段（*OA* 线弹性阶段）

根据金属橡胶制造工艺及成型过程，经过模压成型后的材料，其线匝的分布及排列已基本固定，在其后的沿成型方向的压力作用下，线匝的排列不会有太大的变化，可以认为，金属橡胶成型后，其线匝之间已形成充分的接触。在沿成型方向的压力作用下，材料微观变形的物理机制体现为已充分接触的线匝的弯曲扭转组合变形。线匝的弯曲扭转组合变形通常可用简单的悬臂弯曲小梁的受压模型来考虑，其刚度可认为是所有小曲梁刚度的叠加。由于变形较小，各小曲梁的变形不超过弹性范围，因此金属橡胶总的刚度在该阶段接近线性。在该阶段，通过线匝滑移捕捉实验（图 11－9），几乎没有发生线匝之间的明显滑动摩擦现象。

考虑到软特性初期阶段线匝之间滑移容易启动［图 11－10（a）］，因此线弹性变形过程相当短暂，有时难以捕捉到。

2. 变形的第二阶段（AB 软特性阶段）

当已充分接触的线匝在压力成型方向的压力作用下，随着压力的不断增加，互相接触的小曲梁的压力方向与小曲梁所在的平面法线方向夹角较大的一对接触梁，在接触侧向力大于滑动摩擦力时，将首先在接触处发生滑动［图 11－4（a）滑动模式］，导致小曲梁的承载能力减弱；当滑动摩擦过程进行到一定程度时，由于小曲梁几何位置的改变及其他线匝的限制约束，小曲梁又将会恢复一部分承载能力（图 11－10 曲线跳跃）。由于各个小曲梁空间分布位置的差异，这一过程是逐次进行的，其宏观的表现即是其载荷-变形曲线上的刚度在阶段初期减小后的软特性特征。

由以上分析可见，该阶段的特征与线匝的分布及排列的有序程度有关。如果线匝的分布及排列比较有序，同时发生滑动摩擦现象的接触点就较多，从第一阶段到第二阶段的过度特征就较明显，同时软特性阶段则可能也较短；反之则软特性阶段较长。在该段的后期，已经出现刚度增大的现象，与第三阶段的分界已经模糊。

AB 软特性阶段是金属橡胶的主要变形阶段，大量的工程应用也主要是利用了该阶段材料的物理特征。由于相互接触的线匝之间发生了如图 11－4（a）所示的相对滑动，滑动过程中的摩擦引起变形过程中的能量耗散。

3. 变形的第三阶段（BC 指数硬化阶段）

随着压力的不断增加，绝大多数可能出现滑动摩擦的接触点都已经发生了相对的滑动。在压力增加到一定程度后，已发生滑动的接触点由于小曲梁几何位置的改变及其他线匝的限制约束，小曲梁又将会恢复一部分承载能力（图 11－11 曲线跳跃）。随着这一过程的逐渐累积，在宏观上反映出材料刚度的不断增大。由于这一过程的累积及线匝变形的加剧，线匝之间的相互干涉也加剧，引起材料中线匝之间相互约束力的增大以及接触载荷的增大（图 11－11 曲线跳跃值增大），导致如图 11－4（b）的相对滑动模式的开启，摩擦耗散能量与软特性阶段相比显著增加，进而引起宏观的载荷一变形曲线斜率在该段呈指数增加形式。

由以上研究可以发现，在金属橡胶的制备阶段，除了选择不同物理性质及尺寸的金属丝材料外，通过控制线匝的排列方式，以达到改变线匝相对运动方式的目的，也可以控制金属橡胶的能量耗散程度。

11.4 金属橡胶工艺参数对压缩性能的影响

根据 11.3 提出的金属橡胶压缩变形微观物理机制，分别研究相对密度 $\bar{\rho}_{MR}$ 、厚度 h 和材质（E、G）对压缩性能的影响。

11.4.1 相对密度 $\bar{\rho}_{MR}$ 的影响

选用冷态不锈钢丝，制备厚度 $h=2.2$mm，相对密度 $\bar{\rho}_{MR}$ 分别为 1.5、2.0、2.5 的圆柱形金属橡胶试件，不同相对密度试件的压缩载荷一变形曲线如图 11－12 所示。

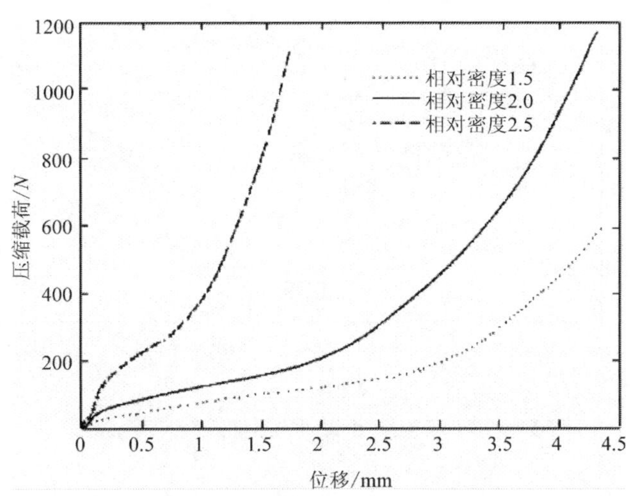

图 11－12 不同相对密度试件的压缩载荷-变形曲线

1. 线弹性阶段

随着相对密度 $\bar{\rho}_{MR}$ 的增大，单位体积内已充分接触的小曲梁的数量增加，更多数量小曲梁的弯扭变形，导致宏观上材料刚度的增加及该段承载能力的增强。反映在图 11－12 载荷-变形曲线上，可以发现随着相对密度 $\bar{\rho}_{MR}$ 的增加，该段曲线斜率增加，末端对应的载荷增大。同时，相对密度 $\bar{\rho}_{MR}$ 越大，材料的线弹性阶段越长。

2. 软特性阶段

随着相对密度 $\bar{\rho}_{MR}$ 的增加，单位体积内已开始发生滑动的小曲梁受到周围线匝约束的数量也越多。由于周围线匝的约束限制了线匝接触点充分滑动的产生和线匝接触点的滑动，导致材料在宏观上提前进入了第三阶段即指数硬化阶段。同时，相对密度 $\bar{\rho}_{MR}$ 越小，材料的软特性阶段越长。

3. 指数硬化阶段

尽管相对密度 $\bar{\rho}_{MR}$ 不同，但是材料在该阶段已受到充分的挤压，周围线匝的约束已经达到饱和。因此在该阶段，载荷都会随着变形的增加呈指数增长趋势。同时，相对密度 $\bar{\rho}_{MR}$ 越小，材料进入指数硬化阶段时的变形也越大，该段曲线的斜率变化速率也越小。

11.4.2 厚度 h 的影响

选用冷态不锈钢丝，制备相对密度 $\bar{\rho}_{MR}$ 相同，厚度 h 分别为 80mm、105mm、120mm 的圆柱形金属橡胶试件，不同厚度试件的压缩载荷一变形曲线如图 11－13 所示。

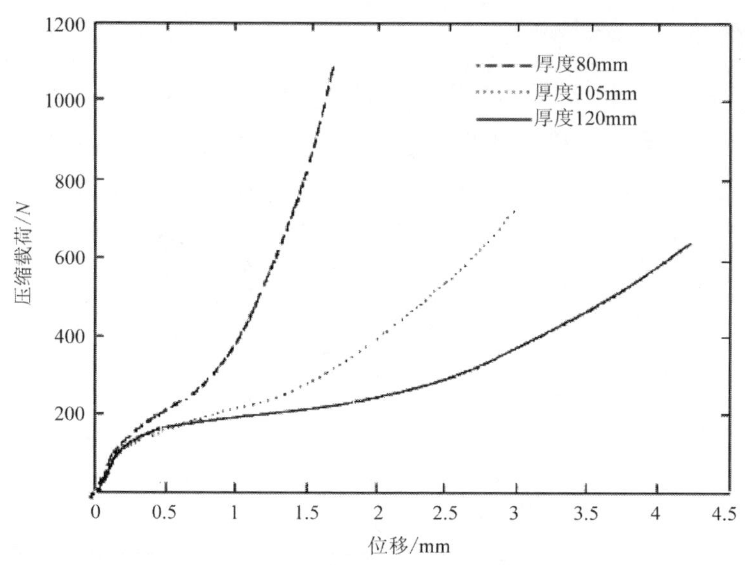

图 11-13 不同厚度试件的压缩载荷-变形曲线

1. 线弹性阶段

在沿厚度方向的压载荷作用下，已充分接触的小曲梁几乎同时发生弯扭组合变形。厚度 h 大的试件，同时发生变形的小曲梁的数量越多，累积的变形越多，宏观上引起的总的变形量越大。理论上该变形量的增加与厚度 h 的增加成正比。当压力增加到一定程度时，小曲梁接触处将开始发生滑动。由于相对密度 $\bar{\rho}_{MR}$ 相同，单个小曲梁上的接触力的大小近似相等，因此导致滑动摩擦产生的时刻只与压载荷有关，这就是该阶段末端对应的载荷几乎接近一致的原因。

2. 软特性阶段

随着压力的继续增加，线匝之间的滑动摩擦相继启动。厚度 h 较小的试件发生滑动摩擦的小曲梁的数量相对较少，因此软特性段相对较短，导致曲线较早地进入指数硬化阶段；反之，软特性段则相对较长。

3. 指数硬化阶段

尽管厚度 h 不同，但是材料在该阶段已受到充分的挤压，周围线匝的约束已经达到饱和。因此在该阶段，载荷都会随着变形的增加呈指数增长趋势。同时，厚度 h 越小，材料进入指数硬化阶段时的变形越小，该段曲线的斜率变化速率也越大。

11.4.3 材质（E、G）的影响

选用相同规格的钢丝、铜丝和铝丝制备相对密度 $\bar{\rho}_{MR}$ 和几何尺寸相同的圆柱形金属橡胶试件，不同材质试件的压缩载荷一变形曲线如图 11-14 所示。

1. 线弹性阶段

该阶段曲线的斜率主要由各小曲梁的抗弯及抗扭刚度及单位体积内发生弯扭组合变形

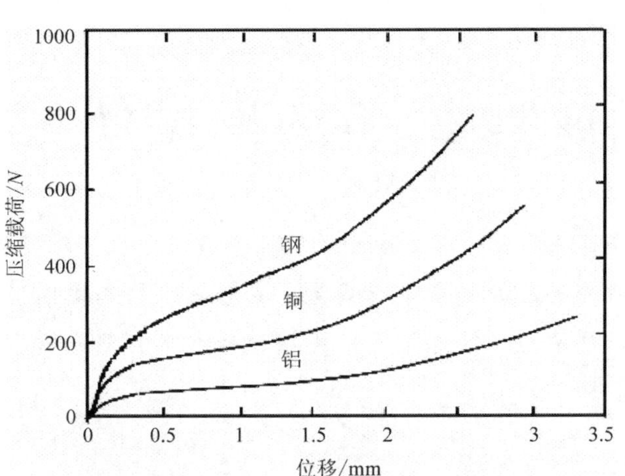

图 11-14　不同材质试件的压缩载荷-变形曲线

小曲梁的数量决定。尽管单位体积内发生弯扭组合变形的小曲梁的数量相同（因为相对密度 $\bar{\rho}_{MR}$ 相同），但是由于材质（E、G）不同，小曲梁的抗弯及抗扭刚度不同，随着丝材弹性模量（E、G）的增加，该阶段曲线斜率变大。

2. 软特性阶段

随着丝材弹性模量（E、G）的增加，该阶段的初始载荷变大，导致该阶段材料整体的载荷水平较高。同时，考虑压力增加，各材质试件进入滑动摩擦状态后，影响滑动摩擦过程的主要因素为材料的相对密度 $\bar{\rho}_{MR}$，即已变形的小曲梁周围的约束多少及程度。由于不同材质试件相对密度 $\bar{\rho}_{MR}$ 相同，宏观上在载荷-变形曲线上体现出该阶段的宽度基本相当，反映了材质（E、G）的不同对软特性阶段的长度即变形的大小影响不大。

3. 指数硬化阶段

尽管材质（E、G）不同，但是材料在该阶段已受到充分的挤压，周围线匝的约束已经达到饱和。因此在该阶段，载荷都会随着变形的增加呈指数增长趋势。同时，弹性模量（E、G）越大，材料进入指数硬化阶段时的变形越小，该阶段曲线的斜率变化速率也越大。

◇◇◇ 参 考 文 献 ◇◇◇

[1] Zuo H., Chen Y H, Bai H B, et al. The compression deformation mechanism of a metallic rubber. Int J Mech Mater Des, 2005, 2: 269-277.

[2] 王尤颜，白鸿柏，刘远方. 金属橡胶材料压缩性能的细观特征研究. 机械科学与技术，2011，30(3)：404-407.

第12章 金属橡胶本构模型研究

本章的核心内容是运用金属橡胶微观结构理论分析与宏观压缩实验研究相结合的方法，建立能够描述其压缩变形时应力—应变或载荷—变形关系的本构模型，这些本构模型建立了金属橡胶工艺参数与压缩力学性能之间的关系，对于正确设计压缩状态使用的金属橡胶具有一定的指导意义。

12.1 金属橡胶压缩变形本构模型研究方法

实验研究表明，影响金属橡胶性能的主要技术参数有金属橡胶的相对密度、螺旋卷线匝的拉伸螺距及缠绕方式、螺旋卷直径、金属丝直径、金属丝材料的弹性模量和屈服极限等。显然，要设计出各项性能指标优良的金属橡胶构件，还需要对其力学特性与这些制备工艺参数之间的关系进行系统的理论与实验研究。尽管美国和前苏联在这方面已经进行了长期的研究工作，但由于国家间军工技术的保密和封锁，我们所能得到的国外的研究资料极少。因此，建立金属橡胶细观结构参数与宏观力学性能之间关系的本构模型成为亟待研究的一个问题。

目前，直接从金属橡胶的细观特征出发，根据材料细观单元在外力作用下的变形响应，考虑各单元的相互作用，构造相应的金属橡胶宏观变形本构关系模型已经成为主流研究方向。

12.2 基于微弹簧组合的金属橡胶压缩变形本构模型[1]

12.2.1 金属橡胶细观结构特征

金属橡胶冲压成型后，线匝之间相互缠绕，在一定程度上有某种规则性，如图 12 - 1 所示。对金属橡胶进一步进行观察分析，将杂乱金属丝看成许多分层排列的微小弹簧，这些微弹簧分为承受轴向载荷和径向载荷两类。由于螺旋卷铺层和缠绕方式的不同，在成型受压面及其垂直面上两种微弹簧的比例也不同，因而金属橡胶具有各向异性的力学性质。

我们取一代表性体积单元，如图 12 - 2 所示，它由若干空间取向不同的微弹簧组合而成，并认为其符合连续介质模型。

图 12-1　金属橡胶试件

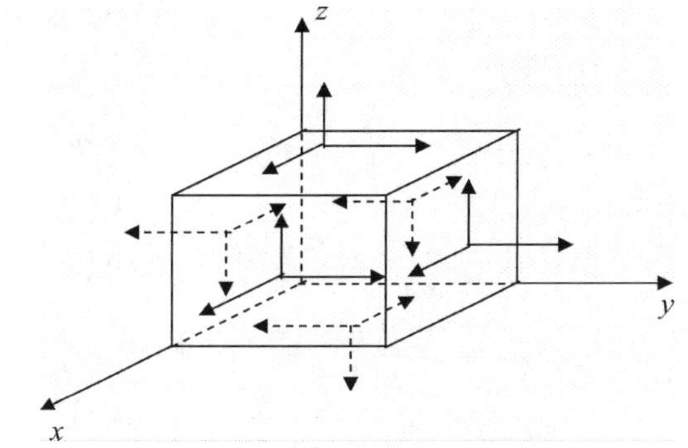

图 12-2　微单元体

12.2.2　金属橡胶压缩变形本构模型

下面分别讨论两种载荷条件下微螺旋弹簧的刚度。

1. 螺旋簧受轴向载荷作用

轴向载荷下螺旋簧的受力分析如图 12-3 所示。

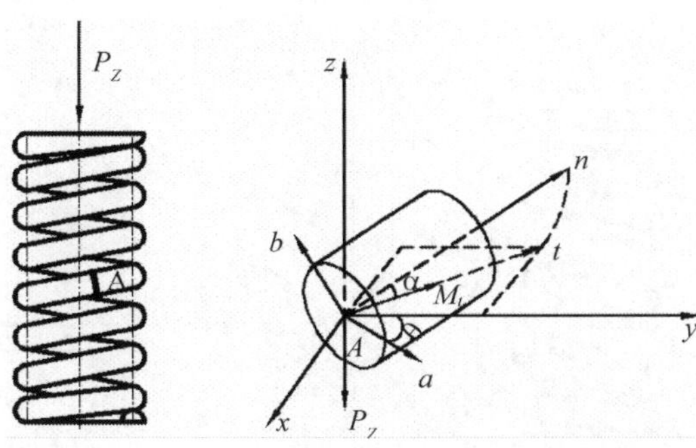

图 12-3　轴向载荷下螺旋簧的受力分析

当圆柱螺旋弹簧受到轴向载荷时，弹簧产生轴向变形，假定在变形过程中，弹簧仍保持螺旋形，其基本参数仍为螺旋角 α，弹簧中径 D，丝径 d。

在螺旋弹簧中任取垂直于簧丝轴向的簧丝截面 A，并在 A 处取一簧丝单元，建立局部坐标系 abn 和整体坐标系 xyz。其中 a、b 分别为簧丝截面 A 两个相互垂直的径向，n 为簧丝的轴向（垂直于截面 A），且 a 轴在 xy 水平面上。

在整体坐标系中，簧丝截面 A 承受一个沿 z 轴方向的力 P_z 和沿 t 轴方向的力矩 M_t。分解到局部坐标系 abn 中扭矩 T_n 、弯矩 M_b 和轴向力 N_n 分别为

$$T_n = M_t\cos\alpha = \frac{P_zD}{2}\cos\alpha \tag{12-1}$$

$$M_b = M_t\sin\alpha = \frac{P_zD}{2}\sin\alpha \tag{12-2}$$

$$N_n = -P_z \sin\alpha \tag{12-3}$$

通常对于细长杆（丝），剪力对变形能的贡献很小，忽略其影响。由卡氏定理得到弹簧沿载荷方向（轴向）的变形为

$$\Delta z = \int_0^l \frac{\partial T_n}{\partial P_z}\frac{T_n}{GI_p}\mathrm{d}s + \int_0^l \frac{\partial M_b}{\partial P_z}\frac{M_b}{EI}\mathrm{d}s + \int_0^l \frac{\partial N_n}{\partial P_z}\frac{N_n}{EI}\mathrm{d}s \tag{12-4}$$

式中，簧丝的微段 $\mathrm{d}s = \frac{D\mathrm{d}\theta}{2\cos\alpha}$，$\theta$ 为极角。当 $s = l$ 时，$\theta = \frac{l\cos\alpha}{\pi D} \times 2\pi = 2n\pi$。

对于各向同性材料 $G = \frac{E}{2(1+\upsilon)}$，$E$ 为弹性模量，υ 为泊松比。

弹簧圈数 $n = \frac{l\cos\alpha}{\pi D}$，弹簧旋绕比 $c = \frac{D}{d}$。

A、I、I_p 分别为簧丝的横截面积、截面惯性矩和极惯性矩，对式（12-4）进行积分并令 $n = 1$ 得到单圈弹簧沿轴向变形时的刚度为

$$K_z = \frac{P_z}{\Delta_z} = \frac{EDc^4}{4[4(1+\upsilon)\cos\alpha + \sin\alpha + c^2\sin\alpha \cdot \tan\alpha]} \tag{12-5}$$

2. 螺旋簧受径向载荷作用

径向载荷下螺旋簧的受力分析如图 12-4 所示。

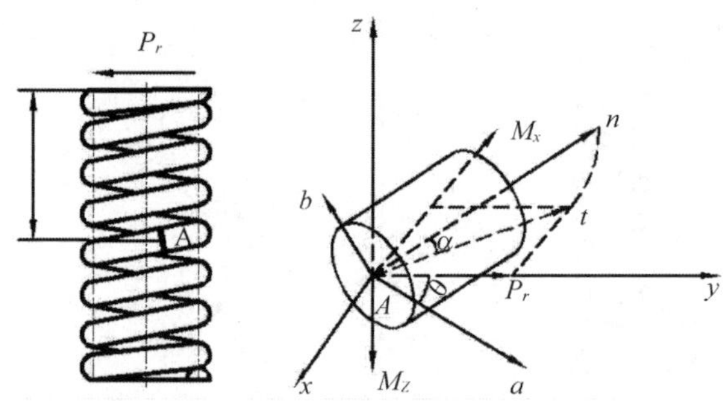

图 12-4　径向载荷下螺旋簧的受力分析

螺旋弹簧受到径向载荷时，弹簧将产生径向变形，即弹簧将被压扁。为了便于分析，我们首先研究弹簧端面受径向载荷的情况。

当螺旋弹簧受到一径向载荷 P_r 作用时，在整体坐标系 xyz 中，距载荷作用端 z 处的微弹簧的横截面 A 上，将作用有两个方向的力矩 M_x、M_z 和一个沿 y 方向的力 P_r。分解到局部坐标系 abn 中将有两个方向（分别沿 a 轴、b 轴）的弯矩 M_a、M_b，一个方向（沿 n 轴）的扭矩 T_n 以及一个轴力 N_n 和两个剪力。对于细长杆（丝），变形能的主要贡献来自于扭矩、弯矩和轴力。因此，忽略剪力的影响，截面 A 上所受的力或力矩为

$$T_n = M_x\cos\theta\cos\alpha - M_z\sin\alpha \tag{12-6}$$

$$M_a = M_x\sin\theta \tag{12-7}$$

$$M_b = -M_x\cos\theta\sin\alpha - M_z\cos\alpha \tag{12-8}$$

$$N_n = - P_r \cos\alpha \cos\theta \tag{12-9}$$

式中，$M_x = P_r z, M_z = \frac{P_r d}{2}\sin\theta$。

由卡氏定理得到弹簧沿载荷方向（径向）的变形为

$$\Delta \bar{R} = \int_0^l \frac{\partial T_n}{\partial P_z}\frac{T_n}{GI_p}\mathrm{d}s + \int_0^l \frac{\partial M_b}{\partial P_r}\frac{M_b}{EI_b}\mathrm{d}s + \int_0^l \frac{\partial M_n}{\partial P_r}\frac{M_n}{EI_n}\mathrm{d}s + \int_0^l \frac{\partial N_n}{\partial P_r}\frac{N_n}{EA}\mathrm{d}s \tag{12-10}$$

式中，簧丝的微段 $\mathrm{d}s = \frac{D\mathrm{d}\theta}{2\cos\alpha}$，$\theta$ 为极角。

这里，考虑将承受载荷 P_r 的整圈微弹簧等效成两个半圈弹簧的并联，且完全对称，则半圈极角变化范围为 $0 \sim \pi$，每半圈微弹簧受力截面到端部的平均距离 z 为半个螺距，即 $z = \frac{1}{2}\pi D\tan\alpha$。

由式（12-10）得一整圈弹簧的径向变形为

$$\Delta R = \frac{1}{2}\left\{\begin{aligned}&\int_0^\pi \frac{\partial T_n}{\partial P_r}\frac{T_n}{GI_p}\frac{D}{2\cos\alpha}\mathrm{d}\theta + \int_0^\pi \frac{\partial M_b}{\partial P_r}\frac{M_b}{EI_b}\frac{D}{2\cos\alpha}\mathrm{d}\theta + \int_0^\pi \frac{\partial M_n}{\partial P_r}\frac{M_n}{EI_n}\frac{D}{2\cos\alpha}\mathrm{d}\theta \\ &+ \int_0^\pi \frac{\partial N_n}{\partial P_r}\frac{N_n}{EA}\frac{D}{2\cos\alpha}\mathrm{d}\theta\end{aligned}\right\} \tag{12-11}$$

对于圆形截面，$I_n = I_k = \frac{\pi d^4}{64}, I_p = \frac{\pi d^4}{32}, A = \frac{\pi D^2}{4}$。

将式（12-6）～式（12-9）代入到式（12-11），积分得到

$$\Delta R = \frac{P_r}{Ec^4 D\cos\alpha}[c^2\cos^3\alpha + 4\pi\tan^2\alpha + 2(1+\pi)\upsilon\sin^2\alpha + 2] \tag{12-12}$$

则由式（12-12）得单圈弹簧沿径向变形时的刚度为

$$K_r = \frac{P_r}{\Delta R} = \frac{Ec^4 D\cos\alpha}{c^2\cos^3\alpha + 4\pi\tan^2\alpha + 2(1+\pi)\upsilon\sin^2\alpha + 2} \tag{12-13}$$

3. 单元体分析

对于图12-2所示单元体，假设垂直于载荷方向（z 向）单位面积上有 n 个这样的微弹簧。$(\beta_x + \beta_y)n$ 个承受径向载荷，$\beta_z n$ 个承受轴向载荷（下标 x 表示微弹簧平面垂直于 x 轴，下标 y 表示微弹簧平面垂直于 y 轴，下标 z 表示微弹簧平面垂直于 z 轴），$\beta_{(x,y,z)}$ 是与毛坯缠绕方式有关的材料常数。在载荷方向（z 向）单位长度上有 m 层弹簧，对于每一层上的小弹簧，其关系为相互并联，每一层的总刚度为

$$\overline{K}_n = \sum_{i=1}^{n} K_i = (\beta_x + \beta_y)nK_r + \beta_z nK_z \tag{12-14}$$

式中，$K_i \in \{K_r, K_z\}$ 为微弹簧的刚度。

而对于各层之间的微弹簧则为串联关系，总刚度为

$$K_{mm} = \frac{n}{m}[(\beta_x + \beta_y)K_r + \beta_z K_z] \tag{12-15}$$

对于长度为 l，截面积为 A 的试件有应力-应变关系

$$\sigma = \frac{l_n}{Am}[(\beta_x + \beta_y)K_r + \beta_z K_z]\varepsilon \tag{12-16}$$

铺层参数满足归一化条件

$$\beta_x + \beta_y + \beta_z = 1 \tag{12-17}$$

如设金属橡胶构件的密度为 ρ_{MR}，金属丝密度为 ρ_s，相对密度 $\bar{\rho}_{MR} = \frac{\rho_{MR}}{\rho_s}$，单位体积内微弹簧的总圈数为

$$n \cdot m = \frac{4\bar{\rho}_{MR}\cos\alpha}{\pi^2 d^2 D} \tag{12-18}$$

4. 考虑微弹簧之间相互挤压嵌入的模型修正

以上金属橡胶刚度的分析中没有考虑微弹簧之间的相互挤压嵌入，实际上在载荷作用下，随着变形量的增大，部分微弹簧相互挤压产生嵌入现象，使得沿载荷方向参与变形微弹簧的层数减少，而单位面积上微弹簧数量增加。基于以上分析，可以想像，沿载荷方向上单位长度的有效微弹簧圈数 $m(\varepsilon)$ 是变形量的函数，并随着压应力的增大而减小，可简单地假设如下函数关系

$$m(\varepsilon) = a(b - \varepsilon) \tag{12-19}$$

式中，a、b 为材料常数，可由实验确定。

设沿载荷方向减少的层数所包含的微弹簧圈数均匀地嵌入余下各层之间，则单位面积上的微弹簧圈数将增加为

$$n(\varepsilon) = n(0) + \frac{[m(0) - m(\varepsilon)]n(0)}{m(\varepsilon)} = \frac{n(0)m(0)}{m(\varepsilon)} = \frac{4\bar{\rho}_{MR}\cos\alpha}{\pi^2 d^2 D}\frac{1}{m(\varepsilon)} \tag{12-20}$$

为了便于工程应用，将 $\frac{1}{m(\varepsilon)}$ 泰勒级数展开，取二阶近似

$$\frac{1}{m(\varepsilon)} = \frac{1}{ab} + \frac{1}{a^2 b}\varepsilon + \frac{1}{a^3 b}\varepsilon^2 + o(\varepsilon^3) \tag{12-21}$$

将式（12-5）、式（12-13）及式（12-20）代入式（12-16）得到修正后的本构模型

$$\sigma = F_w[\bar{\rho}_{MR}, \alpha, d, D, \beta_{(x,y,z)}, E, \upsilon] \cdot F_X(\varepsilon) \tag{12-22}$$

$$F_w[\bar{\rho}_{MR}, \alpha, d, D, \beta_{(x,y,z)}, E, \upsilon] = \frac{4\bar{\rho}_{MR} l\cos\alpha}{\pi^2 d^2 DA}[\beta_z K_z + (\beta_x + \beta_y)K_r] \tag{12-23}$$

$$F_X(\varepsilon) = A_1\varepsilon + A_2\varepsilon^2 + A_3\varepsilon^3 \tag{12-24}$$

$F_w[\bar{\rho}_{MR}, \alpha, d, D, \beta_{(x,y,z)}, E, \upsilon]$，$F_X(\varepsilon)$ 分别为反映金属橡胶细观结构参数的物理函数和反映本构曲线形状的形状函数。

12.2.3　模型的实验研究

1. 实验设备及方法

采用美国 MTS 810 材料试验机（图 12－5）进行实验研究。

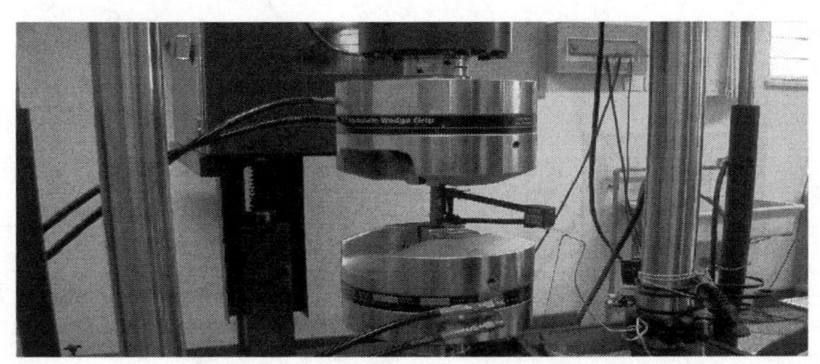

图 12－5　MTS 810 材料试验机

金属橡胶试件选用丝径 $d=0.2\text{mm}$，牌号为 0Cr18Ni9Ti 的不锈钢金属丝，$E=210\text{GPa}$，泊松比 $\upsilon=0.33$，密度 $\rho_s=7.8\,\text{g/mm}^3$，螺旋卷直径 $D=2.5\text{mm}$，螺旋角 $\alpha=8°$，毛坯铺层方式为交叉式铺放。

考虑到冲压成型时部分微弹簧的翻转，对于毛坯中与坐标轴（x,y,z）成一定角度的微弹簧，当微弹簧取向与某一坐标轴夹角小于45°时，近似认为该坐标轴方向为微弹簧的轴向。通过观察金属橡胶试件表面两类微弹簧的分布情况，初步确定：在压力成型方向上，$\beta_z=0.6$，在非压力成型方向上，$\beta_x=\beta_y=0.2$。

试件分别在 8kN、13kN 成型压力下冲压成型，成型后试件相对密度 $\bar{\rho}_{\text{MR}}$ 分别为 0.218、0.269。试件尺寸为 15mm×15mm×15mm。

实验时，两组试件沿成型压力方向（z 向）以及两个非压力成型方向（x,y）分别以速率 0.5mm/min、5mm/min 进行单向定速压缩。

2. 理论模型预测与实验结果比较

以速率 0.5mm/min 得到实验应力—应变本构关系曲线，如图 12－6、图 12－7 中实线所示。

由于铺层缠绕后的毛坯还要经过冲压成型，在此过程中部分微弹簧会发生翻转，导致其取向发生变化。因此成型后的金属橡胶试件的铺层系数需要实验的修正。压缩实验结果表明，四组试件的应力一应变关系在小应变范围内（$\varepsilon\leqslant0.05$）是线性的，取本构方程式(12-22)的线性部分，则成型压力方向（z 向）和非成型压力方向（x,y）上的本构方程分别为

$$\sigma_z=\frac{4\bar{\rho}_{\text{MR}}\,l\cos\alpha}{\pi^2d^2DA}\times A_1[\beta_zK_z+(\beta_x+\beta_y)K_r]\varepsilon_z \tag{12-25}$$

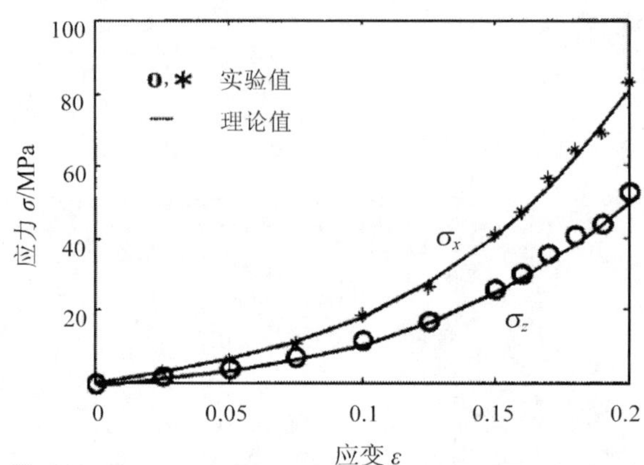

图 12-6　x，z 方向上应力-应变曲线（0.5mm/min）

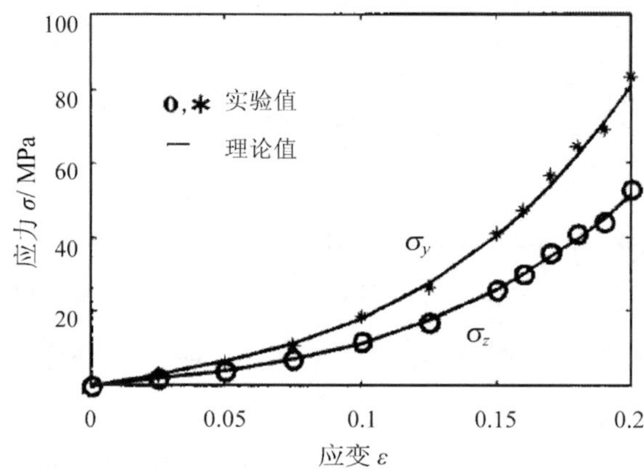

图 12-7　y，z 方向上应力-应变曲线（0.5mm/min）

$$\sigma_y = \frac{4\bar{\rho}_{MR} l\cos\alpha}{\pi^2 d^2 DA} \times A_1[\beta_y K_z + (\beta_x + \beta_z)K_r]\varepsilon_y \tag{12-26}$$

$$\sigma_x = \frac{4\bar{\rho}_{MR} l\cos\alpha}{\pi^2 d^2 DA} \times A_1[\beta_x K_z + (\beta_y + \beta_z)K_r]\varepsilon_x \tag{12-27}$$

式（12-25）～式（12-27）意味着不同载荷方向假设具有近似相同的本构曲线的形状函数。取三个方向线性段的实验应力、应变值，由式（12-22）～式（12-24）得

$$[\beta_z K_z + (\beta_x + \beta_y)K_r] - c_1[\beta_y K_z + (\beta_x + \beta_z)K_r] \approx 0 \tag{12-28}$$

$$[\beta_z K_z + (\beta_x + \beta_y)K_r] - c_2[\beta_x K_z + (\beta_y + \beta_z)K_r] \approx 0 \tag{12-29}$$

式中，$c_1 = \frac{\sigma_z \varepsilon_y}{\sigma_y \varepsilon_z}$；$c_2 = \frac{\sigma_z \varepsilon_x}{\sigma_x \varepsilon_z}$。

由式（12-17）、式（12-28）、式（12-29）得到铺层系数的实验修正公式

$$\beta_x \approx \frac{K_r(c_1 c_2 + c_2 - c_1) - c_1 K_z}{(K_r - K_z)(c_1 + c_2 + c_1 c_2)} \tag{12-30}$$

$$\beta_y \approx \frac{K_r(c_2 - c_1c_2 - c_1) - c_2K_z}{(K_r - K_z)(c_1 + c_2 + c_1c_2)} \tag{12-31}$$

$$\beta_z \approx \frac{K_r(3c_1 + c_1c_2 - c_2) - K_z(2c_2 + c_1c_2)}{(K_r - K_z)(c_1 + c_2 + c_1c_2)} \tag{12-32}$$

将第一组（对应相对密度 $\bar{\rho}_{MR}^{(1)} = 0.213$，0.5mm/min 加载速率）实验数据代入式（12-30）～式（12-32），得到修正后的铺层系数 $\beta_x = 0.213, \beta_y = 0.235, \beta_z = 0.552$。

将已知的工艺参数 $[\bar{\rho}_{MR}^{(1)}, \alpha, d, D, \beta_{(x,y,z)}, E, \upsilon]$ 代入式（12-23），由成型压力方向（z 向）的实验数据按最小二乘方法拟合得到成型受压方向的本构方程

$$\sigma_z = 78.1\varepsilon - 171.4\varepsilon^2 + 5333.3\varepsilon^3 \tag{12-33}$$

由修正的铺层系数及式（12-22）、式（12-23）、式（12-33）得到非成型受压方向的本构方程

$$\sigma_x = 1.604\sigma_z = 123.8\varepsilon - 274.2\varepsilon^2 + 8532.6\varepsilon^3 \tag{12-34}$$

$$\sigma_y = 1.565\sigma_z = 121.9\varepsilon - 267.9\varepsilon^2 + 8371.9\varepsilon^3 \tag{12-35}$$

根据式（12-33）～式（12-35）预测的各载荷方向应力—应变曲线如图 12-6、图 12-7 中符号{ *，o}所示。

由图 12-6、图 12-7 不难看出，施加垂向载荷时，成型非受压面（xz, yz）的刚度大于成型受压面（xy）的刚度，在 20%的变形范围内，理论预测结果与实验结果吻合得较好，这表明模型中径向与轴向受压微弹簧的比例系数 $\beta_{(x,y,z)}$ 较好地刻画了金属橡胶铺层与力学性能各向异性性质的内在联系。

制备金属橡胶所有工艺参数中，相对密度 $\bar{\rho}_{MR}$ 对其宏观力学性能的影响最大。我们选择相对密度 $\bar{\rho}_{MR}$ 作为考核模型的工艺参数。

由式（12-22）、式（12-23）可知，当金属橡胶试件密度改变时，可以由第一组实验确定的模型参数来预测第二组（对应相对密度 $\bar{\rho}_{MR}^{(2)} = 0.269$，0.5mm/min 加载速率）试件的本构关系

$$\sigma_z^{(2)} = \frac{\bar{\rho}_{MR}^{(2)}}{\bar{\rho}_{MR}^{(1)}}\sigma_Z^{(1)} = 96.4\varepsilon - 211.5\varepsilon^2 + 6581.3\varepsilon^3 \tag{12-36}$$

第二组试件的 $\sigma_Z^{(2)}-\varepsilon$ 变化关系如图 12-8 所示。

由图 12-8 可以看出，在 20%的变形范围内，理论预测结果与实验结果吻合得较好，该模型能够反映金属橡胶相对密度变化时的力学性能。

当改变加载速率时，仍可按照上述步骤确定本构模型，并有类似的结果，不再赘述。但是，从实验结果来看，金属橡胶的力学性能具有一定的加载速率相依性，这里建立的本构模型还不能进行预测，需要开展更深入的研究。

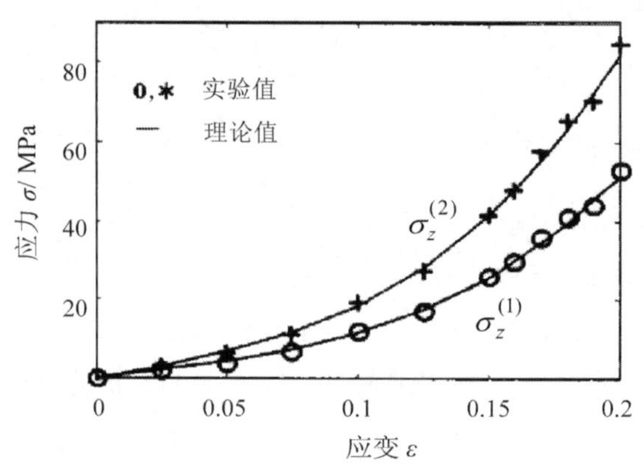

图 12-8 不同密度时的应力-应变曲线（0.5mm/min）

12.3 基于变长度悬臂曲梁的金属橡胶本构模型[2]

12.3.1 金属橡胶细观变形模型

冲压成型后的金属橡胶实物如图 12-9 所示。

图 12-9 金属橡胶垂直于成型方向照片（×50）

由图 12-9 可以看出，金属橡胶细观上由与成型方向成一定角度的悬臂曲梁组成。这些悬臂曲梁相互交错、相互扣锁勾连在一起，悬臂曲梁的弹性变形力以及曲梁间的相互作用力共同决定了金属橡胶的力学特性。但实际条件下很难准确确定金属橡胶内部的作用力，有必要建立细观结构的变形模型，使其能在一定比例上准确模拟曲梁间的相互作用机制。为此，这里提出了一种新的金属橡胶细观结构变形模型。该模型以单匝螺旋卷为金属橡胶细观基本结构单元，将金属橡胶等效成被接触点分割的多段并联悬臂曲梁组成的单匝螺旋卷按一定规则组合而成的复合体，将其承受压缩载荷变形的过程，看成是螺旋卷接触点数量逐渐增多悬臂曲梁长度逐渐变短的过程。在这一过程中，悬臂曲梁长度变化主要改变材料的整体刚度，而接触点数量主要改变材料的阻尼耗能，两者共同作用形成了金属橡胶的力学特性。

考虑到金属橡胶内部结构的复杂性，分析时暂不考虑金属丝螺旋角和悬臂曲梁间摩擦力的影响，仅考虑悬臂曲梁的弹性变形力。

1. 悬臂曲梁的等效刚度

根据细观变形模型，将悬臂曲梁简化为直径为 D 的圆弧，在整体坐标系 xyz 和局部坐标系 abn 中建立的悬臂曲梁受力模型，如图 12-10 所示。

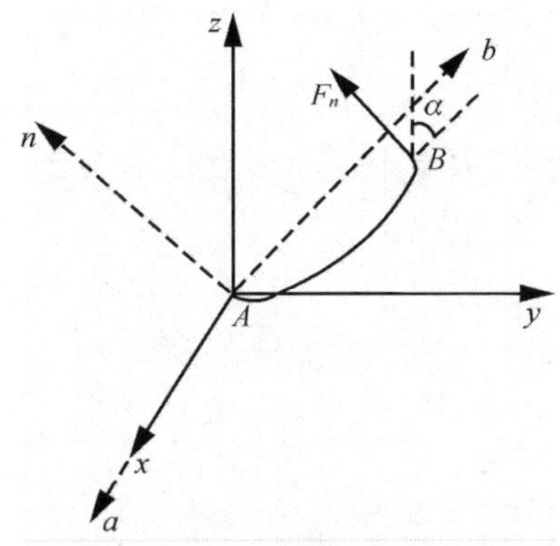

图 12-10 悬臂曲梁受力模型图

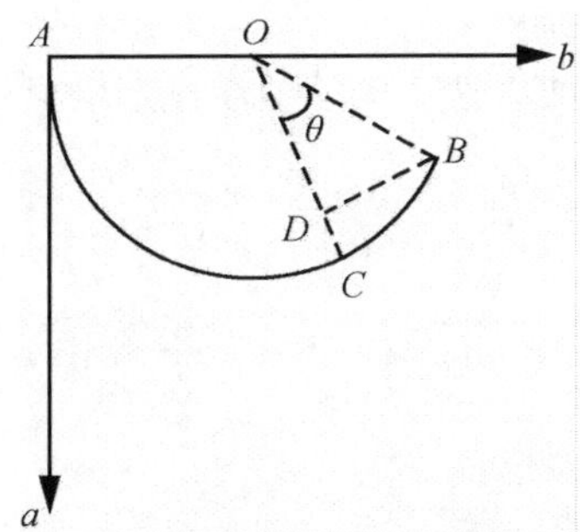

图 12-11 悬臂曲梁受力模型图 ab 平面

悬臂曲梁位于 ab 平面内，与 z 轴的夹角为 α，其中 A 点固定，B 点受到沿 n 方向的接触作用力 F_n。取垂直于悬臂曲梁的截面 C（图 12-11），这时截面弯矩 M 和扭矩 T 分别为

$$M = F_n\,\overline{BD} = \frac{1}{2}F_n D\sin\theta \tag{12-37}$$

$$T = F_n\,\overline{CD} = \frac{1}{2}F_n D(1-\cos\theta) \tag{12-38}$$

由卡氏定理得到悬臂曲梁 n 方向的变形为

$$\Delta n = \int_0^l \frac{\partial M}{\partial F_n}\frac{M}{EI}\mathrm{d}s + \int_0^l \frac{\partial T}{\partial F_n}\frac{T}{GI_b}\mathrm{d}s \tag{12-39}$$

式中，$\mathrm{d}s = D\mathrm{d}\theta/2$，$\theta$（$0<\theta<2\pi$）为极角；$E$、$G$、$\upsilon$ 分别为金属丝的弹性模量、剪切模量和泊松比，且 $G=E/(2+2\upsilon)$；I、I_b 分别为金属丝截面惯性矩和极惯性矩，其中 $I=\pi d^4/64$，$I_b=\pi d^4/32$。

将各参数代入式 (12-39)，积分得

$$\Delta n = \frac{8F_nD^3}{\pi Ed^4}\psi(\theta) \tag{12-40}$$

式中，

$$\Psi(\theta) = 2\theta - 2\sin\theta + \left(\frac{3}{2}\theta - 2\sin\theta + \frac{1}{4}\times\sin2\theta\right)\upsilon \tag{12-41}$$

则悬臂曲梁 n 方向的刚度为

$$c_n = \frac{F_n}{\Delta n} = \frac{\pi Ed^4}{8D^3}\psi(\theta)^{-1} \tag{12-42}$$

通过 Matlab 软件对 $\Psi(\theta)$ 求解拟合，将其进一步简化为

$$\Psi(\theta)=\frac{1}{\lambda\theta^{-3}+\delta} \tag{12-43}$$

由于悬臂曲梁的长度较短，一般小于 0.8 圈，δ 的影响较小，将其忽略。将式（12-43）代入式（12-42），悬臂曲梁刚度近似为

$$c_n=\frac{\pi\lambda E d^4}{8D^3}\theta^{-3} \tag{12-44}$$

根据萨依莫勒达诺模型，在接触点处建立的悬臂曲梁 AB 的接触作用模型，如图 12－12 所示。

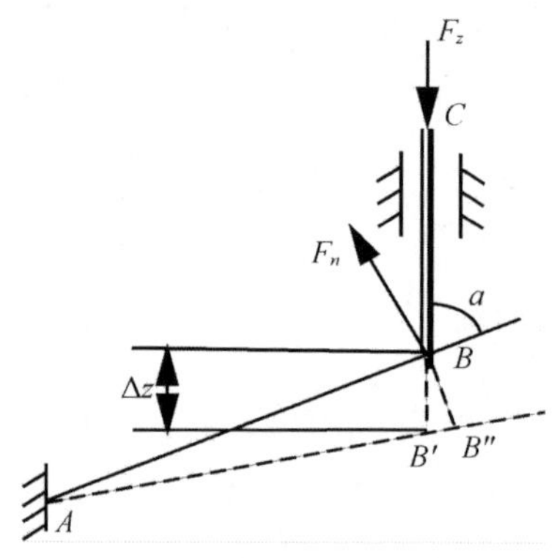

图 12－12　悬臂曲梁接触作用模型

模型中将悬臂曲梁 AB 简化为悬臂直梁，直梁长度为曲梁两端的距离，其刚度和夹角 α 均与曲梁相同，与其接触作用的另一曲梁简化为平行于载荷 z 方向的刚性杆 BC，两者在接触点 B 的法向发生相互作用。则悬臂曲梁 AB 在 z 方向的弹性力为

$$F_z=F_n\sin\alpha \tag{12-45}$$

悬臂曲梁变形后，接触点由 B 点移至 B' 点，根据 BB' 和 BB'' 的位移关系得

$$F_n=c_n\Delta z\sin\alpha \tag{12-46}$$

式中，Δz 为悬臂曲梁 z 方向的位移。

将式（12-46）代入式（12-45）得

$$F_z=c_n\Delta z\sin^2\alpha \tag{12-47}$$

因此悬臂曲梁 z 方向的等效刚度为

$$c_z=c_n\sin^2\alpha \tag{12-48}$$

当极角为 θ 时，悬臂曲梁的长度为

$$l=\frac{1}{2}D\theta \tag{12-49}$$

由式（12-44）、式（12-48）、式（12-49）得

$$c_z=\frac{\pi\lambda E d^4\sin^2\alpha}{64}l^{-3} \tag{12-50}$$

2. 压缩变形过程单匝螺旋卷的等效刚度

随着压缩变形的增加，单匝螺旋卷单元被 $\beta = \pi D/l$ 个长度为 l 的并联悬臂曲梁代替，那么应变为 ε 时单匝螺旋卷的等效刚度为

$$c_{\mathrm{d}} = \beta c_{z} = \frac{\pi^2 \lambda E D d^4 \sin^2\alpha}{64} l^{-4} \tag{12-51}$$

在变形过程中，悬臂梁的长度 l 将随应变 ε 的增大而减小，且与 ε 呈线性关系，则 l 可表示为

$$l = l_0(1 - b\varepsilon) \tag{12-52}$$

式中，l_0 为悬臂曲梁的原始长度；b 为比例系数。

由式（12-51）、式（12-52）得

$$c_{\mathrm{d}} = \frac{\pi^2 \lambda E D d^4 \sin^2\alpha}{64 l_0^4}(1 - b\varepsilon)^{-4} \tag{12-53}$$

12.3.2　金属橡胶宏观变形本构模型

为评估金属橡胶的力学特性，在金属橡胶中取一代表性的微单元体，如图 12－13 所示，并认为符合连续介质模型。

假定单位面积上有 n 个螺旋卷，在单位长度上有 m 层螺旋卷，则金属橡胶在应变 ε 时的等效刚度为

$$c_{\mathrm{m}} = \frac{n}{m} \cdot c_{\mathrm{d}} \tag{12-54}$$

如设金属橡胶的密度为 ρ_{MR}，丝线密度为 ρ，则体积 V 内总的螺旋卷数为

$$M_V = \frac{4\bar{\rho}_{\mathrm{MR}} V}{\pi^2 D d^2} \tag{12-55}$$

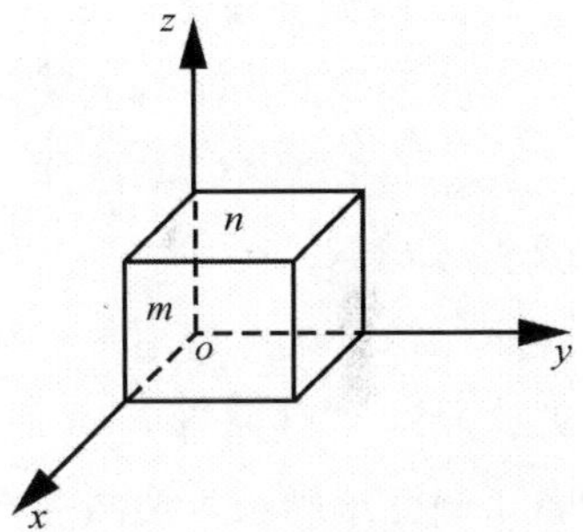

图 12－13　金属橡胶微单元体

式中，$\bar{\rho}_{\mathrm{MR}}$ 为相对密度；$\bar{\rho}_{\mathrm{MR}} = \rho_{\mathrm{MR}}/\rho$。

由此可得单位立方体积内的螺旋卷数为

$$M = \frac{4\bar{\rho}_{\mathrm{MR}}}{\pi^2 D d^2} \tag{12-56}$$

那么，由式（12-56）可知

$$\frac{n}{m} = \sqrt[3]{\frac{4\bar{\rho}_{\mathrm{MR}}}{\pi^2 D d^2}} \tag{12-57}$$

将式（12-53）、式（12-57）代入式（12-54），并令 $l_0 = \pi\eta D$（$\eta > 0$ 为比例系数）得

$$c_{\mathrm{m}} = \xi E \sqrt[3]{\left(\frac{d}{D}\right)^{10} \bar{\rho}_{\mathrm{MR}}}\,(1 - b\varepsilon)^{-4} \tag{12-58}$$

式中

$$\xi = 2^{-\frac{16}{3}} \pi^{-\frac{4}{3}} \lambda \eta^{-4} \sin^2 \alpha \tag{12-59}$$

从而金属橡胶单向压缩过程应力和应变关系为

$$\frac{\mathrm{d}\sigma}{\mathrm{d}\varepsilon} = \xi E \sqrt[3]{\left(\frac{d}{D}\right)^{10} \bar{\rho}_{\mathrm{MR}}} (1 - b\varepsilon)^{-4} \tag{12-60}$$

对此表达式进行积分，并将括号内容展开为多项式，忽略二次以上的高阶小量，由条件 $\varepsilon = 0, \sigma = 0$ 确定积分常数，由此可得

$$\sigma = \xi E \sqrt[3]{\left(\frac{d}{D}\right)^{10} \bar{\rho}_{\mathrm{MR}}} (1 - b\varepsilon)^{-3} \varepsilon \tag{12-61}$$

考虑到金属橡胶变形机制的复杂性，引入考虑螺旋角、摩擦力等各种影响因素的综合比例系数 A 、B，则式（12-61）简化为

$$\sigma = AE \sqrt[3]{\left(\frac{d}{D}\right)^{10} \bar{\rho}_{\mathrm{MR}}} (1 - B\varepsilon)^{-3} \varepsilon \tag{12-62}$$

式（12-62）即为金属橡胶承受压缩载荷时的本构模型，可反映金属丝径 d 、材料相对密度 $\bar{\rho}_{\mathrm{MR}}$ 、螺旋卷直径 D 、金属丝弹性模量 E 等基本结构参数的影响。

12.3.3　金属橡胶试件压缩实验及模型验证

1. 实验设备及试件

实验采用的是济南天辰 WDW-T 200 型电子万能试验机，如图 12－14 所示。该机适用于金属、非金属材料的拉伸、压缩及弯曲等力学特性实验，位移分辨率为 0.001mm，最大实验力 200kN。

金属橡胶试件选用牌号为 304 的奥氏体不锈钢丝制备，其丝径 $d = 0.3\mathrm{mm}$，密度 $\rho_s = 7.9g/\mathrm{cm}^3$，弹性模量 $E = 210\mathrm{GPa}$，螺旋卷直径 $D = 3.2\mathrm{mm}$。为了验证模型的普遍适用性，制备了圆柱形和长方形两种不同外形的试件，均由专用金属橡胶缠绕机编织冲压而成，如图 12－15 所示。

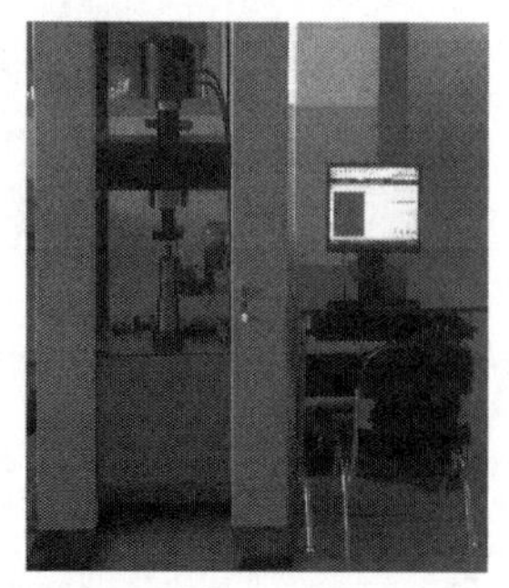

图 12－14　WDW-T 200 型电子万能试验机

图 12－15　圆柱形和长方形金属橡胶试件

2. 实验及验证

实验采用等速位移控制模式对试件进行位移加载，速度为 1mm/min。将已知的工艺参

数代入式（12-62），结合实验数据得到沿成型方向加载和卸载的本构方程，图 12－16、图 12－17 给出了圆柱形和长方形试件模型的理论预测结果与实验结果的比较。

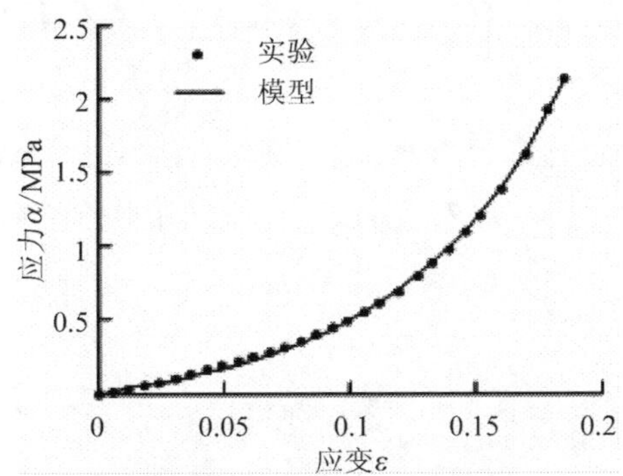

图12－16　圆柱形试件模型预测与实验结果对比

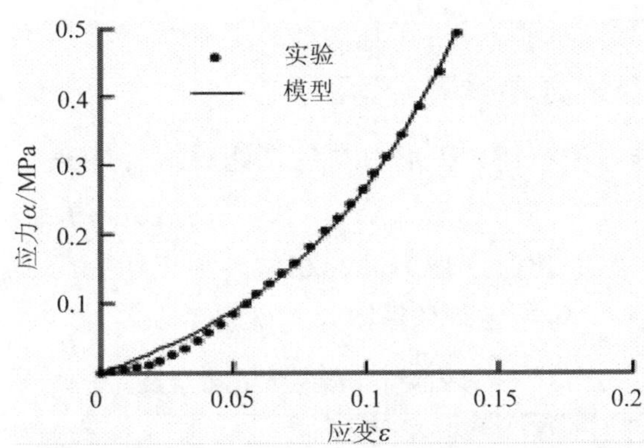

图 12－17　长方形试件模型预测与实验结果对比

由图 12－16、图 12－17 可知，两试件理论预测结果与实验结果都吻合得较好，说明该理论模型能很好地模拟金属橡胶承受压缩载荷时的变形曲线，因而该模型能在一定程度上预测金属橡胶的力学特性。

◇◇◇　参考文献　◇◇◇

[1] 彭威，白鸿柏，郑坚，等．金属橡胶材料基于微弹簧组合变形的细观本构模型．实验力学，2005，20（3）：455-462.

[2] 曹凤利，白鸿柏，任国全，等．基于变长度悬臂曲梁的金属橡胶材料本构模型．机械工程学报，2012，48（24）：61-66.

第13章 金属橡胶阻尼表征方法研究

本章的核心内容是介绍金属橡胶阻尼表征方法，包括基于黏弹等效原理及耗能等效原则的金属橡胶损耗因子计算方法，以及直接计算一个周期内的耗能与最大弹性势能的计算方法。

13.1 工程中材料阻尼的表征方法

13.1.1 阻尼的本质与表征参量[1]

阻尼的存在会带来能量的损耗，阻尼材料的耗能原理就是把外界激励的振动能量通过一定方式转化为热能或其他形式的能量，从而降低振动量级。表征材料阻尼性能的参量很多，其中最常用的度量参量有比阻尼能力 ψ、相位差角正切 $\tan\varphi$、损耗因子 η、对数衰减率 δ 和品质因子的倒数 Q^{-1}，各参量及其具体含义见表 13－1。

表 13－1 表征材料阻尼性能的参量及其含义

阻尼表征方法	含　义
滞后角的正切值 (1) $\tan\varphi = \frac{K_2}{K_1}$ （复刚度模型） (2) $\tan\varphi = \frac{c\omega}{k} = 2\zeta\frac{\omega}{\omega_n}$ (Kelvin-Voigt 模型)	φ 为应变滞后于应力的角度，$0 \leqslant \varphi < \frac{\pi}{2}$ (1) K_1 为弹性模量，K_2 为损耗模量 (2) c 为阻尼系数，k 为弹性刚度，ω 为谐振频率，ζ 为阻尼比，ω_n 为固有频率
比阻尼能力 $\psi = \frac{\Delta W}{W}$	ΔW 为稳态简谐振动一周耗散的能量 W 为最大弹性储能
损耗因子 $\eta = \frac{\Delta W}{2\pi W}$	ΔW，W 含义同上
对数衰减率 $\delta = \ln\frac{A_n}{A_{n+1}}$	A_n 为自由衰减振动第 n 周期的振幅
品质因数的倒数 $Q^{-1} = \frac{\omega_2 - \omega_1}{\omega_n}$	$\omega_2 - \omega_1$ 为频响半功率带宽 ω_n 为固有频率

当阻尼值较小（$\tan\varphi < 0.1$）时，以上阻尼参量之间存在如下关系

$$\eta = \frac{\psi}{2\pi} = \tan\varphi = 2\zeta = Q^{-1} = \frac{\delta}{\pi} \tag{13-1}$$

13.1.2　阻尼的测试方法

正确测定材料的阻尼性能，是将其进行工程应用的关键问题。目前用于阻尼性能测试的方法很多，常用的阻尼测试方法有：相位法、正弦力激励法、自由衰减法、强迫共振法和振动梁测定法等[2-3]，不同的测试方法对应于上述不同的阻尼参量。

1. 相位法

阻尼材料试件在简谐应力作用下进行受迫振动时，振动达到稳定后，试件按外加应力的频率振动，应变的相位滞后于应力的相位，如图13-1所示。

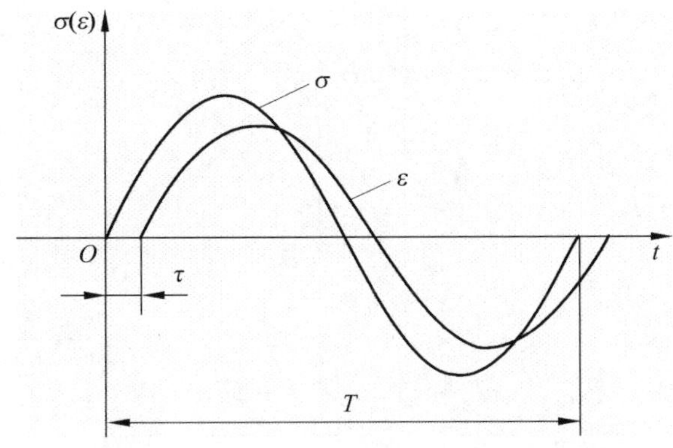

图13-1　应力、应变随时间变化的曲线

应力、应变及滞后角可分别表示为

$$\sigma = \sigma_0 \sin\omega t \tag{13-2}$$

$$\varepsilon = \varepsilon_0 \sin(\omega t - \varphi) \tag{13-3}$$

$$\varphi = \frac{\tau}{T} \times 2\pi \tag{13-4}$$

式中，σ_0 和 ε_0 分别为应力和应变的幅值；ω 为振动频率；φ 为应变滞后于应力的相位差角；τ 为应变波形滞后于应力波形的时间；T 为振动周期。

材料阻尼能力越高，相位差角就越大，因此可以用相位差角 φ 来表征材料阻尼能力的大小。取相位差角的正切即可得到阻尼材料的损耗因子 $\eta(=\tan\varphi)$，它是表征材料阻尼的常用指标。

2. 正弦力激励法

正弦力激励法是将阻尼材料制成一定规格的试样，然后将其置于测试系统中以不同频率的正弦力激励，并测得激励力、频率及响应，然后根据测量到的数据进行一系列的运算，求得阻尼材料的损耗因子。该方法可以简化为一个单自由度振动系统模型，如图13-2所示。

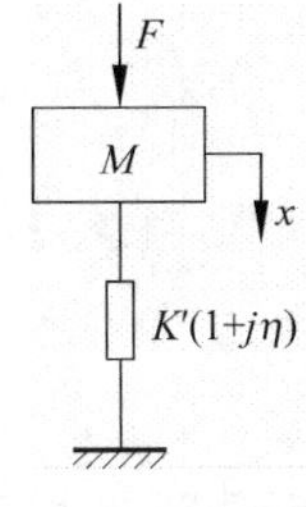

图13-2　正弦力激励法的物理模型

所测试阻尼材料的动态力学性能用复刚度表示为

$$K^{*} = K' + \mathrm{j}K'' = K'(1+\mathrm{j}\eta) \tag{13-5}$$

式中，K^{*} 为复刚度；K' 为复刚度的实部；K'' 为复刚度的虚部；η 为阻尼材料的损耗因子。

则系统的振动微分方程为

$$M\ddot{x} + K'(1+\mathrm{j}\eta)x = F \tag{13-6}$$

式中，激励力 F 分解为与位移 x 同相的实部 F_a 和虚部 F_b，如图 13－3 所示。

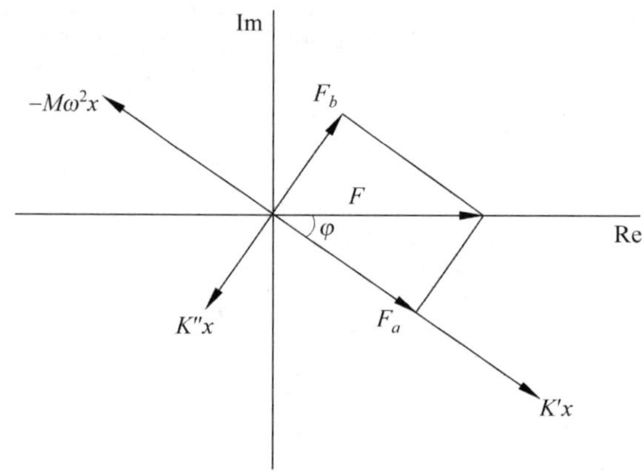

图 13－3　力矢量平衡图

则式（13-6）变为

$$M\ddot{x} + K'(1+\mathrm{j}\eta)x = F_a + \mathrm{j}F_b \tag{13-7}$$

式中，

$$F_a = F\cos\varphi, \quad F_b = F\sin\varphi \tag{13-8}$$

其中，φ 为激励力 F 与位移 x 的相位差角。

由式（13-7）、式（13-8）可得

$$K' = \frac{F\cos\varphi}{x} + M\omega^2 \tag{13-9}$$

$$K'' = \frac{F\sin\varphi}{x} \tag{13-10}$$

即可得材料损耗因子 η 为

$$\eta = \frac{K''}{K'} = \frac{F\sin\varphi}{F\cos\varphi + M\omega^2 x} \tag{13-11}$$

3. 自由衰减法

阻尼材料受到瞬时的或持续的激励时，由于接受了能量的输入而产生振动响应。激励停止后，输入的能量受到阻尼的作用而逐渐耗损，响应也将逐渐衰减而最终达到静止状态，自由振动衰减过程如图 13－4 所示。

图中，A 为振幅，$A_{\max}$ 为最大幅值，ζ 为阻尼比，ω_n 为衰减振动频率，t 为时间。第一个半波是由外部冲击激励产生的波形，从第二个半波开始就具有自由衰减的波形了，振幅衰减

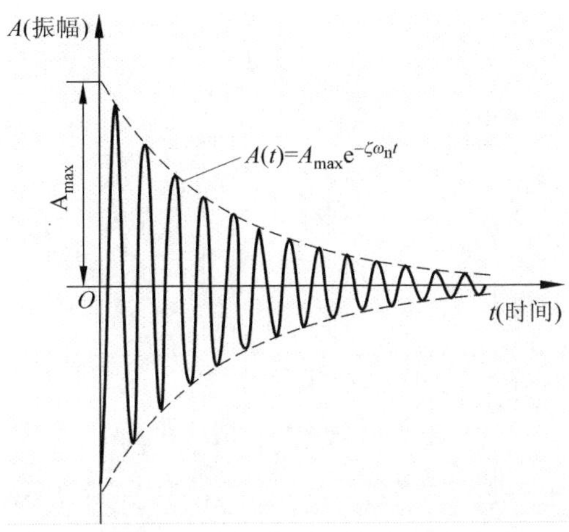

图 13-4　自由振动衰减曲线

的快慢完全取决于材料的阻尼大小。阻尼大的材料，振幅衰减速度快，达到静止状态的时间也短。对于线性阻尼材料，其阻尼性能与任意两相邻振幅间有如下关系：

$$\delta = \ln\left(\frac{A_n}{A_{n+1}}\right) \tag{13-12}$$

式中，δ 为对数衰减率，表征了振幅的衰减程度；A_n 和 A_{n+1} 分别为第 n 次、第 $n+1$ 次振动的振幅。

自由衰减法是一种简便易行的阻尼测试方法，其实施条件是被测材料试样的阻尼要小于临界阻尼值，即处于欠阻尼状态。此时系统由受激振动到趋于静止需要较长的衰减时间，可以准确地测定材料的阻尼性能。该方法主要适用于线性黏弹材料，如橡胶等。对于非线性材料，由于其阻尼与振幅相关，因此自由衰减曲线中相邻周期两峰值的对数衰减率不再是一固定值。

4. 强迫共振法

对试样施加不同频率的外力激励，当激励频率与试样的共振频率相同时，试样振动的幅度最大，其幅频响应曲线如图 13-5 所示。

在相同条件下，材料阻尼性能越高，则共振振幅越小，共振峰越宽，因此可用共振峰的尖锐程度表征材料阻尼能力的大小。强迫共振法，又称半功率法，就是通过测量在 $\frac{1}{\sqrt{2}}$ 共振峰处（半功率点）的频率差值 $\Delta\omega$，得到材料品质因子的倒数 Q^{-1}，以此来表征材料阻尼能力的大小。品质因子的倒数 Q^{-1} 可表示为

$$Q^{-1} = \frac{\Delta\omega}{\omega_n} = \frac{\omega_2 - \omega_1}{\omega_n} \tag{13-13}$$

式中，ω_2 和 ω_1 分别为半功率点处的频率值；ω_n 为共振频率。

强迫共振法一般应用于线性材料的阻尼测试，对于非线性材料，特别是当高次谐波较

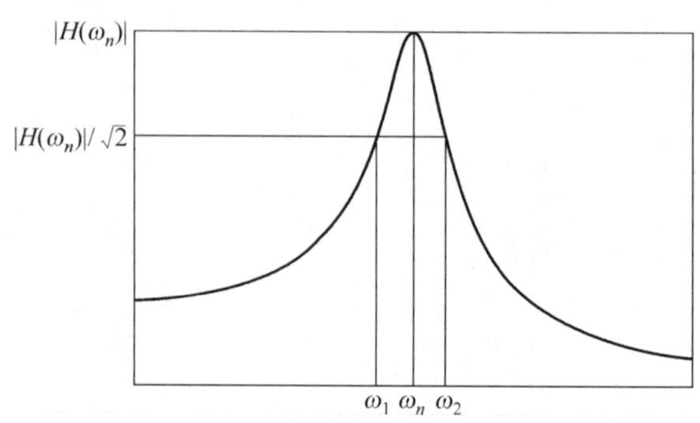

图 13-5 强迫振动时的共振峰

大且阻尼较小时，其幅频响应曲线会发生较明显的漂移和跳跃现象，这时就不能用该方法进行准确测量。若材料非线性较弱，则可以用强迫共振法进行近似测量。

5. 振动梁测定法

振动梁测定法是目前应用比较多的一种测定材料阻尼性能的方法。振动梁测定法是将试件粘贴在振动梁（通常由钢或铝等金属材料制成）上，并在实验设备的夹具上呈悬臂梁夹持，然后对试件进行某一频率范围的激励和测振实验，测得传递函数。通过对振动梁结构参数的计算和振动模态的分析，由推导的计算公式计算出材料的阻尼损耗因子。由阻尼材料组成的振动梁按组合方式可分为自由阻尼结构和约束阻尼结构两种形式，如图 13-6 所示。

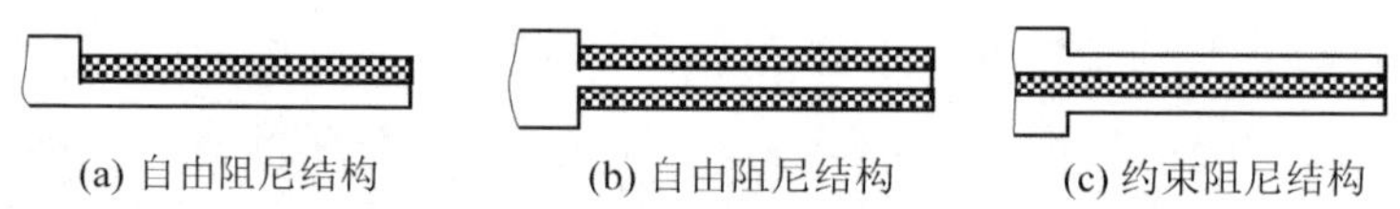

图 13-6 振动梁结构形式示意

自由阻尼结构是将阻尼材料直接粘在振动梁的单面或双面上［图 13-6（a），图 13-6（b）］，当梁发生弯曲变形时，通过阻尼材料的拉伸变形耗散振动能量；约束阻尼结构是将阻尼材料夹在振动梁之间［图 13-6（c）］，中间的阻尼层受剪切变形而耗散振动能量。

对于不同结构形式的振动梁，有不同的阻尼损耗因子表达式。以夹层梁为例，首先由测得的试件传递函数求取试件各阶的复合结构阻尼损耗因子。

$$\eta_n = \Delta f_n / f_n (\eta \leqslant 0.2) \tag{13-14a}$$

$$\eta_n = \Delta f_n / f_n - \frac{1}{32}(\Delta f / f_n)^2 (\eta > 0.2) \tag{13-14b}$$

式中，f_n 为复合结构各阶共振频率（Hz）；Δf_n 为从各阶共振频率时的幅值下降 3dB 时的频率带宽（Hz）。通过下式即可计算出阻尼材料损耗因子

$$\eta = \frac{\eta_n Z^2}{Z^2 - 1} \tag{13-15}$$

$$Z^2 = \left(1 + \frac{2\rho_D r_H}{\rho}\right)\left(\frac{f_n}{f_{on}}\right)^2 \tag{13-16}$$

式中，$r_H = \dfrac{H_D}{H}$ 为阻尼层厚度与振动梁厚度之比；ρ_D 为阻尼材料的密度；ρ 为振动梁的密度；f_n 为阻尼振动梁各阶振型固有频率；f_{on} 为无阻尼振动梁各阶振型固有频率。

振动梁测定法操作简便，有一定的测量精度，可在较宽的频率和温度范围内测定阻尼材料的损耗因子，但由于该方法需要将阻尼材料粘贴于振动梁上，因此一般只适用于测量较低应变状态下的阻尼材料的损耗因子。

13.2　金属橡胶阻尼耗能机理

金属橡胶内部组织结构特点是线匝之间相互咬合勾连，形成非常复杂的空间网状结构。在动态载荷作用下，互相接触的线匝发生滑移、摩擦和挤压，在线匝接触点产生摩擦耗能现象。同时，由于线匝之间的相互空间位置发生变化，而且由于约束和摩擦阻力的作用，当载荷逐渐减少或增加时，这种空间位置的变化不能完全恢复，会产生类似黏弹性的耗能现象。此外，金属橡胶是一种弹性多孔状材料，变形过程中内部空气受到挤压和泵吸还会产生耗能。可见，金属橡胶的阻尼耗能机理比较复杂，含有多种阻尼成分。

金属橡胶正弦位移加载时的典型恢复力一位移曲线如图 13－7 所示，典型迟滞回线如图 13－8 所示。

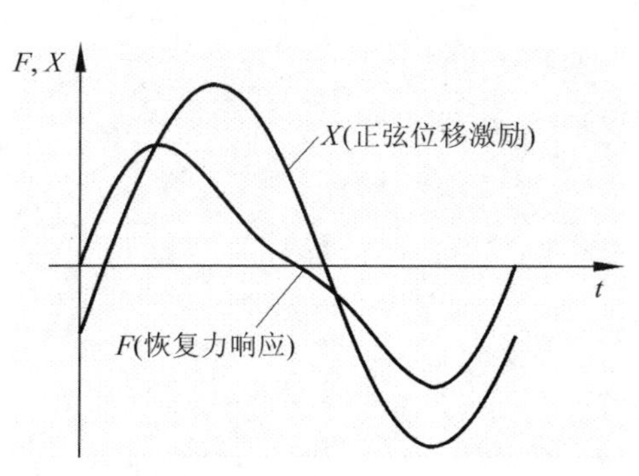

图 13－7　金属橡胶的典型恢复力-位移曲线

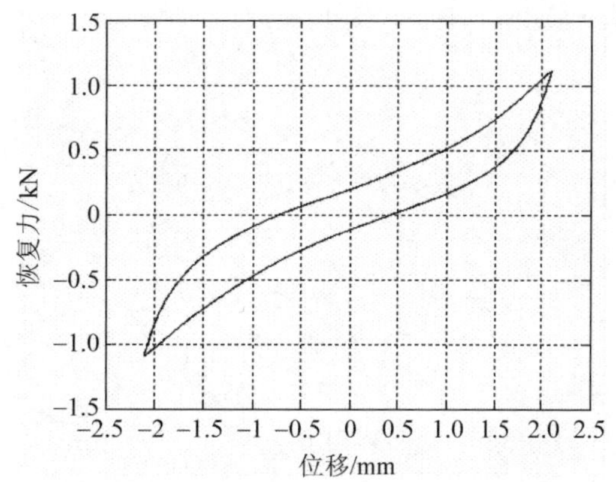

图 13－8　金属橡胶的典型迟滞回线

图 13－7 中恢复力响应曲线的畸变说明恢复力响应中含有高次谐波成分。图 13－8 中迟滞回线包围的面积反映了金属橡胶元件阻尼耗能的能力。大量的实验研究表明，迟滞回线包围的面积不仅随载荷幅度变化，而且还与载荷的频率有关。

13.3 金属橡胶等效阻尼损耗因子的计算方法

金属橡胶具有多种阻尼成分和非线性迟滞特性，无法用一些基于线性原理的直接测试方法，如自由衰减法、半功率法、相位角差法进行准确测试。

在自由衰减振动测试中，由于金属橡胶具有多种阻尼成分，其相邻周期的阻尼比系数是变化的，而且对于不同初始激振条件，其阻尼比系数也是不同的。因此，这种方法的测试结果具有很大的偶然性。

半功率法的测试精度取决于材料的阻尼大小，这种方法适合于阻尼比系数远小于 1 的情况，金属橡胶显然不满足这样的条件。

对于简谐位移激励，金属橡胶的应力响应含有高次谐波成分，滞后角不能直接测量。

迟滞回线体现了材料耗能的根本特征，其包围的面积和阻尼耗能有直接的关系。如果能准确测量迟滞回线包围的面积，就能对材料的阻尼耗能作出定量的分析。

我们通过电液伺服材料试验机的正弦位移或应变加载方式，发展了两种金属橡胶阻尼等效损耗因子的计算方法。第一种，利用金属橡胶元件或结构实测应力响应信号，采用黏弹等效原理，基于耗能等效原则的计算方法；第二种，利用金属橡胶元件或结构实测恢复力响应信号，直接计算一个周期内的耗能与最大弹性势能的计算方法。

13.3.1 基于黏弹等效原理的计算方法[4]

黏弹性材料在简谐波交变动态载荷作用下，应变滞后于应力一个相角 φ，因此在一个循环周期内，应力-应变滞迟回线为一标准的旋转椭圆，如图 13－9 所示。

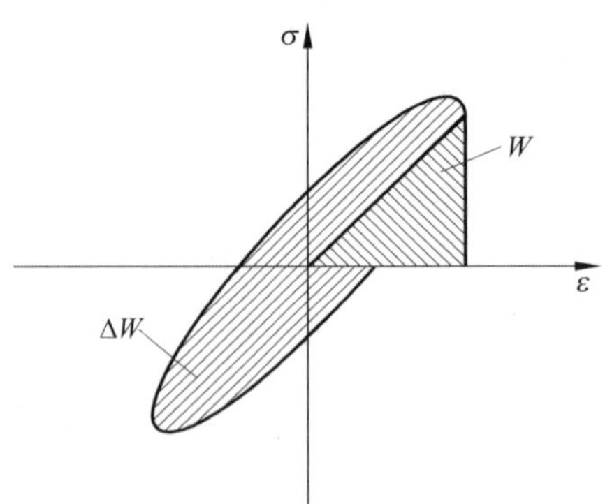

图 13－9 黏弹材料应力－应变滞迟回线

椭圆回线的面积 ΔW 代表材料阻尼能力的大小，即单位体积耗散的能量，三角形面积 W 为材料所储存的最大弹性能密度。

若给定应变激励

$$\varepsilon = \varepsilon_0 e^{j\omega t} \tag{13-17}$$

则应力响应函数为

$$\sigma = \sigma_0 e^{j(\omega t+\varphi)} \tag{13-18}$$

弹性模量以复模量形式表征为

$$E = \frac{\sigma}{\varepsilon} = E' + iE'' \tag{13-19}$$

由式（13-17）～式（13-19）得到储存模量 E' 、耗能模量 E'' 分别为

$$E' = \frac{\sigma_0}{\varepsilon_0}\cos\varphi \tag{13-20a}$$

$$E'' = \frac{\sigma_0}{\varepsilon_0}\sin\varphi \tag{13-20b}$$

由式（13-20）得到滞后角

$$\tan\varphi = \frac{E''}{E'} \tag{13-21}$$

单位体积耗散的能量 ΔW 、单位体积最大弹性储能 W 可如下计算

$$\Delta W = \oint \sigma d\varepsilon = \pi E''\varepsilon_0^2 \tag{13-22a}$$

$$W = \frac{1}{2}\sigma_0\varepsilon_0\cos\varphi = \frac{1}{2}E'\varepsilon_0^2 \tag{13-22b}$$

由式（13-22）得到损耗因子

$$\eta = \frac{\Delta W}{2\pi W} = \tan\varphi \tag{13-23}$$

从式（13-23）可以看出，如果能测出耗能面积 ΔW 或应变应力的滞后角 φ，就可以测定阻尼损耗因子 η。

由于金属橡胶具有非线性迟滞特征（图 13－8），滞后环并非椭圆，应力响应含有高次谐波成分，滞后角不能直接测量（图 13－7）。对于耗能面积测量的一个直观方法是对加卸载曲线分别进行直接拟合，即采用非参数模型识别的方法。非线性迟滞回线在一个较大的范围变化，合适的拟合函数形式不容易得到，如采用多项式拟合，有时会产生较大的误差。

若给定应变激励［式（13-17）］，构造一黏性等效应力函数［式（13-18）］，设实测应力响应函数为

$$\sigma(t_i) = \sigma_i \tag{13-24}$$

为了确保等效椭圆面积与实测滞环面积相等，将一个周期离散为 N 个相位（或时间）间隔，则实测滞环面积 ΔW 、黏性等效椭圆面积 ΔW_d 如下计算

$$\Delta W = \oint \sigma_i d\varepsilon$$

$$= \int_0^{2\pi} \sigma_i \varepsilon_0 \cos(\omega t) \mathrm{d}(\omega t)$$

$$= \frac{2\pi\varepsilon_0}{N} \sum_{i=1}^{N+1} \sigma_i \cos\frac{2\pi i}{N} = A \tag{13-25a}$$

$$\Delta W_d = \oint \sigma \mathrm{d}\varepsilon = \pi \sigma_0 \varepsilon_0 \sin\varphi \tag{13-25b}$$

若应变激励滞后 90°，即 $\varepsilon = \varepsilon_0 \sin(\omega t - \pi/2)$，则同理有

$$\Delta W^{-90} = \oint \sigma_i \mathrm{d}\varepsilon$$

$$= \int_0^{2\pi} \sigma_i \varepsilon_0 \sin(\omega t) \mathrm{d}(\omega t) \tag{13-26a}$$

$$= \frac{2\pi\varepsilon_0}{N} \sum_{i=1}^{N+1} \sigma_i \sin\frac{2\pi i}{N} = B$$

$$\Delta W_d^{-90} = \oint \sigma \mathrm{d}\varepsilon = \pi \sigma_0 \varepsilon_0 \cos\varphi \tag{13-26b}$$

注意到式（13-26）表示实测应力、等效应力分别在滞后应变激励 90°的位移上所做的虚功。

由耗能面积相等，令

$$\Delta W = \Delta W_d \tag{13-27a}$$

$$\Delta W^{-90} = \Delta W_d^{-90} \tag{13-27b}$$

将式（13-25）、式（13-26）代入式（13-27），整理得

$$\sigma_0 = \frac{\sqrt{A^2 + B^2}}{\pi\varepsilon_0} \tag{13-28a}$$

$$\eta = \tan\varphi = \frac{A}{B} \tag{13-28b}$$

A、B 由测试系统的应力采样函数容易计算得到，这样我们就完全确定等效应力响应函数和等效黏性阻尼损耗因子，因而可以方便地对金属橡胶进行测试。从式（13-25a）、式（13-26a）可以看出，迟滞回线的面积完全由原始实验数据确定，其精度主要取决于计算积分时的截断误差，由计算理论可知，只要取合适的步长，亦即在一个循环周期内有足够的实验采样数据，滞环面积和损耗因子的计算结果将有足够的精度。如果采用函数拟合的方法，即对加卸载曲线分别进行直接拟合，然后利用拟合函数再进行积分求滞环面积，这种方法计算的误差来自于两个方面，一是拟合函数与实测滞回曲线之间的误差；二是积分计算时截断误差，这两种误差将会导致更大的积累误差。

13.3.2　直接计算耗能与最大弹性势能的计算方法[5]

金属橡胶元件或结构在正弦位移加载时恢复力一位移曲线、一个周期内耗能 ΔW 以及

最大弹性势能 W 如图 13－10 所示。

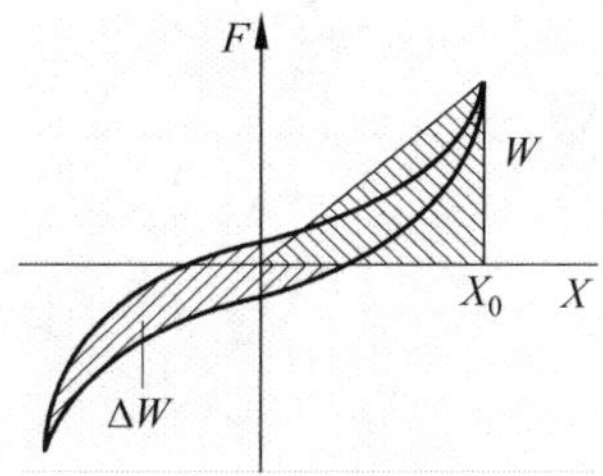

图 13－10 正弦位移加载时恢复力-位移曲线

设采样频率为 f_0，加载频率为 f，则在一个振动周期内的采样点数为 $N=\frac{f_0}{f}$，即将一个周期离散为 N 个点。

设实际测得恢复力与位移为 $(F_i, X_i, i=1,2,\cdots,N)$，由于开始记录是随机开始的，位移激励可表达为

$$X=X_0\cos(\omega t+\alpha) \tag{13-29}$$

式中，α 为开始记录时位移的初相位；X_0 为位移幅值；ω 为加载周期。

由式（13-29），位移离散值可表示为

$$X_i=X_0\cos\left(\frac{2\pi i}{N}+\alpha\right), i=1,2,\cdots,N \tag{13-30}$$

实测迟滞环面积 ΔW 可由下式计算。

$$\begin{aligned}\Delta W &=\oint F\mathrm{d}x \\ &=\oint F\mathrm{d}[X_0\cos(\omega t+\alpha)] \\ &=-\omega X_0\int_0^T F\sin(\omega t+\alpha)\mathrm{d}(t) \\ &=-\frac{2\pi X_0}{N}\sum_{i=1}^{N}F_i\sin\left(\frac{2\pi i}{N}+\alpha\right)\end{aligned} \tag{13-31}$$

恢复力时间曲线不再是简谐波，恢复力响应函数很复杂，仍用三角形面积来表示材料所储存的最大弹性能 W

$$\begin{aligned}W &=\frac{1}{2}\bar{k}X_0^2 \\ &=\frac{1}{2}F_0X_0 \\ &=\frac{1}{4}(F_{\max}-F_{\min})X_0\end{aligned} \tag{13-32}$$

式中，$\bar{k}$ 为平均刚度；F_0 为恢复力的平均值；$F_{\max}$、$F_{\min}$ 为所采集的恢复力数据

$(F_i, i=1,2,\cdots,N)$ 中的最大值和最小值。

由式（13-31）、式（13-32），可计算等效损耗因子

$$\eta = \frac{1}{2\pi}\frac{\Delta W}{W}$$
$$= -\frac{4f}{f_0(F_{\max}-F_{\min})}\sum_{i=1}^{N} F_i \sin\left(\frac{2\pi i}{N}+\alpha\right) \tag{13-33}$$

13.4 金属橡胶阻尼损耗因子测试

13.4.1 金属橡胶试件拉伸一压缩变形时损耗因子

图 13-11 给出了哑铃形金属橡胶试件（图 10-2）拉伸一压缩变形时滞环随加载振幅及频率变化的部分实验结果。

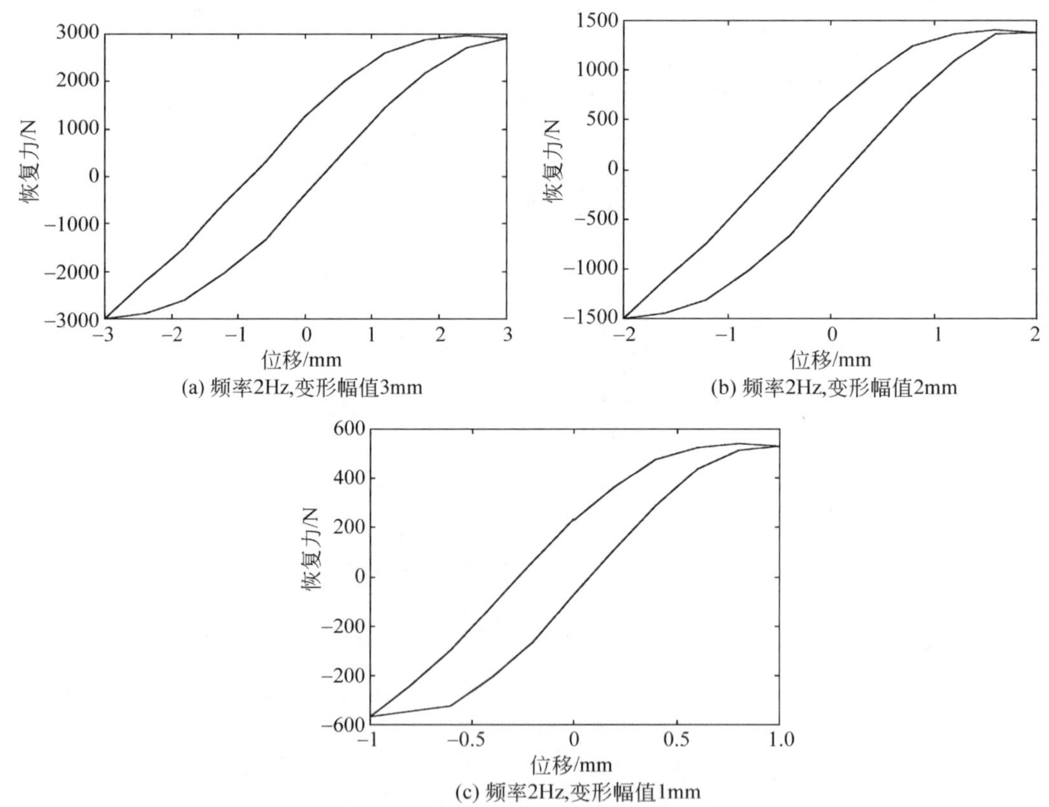

(a) 频率2Hz,变形幅值3mm

(b) 频率2Hz,变形幅值2mm

(c) 频率2Hz,变形幅值1mm

图 13-11 拉伸-压缩变形滞环曲线

应用 13.3.1 提出的基于黏弹等效原理的计算方法，分别对两组试件拉伸-压缩变形条件下的阻尼损耗因子进行测试计算，表 13-2、表 13-3 分别给出了阻尼损耗因子随振幅和

频率变化的测试计算结果。

表 13-2 阻尼损耗因子 η 随振幅的变化（频率 2Hz）

试件 \ 振幅/mm	0.5	1.0	2.0	3.0
第一组（横截面积 110mm²）	0.081	0.113	0.278	0.469
第二组（横截面积 225mm²）	0.143	0.198	0.341	0.692

表 13-3 阻尼耗能因子 η 随频率的变化（振幅 1mm）

试件 \ 频率/Hz	2	5	10	20
第一组（横截面积 110mm²）	0.113	0.152	0.167	0.173
第二组（横截面积 225mm²）	0.198	0.256	0.283	0.295

根据实验数据不难看出：

（1）金属橡胶试件的损耗因子 η 随振幅的增大而显著增大。随着振幅的增大，丝线干摩擦滑移距离增大，且参与滑移的丝线摩擦副也随之增多，耗能量 ΔW 必然显著增大；但同时由于金属橡胶显著的非线性渐软特性（图 13-11），试件的最大恢复力随振幅的增大缓慢上升，因此最大弹性储能 W 也将缓慢增大，导致损耗因子 η 随振幅的增加呈增大的趋势。

（2）振动频率也是影响损耗因子的一个因素。一方面，损耗因子随频率的增大而增加；另一方面，随着频率的增大损耗因子的增加逐渐减缓。这也表明，金属橡胶不仅包含结构阻尼成分（与振幅相关），而且还有黏性阻尼成分（与频率相关）。

13.4.2 金属橡胶阻尼结构损耗因子

1. 弯曲剪切变形损耗因子

弯曲剪切变形的金属橡胶阻尼结构如图 13-12 所示。

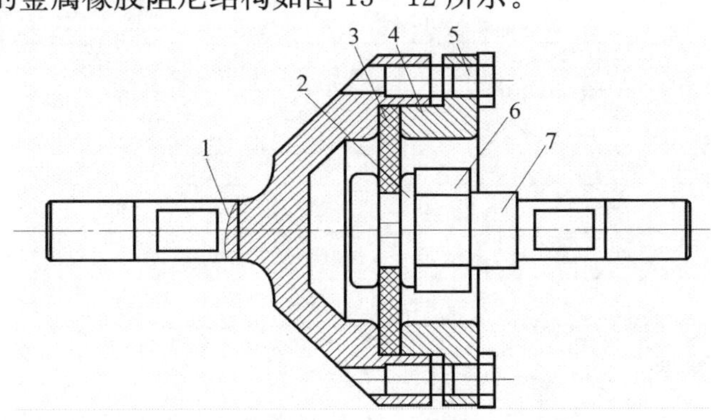

图 13-12 弯曲剪切变形的金属橡胶阻尼结构

1—碗形托盘；2—垫片；3—金属橡胶；4—压盘；
5—压紧螺母；6—固定螺母；7—拉杆

圆环形金属橡胶件3的外沿由四个螺栓5压紧在碗形托盘1和环形压盘4之间，金属橡胶件3的中间部位通过螺母6和垫片2压紧在中间拉杆7的左端，在实验时，夹具两端通过连接杆与材料试验机上下夹头相连，由上夹头拉动中间拉杆7上下振动，使金属橡胶试件产生弯曲剪切变形。为防止金属橡胶件在变形时被夹具的尖锐棱角损伤，与试件相接触的碗形托盘与压盘及拉杆端面均采用倒角结构。

直径为0.4mm的304不锈钢丝在525℃、100r/min下轧制成非圆截面丝，截面为正三角形，边长为0.52mm，制备成金属橡胶试件1（a）、1（b）；作为对照，采用原丝在相同工艺下（制卷、编织、缠叠方式，冲压压力，热处理等完全相同）制备金属橡胶试件2（a）、2（b）。试件编号和参数见表13-4。

表13-4　金属橡胶试件参数与编号（弯曲剪切）

金属橡胶试件编号	1（a）、1（b）	2（a）、2（b）
质量/g	70	70
平均厚度/mm	12.5	12
金属丝截面	正三角	圆

应用13.3.2提出的直接计算耗能与最大弹性势能的计算方法，分别对四组试件构成的金属橡胶阻尼结构弯曲剪切变形条件下的阻尼损耗因子进行测试计算，阻尼损耗因子随振幅和频率变化的测试计算结果见表13-5。

表13-5　金属橡胶阻尼结构不同振幅、频率损耗因子 η 比较（弯曲剪切）

编号	频率1Hz		振幅1mm	
	振幅/mm	损耗因子 η	频率/Hz	损耗因子 η
1（a）、1（b）	1.0	0.2152	1	0.2152
	1.5	0.2040	2	0.1696
	2.0	0.1852	4	0.1381
	2.5	0.1490	8	0.0924
2（a）、2（b）	1.0	0.1857	1	0.1857
	1.5	0.1602	2	0.1548
	2.0	0.1443	4	0.1282
	2.5	0.1409	8	0.0902

从表13-5可以看到：

（1）弯曲剪切变形时，非圆截面丝制备的金属橡胶构成的阻尼结构比普通圆截面丝制备的金属橡胶构成的阻尼结构的损耗因子提高10%～20%。

（2）试验中振幅由1.0mm增加到2.5mm，金属橡胶阻尼结构损耗因子均有不同程度的减小。由损耗因子计算公式［式（13-33）］可知，在位移幅值、频率一定的情况下，η 与试件振动一周的耗能量 ΔW 成正比，而与最大弹性储能 W 成反比。金属橡胶的耗能与金属丝间的摩擦力大小成正比，而最大弹性储能 W 则与式（13-32）中定义的平均刚度 $\bar{k}$ 有关。随着振幅的增大，丝线干摩擦滑移距离增大，且参与滑移的丝线摩擦副也随之增多，耗能量 ΔW 必然增大；但同时由于金属橡胶显著的非线性渐硬特性，试件的最大恢复力随振幅的增大快速上升（这与 13.4.1 讨论的哑铃形金属橡胶试件拉伸一压缩变形时渐软特性相反），因此最大弹性储能 W 也将显著增大，从而抵消了耗能量 ΔW 的增大，导致损耗因子 η 随振幅的增大呈减小的趋势。

（3）金属橡胶阻尼结构的损耗因子 η 随频率增大总体呈逐渐减小的趋势。除了高频振动时材料试验机的位移控制精度有限外，主要原因是部分金属丝之间的干摩擦滑移跟不上振动频率，滑移不充分，干摩擦耗能减少（这与 13.4.1 讨论的哑铃形金属橡胶试件拉伸一压缩变形时损耗因子随频率的变化情况相反）。主要原因是金属橡胶试件的变形情况不同，那里因试件变形大部分靠整体几何变形，金属丝之间的干摩擦滑移跟不上振动频率的现象不明显，而因频率增加产生的单位时间内接触线匝之间滑移次数增大因素占支配地位。

2. 双向压缩变形损耗因子[6]

双向压缩变形的金属橡胶阻尼结构如图 13-13 所示。

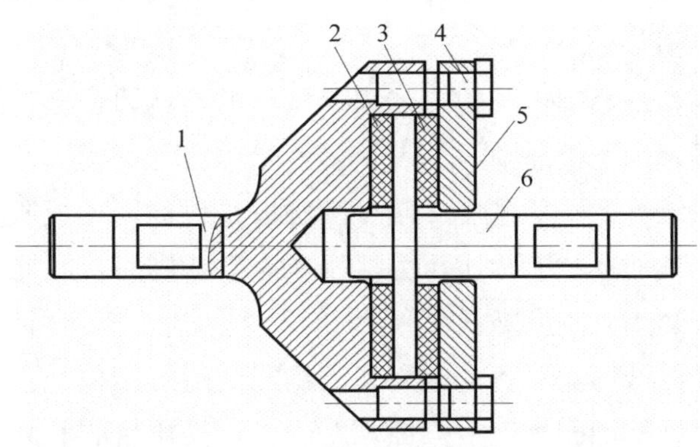

图 13-13　双向压缩变形的金属橡胶阻尼结构

1—碗形托盘；2，3—金属橡胶；4—压盘压紧螺母；5—压盘；6—拉杆

圆环形金属橡胶件 2、3 的外沿由四个螺栓 4 压紧在碗形托盘 1 和压盘 5 之间，金属橡胶件 2、3 分别在拉杆 6 的盘状隔板的左右，在实验时，夹具两端通过连接杆与材料实验机上下夹头相连，由上夹头拉动拉杆 6 上下振动，向下振动使金属橡胶试件 2 产生压缩变形，向上振动使金属橡胶试件 3 产生压缩变形。为防止金属橡胶件在变形时被夹具的尖锐棱角损伤，与试件相接触的碗形托盘与压盘及拉杆端面均采用倒角结构。

直径为 0.4mm 的 304 不锈钢丝在 525℃、100r/min 下轧制成非圆截面丝，截面为正三角形，边长为 0.52mm，制备金属橡胶试件 1（a）、1（b）、2（a）、2（b）；作为对照，采用原丝在相同工艺下（制卷、编织、缠绕方式，冲压压力，热处理等完全相同）制备金属橡胶试件 3（a）、3（b）、4（a）、4（b），每组（a）、（b）两个一同使用。试件编号和参数见表 13－6。

表 13－6 金属橡胶试件参数与编号（双向压缩）

金属橡胶编号	1（a）、1（b）	2（a）、2（b）	3（a）、3（b）	4（a）、4（b）
质量/g	80	100	80	100
平均厚度/mm	13.6	15.8	13	15
金属丝截面	正三角		圆	

应用 13.3.2 提出的直接计算耗能与最大弹性势能的计算方法，分别对四组试件构成的金属橡胶阻尼结构双向压缩变形条件下的阻尼损耗因子进行测试计算，部分结果见表 13－7。

表 13－7 金属橡胶阻尼结构（振幅 0.5mm、频率 1Hz）损耗因子 η 比较（双向压缩）

编号	平均刚度 $\bar{k}$/（kN/mm）	迟滞环面积 ΔW/J	损耗因子 η
1（a）+1（b）	2.5769	0.9479	0.3573
2（a）+2（b）	2.1810	1.0838	0.4094
3（a）+3（b）	4.2941	0.5697	0.2590
4（a）+4（b）	3.1154	0.6800	0.3044

从表 13－7 可以看到：

（1）非圆截面丝制备的金属橡胶构成的阻尼结构的损耗因子比圆截面丝制备的金属橡胶构成的阻尼结构的损耗因子提高 30%～40%。

（2）金属橡胶阻尼结构的平均刚度 $\bar{k}$ 随金属橡胶试件的厚度或质量的增加而下降，主要原因是在毛坯质量、几何形状、冲压压力等工艺参数相同时，压缩载荷方向上参与串联的微弹簧层数增加，导致串联刚度降低［参见 12.2.2 中式（12-15）］。

（3）相同质量的非圆截面丝制备的金属橡胶构成的阻尼结构的刚度小于圆截面丝制备的金属橡胶构成的阻尼结构的刚度。一方面，是因为相同质量的非圆截面丝制备的金属橡胶较圆截面丝制备的金属橡胶要厚一些；另一方面，非圆截面丝是在 525℃，100r/min 下轧制而成的，这时所轧成的金属丝的硬度小于原丝。

（4）相同振幅情况下，非圆截面丝制备的金属橡胶构成的阻尼结构的迟滞环面积大于圆截面丝制备的金属橡胶构成的阻尼结构的迟滞环面积。这主要是因为非圆截面丝制备的金属橡胶接触线匝之间的摩擦力大于圆截面丝制备的金属橡胶接触线匝之间的摩擦力。

另外，金属橡胶阻尼结构损耗因子 η 随载荷幅值、频率的变化规律与弯曲剪切变形时基本相同。

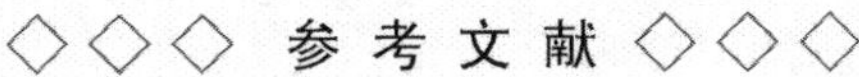

参考文献

[1] 戴德沛．阻尼技术的工程应用．北京：清华大学出版社，1991.
[2] 孔庆鸿．振动与噪声的阻尼控制．北京：机械工业出版社，1993.
[3] 张忠明，刘宏昭．材料阻尼及阻尼材料的研究进展．功能材料，2001，32（3）：227-229.
[4] 彭威，白鸿柏，郑坚，等．金属橡胶材料阻尼测试的一个新方法．实验力学，2004，19（3）：342-346.
[5] 侯军芳．金属橡胶材料高/低温环境耗能、疲劳特性研究．石家庄：军械工程学院硕士论文，2005.
[6] 郝慧荣．非圆截面丝金属橡胶与普通金属橡胶阻尼性能比较．机械科学与技术，2009，28（2）：210-213.

第14章

金属橡胶内部线匝摩擦磨损研究

本章的核心内容是介绍金属橡胶内部线匝接触点之间微动摩擦磨损的规律，包括摩擦系数随时间变化曲线分析、磨损痕迹的扫描电镜（SEM）分析等。

14.1 线匝接触点描述及摩擦学研究方法[1]

金属橡胶内部组织结构特点是线匝之间相互咬合勾连，形成非常复杂的空间网状结构。在动态载荷作用下，互相接触的线匝发生滑移、摩擦和挤压，在线匝接触点产生摩擦耗能现象。这些线匝接触点处客观存在的摩擦磨损，对于金属橡胶宏观上的阻尼耗能性能、弹性变形性能将产生重大影响。因此，采用摩擦学研究方法对其进行深入分析具有重要的意义。

14.1.1 微动单元概念

金属橡胶在变形过程中内部存在相当数量的钢丝接触点/面，并且在接触面上均发生微小相对位移。在实验中发现该位移大多处于微米量级，因此属于摩擦学中的微动研究领域，于是把这些钢丝接触点/面称为微动单元。每个微动单元就是一个微动体，微动体的失效形式主要有磨损、疲劳和腐蚀三种形式（这里只考虑磨损、疲劳失效，腐蚀失效参见第18章）。

圆形截面钢丝制备的金属橡胶试件内部的接触单元（微动单元）是柱面-柱面接触，根据赫兹接触理论，对于两圆柱体（倔强系数分别为 k_1 、k_2，曲率半径分别为 r_1 、r_2 ）的接触问题，在线载荷 P（N/m）的作用下，在接触处形成一条宽度为 $2b$ 的狭长矩形接触区，其尺寸为

$$b=\sqrt{\frac{4r_1r_2P(k_1+k_2)}{\pi(r_1+r_2)}} \tag{14-1}$$

两个圆柱体中心的接近距离 δ 为

$$\delta=\frac{2P}{\pi}\left[k_1\left(\ln\frac{2r_1}{b}+0.407\right)+k_2\left(\ln\frac{2r_2}{b}+0.407\right)\right] \tag{14-2}$$

一般，金属橡胶试件由相同材料、相同曲率半径的金属丝制备，即有 $k_1=k_2=k_0$，$r_1=r_2=r_0$，则式（14-1）、式（14-2）简化为

$$b = 2\sqrt{\frac{r_0 k_0 P}{\pi}} \tag{14-3}$$

$$\delta = \frac{4Pk_0}{\pi}\left(\ln\frac{2r_0}{b} + 0.407\right) \tag{14-4}$$

14.1.2　摩擦学研究设计

摩擦学本身属于交叉学科，涉及领域有物理、化学、力学、材料、机械、分形学等。各种理论并存，但是目前没有任何一种理论能够完美解释摩擦过程中出现的众多现象。多数文献工作都集中于实验研究，目前最常见的摩擦实验设备即是以环/块或者柱/块摩擦副为研究对象的摩擦试验机，以钢丝为摩擦副的研究可以借鉴的文献工作非常少见。

这里，各摩擦副均为 ϕ0.1～0.4mm 的不锈钢丝，由于摩擦现象有明显的尺度效应，因而常规的环/块或者柱/块摩擦实验不能完全揭示其问题本质，况且环/块或者柱/块材料与冷拉拔钢丝也有较大差异。但是目前尚缺乏以 ϕ0.1～0.4mm 钢丝为摩擦副的干摩擦试验机，于是我们在柱/块摩擦副上刻槽嵌入并固定钢丝，利用清华大学摩擦学国家重点实验室的德国进口 SRV 高温摩擦磨损试验机，首次实现了钢丝对磨。

为了更加真实地模拟实际工况，需要选择合适的钢丝对磨实验参数，如载荷、频率、振幅等。而在实际金属橡胶试件中，各个微动单元的这些摩擦参数是不一致的，某些参数（如载荷）只能通过估算确定其统计值的大致范围，而另一些参数（如位移）只能通过采集试件疲劳实验后钢丝上留下的大量磨损痕迹来估计。

14.2　疲劳实验与钢丝对磨参数确定[2]

14.2.1　试件制备与实验设计

金属橡胶试件及夹具结构如图 14－1 所示。

选用直径 0.3mm 的 Cr-Ni-Mn 系不锈钢丝（其化学成分见表 14－1）制备厚度 11mm，外环直径 D=66mm，内环直径 d=20mm，质量 70g 的试件。

制备的螺旋卷外径 2.25mm，毛坯采用正方点阵编网方式制取，成型压力 160kN，成型后密度 $\rho_{MR}=2.05\,g/cm^3$，采用 400℃回火处理（在 400℃保温 30min 然后随炉冷却）以消除冷压塑性变形产生的残余应力。

表 14－1　实验用 Cr-Ni-Mn 系不锈钢丝的化学成分

钢种代号	化学成分/（%，质量分数）						
	C	Cr	Ni	Ti	P	Mn	其余元素
A	0.11	17.00	8.50	0.039	0.026	1.02	常规含量

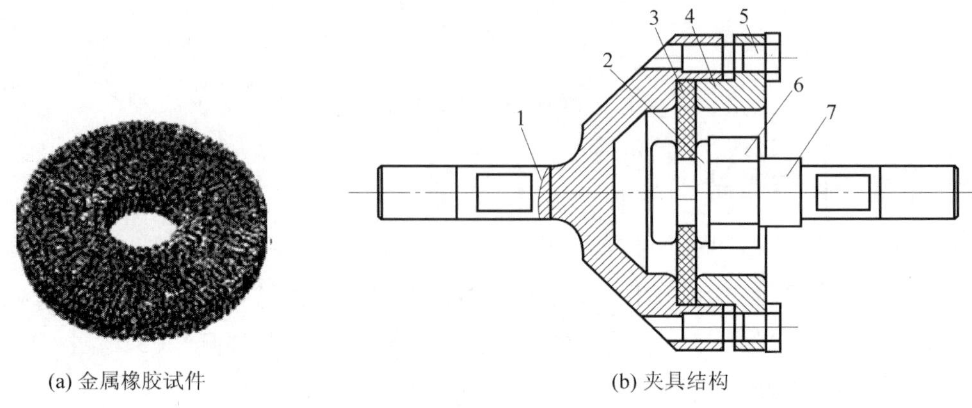

(a) 金属橡胶试件　　(b) 夹具结构

图 14－1　金属橡胶试件与夹具结构

1—碗形托盘；2—垫片；3—金属橡胶；4—压盘；

5—压紧螺母；6—固定螺母；7—拉杆

实验时，夹具两端通过连接杆与材料试验机上下夹头相连，由上夹头拉动中间拉杆 7［图 14－1（b）］上下振动，本实验振幅为 2.5mm，频率为 5Hz，时间为 8h。

14.2.2　实验结果与分析

疲劳实验时金属橡胶试件产生剪切变形，在距离圆心 18mm 处钢丝表现出多处断裂，其内部钢丝由于干摩擦出现多处光亮的白点，如图 14－2 所示，即磨损痕迹。

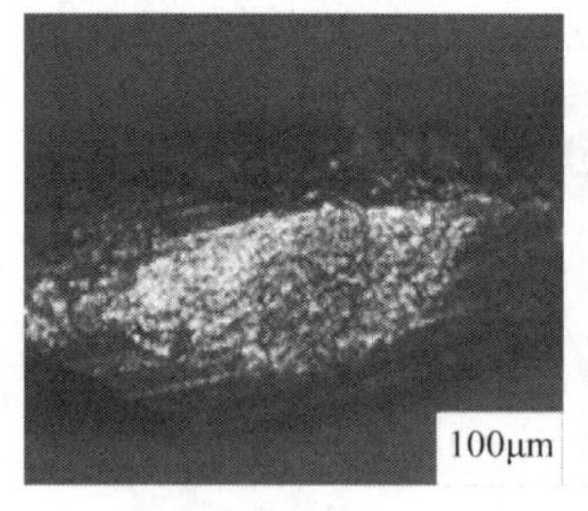

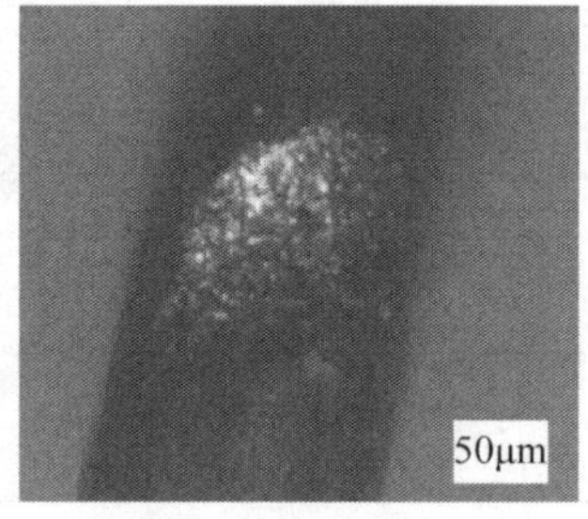

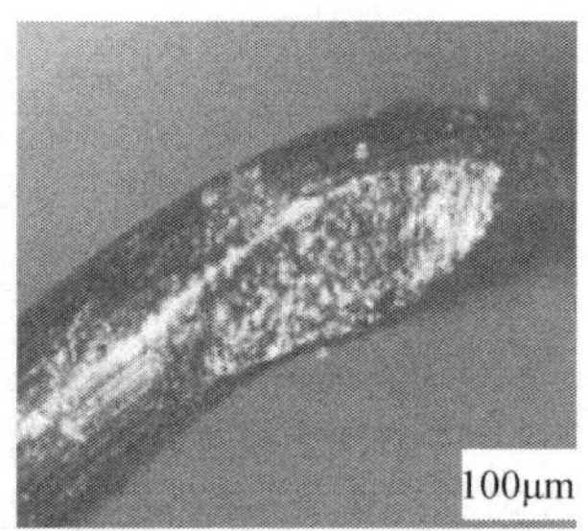

图 14－2　钢丝上的磨损痕迹

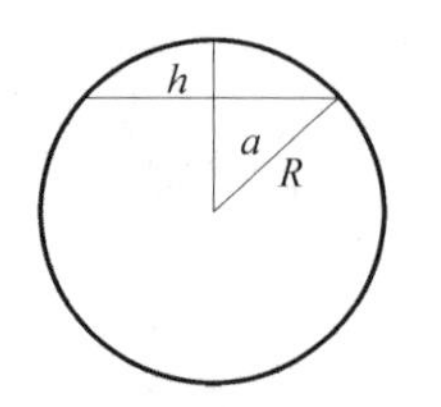

图 14－3　磨痕宽度、磨损深度与钢丝半径的关系

收集带有“白亮点”的钢丝，利用 Keyence VHX-100K 三维视频显微系统详细观察分析，磨痕形状具有以下特点：磨痕形状近似呈椭圆形，但是两边不对称，磨屑的堆积总是倾向于由一端向另一端涂抹，因此更像是“有头有尾”的“彗星”状。

由图 14－2 可以看出，典型磨损痕迹近似呈椭圆形，磨痕宽度、磨损深度及钢丝半径的关系如图 14－3 所示。

根据磨痕的宽度、钢丝的半径，可估算出磨损深度和磨痕面积为

$$h = R - \sqrt{R^2 - a^2} \tag{14-5}$$

$$S = \pi ab \tag{14-6}$$

式中，R 为钢丝半径；h 为磨损深度；S 为磨痕面积；a、b 分别为椭圆形磨痕的长、短轴。

圆环形金属橡胶试件在 5Hz 频率下振动 8h 后，经历了高达 144 000 个振动周期，由于材料内部钢丝呈网状勾连结构，各个微动单元中两段微丝的接触滑移周次相对较为复杂。在试件原始形状下已经接触的钢丝较早发生相对滑动；随着振动的进行，某些接触点处的钢丝还可能发生塑性变形或断裂，从而引发新的钢丝间接触点。因此，整个试件内部的钢丝微动单元发生磨损、断裂是一个动态变化的过程，每个微动单元各自经历的摩擦周期不相同。另外，由于各个微动单元在试件内部的相对位置不同，其承受的法向载荷和切向载荷也不相同，于是其表面磨损程度很不一致，表现在磨痕形状大小不一，微观形貌差异较大，因此需要用统计的平均值来研究微动单元的行为。实验采集的磨痕数量众多，其大小、磨损深度各异，为了统计方便，我们人为地把磨痕分成大（L）、中（M）、小（S）三类，数据汇总于表 14－2。

表 14－2 磨损痕迹尺寸

磨痕编号	宽度/μm	长度/μm	深度/μm	磨损面积/μm^2
S	210	610	43	4.02
M	180	250	30	1.41
L	130	350	15	1.43
平均值	173	403	29	2.29

14.2.3 钢丝对磨实验参数确定

由表 14－2 的数据可知，单丝摩擦实验时振幅选取 403μm，即 0.4 mm 比较合适。又因为磨痕形状狭长，推知各个微动单元中的两微段钢丝夹角较小，于是单丝摩擦实验时使用两根钢丝小角度接触的模型。

圆环形试件的横截面积为

$$S = \frac{\pi}{4}(D^2 - d^2) \tag{14-7}$$

假定钢丝在试件中是均匀分布的，则其固相体积分数为

$$k = \frac{\rho_{MR}}{\rho_s} \tag{14-8}$$

式中，ρ_{MR} 为金属橡胶试件的密度；ρ_s 为钢丝密度。

于是试件中钢丝所占的有效横截面积为

$$S' = S\sqrt[3]{k^2} \tag{14-9}$$

则钢丝有效承载面积上的应力为

$$\Delta\sigma = P/S' \tag{14-10}$$

式中，$P = 600\text{N}$，为疲劳实验中交变载荷幅值。

将参数（$D, d, \rho_s, \rho_{MR}, P$）代入式（14-10）计算得 $\Delta\sigma = 5.23\text{MPa}$。这样，联系表 14－2 中的平均磨损面积值，单个微动单元上作用的载荷可如下估算

$$\widetilde{F} = \Delta\sigma \times 2.29 = 11(\text{N}) \tag{14-11}$$

至此，钢丝对磨实验所需的基本参数（载荷、频率、振幅、振动周次）均已初步确定。

14.3 实验用不锈钢丝表面激光扫描共焦（LSCM）观察与分析

由于摩擦现象实质上是两接触表面在发生相对位移时的相互作用，其中发生的磨损行为及磨损各个阶段可能发生的现象都与钢丝原始表面的粗糙程度密切相关，因此有必要先对本实验用钢丝表面轮廓进行定量分析。

为了了解实验用钢丝的表面光滑程度，选用北京元中北奥光学技术有限公司提供的 OLYMPUS LEXT OLS 3000 型激光扫描共焦显微镜（LSCM）对 $\phi 0.3\text{mm}$ 的实验用钢丝表面进行观察，表面形貌及表面轮廓观察结果如图 14－4 所示。

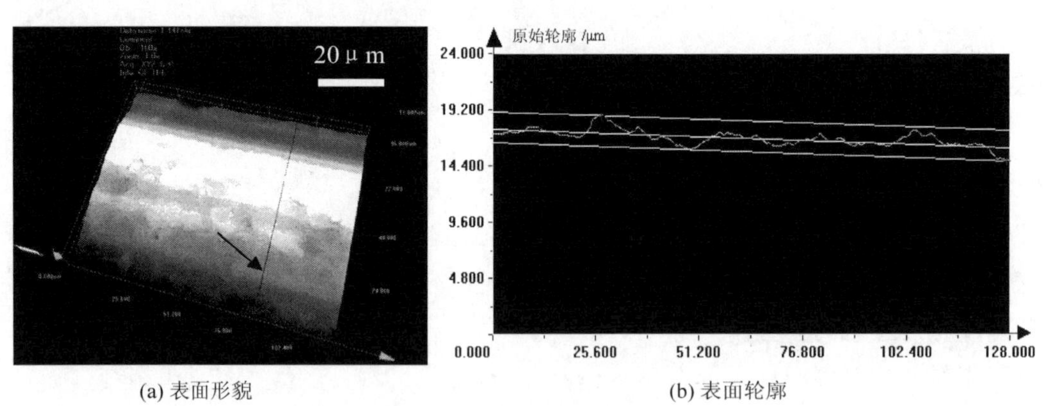

(a) 表面形貌　　(b) 表面轮廓

图 14－4　实验用不锈钢丝表面 LSCM 观察

LSCM 表面观察发现，钢丝表面有微米量级的凹凸起伏［图 14－4（a)］。随机选取其中一位置进行线扫描得到表面轮廓曲线［图 14-4（b)］。用 OLYMPUS LEXT OLS 3000 型激光扫描共焦显微镜及其自带的软件统计分析得到钢丝表面粗糙度，见表 14－3。

由表 14－3 可知，轮廓算术平均偏差 R_a 值为 $3.447\mu\text{m}$，轮廓微观不平度的平均间距为 $17.685\mu\text{m}$。计算表明，在中等大小的磨损痕迹上平均存在 200 余个微米量级的凹凸体。

表 14－3　实验用不锈钢丝的表面粗糙度

符号	R_a	R_z	RS_m
名称	轮廓算术平均偏差	微观不平度十点高度	轮廓微观不平度平均间距
定义	取样长度内轮廓偏距绝对值的算术平均值	取样长度内最大轮廓峰高的平均值和最大轮廓谷深的平均值之和	含有一个轮廓峰和相邻一个轮廓谷的一段中线长度
数值/μm	3.447	0.520	17.685

14.4　钢丝对磨实验

14.4.1　实验设计

通过 14.2 的疲劳实验已经初步摸清了微动单元平均的摩擦参数，通过 14.3 的 LSCM 观察实验了解了实验用钢丝的表面凹凸质量，为进一步开展钢丝对磨实验提供了必要的基础。

然而，实践中仍然缺乏比较成熟的实现钢丝对磨的实验设备，传统的摩擦试验机都是以环/块或者柱/块材料为摩擦副的，与我们研究的冷拉拔丝材性能相去甚远，而且摩擦的尺度效应不容忽略，因此必须创新或者改进常规方法来实现 ϕ0.3 mm 细钢丝的对磨。

清华大学摩擦学国家重点实验室的 SRV 高温摩擦磨损试验机用途非常广泛，其实验温度可以在－40～900℃连续调节。除此以外，该设备的载荷、频率、振幅也都是连续可调的，能够最大限度地模拟实际工况。另外，实验过程中，还可以灵敏地（每分钟采集 60 个数据）实时记录摩擦系数的变化情况。但是此试验机仅适用于传统的以环/块或者柱/块材料为摩擦副的实验，如需实现 ϕ0.3mm 细钢丝的对磨，必须进行相应的改进。

改进方法是在标准的柱/块摩擦样品上开槽，经多次实验尝试，最终确定槽的深度和宽度均为 0.1mm 时，刚好能使实验用钢丝嵌入并固定且不影响其露出部分的对磨，从而形成图 14－5 所示的钢丝摩擦副。由 14.2 得到的数据，我们设计了一组在钢丝 SRV 试验机上进行的对磨实验，实验参数选取见表 14－4。

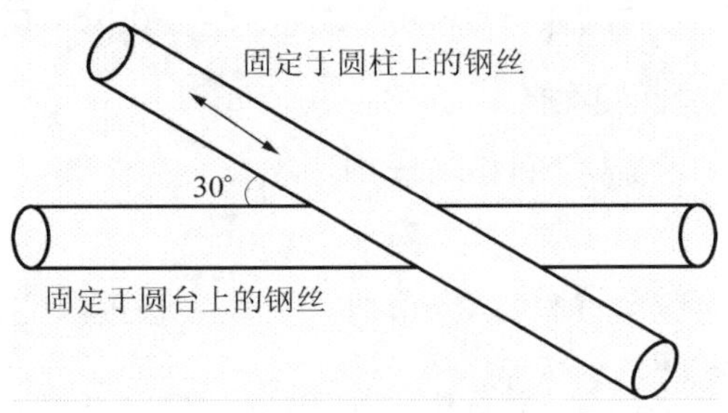

图 14－5　钢丝接触示意

表 14-4 钢丝对磨实验参数

编号	载荷/N	振幅/mm	两丝夹角/(°)	频率/Hz	振动循环周次
1#	10	0.4	30	5	144 000
2#	20	0.4	30	5	54 000
3#	30	0.4	30	5	27 000

14.4.2 摩擦系数曲线分析

实验采集到的摩擦系数曲线如图 14-6 所示。

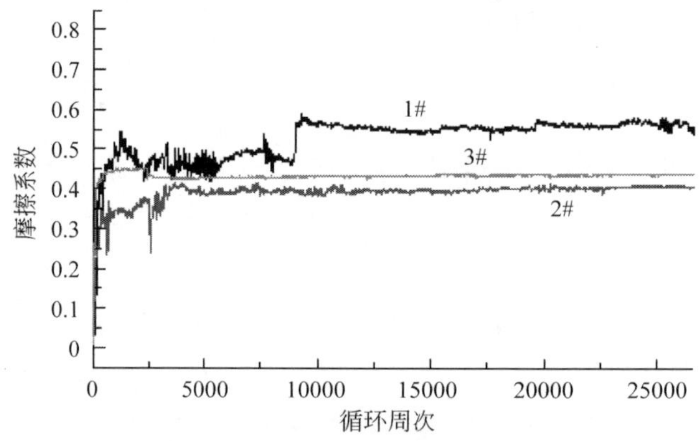

图 14-6 1#、2#、3#样品微动磨损的摩擦系数曲线

由图 14-6 可见，微动摩擦系数随循环周次的变化可分为四个阶段，如图 14-7 所示。

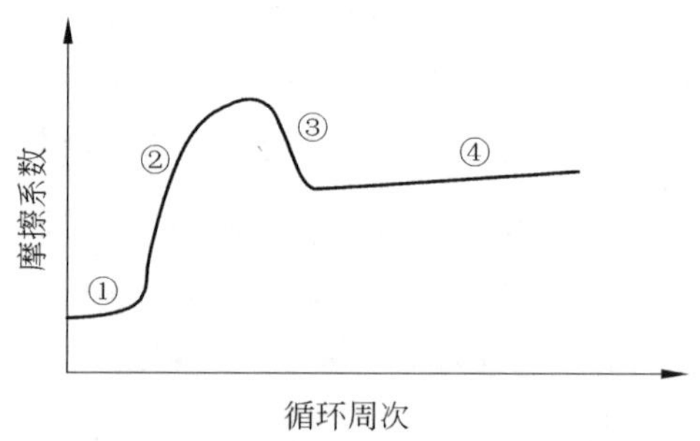

图 14-7 微动摩擦系数随循环周次变化的四个阶段示意

第一阶段（①）：接触表面膜去除，摩擦系数较低。

第二阶段（②）：第一、二体之间相互作用增加，发生黏着，摩擦系数上升，并伴随材料组织结构的变化。

第三阶段（③）：磨屑剥落，第三体床形成，二体接触逐渐变为三体接触，因第三体的保护作用，黏着受抑制，摩擦系数下降。

第四阶段（④）：磨屑不断地形成和排出，其成分和接触表面随时间改变，形成和排除的磨屑达到平衡，微动磨损进入稳定阶段。

首先分析 1＃样品的摩擦系数曲线，它的实验条件最接近实际工况，其振动循环周次也相当于微动单元在试件疲劳实验中的全过程接触摩擦。

第一阶段，去除轮廓算术平均偏差 R_a 值为 3.447μm 接触表面膜，经历 140 个振动周次，历时 28s，平均磨损速率为 123nm/s。

第二阶段，二体接触表面的材料发生塑性变形，局部由于“闪温”效应而软化粘连，导致摩擦系数逐渐上升到 0.56～0.58 的水平，此时对应的振动周次是 1500 左右。

第三阶段，是磨屑的剥落，一方面剥落下来的磨屑在接触面之间起到“滚珠”的作用，减小了摩擦系数；另一方面，剥落下来的磨屑由于受到接触面的碾压而涂抹于接触面上形成第三体床，第三体床的形成在一定程度上减弱了黏着作用，也导致摩擦系数比第二阶段的水平下降，在曲线上显示摩擦系数在该阶段下降了 0.1 左右，此时对应的振动周次是 2000。磨屑的形成和排出是动态并行的过程，随着振动周次的增加，磨屑是不断增多的，刚开始时由于黏着作用的影响，同时接触面积较小，磨屑排出不畅，形成的磨屑多于排出的，逐渐形成第三体床。由于第三体床的形成消耗了一定量的磨屑，再加上接触面积不断增大，第三体床随着振动周次的增加也被打磨平整，有利于磨屑的排出，使得磨屑的排出趋势逐渐增强。

第四阶段，磨屑的形成和排出相互竞争最终达到平衡，于是磨损过程也逐渐达到平衡，摩擦系数平稳渐升。

1＃实验条件下钢丝对磨的稳定磨损阶段较长，其对应的振动周次为 2000～144 000。以频率 5Hz 为例，该钢丝对磨过程可以描述为：28s 打磨表面膜，28～300s 接触面黏着、噬合，300～400s 形成第三体床，400～28 800s 为稳定磨损阶段，摩擦系数在该阶段变化也较为平稳。从整个摩擦过程来看，前三个阶段虽然是必经的过程，但是它们经历的时间太短，可以认为它们在整个磨损过程中对于摩擦力做功的贡献是微乎其微的。

另外，从磨损过程四个阶段的分析我们还可以看到，在磨损的前三个阶段，由于钢丝表面微米凹凸的影响，两钢丝接触区域还没有形成实际意义上的面接触，接触区内应力起伏很大，分布极不均匀，尚难以用赫兹接触理论估算接触面的法向受力，只有到了磨损的第四阶段，形成了稳定的三体接触后，接触面积的变化才相对平稳，应力分布相对均匀，以接触理论估算其法向载荷才是可行的。2＃、3＃实验条件下也可得到类似的结论。

综合以上实验结果，我们认为以第四阶段的平均摩擦系数去估算每个微动单元在整个摩擦过程中的做功情况是完全可行的。

14.4.3　磨损痕迹的激光扫描共焦分析

通过 14.4.2 关于磨损阶段划分的研究发现，在钢丝接触面上形成了第三体床，它是由磨屑和基体的强烈变形层组成的，色泽白亮，如图 14－8 三维视频显微系统的显示。通常被称为

"摩擦学白层"，或者更准确的叫法是"TTS"，即 tribologically transformed structure。

(a) 固定于圆柱上的钢丝　　(b) 固定于圆台上的钢丝

图 14-8　钢丝对磨后磨损痕迹的三维视频显微分析

进一步的 LSCM 分析（图 14-9）发现，磨损痕迹整体的表面较为平滑，其光滑程度高于基体的原始表面，而且磨损斑的中间部位较两端部位更为平坦，图 14-9（a）中间 1、4 处 R_a 分别 1.567μm 和 1.791μm，仅为原始表面的 R_a 值 3.447μm 的一半左右，两端 2、3 处 R_a 分别 2.586μm 和 2.356μm，也低于原始表面的 R_a 值。图 14-9（b）中剖面迹线显示磨损深度介于 50～60μm，与试件疲劳实验后较深的磨损痕迹相当。

由磨损过程的分析，我们看到第一阶段至第三阶段主要是由点接触到真正意义上的面接触过渡的过程，到第四阶段两根钢丝才在法向发生明显位移，磨损深度递增，由激光扫描共焦分析观察到的磨损痕迹剖面迹线显示磨损深度数据，结合前述第四阶段经历的时间，由于磨损是非常缓慢的过程，可以假设其速度是均匀的，于是可以估算出，该实验条件下钢丝的磨损速度约为 2 nm/s。各磨损阶段其他具体信息的比较见表 14-5，其中第一阶段磨损速度的估计实际上是表面凹凸被打磨的速度估计值。

表 14-5　磨损实验各阶段参数比较

磨损阶段	第一阶段	第二阶段	第三阶段	第四阶段
经历振动周次	0～140	140～1 500	1 500～2 000	2 000～144 000
经历时间/s	28	272	100	28400
过程描述	表面打磨	接触面黏着	第三体床形成	稳定磨损
平均磨损速度/（nm/s）	123.11	—	—	2.08

关于钢丝对磨磨损深度的研究认为，磨损深度的变化与磨损过程中接触应力的大小及磨损机制密切相关。在磨损开始阶段，主要发生材料的黏着转移和磨粒的犁削，钢丝试样的材料损失较大，磨损深度增长迅速，随着磨损时间的延长，磨屑从接触表面排出的难度增大，黏附于接触表面的磨屑可以起到减缓磨损的作用。

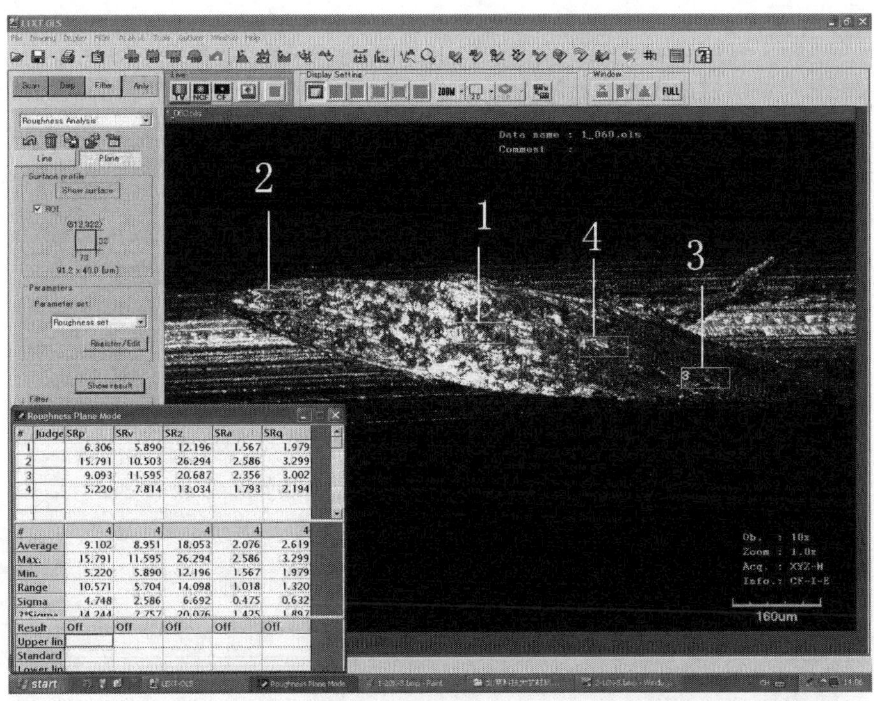

(a) 粗糙度分析

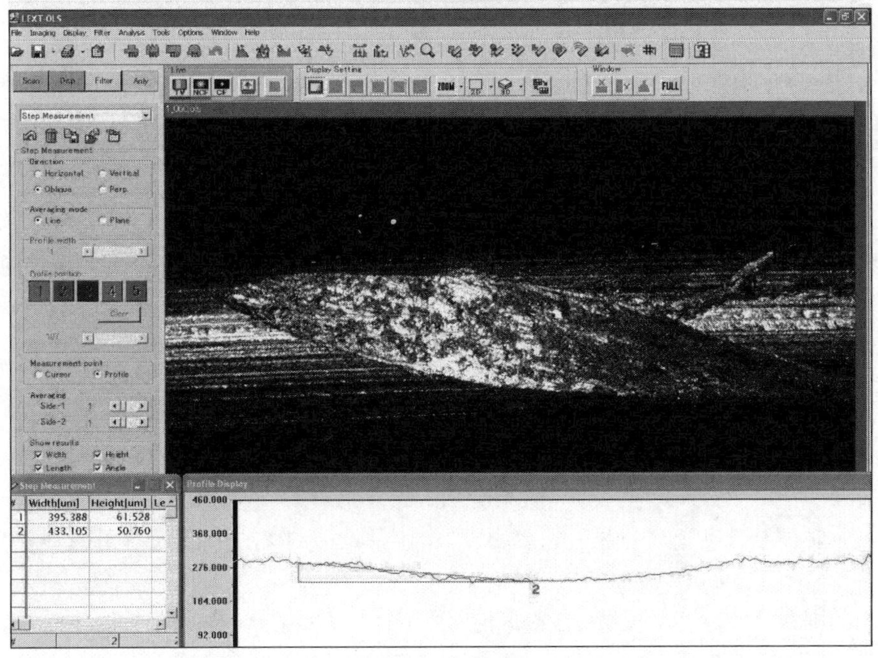

(b) 磨损深度分析

图 14－9　钢丝对磨后磨损痕迹的 LSCM 分析

14.4.4 磨损痕迹的SEM分析

对磨损痕迹进行清理后进行SEM分析，如图14－10所示。

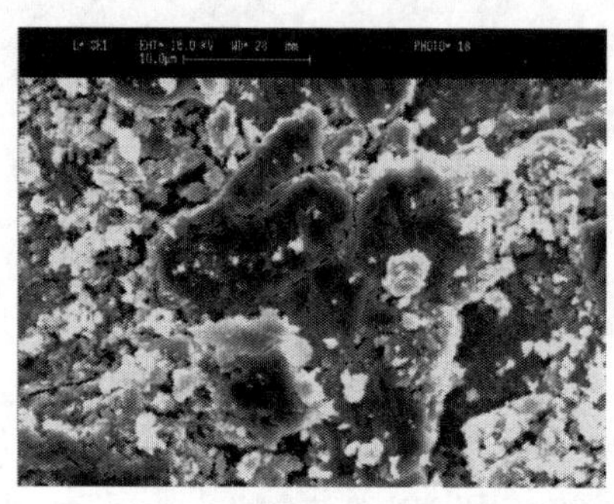
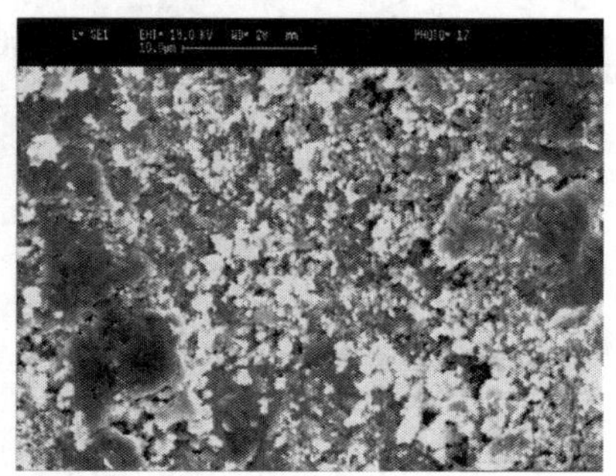

图14－10 钢丝对磨后磨损痕迹的SEM分析

由图14－10发现，其表面的白亮层主要是磨屑经反复碾压而成，局部还有金属熔融的痕迹。这是由极细的金属粉末在极短时间内聚集的摩擦热影响造成的，即“闪温”效应。均匀细小的磨屑尺寸大多在1μm以下，细小的磨屑由于被反复碾压可以积聚成大块，最大的磨屑块直径可达到20μm左右。而在大块的磨屑上往往存在细小的微裂纹，在后续的振动周次中，大块磨屑很容易发生开裂而脱落。

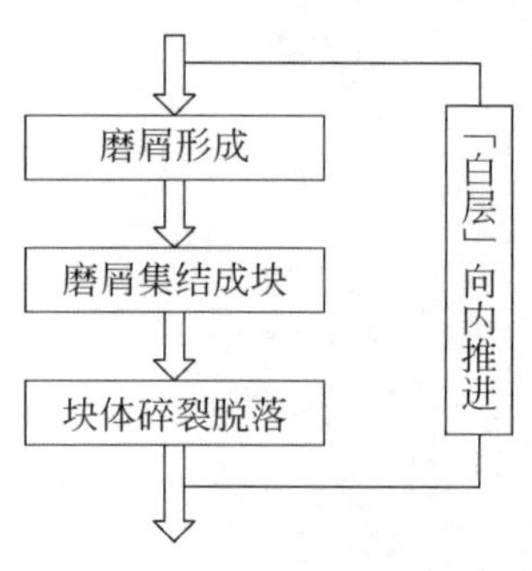

图14－11 稳定磨损阶段

稳定磨损阶段可以描述为：磨屑形成一局部熔融集结成块一碎裂脱落一新鲜的磨屑再形成，这样的过程周而复始使得“白层”不断向内部推进（图14－11），并且在较长振动周次内维持着表面摩擦性能的相对稳定。由此，我们认为微动单元的稳定磨损阶段实际上是磨屑形成和脱落过程并存竞争的结果。

◇◇◇ 参考文献 ◇◇◇

[1] 董秀萍．一种新型多孔金属材料（金属橡胶）的结构与力学行为．北京：北京科技大学博士论文，2008.

[2] 董秀萍，刘国权，牛犁，等．金属橡胶隔振构件中不锈钢丝的微动摩擦磨损性能研究．摩擦学学报，2008，28（3）：248-253.

第15章 金属橡胶内部线匝疲劳断裂研究

本章的核心内容是介绍金属橡胶内部线匝疲劳断裂的规律，包括线匝断口形貌分析、裂纹的形成与扩展机制等。

15.1 疲劳实验设计及实验结果

疲劳实验设计见14.2.1小节，这里补充了高温（300℃）疲劳和低温（—70℃）疲劳实验。

15.1.1 疲劳实验后金属橡胶试件的破坏分析

疲劳实验后金属橡胶试件的宏观疲劳破坏情况如图15-1所示，其中两条线之间的部分为疲劳实验后金属丝的断裂部位。

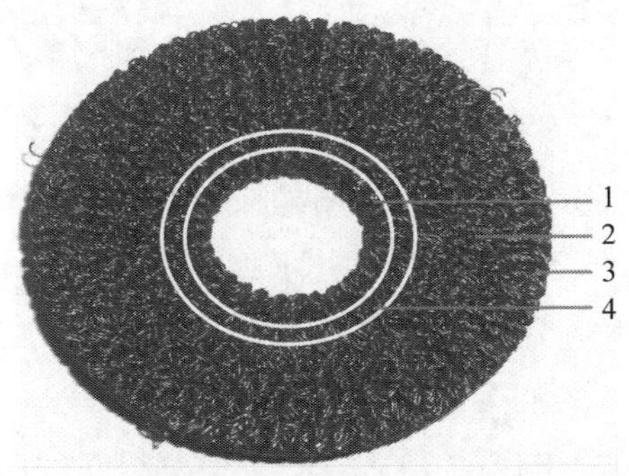

图15-1 疲劳实验后金属橡胶试件的疲劳破坏情况

1—芯部；2—中部；3—外侧；4—金属丝优先断裂部位

由图15-1可以看出，金属橡胶的疲劳破坏形式主要是试件内部金属丝的断裂，疲劳断裂后的金属橡胶试件外观形貌显示，在疲劳加载的应力集中部位金属丝断裂严重，基本都集中在试件从芯部向外延的1/6～1/5处，在某些金属丝局部位置甚至形成裂缝。长时间的干摩擦使得金属丝磨损比较严重，有不少氧化层碎屑掉出。

15.1.2 疲劳实验后不锈钢丝的微观组织观察[1]

对不同条件疲劳实验后的金属橡胶试件样品取靠近芯部、中部、外侧（图15-1）三个不同部位的金属丝进行SEM微观组织形貌观察，以比较其与疲劳前金属丝微观组织的差别，如图 15-2、图 15-3 所示。

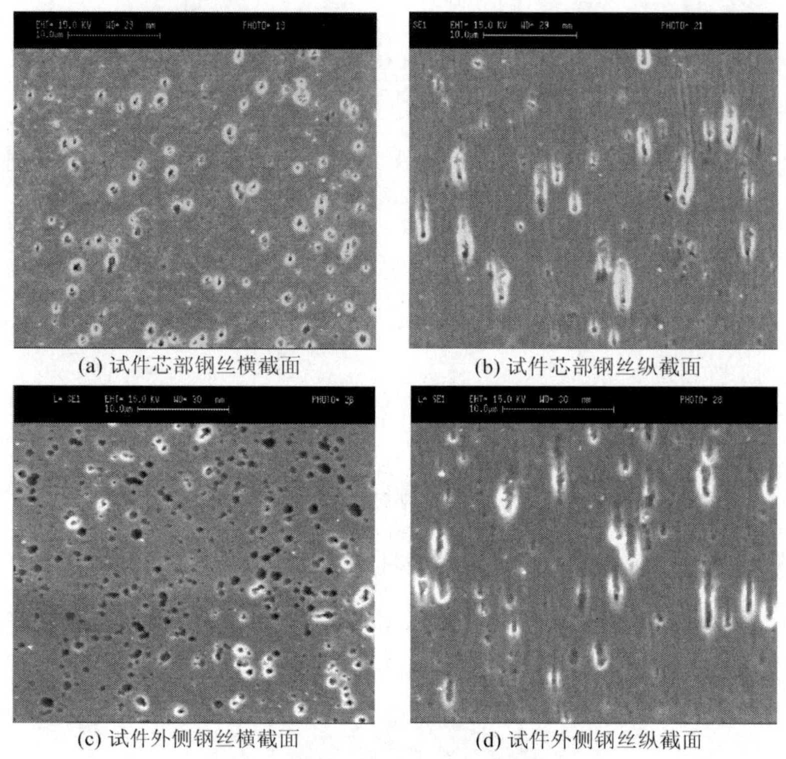

(a) 试件芯部钢丝横截面　(b) 试件芯部钢丝纵截面

(c) 试件外侧钢丝横截面　(d) 试件外侧钢丝纵截面

图 15-2　高温（300℃）动态疲劳实验试件不同部位钢丝截面组织（振幅 2.5mm、频率 5Hz）

由图 15-2 可以看出，疲劳实验后的金属橡胶试件芯部金属丝横、纵截面的微观组织与原材料金属丝（2.3 中图 2-7）相比差异并不大，钢丝内部依然存在大量孔洞，沿冷拔丝的拔制方向孔洞依然被拉长。这说明缠绕、冲压、热处理等工艺以及试件不同实验条件下的疲劳振动并未给不锈钢丝的显微组织带来明显变化，即与不锈钢丝的冷拔过程相比这些工艺对金属橡胶微观组织的影响要小得多，不会使其组织发生明显改变。

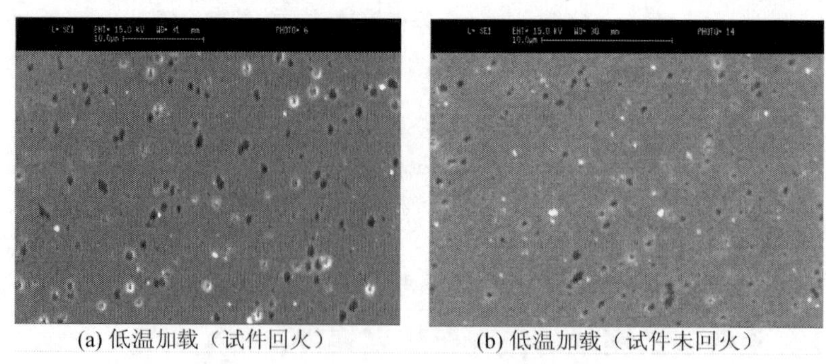

(a) 低温加载（试件回火）　(b) 低温加载（试件未回火）

图 15-3　低温（-70℃）动态疲劳实验试件中部钢丝横截面组织（振幅 2.5mm、频率 5Hz）

另外，在对试件的疲劳加载过程中，试件的芯部和外侧承受载荷都比较小，因此这两个部位的金属丝微观形貌变化不大。而由金属橡胶试件加载过程中的受力疲劳破坏情况可推知，受力基本集中在金属丝断裂处，中部比芯部和外侧的受力大，因此试件中部钢丝的微观组织与其芯部和外侧相比有所变化，由横截面照片（图 15－3）可以看出，中部钢丝的孔洞尺寸有所减小，数量也有所减少。

而比较图 15－3（a）、图 15－3（b）可以看出，回火处理对疲劳试件同一部位的金属丝微观形貌影响并不显著。

15.2 钢丝微裂纹扩展演化机理与影响因素分析[2]

15.2.1 微裂纹扩展演化机理

典型的钢丝断口 SEM 观察如图 15－4 所示。

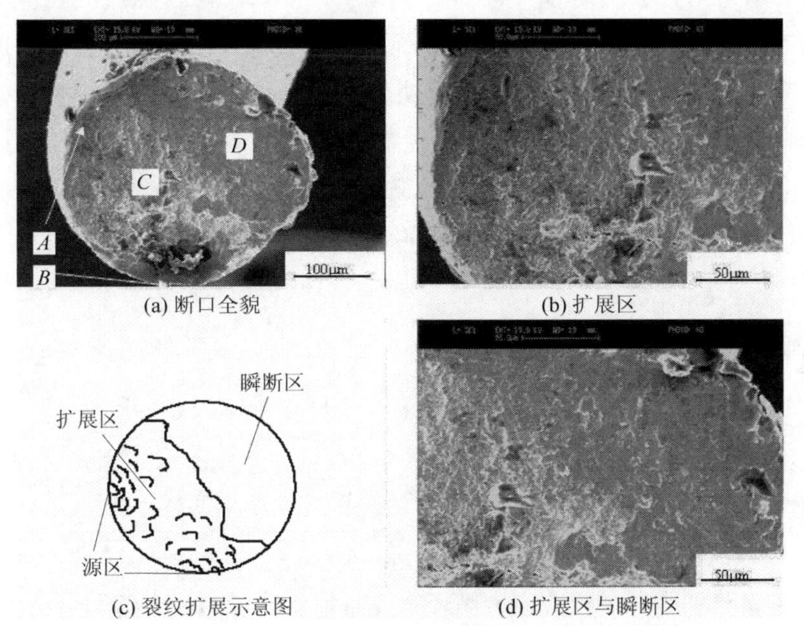

(a) 断口全貌　(b) 扩展区
(c) 裂纹扩展示意图　(d) 扩展区与瞬断区

图 15－4 不锈钢丝断口 SEM 观察（25℃室温）

从断口全貌来看［图 15－4（a）］，断口截面几乎成 90°，断裂附近钢丝未发现明显塑性变形。断口可以明显地分为两个区域：有白亮辉纹且有微观起伏的亮区［图 15－4（a）中 *C* 区］和比较平坦的灰暗区［图 15－4（a）中 *D* 区］，亮区和灰区所占比例各半。将亮区放大后，如图 15－4（b）所示，看到辉纹密度由表及里逐渐变得稀疏，即随着辉纹从表面向内部发展，其间距也逐渐增大，并且辉纹不是以同一曲率半径向前推进，而是以舌形叠加形式向前发展。

进一步的分析发现，每一条辉纹是裂纹扩展的痕迹即疲劳带。严格来说，疲劳带是一系列基本相互平行的条纹，呈放射状分布。而本实验用钢丝是经多道次拉拔形成的 $\phi 0.3$mm 超细钢丝，其累计变形量在 90%以上，内部的夹杂和硬质颗粒由于不能与基体协调变形而与基体脱开形成孔洞，裂纹随着载荷周次的增加向内部扩展时，遇到孔洞位置，其前端的应力场松弛，裂纹扩展突然加快，形成一段向前伸出的舌形疲劳带，钢丝中的多处孔洞造成各部位应力场相互影响，于是形成图 15 - 4（c）所示的舌形叠加的波浪状疲劳带。

由于疲劳条带方向与局部裂纹扩展方向垂直且条带沿着局部裂纹扩展方向向外凸，沿着疲劳带曲线的法向反推可以找到两个裂纹源，见图 15 - 4（a）中 A、B 处，裂纹源均出现在钢丝的表面。由此认为，钢丝表面微米量级起伏的凹凸处为其疲劳裂纹萌生区域。

试件经过 8h 频率为 5Hz 的加载后经历了 1.44×10^5 个应力循环，而应力循环与疲劳条带并非存在一一对应关系，往往是几个应力循环才形成一个微观可见的疲劳条带。因为，在一定的压应力状态下，裂纹闭合并且其尖端处于尖锐状态，在随后的拉应力状态下，裂纹尖端应力状态发生改变，拉、压应力循环作用，当拉应力积聚到材料的屈服极限时，裂纹尖端形状才发生塑性钝化，该钝化过程可使裂纹向前扩展一段与裂纹尖端张开位移相同量级的距离。同样，也需要若干应力循环才能使压应力积聚到材料的屈服极限，裂纹尖端形状重新锐化，裂纹随着其尖端锐化-钝化的循环过程不断扩展并且留下疲劳条带。由于压缩期间的裂纹闭合不能完全消除拉应力造成的钝化，因而裂纹张开角度逐渐增大，其扩展速度也逐渐增加。

15.2.2 影响微裂纹扩展的因素分析

Paris 提出了用断裂力学方法来描述疲劳裂纹扩展速率的经验公式[3,4]

$$\mathrm{d}a/\mathrm{d}N = c(\Delta K)^m \tag{15-1}$$

即疲劳裂纹扩展速率 $\mathrm{d}a/\mathrm{d}N$ 与应力强度因子范围呈幂律关系，式中

$$\Delta K = K_{\max} - K_{\min} \tag{15-2}$$

其中，$K_{\max}$ 和 $K_{\min}$ 分别为一个疲劳应力循环中应力强度因子的最大值和最小值；c 和 m 为材料常数。对于韧性材料，m 一般为 2～4。

根据应力强度因子手册，设直径为 $2R$ 的长圆轴含一半椭圆表面裂纹，裂纹长半轴为 b，短半轴为 a，受拉压交变应力 $\pm\sigma$ 时，裂纹尖端的应力强度因子幅值 ΔK 为

$$\Delta K = \Delta\sigma\sqrt{\pi a} \tag{15-3}$$

式中，$\Delta\sigma$ 为应力幅值；a 为缺陷尺寸，即表面轮廓算术平均偏差。

将式（15-3）代入式（15-1）得

$$a^{-m/2}\mathrm{d}a = c\Delta\sigma^m\pi^{m/2}\mathrm{d}N \tag{15-4}$$

对式（15-4）两边积分得

$$\int_{a_0}^{a_f} a^{-m/2}\mathrm{d}a = \int_0^{N_f} c\Delta\sigma^m \pi^{m/2}\mathrm{d}N \tag{15-5}$$

式中，左边的积分限从 a_0（初始缺陷尺寸即表面轮廓算术平均偏差）到 a_f（最终缺陷尺寸即开始发生快速断裂时的裂纹尺寸）；右边的积分限是从 0 到破坏的循环次数 N_f。

整理式（15-5）得

$$\frac{2}{(2-m)}(a_f^{1-m/2} - a_0^{1-m/2}) = c(\Delta\sigma)^m \pi^{m/2} N_f, m \neq 2 \tag{15-6a}$$

$$\ln(a_f/a_0) = c\pi(\Delta\sigma)^2 N_f, m = 2 \tag{15-6b}$$

设该材料的 Paris 指数 $m = 3$。

实验所采集的断口中，灰区和亮区几乎都是各占一半比例（图 15－4），所以最终裂纹深度 a_f 取钢丝直径的一半，即 $a_f = 0.15\text{mm}$。

将钢丝表面的微米凹凸看成初始裂纹，取 $a_0 = R_a = 0.003\,447\text{mm}$（表 14－3）。

将以上 m、a_0、a_f 代入式（15-6a），则有

$$c(\Delta\sigma)^3 N_f = 5.194 \tag{15-7}$$

提高该种钢丝的疲劳寿命（N_f）可以采用以下两种技术途径。

（1）提高钢丝材料的冶金质量，减少其中夹杂物和孔洞的数量，使裂纹扩展速度减慢。

如使裂纹缓慢扩展长度达到 $a_f^{(1)} = 0.25\text{mm}$ 才发生断裂，即使得裂纹扩展到 0.25/0.3＝83.33％直径处才发生突然断裂，则有

$$\frac{a_f^{(1)} - a_f}{a_f} = \frac{0.25 - 0.15}{0.15} = 66.6\% \tag{15-8}$$

$$\frac{N_f^{(1)} - N_f}{N_f} = \frac{5.404 - 5.194}{5.194} = 4.04\% \tag{15-9}$$

此时，裂纹缓慢扩展区增加 66.6％，寿命增加 4.04％。

（2）提高其表面光滑程度，减小初始裂纹尺寸。

如将钢丝表面光滑程度提高一倍，即 $R_a^{(2)} = 0.001\,723\,5\text{mm}$，则有

$$\frac{R_a - R_a^{(2)}}{R_a} = \frac{0.003447 - 0.0017235}{0.003447} = 50\% \tag{15-10}$$

$$\frac{N_f^{(2)} - N_f}{N_f} = \frac{7.730 - 5.194}{5.194} = 48.8\% \tag{15-11}$$

此时，表面光滑程度提高 50％，寿命增加 48.8％。

可以看出，该实验条件下，金属橡胶中钢丝的疲劳寿命对于初始裂纹的值，即其表面的光滑程度非常敏感，提高钢丝的表面光滑程度比提高材料的韧性更有利于显著增加金属橡胶的疲劳寿命。

上述断裂模型分析是建立在假设钢丝表面没有磨损的基础上的，实际上，微动磨损在钢丝表面形成的磨痕也能充当较大尺寸的起始裂纹，会导致钢丝的提前断裂。

15.3 钢丝疲劳断口形貌特征

15.2分析了典型的钢丝微裂纹的扩展演化机理，但由于加载条件（温度、变形幅值、变形频率）及钢丝受力条件的不同，最终微裂纹的扩展演化导致钢丝发生疲劳断裂时的断口形态也有一些显著的差异。

15.3.1 室温（25℃）钢丝疲劳断口分析

室温（25℃）时不同加载条件下的钢丝断口SEM形貌观察如图15-5、图15-6所示。

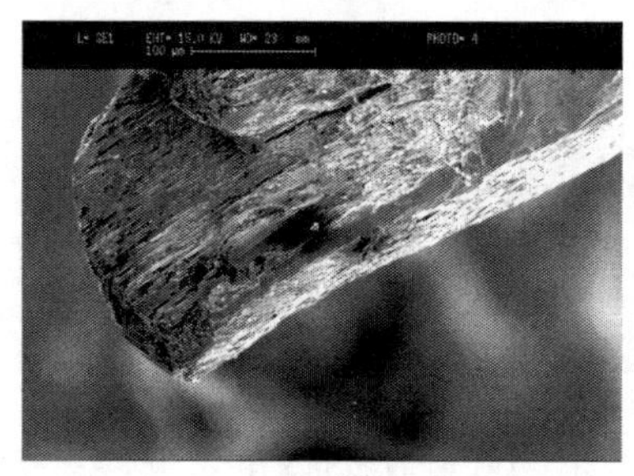

(a) 全貌

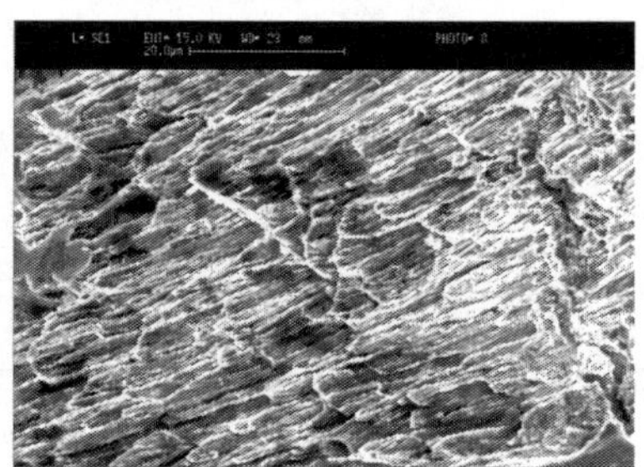

(b) 左半部分条纹放大图（1500×）

图15-5 室温（25℃）疲劳试件钢丝断口（变形幅值3mm、频率5Hz）

疲劳动态加载实验时，金属橡胶试件承受正弦拉-压循环应力，而内部金属丝的受力情况更加复杂，应该为拉伸、弯曲、扭转等综合作用的结果。

1. 木纹状断口

由图15-5（a）可看到，该断口沿冷拉拔方向呈现出凹凸不平、层次起伏的条带，类似劈裂的朽木状，条带中常伴随有白亮或暗灰的线条，称为木纹状断口。木纹状断口的严重程度主要取决于大致平行分布的夹杂物条数的多少、长短与密集程度，夹杂物条数多、集中、长度长并较脆时，断口为严重的木纹状。

木纹状断口产生的原因是钢丝在冷拉拔过程中被破碎与拉长形成多条大致平行的夹杂条带，断裂时就形成木纹状断口。而本实验用丝中存在大量的长条状孔洞（图2-7），这些孔洞产生了与夹杂条带类似的作用。

随着木纹状断口严重程度的增加，塑、韧性指标逐渐下降，其中塑性降低比较显著。防止出现木纹状断口的最根本方法是提高钢丝的纯度，减少钢丝中非金属夹杂物的含量。

2. 韧性断口

由图15-6（a）断口全貌照片看出，在断口左上方有孔洞存在，并从孔洞开始向四周推进呈弧形线条［图15-6（b）］及疲劳沟线存在，疲劳沟线具有台阶状［图15-6（c）］，可初步判断孔洞为引起疲劳的断裂源。

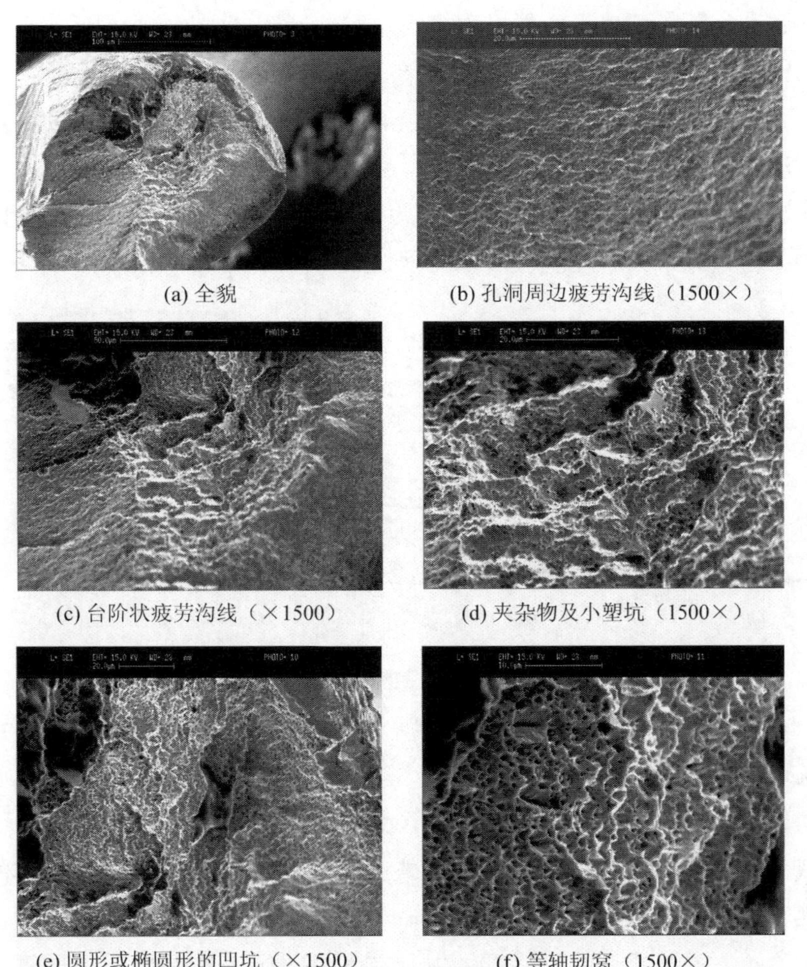

(a) 全貌
(b) 孔洞周边疲劳沟线（1500×）
(c) 台阶状疲劳沟线（×1500）
(d) 夹杂物及小塑坑（1500×）
(e) 圆形或椭圆形的凹坑（×1500）
(f) 等轴韧窝（1500×）

图 15-6　室温（25℃）疲劳试件钢丝断口（振幅 2.5mm、频率 5Hz）

疲劳沟线放大后［图 15-6（c）、（d）］发现台阶宽窄不等，近似呈“山脊线”，这与裂纹在不同平面上扩展所造成的高度变化有关，因此图 15-6（c）中看到的粗糙表面是由被分割的、一个接一个的凸台组成的。

图 15-6（d）反映不锈钢丝的夹杂物对疲劳裂纹扩展的影响。在扩展着的主裂纹前缘的前方，由于局部应力集中形成了微裂纹。这样一来，围绕每个夹杂物就形成了小塑坑，由此判断最后快速断裂区为穿晶解理混合断裂方式，其一方面是由显微孔穴集聚而成，另一方面是由于准解理所致。

另外，在图 15-6（e）、（f）上可看到大量大小不等的圆形或椭圆形的凹坑-多样韧窝以及空穴的存在。韧窝的形成是在实验时当应力超过不锈钢丝的屈服强度之后，钢丝开始范性形变，在其内部的夹杂物、析出相或其他范性流变不连续的地方发生位错塞积，产生应力集中，进而开始形成显微孔洞，随着应变的增加，显微孔洞不断增大，相互吞并，直到材料发生缩颈、破断，断口上便形成很多孔坑状的韧窝。

冷拔后的钢丝内部存在大量的孔洞（图 2－7），这必将对钢丝的疲劳断裂产生重要影响。从图 15－6（f）看出，该实验条件下韧窝的形状为等轴韧窝，而且韧窝尺寸较小也比较浅，说明钢丝中夹杂物较多。

同时，从图 15－6（d）看出，该断裂还具有准解理特征，它是界于解理断裂和韧窝断裂之间的一种断裂方式，准解理裂纹形成机理如图 15－7 所示。

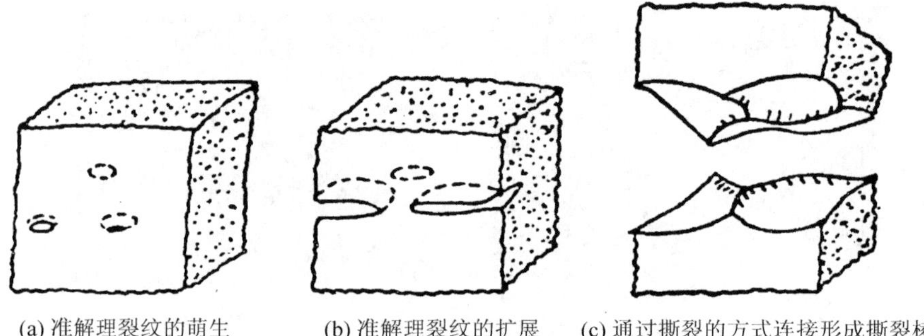
(a) 准解理裂纹的萌生　(b) 准解理裂纹的扩展　(c) 通过撕裂的方式连接形成撕裂棱

图 15－7　准解理裂纹形成机理示意图

在图 15－6（d）的断口上看不到明显的河流花样，全部由撕裂棱组成，由此推断此断裂方式更接近韧窝断裂。

对这类断裂的机理尚不十分清楚，可以认为是在马氏体中由于相变应力可能存在一些高张应力区域，甚至原来就存在微裂纹。此外，析出的碳化物、孪晶马氏体的中脊等，在外力作用时都容易裂开成为裂纹源，如图 15－7（a）所示。随着应力的增加，小裂纹在准解理面内以台阶的方式扩展，由于马氏体中存在大量位错和孪晶，点阵严重扭曲，同一晶粒内部马氏体片之间的空间位向有一定差异，裂纹在晶粒内部扩展比较困难。裂纹在点阵严重扭曲的晶粒内部扩展时，彼此相邻的边界处发生较大的塑性变形以撕裂的方式连接，形成撕裂棱，如图 15－7（c）所示。

由以上分析可知，振幅 2.5mm、频率 5Hz 下不锈钢丝的断裂［图 15－6（a）］属于韧性断裂。比较图 15－5、图 15－6 可知，仅由于振幅的不同而使金属丝的断裂形貌产生了很大差异。由此可推知振幅由 2.5mm 增大到 3mm 以后，使钢丝的塑性变形量增大，可能已经超过了钢丝的强度极限，从而形成木纹状断口。

15.3.2　高温（300℃）和低温（－70℃）钢丝疲劳断口分析

高温（300℃）时的钢丝断口 SEM 形貌观察如图 15－8 所示。

金属橡胶试件高温（300℃）环境下疲劳振动断裂后的不锈钢丝断口总体呈棘轮状［图 15－8（a）］。金属丝受到拉伸、弯曲、扭转等综合作用，在反复扭转应力作用下，易于在某些薄弱处产生多个疲劳源；在拉伸应力的作用下，分别沿与轴线成 45°角的方向扩展；

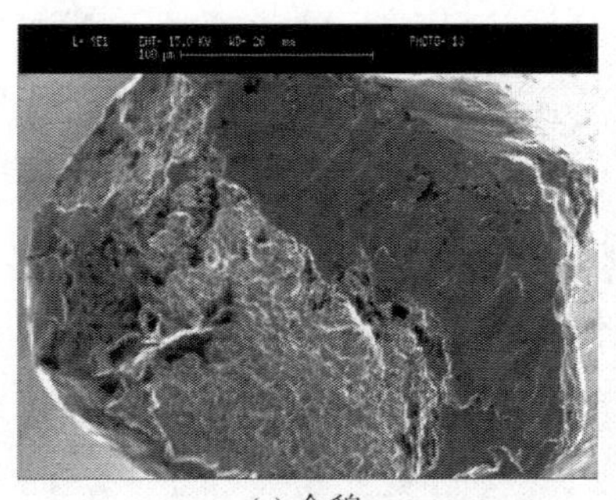
(a) 全貌

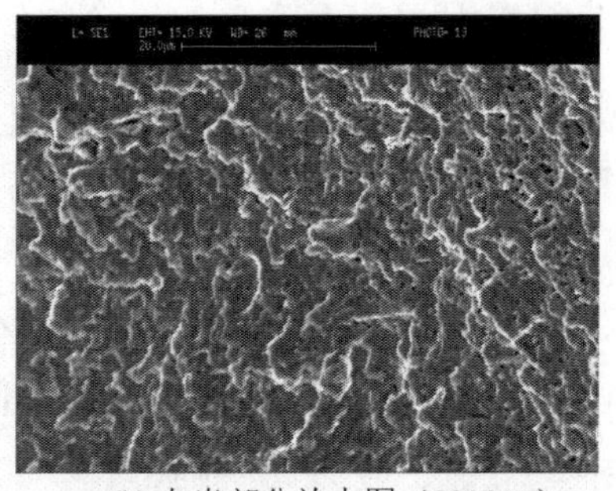
(b) 左半部分放大图（2000×）

图 15-8　高温（300℃）疲劳试件钢丝断口（振幅 2.5mm、频率 5Hz）

并以螺旋状向中心发展，当裂纹扩展到一定程度时，最后的连接部分瞬时断裂，形成具有棘轮状花样的放射形断口。断口左半部分呈黑灰色，这可能是由于疲劳实验过程中高温氧化作用的影响所致。放大后的断口［图 15-8（b）］呈开放的花蕊。

高温断口形貌［图 15-8（a）］与室温断口形貌［图 15-6（a）］具有类似的纹理结构，因此可以判断高温下的疲劳断口呈现出韧性断裂的形貌特征。

低温（—70℃）时的钢丝断口 SEM 形貌观察如图 15-9 所示。

(a) 全貌

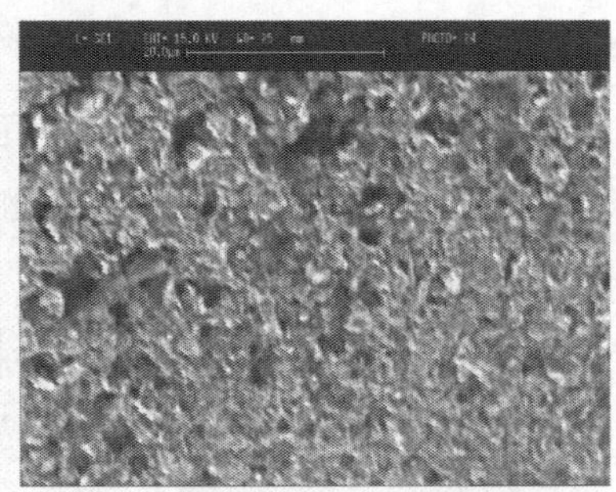
(b) 下部放大图（2000×）

图 15-9　低温（—70℃）疲劳试件钢丝断口（振幅 2.5mm、频率 5Hz）

脆性断裂是指没有宏观塑性应变的断裂，脆性裂纹沿着晶粒的一些特殊晶面如解理面高速扩展，引起一种解理型的穿晶断裂，或沿晶界形成一种晶间的或沿晶界的断裂。因此，由图 15-9 可以判断低温下的疲劳断口呈现出脆性断裂的形貌特征。

15.4　疲劳老化时金属丝断裂机理

一般认为，金属丝表面及内部缺陷在循环应力作用下诱发的微裂纹的扩展演化是最终导致钢丝断裂破坏的主要原因。

（1）不锈钢丝经冷拔和模具冷压成型制成金属橡胶试件后已有明显的加工硬化，在疲劳实验循环载荷的作用下，不锈钢丝仍会继续发生疲劳循环硬化现象，而硬化的同时钢丝的塑性迅速降低，最终会使材料的疲劳抗力显著下降，增大了钢丝发生脆性断裂的危险性，影响金属橡胶构件的使用寿命。在不影响其他性能指标的前提下选用循环硬化指数较低的高强合金钢丝，可以在一定程度上提高金属橡胶材料的疲劳抗力。

（2）金属橡胶内部是金属丝螺旋状线匝交错勾连形成的空间网状结构，不规则的空间分布使线匝可能受到弯曲、扭转、剪切和挤压等作用力，可将其简化为小曲梁结构。经受力分析可知，钢丝表面是应力集中的部位，因此钢丝的疲劳断裂都是从表面开始形成裂纹源的。钢丝在冷压过程中许多部位产生了严重的塑性变形，甚至弯曲成锐角，这些部位很容易形成微裂纹，并发展成最终的疲劳裂纹源。

（3）由于应力集中的部位在丝线表面，因此丝线的疲劳强度对不锈钢丝成品的表面加工缺陷和表面粗糙度非常敏感。若钢丝成品表面已存在划痕、微裂纹等先天缺陷，而这些线匝恰好分布在受力较大的位置，那么这些部位就很容易形成最终导致断裂的裂纹源。另外，若钢丝芯部存在冶金缺陷，如夹杂、气孔或由不当的热处理形成的“软点”，钢丝疲劳裂纹也会从芯部开始形成，并向表层扩展。这就要求在制备金属橡胶构件时选用冶金工艺成熟，冷拔及表面处理工艺良好，综合性能优良的不锈钢丝制品。

（4）在循环载荷作用下，金属橡胶内部形成了很多以钢丝点接触为主要形式的微动摩擦副，高循环周次的微动摩擦不仅在钢丝表面形成了较严重的磨蚀点，而且也促使了丝线表面微动疲劳裂纹的产生，并最终导致钢丝断裂。微动接触疲劳包括裂纹萌生、扩展和最终断裂，疲劳裂纹的萌生主要取决于材料的强度，而裂纹的扩展则与材料的韧性有关，因此要获得理想的微动接触疲劳性能，就需要材料同时具有高强度和良好的韧性。对于奥氏体不锈钢丝，可以采取适当的表面强化处理技术提高其耐磨性和微动接触疲劳抗力，如喷丸处理、表面化学热处理（渗氮或渗碳）、激光表面强化、表面涂层强化等工艺。当然，在增强疲劳抗力的同时应保证金属丝表面有足够大的摩擦系数，因为它决定了金属橡胶的阻尼大小。

（5）环境温度的变化对金属橡胶试件疲劳性能的影响表现在两个方面：一是改变了钢丝本身的力学性能，如弹性模量、抗拉强度、塑性以及金相组织等，从而影响不锈钢丝的疲劳抗力；二是改变了金属丝点接触摩擦副的微动摩擦磨损行为，如微动摩擦系数、表层金属的氧化及磨损速率等。奥氏体不锈钢在低温时仍具有良好的韧性，相比其他材料具有更大的抑止脆性断裂发生的优势，但在较低的温度下更容易诱发亚稳态奥氏体发生马氏体相变，产生的疲劳硬化又会影响材料疲劳强度。高温时不锈钢丝表面会形成一层氧化膜，在接触压力和摩擦力较大的位置，氧化膜被磨损破裂成碎屑，露出的新鲜金属重新被氧化，这时氧化和机械磨损现象反复发生；而在接触压力和摩擦力相对较弱的位置，氧化膜没有被破坏，仍保持完整连续，此时氧化膜能够有效保护底层金属不被继续磨损破坏，起到保护膜的作用。奥氏体不锈钢在高温时的蠕变和热脆性对金属橡胶试件疲劳性能的影响还需进一步研究。

(6) 不锈钢丝经冷拔后表面和内部会产生很大的内应力，再经过冷压成型，丝线内残余应力会重新分布。残余应力对钢丝的疲劳性能会产生较大的影响，压应力对疲劳性能有利，而拉应力则有害，采取恰当的热处理工艺可以消除不锈钢丝的部分残余应力，降低内应力对疲劳性能的影响。也可以采取技术措施在金属丝表面形成有利于提高疲劳抗力的压应力，表面喷丸处理就属于此类技术。

◇◇◇ 参考文献 ◇◇◇

[1] 董秀萍，刘国权，杨建春，等．金属橡胶隔振构件中不锈钢丝疲劳断裂的原因．机械工程材料，2009，33 (4)：35-42.

[2] 侯军芳，白鸿柏，李冬伟，等．金属橡胶用0Cr18Ni9Ti不锈钢丝疲劳断裂机理研究．中国材料科技与设备，2007，(2)：75-78.

[3] 程靳，赵树山．断裂力学．北京：科学出版社，2006.

[4] 哈宽富．断裂物理基础．北京：科学出版社，2000.

第16章 金属橡胶疲劳损伤与表征方法研究

本章的核心内容是介绍金属橡胶疲劳损伤特征及表征方法，包括金属橡胶疲劳损伤的微细观表现、宏观力学性能表现、表征参量的选取，以及累积损伤模型等。

16.1 金属材料的疲劳破坏特性与表征

16.1.1 裂纹的生成与演化过程

金属材料在循环载荷作用下，首先在局部应力最大的晶粒上形成微裂纹，然后发展成宏观裂纹，裂纹继续扩展，最终导致疲劳断裂，如图 16－1 所示[1]。

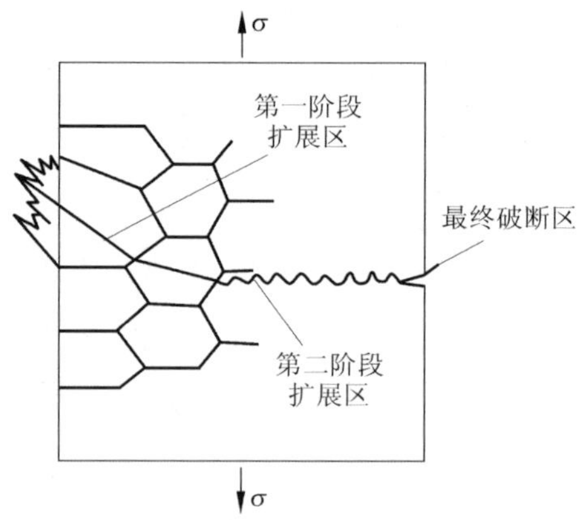

图 16－1 金属材料内部疲劳主裂纹示意

疲劳破坏一般经历了裂纹萌生（成核）、微观裂纹扩展、宏观裂纹扩展和瞬断四个阶段。无裂纹体材料的疲劳抗力指标主要有疲劳极限、过载持久值、疲劳缺口敏感度等；带裂纹体材料的疲劳抗力指标通常用疲劳门槛值、疲劳裂纹扩展速率及疲劳断裂韧度等来表征。

16.1.2 疲劳破坏特点与影响因素

1. 金属材料的疲劳破坏特点

金属材料的疲劳破坏与静载荷作用下的破坏明显不同，主要体现在以下几点：

（1）材料需要经历一定次数的应力循环后才发生破坏，即破坏有一个过程；

（2）疲劳破坏一般总是发生在高局部应力的截面，而非具有最大应力的截面；

（3）疲劳破坏时的最大应力值远低于静载荷时材料的强度极限，甚至低于屈服极限；

（4）疲劳破坏时没有明显的塑性变形，即使是塑性材料也呈脆性断裂，是在没有明显预兆的情况下突然发生的，从而造成严重事故，有时带来巨大的损失和伤亡。同一疲劳破坏断口一般都有明显的光滑区域—扩展区与颗粒状区域—拉断区域。

2. 金属材料疲劳强度的影响因素

金属材料疲劳强度或疲劳寿命的影响因素较多，主要包括：

（1）局部应力应变大小的影响因素，包括载荷特性（应力状态、循环特性、高载效应、残余应力等），以及试件或零部件的几何形状（缺口应力集中、尺寸大小）等。

（2）材料微观结构的影响因素，包括材料种类、热处理状态（影响材料的延性、缺陷分布、缺陷的种类等）、机械加工（如晶粒细化，缺陷增多；表面淬火使表面层强度增加，延性下降）等。

（3）疲劳裂纹源的影响因素，有表面粗糙度、环境腐蚀和应力腐蚀等。

16.1.3 疲劳破坏表征方法

人们对金属材料的疲劳性能关注比较早，到目前为止，已形成了相对完善的理论体系和成熟的研究方法，相关的疲劳实验也有统一的实验规范。

通常对实体金属材料试件做疲劳实验时，可根据实验要求对试件实施精确的应力控制，在特定的循环载荷作用下测试试样的疲劳寿命，由此可绘出该材料的应力-疲劳寿命曲线，即材料的 $S-N$ 曲线，如图 16-2 所示。

$S-N$ 曲线法是一种经典的关于材料疲劳特性的表征方法，它在金属材料疲劳特性研究中被广泛应用，常用的拟合方法有线形拟合与曲线拟合。

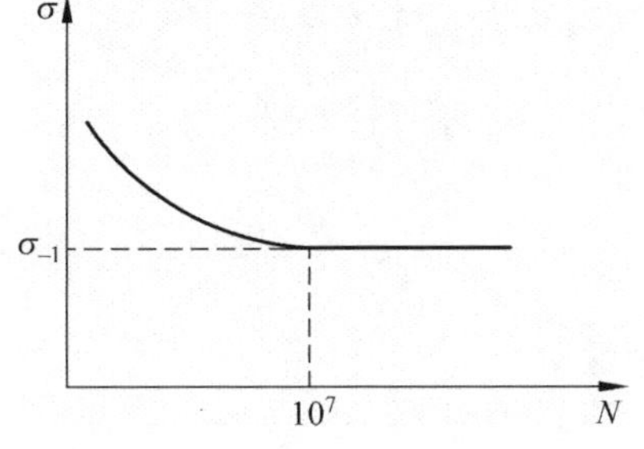

图 16-2 金属材料的 $S-N$ 曲线

线形拟合

$$S/\mu = d - m\log N \tag{16-1}$$

曲线拟合

$$(S/\beta)^h = K \tag{16-2}$$

式中，S 为应力；μ、β 为试件的静强度（按高斯分布和 Weibull 分布统计而得的平均强度或特征强度）；m、d、K 均为材料的性能参数；h 为寿命指数。

用 Weibull 分布研究疲劳性能时[2]，多数使用 $S-N$ 曲线拟合，最简单的公式化方程为

$$\sigma_a = \sigma_u - b\log N \tag{16-3}$$

式中，σ_a 为最大应用应力；σ_u 为材料的静强度；b 为常数；N 为载荷的循环次数。

这种方法也称为疲劳寿命与静强度相关性法。虽然 $S-N$ 曲线能对材料的疲劳寿命能进行预测，但是 $S-N$ 曲线是在常幅应力下得到的，因此只能提供材料基本的疲劳特性参数，对多级应力及复杂应力下疲劳过程的描述显得乏力。

16.2 纤维增强复合材料的疲劳损伤特性与表征

16.2.1 损伤的生成与演化过程

纤维增强复合材料与金属等一些各向同性材料有完全不同的疲劳损伤机理，其疲劳破坏经常伴随着不断增加且遍及整个试件的损伤，不像在金属材料中能观察到明显的单一裂纹[2]。纤维增强复合材料损伤的主要形式有：纤维一基体脱胶、劈裂、纤维断裂、基体裂纹、分层等。这些损伤形式的任何组合都是可能降低疲劳强度和刚度的主要原因，它们与材料性能、铺层顺序以及疲劳加载类型等因素直接相关。其损伤扩展过程可用图 16 - 3 加以描述。

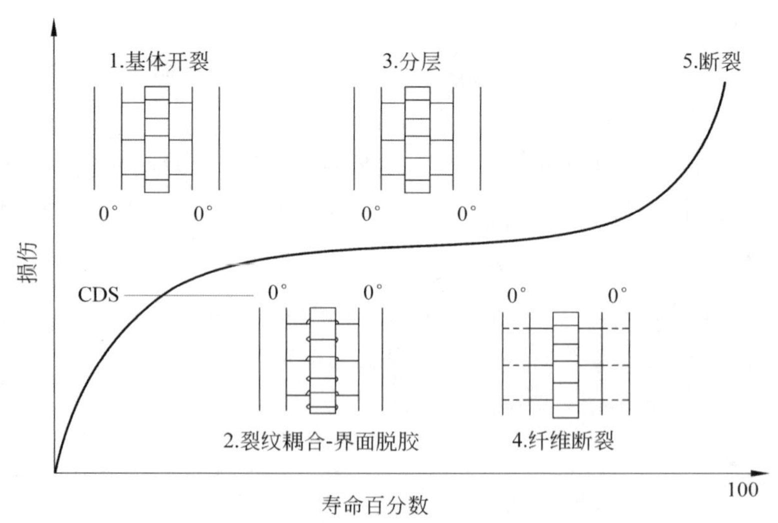

图 16 - 3 纤维增强复合材料中损伤演变示意

由图 16 - 3 可以看出，损伤过程分为两个明显的阶段：第一阶段，基体内均匀开裂，裂纹仅限于各单层内，没有裂纹相互作用；第二阶段，层内及层间损伤的相互作用，且在损伤严重区造成局部化破坏。

16.2.2 疲劳破坏表征方法

实验表明，纤维增强复合材料没有像金属材料那样明显的疲劳极限，这样就需要定义一个条件疲劳极限。一般指定寿命取 5×10^6 或 10^7 次循环，这时试件不破坏所对应的最大应力为疲劳极限。处理复合材料疲劳寿命问题一般采用两种方法：经典的 $S-N$ 曲线经验法和疲劳累积损伤理论的方法。16.1.3 已经介绍了 $S-N$ 曲线经验法，下面着重介绍基于损伤机理和累积损伤理论的疲劳寿命预测模型。

有关复合材料损伤的定义有很多，对于发展一个实用的累积损伤理论，可以采用宏观、微观以及宏微观相结合等三种方式。目前大多采用宏观唯象的方法来定义损伤变量，建立累积损伤理论。最近几年的科研成果较多介绍的疲劳累积损伤模型有剩余强度模型、剩余刚度模型等。

1. 剩余强度模型

Halpin 和 Waddoups 最早提出用剩余强度模型来预测疲劳寿命。他们认为材料的强度随循环的次数 N 增加而下降，当剩余强度 $R(N)$ 达到外界应力幅 σ_{max} 时，材料便发生破坏，考虑到初始强度 $R(0)$ 有一定的分散性，可假设服从 Weibull 分布[3]。以后，又有不少学者用分析式表述了强度下降模型。其中较著名的是 Yang 推导的强度下降模型[4]，该模型认为强度随循环次数 N 的变化率与实际应力 σ_a 的 c 次幂、剩余强度 $\sigma(N)$ 的 $1-c$ 次幂及无量纲变量 f 成正比。令 $s=\dfrac{1}{c}$，则疲劳寿命模型为

$$\sigma_e=\sigma_a[1+(N-1)f]^s \tag{16-4}$$

剩余强度模型的破坏准则是：当剩余强度下降到实际应力时，疲劳破坏发生。

该理论认为材料的疲劳寿命跟其静强度一样，符合三参数 Weibull 分布。对于在多应力水平下的疲劳响应，则需要利用连续损伤力学的概念来定义损伤 D，利用线性或非线性累积理论来计算疲劳寿命。

2. 剩余刚度模型

在循环应力作用下，随着循环次数的增加，材料抗疲劳性能下降。应力一应变曲线分析表明其刚度（弹性模量）也随之下降，疲劳寿命估算也可利用剩余刚度来描述[5]。最初有些学者运用损伤力学的观点研究疲劳过程，由复合材料的弹性模量变化和边界条件来描述疲劳过程，定义损伤因子 D。

$$D(N)=1-E_N/E_0 \tag{16-5}$$

式中，E_0、E_N 分别为初始弹性模量和循环 N 次后的弹性模量。

式（16-5）的边界条件为

$$D(0)=0 \tag{16-6}$$

随后，有许多学者提出了弹性模量衰减模型[6]，较普遍地认为弹性模量下降率与循环

次数 N 的 $\upsilon-1$ 次幂成正比，数学模型为

$$\mathrm{d}E(N)/\mathrm{d}N=-E(0)Q\upsilon N^{\upsilon-1} \tag{16-7}$$

式中，Q 和 υ 为与循环应力、频率、应力比有关的随机变量。

另有些学者抛开损伤力学的观点，只考虑用有量纲参量的变化率来描述疲劳过程[7]。Han 就是具有代表性的学者之一。他定义疲劳模量 $F(n)$ 为实际应力 σ_a 与累积应变 $\varepsilon(n)$ 之比。

$$F(n)=\sigma_a/\varepsilon(n) \tag{16-8}$$

实验研究表明，疲劳模量的下降率与循环次数 n 的 $c-1$ 次幂成正比关系。

$$\mathrm{d}F/\mathrm{d}n=acn^{c-1} \tag{16-9}$$

式中，a、c 为实验常数，模型中假设模量下降与应力无关。

由于疲劳模量模型引入疲劳模量的变化率与应力无关，以及疲劳破坏是由累积应变造成的两个假设，因此有一定的局限性。最明显的就是当载荷为零时，得出一个有限寿命，这显然与实际情况不符。

就剩余刚度、剩余强度模型而言，它们都是运用疲劳过程中材料属性的变化来唯象地描述损伤，都只用一个变量（刚度或强度）。而实际疲劳过程中，还存在着很多变量（如残余应变）。因此，为准确地描述疲劳损伤过程，还需要引入更多的表征变量。

16.3 金属橡胶的疲劳损伤特性与表征[8]

16.3.1 金属橡胶的疲劳损伤特性

金属橡胶与金属材料或纤维增强复合材料在疲劳损伤性能方面同样遵循微观上的裂纹扩展理论和宏观上的累积损伤理论。但由于本身细观结构的特殊性，其疲劳损伤机理有别于金属材料和纤维增强复合材料。

1. 金属橡胶疲劳损伤微细观表现

1）金属橡胶疲劳损伤的微观表现

14.3 对不锈钢丝表面进行了激光扫描共焦（LSCM）观察与分析，结果发现钢丝表面有大量的微米量级的凹凸起伏［图 14－4（a）］。而 15.2 开展的微裂纹扩展演化机理研究表明，裂纹源均出现在钢丝的表面［图 15－4（a）中 A、B 处］。由此认为，钢丝表面微米量级起伏的凹凸处为其表面疲劳裂纹萌生区域。

同时，15.3 对钢丝疲劳断口形貌特征的分析表明，冷拔后的钢丝内部存在的大量孔洞（图 2－7）及夹杂物［图 15－6（d）］对内部组织出现裂纹起了决定性作用。

这样，在交变拉－压载荷作用下，金属橡胶内部线匝进行着复杂的弯、扭、拉、压组合变形，表面（钢丝之间长期的相互摩擦、磨损也会不断产生新的表面裂纹源）和内部裂

纹源不断演化扩展，最终导致钢丝的局部断裂（图 15－6、图 15－8、图 15－9）。

另外，第 14 章开展的金属橡胶内部线匝摩擦磨损规律研究表明，钢丝表面稳定摩擦磨损阶段的磨屑上往往存在细小的微裂纹，在后续的振动周次中，大块磨屑很容易发生开裂而脱落（图 14－10）。磨屑形成—局部熔融集结成块—碎裂脱落—新鲜的磨屑再形成过程周而复始使得"白层"不断向内部推进（图 14－11），也加快了钢丝断裂的速度。

2）金属橡胶疲劳损伤的细观表现

金属橡胶内部是线匝相互交错咬合形成的复杂空间网状结构（图 12－9），金属橡胶疲劳损伤的微观表现必将影响复杂空间网状结构的稳定性。

局部钢丝微观上发生磨损断裂时，附近小区域内与之接触的线匝的空间取向及位置会发生一定的改变，而且这种变化会传导到其他区域。少量的钢丝断裂不会立即引起金属橡胶宏观性能很大的变化，但随着疲劳循环周次的提高，钢丝断裂数量会迅速增加直至达到一个相对稳定的数值。

同时，在循环载荷作用下，部分相互咬合的线匝还会相继发生脱钩现象，使局部出现结构性的损伤。

此时，在以上两种因素的共同作用下，金属橡胶宏观力学性能就会发生显著的变化。

2. 金属橡胶疲劳损伤宏观力学性能表现

金属橡胶微细观上疲劳损伤的累积与发展最终导致金属橡胶力学性能的改变，最显著的影响体现在弹性变形与阻尼耗能性能的改变。

采用位移控制方式，对金属橡胶试件施加交变疲劳载荷，实验后可以得到金属橡胶构件在各个振动周期下的迟滞回线，如图 16－4 所示。

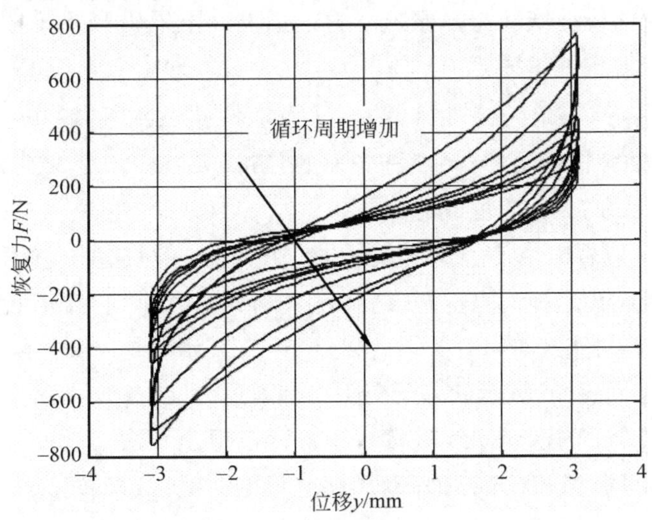

图 16－4　各个振动周期下的迟滞回线（弯曲剪切振幅 3mm）

根据 13.3 开展的金属橡胶等效阻尼损耗因子的计算方法研究，迟滞回线包围的面积

ΔW 反映了金属橡胶耗散振动能量的水平，它与金属线匝之间的摩擦力大小成正比变化。金属橡胶迟滞回线相对于位移坐标轴的倾斜角度反映了平均刚度特性，与金属橡胶内部线匝的交错咬合情况密切相关。

可以看出，金属橡胶试件在振动一定周次之后，迟滞回线随着振动周次的增加逐渐变得扁平，说明金属橡胶构件的平均刚度和阻尼耗能性能均发生衰减。

16.3.2 金属橡胶疲劳损伤表征参量

金属橡胶迟滞回线由作为“基架线”的非线性弹性力和作为“纯滞后环”的非线性阻尼力组成，如图 16－5 所示。

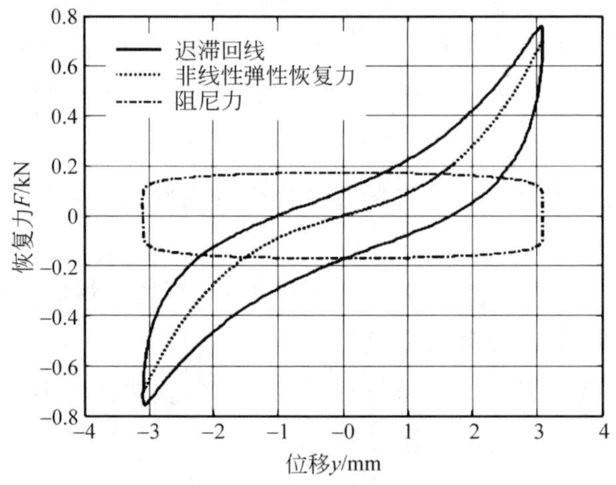

图 16－5 金属橡胶典型迟滞回线分解示意

其弹性力是高阶非线性恢复力，而阻尼力包括黏性阻尼力和干摩擦阻尼力。金属橡胶迟滞回线可以用如下模型进行描述：

$$F(y,\dot{y}) = F_k(y) + F_c(\dot{y}) = k_1 y + k_3 y^3 + c\,|\,\dot{y}\,|^{\alpha}\mathrm{sgn}(\dot{y}) \tag{16-10}$$

式中，$F_k(y)$ 为非线性弹性恢复力；k_1 为一次线性刚度；k_3 为三次非线性刚度；$F_c(\dot{y})$ 为非线性阻尼力；c 为阻尼系数；α 为阻尼成分因子。

由式（16-10）可以看出，α 越大，阻尼力 $c|\dot{y}|^{\alpha}\mathrm{sgn}(\dot{y})$ 对速度的变化越敏感；反之，阻尼力对速度的变化就比较迟钝。当 $\alpha=1$ 时，$c|\dot{y}|^{\alpha}\mathrm{sgn}(\dot{y})$ 实际上就简化为线性黏性阻尼力；当 $\alpha=0$ 时，阻尼力仅与速度符号有关，$c|\dot{y}|^{\alpha}\mathrm{sgn}(\dot{y})$ 表示的是干摩擦阻尼；当 α 在（0，1）范围内变化时，$c|\dot{y}|^{\alpha}\mathrm{sgn}(\dot{y})$ 表示的是既有干摩擦阻尼力又有黏性阻尼力的混合型阻尼力。

通过对各振动周期下的迟滞回线进行辨识，可以得出一次线性刚度 k_1，三次非线性刚度 k_3，阻尼系数 c，阻尼成分因子 α 随振动周期变化的曲线，进而可以分析金属橡胶构件的刚度和阻尼性能的变化。

我们选取一次线性刚度 k_1，三次非线性刚度 k_3，阻尼系数 c，阻尼成分因子 α 为金属橡胶疲劳损伤表征参量［表征参量（k_1,k_3,c,α）的识别问题参见第 20 章］。

16.3.3 金属橡胶疲劳损伤实验

1. **实验设计**

金属橡胶疲劳损伤实验设计参见 14.2。

2. **实验结果及分析**

通过对各振动周期下的迟滞回线进行辨识，可以得出一次线性刚度 k_1，三次非线性刚度 k_3，阻尼系数 c，阻尼成分因子 α 随振动周期变化的曲线，如图 16－6～图 16－9 所示。

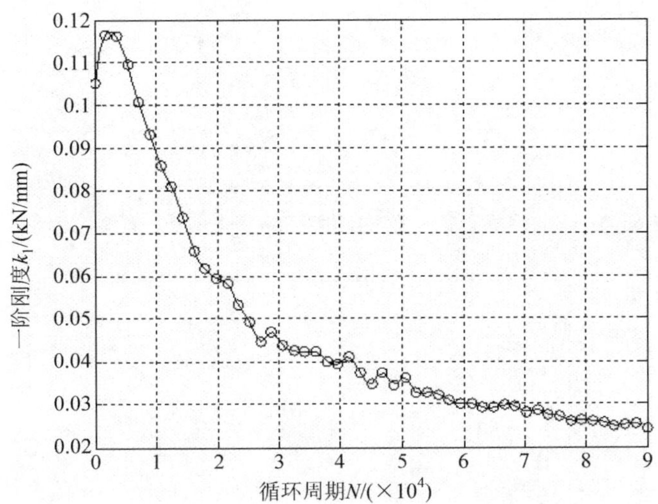

图 16－6 一次线性刚度 k_1 随振动周期的变化曲线（振幅 3mm）

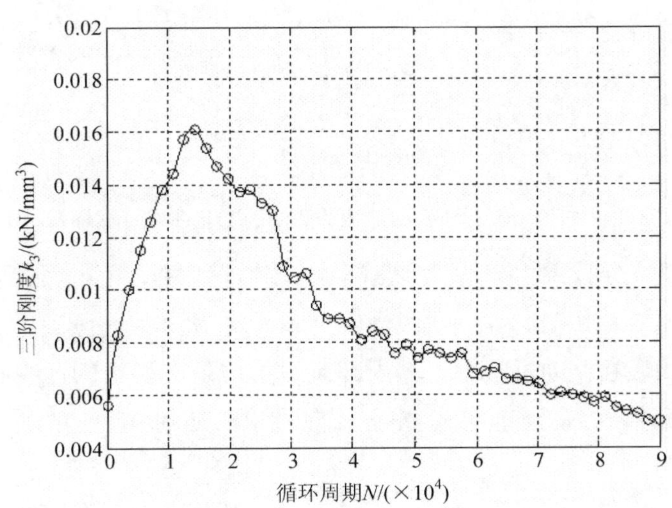

图 16－7 三次非线性刚度 k_3 随振动周期的变化曲线（振幅 3mm）

1）一次线性刚度 k_1，三次非线性刚度 k_3 随振动周期变化规律

由图 16－6、图 16－7 可以看出，在振动初期（循环次数小于 1.5×10^4 次），金属橡胶

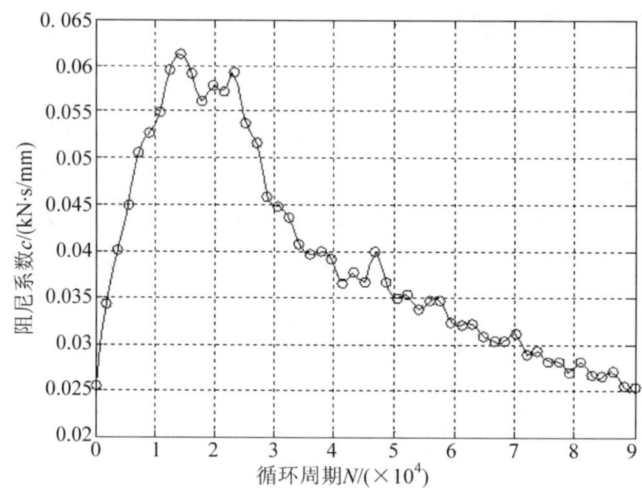

图 16-8　阻尼系数 c 随振动周期的变化曲线（振幅 3mm）

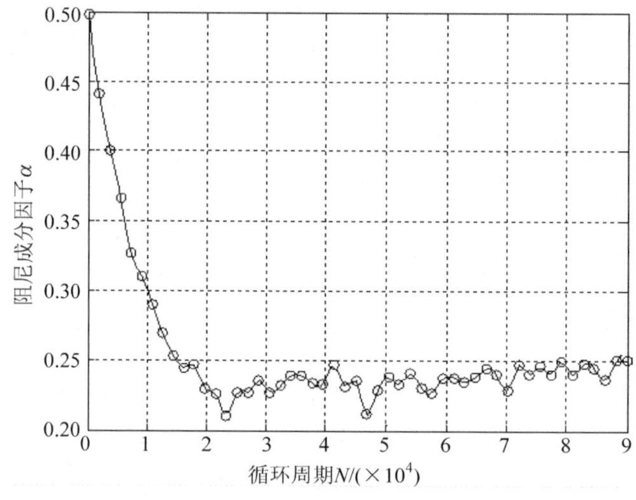

图 16-9　阻尼成分因子 α 随振动周期的变化曲线（振幅 3mm）

构件的一次线性刚度 k_1 经短暂上升后逐渐减小，三次非线性刚度 k_3 逐渐增大；在振动中后期（循环次数大于 1.5×10^4 次），一次线性刚度 k_1 和三次非线性刚度 k_3 均逐渐减少。

这是由于金属橡胶在振动过程中，其内部组织结构是不稳定的，线匝之间典型的滑移方式（图 11-4）逐渐由容易滑动的（a）方式向难于滑动的（b）方式过渡，如图 16-10 所示。

（a）滑移方式发生时，由于相互滑动线匝之间接触角度很大，接触压力较小，线匝的弹性变形小且在线弹性范围，因此这种滑动方式对一次线性刚度 k_1 贡献很大。

（b）滑移方式发生时，由于相互滑动线匝之间接触角度很小，接触压力较大，线匝的弹性变形大且超出了线弹性范围，因此这种滑动方式对三次非线性刚度 k_3 贡献很大。

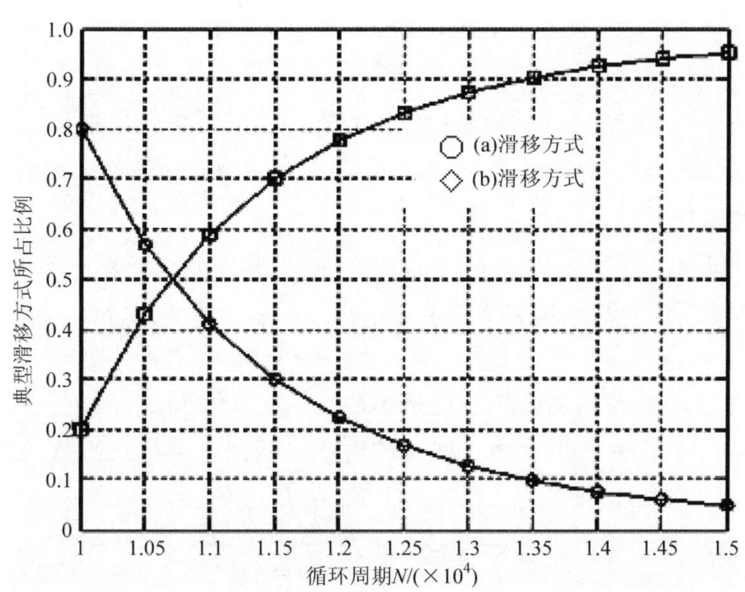

图 16－10　典型滑移方式所占比例随循环周期变化规律示意

这样，振动初期由于发生（a）滑移方式的接触线匝数量逐渐减少；同时，发生（b）滑移方式的接触线匝数量逐渐增多，使一次线性刚度 k_1 随振动周期的增加而逐渐减少；三次非线性刚度 k_3 随振动周期的增加而逐渐增加。

振动中后期，由于金属橡胶内部应力集中部位的金属丝在振动过程中发生磨损、疲劳硬化和断裂，使参与变形的有效接触线匝数量急剧减少，导致一次线性刚度 k_1 和三次非线性刚度 k_3 随振动周期的增加均逐渐减少。

2）阻尼系数 c 随振动周期变化规律

金属橡胶构件在单一振动周期受力变形时，首先金属丝线匝发生短暂的弹性变形，随着载荷的增加，线匝间开始发生滑移。

（a）滑移方式中，金属线匝之间的接触角度比较大，线匝间的接触载荷一般比较小，滑移驱动力的方向一般接近于滑移方向，这类滑移方式在受到载荷作用时容易启动，而且在载荷减少时线匝变形后不易恢复到原来的位置和形状，这部分耗能表现为金属橡胶的黏性耗能。

（b）滑移方式中，金属线匝之间的接触角度比较小，线匝相互滑移的方向几乎平行于金属线匝平面，类似于线匝间的互相挤出。这种滑移方式中，滑移接触面的接触载荷几乎正交于相互滑动方向，沿滑动方向的驱动力较小，只有在较大载荷作用下，金属橡胶发生较大的变形时，这种滑移方式才会发生启动。由于相对接触载荷较大，线匝间滑移困难，其耗能以干摩擦耗能为主。

阻尼系数 c 反映了金属橡胶构件耗能大小。

金属橡胶耗能 W 为黏性耗能 W_n 和干摩擦耗能 W_g 之和。

$$W = W_n + W_g \tag{16-11}$$

金属橡胶黏性耗能部分 W_n 主要与以（a）方式滑移的接触线匝数量有关。随着循环周期的增加，其数量是逐渐减少的（图 16－10），因而金属橡胶黏性耗能也必然随着循环周期的增加而逐渐减少。

金属橡胶干摩擦耗能部分 W_g 主要与以（b）方式滑移的接触线匝数量 N_b 、线匝间接触正压力 F_b 、线匝之间摩擦系数 μ 成正比。

$$W_g \infty \mu \cdot F_b \cdot N_b \tag{16-12}$$

由于振动初期金属橡胶内部组织结构是不稳定的，丝线间的滑移挤压使得接触线匝数目逐渐增加，但到了一定次数后，由于线匝的磨损、断裂，接触线匝数目随着振动周期的增加反而下降（图 16－11）。

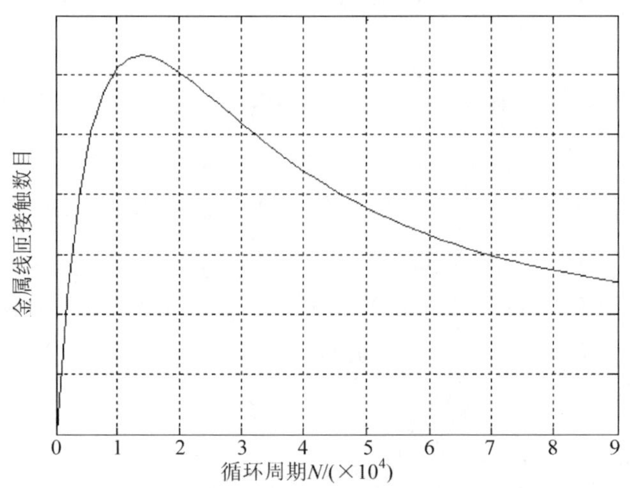

图 16－11　金属线匝接触数目随循环周期变化规律示意

由于采用位移控制，一次线性刚度 k_1 、三次非线性刚度 k_3 随振动周期的变化反映了线匝间接触正压力的变化规律，线匝间接触正压力必然是随着振动周期的增加而快速增加，然后逐渐下降。

14.4.2 进行的摩擦系数曲线分析表明，接触线匝之间的微动摩擦系数 μ 随循环周次的变化可分为 4 个阶段（图 14－7），即经历了①缓升—②迅速增加—③迅速降低—④缓降的过程。

通过对影响干摩擦耗能各因素的分析，由式（16-12）可以看出，随着循环周期的增加，干摩擦耗能 W_g 先是增加，到达一定循环周期，逐渐下降（图 16－8）。

这样，由于在金属橡胶中干摩擦耗能 W_g 所占比例大于黏性耗能，阻尼系数 c 随着振动周期的变化规律与干摩擦耗能 W_g 变化趋势基本相同（图 16－8）。

3）阻尼成分因子 α 随振动周期变化规律

阻尼成分因子 α 的变化反映了金属橡胶耗能方式的改变。

在振动初期，随着循环周期的增加，金属橡胶内部丝匝之间以（a）滑移方式发生滑移的接触线匝数量的比例迅速下降，以（b）滑移方式发生滑移的接触线匝数量的比例逐渐增多（图 16－10）。因（a）滑移方式以黏性耗能为主，（b）滑移方式以干摩擦耗能为主，从而使黏性耗能部分逐渐减小，干摩擦耗能成分逐渐增加，阻尼成分因子在振动初期迅速减小［当 $\alpha=0$ 时，阻尼力仅与速度符号有关，$c\,|\dot{y}|^{\alpha}\mathrm{sgn}(\dot{y})$ 表示的是干摩擦阻尼］。

在振动中后期，金属橡胶内部组织结构趋于稳定，其耗能方式也趋于稳定（以干摩擦耗能为主），阻尼成分因子保持在 0.23 左右（图 16－9）。

16.3.4 金属橡胶疲劳损伤表征

1. 损伤表征函数

金属橡胶疲劳损伤的过程就是其刚度和阻尼性能发生变化的过程（图 16－4），为准确而全面地描述金属橡胶的疲劳损伤过程，可以用其刚度损伤和阻尼损伤来表征。选用一次线性刚度 k_1 、三次非线性刚度 k_3 和阻尼系数 c 来表征金属橡胶疲劳损伤。

一次线性刚度 k_1 损伤因子 $D_1(N)$

$$D_1(N)=\frac{k_1(0)-k_1(N)}{k_1(0)}=1-\frac{k_1(N)}{k_1(0)} \tag{16-13}$$

三次非线性刚度 k_3 损伤因子 $D_2(N)$

$$D_2(N)=\frac{k_3(0)-k_3(N)}{k_3(0)}=1-\frac{k_3(N)}{k_3(0)} \tag{16-14}$$

阻尼系数 c 损伤因子 $D_3(N)$

$$D_3(N)=\frac{c(0)-c(N)}{c(0)}=1-\frac{c(N)}{c(0)} \tag{16-15}$$

式（16-13）～（16-15）中，$k_{1,3}(0)$ 表示初始刚度；$k_{1,3}(N)$ 表示振动 N 次后刚度；$c(0)$ 表示初始阻尼系数；$c(N)$ 表示振动 N 次后阻尼系数。

各损伤因子满足边界条件

$$D_i(0)=0(i=1,2,3) \tag{16-16}$$

2. 损伤失效判据

根据具体的使用要求可确定临界损伤因子 D_{σ}，则各个损伤因子 $D_{1,2,3}$ 达到 D_{σ} 时的循环周期次数分别为 $N_{1,2,3}$，因为金属橡胶的刚度损伤与阻尼损伤可能不同步，所以一般 $N_1\neq N_2\neq N_3$。

定义综合损伤因子 D

$$D=(D_{1,2,3})_{\min(N_{1,2,3})} \tag{16-17}$$

式中，D 为一次线性刚度 k_1 损伤因子 D_1 、三次非线性刚度 k_3 损伤因子 D_2 和阻尼系数 c 损伤因子 D_3 中对应振动周期最短的一个损伤因子。

则疲劳损伤判据为

$$D \geqslant D_{cr} \tag{16-18}$$

$D = D_{cr}$ 时对应的振动周期次数定义为疲劳损伤寿命 N_f。

根据式（16-13）～（16-15）计算得到的损伤因子 $D_{1,2,3}$ 如图 16－12～图 16－14 所示，数据见表 16－1。

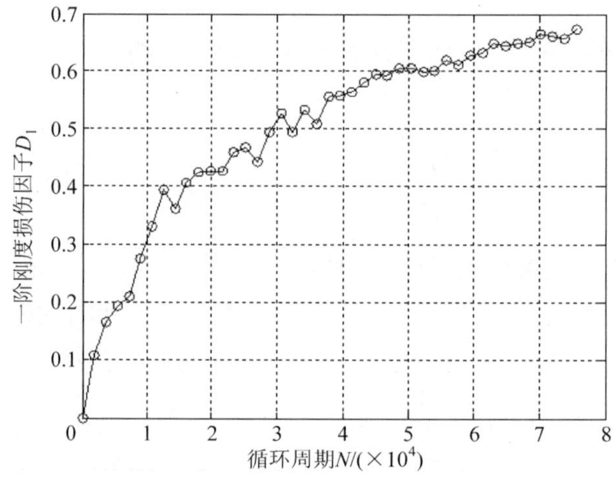

图 16－12　一次线性刚度 k_1 损伤因子 D_1 随振动周期变化曲线（振幅 3mm）

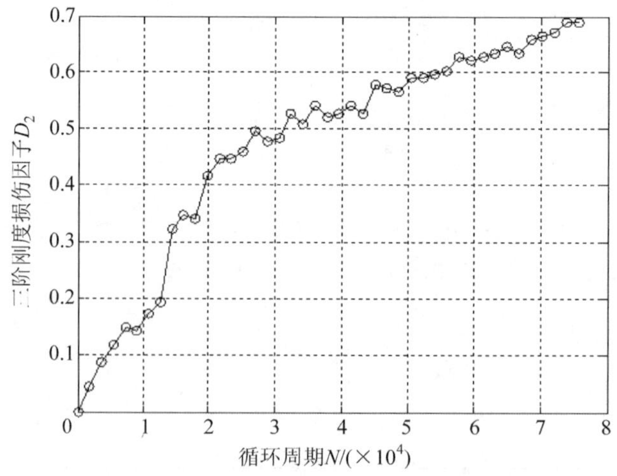

图 16－13　三次非线性刚度 k_3 损伤因子 D_2 随振动周期变化曲线（振幅 3mm）

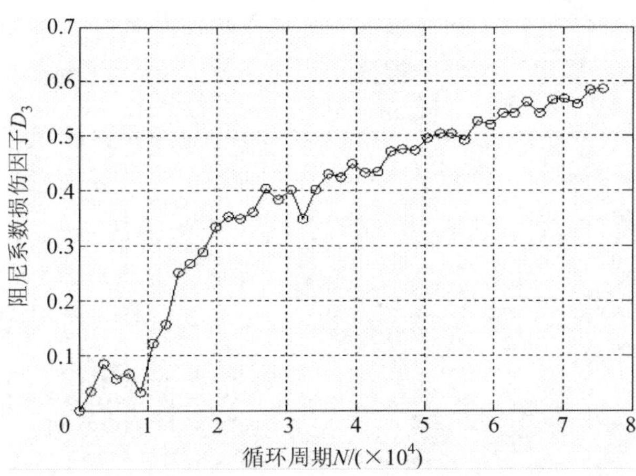

图 16－14　阻尼系数 c 损伤因子 D_3 随振动周期变化曲线（振幅 3mm）

表 16－1　损伤因子随振动周期变化数据

循环周期 N	一次线性刚度 k_1 损伤因子 D_1	三次非线性刚度 k_3 损伤因子 D_2	阻尼系数 c 损伤因子 D_3
0	0	0	0
9 000	0.275 4	0.142 9	0.032 6
18 000	0.424 7	0.341 6	0.287 1
27 000	0.443 7	0.496 9	0.403 5
36 000	0.508 8	0.540 4	0.430 6
45 000	0.594 3	0.577 6	0.472 2
54 000	0.601 1	0.596 3	0.504 5
63 000	0.648 6	0.633 5	0.541
72 000	0.659 4	0.670 8	0.558 1
73 800	0.656 7	0.689 4	0.585 2
75 600	0.671 6	0.689 4	0.586 8

如表 16－1 所示，假定 $D_{cr}=0.6$ 时，一次线性刚度 k_1、三次非线性刚度 k_3 和阻尼系数 c 损伤因子对应的疲劳损伤寿命分别为 5.4×10^4 次，5.6×10^4 次和 9.0×10^4 次。为保证使用安全，选用对应最小疲劳寿命的损伤因子（一次线性刚度损伤因子）作为综合损伤因子 D 来表征金属橡胶的疲劳损伤。

3. 累积损伤模型

金属橡胶构件承受交变疲劳载荷作用，其刚度和阻尼性能不断变化，损伤不断积累，在分析金属橡胶构件疲劳损伤扩展趋势后，可采用两参数 Weibull 函数对损伤函数 $D(N)$ 进行量化描述。

$$D(N)=1-\exp\left(-\left(\frac{\lg(N+1)}{\beta}\right)^{\lambda}\right) \tag{16-19}$$

式中，N 为加载次数；λ、β 为与金属橡胶构件加载振幅、材料参数有关的参数。

当λ、β取不同值时，式（16-19）的函数值$D(N)$变化很大（图 16－15），这说明它具有很强拟合能力，能对金属橡胶构件的损伤扩展进行充分的量化描述。

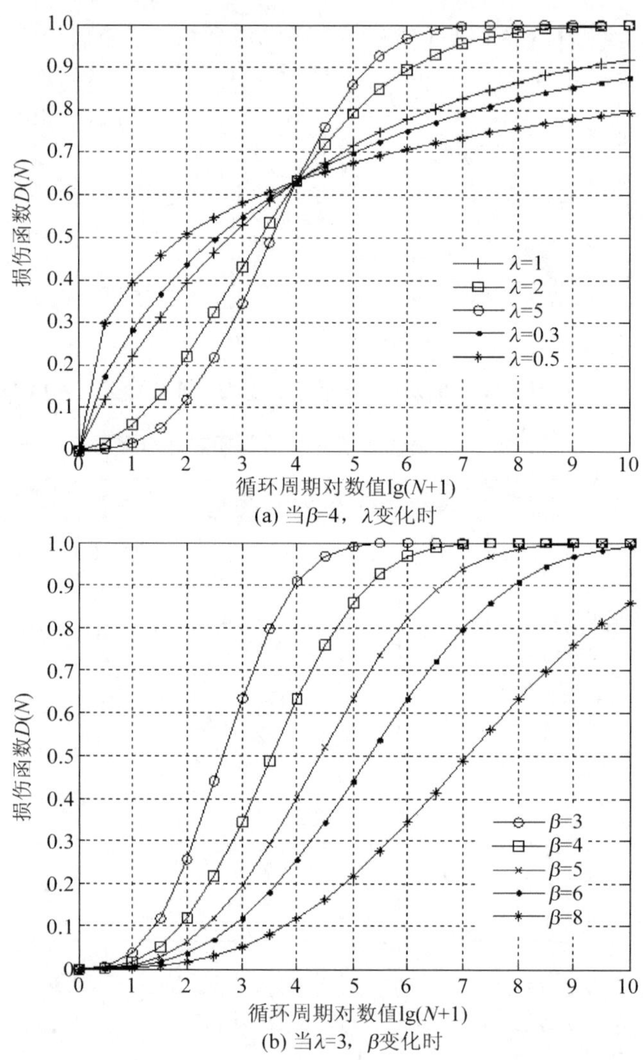

(a) 当β=4，λ变化时

(b) 当λ=3，β变化时

图 16－15　损伤函数 D（N）分析示意

根据具体情况可确定临界损伤因子D_{cr}，从而计算出各振幅下的疲劳寿命。

$$N_f = 10^{\beta\left(\ln\left(\frac{1}{1-D_{cr}}\right)\right)^{\frac{1}{\lambda}}} - 1 \tag{16-20}$$

通过弯曲剪切变形时各振幅下的实验数据，根据式（16-17）、式（16-19）可确定参数λ、β，再根据式（16-20）可计算疲劳损伤寿命N_f。

如取$D_{cr}=0.63$，各振幅下累积损伤模型参数值及疲劳损伤寿命见表 16－2，模型预测和实验数据拟合如图 16－16 所示。

表 16-2 金属橡胶构件累积损伤模型参数值（弯曲剪切变形）

振幅 A/mm	参数 λ	参数 β	疲劳寿命 N_f	振幅 A/mm	参数 λ	参数 β	疲劳寿命 N_f
2	6.75	12.32	1.8×10^5	4	13.34	9.36	1.3×10^4
3	8.76	10.79	5.4×10^4	5	14.56	9.01	7.5×10^3

由图 16-16 可见，随着加载振幅的增加，金属橡胶构件的疲劳寿命越来越短，其疲劳损伤发展得也越快。因此，所建立的疲劳损伤累积模型能够反映金属橡胶损伤扩展规律。

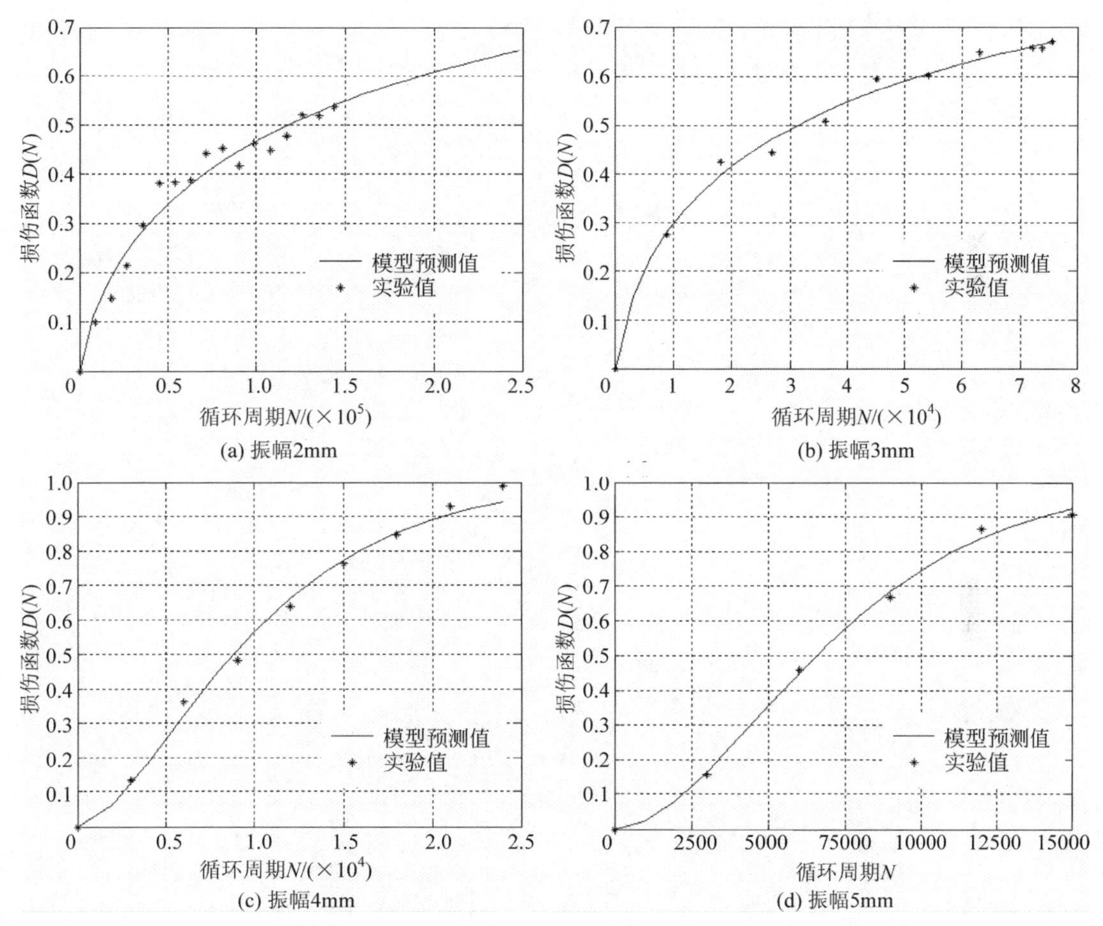

图 16-16 模型预测结果与实验结果对比

◇◇◇ 参考文献 ◇◇◇

[1] 郑修麟. 金属疲劳的定量理论. 西安：西北工业大学出版社，1994.
[2] 李志军，程光旭，段权. 一种纤维增强复合材料的力学化学疲劳模型. 西安交通大学学报，2002,

(1)：90—94.

[3] Halpin. J. C. Characterization of composites for the purpose of reliability evaluation，ASTM STP 1973，521：5～46.

[4] J. N. Yang. Residual strength degradation model and theory of periodic proof tests for graphite/epoxy laminates. J. Comp. Mat. 1977，11（4）：177～197.

[5] 慈国庆．纤维增强复合材料层板的疲劳损伤研究．济南：山东工业大学硕士论文，1995.

[6] 王殿富．复合材料层板疲劳的刚度衰退//第五届全国疲劳学术会议论文集，威海，1991，16-21.

[7] 韩京夔．复合材料疲劳寿命预测．复合材料学报，1987，4（1）：16-24.

[8] 王尤颜，白鸿柏，侯军芳．金属橡胶材料疲劳损伤性能研究．机械工程学报，2011，47（2）：65-71.

第17章 金属橡胶高/低温环境力学行为

本章的核心内容是介绍金属橡胶高/低温环境下力学行为，包括高/低温环境下金属丝之间的摩擦磨损规律、金属橡胶弹性变形与阻尼耗能特性、疲劳损伤特性与表征。

17.1 温度对不锈钢丝物理机械性能的影响

金属橡胶由各种牌号的不锈钢丝经冷冲压工艺制造，故金属橡胶的宏观性能也就由不锈钢丝线匝的空间交错咬合状态和它本身的物理机械性能所决定。当环境温度改变时，不锈钢丝本身的力学性能如弹性模量和强度等，以及物理特征如丝线体积和丝线摩擦系数将会发生相应的变化，从而影响金属橡胶的宏观性能，如弹性变形、阻尼耗能及疲劳损伤性能等。

17.1.1 温度对不锈钢丝组织及力学性能的影响[1]

一般而言，金属材料的微观组织形态和金相结构都是相对稳定的，在温度变化范围不太大的情况下，其微观组织形态基本保持不变，但当温度变化幅度较大时，微观组织将有较大变化，使得金属材料的宏观力学性能因此发生改变。

金属材料的力学性能主要有屈服强度、极限强度、弹性模量和延伸率等。一般金属材料的屈服强度、极限强度和弹性模量均随温度升高而降低，随温度的下降而增大，而延伸率等塑性指标的总体趋势则是随温度的升高而增大。

一般工业中用的高铬铁素体钢、珠光体钢、马氏体钢等，它们的冲击韧性都表现为随实验温度的升高而增大，随温度降低而减小，有些钢还会因在高温下长期加热而变脆。金属橡胶一般由各种牌号的铬镍奥氏体不锈钢丝制备，这种材料在高温下长期加热也不会变脆，而且在低温下也能保持很高的冲击韧性，这种特性甚至可保持到－150℃。

普通钢的奥氏体一般都处于亚稳定的状态，这些奥氏体组织可在一定条件下向马氏体转变；而铬镍奥氏体不锈钢因为含镍高及碳、氮等元素的作用而具有较高的稳定性，即使自高温骤冷至室温也不发生马氏体转变。不过这些奥氏体基体组织也是处于亚稳定状态的，当继续冷却至室温以下足够低的温度，或是在经受冷变形时，其中一部分或大部分奥氏体会发生马氏体转变。马氏体转变是一种无扩散相变，即通过剪切机制由大规模、有规则的原子排列的变化，在很短的时间内迅速完成的。骤然降温和冷变形是诱发马氏体转变的外部条件。

奥氏体不锈钢中马氏体的生成会对其力学性能和冷成型性产生重要影响。由于马氏体硬而脆，随着不锈钢中马氏体量的增大，其强度提高，而塑性降低。随着 α' 马氏体相的增多，钢的屈服强度比抗拉强度的上升更明显，这种情况对于不锈钢丝的冷加工是不利的，因为在钢丝冷拔过程中会导致变形抗力的提高和中间退火次数的增多。但这种现象又可用来强化亚稳态奥氏体不锈钢，以达到提高强度的目的。

17.1.2 温度对不锈钢丝微动摩擦性能的影响

第 14 章对室温下金属橡胶内部相互接触线匝之间的摩擦磨损规律进行了研究，但在高温或低温环境下，这些接触线匝之间的摩擦磨损规律会呈现出不同的特点。

Kayaba 和 Takao 等从实验中得出如下结论：随着温度的升高，金属氧化物开始在微动接触面间形成，氧化物的形成使摩擦系数和磨损程度降低。

Shevely 和 Karasev. 也从实验中得出如下结论：温度的升高改变了摩擦副间的微动摩擦和磨蚀机制，材料在高温下的抗磨能力是由高温时形成的金属氧化物的承载能力决定的。

大量实验和理论分析表明，温度升高对微动摩擦产生两方面的影响：

（1）出现了高温塑性变形机制（如蠕变），并引起材料的变形抗力和疲劳强度降低；

（2）加剧了环境的氧化和腐蚀作用。氧化和腐蚀的加剧，产生的氧化物磨屑可阻止金属与金属表面的直接接触，不仅可降低摩擦系数，还可降低接触面之间的黏着作用，使金属的微动磨损下降。

对奥氏体不锈钢来说，从室温 20℃至 200℃左右，摩擦系数随温度升高而增大，温度更高时，微动接触区表面会形成一层致密的釉质氧化膜，摩擦系数就逐渐降低。

1045 钢在室温至 400℃范围内的微动摩擦实验得到的微动摩擦系数随温度的变化关系如图 17-1 所示。实验采用平板试样与 GCr15 钢球组成微动摩擦副，载荷范围 100～300N，位移幅值为 15～60μm。

图 17-1（a）为部分滑移时的摩擦系数，图 17-1（b）为完全滑移时的摩擦系数。可以发现，微动摩擦系数在初始时比较小，随循环次数的增加逐渐增大，随后维持平衡状态。

不锈钢材料常温时的微动摩擦系数在微动开始阶段随循环次数的增加而增大，至摩擦系数增大到最大值后，随循环次数的增加摩擦系数有所降低，并趋于稳定。这种现象可解释为：在微动开始阶段，由于表面存在污染物和氧化膜，有效阻止了金属的直接接触，污染物和氧化膜在接触面起到了润滑作用，此时摩擦系数较小；随着循环次数的增加，在一接触面上的微凸体对另一接触面的犁沟和刮削作用，使得污染物和氧化膜破裂，接触面实现了金属与金属的接触，摩擦系数增大，此时金属间黏着和冷焊现象严重；此后在接触面微凸体之间的焊合和撕裂重复作用下，焊合点处剪切强度低的材料最终脱落，形成磨屑，

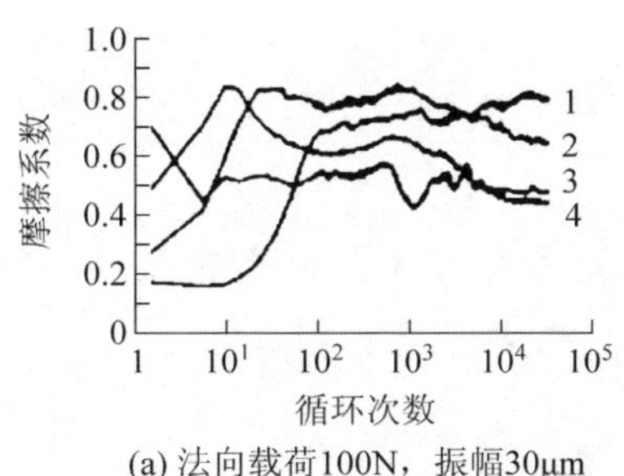

(a) 法向载荷100N，振幅30μm

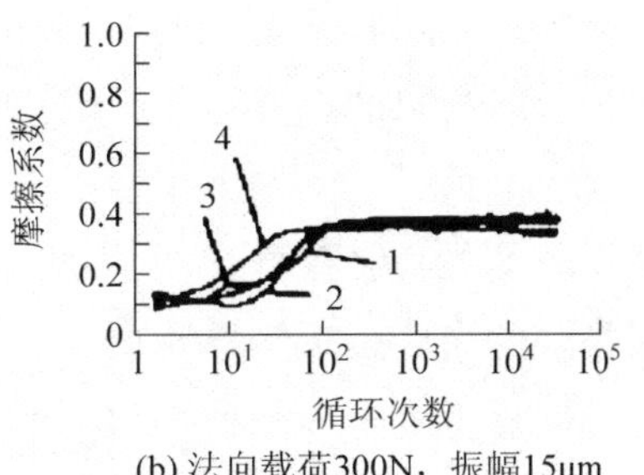

(b) 法向载荷300N，振幅15μm

图 17－1　温度对微动摩擦系数的影响

1—20℃；2—100℃；3—200℃；4—300℃

并在交变应力作用下吸收大量机械能，与氧反应生成金属氧化物，在接触面间聚集的磨屑起到小滚珠的作用，摩擦系数稍有降低，随后维持平衡而趋于稳定。

在温度不太高的环境下，微动摩擦系数随微动频率的增加呈增大趋势；随相对振动幅度的增大，微动摩擦系数逐渐增大，并趋于一饱和值。

17.1.3　不锈钢丝的热胀冷缩对金属橡胶的影响

高温环境下使用金属橡胶时，金属橡胶内丝线的直径和长度将发生热膨胀。通过理论分析来确定丝线膨胀对构件尺寸的影响是很困难的，因为这必须考虑到那些未相互接触的丝线匝因不存在约束而可以在一定范围内伸长扩展。金属橡胶的热膨胀系数还依赖于压制方向，因为它决定了线匝的主要取向。

受热变形时，丝线直径 d_s 的变化与其长度变化相比要小得多，因此近似认为 d_s 为常数。计算时忽略丝线材料密度 ρ_s 随温度的变化。假定温度改变以前，1 cm^3 金属橡胶试件中丝线的长度为

$$l_s = \frac{4\rho_{\mathrm{MR}}}{\pi\rho_s {d_s}^2} \tag{17-1}$$

当温度变化 ΔT，膨胀系数为 α_s 时，原长度为 l_s 的丝线长度变化量为

$$\Delta l_s = \alpha_s l_s \Delta T = \alpha_s \frac{4\rho_{\mathrm{MR}}}{\pi\rho_s {d_s}^2} \cdot \Delta T \tag{17-2}$$

此时丝线体积变化量为

$$\Delta V_s = \Delta l_s \frac{\pi d_s^2}{4} = \alpha_s \frac{\rho_{\mathrm{MR}}}{\rho_s} \cdot \Delta T = \alpha_s \bar{\rho}_{\mathrm{MR}} \Delta T \tag{17-3}$$

式中，$\bar{\rho}_{\mathrm{MR}}$ 为材料的相对密度。

$$\bar{\rho}_{\mathrm{MR}} = \frac{\rho_{\mathrm{MR}}}{\rho_s} = \frac{V_s}{V_{\mathrm{MR}}} \tag{17-4}$$

它反映了金属橡胶内金属丝和孔隙所占体积的比例关系。

金属橡胶试件在冲压方向及其垂直方向上的热膨胀系数的研究结果表明：

（1）金属橡胶的热膨胀系数受温度的影响很大。自 57℃起，样件热膨胀接近线性，而热膨胀量亦接近丝线材料的热膨胀量。这说明，在加热初始阶段材料小的热膨胀量与丝线之间的间隙有很大关系。

（2）金属橡胶的线膨胀系数比实体材料线膨胀系数小，且随着金属橡胶密度的增加而增大。当金属橡胶的密度接近实体密度时，它们的线膨胀系数相等。

（3）冲压方向比垂线方向的线膨胀系数稍小一些，这在一定程度上取决于丝线因冲压而在水平面内重新取向。金属橡胶小的线膨胀系数和低刚度可以减小温度波动对金属橡胶件承载表面接触压力的影响。

由以上分析可知，当环境温度变化导致金属丝体积发生变化时，金属橡胶内部丝线的接触状态和孔隙会发生微小的变化，而这些变化在一定程度上会影响金属橡胶件的宏观性能。

17.2 金属橡胶高/低温环境弹性变形与阻尼耗能特性[2]

17.2.1 试件及实验系统

金属橡胶试件及夹具结构如图 14－1 所示。

实验系统包括 PLS－20 电液伺服疲劳试验机、高/低温控制系统和 DH5936 测试系统三部分，如图 17－2 所示。

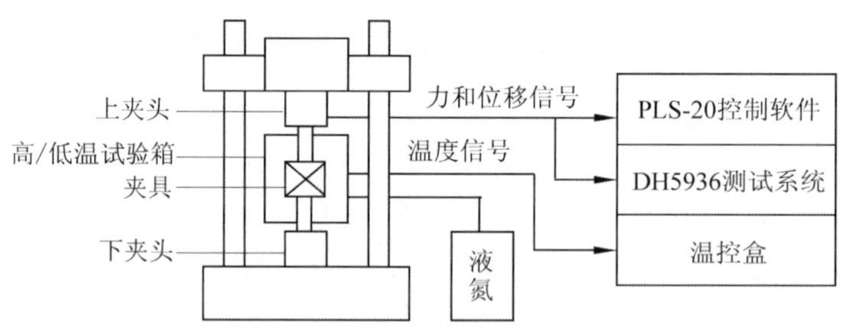

图 17－2 实验系统原理图

夹具实物及主机、温控系统如图 17－3、图 17－4 所示。

PLS-20 电液伺服疲劳试验机由液压伺服系统、主机系统、控制系统几部分组成，其最大静载拉压力 20kN，最大加载行程 ±50mm，可实施精确的正弦位移加载，最高振动频率 40Hz。实验时的高/低温环境由高/低温控制系统来实现，它由高/低温试验箱、温控盒、液氮瓶和冷却系统组成。高温实验时通过高/低温试验箱内的电阻丝加热升温，低温实验时由气泵将液氮瓶内的液氮吹入试验箱内降温，同时由温度传感器反馈信号给温控盒形成一闭环系统，温度控制精度为 1℃。

图 17-3　实验夹具实物

图 17-4　主机和温控系统

17.2.2　高温环境实验

1. 实验过程

高温实验时，将安装好的夹具夹持在疲劳试验机上下夹头中间，并微调上夹头位置，使力的示数为零。然后在常温（25℃）环境下对金属橡胶试件施加正弦激励（采用位移控制），按照设计好的实验步骤分别变换不同的振幅 A 和频率 f，数据采集系统对力和位移信号进行采样并记录，采样频率为 1000Hz。常温（25℃）环境测试结束后，将温度升高至40℃，当温度稳定一段时间后施加振动并测试记录数据，之后每升高 20℃测试记录一次，直至 300℃高温实验完毕。

2. 实验迟滞回线

图 17-5 为不同温度下的迟滞回线（A=2mm，f=1Hz），恢复力由大到小温度依次为25℃、60℃、100℃、140℃、180℃、220℃、260℃、300℃。

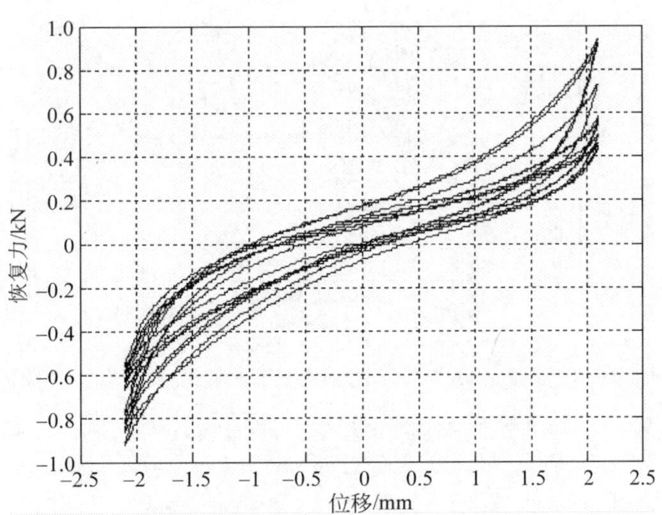

图 17-5　不同温度下的迟滞回线（A=2mm，f=1Hz）

图 17-6 为常温（25℃）不同频率 f 下的迟滞回线（A=1mm），由外向内频率依次为 1Hz、2Hz、4Hz、6Hz、8Hz、10Hz。

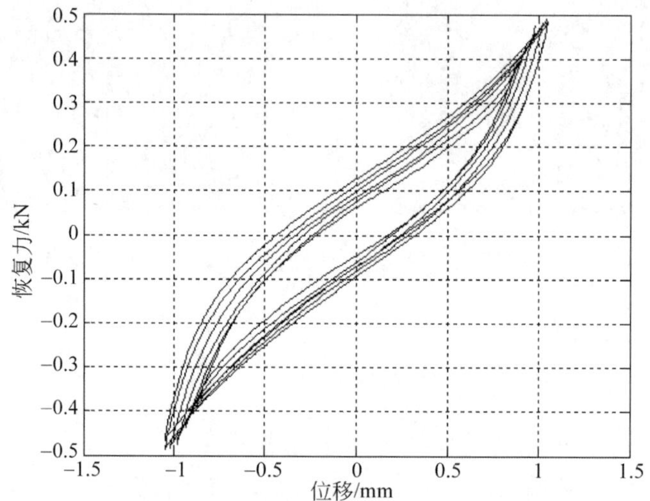

图 17-6　常温（25℃）不同频率 f 下的迟滞回线（A=1mm）

图 17-7 为高温（300℃）不同频率 f 下的迟滞回线（A=1mm），由外向内频率依次为 1Hz、2Hz、4Hz、6Hz、8Hz、10Hz。

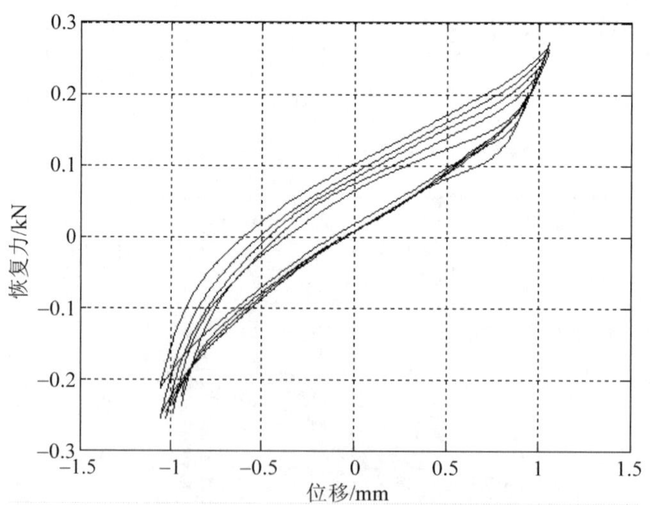

图 17-7　高温（300℃）不同频率 f 下的迟滞回线（A=1mm）

图 17-8 为高温（300℃）不同振幅 A 下的迟滞回线（f=1Hz），振幅分别为 0.5mm、1mm、1.5mm、2mm。

其他实验曲线限于篇幅略。

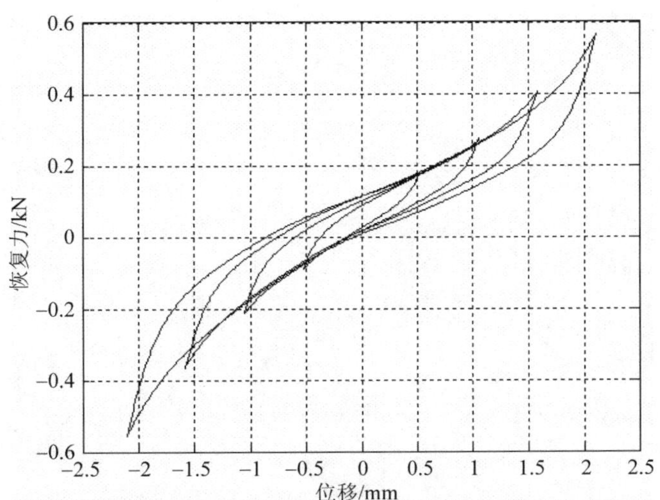

图 17-8　高温（300℃）不同振幅 A 下的迟滞回线（$f=1\text{Hz}$）

3. 损耗因子 η、耗能 ΔW 及动态平均刚度 $\bar{k}$ 变化规律

定义动态平均刚度 $\bar{k}$

$$\bar{k}=\frac{F_{\max}-F_{\min}}{2x_0} \tag{17-5}$$

式中，$F_{\max}$ 为恢复力最大值；$F_{\min}$ 为恢复力最小值（负值）；x_0 为位移幅值。

根据式（17-5）、实验数据及金属橡胶等效损耗因子的计算方法［式（13-33）］，可以计算得到试件的动态平均刚度 $\bar{k}$、耗能 ΔW 及损耗因子 η。

图 17-9 是损耗因子 η、耗能 ΔW 随温度的变化曲线（$A=1\text{mm}$，$f=1\text{Hz}$）。

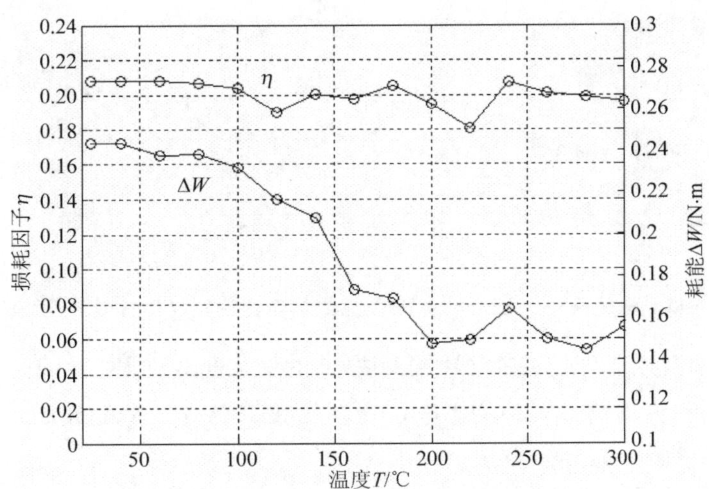

图 17-9　损耗因子 η 和耗能 ΔW 随温度的变化曲线（$A=1\text{mm}$，$f=1\text{Hz}$）

图 17－10 是动态平均刚度 $\bar{k}$ 随温度的变化曲线（$A=1$mm，$f=1$Hz）。

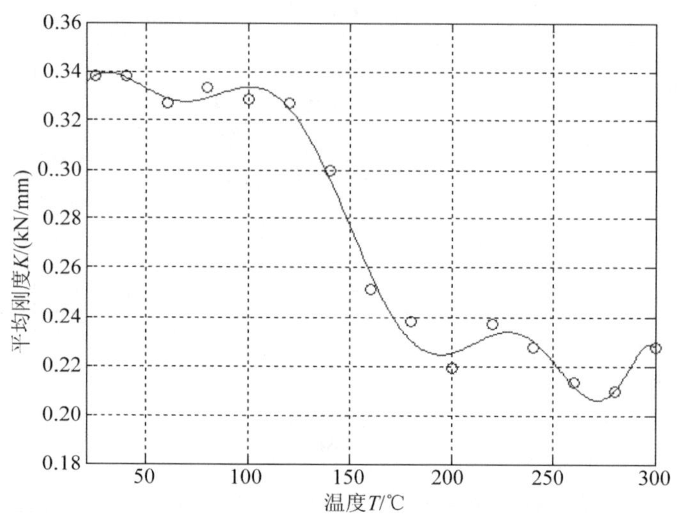

图 17－10　动态平均刚度 $\bar{k}$ 随温度的变化曲线（$A=1$mm，$f=1$Hz）

图 17－11 是损耗因子 η 和耗能 ΔW 随振幅 A 的变化曲线（$T=300$℃，$f=1$Hz）。

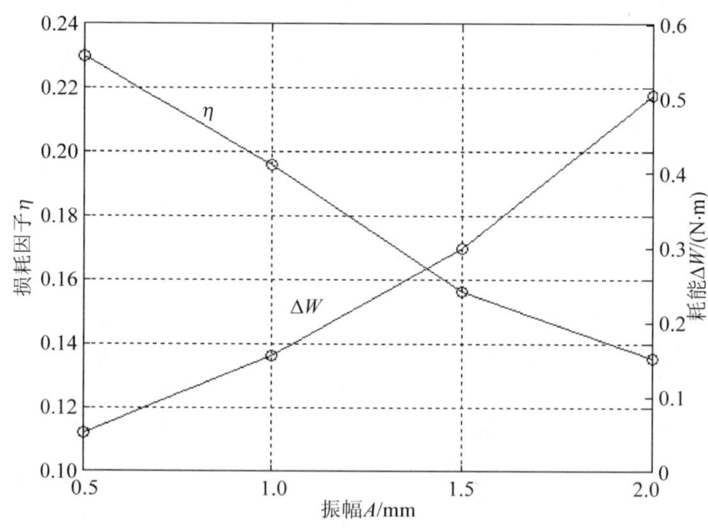

图 17－11　损耗因子 η 和耗能 ΔW 随振幅的变化曲线（$f=1$Hz，$T=300$℃）

图 17－12 是损耗因子 η 和耗能 ΔW 随频率 f 的变化曲线（$T=300$℃，$A=1$mm）。

由于仪器精度和夹具调整误差的影响，所测的数据会有一定的波动，但在允许的范围内，这些误差不会影响到实验结果的总体趋势。

其他实验曲线限于篇幅略。

通过高温实验可以发现：

（1）金属橡胶在高温环境下依然具有明显的非线性和记忆特性（图 17－8）。

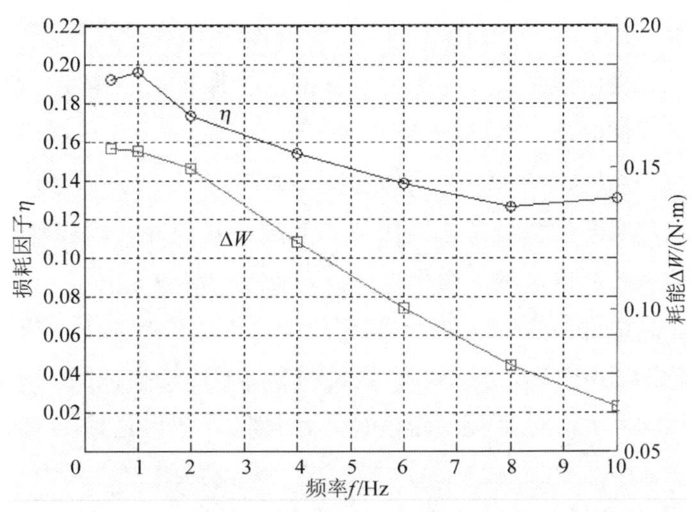

图 17-12 损耗因子 η 和耗能 ΔW 随频率的变化曲线（$A=1$mm，$T=300$℃）

(2) 温度从常温（25℃）升至高温（300℃），金属橡胶试件在振幅 $A=1$mm、频率 $f=1$Hz 的条件下损耗因子 η 在 0.2 附近稍有波动，幅度不大于 0.02，基本保持稳定（图 17-9），这表明金属橡胶的损耗因子 η 对高温不敏感；试件振动一周的摩擦耗能量 ΔW 在 100℃之前变化较小，在 100～200℃随温度升高逐渐减小，到 200～300℃时不再明显下降，出现波动情况（图 17-9）。

(3) 温度从常温（25℃）升至 120℃，动态平均刚度 $\bar{k}$ 在常温（25℃）时小幅波动下降；温度继续升高，动态平均刚度 $\bar{k}$ 下降速度明显加快（150℃附近），在 200～300℃出现较大幅度波动下降（图 17-10）。

(4) 高温（300℃）条件下，金属橡胶损耗因子 η、耗能 ΔW 随频率 f 的增大逐渐减小（图 17-12）；损耗因子 η 随振幅 A 的增大逐渐减少，耗能 ΔW 随振幅 A 的增大逐渐增大（图 17-11）。

4. 高温弹性变形与阻尼耗能特性及机理

在分析损耗因子 η 随各因素的变化规律时需要说明的是，损耗因子 η 是一个计算量。由损耗因子 η 计算公式（13-33）可知，η 与振动一周的耗能 ΔW 成正比，而与最大弹性储能 W 成反比。

在位移幅值 x_0 一定的情况下，金属橡胶的干摩擦耗能 ΔW 与丝线接触点的正压力 N 和摩擦系数 μ 的乘积，即摩擦力有关，而最大弹性储能 W 则与试件的动态平均刚度 $\bar{k}$ 有关，这样就有如下关系式

$$\eta=\frac{\Delta W}{W}\infty\frac{N\mu}{\bar{k}} \tag{17-6}$$

1）损耗因子 η 与温度的小相关性

随着温度由常温（25℃）升到高温（300℃），不锈钢丝弹性模量 E 及剪切模量 G 将逐渐减小，从而导致金属橡胶试件的动态平均刚度 $\bar{k}$ 也逐渐减小（图 17－10），在振幅 A 不变的情况下材料的最大弹性储能 W 将减小。

由于试件动态平均刚度 $\bar{k}$ 减小，其内部丝线接触点的正压力 N 也会随之减小，同时由于温度升高导致金属丝之间的微动摩擦系数 μ 逐渐减小，因此干摩擦耗能量 ΔW 在逐渐减小，由图 17－5 中的迟滞回线所围的面积也可以看出这一趋势。

这样，随温度升高试件最大弹性储能 W 和耗能 ΔW 在一定程度和范围内都有所减小，最终计算得到的损耗因子 η 总体变化不大，这说明金属橡胶的损耗因子 η 对温度的相关性很小。也正是由于金属橡胶的阻尼性能对温度的不敏感性，使得这种阻尼材料适合在温度变化范围大的环境工作。

2）振动频率对损耗因子 η 的影响

损耗因子 η 随频率 f 增大呈逐渐减小的趋势（图 17－12）。这是因为当频率 f 增大后，丝线之间的干摩擦滑移跟不上振动频率，出现滑移不充分的现象，导致干摩擦耗能减少（图 17－6、图 17－7）。

3）振动幅值对损耗因子 η 的影响

随着振幅 A 的增大，丝线干摩擦滑移距离增大，参与滑移的丝线摩擦副也随之增多，耗能 ΔW 必然增大（图 17－8）；但同时由于金属橡胶显著的非线性渐硬特性（图 17－5），试件的最大恢复力 F_{max} 随振幅 A 的增大快速上升，因此最大弹性储能 W 将显著增大，其增大的速度比耗能 ΔW 增大的速度更快，这就导致了损耗因子 η 随振幅 A 的增大呈减小的趋势（图 17－11）。

4）温度对动态平均刚度 $\bar{k}$ 的影响

干摩擦耗能 ΔW 随温度的变化曲线（图 17－9）以及动态平均刚度 $\bar{k}$ 随温度的变化曲线（图 17－10）中均以 150℃为界分为两部分，在两部分以内分别呈平台状分布。

这种跳跃现象的出现机理比较复杂，目前认为是金属丝弹性模量 E、G 随温度升高而降低与金属橡胶内部线匝空间相互交错咬合随温度变化、相互接触线匝之间的干摩擦力随温度变化共同作用的结果。

17.2.3 低温环境实验

1. 实验过程

低温实验步骤与高温实验大致相同，不同的是低温实验需要附加液氮罐和气泵向高/低温试验箱内提供液氮制冷。低温实验的温度从常温（25℃）开始，每下降 10℃测试记录一次，直至低温（－70℃）实验结束。

2. 实验迟滞回线

图 17－13 为不同温度下的迟滞回线（A＝2mm，f＝1Hz），温度在 25℃～－70℃范围内变化（恢复力由小到大）。

图 17－14 为低温（－70℃）不同频率 f 下的迟滞回线（A＝1mm），由外向内频率依次为 1Hz、2Hz、3Hz、4Hz、5Hz。

图 17－15 为低温（－70℃）不同振幅 A 下的迟滞回线（f＝1Hz），振幅分别为 0.5mm、1mm、1.5mm、2mm。

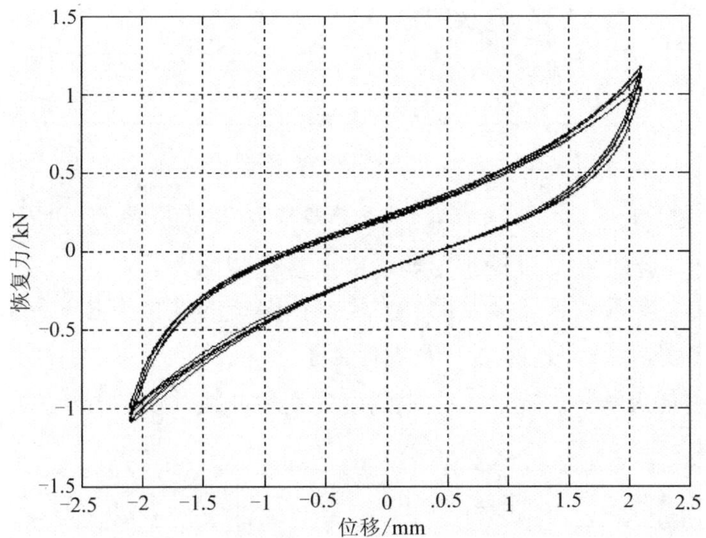

图 17－13　不同温度下的迟滞回线（A＝2mm，f＝1Hz）

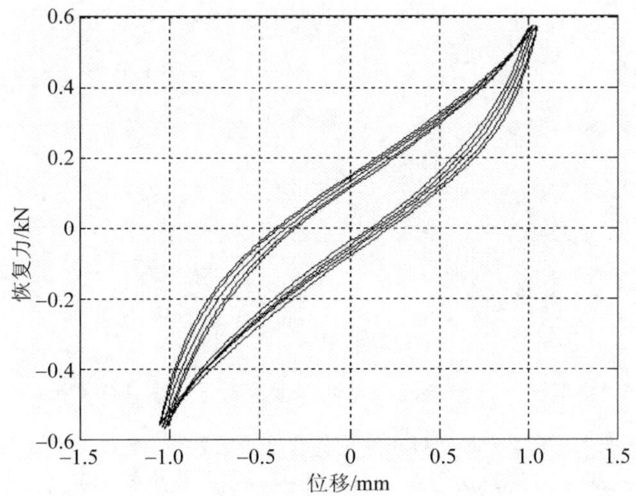

图17－14　低温（－70℃）不同频率 f 下的迟滞回线（A＝1mm）

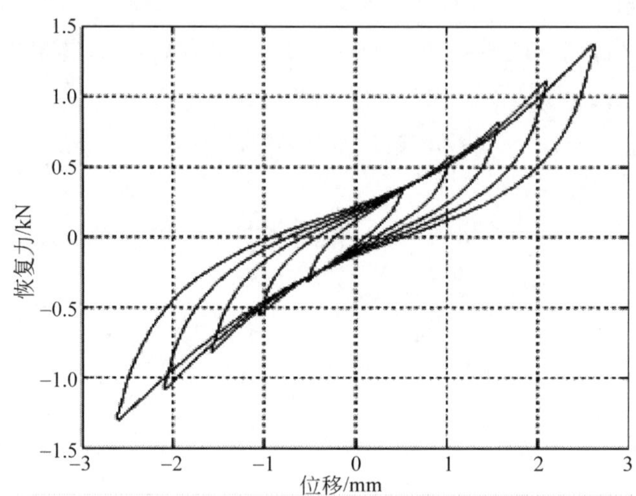

图 17-15 低温（−70℃）不同振幅 A 下的迟滞回线（f=1Hz）

3. 损耗因子 η、耗能 ΔW 及动态平均刚度 $\bar{k}$ 变化规律

根据式（17-5）、实验数据及金属橡胶等效损耗因子的计算方法式（13-25），可以计算得到试件的动态平均刚度 $\bar{k}$、耗能 ΔW 及损耗因子 η。

图 17-16 是损耗因子 η、耗能 ΔW 随温度的变化曲线（A=1mm，f=1Hz）。

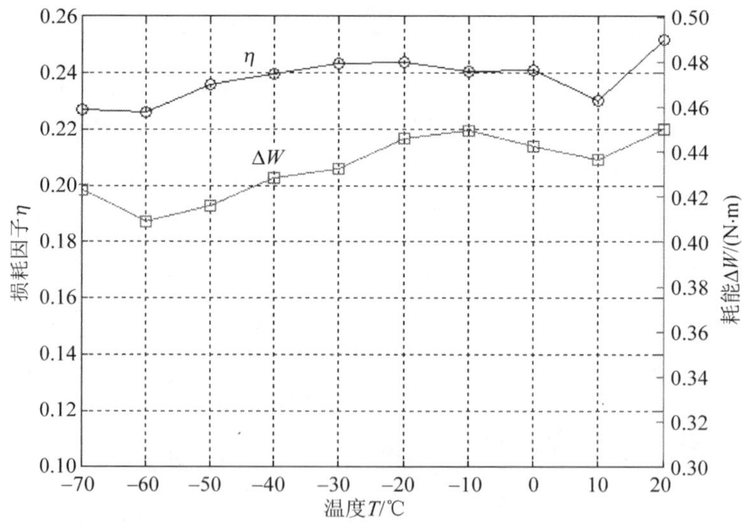

图 17-16 损耗因子 η 和耗能 ΔW 随温度的变化曲线（A=1mm，f=1Hz）

图 17-17 是动态平均刚度 $\bar{k}$ 随温度的变化曲线（A=1mm，f=1Hz）。

图 17-18 是损耗因子 η 和耗能 ΔW 随振幅 A 的变化曲线（T=−70℃，f=1Hz）。

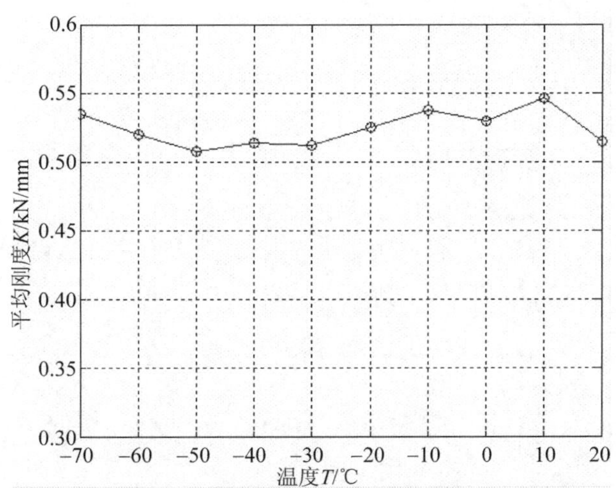

图 17－17　动态平均刚度 $\bar{k}$ 随温度的变化曲线（A＝1mm，f＝1Hz）

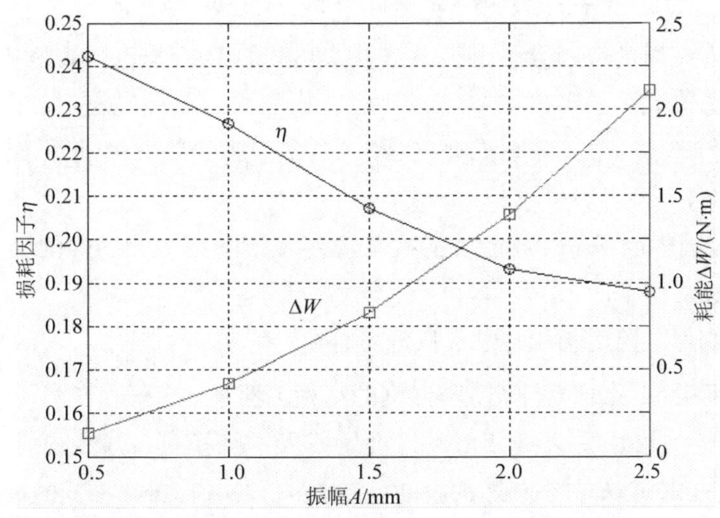

图 17－18　损耗因子 η 和耗能 ΔW 随振幅 A 的变化曲线（f＝1Hz，T＝－70℃）

图 17－19 是损耗因子 η 和耗能 ΔW 随频率 f 的变化曲线（T＝－70℃，A＝1mm）。其他实验曲线限于篇幅略。

通过低温实验可以发现：

（1）低温时金属橡胶试件仍保持其非线性特性，迟滞回线在常温（25℃）至低温（－70℃）只有微小变化（图 17－13）。

（2）温度从常温（25℃）降至低温（－70℃），金属橡胶试件在振幅 A＝1mm，频率 f＝1Hz的振动条件下，损耗因子 η 在 0.25～0.23 范围内略有下降，基本保持稳定（图 17－16），这表明金属橡胶的损耗因子 η 在低温下对温度的相关性也很小。

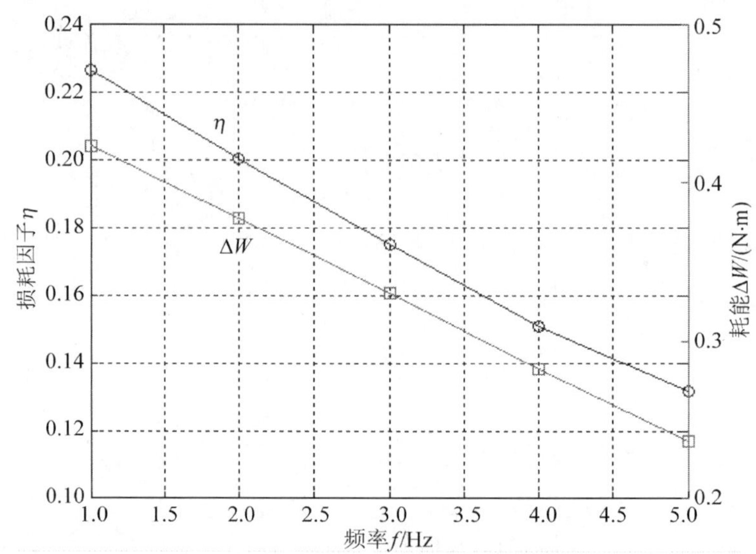

图 17－19　损耗因子 η 和耗能 ΔW 随频率 f 的变化趋势（A＝1mm，T＝－70℃）

（3）试件振动一周的干摩擦耗能 ΔW 随温度的降低总体呈下降趋势，从 0.45 降至 0.41，下降幅度较小（图 17－16）。

（4）温度从常温（25℃）降至低温（－70℃），金属橡胶试件动态平均刚度 $\bar{k}$ 稍有波动，变化幅度比较小（图 17－17）。

（5）金属橡胶损耗因子 η、耗能 ΔW 在低温环境下随频率和振幅的变化规律与高温环境相同（图 17－18、图 17－19）。

4. 低温弹性变形与阻尼耗能特性及机理

1）动态平均刚度 $\bar{k}$ 及损耗因子 η 与温度的小相关性

低温环境（－70～25℃）不锈钢丝弹性模量 E 及剪切模量 G 变化很小，从而导致金属橡胶试件的动态平均刚度 $\bar{k}$ 在小范围内波动（图 17－17），在振幅不变的情况下，材料的最大弹性储能 W 也是在小范围内变化。

随着温度由常温（25℃）降至低温（－70℃），耗能 ΔW 总体上呈现下降趋势（图 17－16），但下降幅度很小。这可能与温度降低时（25～－70℃）金属丝线匝之间摩擦系数 μ 发生变化有关。

这样，最终计算得到的损耗因子 η 总体呈现下降趋势（图 17－16），但变化不大，这说明金属橡胶的损耗因子 η 对低温时温度的相关性也很小。

2）振动频率对损耗因子 η 的影响

低温时振动频率 f 对损耗因子 η 的影响与高温时具有类似的机理，也呈现出损耗因子 η 随振动频率 f 增加而逐渐减少的趋势（图 17－19）。

3）振动幅值对损耗因子 η 的影响

低温时振动幅值 A 对损耗因子 η 的影响与高温时具有类似的机理，也呈现出损耗因子 η 随振动幅值 A 增加而逐渐减少的趋势（图 17－18）。

17.3　金属橡胶高/低温环境疲劳损伤实验[3]

17.3.1　实验设计

金属橡胶试件及夹具结构如图 14－1 所示。

实验分为常温（25℃）疲劳、高温（300℃）疲劳和低温（－70℃）疲劳三组。在每组实验中，先将试验箱内环境温度调为设定的温度，然后对金属橡胶试件施加正弦振动。为缩短时间，提高实验效率，将振幅设定为 $A=2.5$mm，振动频率设为 $f=5$Hz。数据采集系统采集力和位移数据，采样频率为 1000Hz，每隔 20min 记录一次，直至试件平均动态刚度 $\bar{k}$ 严重衰减为止。

17.3.2　实验迟滞回线

对实验数据进行处理，可以得到不同振动周次（每振动 6×10^3 周记录一次）时的迟滞回线。如图 17－20～图 17－22 所示。

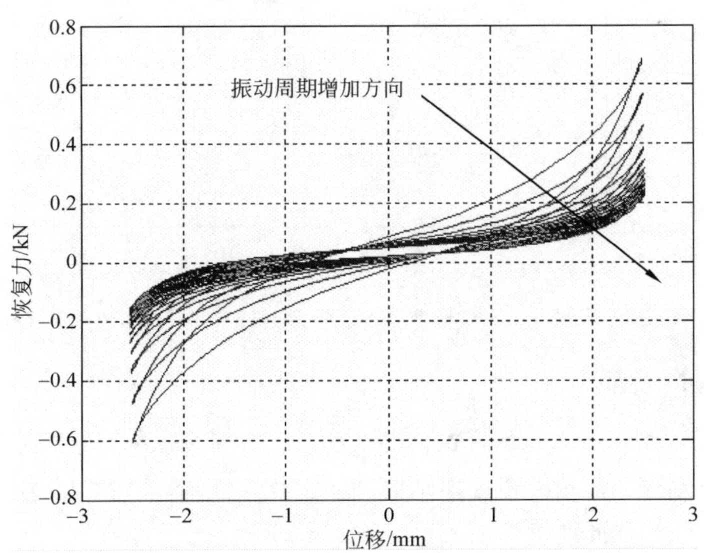

图 17－20　常温（25℃）疲劳实验迟滞回线（$f=5$Hz，$A=2.5$mm）

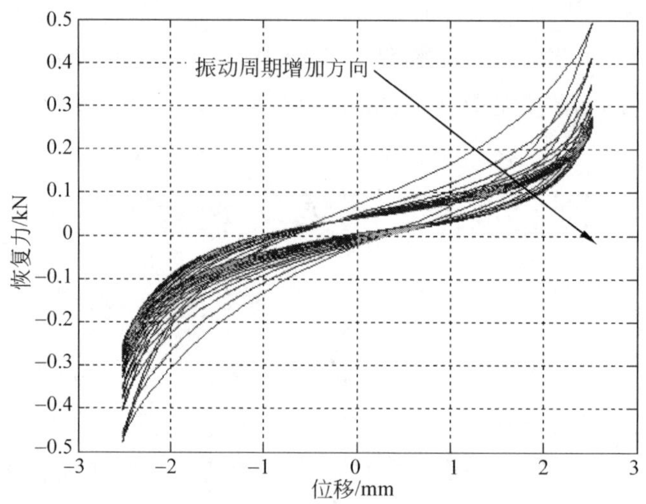

图 17-21 高温（300℃）疲劳实验迟滞回线（f=5Hz，A=2.5mm）

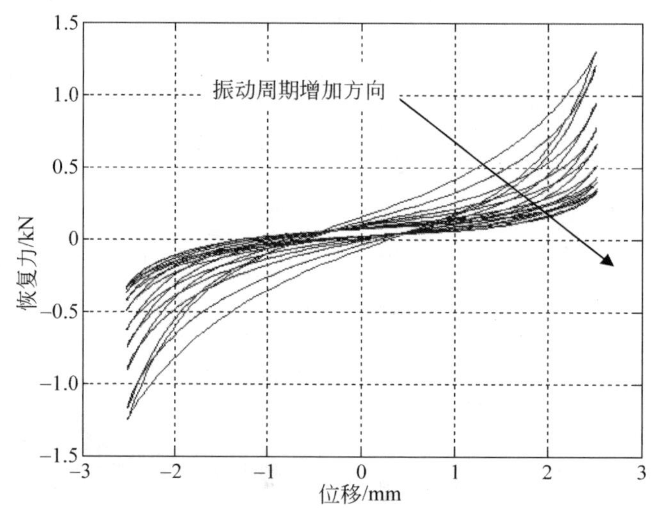

图 17-22 低温（−70℃）疲劳实验迟滞回线（f=5Hz，A=2.5mm）

17.3.3 疲劳损伤表征

16.3.2 提出了一组便于理论研究的疲劳损伤表征参量（k_1, k_3, c, α）。

通过疲劳实验发现，金属橡胶试件在振动一定周次之后，在应力集中的部位首先出现了断丝，宏观表现则是试件动态平均刚度 $\bar{k}$ 不断减小。这里，我们采用更便于工程应用的可以直接根据迟滞回线计算的表征参量 $\bar{k}$。

参考复合材料疲劳研究中提出的剩余刚度衰退模型，我们提出了损伤因子 D，用它来表征金属橡胶疲劳损伤累积破坏的程度。它是振动次数 N 的函数，表达式为

$$D=\frac{\bar{k}(0)-\bar{k}(N)}{\bar{k}(0)}=\frac{1-\bar{k}(N)}{\bar{k}(0)} \tag{17-7}$$

式中，$\bar{k}(0)$ 为试件初始刚度；$\bar{k}(N)$ 为试件振动 N 次后的刚度。

损伤因子 D 满足边界条件

$$D(N=0)=0 \tag{17-8}$$

根据式（17-5）、式（17-7）、式（13-33）计算不同温度条件下疲劳实验试件的动态平均刚度 $\bar{k}$ 、损伤因子 D 和损耗因子 η，以振动周次为参变量，绘制曲线如图 17－23～图 17－25 所示。

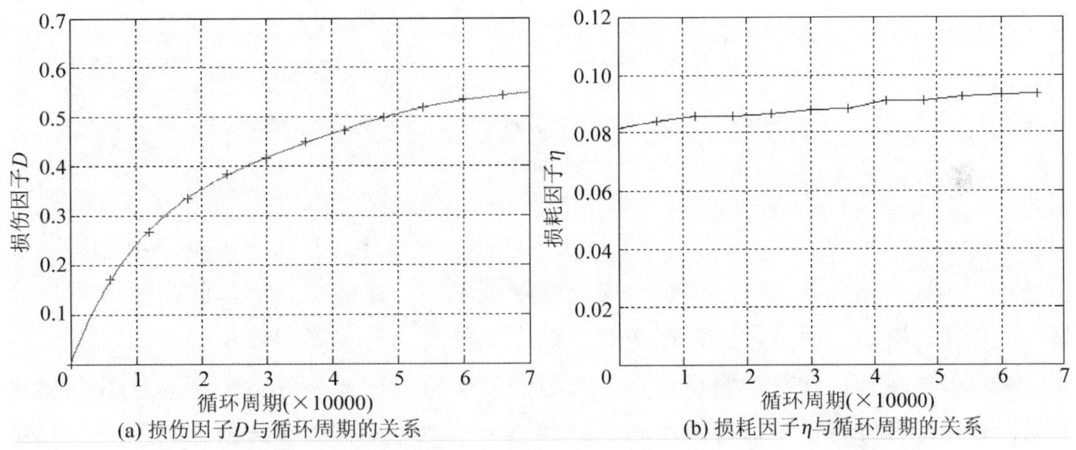

(a) 损伤因子D与循环周期的关系　(b) 损耗因子η与循环周期的关系

图 17－23　常温（25℃）疲劳实验损伤因子 D、损耗因子 η 随周期变化曲线

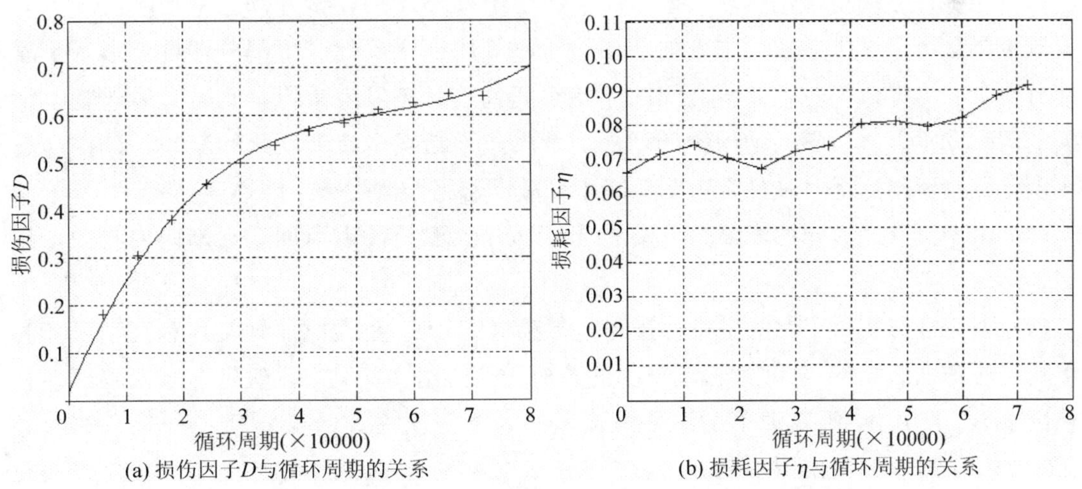

(a) 损伤因子D与循环周期的关系　(b) 损耗因子η与循环周期的关系

图 17－24　低温（－70℃）疲劳实验损伤因子 D、损耗因子 η 随周期变化曲线

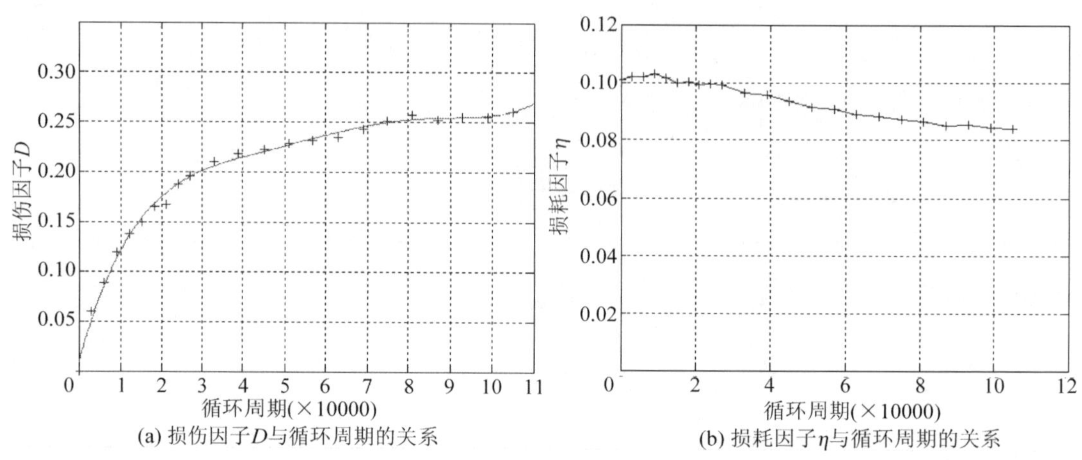

(a) 损伤因子D与循环周期的关系 (b) 损耗因子η与循环周期的关系

图 17-25 高温（300℃）疲劳实验损伤因子 D、损耗因子 η 随周期变化曲线

17.3.4 疲劳损伤特性

从常温（25℃）疲劳、高温（300℃）疲劳和低温（−70℃）疲劳实验结果可以看出：

（1）金属橡胶的主要破坏形式是金属丝的断裂破碎，伴随有金属丝的摩擦磨损。对于固支圆盘金属橡胶试件而言，应力集中的部位在试件的内环夹紧边缘位置，观察实验后的疲劳试件也可以发现此处断丝明显较多，甚至在局部位置形成一条主裂缝，金属橡胶的结构组织也有一定程度的松散。高振动周次的微动干摩擦使得金属丝磨损比较严重，实验夹具底部发现有不少金属丝的氧化层磨屑，金属丝表面氧化层剥落后露出亮斑。

（2）在试件振动稳定化阶段（振动周期数小于 8×10^3），试件动态平均刚度 $\bar{k}$ 下降明显，这主要是由于试件在较大幅度的变形过程中，内部金属丝产生部分塑性变形，金属丝内部分残余应力得以恢复，丝线之间的原始空间勾连状态发生重组，此时金属丝基本没有断裂的情况发生。之后随振动周次的增加，金属丝不断发生疲劳硬化和断裂，试件动态平均刚度 $\bar{k}$ 继续下降，此时试件受力明显减小，故动态平均刚度 $\bar{k}$ 下降速度趋缓。

（3）由于试件最大弹性恢复力 F_{max} 的不断减小，测得的迟滞回线逐渐向内收敛，趋向扁平。

（4）因为疲劳实验采用的是位移控制，常温（25℃）、低温（−70℃）和高温（300℃）三组实验均施加 2.5mm 振幅的振动，因此若对比这三组实验结果，假定金属橡胶试件临界损伤因子 $D_{\sigma}=0.4$，则高温下的试件寿命较长，常温次之，低温最短［图 17-23（a）、图 17-24（a）、图17-25（a）］。

如单从金属丝受力情况来分析，在高温时由于钢丝弹性模量的减小使得内部金属丝受力相对减小，疲劳断裂损伤就比较缓慢，低温时则正好相反。但是环境温度对金属橡胶试样疲劳性能的影响比较复杂，除了金属丝受力不同外，高/低温环境还改变了金属丝本身的疲劳抗力，如在高温时可能出现蠕变或热脆性，在低温时出现脆性断裂等，相关的影响还需进一步研究。

(5) 由损耗因子 η 随振动周次的变化曲线可以发现［图 17－23（b）、图 17－24（b）、图 17－25（b）］，随振动周次的增加，常温和低温时试件的损耗因子在较小的幅度内有所增大，高温时试件的损耗因子随循环周期的增加有所减小。

损耗因子 η 随振动周次变化的主要原因是试件动态平均刚度 $\bar{k}$ 的持续减小（图 17－20、图 17－21、图 17－22 中迟滞回线倾斜角度随振动周期的增加而不断减少），使得试件单位体积内的最大弹性储能 W 不断减小；同时干摩擦耗能 ΔW 随振动周次增加也在减少（图 17－20、图 17－21、图 17－22 中迟滞回线包围的面积随振动周期的增加而不断减少），两者共同作用的结果导致了损耗因子 η 的小幅变化。

根据损耗因子 η 计算公式（13-33），如果干摩擦耗能 ΔW 减少速率高于最大弹性储能 W 减少速率，则损耗因子 η 随振动周次的增加将呈现降低趋势［图 17－25（b）］；如果干摩擦耗能 ΔW 减少速率小于最大弹性储能 W 减少速率，则损耗因子 η 随振动周次的增加将呈现增加趋势［图 17－23（b）、图 17－24（b）］。

关于不同温度条件下干摩擦耗能 ΔW 、最大弹性储能 W 随振动周次的变化规律及机理还要做进一步深入的研究。

◇◇◇ 参考文献 ◇◇◇

[1] 侯军芳．金属橡胶材料高/低温环境耗能、疲劳特性研究．石家庄：军械工程学院硕士论文，2005.

[2] 侯军芳，白鸿柏，李冬伟．高低温环境金属橡胶减振器阻尼性能试验研究．航空材料学报，2006，26（6）：50-54.

[3] 侯军芳，白鸿柏，李冬伟．高低温环境下金属橡胶材料疲劳特性试验研究．宇航材料工艺，2007，(2)：77-80.

第18章 金属橡胶海洋腐蚀环境力学行为

本章的核心内容是介绍金属橡胶在海洋腐蚀环境下的力学行为，包括海洋腐蚀环境下不锈钢丝的物理机械性能、金属橡胶弹性变形与阻尼耗能、疲劳损伤特性与表征[1]。

18.1 海洋腐蚀对不锈钢丝物理机械性能的影响

构成金属橡胶的材料是不锈钢丝，因此金属橡胶材料的整体宏观性能由不锈钢丝在元件内的空间勾连状态和不锈钢丝本身的物理机械性能决定。当不锈钢在海洋环境下发生腐蚀后，不锈钢自身的力学性能（如弹性模量、强度）以及物理特征（如不锈钢丝表面特征、摩擦系数）都将发生相应的变化，从而影响金属橡胶材料元件的整体宏观性能，如阻尼耗能特性和疲劳性能等。因此，对不锈钢丝经受海洋腐蚀后性质的变化进行研究，是研究金属橡胶材料海洋腐蚀环境下性能的必要步骤[2]。

18.1.1 海洋环境下不锈钢材料的腐蚀行为

含 Cr 元素在 12%以上的铁基合金在大气条件下具有耐腐蚀性能，即不锈钢。不锈钢是耐腐蚀的金属材料，其表面在大气中易形成钝化膜，有利于保护不锈钢材料本身，防止不锈钢受到腐蚀而生锈。根据不锈钢在海南万宁地区海洋大气中的腐蚀数据可知，00Cr19Ni10、2Cr13、F179、1Cr18Ni9Ti 四种牌号的不锈钢发生的腐蚀都极其轻微，仅 2Cr13 发生的局部腐蚀较其他几种牌号的不锈钢更为明显一些；根据此四种牌号的不锈钢在青岛小麦岛海区进行的不同海洋环境下的腐蚀实验可以看出，不锈钢在海水潮差区的腐蚀比海水全浸区轻得多，这是因为海水潮差区的不锈钢试样表面不断地处于干湿交替之中，更有利于不锈钢表面保持钝化状态。在海水飞溅区的不锈钢试件腐蚀更轻，是因为试件表面经常被充气海水海雾所湿润，并处于干湿交替，频率更高，处于大气状态时间更长，更有利于保持钝化状态。

上述的实验是不锈钢的室外实海腐蚀实验，试件挂片静止悬挂，未受到外加应力作用。在此条件下，由于不锈钢试件并非绝对光滑，存在缝隙、附着物等瑕疵，虽然不锈钢在海洋环境中不易发生锈蚀，但仍然存在一定的锈蚀现象，是难以避免的。不锈钢受到海洋腐蚀的速度很低，形成腐蚀破坏的主要是孔蚀、点蚀和缝隙腐蚀等局部腐蚀等形式。

1. 不锈钢在海洋环境下的点蚀

点蚀，也称为孔蚀、小孔腐蚀。点蚀一般发生在金属表面的局部区域内，在金属表面形成点状的腐蚀，然后从金属表面向金属内部扩展形成空洞，造成洞穴和坑点，甚至造成穿孔。点蚀是破坏性极大的一种腐蚀形式。

金属之所以发生点蚀，是因为金属在腐蚀介质中达到某一临界电位，达到击破电位方可发生点蚀。通常来说，这一电位位于金属的钝化区内，低于金属的过钝化电位。虽然易钝化金属的表面钝化膜起到了一定保护作用，使得腐蚀较为轻微，但是钝化膜表面存在局部缺陷，当溶液中存在某些可以破坏钝化膜的离子（如氯离子）时，也极易造成钝化膜的局部破坏。因此，易钝化的金属或金属合金如不锈钢，极易发生点蚀。也有说法认为氯离子渗入钝化膜层中使得局部钝化膜的金属离子变得“活泼”从而使得点蚀发生。此外，当钝化膜破裂时，也会发生点蚀。因此，不锈钢之所以容易发生点蚀，主要是因为钝化膜局部遭到破坏。

当点蚀发生以后，孔洞由于微小，内部供氧困难，处于缺氧状态，腐蚀介质难以进入孔洞内部，与相对供氧充分的外部腐蚀介质相比，孔洞内部为阳极，内部金属离子过剩。因此，为了保持电荷平衡，腐蚀介质中的阴离子（如氯离子）则会向孔洞内部金属离子聚集区流动，引发金属氧化物水解产生高浓度氢离子，使得孔洞内部 pH 下降，呈酸性，加速了点蚀向纵深的发展。孔外阴极反应产生的碱性则更有助于钝化，使得孔洞外部的腐蚀得到抑制。在这种作用下，点蚀通常沿着重力方向向金属材料内部生长，严重的可以造成穿孔。

2. 不锈钢在海洋环境下的缝隙腐蚀

在腐蚀介质环境中的金属与金属之间，或者金属与非金属之间，由于狭小缝隙或者间隙的存在，会产生缝隙腐蚀。由于缝隙内部有关物质迁移困难，缝隙内部形成缺氧区处于闭塞状态，pH 下降，因而发生腐蚀。缝隙腐蚀与点蚀的发生原理近似，不锈钢缝隙腐蚀的产生也在于缝隙内氧浓度的下降和钝化膜的还原被破坏，而缝隙外大面积进行的氧化还原反应又会促进缝隙内金属的阳极溶解。

但缝隙腐蚀与点蚀也有不同之处，首先，缝隙腐蚀不像点蚀那样会因为达到击破电位而发生，只是因为缝隙和缺陷的存在而发生；其次，缝隙腐蚀中氯离子不是必要存在因素；最后，缝隙腐蚀不一定只在金属之间发生，在金属和非金属之间也有可能发生。

3. 不锈钢在海洋环境下的晶间腐蚀

晶间腐蚀指的是金属晶粒本身在没有受到明显侵蚀的情况下，发生在金属或者合金晶界处的一种局部选择性腐蚀。晶间腐蚀使得晶粒之间黏合力丧失，导致金属强度和延展性下降，破坏金属结构。金属材料多为多晶体，表面有不少晶粒间界，不锈钢也如此。晶粒间界是晶粒和晶粒之间的过渡组织，间界区域的原子排列疏松而散乱，物理化学性质不均匀。在腐蚀介质中，晶粒间界比较活泼，或存在杂质或合金偏析，会发生晶间腐蚀。发生晶间腐蚀时，金属表面仍然保持完整、均匀和光滑，只是内部黏合力受到腐蚀破坏。

一般来说，不锈钢不易在海水中发生晶间腐蚀，但在某些特殊条件下仍会发生晶间腐蚀。当奥氏体不锈钢进行焊接时或者对不锈钢进行一定温度的热处理时，由于加热温度的影响，如当温度达到650℃时，达到了奥氏体不锈钢晶间腐蚀的敏化温度，会导致奥氏体内所含的碳不能完全溶解，碳沿着晶界与铬形成 $Cr_{23}C_6$，使得晶界附近的铬含量下降，晶界与晶粒本体之间的电位差形成了小阳极大阴极的腐蚀对，使得晶粒受到阴极保护而晶界发生腐蚀。

18.1.2 海洋环境腐蚀对不锈钢丝组织及力学性能的影响

通常情况下，金属材料的微观结构形态和金相结构都是相对稳定的，保持基本不变。当金属材料在海洋腐蚀环境下发生腐蚀后，其微观组织将有较大的变化，进而使得金属材料的力学性能发生变化。

对于金属材料来说，其力学性能主要有屈服强度、极限强度、弹性模量和延伸率等。一般金属材料发生腐蚀后，金属结构受到破坏。对于不锈钢来说，在海洋环境下的主要腐蚀形式是点蚀、缝隙腐蚀等形式，其破坏方式是金属材料表面出现腐蚀洞穴甚至造成金属材料穿孔，因此会造成金属材料的各项力学性能降低，强度、延伸率等力学性能指标发生变化。

18.1.3 海洋环境腐蚀对不锈钢丝微动摩擦性能的影响

两个物体相互接触的表面发生相对运动或者产生相对运动趋势的时候，在接触面上就会产生阻碍两个相互接触的表面相对运动的作用，即摩擦力。海洋环境下对摩擦系数产生影响的因素有物理因素和环境因素两大类。物理因素，即表面粗糙度和接触面材料；环境因素，即润滑、湿度、温度和气氛等。

从物理因素来看，没有经过腐蚀的不锈钢丝表面和经过腐蚀后的不锈钢丝表面相比，腐蚀后的表面生成了氧化物等腐蚀产物，改变了接触面的材料，附着在不锈钢丝表面局部的腐蚀产物使得整个接触面的粗糙程度加大，会增大摩擦系数。部分腐蚀产物在不锈钢丝表面的附着力较小，易于在摩擦中损失，在接触面发生相对滑动时所刮下的腐蚀产物粉末起到了润滑接触面的作用，反而减小了摩擦系数。具体摩擦系数是增大还是减小，则要依据具体所生成的腐蚀产物的性质决定。但随着摩擦循环次数的增多，腐蚀产物逐渐被刮蹭损失，接触面逐渐趋向新的光滑稳定摩擦面，则摩擦系数将逐渐减小并趋于稳定。

从环境因素来看，海洋环境下的不锈钢丝表面处于海水的湿润环境之中，在接触面上含蓄的水分会对接触表面的相对运动起到润滑作用，使得摩擦系数减小。不锈钢丝表面所沉积的含盐粒子对接触面的相对滑动也会产生影响，如果沉积含盐粒子尺寸过大，导致接触面粗糙程度增大，则摩擦系数将增大；但随着摩擦次数增多，摩擦系数也将逐渐减小而趋于稳定。

18.2　海洋腐蚀环境下金属橡胶阻尼耗能特性实验研究

18.2.1　实验试件与实验系统

考虑海洋腐蚀环境下金属材料的抗腐蚀性能，用于制备金属橡胶实验元件的金属丝选用直径 0.3mm 的 304 不锈钢丝，其密度为 7.9g/cm^3，弹性模量 1.98×10^{5}MPa，主要化学成分见表 18－1。所制备的金属橡胶试件为圆盘形，如图 18－1 所示，外径 66mm，内径 20mm，成型后密度 2.05g/cm^3。

表 18－1　304 不锈钢主要化学成分

化学成分	C	Mn	Si	S	P	Cr	Ni
质量分数/%	0.062	1.54	0.33	0.011	0.023	10.50	8.10

金属橡胶试件的室内模拟海洋环境由 YWX－250 型智能盐雾实验箱提供，该实验箱可以进行完全和周期的盐雾实验及浸泡实验，并可以根据实验要求模拟不同条件的海洋腐蚀环境。盐雾实验箱外观如图 18－2 所示。

图 18－1　圆盘形金属橡胶试件

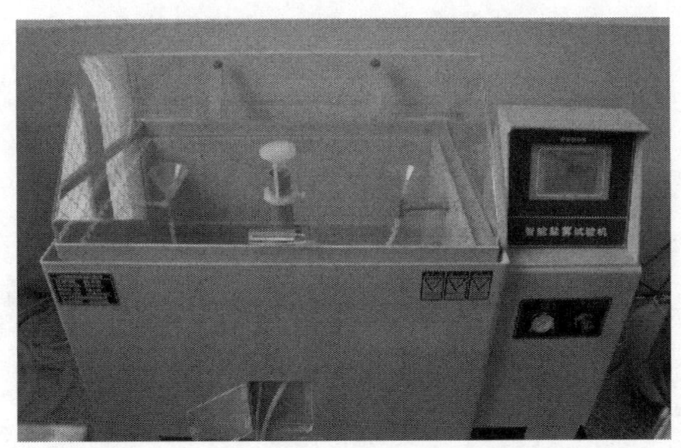

图 18－2　YWX-250 型智能盐雾实验箱

阻尼耗能测试用 PLS－20 电液伺服材料试验机和 DH5936 测试系统。电液伺服材料试验机由液压伺服系统、主机系统、控制系统几部分组成，其最大静载拉压力为 20kN，最大加载行程为±50mm，可实施精确的正弦位移加载，最高振动频率 40Hz。实验系统原理图如图 18－3 所示。

为夹持试件，设计了用于金属橡胶阻尼耗能测试的实验夹具，其结构示意图如图 18－4 所示。实验夹具由碗形托盘、环形压盘、中间拉杆及螺栓、螺母、垫圈等组成。圆盘形金

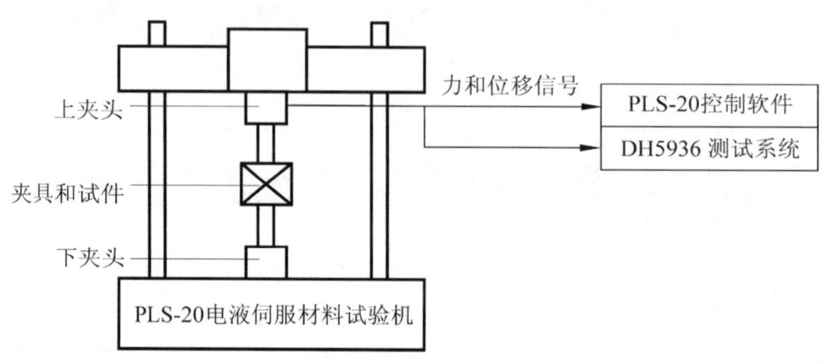

图 18-3 阻尼耗能测试系统原理图

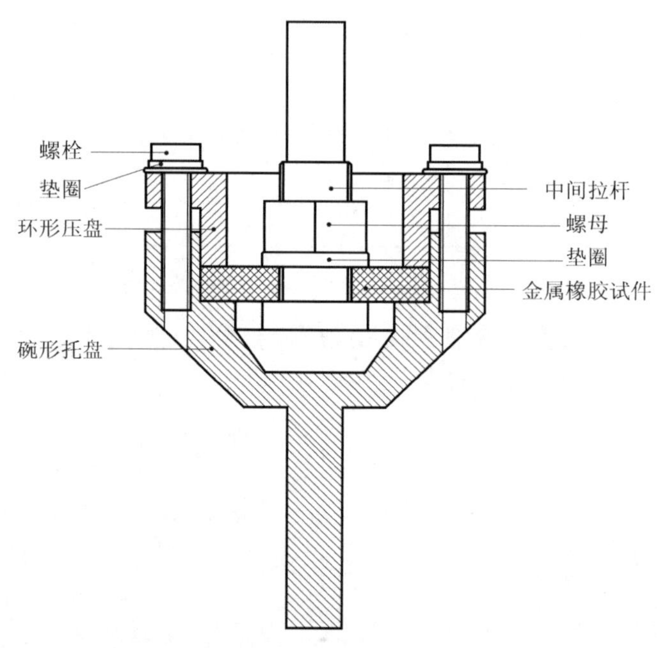

图 18-4 实验夹具结构示意图

属橡胶试件套在中间拉杆上，并通过螺母和垫圈压紧，试件的外沿通过环形压盘及螺栓压紧在碗形托盘的内端面上。实验时，中间拉杆及碗形托盘分别通过连接杆与材料试验机上、下夹头相连，下夹头固定不动，上夹头带动中间拉杆上下振动，使金属橡胶产生剪切变形。

实验中所用到的仪器还有超声波清洗仪、电子天平、烘干烤箱等。

18.2.2 金属橡胶试件静态腐蚀实验及结果

1. 实验设计

制备圆盘形金属橡胶试件共 5 只，依次编号为 1～5 号，并按以下步骤进行实验：

(1) 使用清水和洗涤液对试件进行冲洗和超声波清洗，并在烘干箱中烘干，清洁试件的表面及内部。

(2) 将试件装夹在实验夹具上，并将夹具夹持在试验机上、下夹头之间，采用位移控制，对试件施加正弦激励，激励振幅 3mm，频率 3Hz。经 6000 次加载稳定处理后对位移及恢复力数据进行采样，采样频率 1000Hz。

(3) 所有试件加载完毕后，重复步骤 (1)，然后用电子天平分别称量 1～5 号试件的质量并记录，作为腐蚀前质量。

(4) 将 1～4 号试件放入 YWX-250 型智能盐雾实验箱中进行盐雾腐蚀实验，5 号试件作为空白对照置于密封袋中。各试件腐蚀环境对比见表 18-2。

表 18-2 各试件腐蚀环境对比

试件	1号	2号	3号	4号	5号
环境	全浸泡	周浸 每 24h 浸泡 8h	连续盐雾	周期盐雾 每 1h 喷雾 10min	无腐蚀

全浸腐蚀实验按照国标 GB/T 10124-88《金属材料实验室均匀全浸腐蚀实验方法》进行，周浸实验按照国标 GB/T 19746—2005《金属与合金的腐蚀盐溶液周浸实验》进行，盐雾实验按照 GB/T 10125—1997《人造气氛腐蚀实验——盐雾实验》进行。试件按照要求放置于实验箱中。实验箱温度设置为 (35±1)℃，1～4 号试件的腐蚀周期为 24h。其中，周浸实验中浸泡时间为 8h，周期喷雾实验喷雾时间为每小时 10min。

(5) 经过 1152h 腐蚀后，取出试件，重复步骤 (1)，并观察试件表面。用电子天平分别称量各试件的质量并记录，作为腐蚀后（未清除腐蚀产物）质量。

(6) 使用化学法去除腐蚀产物并称重。取相对密度 1.42 的硝酸 100mL 稀释至 1000mL 在 60℃环境下对 1～4 号试件进行处理，随后再重复步骤 (1)，并用电子天平分别称量各试件的质量并记录，作为腐蚀后（清除腐蚀产物）质量。

(7) 重复步骤 (2)。

(8) 另取四组 304 不锈钢丝，每组 70g，按步骤 (1) 处理后，称量并记录腐蚀前质量，依次编号为 1～4 号，各组不锈钢丝按照表 18-2 的腐蚀环境，连续腐蚀 1152h 后取出，重复步骤 (1) 后称量并记录腐蚀后（未清除腐蚀产物）质量，再重复步骤 (6)。

2. 腐蚀速率

各试件经 1152h 腐蚀后质量均减少，质量变化见表 18-3。

表 18-3 各试件质量变化 (g)

试件	腐蚀前	腐蚀后（未清除腐蚀产物）	腐蚀后（清除腐蚀产物）
1号	70.2243	69.6529	66.0914
2号	69.7132	70.2096	65.3110
3号	72.3444	72.3842	69.0712
4号	73.1197	73.1372	69.1743
5号	72.6112	72.6126	72.6126

根据腐蚀实验的质量评定法，通过质量损失计算年腐蚀深度来表示腐蚀速率，公式为

$$v_p = \frac{8.76 \times \Delta m}{A \cdot T \cdot \rho} \tag{18-1}$$

式中，v_p 为年腐蚀深度，单位为 mm/a 时，此时常数取 87.6；Δm 为腐蚀前后质量差，mg；A 为试件的表面积，cm^2；T 为腐蚀时间，h；ρ 为金属材料密度，g/cm^3。

计算腐蚀速率时，通过试件质量计算不锈钢丝总表面积 A，公式为

$$A = \frac{\pi d^2}{2} + \frac{4m_0}{\rho d} \tag{18-2}$$

式中，m_0 为试件质量，g；d 为金属丝直径，cm。

表 18－4、表 18－5 为各试件和各组不锈钢丝 1152h 内的平均腐蚀速率，可以看出，在四种腐蚀环境下的平均腐蚀速率由大到小依次为 2 号＞1 号＞4 号＞3 号，即周浸＞全浸＞周期盐雾＞连续盐雾。

表 18－4　1～4 号试件 1152h 内平均腐蚀速率（mm/a）

试件	1号	2号	3号	4号
v_p	0.0338	0.0360	0.0258	0.0308

表 18－5　1～4 号不锈钢丝 1152h 内平均腐蚀速率（mm/a）

试件	1号	2号	3号	4号
v_p	0.0046	0.0049	0.0012	0.0014

对实验结果进行分析如下：

（1）不锈钢在海洋环境中的腐蚀一般是点蚀和缝隙腐蚀。不锈钢丝由于本身固有的表面起伏以及拉拔过程导致的裂纹等表面微观缺陷，使得这些微观裂纹地带形成了闭塞区，形成闭塞电池。在海洋腐蚀环境中，裂纹尖端区的 pH 约为 4，易导致高强度钢的氢脆腐蚀断裂[3]。

（2）进行周浸的金属橡胶试件（2 号）处于湿润和干燥的交替状态中，当试件从干燥状态进入浸泡环境时，由于金属橡胶材料特有的孔隙结构，导致金属橡胶材料孔隙中保存有一定的空气气泡，与全浸泡的金属橡胶试件相比，不锈钢丝的供氧更充足；当从浸泡环境进入到干燥状态时，金属橡胶材料的孔隙结构也能储存一部分液态盐水溶液，因此，周浸环境较其他腐蚀环境能更好地形成腐蚀原电池，因此腐蚀速率最大，腐蚀的影响程度也最大[4,5]。

（3）处于盐雾环境中的金属橡胶试件（3 号、4 号），由于含盐粒子沉降在试件的表面，没有深入到试件内部的孔隙中，使得试件和腐蚀环境的接触面不如全浸和周浸环境中的大，因此盐雾环境中试件的腐蚀速率小于浸泡环境。

（4）处于周期盐雾环境的金属橡胶试件（4 号）也处于盐雾和干燥的交替状态中，导致

周期盐雾环境中试件（4号）的腐蚀速率大于连续盐雾环境（3号）中腐蚀速率。

（5）从表18-4、表18-5可知，304不锈钢丝在同样腐蚀环境中的腐蚀速率远小于同样质量的不锈钢丝制成金属橡胶材料试件后的腐蚀速率，这是受金属橡胶制备工艺的影响。制备试件时，不锈钢丝首先要缠绕成为螺旋卷，然后对螺旋卷进行定螺距拉伸缠绕成毛坯，最后冲压成型。经过这一系列制备工艺，导致不锈钢丝内部必然存在一定的内应力，促进了腐蚀行为。

3. 腐蚀产物

图18-5为1～4号试件经1152h腐蚀后的外观形貌。从整个试件宏观上看，各试件表面均有不均匀的腐蚀产物斑痕分布。对比4只试件发现，2号试件表面留存腐蚀产物较多，锈斑面积较大。腐蚀产物颜色以铁红色为主，观察试件表面已锈蚀的单根不锈钢丝腐蚀产物的微观分布可见，在红褐色腐蚀产物中存在零星状的黑色腐蚀产物。

盐水环境是一个典型的铁-氯-水系环境，由其电位—pH图[6]可见，304不锈钢处于钝化腐蚀区。在常温下，钢铁的盐水环境腐蚀过程先是Fe在水溶液中H^+作用下，失去电子被氧化为Fe^{2+}而溶解，随后与OH^-形成$Fe(OH)_2$，大部分能够充分接触水溶液中溶解氧的$Fe(OH)_2$直接被氧化成含有三价铁的Fe_2O_3或$Fe(OH)_3$，颜色为红褐色或红棕色；少部分接触溶解氧不充分的$Fe(OH)_2$，则被氧化为黑色的Fe_3O_4。因此腐蚀产物主要由黄色或红棕色的α—FeOOH、β—FeOOH和γ—FeOOH组成，部分夹杂黑色的Fe_3O_4。本实验中，不锈钢的腐蚀以点蚀等局部腐蚀为主，产生的腐蚀产物呈斑状分布，不同部位的腐蚀程度不一[7,8]。

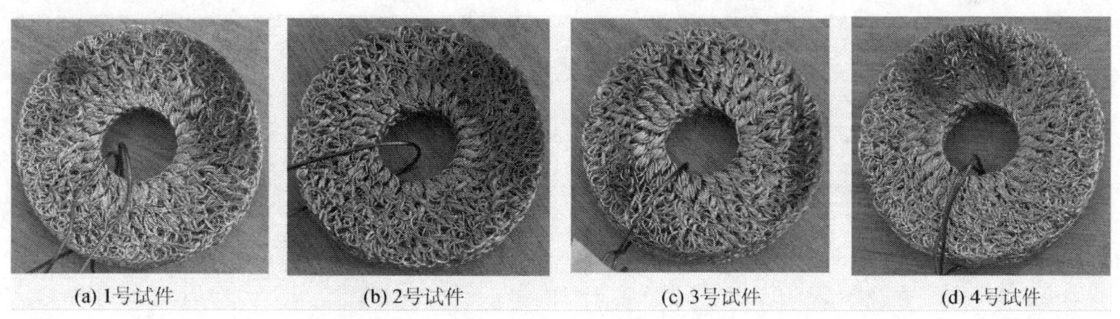

图18-5　各试件1152h腐蚀后外观(见彩图)

4. 阻尼耗能特性

图18-6分别为1～5号试件1152h腐蚀前后的迟滞回线（虚线为腐蚀前，实线为腐蚀后）。从图中可看出，在腐蚀环境或无腐蚀环境下经过1152h后，再进行第二次加载，同样的变形下各试件的恢复力都增大，迟滞回线均沿图中纵坐标方向上下扩张，迟滞回线的包围面积都增大。但处于腐蚀环境的1～4号试件，恢复力的变化和迟滞回线的扩张都十分明显，处于无腐蚀环境的5号试件，恢复力和迟滞回线只是略微增大，变化并不明显。

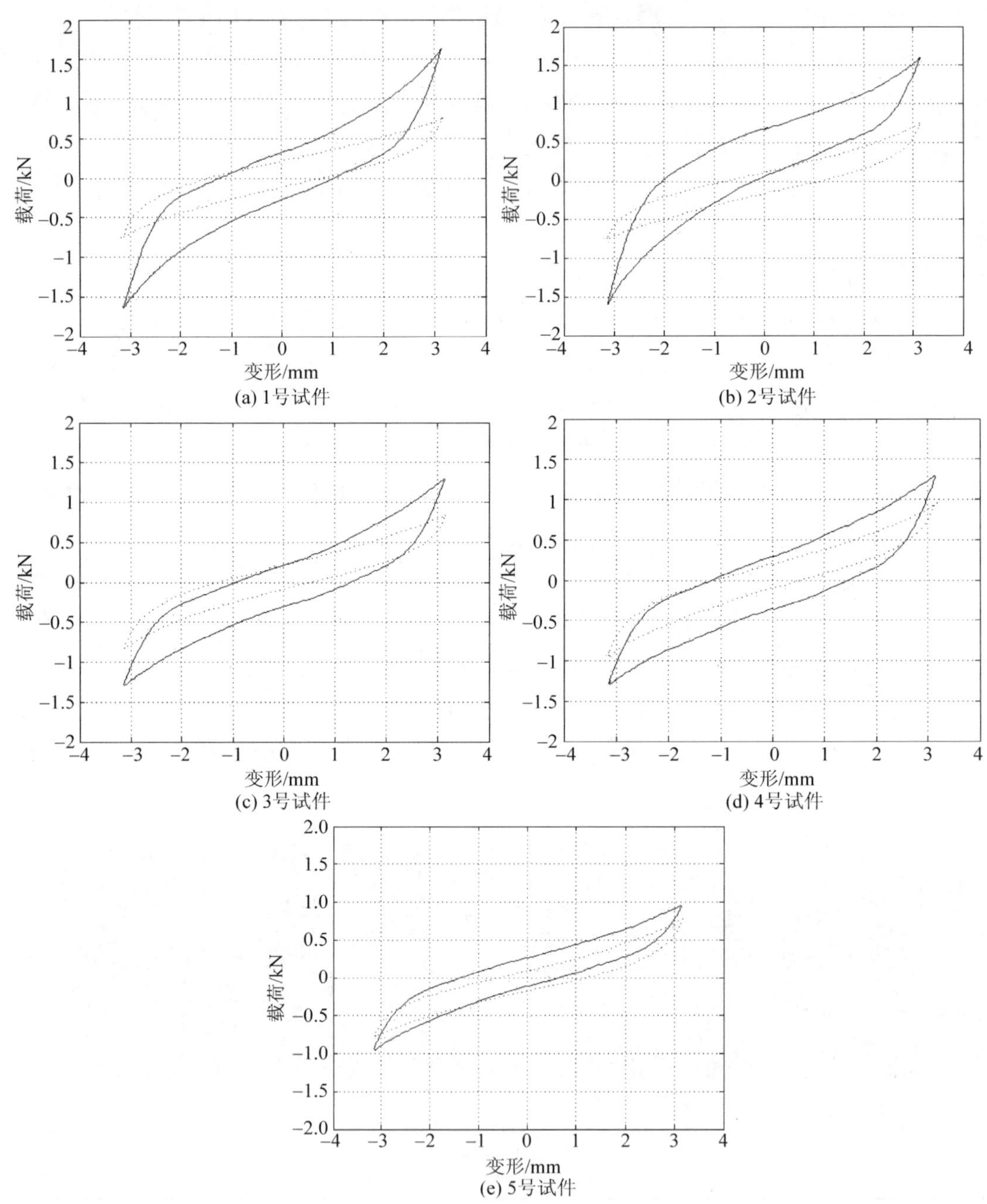

图 18-6 各试件经 1152h 腐蚀前后的迟滞回线

表 18-6 列出了 1～5 号试件腐蚀前后的阻尼损耗因子、动态平均刚度和耗能。可以看出，经过 1152h 腐蚀后，各个试件阻尼损耗因子有增有减，变化幅值均不超过 0.1，除 4 号试件外，其余各试件阻尼损耗因子变化率均在 10%左右。4 号试件阻尼损耗因子变化率虽大，但变化幅值不大，且仅为单次实验，未排除异常点因素。因此，可以认为阻尼损耗因

子基本保持稳定。各试件的动态平均刚度和耗能均明显增大，未经过腐蚀的5号试件的动态平均刚度和耗能变化率均未超过50%，而经过腐蚀的1～4号试件动态平均刚度和耗能变化率均超过50%，增大幅度从大到小依次为2号>1号>4号>3号>5号，即周浸>全浸>周期盐雾>连续盐雾>无腐蚀。

表18-6　各试件实验前后的阻尼损耗因子、动态平均刚度和耗能

		1号	2号	3号	4号	5号
阻尼损耗因子 η	腐蚀前	0.2549	0.2192	0.2161	0.1975	0.2072
	腐蚀后	0.2203	0.2269	0.2038	0.2940	0.2346
	变化率	−13.57%	3.51%	−5.69%	48.86%	13.22%
动态平均刚度/（N/m）	腐蚀前	237.5626	237.5931	264.2599	298.3937	243.7594
	腐蚀后	502.3460	509.8741	411.8147	487.2943	303.9657
	变化率	111.46%	114.60%	55.84%	63.31%	24.70%
耗能/J	腐蚀前	1893.5430	1644.1563	1786.1773	1837.5121	1624.5485
	腐蚀后	3582.9323	3580.4967	3131.7268	3240.7849	2226.0094
	变化率	89.22%	117.77%	75.33%	76.37%	37.02%

从动态平均刚度的变化可以看出，不论在何种环境下，试件的动态平均刚度都有大幅提高，这是由于金属橡胶材料在冲压成型后没有经过稳定化处理，内部组织不稳定，经过加载后内部勾连和接触方式的变化而导致动态平均刚度的增加。

从耗能变化则可以看出，金属橡胶试件实验前后耗能也有大幅提高。这主要是由两方面原因造成的。一是由试件内部组织不稳定，振动稳定过程中内部勾连方式变化，在尚未磨合稳定前，其不锈钢丝摩擦点数量增大导致的。另外，经过腐蚀后，金属橡胶内部相互接触的不锈钢丝接触表面发生了变化，这些变化既与腐蚀产物有关，也与经过稀硝酸处理后所带来的接触表面变化有关。这都使得试件的耗能有所增加。

对比不同环境下各试件动态平均刚度和耗能的增幅，发现动态平均刚度和耗能的增量和变化率，从大到小均依次为2号>1号>4号>3号>5号，即周浸>全浸>周期盐雾>连续盐雾>无腐蚀。这一结果与前面得出的腐蚀速率的结果相一致。

从阻尼损耗因子的变化可以看出，各个试件的阻尼损耗因子基本保持稳定。这主要是由于阻尼损耗因子 η 与试件耗能成正比，而与动态平均刚度成反比，根据试件动态平均刚度和耗能的变化趋势即可判断出阻尼损耗因子基本保持稳定，与实验结果一致。

18.2.3　金属橡胶试件腐蚀-加载交替实验及结果

1. 实验设计

静态腐蚀实验是对金属橡胶试件腐蚀前后的阻尼耗能特性参数进行对比，反映了金属橡胶材料在海洋腐蚀环境下静置受到腐蚀后的阻尼耗能性能变化，但没有对金属橡胶材料

在整个腐蚀过程中既有加载又有腐蚀这一过程中阻尼耗能特性的变化进行分析研究。为此，进一步设计了金属橡胶在模拟海洋环境下的腐蚀-加载交替实验。

(1) 制备圆盘形金属橡胶试件共 6 只，依次编号为 1～6 号。

(2) 实验前，使用清水和洗涤液对各试件进行冲洗和超声波清洗，并在烘干箱中烘干，去除试件表面及内部的油污和杂质。

(3) 将各试件依次装夹在实验夹具上，并将夹具夹持在试验机上、下夹头之间，采用位移控制，对试件施加正弦激励，激励振幅 3mm，频率 3Hz。经 6000 次加载稳定处理后对位移及恢复力数据进行采样，采样频率 1000Hz。

(4) 所有试件加载完毕后，重复步骤 (2)。清洗后，用电子天平分别称量 1～6 号试件的质量并记录，作为腐蚀前质量。

(5) 1～4 号试件用于进行腐蚀-加载交替实验，6 号试件用于进行纯腐蚀无加载实验作为对照，将 1～4 号试件和 6 号试件放入 YWX－250 型智能盐雾实验箱中进行腐蚀实验，5 号试件作为空白对照置于密封袋中。各试件腐蚀环境对比见表 18－7。

表 18－7 各试件腐蚀环境对比

试件	1号	2号	3号	4号	5号	6号
环境	全浸泡	周浸每 24h 浸泡 8h	连续盐雾	周期盐雾每 1h 喷雾 10min	无腐蚀	周浸每 24h 浸泡 8h

全浸腐蚀实验按照国标 GB/T 10124－88《金属材料实验室均匀全浸腐蚀实验方法》进行，周浸实验按照国标 GB/T 19746—2005《金属与合金的腐蚀盐溶液周浸实验》进行，盐雾实验按照 GB/T 10125—1997《人造气氛腐蚀实验——盐雾实验》进行。试件按照要求放置于实验箱中。实验箱温度设置为 (35±1)℃，1～4 号试件的腐蚀周期为 24h。其中，周浸实验中浸泡时间为 8h，周期喷雾实验喷雾时间为每小时 10min。

(6) 对于 1～4 号试件，经过一个腐蚀周期即 24h 后，取出并重复步骤 (2)。清洗后，用电子天平分别称量 1～4 号试件的质量并记录，作为经过一个腐蚀周期腐蚀后的质量。

(7) 将 1～5 号试件重复步骤 (3) ～ (4)，即完成一个周期的腐蚀-加载实验。

(8) 重复步骤 (5) ～ (7)，共进行 15 个周期的腐蚀-加载实验。

(9) 对于 6 号试件，自步骤 (5) 将其放入腐蚀实验箱开始实验后，保持腐蚀环境不变，累积 360h 后将其取出，重复步骤 (2)，清洗后，用电子天平称量 6 号试件的质量并记录，作为 6 号试件腐蚀后的质量。

2. 腐蚀速率

表 18－8 列出了 1～4 号试件腐蚀前后的质量变化。6 号试件腐蚀前质量为 69.7132g，经过 360h 腐蚀后质量为 68.7110g。可以看出，各试件经过 15 个腐蚀周期后质量均减少，这是由于生成的腐蚀产物所引起的质量变化。

表 18－8　各试件质量变化（g）

腐蚀周期	1号		2号		3号		4号	
	腐蚀前	腐蚀后	腐蚀前	腐蚀后	腐蚀前	腐蚀后	腐蚀前	腐蚀后
1	69.4550	69.4536	69.2188	69.2183	69.4550	69.4536	69.2188	69.2183
2	69.4288	69.4225	69.1876	69.1855	69.4288	69.4225	69.1876	69.1855
3	69.3318	69.3264	69.1354	69.1313	69.3318	69.3264	69.1354	69.1313
4	69.2288	69.2112	69.0626	69.0388	69.2288	69.2112	69.0626	69.0388
5	69.0570	69.0333	68.7051	68.6899	69.0570	69.0333	68.7051	68.6899
6	68.7699	68.7213	68.3911	68.3693	68.7699	68.7213	68.3911	68.3693
7	68.4057	68.3678	68.0127	67.9546	68.4057	68.3678	68.0127	67.9546
8	68.0478	68.0074	67.5965	67.5373	68.0478	68.0074	67.5965	67.5373
9	67.6780	67.6408	67.1956	67.1496	67.6780	67.6408	67.1956	67.1496
10	67.2741	67.2375	66.7994	66.7306	67.2741	67.2375	66.7994	66.7306
11	66.9115	66.8692	66.3354	66.2976	66.9115	66.8692	66.3354	66.2976
12	66.5226	66.4885	65.9129	65.8574	66.5226	66.4885	65.9129	65.8574
13	66.0643	66.0112	65.4559	65.4131	66.0643	66.0112	65.4559	65.4131
14	65.6113	65.5717	64.9682	64.9050	65.6113	65.5717	64.9682	64.9050
15	65.2468	65.2087	64.4910	64.4335	65.2468	65.2087	64.4910	64.4335
16	64.7748		63.9548		64.7748		63.9548	

根据式（18-1）和式（18-2）计算腐蚀速率，绘制试件平均腐蚀速率变化折线图，如图 18－7 所示，可以看出，金属橡胶试件在不同腐蚀环境下所进行的腐蚀-加载交替实验的平均腐蚀速率虽有起伏，但总的趋势是逐渐增大的。3 个腐蚀-加载周期之前，各试件腐蚀速率区分不大。3 个腐蚀-加载周期后，1、2 号试件腐蚀速率大于 3、4 号试件腐蚀速率。7 个腐蚀-加载周期后各试件腐蚀速率均大于单纯腐蚀无加载的 6 号试件的平均腐蚀速率，各试件腐蚀速率曲线除个别突变点外，总体趋势趋于平稳。7 个腐蚀-加载周期后，平均腐蚀速率由大到小依次为 2 号＞1 号＞4 号＞3 号＞6 号，即周浸＞全浸＞周期盐雾＞连续盐雾＞周浸（无加载）。

四种腐蚀环境下的腐蚀-加载交替实验腐蚀速率排序与静态腐蚀实验中四种腐蚀环境下的腐蚀速率排序相同。腐蚀-加载交替实验过程所带来的外加载荷，增加了金属橡胶试件中不锈钢丝内的残余应力，加速了腐蚀的进行，形成了应力腐蚀，因此，1～4 号试件的腐蚀速率远大于单纯腐蚀而无加载的 6 号试件。

3. 腐蚀产物

图 18－8 为 1～4 号试件实验结束后的外观形貌。从整个试件宏观上看，由于腐蚀-加载交替进行，金属橡胶试件外环夹紧区域组织出现松散甚至断裂，试件表面腐蚀产物因加载磨损较少留存，但仍然在松散断裂区域表面有腐蚀产物分布。对比观察试件发现，其中 2 号试件表面留存腐蚀产物较多，其余表面腐蚀产物较少。松散断裂区内部不锈钢丝有较多

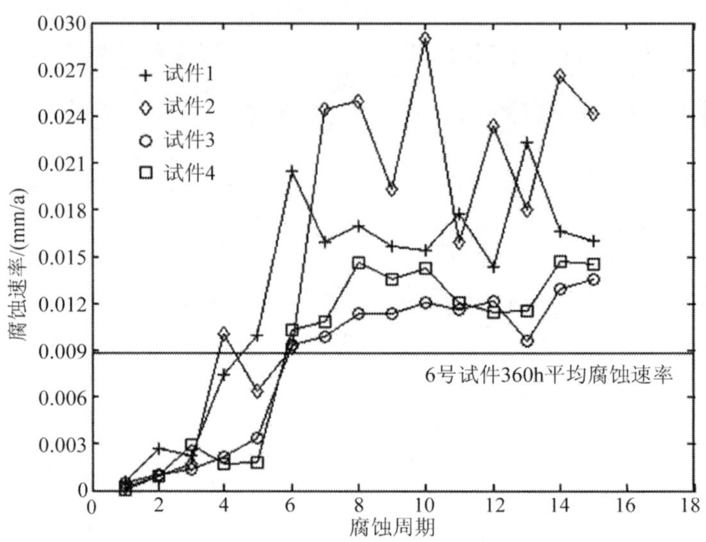

图 18－7 试件平均腐蚀速率变化

锈蚀，腐蚀产物颜色以铁红色和黑色为主。观察试件表面已锈蚀的单根不锈钢丝腐蚀产物的微观分布可见，腐蚀产物在单根钢丝上分布不均匀，以点蚀所产生的斑状腐蚀为主。腐蚀环境仍然为典型的铁—氯—水系环境，则其腐蚀基本机理并未发生大的变化，腐蚀产物仍以黑色的 Fe_3O_4、黄色或红棕色的 α-FeOOH、β-FeOOH 和 γ-FeOOH 等成分为主。

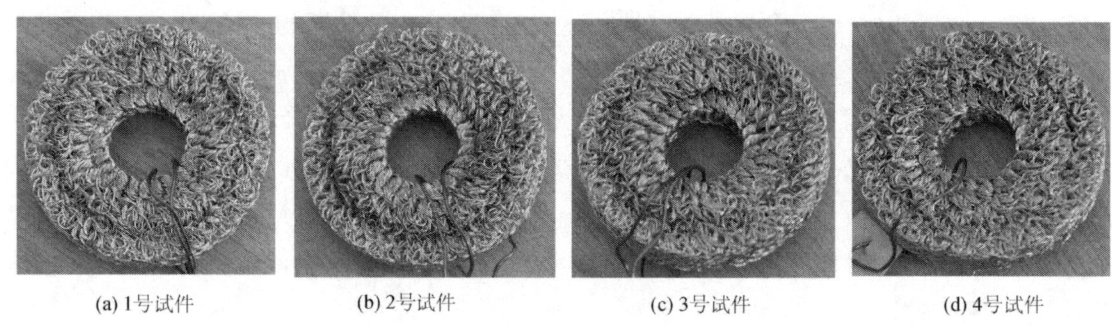

(a) 1号试件　(b) 2号试件　(c) 3号试件　(d) 4号试件

图 18－8 试件平均腐蚀速率变化(见彩图)

4. 阻尼耗能特性

图 18－9、图 18－10 和图 18－11 分别表示了 1～5 号试件经过每一腐蚀-加载实验周期后的动态平均刚度、耗能和阻尼损耗因子的变化趋势。

由图 18－9 可知，随着加载过程的进行，试件的动态平均刚度先经过一个急剧增加的过程，随后明显下降。这主要是由于在实验初期，由于金属橡胶材料内部组织不稳定，经过加载后内部勾连和接触方式的变化而导致动态平均刚度增加；随着腐蚀-加载实验周期的不断进行，金属橡胶材料腐蚀逐渐加剧，发生疲劳断裂，导致动态平均刚度减小。4 个腐蚀-加载周期后，各试件动态平均刚度开始逐渐降低。各试件动态平均刚度变化曲线上除个别异常点外，1～4 号试件动态平均刚度均低于 5 号试件，且动态平均刚度从小到大依次为 2 号<1 号<4 号<3 号<5 号，即周浸<全浸<周期盐雾<连续盐雾<无腐蚀。这一结果表明，腐蚀速率越大动态平均刚度越小，说明腐蚀速率越大，腐蚀对金属橡胶材料动态平均刚度带来的影响也越大。

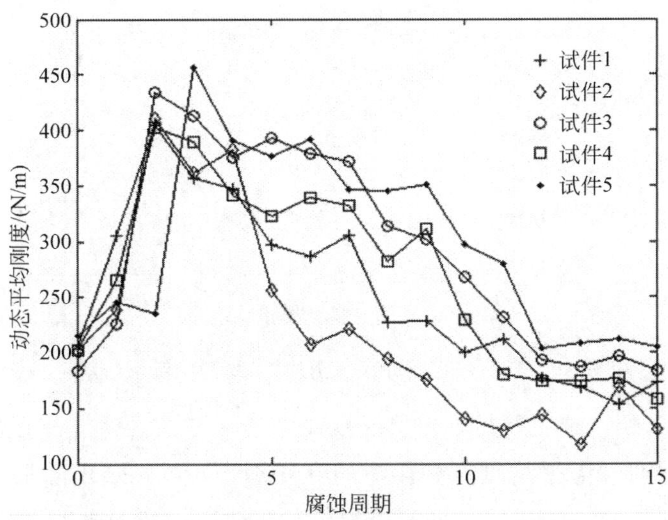

图 18-9　动态平均刚度随腐蚀-加载的变化趋势

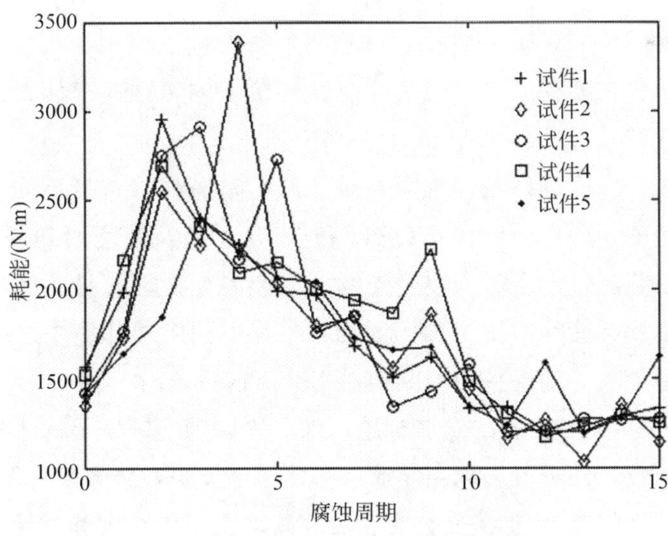

图 18-10　耗能随腐蚀-加载的变化趋势

由图 18-10 可知，随着加载过程的进行，试件耗能也先经过一个急剧增加的过程，随后明显下降，其原因与动态平均刚度变化相同。各个试件耗能的大小受腐蚀的影响规律、原因较为复杂，仅从图 18-12 难以观察出规律，有待于进一步深入研究。

由图 18-11 可知，随着腐蚀-加载的进行，试件阻尼损耗因子变化不大，基本保持稳

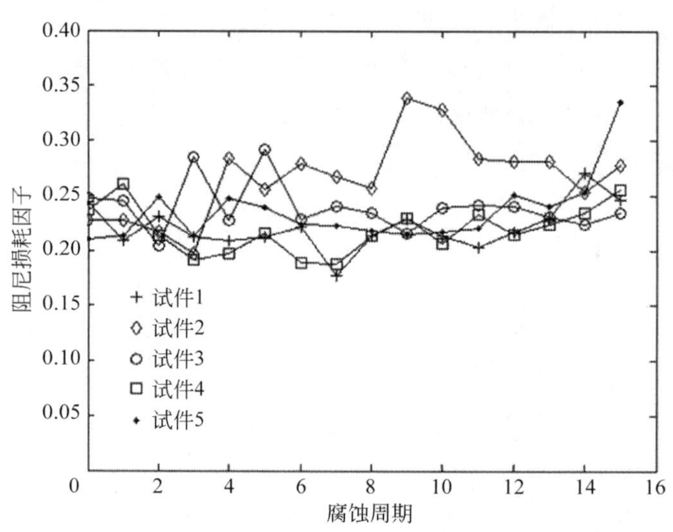

图 18-11 阻尼损耗因子随腐蚀-加载的变化趋势

定，变化不会超过 0.15。这主要是由于阻尼损耗因子 η 与试件耗能成正比，而与动态平均刚度成反比。根据试件动态平均刚度和耗能的变化趋势，可判断出阻尼损耗因子基本保持稳定，实验结果也证实这一判断。由此可以得出重要结论：处于腐蚀-加载交替环境下的金属橡胶材料，其阻尼损耗因子 η 对海洋腐蚀环境不敏感。

18.2.4 实验结论

（1）金属橡胶试件在四种人工模拟海洋腐蚀环境中的腐蚀速率从大到小依次为周浸＞全浸＞周期盐雾＞连续盐雾。

（2）金属橡胶试件的腐蚀以点蚀为主，腐蚀产物呈斑状分布且不均匀，腐蚀产物主要成分为黄色或红棕色的 α-FeOOH、β-FeOOH 和 γ-FeOOH 及黑色的 Fe_3O_4。

（3）金属橡胶材料经过全浸、周浸、连续盐雾和周期盐雾四种腐蚀环境 1152h 的腐蚀后，其动态平均刚度和耗能均有所增加，增幅大小与不同腐蚀环境中金属橡胶试件的腐蚀速率有关，腐蚀速率越大，动态平均刚度和耗能增幅越明显。

（4）经过腐蚀-加载交替实验的金属橡胶试件，其腐蚀速率明显大于单纯腐蚀无加载的试件，说明对金属橡胶试件进行加载会导致其腐蚀速率加快，从而影响阻尼耗能特性。

（5）金属橡胶试件经腐蚀-加载交替实验后，其动态平均刚度和耗能均先升高然后逐渐衰减，动态平均刚度的衰减程度与不同腐蚀环境中金属橡胶试件的腐蚀速率有关，腐蚀速率越大，动态平均刚度衰减越剧烈。

（6）金属橡胶材料经过全浸、周浸、连续盐雾和周期盐雾四种腐蚀环境 1152h 的静态腐蚀和四种环境的腐蚀-加载交替实验，其阻尼损耗因子变化较小。说明海洋腐蚀环境下金属橡胶试件的阻尼性能相对比较稳定，具有一定的抗海洋腐蚀能力。

18.3　海洋腐蚀环境下金属材料疲劳损伤特性研究

18.3.1　金属橡胶海洋腐蚀环境动态盐雾实验系统设计

目前，人工模拟盐雾环境实验通常采取将材料的耐盐雾腐蚀实验和动态力学性能实验分开独立进行的测试方法，即首先采用盐雾实验箱人工模拟盐雾环境条件考核材料静态下的耐盐雾腐蚀能力，然后再采用材料试验机测试盐雾腐蚀后材料的动态力学性能，由于这两个实验是彼此分开，互相孤立进行的，不能完全真实地反映材料实际的工作环境及条件。为了研究金属橡胶材料在海洋腐蚀环境下的疲劳特性，同时也为了更精确地分析金属橡胶材料在海洋腐蚀环境下的阻尼耗能特性，利用已有的盐雾实验箱作为盐雾发生装置，结合 PLS-20 电液伺服材料试验机和 DH5936 测试系统，设计了动态盐雾实验系统。

设计的动态盐雾实验系统由静态盐雾实验箱、动态盐雾实验箱及材料试验机组成。静态盐雾实验箱与动态盐雾实验箱之间通过进气管和盐水管相连，由静态盐雾实验箱为动态盐雾实验箱提供人工模拟盐雾环境；动态盐雾实验箱用于容纳实验样件，形成密闭的盐雾环境，并可控制实验温度；材料试验机用于为实验样件提供动态载荷，实现动态力学性能测试。

动态盐雾实验箱包括内箱、外箱及保温层，由箱体、箱门、门锁、轨道滑轮、盐水喷雾装置、送风循环系统、温度控制系统、加热系统及安全装置组成。箱门中部安装有 3 层真空镀膜防结霜观察窗，附有窗口观察灯，用于在实验时随时观察实验情况。箱门与箱体之间安装有硅橡胶密封条。箱体底部对称安装有四只轨道滑轮，用于箱体移动。滑轮连接板通过螺钉与箱体底面连接，滑轮连接板上开有 U 形槽，滑轮通过螺栓及螺母与滑轮连接板连接并调节高度。喷雾装置连接板通过螺钉安装在箱体内部下端面上，喷塔一端连接在喷嘴侧面，一端连接在喷雾装置连接板上，静态盐雾实验箱以进气管和盐水管作为供水供气通道，为动态盐雾实验箱提供喷雾。盐水管和进气管为硅橡胶管，盐水管一端从喷雾装置连接板下穿过与喷塔连接，一端放入静态盐雾实验箱的盐水室内，进气管一端连接在喷嘴下部，一端与静态盐雾实验箱气泵连接。盐水管和进气管穿过引线孔，引线孔上通过胶塞实现密封。箱体后部有隔板，隔板后部装有送风循环系统、温度控制系统和加热系统。动态盐雾实验箱结构如图 18 - 12 所示，整个动态盐雾实验系统示意图和实物图如图 18 - 13、图 18 - 14 所示。

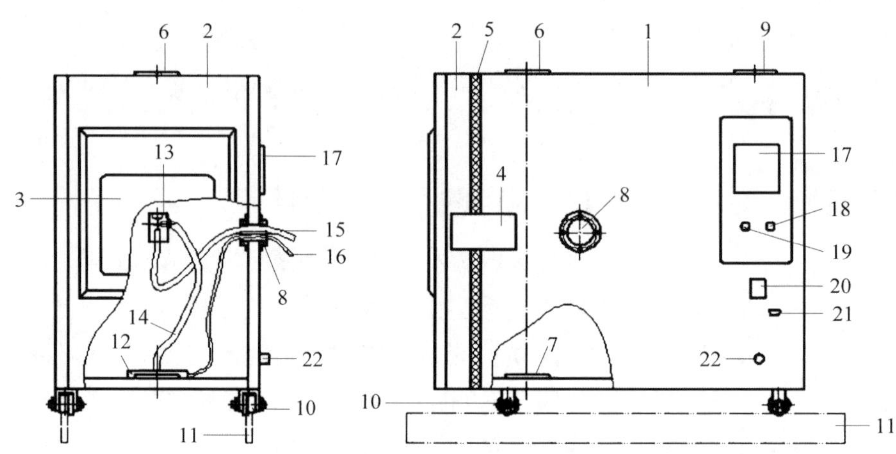

图 18－12　动态盐雾实验箱结构图

1—箱体；2—箱门；3—观察窗；4—门锁；5—硅橡胶密封条；6—上夹具孔；7—下夹具孔
8—引线孔；9—通风孔；10—轨道滑轮；11—轨道；12—喷雾连接板；13—喷嘴
14—喷塔；15—进气管；16—盐水管；17—温度控制器；18—电源按钮
19—门灯按钮；20—断电开关；21—通信接口；22—电源接头

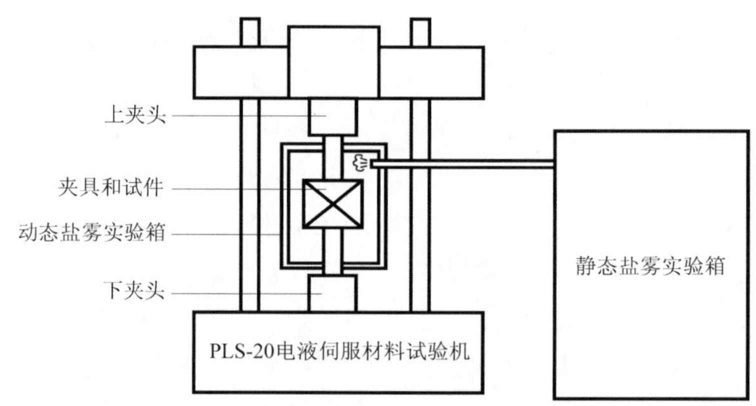

图 18－13　动态盐雾实验系统结构图

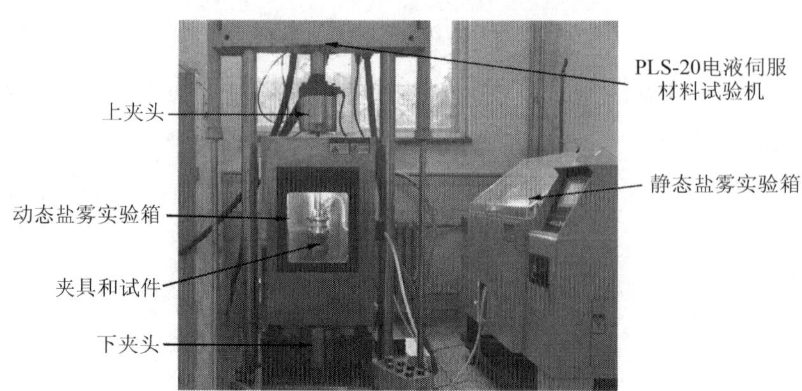

图 18－14　动态盐雾实验系统实物图

18.3.2 海洋腐蚀环境下金属橡胶动态加载疲劳实验研究

1. 试验试件与夹具

金属橡胶材料海洋腐蚀环境的动态加载疲劳实验也采用与静态腐蚀实验和腐蚀-加载交替实验一样的圆盘形金属橡胶试件，除了继续选用直径0.3mm的304不锈钢丝外，还选取了含钼元素的316不锈钢丝以作为对比。316不锈钢丝其密度为8.03g/cm^3，弹性模量2.0×10^5MPa，主要化学成分见表18-9。

表18-9 316不锈钢主要化学成分

化学成分	C	Mn	Si	S	P	Cr	Ni	Mo
质量分数/%	0.046	1.055	0.44	0.012	0.044	16.92	10.04	2.80

为了保证在盐雾环境下动态腐蚀实验过程中，试件能够最大限度地接触盐雾环境，故在图18-4所示的夹具基础上进行改进，可以使试件大部分表面暴露在盐雾气氛之中，如图18-15所示。当进行浸泡环境下的动态腐蚀实验时，仍然使用如图18-4所示的夹具，向碗形托盘中注入模拟海水直至浸没试件，以实现浸泡环境的模拟。

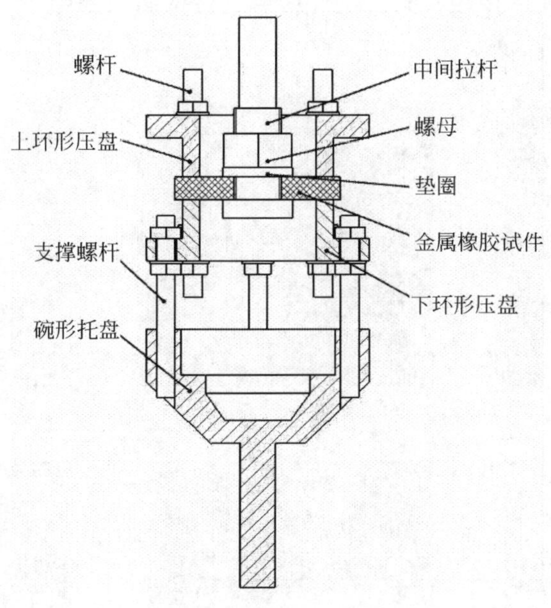

图18-15 实验夹具结构示意图

2. 海洋腐蚀环境动态疲劳加载实验

制备圆盘形金属橡胶试件共6只，依次编号为1～6号，其中1～3号由304不锈钢丝制成，4～6号由316不锈钢丝制成。使用清水和洗涤液对试件进行冲洗和超声波清洗，并在烘干箱中烘干，去除试件表面及内部的油污和杂质。

打开动态盐雾实验箱，根据表18-10设定各个试件实验环境。依据实验环境，2号、5

号试件选用如图 18－15 所示的夹具，其余试件选用如图 18－4 所示的夹具，将 1～6 号试件依次装夹在实验夹具上。在对 1 号、4 号试件进行实验之前，先向碗形托盘内加注模拟盐水溶液，直至金属橡胶试件全部浸没。

表 18－10　各试件腐蚀环境对比

试件	1 号	2 号	3 号	4 号	5 号	6 号
环境	全浸泡	周期盐雾每 1h 喷雾 10min	无腐蚀	全浸泡	周期盐雾每 1h 喷雾 10min	无腐蚀

关闭动态盐雾实验箱，设定实验箱内温度为 35℃，保持实验箱内温度稳定为 3～5min，开启静态盐雾实验箱的喷雾系统，向动态盐雾实验箱内喷出盐雾，维持喷雾状态 3～5min，启动材料试验机开始进行加载。加载时采用位移控制，对试件施加正弦激励，激励振幅为 3mm，频率为 3Hz。金属橡胶试件经 6000 次加载处理后，以 1000Hz 的采样频率对位移及恢复力数据进行采样，每加载 6000～7000 次记录一次位移一恢复力数据（约 40min），连续实验 10h 后停止，停止时大约加载 108 000 次。

经过实验后的各个试件外观如图 18－16 所示，为了便于观察试件内部不锈钢丝经过疲劳实验后的磨损情况，使用微距镜头对试件局部进行拍照，如图 18－17 所示，可见不锈钢丝表面腐蚀产物附着情况。

(a) 1号试件　(b) 2号试件　(c) 3号试件

(d) 4号试件　(e) 5号试件　(f) 6号试件

图 18－16　疲劳实验试件(见彩图)

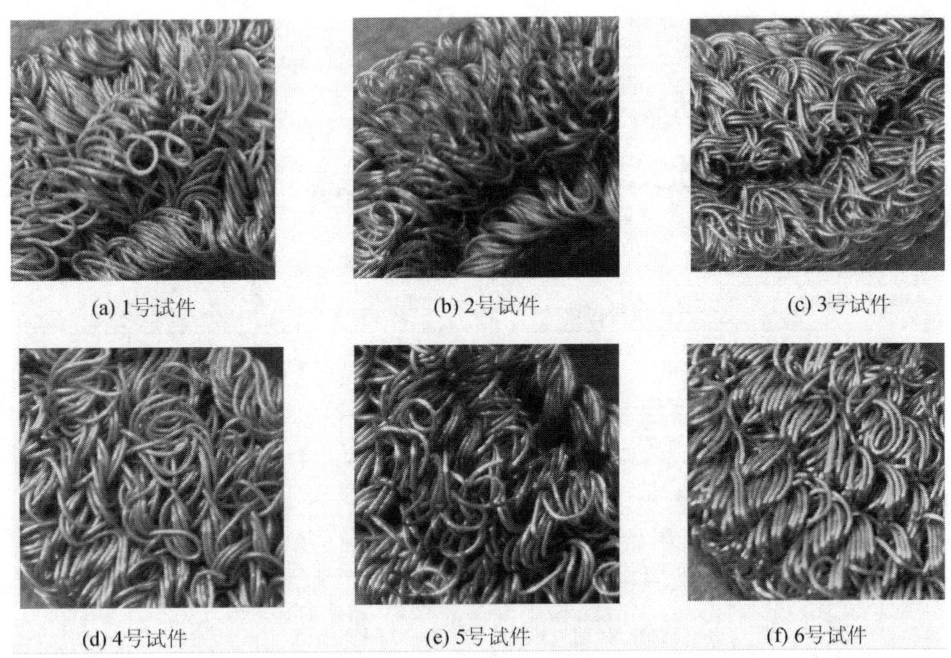
(a) 1号试件 (b) 2号试件 (c) 3号试件
(d) 4号试件 (e) 5号试件 (f) 6号试件

图 18－17 试件放大图(见彩图)

以变形循环周期为横坐标，计算各实验试件的迟滞回线、动态平均刚度、耗能、阻尼损耗因子并绘制曲线，如图 18－18、图 18－19、图 18－20 和图 18－21 所示。

3. 实验结论

1）试件破坏形式和腐蚀产物

观察实验后各试件，如图 18－16 和图 18－17 所示，金属丝的断裂破碎和摩擦磨损是造成金属橡胶材料疲劳损伤的主要形式，对于圆盘形金属橡胶试件来说，内外环夹紧边缘位置是最主要的应力集中部位，试件整体在该部位出现断裂和松散，表面的腐蚀产物也在此区域分布较多。腐蚀行为和外力加载同时进行，在疲劳加载过程中不锈钢丝表面的腐蚀产物受到磨损，磨损程度较为严重，部分腐蚀产物被磨损掉，多有损失，露出不锈钢丝本来具有的金属光泽，在不锈钢丝局部表面形成腐蚀产物剥落后的亮斑，腐蚀产物的分布呈不连续的斑状。

腐蚀产物除了点蚀以外，已经产生较多的大面积腐蚀产物斑痕，腐蚀程度已经较静态腐蚀实验和腐蚀-加载交替实验更为严重，表面腐蚀产物附着更多，已经超出了一般的点蚀范畴，主要是由于发生了应力腐蚀。在疲劳加载作用下，金属橡胶试件受到持续的循环外加应力，导致不锈钢丝中的应力场发生变化，出现了局部形变，也会破坏不锈钢丝表面的钝化膜，影响腐蚀电位，加速腐蚀的进行；而腐蚀产物在不锈钢丝表面的附着进一步促进了应力腐蚀。持续不断的循环外加应力又进一步使得不锈钢丝表面的缺陷更为明显，更有助于腐蚀进行。

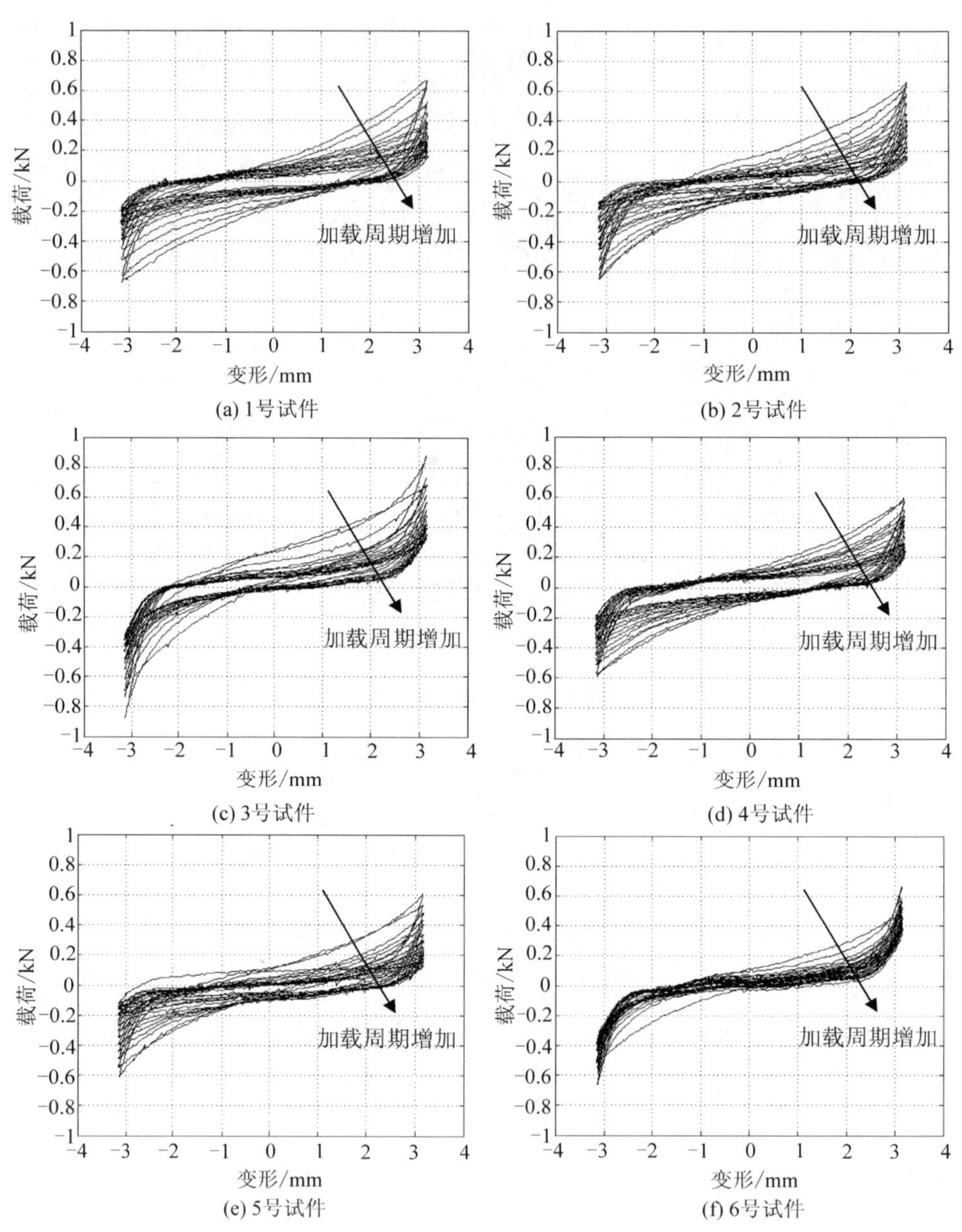

图 18－18　疲劳实验时的迟滞回线

对比分析同一材质的金属橡胶试件在不同环境下动态腐蚀疲劳加载实验后的腐蚀程度和破坏程度，从大到小依次是周期盐雾＞全浸泡＞无腐蚀。这说明海洋腐蚀环境加剧了金属橡胶的疲劳损伤，影响了金属橡胶材料的总体性能。已知金属材料在周期盐雾环境中的腐蚀速率大于全浸泡环境，因此海洋腐蚀环境对金属橡胶试件性能的破坏程度与腐蚀程度成正比。

对比观察 304 和 316 两种材质的不锈钢丝制成的金属橡胶试件，316 不锈钢（4～6 号

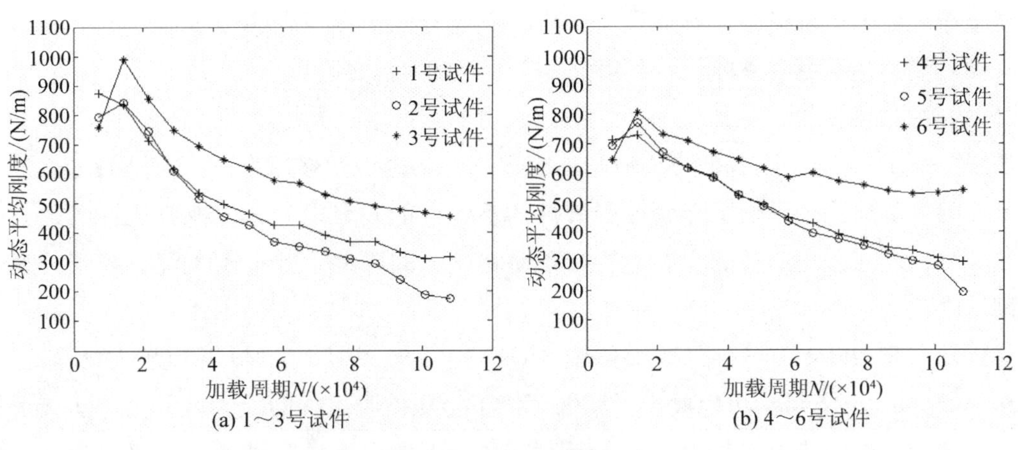

(a) 1～3号试件 (b) 4～6号试件

图 18-19 动态平均刚度变化趋势

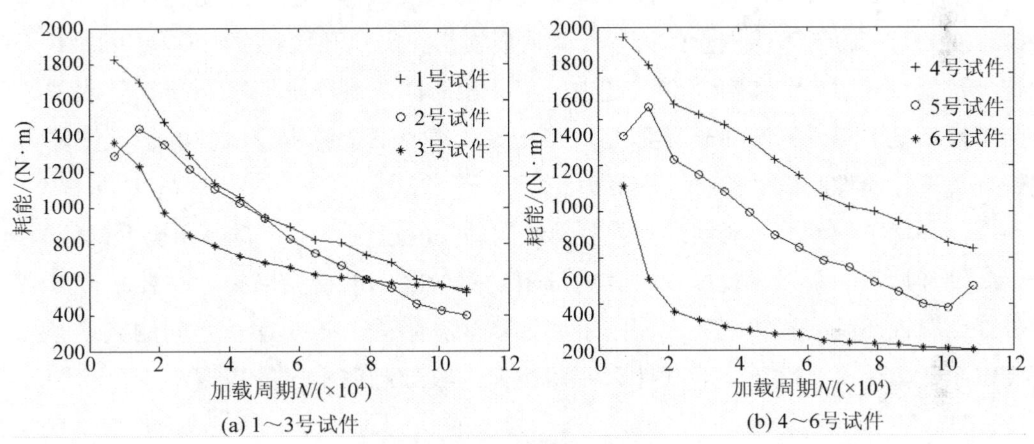

(a) 1～3号试件 (b) 4～6号试件

图 18-20 耗能变化趋势

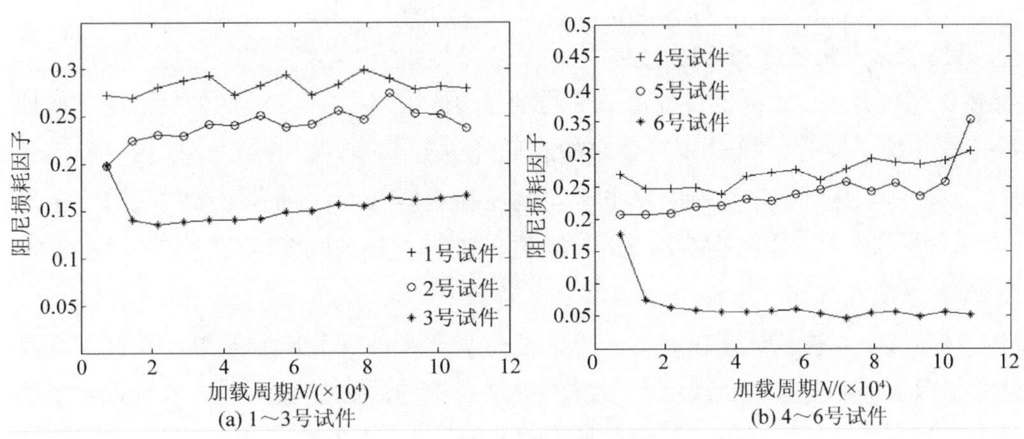

(a) 1～3号试件 (b) 4～6号试件

图 18-21 阻尼损耗因子变化趋势

试件）的腐蚀破坏程度小于 304 不锈钢（1～3 号试件），可见 316 不锈钢与 304 不锈钢相比，在海洋环境中更耐腐蚀。其原因是 316 不锈钢丝成分里含有 Mo 元素，Mo 元素与 Cr 元素一样，使不锈钢更容易钝化，可以提升不锈钢的抗腐蚀性能。

2）试件的迟滞回线

如图 18－18 所示，随着循环加载的不断进行，不锈钢丝逐渐出现疲劳断裂，造成金属橡胶试件的局部损伤，影响了金属橡胶试件的整体性能，表现为金属橡胶试件的最大恢复力不断减小；随着循环加载的不断进行，不锈钢丝之间摩擦系数逐渐下降，表现为迟滞回线逐渐向内收敛，趋向扁平。

对比观察腐蚀环境下试件的迟滞回线（1 号、2 号、4 号、5 号）和无腐蚀环境下试件的迟滞回线（3 号、6 号）可以看出，腐蚀环境下金属橡胶试件的最大恢复力小于无腐蚀环境下金属橡胶试件的最大恢复力。对于无腐蚀环境下的金属橡胶试件，主要因为不锈钢丝发生疲劳断裂而产生破坏；对于腐蚀环境下的金属橡胶试件，除了不锈钢丝在加载下的疲劳断裂，腐蚀行为也对不锈钢丝的力学性能造成损伤。实验开始经过约 6000 个加载周期后开始记录数据，此时疲劳和腐蚀都已经进行了一段时间。腐蚀环境下不锈钢丝的破坏程度大于无腐蚀环境下不锈钢丝的破坏程度，因此腐蚀环境下金属橡胶试件的最大恢复力小于无腐蚀环境下金属橡胶试件的最大恢复力。

在腐蚀环境下试件的迟滞回线向内收敛趋向扁平的速度小于无腐蚀环境下试件的速度。对于无腐蚀环境下的金属橡胶试件，其内部不锈钢丝之间的接触摩擦，主要是金属表面的干摩擦；而腐蚀环境下不锈钢丝表面附着腐蚀产物，阻碍了不锈钢丝之间的微动摩擦，增大了摩擦系数，使得腐蚀环境下试件迟滞回线向内收敛趋向扁平的速度小于无腐蚀环境下的速度。

图 18－18 中，腐蚀环境下和无腐蚀环境下迟滞回线的区别较为明显，而两种腐蚀环境——全浸泡环境和周期盐雾环境下迟滞回线的区别则不明显，需要进一步研究。

3）试件动态平均刚度和耗能

如图 18－19 所示，1 号试件的动态平均刚度逐渐下降，2～6 号试件的动态平均刚度先上升后逐渐下降。实验开始时先对金属橡胶试件进行 6000 次加载稳定处理，除 1 号试件外，其他试件尚未达到稳定，所以动态平均刚度在实验开始之时有短暂的上升。随着循环加载的不断进行，不锈钢丝逐渐出现疲劳断裂，影响了金属橡胶试件的整体性能，动态平均刚度逐渐减小。

同一材质的金属橡胶试件在不同环境下进行动态腐蚀疲劳加载实验，其动态平均刚度从小到大依次是周期盐雾＜全浸泡＜无腐蚀，这与试件的腐蚀破坏程度成反比，说明腐蚀速率越大，对试件破坏程度越大，动态平均刚度越低。

如图 18－20 所示，除 2 号试件、5 号试件的耗能因试件尚未稳定而先上升后下降外，其余各试件的耗能均随着循环加载的不断进行而逐渐下降。这一现象，与随着循环加载的不断进行各试件迟滞回线包围面积逐渐变小相一致。同一材质的金属橡胶试件在不同环境下的耗能，从大到小依次是全浸泡＞周期盐雾＞无腐蚀（排除2号、3号试件耗能曲线在80 000次加载周期后的部分数据异常点）。因为腐蚀环境下，不锈钢丝表面附着有腐蚀产物，影响了不锈钢丝表面粗糙程度，增大了摩擦系数，因此不锈钢丝之间摩擦力增大，耗能也增大，因此无腐蚀环境下金属橡胶试件耗能最低。全浸泡环境下的金属橡胶试件与周期盐雾环境下的金属橡胶试件相比，完全浸泡在液体中，内部孔隙之间充满液体，当受到外加激励发生变形时，孔隙中的液体受到挤压，产生流体阻尼，从而使耗能增大。

4）试件的阻尼损耗因子

从图18-21阻尼损耗因子与加载周期的变化曲线可以看出，不论是否处于腐蚀环境之中，随着加载周期的增加，排除个别数据异常点外，金属橡胶试件阻尼损耗因子的变化趋势为小幅度上下波动，波动幅度不明显，基本保持稳定。由于金属橡胶试件的动态平均刚度和耗能均不断减小，两者共同作用，使得阻尼损耗因子变化不大。处于腐蚀环境中的试件阻尼损耗因子较无腐蚀环境中的较高，且全浸泡环境中比周期盐雾环境的更高，说明海洋腐蚀环境有利于提高金属橡胶材料的阻尼耗能特性，且在全浸环境中的性能较周期盐雾环境中的更为明显，阻尼损耗因子从大到小依次是全浸泡＞周期盐雾＞无腐蚀，原因与影响耗能大小的原因相同。

18.3.3　海洋腐蚀环境下金属橡胶疲劳损伤特性的表征与失效判据

从宏观角度看，随着疲劳加载过程的进行，金属橡胶材料会逐步出现损伤，并引起力学性能退化，故可以通过力学性能的变化来衡量疲劳损伤程度。为更准确而全面地描述金属橡胶的疲劳损伤过程，用动态平均刚度和耗能这两个参数来表征金属橡胶疲劳损伤演化规律，各损伤因子表达式为

$$D_k(N)=\frac{k(0)-k(N)}{k(0)}=1-\frac{k(N)}{k(0)} \tag{18-3}$$

$$D_{\Delta W}(N)=\frac{\Delta W(0)-\Delta W(N)}{\Delta W(0)}=1-\frac{\Delta W(N)}{\Delta W(0)} \tag{18-4}$$

式中，$k(0)$ 为试件的初始动态平均刚度；$k(N)$ 为试件加载 N 次后的动态平均刚度；$\Delta W(0)$ 为试件的初始耗能；$\Delta W(N)$ 为试件加载 N 次后的耗能；$D_k(N)$ 为加载 N 次后的动态平均刚度损伤因子；$D_{\Delta W}(N)$ 为加载 N 次后的耗能损伤因子。

材料未受损伤时为边界条件，表示为

$$D_k(N=0)=0\text{；}D_{\Delta W}(N=0)=0 \tag{18-5}$$

由实验测得的数据可以绘制出损伤因子与加载周期的关系曲线，如图18-22和图18-23所示。

分析损伤因子和加载周期的关系曲线可以看出随着加载周期的增加，损伤因子不断增

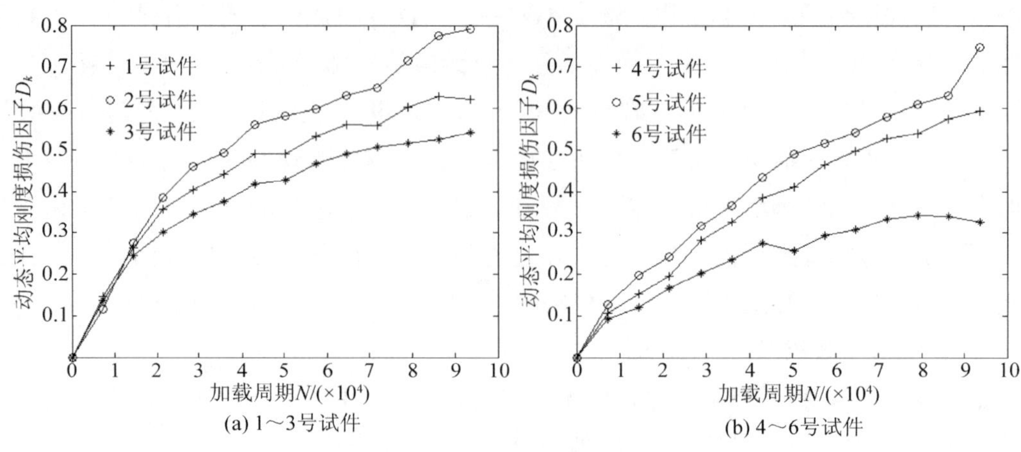

图 18-22 动态平均刚度损伤因子变化趋势

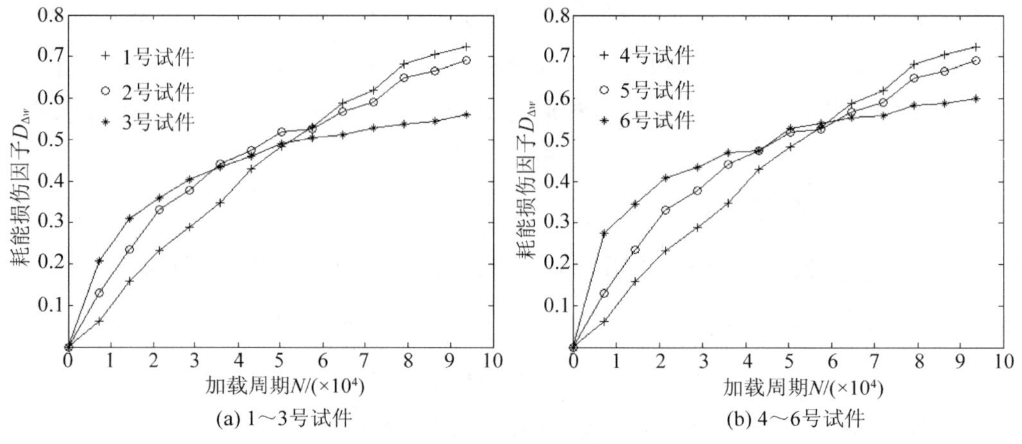

图 18-23 耗能损伤因子变化趋势

大，金属橡胶试件疲劳损伤不断累积。从图 18-22 可知，同一材质的金属橡胶试件，在不同的腐蚀环境下，动态平均刚度损伤因子从大到小依次是周期盐雾＞全浸泡＞无腐蚀，说明腐蚀速率越大，损伤越大；对比 304 和 316 两种不锈钢材质的金属橡胶试件，304 不锈钢材质金属橡胶试件（1～3 号试件）的动态平均刚度损伤因子大于 316 不锈钢材质（4～6 号试件）。

从图 18-23 可知，60 000 次加载之前，同一材质的金属橡胶试件的耗能损伤因子从大到小依次是无腐蚀＞周期盐雾＞全浸泡，60 000 次加载后，耗能损伤因子大小次序颠倒。耗能 ΔW 与不锈钢丝之间摩擦力 f 成正比，$f=\mu N$，其中 μ 为摩擦系数，N 为正压力。金属橡胶试件在变形中，不锈钢丝之间的正压力 N 与动态平均刚度成正比。

对于无腐蚀环境下（3 号、6 号）和腐蚀环境下（1 号、2 号、4 号、5 号）的金属橡胶试件，60 000 次加载之前，随着循环加载的进行，动态平均刚度都逐渐下降，因此正压力也都逐渐下降，但无腐蚀环境下不锈钢丝摩擦系数逐渐降低，而腐蚀环境下不锈钢丝表面附着有腐蚀产物使得摩擦系数逐渐增加，因此无腐蚀环境下试件耗能减小速度最大，其耗能损伤因子也最大。60 000 次加载后，无腐蚀环境下试件不锈钢丝摩擦系数逐渐稳定，耗能减小速度有所减小，耗能损伤因子变化曲线也逐渐趋于平稳；而腐蚀环境下试件经过 60 000 次加载后，不锈钢丝接触点处的腐蚀产物基本被磨损掉，大部分不锈钢丝接触点处回到金属丝干摩擦的状态，因此随着循环加载的进行，腐蚀环境下不锈钢丝摩擦系数下降，试件耗能减小速率增加，其耗能损伤因子超过无腐蚀环境下试件耗能损伤因子。

对于全浸泡和周期盐雾两种腐蚀环境下的金属橡胶试件，60 000 次加载之前，由于全浸泡环境下的试件内部孔隙充满液体，在发生形变时产生流体阻尼，因此全浸泡环境下试件耗能减小速度小于周期盐雾环境下试件耗能减小速度。60 000 次加载后，试件孔隙中逐渐出现不锈钢磨损碎屑，降低了试件的孔隙度，对于全浸泡环境下的试件，孔隙度降低则试件内部充盈着的液体体积减小，流体阻尼减小，耗能减小速度逐渐增大，其耗能损伤因子也超过周期盐雾环境下试件耗能损伤因子。

假设金属橡胶试件疲劳失效时的临界损伤因子为 D_{σ}，则可以得到两个损伤因子分别对应的疲劳寿命为 N_k、$N_{\Delta W}$，一般来说 $N_k \neq N_{\Delta W}$，所以金属橡胶试件的疲劳寿命表示为

$$N_f = \min(N_k, N_{\Delta W}) \tag{18-6}$$

损伤疲劳失效判据为

$$D_Z = (D_k, D_{\Delta W})_{\min(N_k, N_{\Delta W})} \geqslant D_{\sigma} \tag{18-7}$$

式（18-7）中的 D_Z 被称为综合损伤因子，它是选用动态平均刚度损伤因子 D_k 和耗能损伤因子 $D_{\Delta W}$ 中疲劳寿命最短的作为表征金属橡胶材料的综合损伤因子，只要大于临界损伤因子即判定金属橡胶材料失效。

各试件疲劳损伤因子实验数据见表 18－11，假设 $D_{\sigma} = 0.6$，则以 2 号试件为例，动态平均刚度损伤因子和耗能损伤因子所对应的加载周期为 64 800 和 72 000 次，为了保证使用安全，则选用最小的疲劳寿命来表征金属橡胶材料的疲劳损伤失效寿命。此处，对于 2 号试件来说，选择 $D_Z = D_k$ 用来描述金属橡胶材料的疲劳损伤。

因此，2、4 号试件应选取 $D_Z = D_k$，其余各试件应选取 $D_Z = D_{\Delta W}$。

表 18－11 各试件疲劳损伤因子实验数据

加载周期	1号试件		2号试件		3号试件		4号试件		5号试件		6号试件	
	D_k	$D_{\Delta W}$	D_k	$D_{\Delta W}$	D_k	$D_{\Delta W}$	D_k	$D_{\Delta W}$	D_k	$D_{\Delta W}$	D_k	$D_{\Delta W}$
0	0	0	0	0	0	0	0	0	0	0	0	0
7 200	0.145 1	0.130 3	0.114 7	0.062 1	0.137 1	0.207 1	0.105 8	0.118 0	0.127 8	0.182 4	0.092 2	0.275 9
14 400	0.263 6	0.236 1	0.274 1	0.157 1	0.244 2	0.310 5	0.153 4	0.147 3	0.198 0	0.234 9	0.120 5	0.346 1
21 600	0.357 6	0.331 3	0.384 7	0.233 8	0.299 4	0.358 6	0.195 1	0.180 0	0.242 1	0.294 1	0.168 1	0.407 4
28 800	0.403 3	0.378 7	0.458 7	0.289 1	0.345 1	0.404 4	0.281 6	0.225 8	0.317 9	0.367 8	0.201 1	0.433 9

续表

加载周期	1号试件		2号试件		3号试件		4号试件		5号试件		6号试件	
	D_k	$D_{\Delta W}$	D_k	$D_{\Delta W}$	D_k	$D_{\Delta W}$	D_k	$D_{\Delta W}$	D_k	$D_{\Delta W}$	D_k	$D_{\Delta W}$
36 000	0.441 9	0.441 1	0.492 0	0.347 4	0.374 9	0.454 5	0.325 1	0.286 4	0.366 0	0.445 5	0.235 1	0.469 9
43 200	0.490 5	0.472 9	0.560 4	0.428 2	0.417 9	0.498 9	0.384 9	0.334 9	0.434 5	0.487 3	0.275 3	0.472 8
50 400	0.489 4	0.517 2	0.580 6	0.482 9	0.426 9	0.531 1	0.410 3	0.397 6	0.489 8	0.533 0	0.255 3	0.527 8
57 600	0.532 0	0.526 0	0.598 1	0.529 8	0.466 5	0.544 8	0.464 2	0.427 1	0.514 9	0.554 0	0.293 1	0.538 9
64 800	0.559 4	0.567 0	0.630 4	0.587 3	0.489 2	0.551 0	0.497 3	0.443 6	0.542 2	0.607 0	0.308 0	0.552 2
72 000	0.558 6	0.590 8	0.648 4	0.619 0	0.505 3	0.568 5	0.527 8	0.471 8	0.579 5	0.639 8	0.332 8	0.558 1
79 200	0.601 9	0.648 1	0.715 3	0.680 8	0.516 8	0.577 9	0.539 8	0.496 0	0.609 0	0.683 5	0.342 0	0.584 3
86 400	0.628 7	0.666 6	0.774 9	0.705 9	0.526 1	0.582 7	0.573 3	0.537 7	0.629 4	0.695 2	0.340 7	0.587 6
93 600	0.620 8	0.691 0	0.792 6	0.723 8	0.541 4	0.600 6	0.592 0	0.554 3	0.746 6	0.622 2	0.326 6	0.600 6

为了对损伤扩展进行充分的量化描述，文献［9］使用 Weibull 函数来量化描述一般条件下金属橡胶疲劳累积损伤模型如下

$$D_Z(N)=1-\exp\left(-\left(\frac{\lg(N+1)}{\beta}\right)^{\lambda}\right) \tag{18-8}$$

式中，N 为加载次数；λ、β 为疲劳损伤参数，与金属橡胶试件加载振幅、材料结构等有关。

一般来说，取临界损伤因子 $D_{\sigma}=0.6$，则可以计算不同 λ 和 β 下的疲劳寿命

$$N_f=10^{\beta\left(\ln\left(\frac{1}{1-D_{\sigma}}\right)\right)^{\frac{1}{\lambda}}}-1 \tag{18-9}$$

考虑到海洋腐蚀环境对金属橡胶材料疲劳寿命的影响，在公式（18-8）中引入参数 C_{λ} 和 C_{β} 作为海洋腐蚀参数。受到海洋腐蚀的影响，金属橡胶材料的疲劳寿命与无腐蚀条件下同种金属橡胶试件的疲劳寿命将有一定的变化，这一变化即通过海洋腐蚀参数在 Weibull 函数中体现。引入海洋腐蚀参数以后，可以得到海洋腐蚀环境下金属橡胶试件的疲劳累积损伤模型，即海洋腐蚀环境下金属橡胶试件综合损伤因子的表达式

$$D_Z(N)=1-\exp\left(-\left(\frac{\lg(N+1)}{C_{\beta}\cdot\beta}\right)^{C_{\lambda}\cdot\lambda}\right) \tag{18-10}$$

通过式（18-9）和式（18-10）识别 304 不锈钢材质金属橡胶试件（3 号试件）和 316 不锈钢材质金属橡胶试件（6 号试件）在无腐蚀环境下的疲劳损伤模型参数，得 $\lambda_{304}=7.94$，$\beta_{304}=5.05$；$\lambda_{316}=5.43$，$\beta_{316}=8.23$。因此，当 $D_{\sigma}=0.6$ 时，$N_{f304}=98\ 787$，$N_{f316}=235\ 840$。将模型预测结果与实际实验数据进行对比，可以看出该模型和参数可以较为准确地描述无腐蚀环境下 304 不锈钢材质金属橡胶试件和 316 不锈钢材质金属橡胶试件的疲劳损伤。

将上述所得的两组疲劳损伤参数分别代入式（18-10），可以分别得到海洋腐蚀环境下，304 和 316 不锈钢丝固支圆盘形金属橡胶试件的疲劳累积损伤模型

$$D_{Z-304}(N)=1-\exp\left(-\left(\frac{\lg(N+1)}{5.05C_{\beta-304}}\right)^{7.94C_{\lambda-304}}\right) \tag{18-11}$$

$$N_{f-304}=10^{5.05C_{\beta-304}\left(\ln\left(\frac{1}{1-D_{\sigma}}\right)\right)^{\frac{C_{\lambda-304}}{7.94}}}-1 \tag{18-12}$$

$$D_{Z-316}(N)=1-\exp\left(-\left(\frac{\lg(N+1)}{8.23C_{\beta-316}}\right)^{5.43C_{\lambda-316}}\right) \tag{18-13}$$

$$N_{f-316}=10^{8.23C_{\beta-316}\left(\ln\left(\frac{1}{1-D_{cr}}\right)\right)^{\frac{C_{\lambda-316}}{5.43}}}-1 \tag{18-14}$$

通过式（18-11）和式（18-12）识别 1 号试件和 2 号试件在腐蚀环境下的疲劳损伤模型中的海洋腐蚀参数，通过式（18-12）和式（18-14）识别 4 号试件和 5 号试件在腐蚀环境下的疲劳损伤模型中的海洋腐蚀参数，见表 18－12。

根据表 18－12 可知，全浸腐蚀环境和无腐蚀环境下，316 不锈钢丝制成的金属橡胶试件疲劳寿命大于 304 不锈钢丝制成的金属橡胶试件，周期盐雾环境下，两种不锈钢丝制成的金属橡胶试件疲劳寿命可视作近似。据此可以断定，316 不锈钢丝制成的金属橡胶试件疲劳寿命更长。

表 18－12　各腐蚀试件模型的海洋腐蚀参数

编号	1	2	3	4	5	6
	304，全浸	304，周期盐雾	304，无腐蚀	316，全浸	316，周期盐雾	316，无腐蚀
C_λ	0.98	0.87	1	0.84	0.89	1
C_β	0.91	0.88	1	0.63	0.57	1
N_f	77 272	52 530	98 787	122 030	40 457	235 840

为考核海洋腐蚀环境下金属橡胶试件的疲劳累积损伤模型，即式（18-11）～式（18-14）的正确性，绘制了模型预测值曲线图和实验值散点图，如图 18－24 所示。可以看出模型的

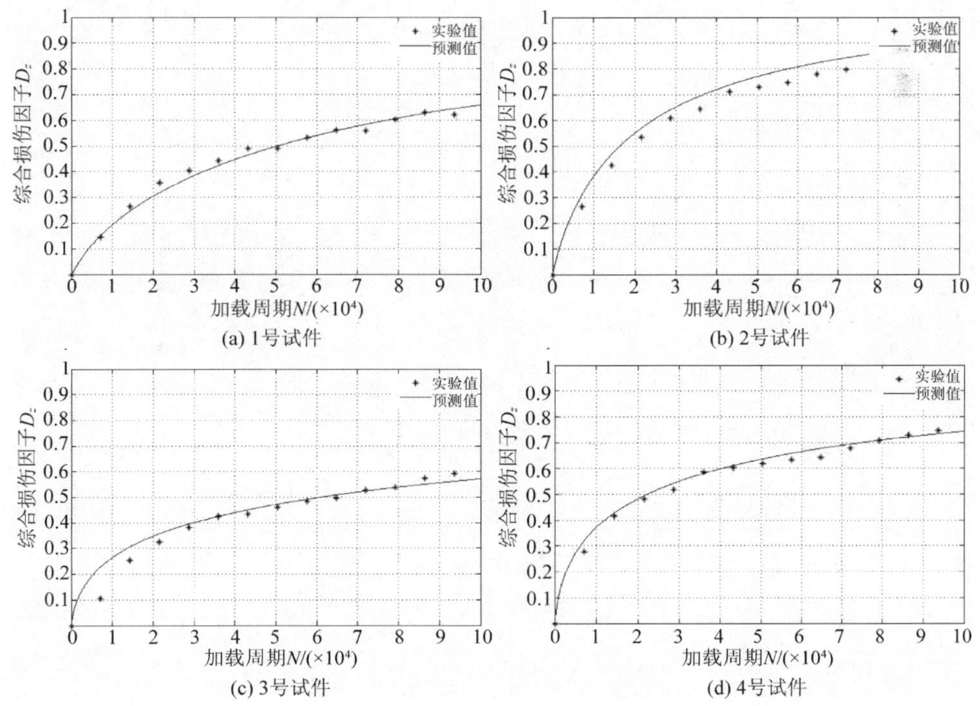

图 18－24　模型预测结果和实验结果对比

预测值和实际实验值基本吻合，说明本章提出的海洋腐蚀环境下金属橡胶试件的疲劳累积损伤模型具有模拟海洋腐蚀环境下金属橡胶疲劳损伤特性的能力。

◇◇◇ 参考文献 ◇◇◇

[1] 林臻．海洋腐蚀环境下金属橡胶阻尼耗能与疲劳损伤特性研究．石家庄：军械工程学院硕士论文，2013.

[2] 高荣杰，杜敏．海洋腐蚀与防护技术．北京：化学工业出版社，2011.

[3] 肖纪美，曹楚南．材料腐蚀学原理．北京：化学工业出版社，2002.

[4] 查小琴．10NiCrMo 钢在室内模拟海洋环境试验中的腐蚀行为．钢铁，2010，45（10）：75-79.

[5] 张艳成，吴荫顺，何积铨．带锈铸铁在 3.5%NaCl 溶液中的腐蚀行为研究．腐蚀与防护，1998，19（4）：155.

[6] 中国腐蚀与防护学会《金属材料腐蚀手册》编辑委员会．金属腐蚀手册．上海：上海科学技术出版社，1984.

[7] 黄桂桥，颜民，郁春娟，等．金属材料在盐湖卤水中的腐蚀研究．腐蚀与防护，2005，26（9）：369-372.

[8] 韩东锐，郭鹏，黄桂桥．金属材料在盐湖卤水中的耐腐蚀性．装备环境工程，2005，2（3）：70-74.

[9] 王尤颜．金属橡胶构件弹性变形细观分析与疲劳损伤表征理论研究．石家庄：军械工程学院博士论文，2010.

【第四篇】

金属橡胶工程应用技术理论

第19章 金属橡胶空间网状结构的参数化模型及性能预测

本章的核心内容是介绍金属橡胶空间网状结构的参数化模型及性能预测，包括金属橡胶螺旋卷二维铺设毛坯模型、三维卷绕毛坯模型及冲压模型，以及弹性变形及阻尼耗能性能的预测等。

19.1 金属橡胶空间网状结构模型研究[1－3]

金属橡胶的宏观组织结构是金属丝螺旋卷线匝相互交错勾连形成的类似橡胶高分子的空间网状结构（图 12－9）。然而，一直以来对于金属橡胶空间网状结构的研究还停留在相对落后的阶段。主要原因是以往金属橡胶制备工艺相对落后，自动化程度低，特别是毛坯的制备大量靠手工完成，金属橡胶内部螺旋卷线匝交错勾连的不确定性限制了定量研究工作的开展。

理论与实验研究工作表明，金属橡胶制品的几何尺寸、密度、螺旋卷直径、螺旋卷缠绕方向、钢丝的直径及力学性能等工艺参数对于金属橡胶制品的物理机械性能都有重要影响。目前的研究工作多以实验方法并结合数学上的回归理论分析若干制备工艺参数对金属橡胶性能的影响，对于金属橡胶空间网状结构的认识还未形成定量的数学模型。

军械工程学院金属橡胶工程研究中心在金属橡胶成套自动化制备设备的研制开发方面取得了许多突破性的成果（参见第 3～4 章），研制开发的具有自主知识产权的金属橡胶数控毛坯缠绕设备及基于直角坐标机器人系统的数控铺设设备保证了毛坯组织的均匀一致性，为开展金属橡胶空间网状结构的定量分析奠定了坚实的技术基础。

19.1.1 空间网状结构建模时的基本假设

1. 均匀性假设

金属橡胶典型铺设法制备过程如图 19－1 所示。

图 19－1 中的螺旋卷绕制采用数控微弹簧缠绕设备，保证了螺旋卷直径的均匀一致；螺旋卷的定螺距拉伸采用精密螺旋卷定螺距拉伸技术，保证了拉伸螺距的均匀一致；二维

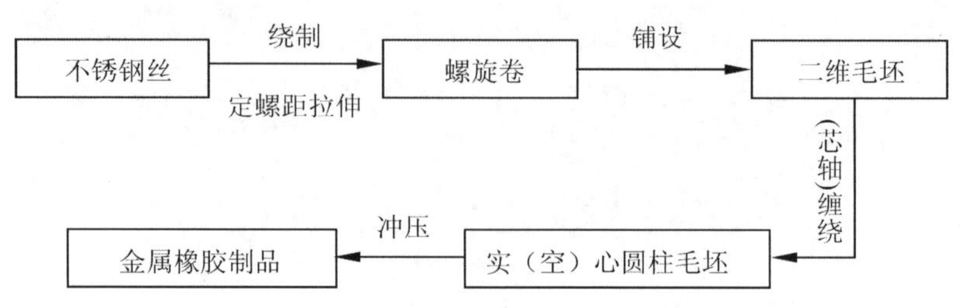

图 19-1　金属橡胶典型铺设法制备过程

毛坯铺设过程采用以直角坐标机器人系统为核心的数控铺设设备，保证了毛坯网片平面几何结构的均匀一致。

建模时，忽略边界效应，只考虑其内部均匀的铺设结构。将毛坯网片中的螺旋卷中心线提取出来，中心线之间的交叉点定义为几何点，模仿金属学中空间点阵的情况，把这样的几何点称为阵点。由于金属橡胶在使用时就是借助这些交叉点进行滑移摩擦耗散能量来起到阻尼作用的，用这种方法来研究金属橡胶空间网状结构中交叉点的分布规律有着重要的意义。

2. 冲压过程径向拓扑关系不变假设

虽然实心圆柱形金属橡胶毛坯放入模具内腔时径向尺寸减小，但是由于各层片状毛坯的勾连情况良好，可以认为各层之间的相对位置关系没有改变，只是卷绕越密实，各层间的相互嵌入越紧实。据此，在进行三维卷绕毛坯建模时，其卷绕毛坯的外径取金属橡胶制品的最终尺寸（忽略退模时金属橡胶制品的膨胀效应）；对于空心圆柱形金属橡胶制品，其卷绕毛坯的内径和外径都取制品的最终尺寸。

这样，我们假定冲压过程中毛坯的径向尺寸不再改变，只在毛坯的轴向（冲压方向）均匀压缩。同时，为避免问题复杂化（考虑目前基于几何学原理所建立的空间网状结构参数化模型处理线匝之间复杂摩擦挤压变形及嵌入勾连的能力有待进一步完善），毛坯均匀压缩时忽略了线匝之间的嵌入及相互摩擦挤压产生的复杂变形（包括忽略线匝之间的约束及摩擦力），而只考虑在载荷作用下弹簧产生的理想规则变形（沿载荷方向的轴向均匀变形或径向均匀变形）。

19.1.2　二维铺设毛坯模型

二维铺设毛坯采用以直角坐标机器人系统为核心的数控铺设设备制备。

建立二维铺设毛坯模型时，先提取螺旋卷的中心线，由于铺设过程中随机干扰因素的影响，该中心线可能不完全是直线。但是，毛坯内部因铺设而形成的网格单元大体是均匀的，每个网格单元的边长尺寸相对于整个二维铺设毛坯的尺寸来讲较小，相当于微小的弧段，可简化为直线。

根据均匀性假设，将二维铺设毛坯简化为由各类重复网格单元组成的点阵模型。按照金属学中晶体点阵理论，空间阵点若在二维空间能够拓扑展开并且完全填满整个二维空间，则这样的点阵有且仅有 5 种不同的排列方式（表 19－1），称之为 5 种平面点阵，而描述每种点阵的几何特征只需要描述其最小重复单元即可。

这 5 种点阵类型分别是正方、长方、菱方、六方（或等边三角形）和斜方。假设点阵中最小重复单元的两个邻边分别是 a 和 b，它们所夹的锐角是 α。各个点阵的参数描述见表 19－1。从理论上讲，这 5 种点阵类型完全可以代表实际制备过程中铺设工艺所形成的螺旋卷中心线组成的均匀结构。

表 19－1　平面点阵类型

点阵类型	符　号	描　述
正方		$a=b$，$\alpha=90°$
长方		$a\neq b$，$\alpha=90°$
菱方		$a=b$，$\alpha=60°$
六方（或等边三角形）		$a=b$，$\alpha=60°$
斜方		$a\neq b$，$0°<\alpha<90°$（$\alpha\neq 60°$）

考虑到建立的三维卷绕毛坯模型的均匀性和数学表达的难度，我们仅选取最具代表意义的正方点阵作为螺旋卷平面铺设的模型，如图 19－2 所示。L、W 分别为制备的长片状毛坯的长和宽。

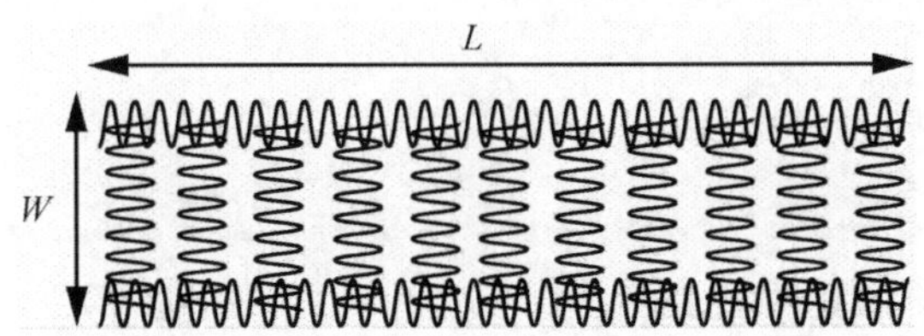

图 19－2　螺旋卷正方点阵的铺设模型

19.1.3　三维卷绕毛坯模型

1. 三维螺旋卷中心线卷绕线架结构模型

二维铺设毛坯卷绕制备三维毛坯的过程如图 19－3 所示。

二维铺设毛坯（螺旋卷中心线）卷绕轨迹为阿基米德螺旋线，如图 19－4 所示。这里的阿基米德螺旋线也即是图 19－2 中沿 L 方向每一根螺旋卷中心线的卷绕轨迹。如图 19－4（a）所示，在卷绕轨迹起始点 O 处建立坐标系 XYZ，描述方便起见，约定螺旋线逆时针旋转，

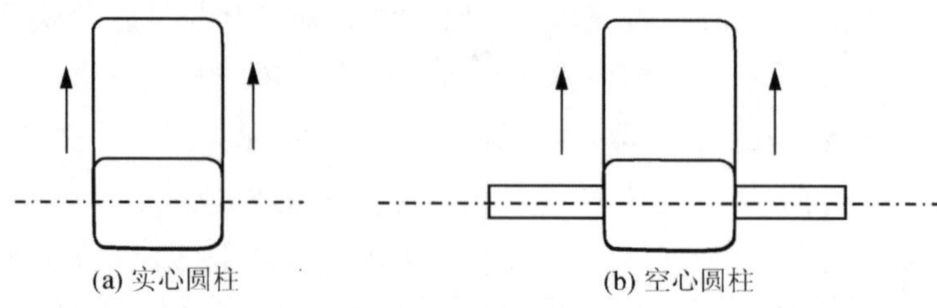

图 19－3　三维毛坯卷绕过程示意

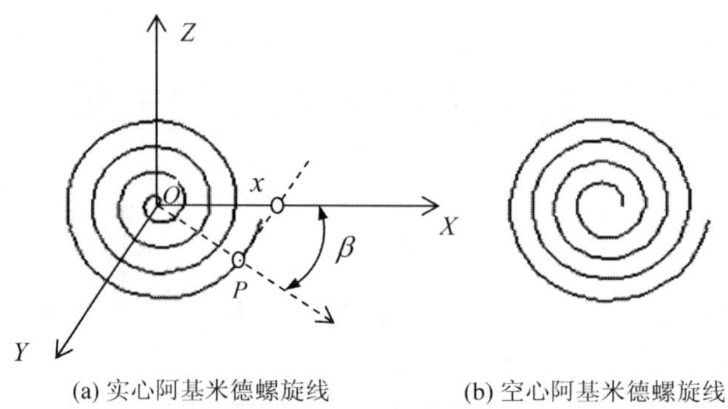

图 19－4　二维铺设毛坯卷绕轨迹

其起点和终点都落在 X 轴上。并且，根据第二条假设，其内径和外径尺寸均取金属橡胶制品最终的成型尺寸。

二维铺设毛坯卷绕时，毛坯上的任一动点 P 以常速 v 沿一射线 $\overrightarrow{OP}$ 运动，而这一射线又以恒角速度 ω 绕原点 O 转动，该点轨迹的数学方程为

$$\rho=\overrightarrow{OP}=\frac{\varphi}{\omega}\cdot\nu=a\varphi\ ,\ a=\frac{\nu}{\omega} \tag{19-1}$$

$$\varphi=2\pi\left(n-\frac{\beta}{360}\right) \tag{19-2}$$

式中，φ 为射线 $\overrightarrow{OP}$ 绕 O 点逆时针旋转的角度；n 为射线 $\overrightarrow{OP}$ 绕 O 点逆时针旋转的圈数（向上取整）；β 为射线 $\overrightarrow{OP}$ 与 X 轴正方向的夹角。

对于建立的二维铺设毛坯模型（图 19－2），其长度 L 即是阿基米德螺旋线轨迹的弧长，可以由下式计算

$$L=\frac{a}{n}\left(\varphi\sqrt{\varphi^2+1}+\ln\left(x+\sqrt{x^2+1}\right)\right) \tag{19-3}$$

式中，x 为 P 点在 X 轴上的投影。

根据式（19-1）、式（19-2）、式（19-3）及图 19－2 确定的螺旋卷中心线交叉点形成的阵点网格可形成可视化三维螺旋卷中心线线架结构模型，如图 19－5 所示。

2. 三维螺旋卷卷绕结构模型

在图 19－4 阿基米德螺旋线上任意点 P' 建立局部坐标系 $X'Y'Z'$，如图 19－6（a）所示。

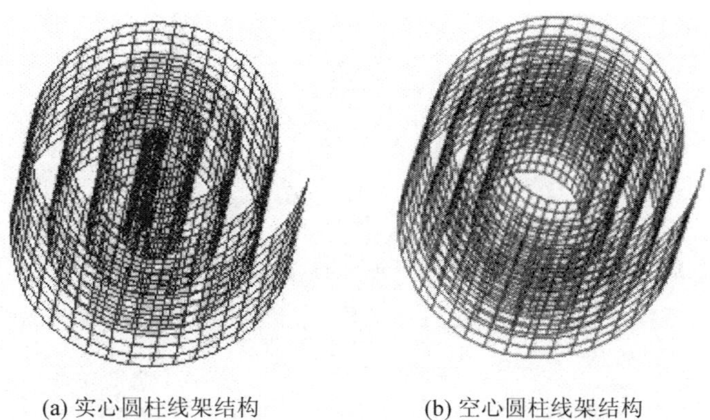

图 19-5　三维螺旋卷中心线线架结构模型

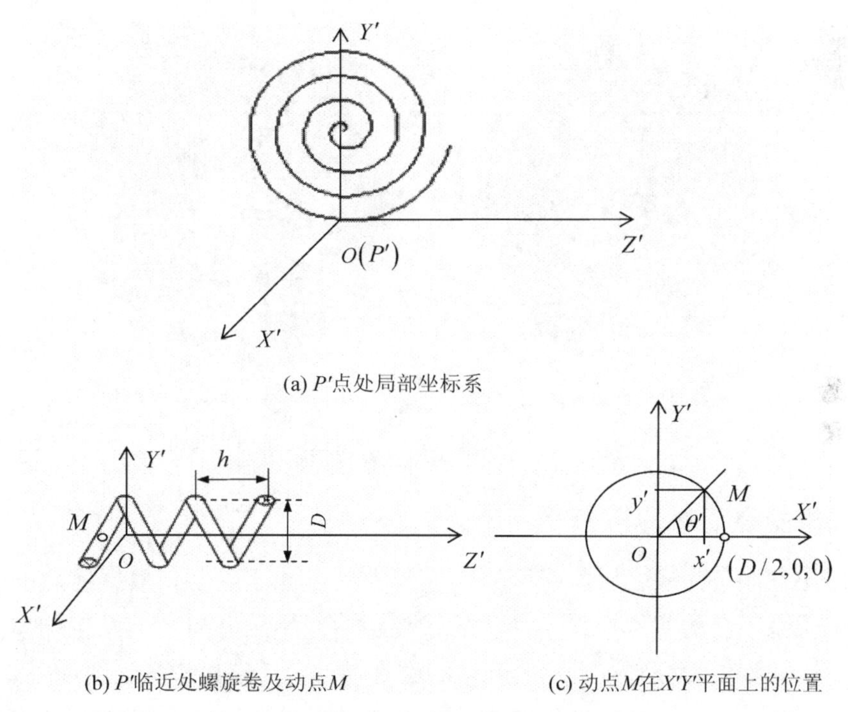

图 19-6　P'点处局部坐标系和动点 M 示意

螺旋卷钢丝中心线直径定义为中径 D [图 19-6（b）]。设动点 M [图 19-6（b）] 的起始坐标为（$D/2$,0,0）[图 19-6（c）]，绕着 Z' 轴以角速度 ω' 逆时针旋转 θ'

$$\theta' = \omega' t \tag{19-4}$$

式中，t 为旋转时间。

同时，动点 M 沿 Z' 正向运动。则 M 在 $X'Y'$ 平面内的投影轨迹 [图 19-6（c）] 绕 Z' 轴每旋转 2π，M 就在 Z'轴方向上移动一个螺距 h [图 19-6（b）]。

这样，在任意点 P' 临近的螺旋卷轨迹（M 点空间坐标）可描述为

$$x' = \frac{D}{2}\cos\theta' \tag{19-5a}$$

$$y' = \frac{D}{2}\sin\theta' \tag{19-5b}$$

$$z' = \frac{\omega' t}{2\pi} \cdot h \tag{19-5c}$$

根据相似的方法可生成图 19 - 2 中沿 W 方向的螺旋卷轨迹。

M 点在整体坐标系 XYZ 中的坐标，可根据 $X'Y'Z' \rightarrow XYZ$ 的坐标平移、坐标旋转变换得到。

这样，可得到在三维螺旋卷中心线线架结构模型基础上叠加螺旋卷生成的三维螺旋卷卷绕结构模型，如图 19 - 7 所示。

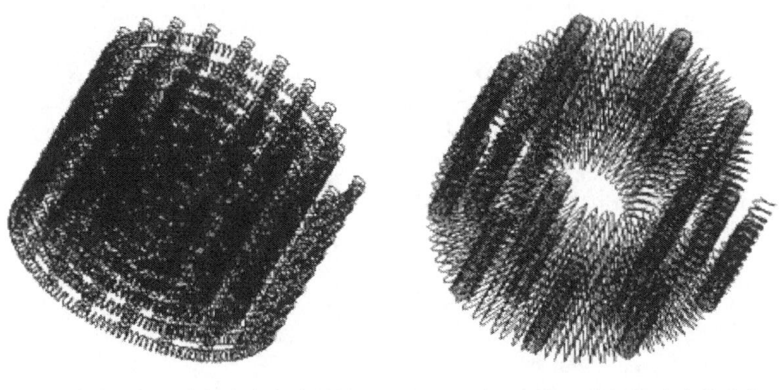

(a) 实心圆柱三维螺旋卷卷绕结构　　(b) 空心圆柱三维螺旋卷卷绕结构

图 19 - 7　三维螺旋卷卷绕结构模型

19.1.4　三维卷绕毛坯冲压模型

三维卷绕毛坯制备完成之后，即可放入模具中进行冲压成型。根据前述冲压过程中毛坯的径向拓扑关系不变的基本假设，冲压时只在轴向（冲压方向）上发生均匀的压缩。为了显示清楚，以线架模型分别示意实心和空心圆柱模型的压缩过程，如图 19 - 8 所示。

实际冲压过程中，由于螺旋卷线匝之间相互交错、勾连，各匝螺旋卷并不能完全均匀地被压缩。尤其对于轴向尺寸较大的金属橡胶制品，不均匀性更加明显。对于此类制品通常需要采用双梯度冲压成型工艺（参考第 5 章），最大限度地改善其结构均匀性。

为了描述冲压过程，还需要引入压缩比 $\bar{H}$ 的概念，即制品高度 H_{MR} 与三维毛坯高度 H_R 的比值，而三维毛坯的高度 H_R 与二维毛坯的宽度 W 是相等的。于是压缩比 $\bar{H}$ 为

$$\bar{H} = \frac{H_{MR}}{H_R} = \frac{H_{MR}}{W} \tag{19-6}$$

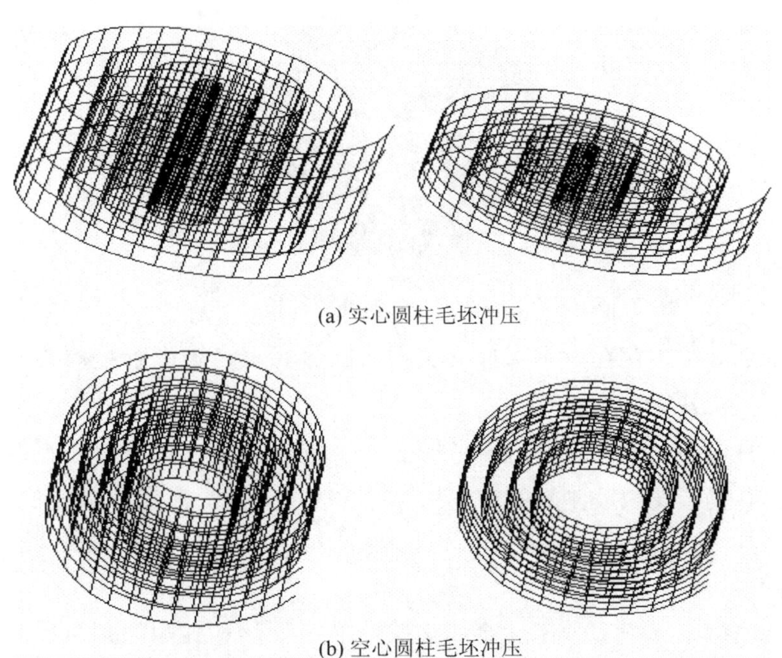

(a) 实心圆柱毛坯冲压

(b) 空心圆柱毛坯冲压

图 19－8　三维卷绕毛坯冲压过程模型

19.1.5　三维卷绕毛坯模型考核

为了检验模型的可靠性，以正方二维点阵为例，采用表 19－2 中的制备工艺参数建立三维模型，与依据此工艺参数制备的实际制品进行对比研究。图 19－9 为实际制备好的圆柱形金属橡胶制品。

表 19－2　制备圆柱形金属橡胶制品的工艺参数

参数名称	参数符号	数值
钢丝直径/mm	d	0.3
螺旋卷直径/mm	D	4.0
螺旋卷螺距/mm	h	4.0
点阵单元边长/mm	a	4.0
点阵单元边长/mm	b	4.0
点阵边长夹角/(°)	α	90°
二维毛坯宽度/mm	W	25.0
二维毛坯长度/mm	L	157.8
金属橡胶制品直径/mm	D_{MR}	20.0
金属橡胶制品高度/mm	H_{MR}	13.1
轴向压缩比	$\bar{H}$	0.524

表 19－2 中，除了轴向压缩比 $\bar{H}$ 之外，其余 10 个参数均相对独立，与圆柱形金属橡胶

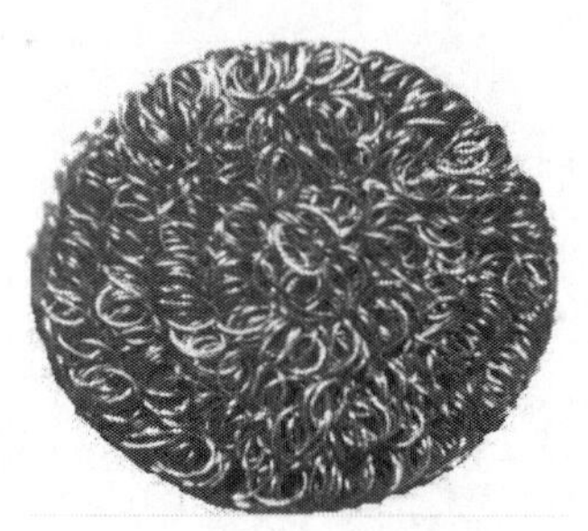

图 19－9　金属橡胶制品

制品内部线匝的空间结构存在一一对应的关系，能够代表金属橡胶结构的全面信息，称为金属橡胶的十个结构特征参数。

相对密度 $\bar{\rho}$ 是制备金属橡胶时需要考虑的一个重要参数，对于制品的物理机械性能有着显著的影响。它是金属橡胶制品的密度 ρ_{MR} 与所选用的钢丝密度 ρ_s 的比值。

$$\bar{\rho} = \frac{\rho_{MR}}{\rho_s} \tag{19-7}$$

在所建立的模型中（图 19－8），金属橡胶制品由钢丝和孔隙两相组成的，其固相体积分数 k 可以用钢丝占有的有效体积与金属橡胶制品体积之比得到。为了计算钢丝总体积，首先要计算钢丝总长度，对于式（19-5）表示的螺旋线，每一匝弧长计算公式如下

$$L_{2\pi} = \int_0^{2\pi} \sqrt{\frac{D^2}{4}\cos^2 t + \frac{D^2}{4}\sin^2 t + \frac{D^2 t^2}{4\pi^2}}\,\mathrm{d}t \tag{19-8}$$

宽度为 W，长度为 L 的正方点阵毛坯（图 19－2），其内部螺旋线的总长度 L_s 为

$$L_s = \frac{a}{h} L_{2\pi} \times \frac{W}{a} \times \left(\frac{L}{a} + 1\right) + \frac{a}{h} L_{2\pi} \times \frac{L}{a} \times \left(\frac{W}{a} + 1\right) \tag{19-9}$$

钢丝总体积 V_s 为

$$V_s = L_s \frac{\pi d^2}{4} \tag{19-10}$$

V_s 与制品体积 V_{MR} 之比即为模型的固相体积分数 k。从物理意义上看，模型的固相体积分数 k 与实际金属橡胶制品的相对密度 $\bar{\rho}$ 是同一个概念，其数值应该相等。所以，利用由模型计算出固相体积分数 k 与制品相对密度 $\bar{\rho}$ 相等的条件就可以检验模型的准确性。

圆柱形金属橡胶制品的体积 V_{MR} 可以用其底面积 S_{MR} 与高度 H_{MR} 的乘积得到，固相体积分数 k 可如下计算

$$k = \frac{V_s}{V_{MR}} = \frac{L_s \pi d^2}{4 S_{MR} H_{MR}} = \bar{\rho} \tag{19-11}$$

实际制品高度为 13.1mm，经测定其相对密度为 0.3，而经过式（19-11）计算的模型固相体积分数 k 为 0.28，相对误差为 6.7%，在一定程度上验证了模型的可靠性。两者的

差别主要是由理论冲压过程（图 19－8）与实际冲压过程的不一致造成的。

基于金属橡胶结构特征参数参数化模型的建立对指导金属橡胶制品的设计具有一定的意义。

19.2　基于三维空间参数化模型的金属橡胶关键性能预报

19.2.1　金属橡胶制品相对密度 $\bar{\rho}$ 的预报

根据 19.1.5 的讨论，三维空间参数化模型的固相体积分数 k 与实际金属橡胶制品的相对密度 $\bar{\rho}$ 是同一个概念，其数值应该相等。所以，利用模型计算出的固相体积分数 k 可以对金属橡胶制品相对密度 $\bar{\rho}$ 做出预报。

1. 模型固相体积分数 k 与制品高度 H_{MR} 的关系

由式（19-11）可知，模型的固相体积分数 k 与制品高度 H_{MR} 成反比关系。由于制品高度 H_{MR} 与其冲压成型压力成反比，因此，固相体积分数 k 间接反映了制品的冲压成型压力。固相体积分数 k 越大，说明冲压成型力越大；反之越小。

这里以正方点阵二维铺设毛坯为例（除制品高度 H_{MR} 外，其他制备参数见表 19－2），根据式（19-11）可以绘制固相体积分数 k 与制品高度 H_{MR} 的关系曲线，如图 19－10（a）所示。

图 19－10（a）固相体积分数 k 随制品高度 H_{MR} 变化曲线中，当固相体积分数 k 值高于 0.5 时，由于固相体积分数太大，实际冲压时会使线匝局部应力过大超过材料的强度极限而出现断裂现象，影响金属橡胶制品的使用性能，略去此段不予讨论；而当固相体积分数 k 值低于 0.2 时，金属橡胶制品的内部组织结构及外形尺寸不够稳定，实用价值也不高。这里重点讨论固相体积分数 k 从 0.2 到 0.5 时对应制品高度 H_{MR} 的变化。

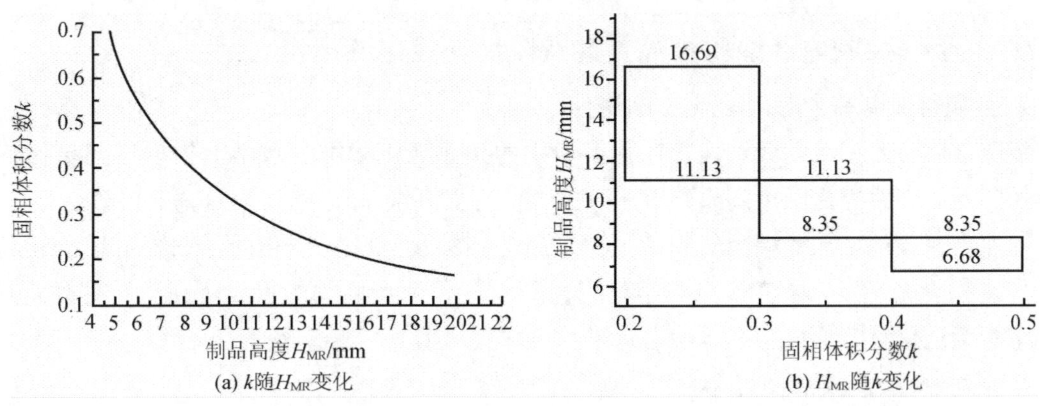

图 19－10　模型的固相体积分数 k 与制品高度 H_{MR} 的关系

固相体积分数 k 在 0.2～0.5 变化时，对应制品高度 H_{MR} 变化幅值如图 19－10（b）所示。

当 k 从 0.2 增加到 0.3 时，H_{MR} 从 16.69 mm 压缩到 11.13 mm，压缩幅值为 5.56 mm；k 从 0.3 增加到 0.4 时，H_{MR} 从 11.13 mm 压缩到 8.35 mm，压缩幅值为 2.78 mm；k 从 0.4 增加到 0.5 时，H_{MR} 从 8.35 mm 压缩到 6.68 mm，压缩幅值为 1.67 mm。

在 $k=0.3$ 附近，H_{MR} 对应有较大的变化区间，即固相体积分数 k 在此水平下，对于制品高度 H_{MR} 的变化处于不敏感阶段。这一结论对制备金属橡胶制品时确定经济合理的冲压压力具有一定的指导意义。

2. 模型固相体积分数 k 与钢丝直径 d 的关系

由式（19-11）可知，模型的固相体积分数 k 与钢丝直径 d 的二次方成正比变化。

这里以正方点阵二维铺设毛坯为例（除钢丝直径 d 外，其他制备参数见表 19－2），根据式（19-11）可以绘制固相体积分数 k 与钢丝直径 d 的关系曲线，如图 19－11 所示。

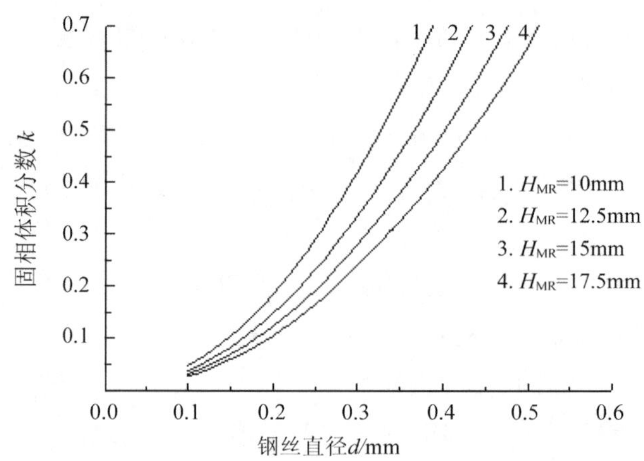

图 19－11 模型固相体积分数 k 与钢丝直径 d 的关系

19.2.2 金属橡胶内部线匝接触点数及阻尼耗能定性预报

1. 金属橡胶制品内部接触点数 N 估计

提取金属橡胶三维空间结构参数化模型中的接触点可归结为数学上提取空间坐标值接近点的问题，即两点之间距离只要小于判据 Δ（门槛值），即可确定为是一个接触点。

显然，对于外形尺寸相同的制品，在平面毛坯铺设点阵完全相同，三维毛坯空间卷绕参数一致的情况下，门槛值 Δ 只与钢丝直径 d 有关。两点之间的直线距离小于钢丝直径 d 时判定为两点接触，形成一个接触点，于是可取门槛值 Δ 等于钢丝直径 d。

接触点数估计可采用如下算法：

（1）根据接触判定门槛值（$\Delta=d$）离散金属橡胶三维模型内部的微段螺旋弹簧，如图 19－12 所示。

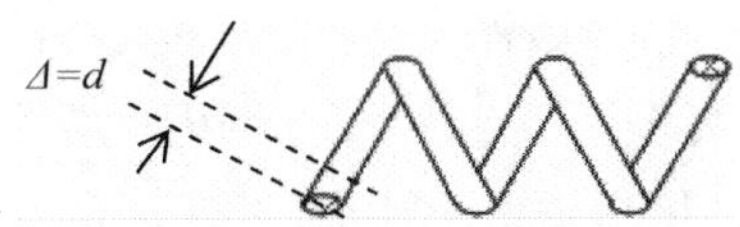

图 19-12　微段螺旋弹簧离散示意

(2) 遍历每一段离散弹簧，计算离散弹簧的空间包围盒，如图 19-13 所示。

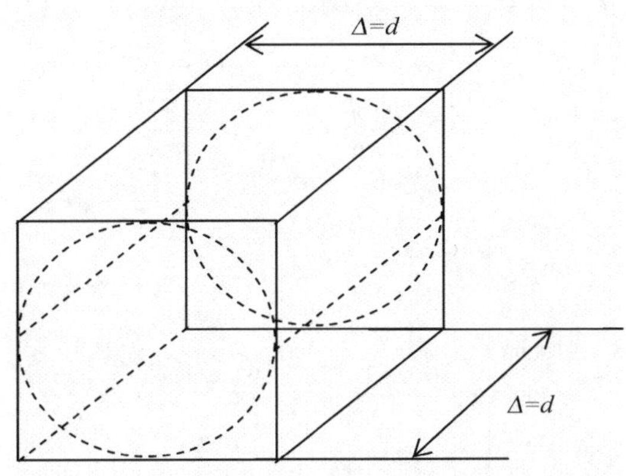

图 19-13　离散弹簧的空间包围盒示意

(3) 如果该段离散弹簧的空间包围盒与其他未标记为接触的离散弹簧空间包围盒相交，则执行下一步 (4)，否则执行最后一步(5)。

(4) 如果两段离散弹簧最近点距离小于或等于接触判定门槛值 Δ，接触点数 N 加 1；同时标记两段离散弹簧已接触。

(5) 如果离散点已遍历完则结束，否则重新遍历每一段离散弹簧。

图 19-14 分别显示了以表 19-2 参数为依据，利用三维空间结构参数化模型估计出的接触点数 N 与制品高度 H_{MR} 和钢丝直径 d 的关系。

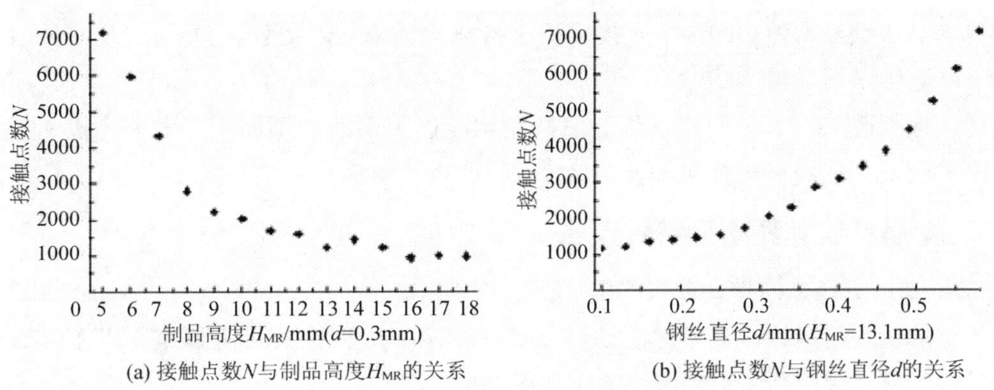

(a) 接触点数N与制品高度H_{MR}的关系　(b) 接触点数N与钢丝直径d的关系

图 19-14　模型中接触点数与结构参数的关系

实际上，接触点数 N 的多少也反映了材料内部线匝之间相互交错勾连的程度，由图 19－14（a）可以看到，制品高度 H_{MR} 小于 9mm 时，接触点数 N 显著增加，制品高度 H_{MR} 由 10mm 变化到 18mm 时，接触点数 N 缓慢下降，从 2025 下降到 965，对应的模型固相体积分数 k（相对密度 $\bar{\rho}$）为 0.33～0.18。

由图 19－14（b）可以看到，接触点数 N 随着钢丝直径 d 的增加而增加，这是因为固相体积分数 k 随钢丝直径 d 的变化也呈现类似的趋势（图 19－11），也即可能产生线匝接触的概率增大。

综合图 19－10（a）、图 19－14（a）的数据，可绘制接触点数 N 随固相体积分数 k 的变化曲线，如图 19－15 所示。

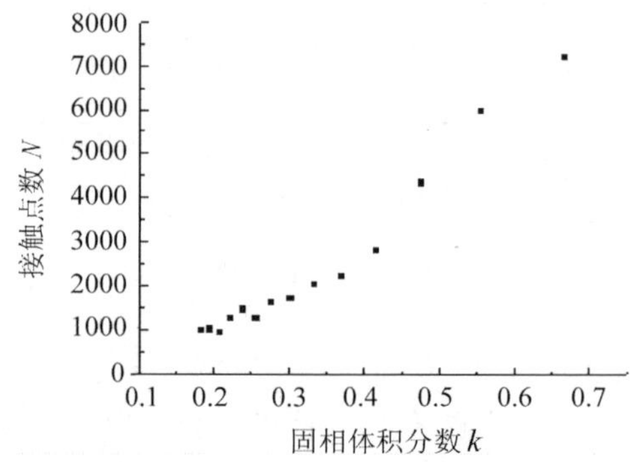

图 19－15　接触点数 N 与固相体积分数 k 的关系

由图 19－15 可知，接触点数 N 与固相体积分数 k（即材料的相对密度 $\bar{\rho}$）接近线性关系。

2. 金属橡胶阻尼耗能的定性预报

金属橡胶使用时主要依靠其内部线匝接触点间的干摩擦耗散能量而起到阻尼作用。

通过微动单元的摩擦磨损实验研究（参考第 14 章）发现，微动磨损第四阶段的持续时间在整个磨损过程中占有绝对优势，并且在此阶段摩擦系数 μ 比较平稳（图 14－6）。因此，金属橡胶制品中摩擦力做功的多少直接取决于接触点数 N，即接触点数 N 与迟滞回线所包围面积 ΔW（图 13－8）密切相关。

由此，根据图 19－15，可以认为金属橡胶制品迟滞回线包围面积，即因摩擦而耗散的能量 ΔW 与其相对密度 $\bar{\rho}$ 近似呈线性关系。

19.2.3　金属橡胶弹性变形特性预报

1. 二维铺设毛坯中的弹簧分布模型

基于金属橡胶空间结构参数化模型可以开展弹性变形特性的定量预报，以正方点阵二维铺设毛坯为例，螺旋弹簧沿经纬线分布如图 19－16 所示。

图 19－16 中，点阵网格由沿经纬线分布的螺旋弹簧的中心线构成，且每个网格（最小重复单元）只包含一匝沿经线分布的螺旋弹簧和一匝沿纬线分布的螺旋弹簧。

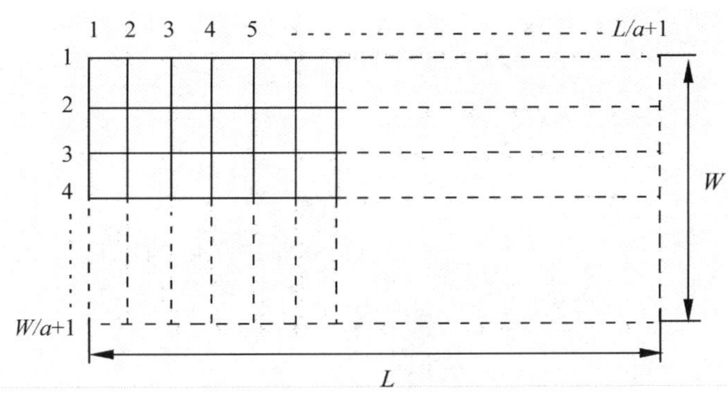

图 19－16　二维毛坯中的弹簧分布模型

长度（L）方向共有 $L/a+1$ 个沿经向排列的弹簧（中心线平行于纬向），每个弹簧的丝径、中径分别取螺旋卷尺寸，其有效长度为毛坯宽度 W，该 $L/a+1$ 个弹簧并联在一起承受轴向载荷，根据弹簧设计原理，并联弹簧的刚度系数等于各个并联弹簧刚度系数的叠加。

宽度（W）方向共有 $W/a+1$ 个沿纬向排列的弹簧（中心线平行于经向），每个弹簧的丝经、中径取法同上，其有效长度为毛坯长度 L，该 $W/a+1$ 个弹簧串联在一起承受切向载荷，根据弹簧设计原理，串联弹簧的刚度系数的倒数等于各个串联弹簧刚度系数倒数的叠加。

2. 经纬向弹簧受力与变形分析

考虑到基于几何学原理提出的金属橡胶制品空间结构参数化模型还难以处理纬向弹簧压缩时复杂的变形，同时由于纬向弹簧的切向变形较小，此处可忽略（认为纬向弹簧在压缩变形时只发生刚性平移、嵌入），只计算经向弹簧的变形量，其受力及变形分析如图 19－17 所示。

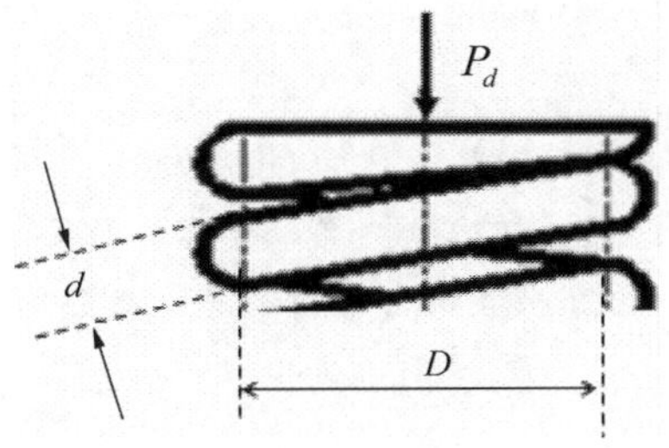

图 19－17　经向弹簧受力及变形分析

每个经向弹簧的载荷-变形关系可以表示为

$$P_d = \frac{Gd^4}{8n_{act}D^3}\delta \tag{19-12}$$

式中，D 为弹簧（模型中的螺旋卷）中径，mm；P_d 为单个弹簧压缩方向上的载荷，N；n_{act} 为弹簧的有效圈数；G 为剪切模量，kgf/mm^2；δ 为变形量，mm。

有效圈数 n_{act} 可如下计算

$$n_{act} = W/D \tag{19-13}$$

将式（19-13）代入式（19-12）得

$$P_d = \frac{Gd^4}{8WD^2}\delta \tag{19-14}$$

根据弹簧并联的刚度模型，$L/a+1$ 个经向弹簧并联后的刚度为各个弹簧刚度的总和。于是，金属橡胶制品在弹性阶段的载荷-变形关系为

$$P = \frac{(\frac{L}{a}+1)Gd^4}{8WD^2}\delta \tag{19-15}$$

式中，P 为金属橡胶制品压缩方向上的载荷。

根据金属橡胶典型载荷-变形曲线分析结果（参考第 11 章），对式（19-15）做非线性修正得到

$$P = A\frac{(\frac{L}{a}+1)Gd^4}{8WD^2}\delta + B\frac{(\frac{L}{a}+1)Gd^4}{8WD^2}\delta^2 + C\frac{(\frac{L}{a}+1)Gd^4}{8WD^2}\delta^3 \tag{19-16}$$

式中，A，B，C 为修正系数，可由金属橡胶制品压缩实验确定。

可见，金属橡胶压缩变形时的载荷-变形本构关系［式（19-16）］不仅包含了钢丝的物理机械性能参数（G,d），更为重要的是它还直接反映了二维铺设毛坯结构参数（螺旋卷直径 D、毛坯尺寸 $L\times W$、铺设点阵类型及铺设点阵参数 a）对金属橡胶制品压缩变形特性的影响。

◇◇◇ 参考文献 ◇◇◇

[1]《宽温域高耗能金属橡胶阻尼材料》技术总结报告（内部资料）. 军械工程学院，2010.

[2] 董秀萍. 金属橡胶材料结构及关键性能的实验与建模研究. 北京：北京科技大学博士论文，2008.

[3] 董秀萍，黄明吉，李星逸，等. 金属橡胶可变形材料三维参数化实体建模研究. 材料科学与工艺，2010，18（6）：785-790.

第20章 金属橡胶隔振器实验研究与动力学建模

本章的核心内容是介绍金属橡胶隔振器实验研究与动力学建模，包括振动台实验中金属橡胶隔振系统的幅频曲线的弯曲跳跃与谐振峰漂移现象；电液伺服材料试验机实验中金属橡胶元件的迟滞曲线随加载幅度、频率等的变化规律。在此基础上开展了金属橡胶隔振器的非线性泛函本构关系研究，提出了几种典型的动力学模型。

20.1 金属橡胶隔振器实验研究

20.1.1 金属橡胶隔振系统振动台实验

1. 实验设计

图 20－1 为用于实验的金属橡胶隔振器结构示意图。质量 M 与金属橡胶隔振器构成一单自由度振动系统，振动系统在振动台上的安装如图 20－2 所示。

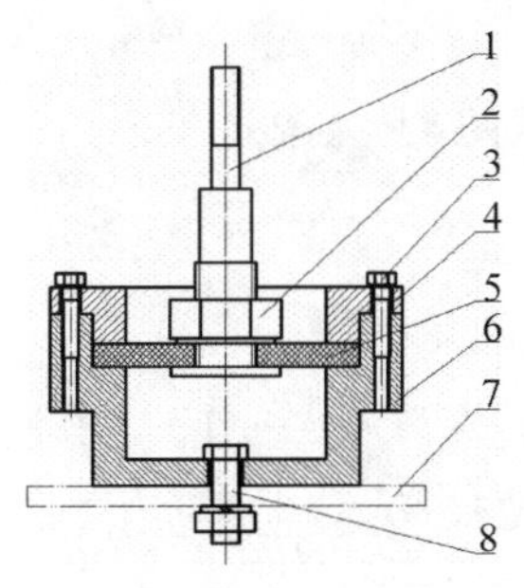

图 20－1 金属橡胶隔振器

1—中心杆；2—锁紧螺母；3—连接螺钉；4—上压盘；5—金属橡胶元件；6—下压盘；7—基础；8—固定螺栓

图 20－2 振动系统在振动台上的安装

对振动系统进行正弦扫频实验，首先在一定振动量级下，先由低频正向扫到高频，再由高频反向扫到低频；然后固定扫频方向，先用低振动量级扫频，再用高振动量级扫频。

2. 实验曲线及分析

正弦扫频实验曲线如图 20－3 和图 20－4 所示。

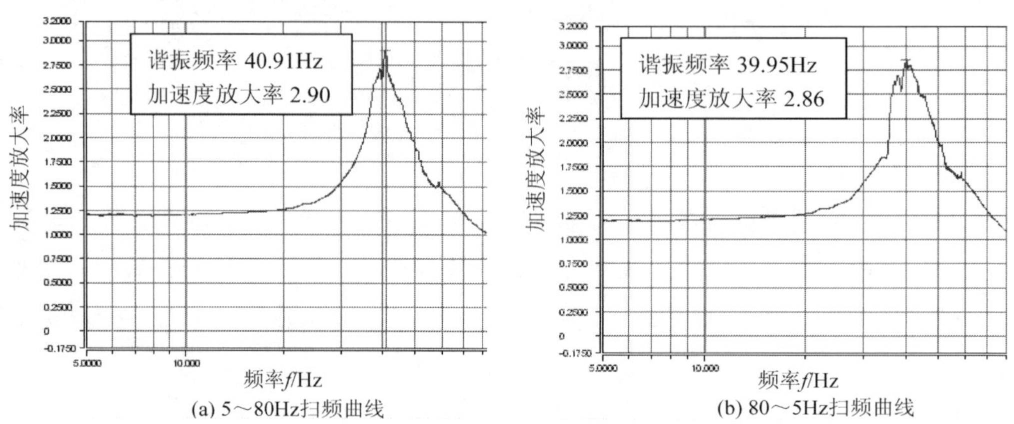

(a) 5～80Hz扫频曲线　(b) 80～5Hz扫频曲线

图 20－3　同一振动量级下正向、反向扫频曲线

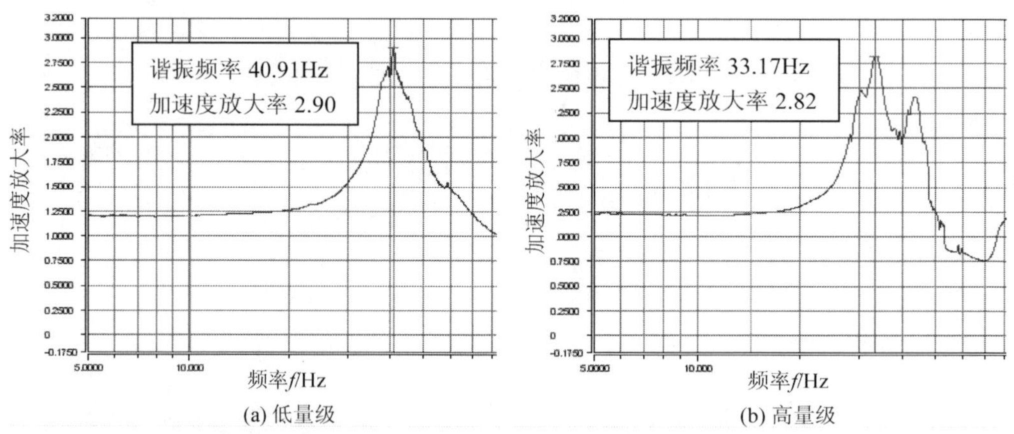

(a) 低量级　(b) 高量级

图 20－4　不同振动量级 5～80Hz 扫频曲线

由图 20－3 和图 20－4 不难看出：

(1) 金属橡胶隔振系统的频率响应曲线存在明显的弯曲跳跃现象。

同一振动量级下，正向扫频时［图 20－3 (a)］的谐振峰与反向扫频时［图 20－3 (b)］的谐振峰对应的谐振频率不同，说明频率响应曲线 $H(f)$ 发生了如图 20－5 所示的弯曲跳跃。

显然，频率响应曲线的弯曲跳跃说明金属橡胶隔振器含有高次非线性弹性恢复力成分。

(2) 金属橡胶隔振系统的频率响应曲线存在明显的刚度软化和阻尼增强效应。

扫频方向相同时，高振动量级扫频曲线［图 20－4 (b)］与低振动量级扫频曲线［图 20－4 (a)］相比，不仅谐振峰位置向低频漂移，而且谐振峰的高度也减小了，说明振动量级的提高使金属橡胶隔振器产生了如图 20－6 所示的刚度软化和阻尼耗能增强效应。

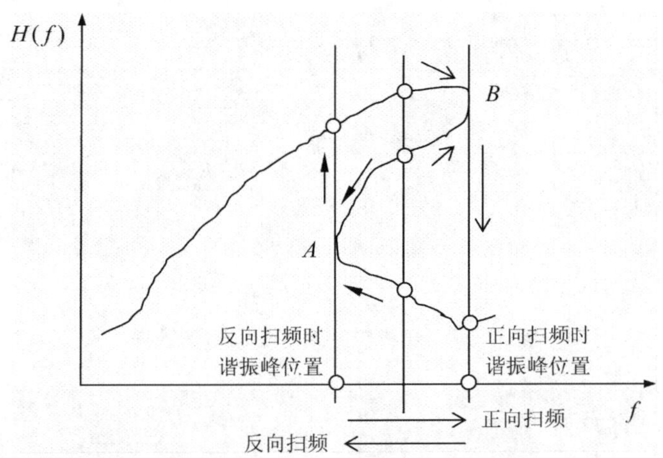

图 20-5 频率响应曲线 H（f）弯曲跳跃示意

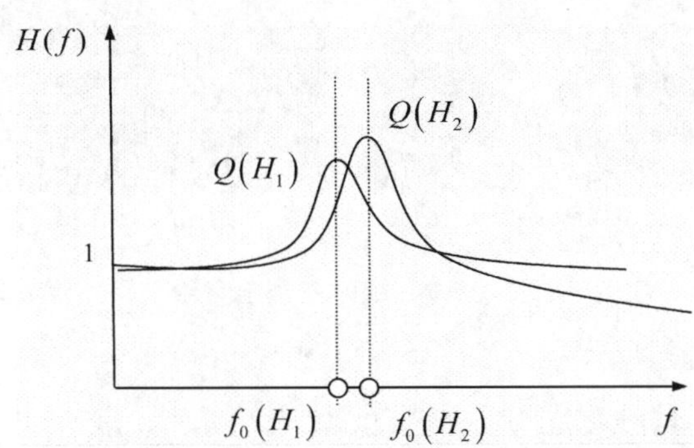

图 20-6 频率响应曲线 H（f）刚度软化和阻尼增强效应示意

图 20-6 中，振动量级 $H_1 > H_2$。

以上两种典型非线性现象的发生表明金属橡胶隔振器含有高次非线性弹性恢复力，同时具有变刚度和变阻尼特性。

20.1.2 金属橡胶元件电液伺服材料试验机实验

1. 实验设计

纯弯曲实验所用金属橡胶试件及夹具结构如图 14-1 所示；纯剪切实验所用试件采用长片状金属橡胶制品通过橡胶片与钢板硫化粘贴结构，如图 20-7 所示。两种试件安装如图 20-8 所示。

实验采用正弦位移控制方式，首先在一定的变形频率下，改变变形幅度；然后再固定变形幅度，改变变形频率。在纯弯曲实验中还通过温度环境箱（图 17-5）考察了温度对金属橡胶元件动态力学性能的影响。

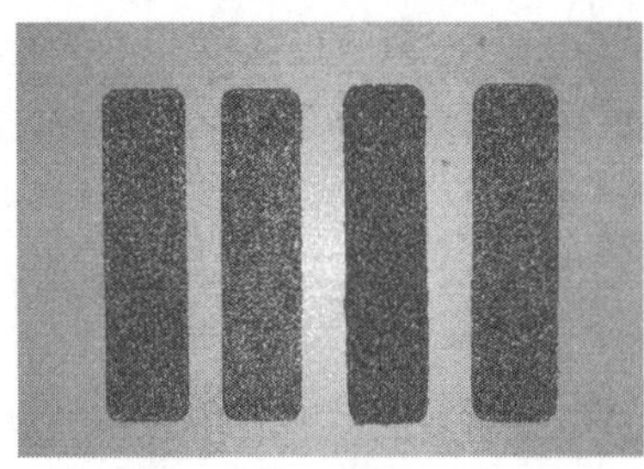

(a) 金属橡胶片

(b) 硫化粘贴结构

图 20-7　金属橡胶片与硫化粘贴结构

(a) 纯弯曲实验

(b) 纯剪切实验

图 20-8　试件安装示意图

2. 实验曲线及分析

纯弯曲实验实测迟滞回线如图 20-9～图 20-11 所示。

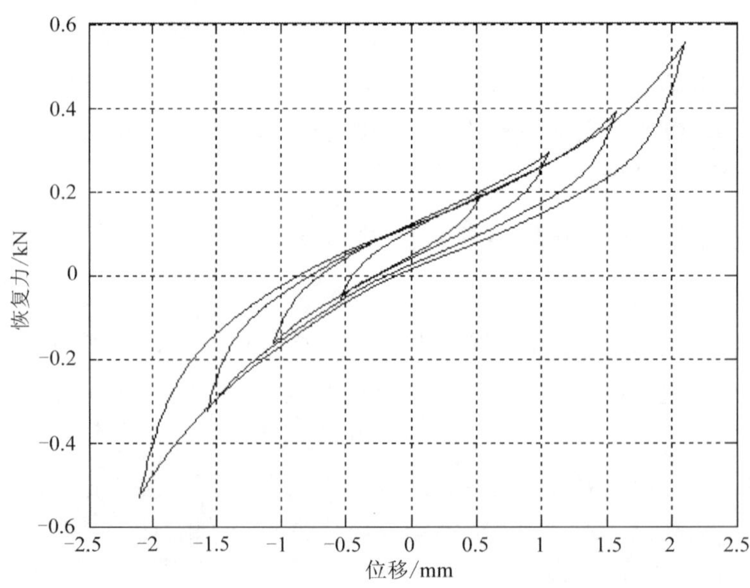

图 20-9　高温（200℃）时不同振幅 A 下的迟滞回线（f=1Hz）

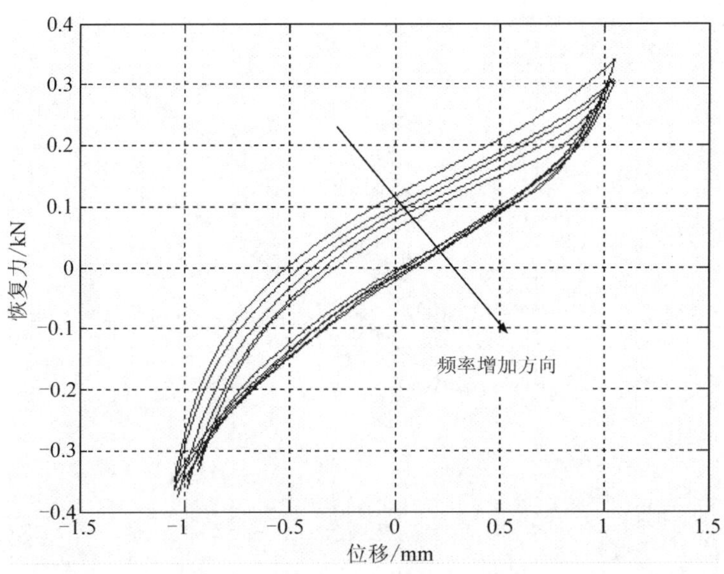

图 20－10　高温（100℃）时不同频率 f 下的迟滞回线（A＝1mm）

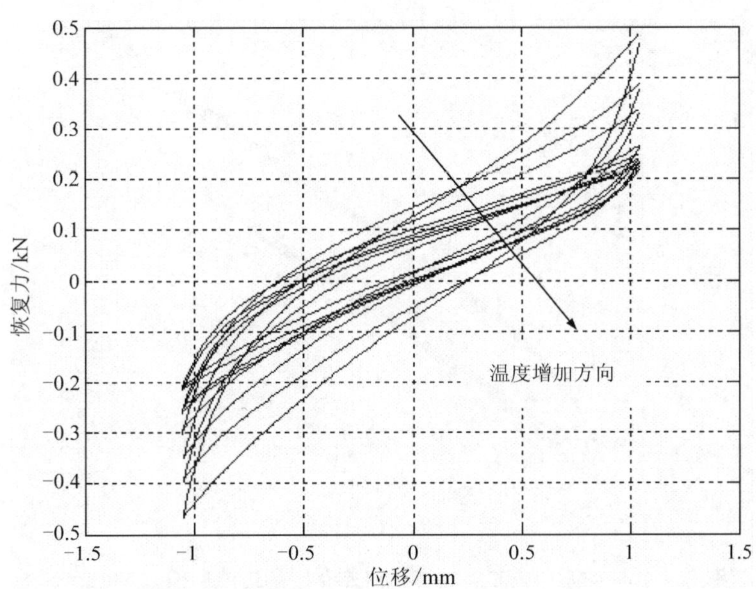

图 20－11　不同温度下（25～300℃）的迟滞回线（A＝1mm，f＝1Hz）

纯剪切实验实测迟滞回线如图 20－12、图 20－13 所示。

由图 20－9～图 20－13 可以看出：

(1) 迟滞回线与坐标轴横轴（变形）的夹角随变形幅度的增加而逐渐减小（图 20－9、图 20－12）；上下分支弯曲程度随变形幅度的增加而逐渐减小（图 20－9、图 20－12）。说明金属橡胶元件的一次线性刚度（决定倾斜角度）及高次非线性刚度（决定弯曲程度）随变形幅度的增加而逐渐减小（这与纯压缩时正好相反，纯压缩时是增加的）。

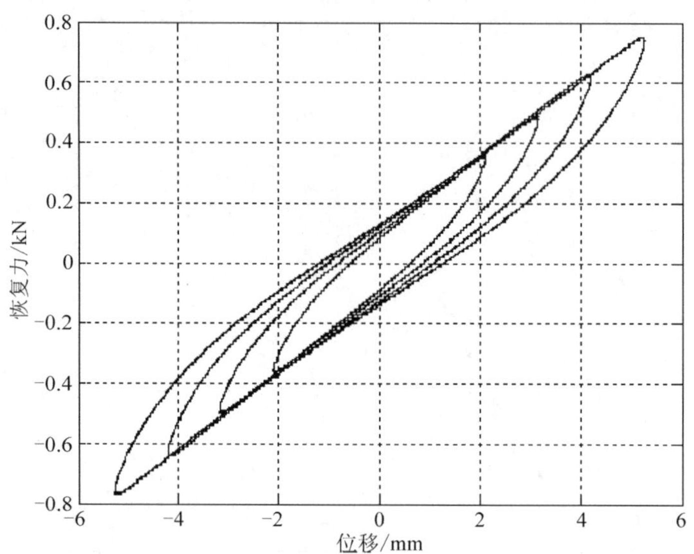

图 20－12　常温（25℃）时不同振幅 A 下的迟滞回线（$f=1$Hz）

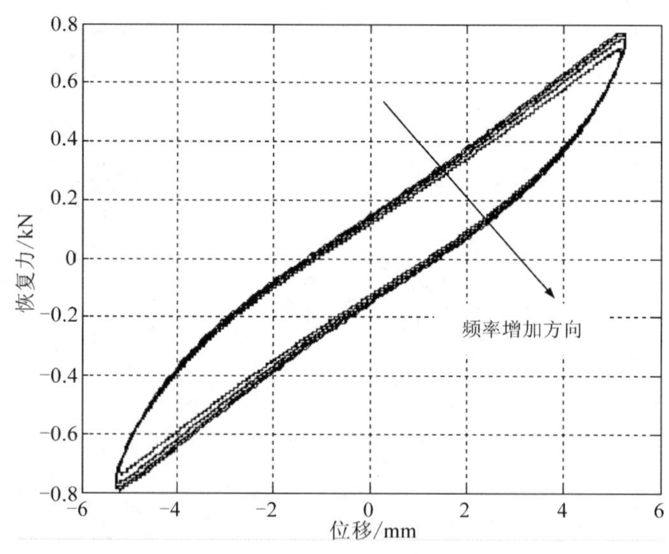

图 20－13　常温（25℃）时不同频率 f 下的迟滞回线（$A=5$mm）

(2) 迟滞回线与坐标轴横轴（变形）的夹角及上下分支弯曲程度随变形频率的变化不明显（图 20－10、图 20－13），但是迟滞回线包围的面积随变形频率的增加有明显的减小趋势（图 20－10、图 20－13）。说明金属橡胶元件的一次线性刚度及高次非线性刚度受频率的影响较小，但是阻尼耗能受频率影响较大。

(3) 迟滞回线与坐标轴横轴（变形）的夹角、上下分支弯曲程度及包围的面积随温度的增加显著减小（图 20－11）。说明金属橡胶元件的一次线性刚度、高次非线性刚度及阻尼耗能受温度影响很大。

20.2 金属橡胶隔振系统及元件非线性特征的物理机制

20.2.1 记忆恢复力 $z(t)$ 的 Fourier 级数展开[1]

具有记忆特性的非线性恢复力 $z(t)$ 可以用图 20-14 表示，其增量形式的本构关系为

$$\mathrm{d}z(t)=\frac{k_s}{2}[1+\mathrm{sgn}\{z_s-|z(t)|\}]\mathrm{d}y(t)$$
$$k_s=\frac{z_s}{y_s} \tag{20-1}$$

式中，y_s 为两固体接触面发生宏观滑移时的弹性变形极限；z_s 为滑移时的记忆恢复力；$y(t)$ 为迟滞环节两端（A，B）的相对位移（变形量）。

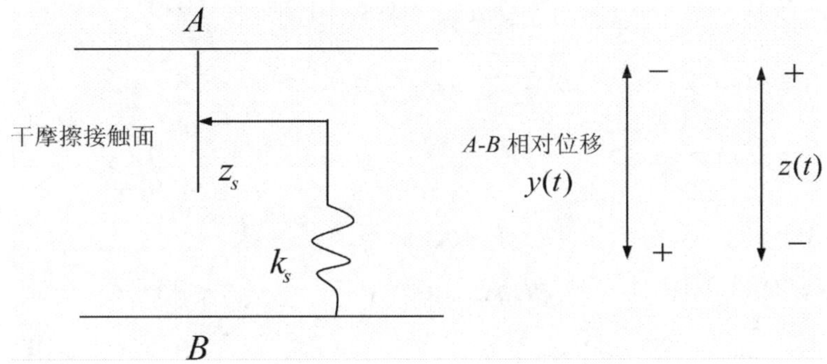

图 20-14 记忆环节 $z(t)$ 示意

正弦位移加载时，记忆恢复力 $z(t)$ 与相对位移 $y(t)$ 形成图 20-15 所示的双折线泛函本构关系。

设 A、B 相对位移 $y(t)$ 为

$$y(t)=y_m\sin(\omega t+\varphi) \tag{20-2}$$

式中，y_m 为位移幅值；ω 为激励频率；φ 为初相位角。

引入坐标变换

$$\tau=t-t_\zeta,\quad t_\zeta=\left(\frac{\pi}{2}-\varphi\right)\cdot\frac{1}{\omega} \tag{20-3}$$

则式（20-2）变为

$$y(\tau)=y_m\cos(\omega\tau) \tag{20-4}$$

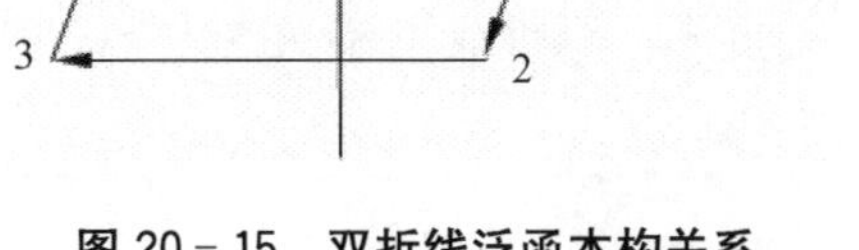

图 20-15 双折线泛函本构关系

根据关系式

$$y_m-2y_s=y_m\cos\theta \tag{20-5}$$

推得如下等式

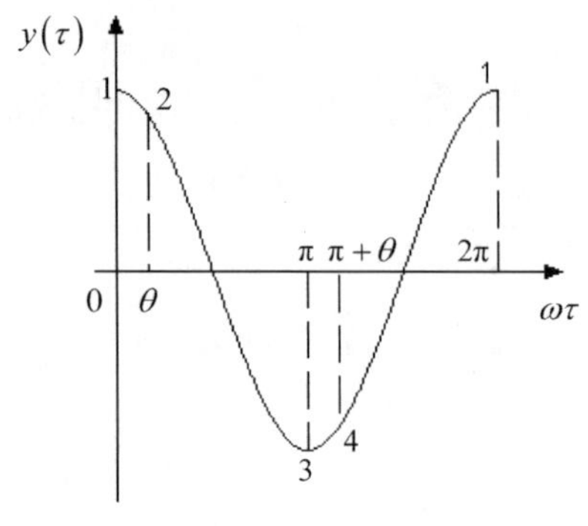

图 20-16　y (τ) - ωτ 曲线

$$\theta = \arccos\left(1 - \frac{2y_s}{y_m}\right) \tag{20-6}$$

$y(\tau) - \omega\tau$ 变化曲线如图 20-16 所示，将 $\omega\tau$ 在 0～2π 内分割成以下四个变化区间：

$$\begin{aligned}
&1\to 2，对应于\ 0\to\theta && y\in(y_m, y_m-2y_s)\\
&2\to 3，对应于\ \theta\to\pi && y\in(y_m-2y_s, -y_m)\\
&3\to 4，对应于\ \pi\to\pi+\theta && y\in(-y_m, 2y_s-y_m)\\
&4\to 1，对应于\ \pi+\theta\to 2\pi && y\in(2y_s-y_m, y_m)
\end{aligned} \tag{20-7}$$

联系式（20-4）与双折线本构关系增量表达［式（20-1)］，经推导可得到以上各区间内的 $z(\tau)$ 表达式为

$$\begin{aligned}
&1\to 2\Rightarrow z(\tau) = z_s\left[\left(1-\frac{y_m}{y_s}\right)+\frac{y_m}{y_s}\cdot\cos\tilde{\theta}\right],\quad \tilde{\theta}\in(0,\theta)\\
&2\to 3\Rightarrow z(\tau) = -z_s,\quad \tilde{\theta}\in(\theta,\pi)\\
&3\to 4\Rightarrow z(\tau) = -z_s\left[\left(1-\frac{y_m}{y_s}\right)+\frac{y_m}{y_s}\cdot\cos(\tilde{\theta}-\pi)\right],\quad \tilde{\theta}\in(\pi,\pi+\theta)\\
&4\to 1\Rightarrow z(\tau) = z_s,\quad \tilde{\theta}\in(\pi+\theta,2\pi)
\end{aligned} \tag{20-8}$$

$z(\tau) - \omega\tau$ 变化曲线如图 20-17 所示。

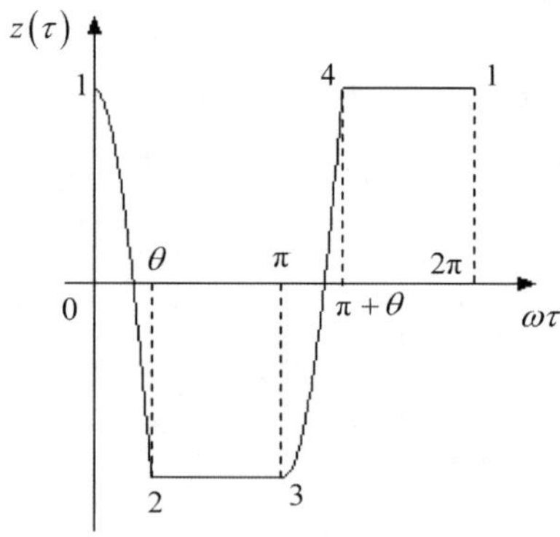

图 20-17　z (τ) - ωτ 曲线

可见，双折线迟滞恢复力 $z(\tau)$ 是周期为 2π 的函数，可以将其表示为 Fourier 级数形式

$$z(\tau) = \sum(\alpha_n \cos n\tilde{\theta} + \beta_n \sin n\tilde{\theta}),\tilde{\theta} = \omega\tau \tag{20-9}$$

式中

$$\alpha_n = \frac{1}{\pi}\int_0^{2\pi} z(\tau)\cdot\cos n\tilde{\theta}\cdot d\tilde{\theta} \tag{20-10a}$$

$$\beta_n = \frac{1}{\pi}\int_0^{2\pi} z(\tau) \cdot \sin n\widetilde{\theta} \cdot \mathrm{d}\widetilde{\theta} \tag{20-10b}$$

将式（20-8）代入式（20-10a）、式（20-10b），经推导得

$$\alpha_n = \frac{z_s}{\pi}\left[2\left(1-\frac{y_m}{y_s}\right)\frac{\sin n\theta}{n} + \frac{y_m}{y_s}\left(\frac{\sin(n+1)\theta}{n+1} + \rho_a(n,\theta)\right) + \frac{2\sin n\theta}{n}\right](n=1,3,5,\cdots) \tag{20-11a}$$

式中

$$\rho_a(n,\theta) = \begin{cases} \theta, & n=1 \\ \dfrac{\sin(n-1)\theta}{n-1}, & n\neq 1 \end{cases} \tag{20-11b}$$

$$\beta_n = \frac{z_s}{\pi}\left[2\left(1-\frac{y_m}{y_s}\right)\frac{1-\cos n\theta}{n} + \frac{y_m}{y_s}\left(\frac{1-\cos(n+1)\theta}{n+1} + \rho_b(n,\theta)\right) - \frac{2(1+\cos n\theta)}{n}\right](n=1,3,5,\cdots) \tag{20-12a}$$

式中

$$\rho_b(n,\theta) = \begin{cases} 0, & n=1 \\ \dfrac{1-\cos(n-1)\theta}{n-1}, & n\neq 1 \end{cases} \tag{20-12b}$$

这样，我们得到了 $z(\tau)$ 关于待定参数 α_n 和 β_n 的线性模型，而物理参数 z_s 和 y_s 通过两个非线性关系式（20-11a）、式（20-12a）与线性模型参数相联系。

经过对式（20-11a）、式（20-12a）简化运算，不难推得

$$\alpha_1 = \frac{z_s}{\pi}(\theta - \sin\theta\cos\theta) \cdot \frac{y_m}{y_s} \tag{20-13a}$$

$$\beta_1 = -\frac{4z_s}{\pi}\left(1-\frac{y_s}{y_m}\right) \tag{20-13b}$$

如取双折线迟滞恢复力 $z(\tau)$ 的 Fourier 级数的第一阶近似，并联系坐标变换式式（20-3），经推导则有

$$z(t) \approx \left\{\frac{z_s}{\pi}(\theta - \sin\theta\cos\theta) \cdot \frac{y_m}{y_s}\right\}\sin(\omega t+\varphi) + \left\{\frac{4z_s}{\pi}\left(1-\frac{y_s}{y_m}\right)\right\}\cos(\omega t+\varphi) \tag{20-14}$$

20.2.2　频率响应曲线弯曲跳跃的解释

1. 力学模型

为探讨金属橡胶隔振系统频率响应曲线弯曲跳跃问题，研究图 20－18 所示的迟滞振子模型。

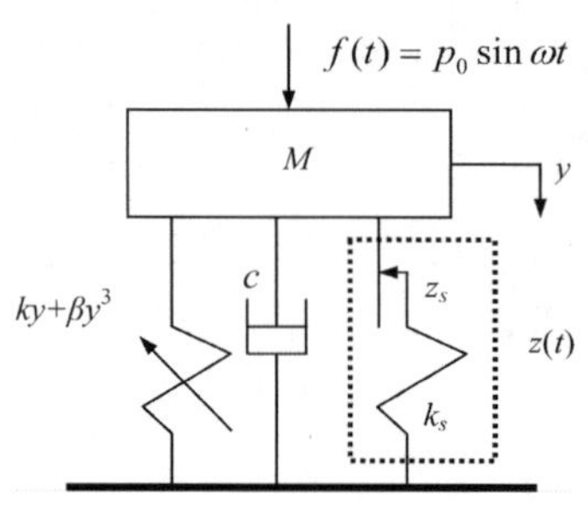

图 20-18 迟滞振子模型

图 20-18 中，z_s 为记忆环节滑移时的恢复力；y_s 为滑移极限；k_s 为滑移前的线性刚度；k 为一次线性刚度系数；β 为三次非线性刚度系数。

忽略高次谐波，设振子响应为

$$y = y_m \sin(\omega t + \varphi) \tag{20-15}$$

通常激励水平下 $y_m > y_s$，此时 $y(t)$ 的一个振动周期内出现两次滑移和停滞现象，振动系统运动微分方程为

$$m\ddot{y} + c\dot{y} + ky + \beta y^3 + z(t) = p_0 \sin(\omega t) \tag{20-16}$$

引入如下变量

$$p^2 = \frac{k}{m}, 2\xi = \frac{c}{m}, \eta = \frac{\beta}{k}, \frac{p_0}{k} = g, \tilde{g} = p^2 g \tag{20-17}$$

则式（20-16）变为

$$\ddot{y} + 2\xi\dot{y} + p^2 y + p^2 \eta y^3 + \frac{1}{m} z(t) = \tilde{g}\sin(\omega t) \tag{20-18}$$

假设记忆恢复力 $z(t)$ 可以用 Fourier 级数的第一阶近似式（20-14）来替代，将 $y, \dot{y}, \ddot{y}$ 具体表达式代入式（20-18），根据谐波平衡法，$\cos(\omega t + \varphi)$，$\sin(\omega t + \varphi)$ 项前的系数相等（一次谐波平衡，忽略高次谐波），可得到如下非线性方程组

$$y_m(p^2 - \omega^2) + \frac{3}{4} p^2 \eta y_m^3 + p^2 \Gamma_1 a = \tilde{g}\cos\varphi \tag{20-19a}$$

$$y_m(2\xi\omega) + p^2 \Gamma_2 a = -\tilde{g}\sin\varphi \tag{20-19b}$$

式中

$$\Gamma_1 = \frac{1}{\pi}(\theta - \sin\theta\cos\theta) y_m \tag{20-20a}$$

$$\Gamma_2 = \frac{4}{\pi}\left(1 - \frac{y_s}{y_m}\right) y_s, \quad a = \frac{k_s}{k} \tag{20-20b}$$

根据三角关系式 $\sin^2\varphi + \cos^2\varphi = 1$，可由式（20-19a）、式（20-19b）推出如下高次超越代数方程

$$\left[y_m(p^2 - \omega^2) + \frac{3}{4} p^2 \eta y_m^3 + p^2 \Gamma_1 a\right]^2 + (2\xi\omega y_m + p^2 \Gamma_2 a)^2 = \tilde{g}^2 \tag{20-21a}$$

滞后相角表达式

$$\varphi = -\arctan\left[\frac{2\xi\omega y_m + p^2\Gamma_2 a}{y_m(p^2-\omega^2)+\frac{3}{4}p^2\eta y_m^3 + p^2\Gamma_1 a}\right] \tag{20-21b}$$

2. **定常解稳定性分析**[1]

分析迟滞振动系统定常解 $y = y_m\sin(\omega t+\varphi)$，即周期运动的稳定性，引入任意小扰动 $\zeta(t)$

$$\tilde{y} = y + \zeta(t) \tag{20-22}$$

若 $\zeta(t)$ 随着时间的演化而趋于零，则定常解渐近稳定；反之则不稳定。记忆恢复力 $z(t)$ 扰动关系可由双折线泛函本构关系（图 20－15）推出。

$$z(\tilde{y}) = z(y+\zeta(t)) \approx z(y) + \Delta z(y,\dot{y},\zeta(t)) = z(y) + \delta(y,\dot{y})k_s\zeta(t) \tag{20-23}$$

式中，δ 为

$$\delta|_{\dot{y}(t)>0} = \begin{cases} -1, & -y_m < y < -y_m + 2y_s \\ 0, & -y_m + 2y_s < y < y_m \end{cases} \tag{20-24a}$$

$$\delta|_{\dot{y}(t)<0} = \begin{cases} -1, & y_m - 2y_s < y < y_m \\ 0, & -y_m < y < y_m - 2y_s \end{cases} \tag{20-24b}$$

将式（20-22）～式（20-24b）代入式（20-18），保留关于 $\zeta(t)$ 的线性项，可得到

$$\ddot{\zeta} + 2\xi\dot{\zeta} + q(t)\zeta = 0 \tag{20-25}$$

式中

$$q(t) = p^2(1+3\eta y^2) + \frac{1}{m}\delta k_s \tag{20-26}$$

不难验证，$q(t)$ 为一周期函数

$$q(t+T_\zeta) = q(t), \quad T_\zeta = \frac{\pi}{\omega} \tag{20-27}$$

显然，式（20-25）代表一具有周期系数的二阶常微分方程。

引入状态向量矩阵表达式

$$\{\dot{x}\} = [A(t)]\{x\} \tag{20-28}$$

式中

$$\{x\} = \{\zeta, \dot{\zeta}\}^T \tag{20-29}$$

$$[A(t)] = \begin{bmatrix} 0 & 1 \\ -q(t) & -2\xi \end{bmatrix}, \quad [A(t+T_\zeta)] = [A(t)] \tag{20-30}$$

令 $\Theta[(t)]$ 表示时变系统式（20-28）的状态转移矩阵，根据线性系统理论有

$$\frac{\mathrm{d}}{\mathrm{d}t}[\Theta(t)]=[A(t)][\Theta(t)],\quad [\Theta(0)]=[I]_{2\times2} \tag{20-31}$$

式（20-31）表明状态转移矩阵就是方程组式（20-28）的具有单位初始阵的基础解阵。

若 λ_1、λ_2 表示时变系统式（20-28）的状态周期转移矩阵 $[C]=[\Theta(T_\zeta)]$ 的两个特征值，根据 Floquet 理论，定常解的稳定性判据如下：

如果 $\max(|\lambda_i|)<1, i=1,2$，则 $\zeta(t\to\infty)\to 0$，定常解渐近稳定；

如果 $\max(|\lambda_i|)>1, i=1,2$，则 $\zeta(t\to\infty)\to\infty$，定常解不稳定。

又 λ_1、λ_2 的乘积（Floquet 乘数）可用系统矩阵 $[A(t)]$ 的追迹 $tr[A(t)]$ 的积分表示如下

$$\lambda_1\lambda_2=\exp\int_0^{T_\zeta}\mathrm{tr}[A(t)]\mathrm{d}t=\mathrm{e}^{-2\zeta T_\zeta} \tag{20-32}$$

注意到 ζ、T_ζ 的非负性及负指数形式，则有 $0<\lambda_1\lambda_2<1$，且不存在 $|\lambda_1|=|\lambda_2|=1$ 临界稳定情况，同时排除了存在复特征值逸出单位圆的可能性，即 Floquet 乘数之一必将从实轴上经过 -1 和 $+1$ 离开单位圆，且有如下分叉特性：

若 Floquet 乘数之一经过 $+1$ 离开单位圆，另一个将保留在单位圆内，此时，非平凡解将发生鞍结分叉（saddle-node bifuration），往往伴随着跳跃现象；

若 Floquet 乘数之一经过 -1 离开单位圆，另一个将保留在单位圆内，此时，非平凡解将发生倍周期分叉（flip bifuration），多次周期倍化可使系统产生混沌运动。

注意到非平凡解的稳定性判别需要求解状态周期转移矩阵［C］的两个特征值 λ_1、λ_2，现在给出具体的计算过程。设 $\zeta_1(t)$，$\zeta_2(t)$ 为式（20-25）满足如下初始条件的基本解组

$$\zeta_1(0)=1,\quad \dot{\zeta}_1(0)=0,\quad \zeta_2(0)=0,\quad \dot{\zeta}_2(0)=1 \tag{20-33}$$

则相应的状态周期转移矩阵

$$[C]=[\Theta(T_\zeta)]=\begin{bmatrix}\zeta_1(T_\zeta) & \zeta_2(T_\zeta)\\ \dot{\zeta}_1(T_\zeta) & \dot{\zeta}_2(T_\zeta)\end{bmatrix} \tag{20-34}$$

不难推得其特征方程

$$\lambda^2-[\zeta_1(T_\zeta)+\dot{\zeta}_2(T_\zeta)]\lambda+[\zeta_1(T_\zeta)\dot{\zeta}_2(T_\zeta)-\dot{\zeta}_1(T_\zeta)\zeta_2(T_\zeta)]=0 \tag{20-35}$$

由式（20-33）确定初始条件，直接对式（20-25）在 $0\sim T_\zeta$ 区间上进行数值积分可求得特征方程式（20-35）中的系数，然后求解式（20-35）即得特征根 λ_1、λ_2。

3. 算例分析

系统参数取 $m=0.5\text{kg}$，$k=6497\text{N/m}$，$z_s=5.5\text{N}$，$k_s=13468\text{N/m}$，$\beta=36410\text{N/m}$。则系统线性部分（$\beta=z_s=0$）无阻尼自由振动频率 $f_0=\dfrac{1}{2\pi}\sqrt{\dfrac{k}{m}}\approx 18.14\text{Hz}$。

编程计算出各种参数条件下迟滞振动系统幅频特性曲线，采用直接对式（20-16）进行四阶 Runge-Kutta 数值积分方法作为比较的标准。

1）弱激励（$p_0 = 10.5\text{N}, c = 1.5\text{N/s}^{-1}\cdot\text{m}$）

由图 20－19 看出，在相对较小的激励幅度 p_0 和相对较大的阻尼系数 c 情况下，迟滞振动系统幅频曲线的谐振频率近似等于无阻尼自由振动频率 f_0，并且没有跳跃现象发生。

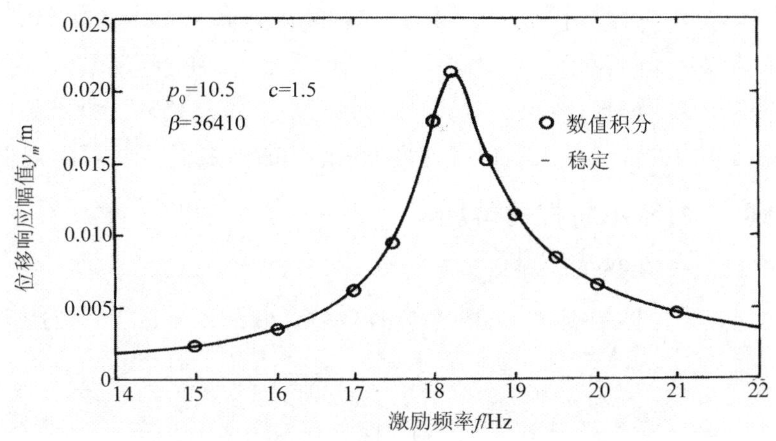

图 20－19 振子振幅 y_m 随激励频率 f 变化曲线（弱激励）

2）强激励（$p_0 = 15.5\text{N}, c = 0.5\text{N/s}^{-1}\cdot\text{m}$）

由图 20－20 看出，随着激励幅度 p_0 的提高和相对较小的阻尼系数 c 情况下，迟滞振动系统幅频曲线发生了显著的弯曲。即在 $A \sim B$ 区间，在同一激励频率下会同时存在三个稳定性情况不同的极限环（迟滞振动系统周期响应）。

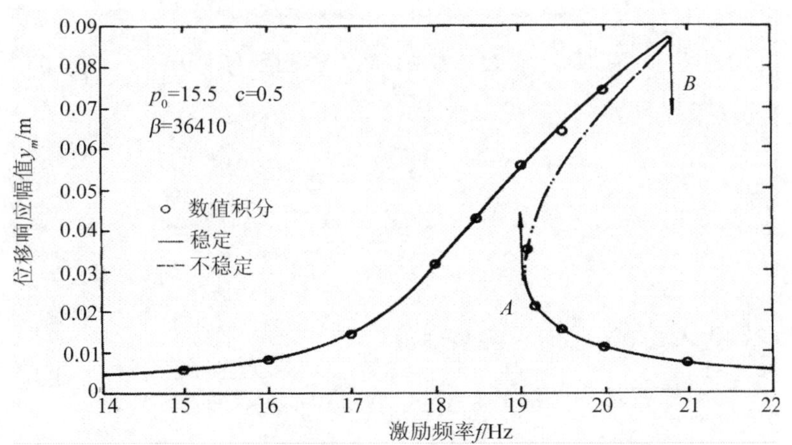

图 20－20 振子振幅 y_m 随激励频率 f 变化曲线（强激励）

当激励频率 f 缓慢减小（或增大）时，其中两个极限环彼此接近，且当 f 减小（或增加）至某个分叉值（对应于幅频曲线两垂直切线的切点 A，B），两者碰到一起，如再减小（或增大）f，两个极限环将同时消失。

定常解稳定性数值分析表明，在 A，B 两点，Floquet 乘数之一正是经过＋1 离开单位圆，另一个限制在单位圆内。可见，在 A 点将发生稳定的超临鞍结分叉，在 B 点将发生稳定的亚临界鞍结分叉，同时伴随有跳跃现象。

4. 频率响应曲线弯曲跳跃的物理机制

通过理论与仿真分析不难发现，金属橡胶隔振器中含有的三次非线性刚度特性正是频率响应曲线（图 20－3 和图 20－4）或幅频曲线（图 20－19 和图 20－20）产生弯曲跳跃的主要因素，即可以将非线性弹性恢复力最高保留到三次就足以描述这种典型的非线性现象，这也为非线性泛函本构关系满足工程精度前提下的合理简化提供了重要的理论基础。

20.2.3 变刚度、变阻尼特性的解释[1]

1. 力学模型与记忆环节的线性等效

为探讨金属橡胶隔振器变刚度、变阻尼特性问题，我们研究图 20－21 所示的迟滞振子模型。

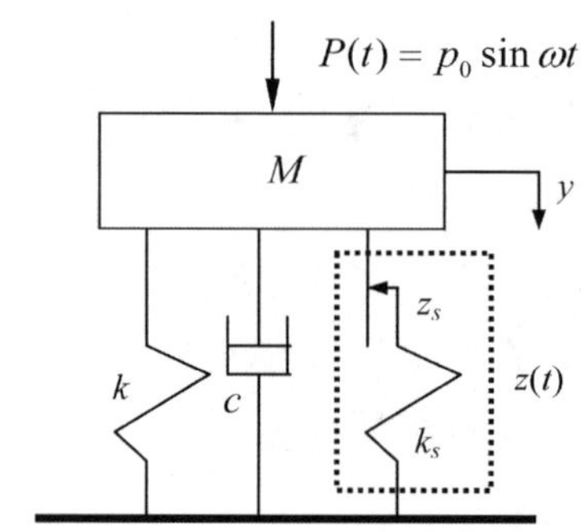

图 20－21 迟滞振动系统力学模型（$\beta=0$）

振子运动微分方程为

$$m\ddot{y}+c\dot{y}+ky+z(t)=p_0\sin\omega t \tag{20-36}$$

引入变量

$$\frac{c}{m}=2\xi,\quad \frac{k}{m}=\omega_0^2,\quad \tilde{p}_0=\frac{p_0}{m} \tag{20-37}$$

将式（20-37）代入式（20-36），经整理得

$$\ddot{y}+2\xi\dot{y}+\omega_0^2 y+\frac{1}{m}z(t)=\tilde{p}_0\sin\omega t \tag{20-38}$$

尽管迟滞振子响应中含有高次谐波，但是大量的实验证明基波分量占主要地位，忽略高次谐波，设解为

$$y=y_m\sin(\omega t+\varphi_y) \tag{20-39}$$

考虑将迟滞恢复力模型［图 20－22（a）］等效为一线性黏性阻尼与弹簧并联结构［图 20－22（b）］。

图 20－22（b）中，c_{eq}，k_{eq} 为等效环节的等效黏性阻尼系数和刚度系数，即有

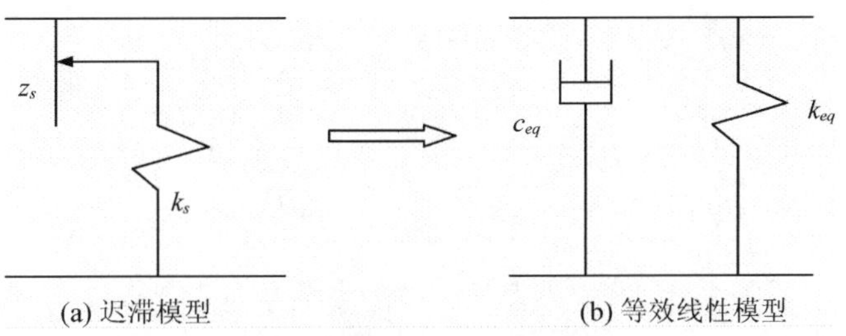

图 20－22　迟滞模型和等效线性模型

$$z(y,\dot{y})=c_{eq}\dot{y}+k_{eq}y \tag{20-40}$$

将 y、$\dot{y}$ 具体表达式代入式（20-40）得

$$z(y,\dot{y})=c_{eq}y_m\omega\cos(\omega t+\varphi_y)+k_{eq}y_m\sin(\omega t+\varphi_y) \tag{20-41}$$

将式（20-41）两边同乘 $\cos(\omega t+\varphi_y)$，考虑到三角函数的正交性质，并取平均运算可得

$$\frac{1}{2\pi}\int_{\varphi_y}^{\varphi_y+2\pi}c_{eq}y_m\omega\cos^2(\omega t+\varphi_y)\mathrm{d}(\omega t)=\frac{1}{2\pi}\int_{\varphi_y}^{\varphi_y+2\pi}z(y,\dot{y})\cos(\omega t+\varphi_y)\mathrm{d}(\omega t) \tag{20-42a}$$

同理，将式（20-41）两边同乘 $\sin(\omega t+\varphi_y)$，并取平均运算可得

$$\frac{1}{2\pi}\int_{\varphi_y}^{\varphi_y+2\pi}k_{eq}y_m\sin^2(\omega t+\varphi_y)\mathrm{d}(\omega t)=\frac{1}{2\pi}\int_{\varphi_y}^{\varphi_y+2\pi}z(y,\dot{y})\sin(\omega t+\varphi_y)\mathrm{d}(\omega t) \tag{20-42b}$$

引入坐标变换

$$\tau=t-t_s,\quad t_s=\left(\frac{\pi}{2}-\varphi_y\right)\frac{1}{\omega} \tag{20-43}$$

则有

$$y=y_m\sin(\omega t+\varphi_y)=y_m\cos\omega\tau=y_m\cos\varphi \tag{20-44}$$

根据迟滞环节双折线本构关系（图 20－15），不难推得 $z(\varphi)$ 表达式如下

$$z(\varphi)=\begin{cases}k_s(y-y_m)+z_s, & 0<\varphi<\theta\\ -z_s, & \theta<\varphi<\pi\\ k_s(y+y_m)-z_s, & \pi<\varphi<\pi+\theta\\ z_s, & \pi+\theta<\varphi<2\pi\end{cases} \tag{20-45}$$

式中

$$\theta=\arccos\left(1-\frac{2y_s}{y_m}\right) \tag{20-46}$$

根据式（20-43）～式（20-46）不难推得

$$\frac{1}{2\pi}\int_{\varphi_y}^{\varphi_y+2\pi}c_{eq}y_m\omega\cos^2(\omega t+\varphi_y)\mathrm{d}(\omega t)=\frac{c_{eq}y_m\omega}{2\pi}\int_0^{2\pi}\sin^2\varphi=\frac{c_{eq}y_m\omega\pi}{2\pi} \tag{20-47a}$$

$$\frac{1}{2\pi}\int_{\varphi_y}^{\varphi_y+2\pi}k_{eq}y_m\sin^2(\omega t+\varphi_y)\mathrm{d}(\omega t)=\frac{k_{eq}y_m}{2\pi}\int_0^{2\pi}\cos^2\varphi\mathrm{d}\varphi=\frac{\pi k_{eq}y_m}{2\pi\pi} \tag{20-47b}$$

$$\frac{1}{2\pi}\int_{\varphi_y}^{2\pi+\varphi_y} z\cos(\omega t+\varphi_y)\mathrm{d}(\omega t)=-\frac{1}{2\pi}\int_0^{2\pi} z\sin\varphi\mathrm{d}\varphi$$

$$=-\frac{1}{2\pi}\int_0^{2\pi}\left\{\left\{\frac{z_s}{\pi}(\theta-\sin\theta\cos\theta)\frac{y_m}{y_s}\right\}\cos\varphi-\left\{\frac{4z_s}{\pi}(1-\frac{y_s}{y_m})\right\}\sin\varphi\right\}\sin\varphi\mathrm{d}\varphi \tag{20-47c}$$

$$=\frac{4z_s}{2\pi}(1-\frac{y_s}{y_m})$$

$$\frac{1}{2\pi}\int_{\varphi_y}^{2\pi+\varphi_y} z\sin(\omega t+\varphi_y)\mathrm{d}(\omega t)=\frac{1}{2\pi}\int_0^{2\pi} z\cos\varphi\mathrm{d}\varphi$$

$$=\frac{1}{2\pi}\int_0^{2\pi}\left\{\left\{\frac{z_s}{\pi}(\theta-\sin\theta\cos\theta)\frac{y_m}{y_s}\right\}\cos\varphi-\left\{\frac{4z_s}{\pi}(1-\frac{y_s}{y_m})\right\}\sin\varphi\right\}\cos\varphi\mathrm{d}\varphi \tag{20-47d}$$

$$=\frac{k_s y_m}{2\pi}(\theta-\sin\theta\cos\theta)$$

对比式（20-47a）与式（20-47c），式（20-47b）与式（20-47d）得

$$c_{eq}=\frac{4z_s}{\pi\omega y_m}\left(1-\frac{y_s}{y_m}\right) \tag{20-48a}$$

$$k_{eq}=\frac{k_s}{\pi}(\theta-\sin\theta\cos\theta) \tag{20-48b}$$

令

$$n_c=\frac{\pi\omega y_m}{4z_s}c_{eq}, n_k=\frac{\pi}{k_s}k_{eq} \tag{20-49}$$

绘制 $n_c-\frac{y_m}{y_s}$ 、$n_k-\frac{y_m}{y_s}$ 曲线如图 20－23 所示。

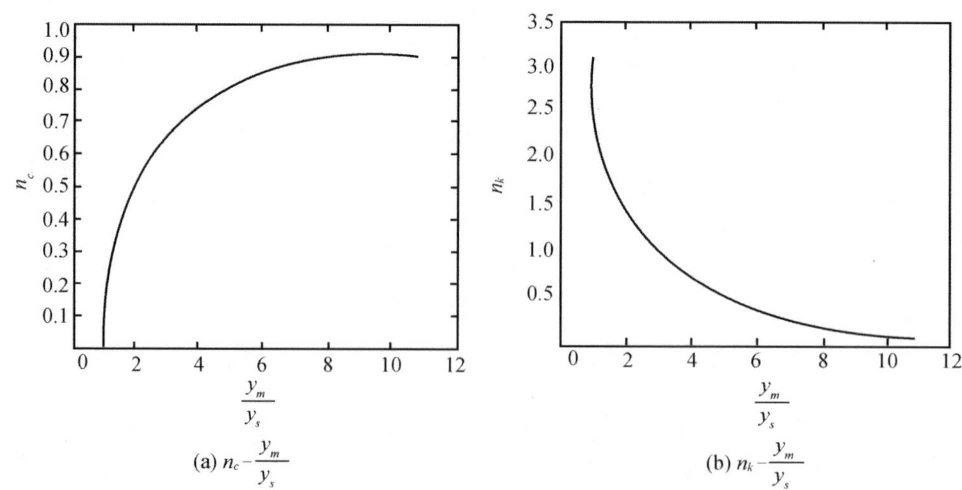

图 20－23　参数 n_c、n_k 随$\frac{y_m}{y_s}$变化曲线

由图 20－23 可以看出，$\frac{y_m}{y_s}\to\infty$时，$n_c=\frac{\pi\omega y_m}{4z_s}c_{eq}\to 1$，$n_k=\frac{\pi}{k_s}k_{eq}\to 0$，即等效黏性阻尼系

数 c_{eq} 由 $0\rightarrow\frac{4z_s}{\pi\omega y_m}$，等效刚度 k_{eq} 由 $k_s\rightarrow 0$。

2. 频率响应方程

将式（20-39）、式（20-40）代入式（20-38），则有

$$\sin(\omega t+\varphi_y)\left\{\omega_0^2 y_m - y_m\omega^2+\frac{1}{m}k_{eq}y_m\right\}+\cos(\omega t+\varphi_y)\left\{2\xi y_m\omega+\frac{1}{m}c_{eq}y_m\omega\right\}$$
$$=\bar{p}_0\sin(\omega t+\varphi_y)\cos\varphi_y-\bar{p}_0\cos(\omega t+\varphi_y)\sin\varphi_y \tag{20-50}$$

根据式（20-50）两边 $\sin(\omega t+\varphi_y)$、$\cos(\omega t+\varphi_y)$ 项前系数相等原则，可以得到

$$y_m\left(\omega_0^2-\omega^2+\frac{1}{m}k_{eq}\right)=\bar{p}_0\cos\varphi_y \tag{20-51a}$$

$$y_m\left(2\xi\omega+\frac{1}{m}c_{eq}\omega\right)=-\bar{p}_0\sin\varphi_y \tag{20-51b}$$

根据式（20-51a)、式（20-51b）可得到频响方程

$$y_m^2\left[\left(\omega_0^2-\omega^2+\frac{1}{m}k_{eq}\right)^2+\left(2\xi\omega+\frac{1}{m}c_{eq}\omega\right)^2\right]=\bar{p}_0^2 \tag{20-52a}$$

滞后相角表达式

$$\varphi_y=-\arctan\left\{\frac{2\xi\omega+\frac{1}{m}c_{eq}\omega}{\omega_0^2-\omega^2+\frac{1}{m}k_{eq}}\right\} \tag{20-52b}$$

式（20-52a）是高次超越代数方程，其解析求解非常困难，必须采用数值迭代计算方法计算。

3. 算例分析

系统参数取

$k=10.2\times10^3\text{N/m}, z_s=6.19\text{N},\quad k_s=7.81\times10^3\text{N/m}, m=5.45\text{kg}, c=0.01\text{N/s}^{-1}\cdot\text{m}$

考虑到迟滞环节存在的刚度软化现象，随激励水平的提高，系统谐振频率将在 $f_{\min}\sim f_{\max}$ 区间变化，经计算

$$k_{eq}\rightarrow 0\Rightarrow f_{\min}=\frac{1}{2\pi}\sqrt{\frac{k}{m}}=6.8853\text{Hz}$$

$$k_{eq}\rightarrow k_s\Rightarrow f_{\max}=\frac{1}{2\pi}\sqrt{\frac{k+k_s}{m}}=9.1491\text{Hz}$$

用牛顿迭代法计算频响方程式（20-52a）在不同激励水平时的解，并绘制相应的振子幅频曲线，如图 20－24 所示。

由图 20－24 不难看出，随着激励水平的提高，迟滞环节的刚度不断软化，系统的谐振频率逐渐向低频方向漂移；大量的数值分析表明，激励水平较低时，谐振峰漂移现象非常

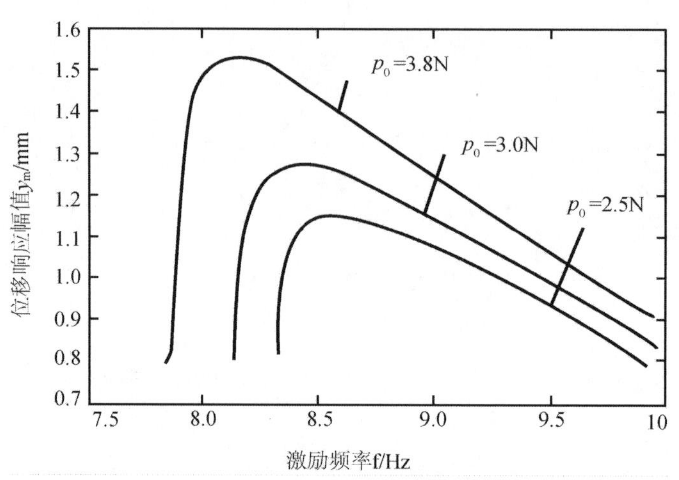

图 20-24　振子幅频特性曲线

明显；但是，激励水平较高时，谐振峰漂移现象反而不明显。数值分析观察到的这一现象与图 20-23（b）$n_k-\frac{y_m}{y_s}$ 曲线描述的 k_{eq} 随振子振动幅度（激励水平）的变化规律非常符合。在图 20-23（b）中，振子振动幅值较小（激励水平较小）时，曲线很陡，即激励水平很小的变化会引起 k_{eq} 相当大的变化，从而导致很大的谐振峰漂移量；振子振动幅值较大（激励水平较大）时，曲线很平缓，即使激励水平有很大的变化，也不会引起 k_{eq} 太大的变化，故此时谐振频率漂移量很小。

同时计算不同激励水平时输出（振子在谐振峰处的振幅 y_{max}）与输入（p_0）之比，依次为 0.40(p_0 = 3.8N)、0.43(p_0 = 3.0N)、0.47(p_0 = 2.5N)。可见，随着激励水平的提高，阻尼作用逐渐增强，这一现象与图 20-23（a）$n_c-\frac{y_m}{y_s}$ 曲线描述的 c_{eq} 随振子振动幅度（激励水平）的变化规律非常符合。

4. 变刚度、变阻尼特性的物理机制

通过理论与仿真分析可以看出，金属橡胶隔振器非线性泛函本构关系中引入记忆环节 $z(t)$ 具有重要的意义。迟滞环节随激励水平的提高产生的刚度软化和阻尼增强作用很好地解释了 20.1.1 实验研究中观察到的谐振峰漂移和谐振峰值变化现象（图 20-3 和图 20-4）。

20.2.4　迟滞回线随变形幅度、频率变化的解释

1. 迟滞回线随变形幅度变化的物理机制

1）迟滞回线与坐标轴横轴（变形）的倾斜角度

金属橡胶元件的一次线性刚度 k_1 近似为

$$k_1 = k + k_{eq} \tag{20-53}$$

式中，k 由金属橡胶内部线匝形成的空间网状结构决定，在变形过程中近似是一个不变量；

k_{eq} 由金属橡胶内部线匝之间的接触点的摩擦滑移状态决定（接触点形成图 20－14 所示的记忆环节），在变形过程中随变形幅度的增加逐渐减小，产生刚度软化效应［图 20－23（b）］，从而使 k_1 减小。因此，倾斜角度（由 k_1 决定）随变形幅度的增加而逐渐减小（图 20－9、图 20－12）。

2）迟滞回线上下分支弯曲程度

根据对金属橡胶内部组织结构特点（图 12－9）的分析，金属橡胶细观上是由与成型方向成一定角度的悬臂曲梁组成。这些悬臂曲梁相互交错、勾连在一起，悬臂曲梁的弹性变形力以及曲梁间的相互作用力共同决定了金属橡胶的力学特性。

金属橡胶纯弯曲或纯剪切变形时内部悬臂曲梁的曲率半径有增大的趋势（线匝有被拉直的趋势），因此其非线性变形特征逐渐减弱，表现为与变形的高次方有关的非线性刚度系数（如三次非线性刚度系数 k_3）逐渐减小（金属橡胶纯压缩时情况正相反）。因此，分支弯曲程度（由高次非线性刚度系数决定）就会随变形幅度的增加而逐渐减小（图 20－9、图 20－12）。

3）迟滞回线包围的面积

随着变形幅度的增大，干摩擦滑移距离增大，参与滑移的线匝摩擦副也随之增多，耗能必然增大（包围面积增大）（图 20－9、图 20－12）。

2. 迟滞回线随变形频率变化的物理机制

1）迟滞回线与坐标轴横轴（变形）的倾斜角度

由于从物理机制上看（图 20－24），k_{eq} 只与变形大小有关，而与变形的快慢（频率）无关。故 k_1 也与频率无关，所以迟滞回线与坐标轴横轴（变形）的倾斜角度基本不随频率而变化（图 20－10、图 20－13）。

2）迟滞回线上下分支弯曲程度

如忽略金属材料刚度特性对于变形速率的相依性（在低速率变形时表现不明显），则金属橡胶变形过程中的高次非线性刚度系数只取决于变形幅度，而基本与频率无关。因此，迟滞回线上下分支弯曲程度基本不随频率而变化（图 20－10、图 20－13）。

3）迟滞回线包围的面积

当变形频率增大后，一方面，线匝接触点之间的摩擦系数减少；另一方面，干摩擦滑移跟不上振动频率出现滑移不充分的现象，导致干摩擦耗能减少（包围面积减少）（图 20－10、图 20－13）。

3. 迟滞回线随环境温度变化的物理机制

参见 17.2 关于金属橡胶高/低温环境弹性变形与阻尼耗能特性的研究。

20.3 金属橡胶隔振器非线性泛函本构关系与动力学建模

20.1 开展的金属橡胶隔振器实验研究及 20.2 关于金属橡胶隔振器典型非线性特性的理论分析研究，为建立金属橡胶隔振器非线性泛函本构关系与动力学建模提供了坚实的实验与理论基础。

20.3.1 非线性泛函本构关系

通过研究不难发现，金属橡胶隔振器的恢复力由弹性恢复力与阻尼力两部分组成。

1. 弹性恢复力

金属橡胶隔振器含有仅与变形幅度有关的一次线性弹性恢复力及高次非线性弹性恢复力。

一次弹性恢复力刚度系数又由恒定刚度系数和变化的等效刚度系数 k_{eq} 两部分组成。恒定的刚度系数仅由金属橡胶内部线匝空间网状结构决定（更详尽的解释参见第 11 章）；变化的等效刚度系数 k_{eq} [图 20－23 (b)] 由具有记忆特性的迟滞环节（图 20－14）决定。

高次非线性弹性恢复力刚度系数由金属橡胶内部线匝分解成的很多小悬臂曲梁的力学特性决定。材料参数、工艺参数确定的情况下，悬臂曲梁力学特性的主要影响因素是小曲梁的曲率半径，它随变形方式（纯弯曲、纯剪切或纯压缩）及变形幅度而变化。

2. 阻尼力

金属橡胶隔振器阻尼力由有记忆阻尼力和无记忆阻尼力两部分组成。

有记忆阻尼力由迟滞环节决定（图 20－14），形成变化的等效阻尼系数 c_{eq} [图 20－23 (a)]。

无记忆阻尼力由与变形速度有关的各阶阻尼力及同时与变形和变形速度有关的各阶复杂阻尼力组成。其中，与速度一次方有关的阻尼力可看成黏性阻尼力，而与速度二次方以上有关的阻尼力是高次非线性阻尼力。同时与变形和变形速度有关的各阶复杂阻尼力形成原因非常复杂，目前机理尚不清楚。

金属橡胶阻尼成分及形成机理参见第 13 章。

20.3.2 动力学建模

动力学建模的主要任务就是根据金属橡胶弹性变形与阻尼耗能的实验研究和理论分析，用数学模型去描述和刻画金属橡胶隔振器的动力学特性，所建模型是否合理的标准就是看其是否能反映金属橡胶隔振器典型的非线性特征。

1. 动力学模型 I [1]

1）模型的数学描述

一般，金属橡胶隔振器的本构关系可以分解为有记忆环节和无记忆环节的并联，即有

$$\begin{aligned} &g_n\{y(t),\dot{y}(t),t\}=g_0\{y(t),\dot{y}(t)\}+z(t)\\ &y(t)=x(t)+x_0 \end{aligned} \tag{20-54}$$

式中，无记忆环节 $g_0\{y(t),\dot{y}(t)\}$ 的本构关系取为线性模型，表述为

$$\begin{aligned} g_0\{y(t),\dot{y}(t)\}=&a_0\operatorname{sgn}\{y(t)\}+\sum_{n=1}^{n_1}a_n\,|y(t)|^{n-1}y(t)\\ &+b_0\operatorname{sgn}\{\dot{y}(t)\}+\sum_{n=1}^{n_2}b_n\,|\dot{y}(t)|^{n-1}\dot{y}(t) \end{aligned} \tag{20-55}$$

式（20-55）是一个关于待定系数 a_n,b_n 的线性模型。同时，具有记忆特性的非线性恢复力 $z(t)$ 采用双折线模型来近似描述，其增量形式的本构关系见式（20-1）。

2）模型分析

式（20-54）含有迟滞环节 $z(t)$，所以它能很好地反映振动台实验中观察到的谐振峰漂移和谐振峰值变化现象（图 20－3 和图 20－4）。同时，也能反映电液伺服材料试验机实验中观察到的迟滞回线倾斜角度随变形幅度的变化规律。

式（20-54）含有高次非线性弹性恢复力项 $\sum_{n=2}^{n_1}a_n\,|y(t)|^{n-1}y(t)$（单值非闭合曲线），所以它能很好地反映电液伺服材料试验机实验中观察到的迟滞回线上、下半支的弯曲现象（图 20－9、图 20－12）。

式（20-54）含有一次线性黏性阻尼力及高次非线性阻尼力项 $\sum_{n=1}^{n_2}b_n\,|\dot{y}(t)|^{n-1}\dot{y}(t)$（双值闭合曲线），所以它能很好地反映电液伺服材料试验机实验中观察到的迟滞回线包围的面积（图 20－9、图 20－12）。

式（20-54）忽略了高次非线性弹性刚度系数随变形幅度的变化，它不能很好地反映迟滞回线上、下半支的弯曲随变形幅度的变化规律。

式（20-54）忽略了一次线性黏性阻尼系数及高次非线性阻尼系数随频率的变化，它不能很好地反映迟滞回线包围的面积（图 20－9、图 20－12）随频率的变化规律。

式（20-54）忽略了同时与变形和变形速度有关的各阶复杂阻尼力，所以是对迟滞回线的近似描述。

式（20-54）忽略了各系数随温度的变化，所以它不能反映迟滞回线随温度的变化规律（图 20－11）。

可见，金属橡胶隔振器的本构关系式（20-54）在常温、较小变形幅度及较小频率变化

范围时能够描述和刻画金属橡胶隔振器的动态特性。

2. 动力学模型Ⅱ[2]

1）模型的数学描述

根据图 20－25，迟滞回线可以分为上、下半支，分别对应于速度大于零和速度小于零的部分。

这样，上半支迟滞回线可以用幂级数多项式拟合表示为

$$Q_h(y(t))=\sum_{i=0}^{n}a_i y(t)^i,\quad \dot{y}(t)>0 \tag{20-56a}$$

根据反对称关系，下半支迟滞回线也可以用幂级数多项式拟合表示为

$$Q_l(y(t))=\sum_{i=0}^{n}(-1)^{i+1}a_i y(t)^i,\quad \dot{y}(t)<0 \tag{20-56b}$$

式中，Q_h、Q_l 分别为迟滞回线的上、下半支曲线；$y(t)$ 为变形；a_i 为幂级数多项式系数。其中，幂级数多项式所取项数 n（奇数）按拟合精度取舍。

将式（20-56a）和式（20-56b）中的幂级数多项式的奇、偶次项分开写，可进一步表示为

$$Q_h(y(t))=\sum_{i=1}^{\frac{(n+1)}{2}}a_{2i-1}y(t)^{2i-1}+\sum_{i=0}^{\frac{(n-1)}{2}}a_{2i}y(t)^{2i},\dot{y}(t)>0 \tag{20-57}$$

$$Q_l(y(t))=\sum_{i=1}^{\frac{(n+1)}{2}}a_{2i-1}y(t)^{2i-1}-\sum_{i=0}^{\frac{(n-1)}{2}}a_{2i}y(t)^{2i},\dot{y}(t)<0 \tag{20-58}$$

这样，式（20-56a）、式（20-56b）可以统一写为

$$g_n\{y(t),\dot{y}(t),t\}=\sum_{i=1}^{\frac{(n+1)}{2}}a_{2i-1}y(t)^{2i-1}+\sum_{i=0}^{\frac{(n-1)}{2}}a_{2i}y(t)^{2i}\mathrm{sgn}(\dot{y}(t))=Q_1(t)+Q_2(t) \tag{20-59}$$

经过以上处理，动态迟滞回线可以分解为 Q_1、Q_2 两部分。其中，Q_1 为单值非线性函数，Q_2 为双值非线性闭合曲线。

如果忽略与速度二次方以上有关的高次阻尼力和同时与变形及变形速度有关的复杂阻尼力，只保留与速度一次方有关的线性黏性阻尼力 $c\dot{y}(t)$ 及迟滞阻尼力 $z(t)$（金属橡胶主要阻尼成分分析参见第 13 章），则双值非线性闭合曲线 Q_2 又可分解为一次线性黏性阻尼力［图 20－26（b）］、迟滞阻尼力 $z(t)$［图 20－26（c）］。

则金属橡胶隔振器非线性本构关系可以描述为

$$\begin{aligned}g_n\{y(t),\dot{y}(t),t\}&=F_k\{y(t)\}+F_c\{\dot{y}(t)\}+z(t)\\&=\sum_{i=1}^{\frac{(n+1)}{2}}a_{2i-1}y(t)^{2i-1}+c\dot{y}(t)+z(t)\end{aligned} \tag{20-60}$$

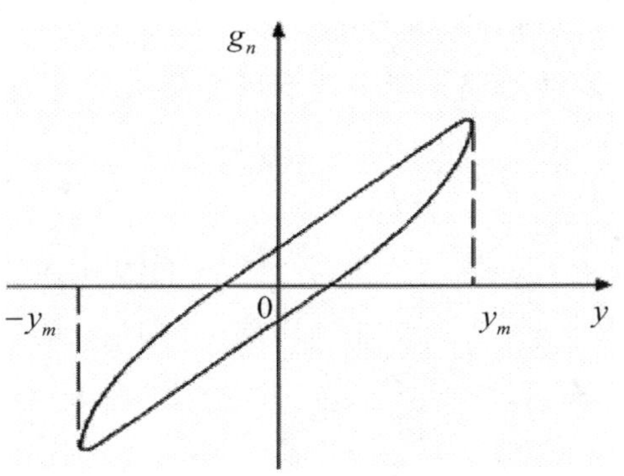

图 20 - 25　迟滞回线

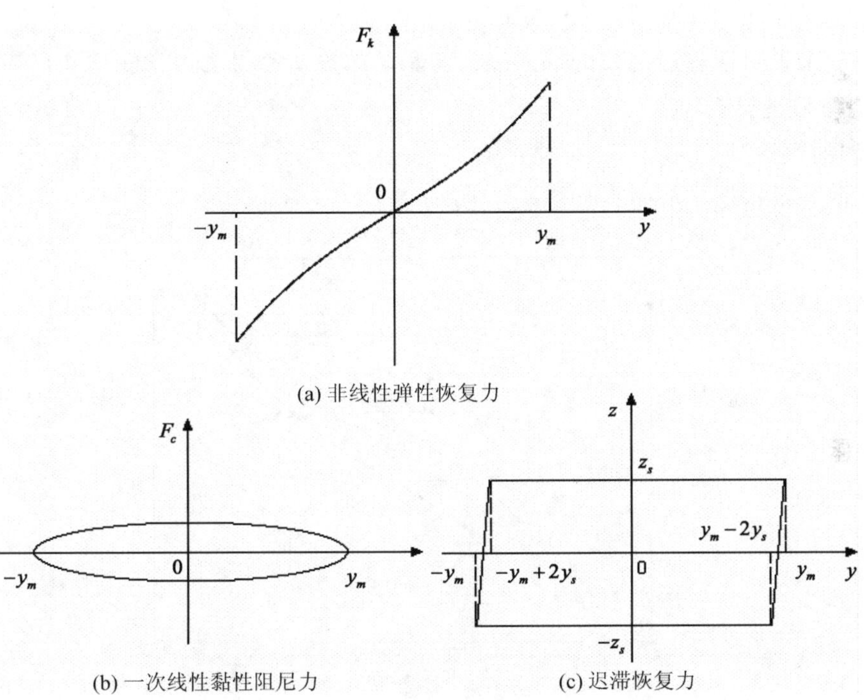

(b) 一次线性黏性阻尼力　　(c) 迟滞恢复力

图 20 - 26　迟滞回线近似分解示意

式中，$F_k\{y(t)\}$ 为非线性弹性恢复力；$F_c\{\dot{y}(t)\}$ 为一次黏性阻尼力。

2）模型分析

与动力学模型Ⅰ相比，式（20-60）忽略了与速度二次方以上有关的高次阻尼力和同时与变形及变形速度有关的复杂阻尼力，是对迟滞回线（图 20 - 25）的一种近似描述。

注意到 Q_2 的双值非线性闭合特性，再仔细考察迟滞阻尼力 $z(t)$［图 20 - 26（c）］在区间（$y_m-y_s\leqslant y(t)\leqslant y_m$，$-y_m\leqslant y(t)\leqslant -y_m+y_s$）内的单值特性，不难看出忽略同时与变形及变形速度有关的复杂阻尼力带来的误差（闭合非双值）。

同时，忽略与速度二次方以上有关的高次阻尼力和同时与变形及变形速度有关的复杂阻尼力也会使参数（c,z_s）的识别结果高于实际值。

动力学模型Ⅱ对于迟滞回线的描述能力与不足的分析参见动力学模型Ⅰ，在此不赘述。

3. 动力学模型Ⅲ[1]

1）模型的数学描述

如果在动力学模型Ⅱ基础上再忽略三次以上高次非线性弹性恢复力，则金属橡胶隔振器非线性本构关系可以描述为

$$g_n(y(t),\dot{y}(t),t) = k_1 y(t) + k_3 y^3(t) + c\dot{y}(t) + z(t) \tag{20-61}$$

2）模型分析

与动力学模型Ⅱ相比，式（20-61）忽略了三次以上高次非线性弹性恢复力，对于迟滞回线上、下半支弯曲的反映会带来一定的误差。

动力学模型Ⅲ对于迟滞回线的描述能力与不足的分析参见动力学模型Ⅱ，在此不赘述。

4. 动力学模型Ⅳ[3]

1）模型的数学描述

对迟滞回线进行精确分解，如图 20－27 所示。

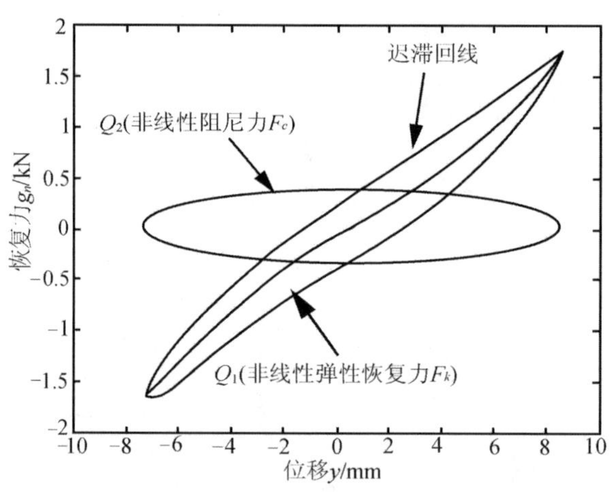

图 20－27　迟滞回线精确分解示意

由图 20－27 可知，双值非线性闭合曲线 Q_2 综合反映了金属橡胶复杂的阻尼成分。

引入如下指数式来描述非线性阻尼力

$$Q_2 = c\left|\dot{y}(t)\right|^{\alpha}\mathrm{sgn}\{\dot{y}(t)\} \tag{20-62}$$

式中，c 为阻尼系数；α 为阻尼成分因子。

由式（20-62）可以看出：α 越大，阻尼力对速度的变化越敏感；反之，阻尼力对速度的变化就比较迟钝。当 $\alpha=1$ 时，式（20-62）实际上就简化为线性黏性阻尼力；当 $\alpha=0$ 时，阻尼力仅与速度的符号有关，表示的是干摩擦阻尼；当 α 在（0～1）范围内变化时，表示为既具有干摩擦阻尼特性又具有黏性阻尼特性的混合型阻尼。

考虑弹性恢复力和阻尼力随变形幅度、频率的变化规律（图 20－9、图 20－10、图 20－12、图 20－13），并忽略三次以上高次非线性弹性恢复力，则金属橡胶隔振器非线性本构关系可以描述为

$$g_n(y(t),\dot{y}(t),t)=k_1(A)y(t)+k_3(A)y^3(t)+c(A,f)\,|\dot{y}(t)|^{\alpha(A,f)}\operatorname{sgn}(\dot{y}(t)) \tag{20-63}$$

式中，A 为变形幅值；f 为变形频率。

2）模型分析

式（20-62）引入了随变形幅度变化的系数 $\{k_1(A),k_3(A),c(A,f)\}$，因此能够很好地反映振动台实验中观察到的谐振峰漂移和谐振峰值变化现象（图 20－3 和图 20－4）。同时，也能反映电液伺服材料试验机实验中观察到的迟滞回线倾斜角度及上、下半支弯曲程度随变形幅度的变化规律（图 20－9、图 20－12）。

式（20-62）引入了随变形频率变化的系数 $\{c(A,f),\alpha(A,f)\}$，因此能够很好地反映迟滞回线包围的面积（图 20－9、图 20－12）随频率的变化规律。

式（20-62）忽略了三次以上高次非线性弹性恢复力，对于迟滞回线上、下半支弯曲的反映会带来一定的误差。

式（20-62）忽略了各系数随温度的变化，因此不能反映迟滞回线随温度的变化规律（图 20－11）。

◇◇◇ 参 考 文 献 ◇◇◇

[1] 白鸿柏，张培林，郑坚，等．迟滞振动系统及其工程应用．北京：科学出版社，2002.
[2] 李冬伟．金属橡胶弹性联轴器弹性阻尼性能研究．石家庄：军械工程学院硕士论文，2003.
[3] 路纯红．金属橡胶/橡胶复合叠层耗能器实验及理论研究．石家庄：军械工程学院博士论文，2009.

第21章 金属橡胶隔振器参数识别方法 I

本章的核心内容是介绍基于级数展开技巧的金属橡胶隔振器参数识别方法，包括拉—压对称/非对称隔振器参数识别方法以及金属橡胶隔振垫参数识别方法。

21.1 拉-压对称金属橡胶隔振器参数识别方法

21.1.1 非线性泛函本构关系及单值支选取

1. 力学模型

具有拉-压对称结构的金属橡胶隔振系统力学模型如图 21-1 所示。

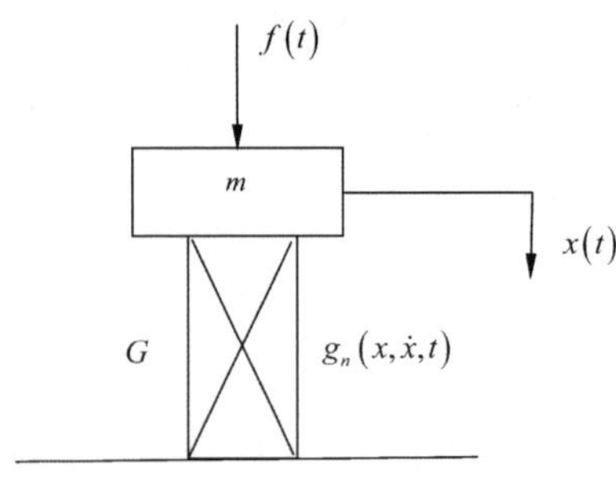

图 21-1 金属橡胶隔振系统力学模型

图 21-1 中的非线性元件（隔振器）G 具有拉—压对称结构，如图 14-1（b）所示。$g_n(x,\dot{x},t)$ 是非线性元件忽略自身质量后的泛函本构关系。

将待识别的非线性元件 G 配置额定质量后施加激励 $f(t)$。取 m 的静平衡位置作为位移 $x(t)$ 的坐标原点，记 G 的静变形为 x_0，则系统的运动微分方程可写为

$$m\ddot{x}(t)+g_n\{x(t)+x_0,\dot{x}(t),t\}=f(t)+mg \tag{21-1}$$

由于重力和激励的联合作用，非线性元件 G 中恢复力不对称平衡位置，式（21-1）计入了这一影响。

2. 非线性泛函本构关系

一般，非线性元件 G 的本构关系可以分解为有记忆环节和无记忆环节的并联[1]，即有

$$\begin{aligned}&g_n\{y(t),\dot{y}(t),t\}=g_0\{y(t),\dot{y}(t)\}+z(t)\\&y(t)=x(t)+x_0\end{aligned} \tag{21-2}$$

式中，无记忆环节 $g_0\{y(t),\dot{y}(t)\}$ 的本构关系取为线性模型，表述为

$$g_0\{y(t),\dot{y}(t)\}=a_0\,\mathrm{sgn}\{y(t)\}+\sum_{n=1}^{n_1}a_n\,|y(t)|^{n-1}y(t)+b_0\,\mathrm{sgn}\{\dot{y}(t)\}+\sum_{n=1}^{n_2}b_n\,|\dot{y}(t)|^{n-1}\dot{y}(t)\tag{21-3}$$

式（21-3）是一个关于待定系数 a_n, b_n 的线性模型。同时，具有记忆特性的非线性恢复力 $z(t)$ 可以用图 21－2 表示，其增量形式的本构关系为

$$\mathrm{d}z(t)=\frac{k_s}{2}[1+\mathrm{sgn}\{z_s-|z(t)|\}]\mathrm{d}y(t)$$
$$k_s=\frac{z_s}{y_s}\tag{21-4}$$

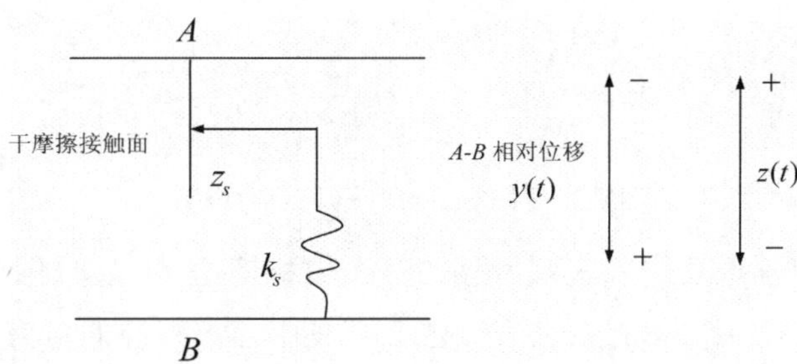

图 21－2　记忆环节 $z(t)$ 示意

式中，y_s 为两固体接触面发生宏观滑移时的弹性变形极限；z_s 为滑移时的记忆恢复力；$y(t)$ 为迟滞环节两端（A，B）的相对位移（变形量）。

3. 单值支选取

由式（21-4）可知，非线性恢复力 $z(t)$ 增量形式的本构关系关于待定参数 z_s 非线性，给参数识别带来困难，须进行线性化处理。

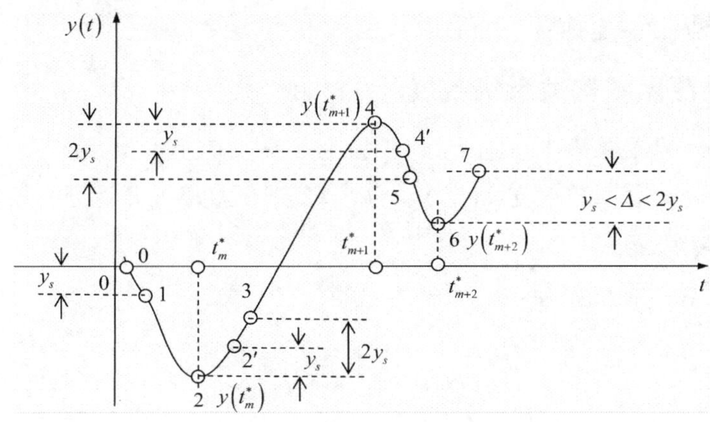

图 21－3　位移函数 $y(t)$

如将图 21－3 所示位移函数 $y(t)$ 输入到图 21－2 有记忆环节，则记忆恢复力 $z(t)$ 与位移 $y(t)$ 的关系如图 21－4 所示。

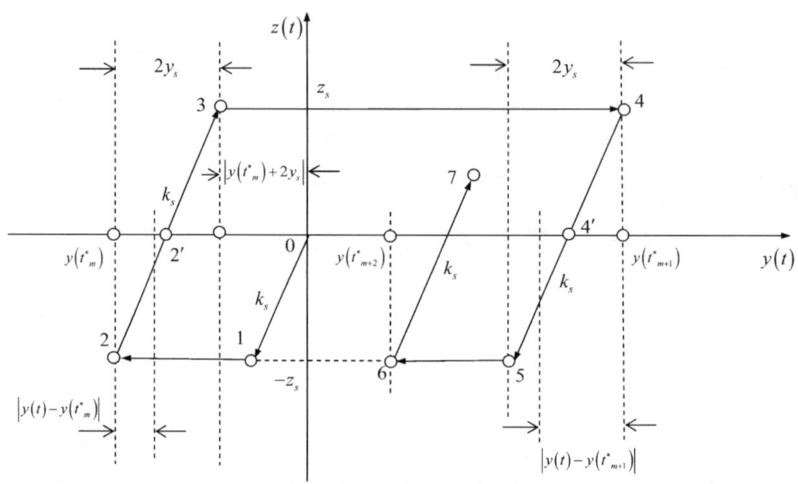

图 21－4　$z(t)-y(t)$ 曲线

如图 21－4，任取隔振器进入宏观滑移的一个位移峰值 $y(t_m^*)$（图 21－4 中 2 点），则记忆恢复力 $z(t)$ 在达到下一个峰值 $y(t_{m+1}^*)$（图 21－4 中 4 点）前的单值支表述为

$$\mathrm{d}z(t)=\frac{k_s}{2}[1+\mathrm{sgn}\{2y_s-|y(t)-y(t_m^*)|\}]\mathrm{d}y(t)\quad(t_m^*\leqslant t\leqslant t_{m+1}^*)\tag{21-5a}$$

观察图 21－4 中线段 $|y(t)-y(t_m^*)|$，不难得到如下对应关系

$$\begin{aligned}&|y(t)-y(t_m^*)|<2y_s\Rightarrow\mathrm{sgn}\{2y_s-|y(t)-y(t_m^*)|\}=1\Rightarrow\{2\to3\}\\&|y(t)-y(t_m^*)|>2y_s\Rightarrow\mathrm{sgn}\{2y_s-|y(t)-y(t_m^*)|\}=-1\Rightarrow\{3\to4\}\end{aligned}\tag{21-5b}$$

注意到式（21-5a）的成立并不要求 $y(t_{m+1}^*)$ 是否使环节进入反向滑移。但是为了级数展开的简洁性，约定 $y(t_m^*),y(t_{m+1}^*)$ 均大到使环节产生滑移，而这一假设不难在实验中靠正弦激励下的主谐振动来实现。

21.1.2　非线性泛函本构关系级数展开

1. 间接 Fourier 级数展开

如图 21－5 所示，若对单值支 $y(t_m^*)\Rightarrow y(t_{m+1}^*)$ 进行直接展开，分叉点收敛到 $z(t)=0$，不能很好地逼近本构关系。

因此，考虑增量方程的展开。

引入

$$\tilde{y}(t)=y(t)-y(t_m^*)\tag{21-6a}$$

考虑

$$\mathrm{d}\{y(t)-y(t_m^*)\}=\mathrm{d}y(t)\tag{21-6b}$$

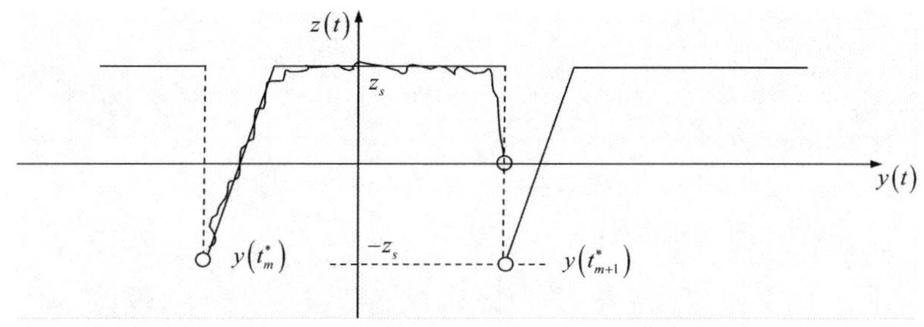

图 21-5　z（t）－y（t）直接 Fourier 级数展开逼近示意

则 $\dot{y}(t) \geqslant 0$ 的一支（图 21-4 中 2→3→4）可表示为

$$dz(t) = \varphi\{\tilde{y}(t)\} d\tilde{y}(t) \tag{21-7a}$$

式中

$$\varphi\{\tilde{y}(t)\} = \begin{cases} k_s, 0 \leqslant \tilde{y}(t) \leqslant 2y_s \\ 0, 2y_s < \tilde{y}(t) \leqslant y(t_{m+1}^*) - y(t_m^*) \end{cases} \tag{21-7b}$$

$\varphi\{\tilde{y}(t)\}$ 如图 21-6 所示。

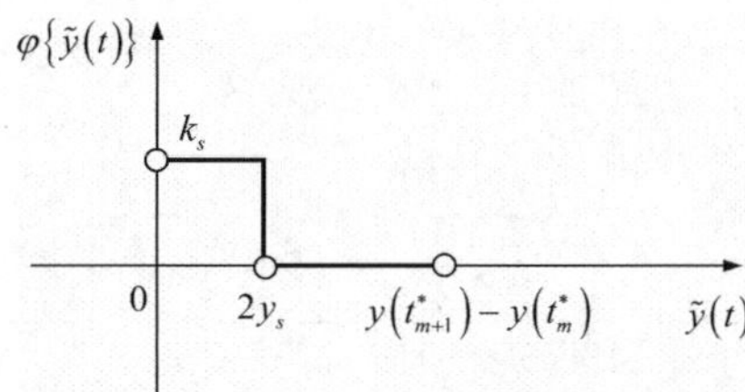

图 21-6　$\dot{y}(t) \geqslant 0$ 时 $\varphi\{\tilde{y}(t)\} - \tilde{y}(t)$ 曲线

同理，引入

$$\tilde{y}(t) = y(t) - y(t_{m+1}^*) \tag{21-6c}$$

考虑

$$d\{y(t) - y(t_{m+1}^*)\} = dy(t) \tag{21-6d}$$

则 $\dot{y}(t) \leqslant 0$ 的一支（图 21-4 中 4→5→6）可表示为

$$dz(t) = \varphi\{\tilde{y}(t)\} d\tilde{y}(t) \tag{21-7c}$$

$$\varphi\{\tilde{y}(t)\} = \begin{cases} k_s, -2y_s \leqslant \tilde{y}(t) \leqslant 0 \\ 0, \{y(t_{m+2}^*) - y(t_{m+1}^*)\} \leqslant \tilde{y}(t) < -2y_s \end{cases} \tag{21-7d}$$

此时，$\varphi\{\tilde{y}(t)\}$ 如图 21-7 所示。

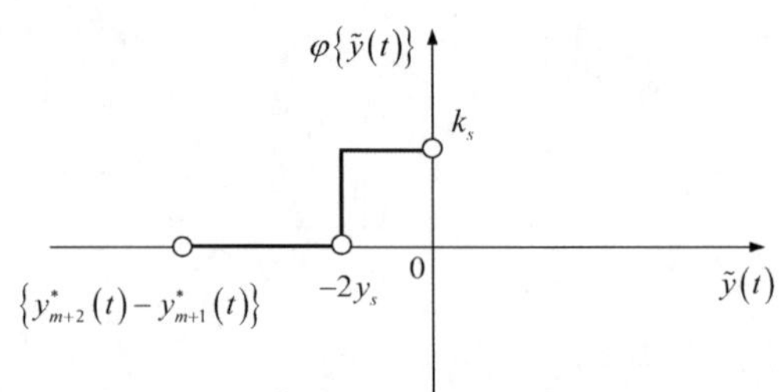

图 21-7　$\dot{y}(t) \leqslant 0$ 时 $\varphi\{\tilde{y}(t)\}-\tilde{y}(t)$ 曲线

1) $\dot{y}(t) \geqslant 0$ 一支的处理

将式（21-7b）的 $\varphi\{\tilde{y}(t)\}$ 延拓定义为

$$\varphi\{\tilde{y}(t)\}=\begin{cases}k_s, 0 \leqslant \tilde{y}(t) \leqslant 2y_s \\ \\ 0, 2y_s < \tilde{y}(t) \leqslant \Delta y\end{cases} \tag{21-8}$$

式中

$$\Delta y = \max_{m} |y(t_{m+1}^*) - y(t_m^*)| \tag{21-9}$$

$\varphi\{\tilde{y}(t)\}$ 周期延拓后如图 21-8 所示。

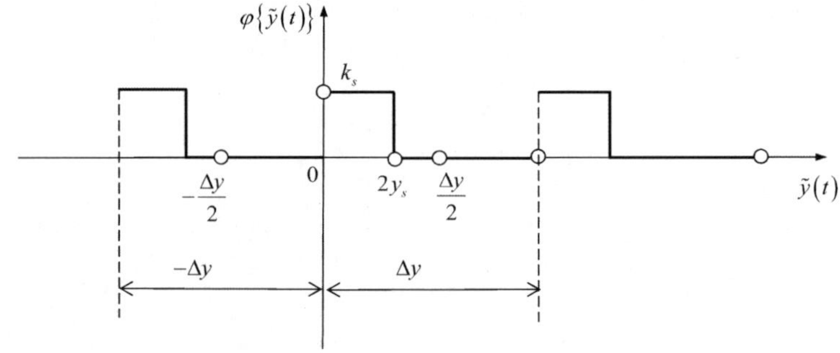

图 21-8　$\varphi\{\tilde{y}(t)\}$ 周期延拓（$\dot{y}(t) \geqslant 0$）

引入对应关系 $\varphi\{\tilde{y}(t)\} \Rightarrow f(x)|_{\tilde{y}(t)\Rightarrow x}$。可见，$f(x)$ 是具有周期 $T=2l|_{l=\frac{\Delta y}{2}}$ 的函数，且在 $[-l, l]$ 上是逐段光滑的。

作自变数代换

$$x=\frac{l}{\pi}t, \quad -\pi \leqslant t \leqslant \pi \tag{21-10}$$

便得到一个区间 $[-\pi, \pi]$ 上逐段光滑的函数 $\beta(t)=f\left(\frac{l}{\pi}t\right)$，$\beta(t)$ 具有周期 2π。

于是，根据狄利克雷定理，除 $\beta(t)$ 的间断点外，它可展开成 Fourier 级数

$$\beta(t)=\frac{a_0}{2}+\sum_{k=1}^{\infty}[a_k \cos kt + b_k \sin kt] \tag{21-11}$$

若令 $t=\frac{\pi}{l}x$ 而变回原先的自变数 x，式（21-11）变成［除去 $f(x)$ 间断点］

$$f(x)=\frac{a_0}{2}+\sum_{k=1}^{\infty}\left[a_k\cos\frac{k\pi x}{l}+b_k\sin\frac{k\pi x}{l}\right] \tag{21-12}$$

式中，系数 a_k，b_k 如下计算

$$\begin{aligned} a_k &= \frac{1}{\pi}\int_{-\pi}^{\pi}\beta(t)\cos(kt)\,\mathrm{d}t=\frac{1}{\pi}\int_{-\pi}^{\pi}f\left(\frac{l}{\pi}t\right)\cos(kt)\,\mathrm{d}t \\ &= \frac{1}{l}\int_{-l}^{l}f(x)\cos\left(\frac{k\pi x}{l}\right)\mathrm{d}x,\quad k=0,1,2,\cdots \end{aligned} \tag{21-13a}$$

$$\begin{aligned} b_k &= \frac{1}{\pi}\int_{-\pi}^{\pi}\beta(t)\sin(kt)\,\mathrm{d}t=\frac{1}{\pi}\int_{-\pi}^{\pi}f\left(\frac{l}{\pi}t\right)\sin(kt)\,\mathrm{d}t \\ &= \frac{1}{l}\int_{-l}^{l}f(x)\sin\left(\frac{k\pi x}{l}\right)\mathrm{d}x,\quad k=1,2,3,\cdots \end{aligned} \tag{21-13b}$$

再考虑对应关系 $\varphi\{\tilde{y}(t)\}\Rightarrow f(x)\,|_{\tilde{y}(t)\Rightarrow x}$，则有

$$\varphi\{\tilde{y}(t)\}=\frac{a_0}{2}+\sum_{k=1}^{\infty}\left[a_k\cos\left\{\frac{2k\pi\tilde{y}(t)}{\Delta y}\right\}+b_k\sin\left\{\frac{2k\pi\tilde{y}(t)}{\Delta y}\right\}\right] \tag{21-14}$$

式中，系数 a_k，b_k 根据式（21-13a）、式（21-13b）具体计算如下

$$a_0=\frac{2}{\Delta y}\int_{-\frac{\Delta y}{2}}^{\frac{\Delta y}{2}}\varphi\{\tilde{y}(t)\}\mathrm{d}\{\tilde{y}(t)\}=\frac{2}{\Delta y}\int_{0}^{2y_s}k_s\mathrm{d}\{\tilde{y}(t)\}=\frac{4z_s}{\Delta y} \tag{21-15a}$$

$$\begin{aligned} a_k &= \frac{2}{\Delta y}\int_{-\frac{\Delta y}{2}}^{\frac{\Delta y}{2}}\varphi\{\tilde{y}(t)\}\cos\left\{\frac{2k\pi\tilde{y}(t)}{\Delta y}\right\}\mathrm{d}\{\tilde{y}(t)\} \\ &= \frac{2}{\Delta y}\int_{0}^{2y_s}k_s\cos\left\{\frac{2k\pi\tilde{y}(t)}{\Delta y}\right\}\mathrm{d}\{\tilde{y}(t)\} \\ &= \frac{k_s}{k\pi}\sin\left\{\frac{4k\pi y_s}{\Delta y}\right\},\quad k=1,2,\cdots \end{aligned} \tag{21-15b}$$

$$\begin{aligned} b_k &= \frac{2}{\Delta y}\int_{-\frac{\Delta y}{2}}^{\frac{\Delta y}{2}}\varphi\{\tilde{y}(t)\}\sin\left\{\frac{2k\pi\tilde{y}(t)}{\Delta y}\right\}\mathrm{d}\{\tilde{y}(t)\} \\ &= \frac{2}{\Delta y}\int_{0}^{2y_s}k_s\sin\left\{\frac{2k\pi\tilde{y}(t)}{\Delta y}\right\}\mathrm{d}\{\tilde{y}(t)\} \\ &= \frac{k_s}{k\pi}\left\{1-\cos\left\{\frac{4k\pi y_s}{\Delta y}\right\}\right\},\quad k=1,2,\cdots \end{aligned} \tag{21-16}$$

将式（21-14）代入式（21-7a）得

$$\mathrm{d}z(t)=\left\{\frac{a_0}{2}+\sum_{k=1}^{\infty}\left[a_k\cos\left\{\frac{2k\pi\tilde{y}(t)}{\Delta y}\right\}+b_k\sin\left\{\frac{2k\pi\tilde{y}(t)}{\Delta y}\right\}\right]\right\}\mathrm{d}\tilde{y}(t) \tag{21-17}$$

对式（21-17）两边取积分运算，则有

$$\int\mathrm{d}z(t)=\int\frac{a_0}{2}\mathrm{d}\{\tilde{y}(t)\}+\sum_{k=1}^{\infty}\int\left\{a_k\cos\left\{k\frac{2\pi\tilde{y}(t)}{\Delta y}\right\}+b_k\sin\left\{k\frac{2\pi\tilde{y}(t)}{\Delta y}\right\}\right\}\mathrm{d}\tilde{y}(t) \tag{21-18}$$

引入参数

$$\alpha_0 = \frac{2z_s}{\Delta y} \tag{21-19a}$$

$$\alpha_k = \frac{k_s \Delta y}{\{\sqrt{2}\pi k\}^2} \sin\left\{\frac{4k\pi y_s}{\Delta y}\right\}, \quad k = 1,2,\cdots \tag{21-19b}$$

$$\beta_k = \frac{k_s \Delta y}{\{\sqrt{2}\pi k\}^2} \left\{1 - \cos\left\{\frac{4k\pi y_s}{\Delta y}\right\}\right\}, \quad k = 1,2,\cdots \tag{21-19c}$$

则式（21-18）积分得

$$\begin{aligned} z(t) &= \alpha_0 \{y(t) - y(t_m^*)\} \\ &+ \sum_{k=1}^{\infty} \alpha_k \sin\left\{\frac{2k\pi\{y(t) - y(t_m^*)\}}{\Delta y}\right\} + \beta_k \left\{-\cos\left\{\frac{2k\pi\{y(t) - y(t_m^*)\}}{\Delta y}\right\}\right\} + c \end{aligned} \tag{21-20}$$

取 $t = t_m^*$ 计算积分常数 c 得

$$c = \sum_{k=1}^{\infty} \beta_k - z_s \tag{21-21}$$

最后，将式（21-21）代入式（21-20）整理得

$$\begin{aligned} z(t) &= \alpha_0 \{y(t) - y(t_m^*)\} \\ &+ \sum_{k=1}^{\infty} \alpha_k \sin\left\{\frac{2k\pi\{y(t) - y(t_m^*)\}}{\Delta y}\right\} + \beta_k \left\{1 - \cos\left\{\frac{2k\pi\{y(t) - y(t_m^*)\}}{\Delta y}\right\}\right\} - z_s \\ m &= 1,3,5,\cdots, t_m^* < t < t_{m+1}^* \end{aligned} \tag{21-22}$$

2）$\dot{y}$（t）$\leqslant 0$ 一支的处理

将式（21-7d）的 $\varphi\{\tilde{y}(t)\}$ 延拓定义为

$$\varphi\{\tilde{y}(t)\} = \begin{cases} k_s, & -2y_s \leqslant \tilde{y}(t) \leqslant 0 \\ 0, & -\Delta y \leqslant \tilde{y}(t) < -2y_s \end{cases} \tag{21-23}$$

式中

$$\Delta y = \max_m |y(t_{m+2}^*) - y(t_{m+1}^*)| \tag{21-24}$$

$\varphi\{\tilde{y}(t)\}$ 周期延拓后如图 21－9 所示。

类似于式（21-14），可将 $\varphi\{\tilde{y}(t)\}$ 展成如下 Fourier 级数形式

$$\varphi\{\tilde{y}(t)\} = \frac{a_0}{2} + \sum_{k=1}^{\infty} \left[a_k \cos\left\{\frac{2k\pi\tilde{y}(t)}{\Delta y}\right\} + b_k \sin\left\{\frac{2k\pi\tilde{y}(t)}{\Delta y}\right\}\right] \tag{21-25}$$

式中，系数 a_k, b_k 经类似于式（21-15a）、式（21-15b）、式（21-16）的计算得

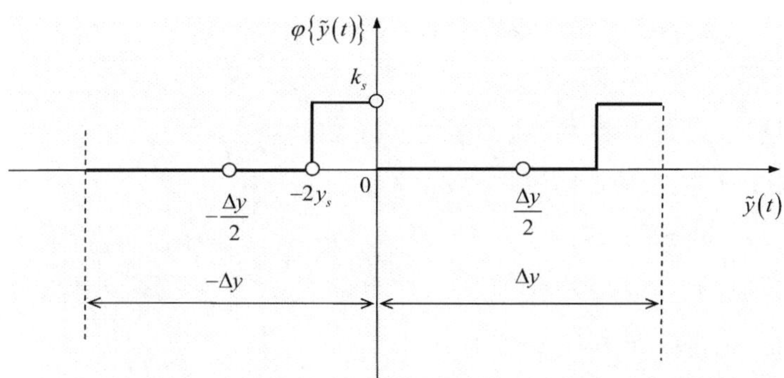

图 21-9 $\varphi\{\tilde{y}(t)\}$周期延拓（$\dot{y}(t)\leqslant 0$）

$$a_0=\frac{4z_s}{\Delta y} \tag{21-26a}$$

$$a_k=\frac{k_s}{k\pi}\sin\left\{\frac{4k\pi y_s}{\Delta y}\right\},\quad k=1,2,\cdots \tag{21-26b}$$

$$b_k=-\frac{k_s}{k\pi}\left\{1-\cos\left\{\frac{4k\pi y_s}{\Delta y}\right\}\right\},\quad k=1,2,\cdots \tag{21-27}$$

将式（21-25）代入式（21-7c）得

$$\mathrm{d}z(t)=\left\{\frac{a_0}{2}+\sum_{k=1}^{\infty}\left[a_k\cos\left\{\frac{2k\pi\tilde{y}(t)}{\Delta y}\right\}+b_k\sin\left\{\frac{2k\pi\tilde{y}(t)}{\Delta y}\right\}\right]\right\}\mathrm{d}\tilde{y}(t) \tag{21-28}$$

对式（21-28）两边取积分运算并引入式（21-19a）、式（21-19b）、式（21-19c）定义的参数整理得

$$\begin{aligned}z(t)=\alpha_0\{y(t)-y(t_{m+1}^*)\}+\sum_{k=1}^{\infty}\alpha_k\sin\left\{\frac{2k\pi\{y(t)-y(t_{m+1}^*)\}}{\Delta y}\right\}\\-\beta_k\left\{-\cos\left\{\frac{2k\pi\{y(t)-y(t_{m+1}^*)\}}{\Delta y}\right\}\right\}+c\end{aligned} \tag{21-29}$$

取 $t=t_{m+1}^*$ 计算积分常数 c 得

$$c=z_s-\sum_{k=1}^{\infty}\beta_k \tag{21-30}$$

将式（21-30）代入式（21-29）整理得

$$\begin{aligned}&z(t)=\alpha_0\{y(t)-y(t_{m+1}^*)\}+\\&\sum_{k=1}^{\infty}\alpha_k\sin\left\{\frac{2k\pi\{y(t)-y(t_{m+1}^*)\}}{\Delta y}\right\}-\beta_k\left\{1-\cos\left\{\frac{2k\pi\{y(t)-y(t_{m+1}^*)\}}{\Delta y}\right\}\right\}+z_s\\&m=1,3,5,\cdots,t_{m+1}^*\leqslant t\leqslant t_{m+2}^*\end{aligned} \tag{21-31a}$$

注意到有如下对应关系

$$t_{m+1}^{*}\big|_{m=1} \Rightarrow t_2^{*},\ t_{m+1}^{*}\big|_{m=3} \Rightarrow t_4^{*},\ t_{m+1}^{*}\big|_{m=5} \Rightarrow t_6^{*} \cdots$$

$$y(t_{m+1}^{*})\big|_{m=1,3,5\cdots} \Rightarrow y(t_m^{*})\big|_{m=2,4,6\cdots}$$

则式（21-31a）可重新表述为

$$z(t) = \alpha_0\{y(t) - y(t_m^{*})\} + \sum_{k=1}^{\infty}\alpha_k \sin\left\{\frac{2k\pi\{y(t) - y(t_m^{*})\}}{\Delta y}\right\} - \beta_k\left\{1 - \cos\left\{\frac{2k\pi\{y(t) - y(t_m^{*})\}}{\Delta y}\right\}\right\} + z_s$$

$$m = 2,4,6,\cdots,t_m^{*} \leqslant t \leqslant t_{m+1}^{*} \tag{21-31b}$$

再考察 $\dot{y}(t) \geqslant 0$ 一支表达式（21-22），可见，通过引入符号函数 sgn，两单值支可以统一表述为

$$z(t) = \alpha_0\{y(t) - y(t_m^{*})\} + \sum_{k=1}^{\infty}\alpha_k \sin\left\{\frac{2k\pi\{y(t) - y(t_m^{*})\}}{\Delta y}\right\} + \mathrm{sgn}\{\dot{y}(t)\}\beta_k\left\{1 - \cos\left\{\frac{2k\pi\{y(t) - y(t_m^{*})\}}{\Delta y}\right\}\right\} + \mathrm{sgn}\{y(t_m^{*})\}z_s \tag{21-32}$$

$$m = 1,2,3,4,5\cdots,t_m^{*} \leqslant t \leqslant t_{m+1}^{*}$$

这样，就得到了一个关于参数 $\{z_s, \alpha_k, \beta_k\}$ 的线性模型。

而物理参数 $\{z_s, y_s\}$ 通过比较简单的非线性关系式（21-19a）、式（21-19b）、式（21-19c）与上述线性参数相联系。

2. 直接 Chebyshev 级数展开

双折线本构关系的 Chebyshev 级数展开也可以克服 Fourier 级数展开收敛性差的不足。

1）$\dot{y}$（t）$\geqslant 0$ 一支的处理

参考图 21－4，$\dot{y}(t) \geqslant 0$ 一支（2→3→4）可表述为

$$z(t) = \begin{cases} -z_s + k_s\{y(t) - y(t_m^{*})\}, & y(t_m^{*}) \leqslant y(t) \leqslant y(t_m^{*}) + 2y_s \\ z_s, & y(t_m^{*}) + 2y_s < y(t) \leqslant y(t_{m+1}^{*}) \end{cases} \tag{21-33a}$$

将其周期延拓为

$$z(t) = \begin{cases} -z_s + k_s\{y(t) - y(t_m^{*})\}, & y(t_m^{*}) \leqslant y(t) \leqslant y(t_m^{*}) + 2y_s \\ z_s, & y(t_m^{*}) + 2y_s < y(t) \leqslant y(t_m^{*}) + \Delta y \end{cases} \tag{21-33b}$$

式中

$$\Delta y = \max_m |y(t_{m+1}^{*}) - y(t_m^{*})| \tag{21-34}$$

$z\{y(t)\}$ 周期延拓后如图 21－10 所示。

引入变换

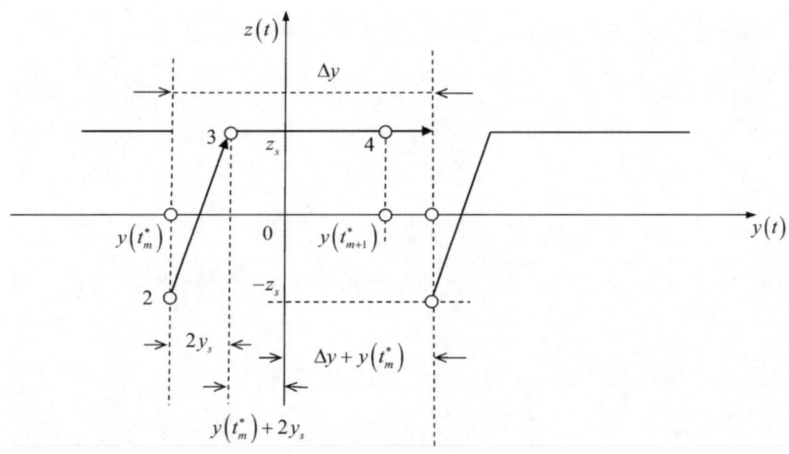

图 21-10　$z\{y(t)\}$ 周期延拓后示意（$\dot{y}(t)\geqslant 0$）

$$\bar{y}(t)=\frac{2\{y(t)-y(t_m^*)\}}{\Delta y}-1$$
$$y(t_m^*)\leqslant y(t)\leqslant y(t_m^*)+\Delta y,\quad t_m^*\leqslant t\leqslant t_{m+1}^*\Rightarrow \bar{y}(t)\in[-1,1] \tag{21-35}$$

将式（21-35）代入式（21-33b）并整理得

$$z\{\bar{y}(t)\}=\begin{cases}\dfrac{k_s\Delta y}{2}\left\{\bar{y}(t)+1-\dfrac{2y_s}{\Delta y}\right\}, & -1\leqslant \bar{y}(t)\leqslant \dfrac{4y_s}{\Delta y}-1\\ z_s, & \dfrac{4y_s}{\Delta y}-1<\bar{y}(t)\leqslant 1\end{cases} \tag{21-36}$$

$z\{\bar{y}(t)\}$-$\bar{y}(t)$ 周期延拓曲线如图 21-11 所示。

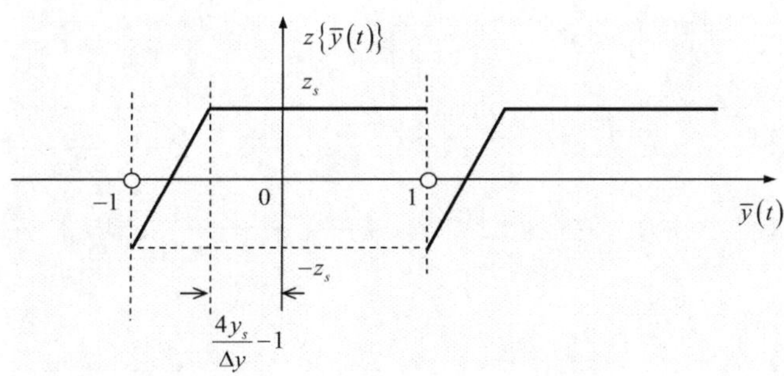

图 21-11　$z\{\bar{y}(t)\}-\bar{y}(t)$ 周期延拓曲线（$\dot{y}(t)\geqslant 0$）

用 $\bar{y}(t)$ 为自变量的 Chebyshev 多项式作基底，可以把 $\dot{y}(t)\geqslant 0$ 单值支展开为

$$z\{\bar{y}(t)\}=\frac{c_0}{2}+\sum_{k=1}^{\infty}c_k\cos\{k\arccos\{\bar{y}(t)\}\},t_m^*\leqslant t\leqslant t_{m+1}^*(m=1,3,5,\cdots) \tag{21-37}$$

式中，系数 $\{c_0,c_1,\cdots,c_k\}$ 可按 Chebyshev 多项式系数计算方法求出。

(1) c_0 计算。

引入参数变换

$$\bar{y}(t)=\cos\theta \quad \{\bar{y}(t)\in[-1,1]\Rightarrow\theta\in[0,\pi]\} \tag{21-38}$$

定义

$$\theta^{*}=\arccos\left\{\frac{4y_s}{\Delta y}-1\right\} \tag{21-39}$$

则有

$$c_0=\frac{2}{\pi}\int_{-1}^{1}(1-\bar{y}(t)^2)^{-\frac{1}{2}}z\{\bar{y}(t)\}T_0(\bar{y}(t))\mathrm{d}\bar{y}(t)=\frac{k_s\Delta y}{\pi}\int_{-1}^{\frac{4y_s}{\Delta y}-1}\frac{\bar{y}(t)}{\sqrt{1-\bar{y}(t)^2}}\mathrm{d}\bar{y}(t)$$

$$+\frac{k_s\Delta y}{\pi}\left\{1-\frac{2y_s}{\Delta y}\right\}\int_{-1}^{\frac{4y_s}{\Delta y}-1}\frac{1}{\sqrt{1-\bar{y}(t)^2}}\mathrm{d}\bar{y}(t)$$

$$+\frac{2z_s}{\pi}\int_{\frac{4y_s}{\Delta y}-1}^{1}\frac{1}{\sqrt{1-\bar{y}(t)^2}}\mathrm{d}\bar{y}(t)$$

$$=-\frac{k_s\Delta y}{\pi}\sin\theta^{*}-\frac{k_s\Delta y}{\pi}\left\{1-\frac{2y_s}{\Delta y}\right\}\{\theta^{*}-\pi\}-\frac{k_s\Delta y2z_s}{\pi}\frac{1}{k_s\Delta y}\{0-\theta^{*}\}$$

$$=\frac{k_s\Delta y}{\pi}\left\{-\sin\theta^{*}+\theta^{*}\cos\theta^{*}+\pi\sin^2\frac{\theta^{*}}{2}\right\} \tag{21-40}$$

(2) c_1 计算。

引入参数变换式（21-38）及定义式（21-39），则有

$$c_1=\frac{2}{\pi}\int_{-1}^{1}(1-\bar{y}(t)^2)^{-\frac{1}{2}}z\{\bar{y}(t)\}T_1(\bar{y}(t))\mathrm{d}\bar{y}(t)$$

$$=\frac{k_s\Delta y}{\pi}\int_{-1}^{\frac{4y_s}{\Delta y}-1}\frac{\bar{y}^2(t)}{\sqrt{1-\bar{y}(t)^2}}\mathrm{d}\bar{y}(t)+\frac{k_s\Delta y}{\pi}\left\{1-\frac{2y_s}{\Delta y}\right\}\int_{-1}^{\frac{4y_s}{\Delta y}-1}\frac{\bar{y}(t)}{\sqrt{1-\bar{y}(t)^2}}\mathrm{d}\bar{y}(t)$$

$$+\frac{2z_s}{\pi}\int_{\frac{4y_s}{\Delta y}-1}^{1}\frac{\bar{y}(t)}{\sqrt{1-\bar{y}(t)^2}}\mathrm{d}\bar{y}(t)$$

$$=-\frac{k_s\Delta y}{2\pi}\{\theta^{*}-\pi\}-\frac{k_s\Delta y}{4\pi}\sin2\theta^{*}-\frac{k_s\Delta y}{\pi}\left\{1-\frac{2y_s}{\Delta y}\right\}\sin\theta^{*}+\frac{2z_s}{\pi}\sin\theta^{*}$$

$$=\frac{k_s\Delta y}{2\pi}\left\{\frac{1}{2}\sin2\theta^{*}-\theta^{*}+\pi\right\} \tag{21-41}$$

(3) c_k 计算。

引入参数变换式（21-38）及定义式（21-39），则有

$$c_k=\frac{2}{\pi}\int_{-1}^{1}(1-\bar{y}(t)^2)^{-\frac{1}{2}}z\{\bar{y}(t)\}T_k(\bar{y}(t))\mathrm{d}\bar{y}(t)$$

$$=\frac{k_s\Delta y}{\pi}\int_{-1}^{\frac{4y_s}{\Delta y}-1}(1-\bar{y}(t)^2)^{-\frac{1}{2}}\bar{y}(t)\cos\{k\arccos\bar{y}(t)\}\mathrm{d}\bar{y}(t)+\frac{k_s\Delta y}{\pi}\left\{1-\frac{2y_s}{\Delta y}\right\}$$

$$\times\int_{-1}^{\frac{4y_s}{\Delta y}-1}(1-\bar{y}(t)^2)^{-\frac{1}{2}}\cos\{k\arccos\bar{y}(t)\}\mathrm{d}\bar{y}(t)$$

$$+\frac{2}{\pi}\int_{\frac{4y_s}{\Delta y}-1}^{1}(1-\bar{y}(t)^2)^{-\frac{1}{2}}z_s\cos\{k\arccos\bar{y}(t)\}\mathrm{d}\bar{y}(t)$$

$$=-\frac{k_s\Delta y}{\pi}\frac{k}{k^2-1}\left\{\sin(k\theta^*)\cos\theta^*-\frac{1}{k}\sin\theta^*\cos(k\theta^*)\right\}-\frac{k_s\Delta y}{k\pi}\left\{1-\frac{2y_s}{\Delta y}\right\}\sin(k\theta^*)$$

$$+\frac{2z_s}{k\pi}\sin(k\theta^*)$$

$$=\frac{k_s\Delta y}{\pi}\frac{1}{k(k^2-1)}\{k\sin\theta^*\cos(k\theta^*)-\sin(k\theta^*)\cos\theta^*\}\ (k=2,3,\cdots) \tag{21-42}$$

最后，将式（21-35）代入式（21-37）得

$$z\{y(t)\}=\frac{c_0}{2}+\sum_{k=1}^{\infty}c_k\cos\{k\arccos\{\bar{y}(t)\}\}$$

$$=\frac{c_0}{2}+\sum_{k=1}^{\infty}c_k\cos\left\{k\arccos\left\{\frac{2\{y(t)-y(t_m^*)\}}{\Delta y}-1\right\}\right\}$$

$$t_m^*\leqslant t\leqslant t_{m+1}^*(m=1,3,5\cdots) \tag{21-43}$$

2）$\dot{y}(t)\leqslant 0$ 一支的处理

参考图 21 - 4，$\dot{y}(t)\leqslant 0$ 一支（4→5→6）可表述为

$$z(t)=\begin{cases}z_s+k_s\{y(t)-y(t_{m+1}^*)\},y(t_{m+1}^*)-2y_s\leqslant y(t)\leqslant y(t_{m+1}^*)\\-z_s,y(t_{m+2}^*)\leqslant y(t)<y(t_{m+1}^*)-2y_s\end{cases} \tag{21-44a}$$

将其周期延拓为

$$z(t)=\begin{cases}z_s+k_s\{y(t)-y(t_{m+1}^*)\},y(t_{m+1}^*)-2y_s\leqslant y(t)\leqslant y(t_{m+1}^*)\\-z_s,y(t_{m+1}^*)-\Delta y\leqslant y(t)<y(t_{m+1}^*)-2y_s\end{cases} \tag{21-44b}$$

式中

$$\Delta y=\max_m|y(t_{m+2}^*)-y(t_{m+1}^*)| \tag{21-45}$$

$z\{y(t)\}$ 周期延拓后如图 21 - 12 所示。

引入变换

$$\bar{y}(t)=\frac{2\{y(t)-y(t_{m+1}^*)\}}{\Delta y}+1$$

$$y(t_{m+1}^*)-\Delta y\leqslant y(t)\leqslant y(t_{m+1}^*),\quad t_{m+1}^*\leqslant t\leqslant t_{m+2}^*\Rightarrow\bar{y}(t)\in[-1,1] \tag{21-46}$$

将式（21-46）代入式（21-44b）并整理得

$$z\{\bar{y}(t)\}=\begin{cases}\frac{k_s\Delta y}{2}\left\{\bar{y}(t)-1+\frac{2y_s}{\Delta y}\right\},\quad 1-\frac{4y_s}{\Delta y}\leqslant\bar{y}(t)\leqslant 1\\-z_s,\quad -1\leqslant\bar{y}(t)<1-\frac{4y_s}{\Delta y}\end{cases} \tag{21-47}$$

$z\{\bar{y}(t)\}$- $\bar{y}(t)$ 周期延拓曲线如图 21 - 13 所示。

用 $\bar{y}(t)$ 为自变量的 Chebyshev 多项式作基底，可以把 $\dot{y}(t)\leqslant 0$ 单值支展开为

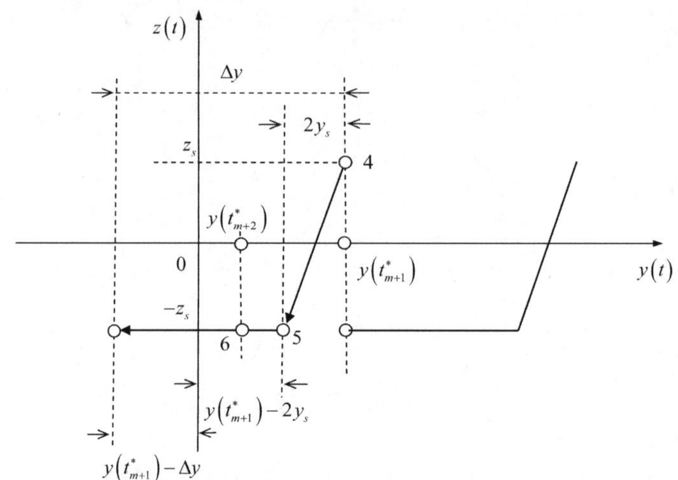

图 21-12 $z\{y(t)\}$ 周期延拓曲线（$\dot{y}(t)\leqslant 0$）

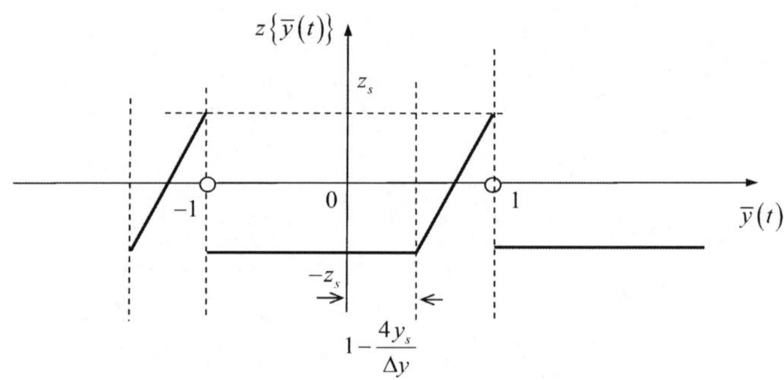

图 21-13 $z\{\bar{y}(t)\}-\bar{y}(t)$ 周期延拓曲线（$\dot{y}(t)\leqslant 0$）

$$z\{\bar{y}(t)\}=\frac{\bar{c}_0}{2}+\sum_{k=1}^{\infty}\bar{c}_k\cos\{k\arccos\{\bar{y}(t)\}\},t_{m+1}^*\leqslant t\leqslant t_{m+2}^*(m=1,3,5\cdots) \quad (21\text{-}48)$$

式中，系数 $\{\bar{c}_0,\bar{c}_1,\cdots\bar{c}_k\}$ 可按 Chebyshev 多项式系数计算方法求出。

(1) $\bar{c}_0$ 计算。

引入参数变换式（21-38）及定义式（21-39），则有

$$\begin{aligned}\bar{c}_0&=\frac{2}{\pi}\int_{-1}^{1}(1-\bar{y}(t)^2)^{-\frac{1}{2}}z\{\bar{y}(t)\}T_0(\bar{y}(t))\mathrm{d}\bar{y}(t)\\&=\frac{k_s\Delta y}{\pi}\int_{-\left\{\frac{4y_s}{\Delta y}-1\right\}}^{1}\frac{\bar{y}(t)}{\sqrt{1-\bar{y}(t)^2}}\mathrm{d}\bar{y}(t)\\&\quad+\frac{k_s\Delta y}{\pi}\left\{\frac{2y_s}{\Delta y}-1\right\}\int_{-\left\{\frac{4y_s}{\Delta y}-1\right\}}^{1}\frac{1}{\sqrt{1-\bar{y}(t)^2}}\mathrm{d}\bar{y}(t)\\&\quad-\frac{2z_s}{\pi}\int_{-1}^{-\left\{\frac{4y_s}{\Delta y}-1\right\}}\frac{1}{\sqrt{1-\bar{y}(t)^2}}\mathrm{d}\bar{y}(t)\end{aligned}$$

$$=\frac{k_s\Delta y}{\pi}\sin\theta^* + \frac{k_s\Delta y}{\pi}\left\{1-\frac{2y_s}{\Delta y}\right\}\{\theta^*-\pi\} - \frac{k_s\Delta y}{\pi}\frac{2z_s}{k_s\Delta y}\theta^*$$

$$=-c_0 \tag{21-49}$$

(2) $\bar{c}_1$ 计算。

引入参数变换式（21-38）及定义式（21-39），则有

$$\bar{c}_1 = \frac{2}{\pi}\int_{-1}^{1}(1-\bar{y}(t)^2)^{-\frac{1}{2}} z\{\bar{y}(t)\}T_1(\bar{y}(t))\mathrm{d}\bar{y}(t)$$

$$=\frac{k_s\Delta y}{\pi}\int_{-\left\{\frac{4y_s}{\Delta y}-1\right\}}^{1}\frac{\bar{y}^2(t)}{\sqrt{1-\bar{y}(t)^2}}\mathrm{d}\bar{y}(t)$$

$$+\frac{k_s\Delta y}{\pi}\left\{\frac{2y_s}{\Delta y}-1\right\}\int_{-\left\{\frac{4y_s}{\Delta y}-1\right\}}^{1}\frac{\bar{y}(t)}{\sqrt{1-\bar{y}(t)^2}}\mathrm{d}\bar{y}(t)$$

$$-\frac{2z_s}{\pi}\int_{-1}^{-\left\{\frac{4y_s}{\Delta y}-1\right\}}\frac{\bar{y}(t)}{\sqrt{1-\bar{y}(t)^2}}\mathrm{d}\bar{y}(t)$$

$$=-\frac{k_s\Delta y}{2\pi}\{\theta^*-\pi\} - \frac{k_s\Delta y}{4\pi}\sin 2\theta^* - \frac{k_s\Delta y}{\pi}\left\{1-\frac{2y_s}{\Delta y}\right\}\sin\theta^* + \frac{2z_s}{\pi}\sin\theta^*$$

$$=c_1 \tag{21-50}$$

(3) $\bar{c}_k$ 计算。

引入参数变换式（21-38）及定义式（21-39），则有

$$\bar{c}_k = \frac{2}{\pi}\int_{-1}^{1}(1-\bar{y}(t)^2)^{-\frac{1}{2}} z\{\bar{y}(t)\}T_k(\bar{y}(t))\mathrm{d}\bar{y}(t)$$

$$=\frac{k_s\Delta y}{\pi}\int_{-\left\{\frac{4y_s}{\Delta y}-1\right\}}^{1}(1-\bar{y}(t)^2)^{-\frac{1}{2}}\bar{y}(t)\cos\{k\arccos\bar{y}(t)\}\mathrm{d}\bar{y}(t) + \frac{k_s\Delta y}{\pi}\left\{\frac{2y_s}{\Delta y}-1\right\}$$

$$\times\int_{-\left\{\frac{4y_s}{\Delta y}-1\right\}}^{1}(1-\bar{y}(t)^2)^{-\frac{1}{2}}\cos\{k\arccos\bar{y}(t)\}\mathrm{d}\bar{y}(t)$$

$$-\frac{2}{\pi}\int_{-1}^{-\left\{\frac{4y_s}{\Delta y}-1\right\}}(1-\bar{y}(t)^2)^{-\frac{1}{2}} z_s\cos\{k\arccos\bar{y}(t)\}\mathrm{d}\bar{y}(t)$$

$$=-\frac{k_s\Delta y}{\pi}\frac{k}{k^2-1}\{-1\}^{k+1}\left\{\sin(k\theta^*)\cos\theta^* - \frac{1}{k}\sin\theta^*\cos(k\theta^*)\right\}$$

$$-\frac{k_s\Delta y}{k\pi}\left\{1-\frac{2y_s}{\Delta y}\right\}(-1)^{k+1}\sin(k\theta^*) + (-1)^{k+1}\frac{2z_s}{k\pi}\sin(k\theta^*)$$

$$=(-1)^{k+1}c_k \quad (k=2,3,\cdots) \tag{21-51}$$

最后，将式（21-46）代入式（21-48）得

$$z\{\bar{y}(t)\} = -\frac{c_0}{2} + \sum_{k=1}^{\infty}c_k(-1)^{k+1}\cos\{k\arccos\{\bar{y}(t)\}\}$$

$$=-\frac{c_0}{2}+\sum_{k=1}^{\infty}c_k(-1)^{k+1}\cos\left\{k\arccos\left\{\frac{2\{y(t)-y(t_{m+1}^*)\}}{\Delta y}+1\right\}\right\}$$

$$t_{m+1}^*\leqslant t\leqslant t_{m+2}^*(m=1,3,5,\cdots) \tag{21-52a}$$

注意到有如下对应关系

$$t_{m+1}^*\big|_{m=1}\Rightarrow t_2^*,t_{m+1}^*\big|_{m=3}\Rightarrow t_4^*,t_{m+1}^*\big|_{m=5}\Rightarrow t_6^*\cdots$$

$$y(t_{m+1}^*)\big|_{m=1,3,5,\cdots}\Rightarrow y(t_m^*)\big|_{m=2,4,6,\cdots}$$

则式（21-52a）可重新表述为

$$z\{\bar{y}(t)\}=-\frac{c_0}{2}+\sum_{k=1}^{\infty}c_k(-1)^{k+1}\cos\{k\arccos\{\bar{y}(t)\}\}$$

$$=-\frac{c_0}{2}+\sum_{k=1}^{\infty}c_k(-1)^{k+1}\cos\left\{k\arccos\left\{\frac{2\{y(t)-y(t_m^*)\}}{\Delta y}+1\right\}\right\}$$

$$t_m^*\leqslant t\leqslant t_{m+1}^*(m=2,4,6,\cdots) \tag{21-52b}$$

再考察 $\dot{y}(t)\geqslant 0$ 一支表达式式（21-43），可见，通过引入符号函数 sgn，两单值支可以统一表述为

$$z\{y(t),\dot{y}(t),t\}=\frac{c_0}{2}\mathrm{sgn}\{\dot{y}(t)\}+\sum_{k=1}^{\infty}c_k(\mathrm{sgn}\{\dot{y}(t)\})^{k+1}\cos\{k\arccos\{\bar{y}(t)\}\}$$

$$=\frac{c_0}{2}\mathrm{sgn}\{\dot{y}(t)\}+\sum_{k=1}^{\infty}c_k(\mathrm{sgn}\{\dot{y}(t)\})^{k+1}$$

$$\times\cos\left\{k\arccos\left\{\frac{2\{y(t)-y(t_m^*)\}}{\Delta y}-\mathrm{sgn}\{\dot{y}(t)\}\right\}\right\}$$

$$t_m^*\leqslant t\leqslant t_{m+1}^*(m=1,2,3,4,\cdots) \tag{21-53}$$

21.1.3　参数识别方法

测量到非线性元件的静变形 x_0 及激励、响应的采样信号 $f_k,\ddot{x}_k,\dot{x}_k,x_k(k=1,2,\cdots,N)$ 后，由方程式（21-1）可形成参数识别问题。

$$g_n\{x_k+x_0,\dot{x}_k,t_k,\xi\}=f_k+m\{g-\ddot{x}_k\},k=1,2,\cdots,N \tag{21-54}$$

其中，ξ 为待识别的元件物理参数向量。

$$\xi=\{a_0,a_1,\cdots,a_{n_1},b_0,b_1,\cdots,b_{n_2},z_s,y_s\}^T \tag{21-55}$$

由 g_n 的表达式（21-2）～式（21-4）可知，参数识别问题式（21-54）是关于 z_s 非线性的。但目前这一非线性参数识别问题可简化为扩充参数的线性参数估计问题，现按不同展开方法讨论之。

1. 间接 Fourier 展开的参数识别方法

根据逼近要求取式（21-32）的有限截断，并记 $x(t_m^*)$ 为 x_m^*，则有

$$z(t)=z_s\left\{\mathrm{sgn}\{x_0+x_m^*\}+\frac{2}{\Delta y}\{x(t)-x_m^*\}\right\}+\sum_{n=1}^{n_3}\alpha_n\sin\left\{\frac{2n\pi\{x(t)-x_m^*\}}{\Delta y}\right\}$$
$$+\mathrm{sgn}\{\dot{x}(t)\}\beta_n\left\{1-\cos\left\{\frac{2n\pi\{x(t)-x_m^*\}}{\Delta y}\right\}\right\} \tag{21-56}$$

再考虑式（21-3）可处理为

$$g_0\{x(t),\dot{x}(t)\}=a_0\mathrm{sgn}\{x(t)+x_0\}+\sum_{n=1}^{n_1}a_n\ |x(t)+x_0|^{n-1}\{x(t)+x_0\}$$
$$+b_0\mathrm{sgn}\{\dot{x}(t)\}+\sum_{n=1}^{n_2}b_n\ |\dot{x}(t)|^{n-1}\dot{x}(t) \tag{21-57}$$

根据式（21-2）、式（21-54）可形成如下识别方程

$$a_0\mathrm{sgn}\{x_k+x_0\}+\sum_{n=1}^{n_1}a_n\ |x_k+x_0|^{n-1}\{x_k+x_0\}+b_0\mathrm{sgn}\{\dot{x}_k\}+\sum_{n=1}^{n_2}b_n\ |\dot{x}_k|^{n-1}\dot{x}_k$$
$$+z_s\left\{\mathrm{sgn}\{x_0+x_m^*\}+\frac{2}{\Delta y}\{x_k-x_m^*\}\right\}$$
$$+\sum_{n=1}^{n_3}\alpha_n\sin\left\{\frac{2n\pi\{x_k-x_m^*\}}{\Delta y}\right\}+\mathrm{sgn}\{\dot{x}_k\}\beta_n\left\{1-\cos\left\{\frac{2n\pi\{x_k-x_m^*\}}{\Delta y}\right\}\right\}$$
$$=f_k+m\{g-\ddot{x}_k\}$$
$$m=1,2,\cdots;k=1,2,\cdots,N \tag{21-58}$$

特别注意：激励、响应的采样信号 $f_k,\ddot{x}_k,\dot{x}_k,x_k(k=1,2,\cdots)$ 应是 $t_m^*\leqslant t\leqslant t_{m+1}^*$ 区间内信号的离散采样值。

m=1 时，式（21-58）展开为

$$k=1$$
$$\{\varphi_1\}\times[a_0,a_1,a_2,\cdots,a_{n_1},b_0,b_1,b_2,\cdots,b_{n_2},z_s,\alpha_1,\alpha_2,\cdots,\alpha_{n_3},\beta_1,\beta_2,\cdots,\beta_{n_3}]^T$$
$$=f_1+m\{g-\ddot{x}_1\} \tag{21-59a}$$

式中

$$\{\varphi_1\}=\begin{bmatrix}\mathrm{sgn}\{x_1+x_0\},\{x_1+x_0\},|x_1+x_0|\{x_1+x_0\},\cdots,\\ |x_1+x_0|^{n_1-1}\{x_1+x_0\},\mathrm{sgn}\{\dot{x}_1\},\\ \dot{x}_1,|\dot{x}_1|\dot{x}_1,\cdots,|\dot{x}_1|^{n_2-1}\dot{x}_1,\\ \left\{\mathrm{sgn}\{x_0+x_1^*\}+\frac{2}{\Delta y}\{x_1-x_1^*\}\right\},\sin\left\{\frac{2\pi\{x_1-x_1^*\}}{\Delta y}\right\},\\ \sin\left\{\frac{4\pi\{x_1-x_1^*\}}{\Delta y}\right\},\cdots,\sin\left\{\frac{2n_3\pi\{x_1-x_1^*\}}{\Delta y}\right\},\\ \mathrm{sgn}\{\dot{x}_1\}\left\{1-\cos\left\{\frac{2\pi\{x_1-x_1^*\}}{\Delta y}\right\}\right\},\\ \mathrm{sgn}\{\dot{x}_1\}\left\{1-\cos\left\{\frac{4\pi\{x_1-x_1^*\}}{\Delta y}\right\}\right\},\cdots,\\ \mathrm{sgn}\{\dot{x}_1\}\left\{1-\cos\left\{\frac{2n_3\pi\{x_1-x_1^*\}}{\Delta y}\right\}\right\}\end{bmatrix} \tag{21-59b}$$

$k=2$

$$\{\varphi_2\}\times[a_0,a_1,a_2,\cdots,a_{n_1},b_0,b_1,b_2,\cdots,b_{n_2},z_s,\alpha_1,\alpha_2,\cdots,\alpha_{n_3},\beta_1,\beta_2,\cdots,\beta_{n_3}]^T$$
$$=f_2+m\{g-\ddot{x}_2\} \tag{21-60a}$$

式中

$$\{\varphi_2\}=\begin{bmatrix}\mathrm{sgn}\{x_2+x_0\},\{x_2+x_0\},|x_2+x_0|\{x_2+x_0\},\cdots,\\ |x_2+x_0|^{n_1-1}\{x_2+x_0\},\mathrm{sgn}\{\dot{x}_2\},\\ \dot{x}_2,|\dot{x}_2|\dot{x}_2,\cdots,|\dot{x}_2|^{n_2-1}\dot{x}_2,\\ \left\{\mathrm{sgn}\{x_0+x_1^*\}+\frac{2}{\Delta y}\{x_2-x_1^*\}\right\},\sin\left\{\frac{2\pi\{x_2-x_1^*\}}{\Delta y}\right\},\\ \sin\left\{\frac{4\pi\{x_2-x_1^*\}}{\Delta y}\right\},\cdots,\sin\left\{\frac{2n_3\pi\{x_2-x_1^*\}}{\Delta y}\right\},\\ \mathrm{sgn}\{\dot{x}_2\}\left\{1-\cos\left\{\frac{2\pi\{x_2-x_1^*\}}{\Delta y}\right\}\right\},\\ \mathrm{sgn}\{\dot{x}_2\}\left\{1-\cos\left\{\frac{4\pi\{x_2-x_1^*\}}{\Delta y}\right\}\right\},\cdots,\\ \mathrm{sgn}\{\dot{x}_2\}\left\{1-\cos\left\{\frac{2n_3\pi\{x_2-x_1^*\}}{\Delta y}\right\}\right\}\end{bmatrix} \tag{21-60b}$$

一直展开到 $k=k^{(1)}$

$$\{\varphi_{k^{(1)}}\}\times[a_0,a_1,a_2,\cdots,a_{n_1},b_0,b_1,b_2,\cdots,b_{n_2},z_s,\alpha_1,\alpha_2,\cdots,\alpha_{n_3},\beta_1,\beta_2,\cdots,\beta_{n_3}]^T$$
$$=f_{k^{(1)}}+m\{g-\ddot{x}_{k^{(1)}}\} \tag{21-61a}$$

式中

$$\{\varphi_{k^{(1)}}\}=\begin{bmatrix}\mathrm{sgn}\{x_{k^{(1)}}+x_0\},\{x_{k^{(1)}}+x_0\},|x_{k^{(1)}}+x_0|\{x_{k^{(1)}}+x_0\},\cdots,\\ |x_{k^{(1)}}+x_0|^{n_1-1}\{x_{k^{(1)}}+x_0\},\mathrm{sgn}\{\dot{x}_{k^{(1)}}\},\\ \dot{x}_{k^{(1)}},|\dot{x}_{k^{(1)}}|\dot{x}_{k^{(1)}},\cdots,|\dot{x}_{k^{(1)}}|^{n_2-1}\dot{x}_{k^{(1)}},\\ \left\{\mathrm{sgn}\{x_0+x_1^*\}+\dfrac{2}{\Delta y}\{x_{k^{(1)}}-x_1^*\}\right\},\sin\left\{\dfrac{2\pi\{x_{k^{(1)}}-x_1^*\}}{\Delta y}\right\},\\ \sin\left\{\dfrac{4\pi\{x_{k^{(1)}}-x_1^*\}}{\Delta y}\right\},\cdots,\sin\left\{\dfrac{2n_3\pi\{x_{k^{(1)}}-x_1^*\}}{\Delta y}\right\},\\ \mathrm{sgn}\{\dot{x}_{k^{(1)}}\}\left\{1-\cos\left\{\dfrac{2\pi\{x_{k^{(1)}}-x_1^*\}}{\Delta y}\right\}\right\},\\ \mathrm{sgn}\{\dot{x}_{k^{(1)}}\}\left\{1-\cos\left\{\dfrac{4\pi\{x_{k^{(1)}}-x_1^*\}}{\Delta y}\right\}\right\},\cdots,\\ \mathrm{sgn}\{\dot{x}_{k^{(1)}}\}\left\{1-\cos\left\{\dfrac{2n_3\pi\{x_{k^{(1)}}-x_1^*\}}{\Delta y}\right\}\right\}\end{bmatrix} \tag{21-61b}$$

式中，$k^{(1)}$ 表示在 $m=1$ 时，$t_1^*<t<t_2^*$ 区间内采样值的数量。

$m=2$ 时，式（21-58）展开为

$$\begin{aligned}&k=k^{(1)}+1\\&\{\varphi_{k^{(1)}+1}\}\times[a_0,a_1,a_2,\cdots,a_{n_1},b_0,b_1,b_2,\cdots,b_{n_2},z_s,\alpha_1,\alpha_2,\cdots,\alpha_{n_3},\beta_1,\beta_2,\cdots,\beta_{n_3}]^T\\&=f_{k^{(1)}+1}+m\{g-\ddot{x}_{k^{(1)}+1}\}\end{aligned} \tag{21-62a}$$

式中

$$\{\varphi_{k^{(1)}+1}\}=\begin{bmatrix}\mathrm{sgn}\{x_{k^{(1)}+1}+x_0\},\{x_{k^{(1)}+1}+x_0\},|x_{k^{(1)}+1}+x_0|\{x_{k^{(1)}+1}+x_0\},\cdots,\\ |x_{k^{(1)}+1}+x_0|^{n_1-1}\{x_{k^{(1)}+1}+x_0\},\mathrm{sgn}\{\dot{x}_{k^{(1)}+1}\},\\ \dot{x}_{k^{(1)}+1},|\dot{x}_{k^{(1)}+1}|\dot{x}_{k^{(1)}+1},\cdots,|\dot{x}_{k^{(1)}+1}|^{n_2-1}\dot{x}_{k^{(1)}+1},\\ \left\{\mathrm{sgn}\{x_0+x_2^*\}+\dfrac{2}{\Delta y}\{x_{k^{(1)}+1}-x_2^*\}\right\},\sin\left\{\dfrac{2\pi\{x_{k^{(1)}+1}-x_2^*\}}{\Delta y}\right\},\\ \sin\left\{\dfrac{4\pi\{x_{k^{(1)}+1}-x_2^*\}}{\Delta y}\right\},\cdots,\sin\left\{\dfrac{2n_3\pi\{x_{k^{(1)}+1}-x_2^*\}}{\Delta y}\right\},\\ \mathrm{sgn}\{\dot{x}_{k^{(1)}+1}\}\left\{1-\cos\left\{\dfrac{2\pi\{x_{k^{(1)}+1}-x_2^*\}}{\Delta y}\right\}\right\},\\ \mathrm{sgn}\{\dot{x}_{k^{(1)}+1}\}\left\{1-\cos\left\{\dfrac{4\pi\{x_{k^{(1)}+1}-x_2^*\}}{\Delta y}\right\}\right\},\cdots,\\ \mathrm{sgn}\{\dot{x}_{k^{(1)}+1}\}\left\{1-\cos\left\{\dfrac{2n_3\pi\{x_{k^{(1)}+1}-x_2^*\}}{\Delta y}\right\}\right\}\end{bmatrix} \tag{21-62b}$$

一直展开到 $k=k^{(2)}$

$$\{\varphi_{k^{(2)}}\}\times[a_0,a_1,a_2,\cdots,a_{n_1},b_0,b_1,b_2,\cdots,b_{n_2},z_s,\alpha_1,\alpha_2,\cdots,\alpha_{n_3},\beta_1,\beta_2,\cdots,\beta_{n_3}]^T= f_{k^{(2)}}+m\{g-\ddot{x}_{k^{(2)}}\} \tag{21-63a}$$

式中

$$\{\varphi_{k^{(2)}}\}=\begin{bmatrix} \mathrm{sgn}\{x_{k^{(2)}}+x_0\},\{x_{k^{(2)}}+x_0\},|x_{k^{(2)}}+x_0|\{x_{k^{(2)}}+x_0\},\cdots, \\ |x_{k^{(2)}}+x_0|^{n_1-1}\{x_{k^{(2)}}+x_0\},\mathrm{sgn}\{\dot{x}_{k^{(2)}}\}, \\ \dot{x}_{k^{(2)}},|\dot{x}_{k^{(2)}}|\dot{x}_{k^{(2)}},\cdots,|\dot{x}_{k^{(2)}}|^{n_2-1}\dot{x}_{k^{(2)}}, \\ \left\{\mathrm{sgn}\{x_0+x_2^*\}+\dfrac{2}{\Delta y}\{x_{k^{(2)}}-x_2^*\}\right\},\sin\left\{\dfrac{2\pi\{x_{k^{(2)}}-x_2^*\}}{\Delta y}\right\}, \\ \sin\left\{\dfrac{4\pi\{x_{k^{(2)}}-x_2^*\}}{\Delta y}\right\},\cdots,\sin\left\{\dfrac{2n_3\pi\{x_{k^{(2)}}-x_2^*\}}{\Delta y}\right\}, \\ \mathrm{sgn}\{\dot{x}_{k^{(2)}}\}\left\{1-\cos\left\{\dfrac{2\pi\{x_{k^{(2)}}-x_2^*\}}{\Delta y}\right\}\right\}, \\ \mathrm{sgn}\{\dot{x}_{k^{(2)}}\}\left\{1-\cos\left\{\dfrac{4\pi\{x_{k^{(2)}}-x_2^*\}}{\Delta y}\right\}\right\},\cdots, \\ \mathrm{sgn}\{\dot{x}_{k^{(2)}}\}\left\{1-\cos\left\{\dfrac{2n_3\pi\{x_{k^{(2)}}-x_2^*\}}{\Delta y}\right\}\right\} \end{bmatrix} \tag{21-63b}$$

式中，$k^{(2)}$ 表示在 $m=2$ 时，$t_2^*<t<t_3^*$ 区间内最后一个采样值的标号。

一直展开到 $m=m_N$，此时，$k^{(m_N)}$ 表示在 $t_{m_N}^*<t<t_{m_N+1}^*$ 区间内最后一个采样值的标号，且 $k^{(m_N)}=N$。

$k^{(m_N-1)}$ 表示 $m=m_N-1$ 时，$t_{m_N-1}^*<t<t_{m_N}^*$ 区间内最后一个采样值的标号，则 $t_{m_N}^*<t<t_{m_N+1}^*$ 区间内第一个采样值的标号为 $k^{(m_N-1)}+1$。

$m=m_N$ 时，式（21-58）展开为

$k=k^{(m_N-1)}+1$

$$\{\varphi_{k^{(m_N-1)}+1}\}\times[a_0,a_1,a_2,\cdots,a_{n_1},b_0,b_1,b_2,\cdots,b_{n_2},z_s,\alpha_1,\alpha_2,\cdots,\alpha_{n_3},\beta_1,\beta_2,\cdots,\beta_{n_3}]^T =f_{k^{(m_N-1)}+1}+m\{g-\ddot{x}_{k^{(m_N-1)}+1}\} \tag{21-64a}$$

式中

$$\{\varphi_{k^{(m_N-1)}+1}\}=\begin{bmatrix}\mathrm{sgn}\{x_{k^{(m_N-1)}+1}+x_0\},\{x_{k^{(m_N-1)}+1}+x_0\},\\ |x_{k^{(m_N-1)}+1}+x_0|\{x_{k^{(m_N-1)}+1}+x_0\},\cdots,\\ |x_{k^{(m_N-1)}+1}+x_0|^{n_1-1}\{x_{k^{(m_N-1)}+1}+x_0\},\mathrm{sgn}\{\dot{x}_{k^{(m_N-1)}+1}\},\\ \dot{x}_{k^{(m_N-1)}+1},|\dot{x}_{k^{(m_N-1)}+1}|\dot{x}_{k^{(m_N-1)}+1},\cdots,|\dot{x}_{k^{(m_N-1)}+1}|^{n_2-1}\dot{x}_{k^{(m_N-1)}+1},\\ \left\{\mathrm{sgn}\{x_0+x^*_{m_N}\}+\dfrac{2}{\Delta y}\{x_{k^{(m_N-1)}+1}-x^*_{m_N}\}\right\},\sin\left\{\dfrac{2\pi\{x_{k^{(m_N-1)}+1}-x^*_{m_N}\}}{\Delta y}\right\},\\ \sin\left\{\dfrac{4\pi\{x_{k^{(m_N-1)}+1}-x^*_{m_N}\}}{\Delta y}\right\},\cdots,\sin\left\{\dfrac{2n_3\pi\{x_{k^{(m_N-1)}+1}-x^*_{m_N}\}}{\Delta y}\right\},\\ \mathrm{sgn}\{\dot{x}_{k^{(m_N-1)}+1}\}\left\{1-\cos\left\{\dfrac{2\pi\{x_{k^{(m_N-1)}+1}-x^*_{m_N}\}}{\Delta y}\right\}\right\},\\ \mathrm{sgn}\{\dot{x}_{k^{(m_N-1)}+1}\}\left\{1-\cos\left\{\dfrac{4\pi\{x_{k^{(m_N-1)}+1}-x^*_{m_N}\}}{\Delta y}\right\}\right\},\cdots,\\ \mathrm{sgn}\{\dot{x}_{k^{(m_N-1)}+1}\}\left\{1-\cos\left\{\dfrac{2n_3\pi\{x_{k^{(m_N-1)}+1}-x^*_{m_N}\}}{\Delta y}\right\}\right\}\end{bmatrix}$$

(21-64b)

一直展开到 $k=k^{(m_N)}$

$$\{\varphi_{k^{(m_N)}}\}\times[a_0,a_1,a_2,\cdots,a_{n_1},b_0,b_1,b_2,\cdots,b_{n_2},z_s,\alpha_1,\alpha_2,\cdots,\alpha_{n_3},\beta_1,\beta_2,\cdots,\beta_{n_3}]^T$$
$$=f_{k^{(m_N)}}+m\{g-\ddot{x}_{k^{(m_N)}}\}$$

(21-65a)

式中

$$\{\varphi_{k^{(m_N)}}\}=\begin{bmatrix}\mathrm{sgn}\{x_{k^{(m_N)}}+x_0\},\{x_{k^{(m_N)}}+x_0\},|x_{k^{(m_N)}}+x_0|\{x_{k^{(m_N)}}+x_0\},\cdots,\\ |x_{k^{(m_N)}}+x_0|^{n_1-1}\{x_{k^{(m_N)}}+x_0\},\mathrm{sgn}\{\dot{x}_{k^{(m_N)}}\},\\ \dot{x}_{k^{(m_N)}},|\dot{x}_{k^{(m_N)}}|\dot{x}_{k^{(m_N)}},\cdots,|\dot{x}_{k^{(m_N)}}|^{n_2-1}\dot{x}_{k^{(m_N)}},\\ \left\{\mathrm{sgn}\{x_0+x^*_{m_N}\}+\dfrac{2}{\Delta y}\{x_{k^{(m_N)}}-x^*_{m_N}\}\right\},\sin\left\{\dfrac{2\pi\{x_{k^{(m_N)}}-x^*_{m_N}\}}{\Delta y}\right\},\\ \sin\left\{\dfrac{4\pi\{x_{k^{(m_N)}}-x^*_{m_N}\}}{\Delta y}\right\},\cdots,\sin\left\{\dfrac{2n_3\pi\{x_{k^{(m_N)}}-x^*_{m_N}\}}{\Delta y}\right\},\\ \mathrm{sgn}\{\dot{x}_{k^{(m_N)}}\}\left\{1-\cos\left\{\dfrac{2\pi\{x_{k^{(m_N)}}-x^*_{m_N}\}}{\Delta y}\right\}\right\},\\ \mathrm{sgn}\{\dot{x}_{k^{(m_N)}}\}\left\{1-\cos\left\{\dfrac{4\pi\{x_{k^{(m_N)}}-x^*_{m_N}\}}{\Delta y}\right\}\right\},\cdots,\\ \mathrm{sgn}\{\dot{x}_{k^{(m_N)}}\}\left\{1-\cos\left\{\dfrac{2n_3\pi\{x_{k^{(m_N)}}-x^*_{m_N}\}}{\Delta y}\right\}\right\}\end{bmatrix}$$

(21-65b)

最后，整理得

$$A\eta = F \tag{21-66}$$

式中

$$A = [\{\varphi_1\}\{\varphi_2\}\cdots\{\varphi_{k^{(1)}}\}\{\varphi_{k^{(1)}+1}\}\cdots\{\varphi_{k^{(2)}}\}\cdots\{\varphi_{k^{(m_N-1)}+1}\}\cdots\{\varphi_{k^{(m_N)}}\}]^T \tag{21-67a}$$

$$\eta = [a_0 a_1 a_2 \cdots a_{n_1} b_0 b_1 b_2 \cdots b_{n_2} z_s \alpha_1 \alpha_2 \cdots \alpha_{n_3} \beta_1 \beta_2 \cdots \beta_{n_3}]^T \tag{21-67b}$$

$$F = \begin{bmatrix} f_1 + m\{g - \ddot{x}_1\} \\ f_2 + m\{g - \ddot{x}_2\} \\ \vdots \\ f_{k^{(1)}} + m\{g - \ddot{x}_{k^{(1)}}\} \\ f_{k^{(1)}+1} + m\{g - \ddot{x}_{k^{(1)}+1}\} \\ \vdots \\ f_{k^{(2)}} + m\{g - \ddot{x}_{k^{(2)}}\} \\ \vdots \\ f_{k^{(m_N-1)}+1} + m\{g - \ddot{x}_{k^{(m_N-1)}+1}\} \\ \vdots \\ f_{k^{(m_N)}} + m\{g - \ddot{x}_{k^{(m_N)}}\} \end{bmatrix} \tag{21-67c}$$

注意到，为了形成式（21-66）的识别方程，需要知道诸极值 x_m^* $(m=1,2\cdots)$ 及最大变形差 Δy。

实验中，典型的位移函数 $x(t)$ 如图 21－14 所示。

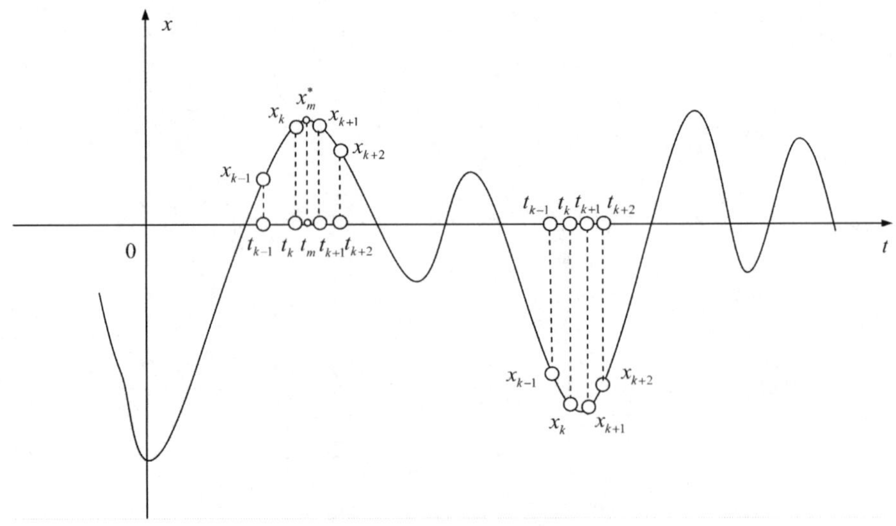

图 21－14　典型的位移函数 $x(t)$

可构造如下插值基函数

$$l_0(t)=\frac{\{t-t_k\}\{t-t_{k+1}\}}{\{t_{k-1}-t_k\}\{t_{k-1}-t_{k+1}\}}=\frac{1}{2\Delta^2 t}\{t-t_k\}\{t-t_{k+1}\}\mid \Delta t=t_k-t_{k-1},2\Delta t=t_{k+1}-t_{k-1}$$

$$l_1(t)=\frac{\{t-t_{k-1}\}\{t-t_{k+1}\}}{\{t_k-t_{k-1}\}\{t_k-t_{k+1}\}}=-\frac{1}{\Delta^2 t}\{t-t_{k-1}\}\{t-t_{k+1}\}$$

$$l_2(t)=\frac{\{t-t_{k-1}\}\{t-t_k\}}{\{t_{k+1}-t_{k-1}\}\{t_{k+1}-t_k\}}=\frac{1}{2\Delta^2 t}\{t-t_{k-1}\}\{t-t_k\}$$

(21-68)

式中，Δt 为采样间隔。

则二次插值多项式为

$$\begin{aligned}L_2(t)&=f(t_{k-1})l_0(t)+f(t_k)l_1(t)+f(t_{k+1})l_2(t)\\&=x_{k-1}l_0(t)+x_kl_1(t)+x_{k+1}l_2(t)\\&=x_{k-1}\left\{\frac{1}{2\Delta^2 t}\{t-t_k\}\{t-t_{k+1}\}\right\}+x_k\left\{\frac{-1}{\Delta^2 t}\{t-t_{k-1}\}\{t-t_{k+1}\}\right\}\\&\quad+x_{k+1}\left\{\frac{1}{2\Delta^2 t}\{t-t_{k-1}\}\{t-t_k\}\right\}\\&=\frac{1}{2\Delta^2 t}\{x_{k-1}\{t^2-t\{t_{k+1}+t_k\}+t_kt_{k+1}\}-2x_k\{t^2-t\{t_{k+1}+t_{k-1}\}\\&\quad+t_{k-1}t_{k+1}\}+x_{k+1}\{t^2-t\{t_k+t_{k-1}\}+t_{k-1}t_k\}\}\end{aligned} \tag{21-69}$$

定义 $\tilde{L}_2(t)$

$$\begin{aligned}\tilde{L}_2(t)=2\Delta^2 tL_2(t)&=t^2\{x_{k-1}-2x_k+x_{k+1}\}-t\{x_{k-1}\{t_{k+1}+t_k\}-2x_k\{t_{k+1}+t_{k-1}\}\\&\quad+x_{k+1}\{t_k+t_{k-1}\}\}+\{x_{k-1}t_kt_{k+1}-2x_kt_{k-1}t_{k+1}+x_{k+1}t_{k-1}t_k\}\end{aligned}$$

(21-70)

则 $\tilde{L}_2(t)$ 在区间 $[t_{k-1},t_{k+1}]$ 取极值的充要条件为

必要条件

$$\frac{\mathrm{d}\{\tilde{L}_2(t)\}}{\mathrm{d}t}=0\Rightarrow t_m,t_m\in[t_{k-1},t_{k+1}] \tag{21-71a}$$

充分条件

$$\frac{\mathrm{d}^2\{\tilde{L}_2(t_m)\}}{\mathrm{d}t^2}\neq 0 \tag{21-71b}$$

因 $\frac{\mathrm{d}^2\{\tilde{L}_2(t_m)\}}{\mathrm{d}t^2}=2\{x_{k-1}-2x_k+x_{k+1}\}$，一般情况下 $\{x_{k-1}-2x_k+x_{k+1}\}\neq 0$，充分条件式（21-71b）得到满足。

而由 $\frac{\mathrm{d}\{\tilde{L}_2(t)\}}{\mathrm{d}t}=0$ 推得

$$t_m=t_k+\frac{\Delta t}{2}\frac{\{x_{k-1}-x_{k+1}\}}{\{x_{k-1}-2x_k+x_{k+1}\}} \tag{21-72}$$

考虑必要条件的要求式（21-71a），则有

$$t_{k-1} \leqslant t_m = t_k + \frac{\Delta t}{2} \frac{\{x_{k-1} - x_{k+1}\}}{\{x_{k-1} - 2x_k + x_{k+1}\}} \leqslant t_{k+1} \tag{21-73}$$

由式（21-73）推得 $x(t)$ 在 $[t_{k-1}, t_{k+1}]$ 内取极值的充要条件

$$|x_{k-1} - x_{k+1}| \leqslant 2|x_{k+1} - 2x_k + x_{k-1}| \tag{21-74}$$

将 t_m 代入式（21-70），则有

$$\tilde{L}_2(t_m) = 2\Delta^2 t L_2(t_m) = 2x_k\Delta^2 t - \frac{\Delta^2 t\{x_{k-1} - x_{k+1}\}^2}{4\{x_{k-1} - 2x_k + x_{k+1}\}} \tag{21-75}$$

由式（21-75）不难推得极值的二次代数精度估计为

$$x_m^* = x_k - \frac{\{x_{k+1} - x_{k-1}\}^2}{8\{x_{k+1} - 2x_k + x_{k-1}\}} \tag{21-76}$$

由式（21-76）做出采样历程段的极值估计后可取

$$\Delta y = 2\max_m |x_m^*| \geqslant \max_m |x_{m+1}^* - x_m^*| \tag{21-77}$$

参数向量 η 可由如下最小二乘法进行估计

$$\hat{\eta} = \{A^T A\}^{-1} A^T F \tag{21-78}$$

由式（21-78）得到 z_s 的一个估计 $\hat{z}_s$。

如设

$$\alpha = \frac{4k\pi y_s}{\Delta y} > 0 \tag{21-79}$$

则式（21-19b）、式（21-19c）成为

$$\alpha_k = \frac{k_s \Delta y}{(\sqrt{2}\pi k)^2}\sin\alpha, \quad \beta_k = \frac{k_s \Delta y}{(\sqrt{2}\pi k)^2}(1 - \cos\alpha)\ (k = 1, 2\cdots) \tag{21-80}$$

这样得到（考虑 $\tan\frac{\alpha}{2}$ -$\frac{\alpha}{2}$ 曲线关于 π 的周期性）滑移极限 y_s 的一个估计

$$\hat{y}_s(k) = \frac{\Delta y}{2k\pi}\left\{\arctan\left\{\frac{\hat{\beta}_k}{\hat{\alpha}_k}\right\} + \nu\pi\right\}\ (k = 1, 2\cdots; \nu = 0, 1, 2\cdots) \tag{21-81a}$$

再考虑间接 Fourier 级数展开式中，α_k, β_k 以 $0\left\{\frac{1}{k^2}\right\}$ 速度收敛，取

$$\hat{y}_s = \hat{y}_s(1) = \frac{\Delta y}{2\pi}\left\{\arctan\left\{\frac{\hat{\beta}_1}{\hat{\alpha}_1}\right\} + \frac{\pi}{2}\{1 - \mathrm{sgn}(\hat{\alpha}_1, \hat{\beta}_1)\}\right\} \tag{21-81b}$$

式（21-81b）中，考虑 $\alpha > 0$，若 $\hat{\alpha}_1, \hat{\beta}_1$ 同号，则 $\tan\frac{\alpha}{2} = \frac{\beta_1}{\alpha_1} > 0$，可取主周期 $\left[-\frac{\pi}{2}, \frac{\pi}{2}\right]$ 计算 $\frac{\alpha}{2}$；若 $\hat{\alpha}_1, \hat{\beta}_1$ 异号，则 $\tan\frac{\alpha}{2} = \frac{\beta_1}{\alpha_1} < 0$，可取周期 $\left[-\frac{\pi}{2} + \pi, \frac{\pi}{2} + \pi\right]$ 计算 $\frac{\alpha}{2}$。

至此，物理参数 $\{z_s, y_s\}$ 识别完毕。

2. 直接 Chebyshev 展开的参数识别方法

根据逼近要求，取式（21-53）的有限截断，并记 $x(t_m^*)$ 为 x_m^*，同时联系式（21-2）、式（21-57）、式（21-54）可形成如下识别方程

$$a_0\operatorname{sgn}\{x_k+x_0\}+\sum_{n=1}^{n_1}a_n\,|x_k+x_0|^{n-1}\{x_k+x_0\}+\left\{b_0+\frac{c_0}{2}\right\}\operatorname{sgn}\{\dot{x}_k\}+\sum_{n=1}^{n_2}b_n\,|\dot{x}_k|^{n-1}\dot{x}_k$$
$$+\sum_{n=1}^{n_3}c_n(\operatorname{sgn}\{\dot{x}_k\})^{n+1}\cos\left\{n\arccos\left\{\frac{2\{x_k-x_m^*\}}{\Delta y}-\operatorname{sgn}\{\dot{x}_k\}\right\}\right\}=f_k+m\{g-\ddot{x}_k\}$$
$$m=1,2,\cdots;\ k=1,2,\cdots N \tag{21-82}$$

参考 21. 1. 3 小节展开方法可得到

$$\widetilde{A}\widetilde{\eta}=F \tag{21-83}$$

式中，F 表达式同式（21-67c），$\widetilde{A}$、$\widetilde{\eta}$ 分别为

$$\widetilde{A}=[\{\varphi_1\}\{\varphi_2\}\cdots\{\varphi_{k^{(1)}}\}\{\varphi_{k^{(1)}+1}\}\cdots\{\varphi_{k^{(2)}}\}\cdots\{\varphi_{k^{(m_N-1)}+1}\}\cdots\{\varphi_{k^{(m_N)}}\}]^T \tag{21-84}$$

式中

$$\{\varphi_1\}=\begin{bmatrix}\operatorname{sgn}\{x_1+x_0\},\{x_1+x_0\},|x_1+x_0|\{x_1+x_0\},\cdots,\\ |x_1+x_0|^{n_1-1}\{x_1+x_0\},\operatorname{sgn}\{\dot{x}_1\},\dot{x}_1,|\dot{x}_1|\dot{x}_1,\cdots,|\dot{x}_1|^{n_2-1}\dot{x}_1,\\ (\operatorname{sgn}\{\dot{x}_1\})^2\cos\left\{\arccos\left\{\frac{2\{x_1-x_1^*\}}{\Delta y}-\operatorname{sgn}\{\dot{x}_1\}\right\}\right\},\cdots,\\ (\operatorname{sgn}\{\dot{x}_1\})^{n_3+1}\cos\left\{n_3\arccos\left\{\frac{2\{x_1-x_1^*\}}{\Delta y}-\operatorname{sgn}\{\dot{x}_1\}\right\}\right\}\end{bmatrix} \tag{21-85a}$$

$$\{\varphi_2\}=\begin{bmatrix}\operatorname{sgn}\{x_2+x_0\},\{x_2+x_0\},|x_2+x_0|\{x_2+x_0\},\cdots,|x_2+x_0|^{n_1-1}\{x_2+x_0\},\\ \operatorname{sgn}\{\dot{x}_2\},\dot{x}_2,|\dot{x}_2|\dot{x}_2,\cdots,|\dot{x}_2|^{n_2-1}\dot{x}_2,\\ (\operatorname{sgn}\{\dot{x}_2\})^2\cos\left\{\arccos\left\{\frac{2\{x_2-x_1^*\}}{\Delta y}-\operatorname{sgn}\{\dot{x}_2\}\right\}\right\},\cdots,\\ (\operatorname{sgn}\{\dot{x}_2\})^{n_3+1}\cos\left\{n_3\arccos\left\{\frac{2\{x_2-x_1^*\}}{\Delta y}-\operatorname{sgn}\{\dot{x}_2\}\right\}\right\}\end{bmatrix} \tag{21-85b}$$

$$\{\widetilde{\varphi}_{k^{(1)}}\}=\begin{bmatrix}\operatorname{sgn}\{x_{k^{(1)}}+x_0\},\{x_{k^{(1)}}+x_0\},|x_{k^{(1)}}+x_0|\{x_{k^{(1)}}+x_0\},\cdots,\\ |x_{k^{(1)}}+x_0|^{n_1-1}\{x_{k^{(1)}}+x_0\},\operatorname{sgn}\{\dot{x}_{k^{(1)}}\},\dot{x}_{k^{(1)}},\\ |\dot{x}_{k^{(1)}}|\dot{x}_{k^{(1)}},\cdots,|\dot{x}_{k^{(1)}}|^{n_2-1}\dot{x}_{k^{(1)}},\\ (\operatorname{sgn}\{\dot{x}_{k^{(1)}}\})^2\cos\left\{\arccos\left\{\dfrac{2\{x_{k^{(1)}}-x_1^*\}}{\Delta y}-\operatorname{sgn}\{\dot{x}_{k^{(1)}}\}\right\}\right\},\cdots,\\ (\operatorname{sgn}\{\dot{x}_{k^{(1)}}\})^{n_3+1}\cos\left\{n_3\arccos\left\{\dfrac{2\{x_{k^{(1)}}-x_1^*\}}{\Delta y}-\operatorname{sgn}\{\dot{x}_{k^{(1)}}\}\right\}\right\}\end{bmatrix}\tag{21-85c}$$

$$\{\widetilde{\varphi}_{k^{(1)}+1}\}=\begin{bmatrix}\operatorname{sgn}\{x_{k^{(1)}+1}+x_0\},\{x_{k^{(1)}+1}+x_0\},|x_{k^{(1)}+1}+x_0|\{x_{k^{(1)}+1}+x_0\},\cdots,\\ |x_{k^{(1)}+1}+x_0|^{n_1-1}\{x_{k^{(1)}+1}+x_0\},\operatorname{sgn}\{\dot{x}_{k^{(1)}+1}\},\dot{x}_{k^{(1)}+1},\\ |\dot{x}_{k^{(1)}+1}|\dot{x}_{k^{(1)}+1},\cdots,|\dot{x}_{k^{(1)}+1}|^{n_2-1}\dot{x}_{k^{(1)}+1},\\ (\operatorname{sgn}\{\dot{x}_{k^{(1)}+1}\})^2\cos\left\{\arccos\left\{\dfrac{2\{x_{k^{(1)}+1}-x_2^*\}}{\Delta y}-\operatorname{sgn}\{\dot{x}_{k^{(1)}+1}\}\right\}\right\},\cdots,\\ (\operatorname{sgn}\{\dot{x}_{k^{(1)}+1}\})^{n_3+1}\cos\left\{n_3\arccos\left\{\dfrac{2\{x_{k^{(1)}+1}-x_2^*\}}{\Delta y}-\operatorname{sgn}\{\dot{x}_{k^{(1)}+1}\}\right\}\right\}\end{bmatrix}\tag{21-85d}$$

$$\{\widetilde{\varphi}_{k^{(2)}}\}=\begin{bmatrix}\operatorname{sgn}\{x_{k^{(2)}}+x_0\},\{x_{k^{(2)}}+x_0\},|x_{k^{(2)}}+x_0|\{x_{k^{(2)}}+x_0\},\cdots,\\ |x_{k^{(2)}}+x_0|^{n_1-1}\{x_{k^{(2)}}+x_0\},\operatorname{sgn}\{\dot{x}_{k^{(2)}}\},\dot{x}_{k^{(2)}},\\ |\dot{x}_{k^{(2)}}|\dot{x}_{k^{(2)}},\cdots,|\dot{x}_{k^{(2)}}|^{n_2-1}\dot{x}_{k^{(2)}},\\ (\operatorname{sgn}\{\dot{x}_{k^{(2)}}\})^2\cos\left\{\arccos\left\{\dfrac{2\{x_{k^{(2)}}-x_2^*\}}{\Delta y}-\operatorname{sgn}\{\dot{x}_{k^{(2)}}\}\right\}\right\},\cdots,\\ (\operatorname{sgn}\{\dot{x}_{k^{(2)}}\})^{n_3+1}\cos\left\{n_3\arccos\left\{\dfrac{2\{x_{k^{(2)}}-x_2^*\}}{\Delta y}-\operatorname{sgn}\{\dot{x}_{k^{(2)}}\}\right\}\right\}\end{bmatrix}\tag{21-85e}$$

$$\{\widetilde{\varphi}_{k^{(m_N-1)}+1}\}=\begin{bmatrix}\operatorname{sgn}\{x_{k^{(m_N-1)}+1}+x_0\},\{x_{k^{(m_N-1)}+1}+x_0\},\\ |x_{k^{(m_N-1)}+1}+x_0|\{x_{k^{(m_N-1)}+1}+x_0\},\cdots,\\ |x_{k^{(m_N-1)}+1}+x_0|^{n_1-1}\{x_{k^{(m_N-1)}+1}+x_0\},\\ \operatorname{sgn}\{\dot{x}_{k^{(m_N-1)}+1}\},\dot{x}_{k^{(m_N-1)}+1},|\dot{x}_{k^{(m_N-1)}+1}|\dot{x}_{k^{(m_N-1)}+1},\cdots,\\ |\dot{x}_{k^{(m_N-1)}+1}|^{n_2-1}\dot{x}_{k^{(m_N-1)}+1},\\ (\operatorname{sgn}\{\dot{x}_{k^{(m_N-1)}+1}\})^2\cos\left\{\arccos\left\{\dfrac{2\{x_{k^{(m_N-1)}+1}-x_{m_N}^*\}}{\Delta y}-\operatorname{sgn}\{\dot{x}_{k^{(m_N-1)}+1}\}\right\}\right\},\cdots,\\ (\operatorname{sgn}\{\dot{x}_{k^{(m_N-1)}+1}\})^{n_3+1}\cos\left\{n_3\arccos\left\{\dfrac{2\{x_{k^{(m_N-1)}+1}-x_{m_N}^*\}}{\Delta y}-\operatorname{sgn}\{\dot{x}_{k^{(m_N-1)}+1}\}\right\}\right\}\end{bmatrix}\tag{21-85f}$$

$$\{\widetilde{\varphi}_{k(m_N)}\}=\begin{bmatrix}\mathrm{sgn}\{x_{k(m_N)}+x_0\},\{x_{k(m_N)}+x_0\},|x_{k(m_N)}+x_0|\{x_{k(m_N)}+x_0\},\cdots,\\ |x_{k(m_N)}+x_0|^{n_1-1}\{x_{k(m_N)}+x_0\},\mathrm{sgn}\{\dot{x}_{k(m_N)}\},\\ \dot{x}_{k(m_N)},|\dot{x}_{k(m_N)}|\dot{x}_{k(m_N)},\cdots,|\dot{x}_{k(m_N)}|^{n_2-1}\dot{x}_{k(m_N)},\\ (\mathrm{sgn}\{\dot{x}_{k(m_N)}\})^2\cos\left\{\arccos\left\{\dfrac{2\{x_{k(m_N)}-x^*_{m_N}\}}{\Delta y}-\mathrm{sgn}\{\dot{x}_{k(m_N)}\}\right\}\right\},\cdots,\\ (\mathrm{sgn}\{\dot{x}_{k(m_N)}\})^{n_3+1}\cos\left\{n_3\arccos\left\{\dfrac{2\{x_{k(m_N)}-x^*_{m_N}\}}{\Delta y}-\mathrm{sgn}\{\dot{x}_{k(m_N)}\}\right\}\right\}\end{bmatrix}\tag{21-85g}$$

$$\widetilde{\eta}=\left[a_0a_1a_2\cdots a_{n_1}\left\{b_0+\frac{c_0}{2}\right\}b_1b_2\cdots b_{n_2}c_1c_2c_3\cdots c_{n_3}\right]^T\tag{21-86}$$

式（21-83）中诸极值 $x^*_m(m=1,2\cdots)$ 及最大变形差 Δy 的估计参见式（21-76）、式（21-77）。

参数向量 $\widetilde{\eta}$ 可由如下最小二乘法进行估计

$$\hat{\widetilde{\eta}}=\{\widetilde{A}^T\widetilde{A}\}^{-1}\widetilde{A}^TF\tag{21-87}$$

我们用 $\hat{c}_0(b_0=0)$，$\hat{c}_1$ 来估计记忆环节的物理参数。

根据式（21-40）、式（21-41）可建立如下代数方程

$$\frac{\hat{c}_0}{\hat{c}_1}=\frac{2\left(-\sin\hat{\theta}^*+\hat{\theta}^*\cos\hat{\theta}^*+\pi\sin^2\dfrac{\hat{\theta}^*}{2}\right)}{\dfrac{1}{2}\sin2\hat{\theta}^*-\hat{\theta}^*+\pi}\tag{21-88}$$

求解非线性代数方程式（21-88），得到 $\hat{\theta}^*$ 后再代回式（21-39）、式（21-40）可得到

$$\hat{y}_s=\frac{\Delta y}{4}(1+\cos\hat{\theta}^*)\tag{21-89}$$

$$\hat{k}_s=\frac{\pi\hat{c}_0}{\Delta y}\left(-\sin\hat{\theta}^*+\hat{\theta}^*\cos\hat{\theta}^*+\pi\sin^2\frac{\hat{\theta}^*}{2}\right)^{-1}\tag{21-90}$$

至此，物理参数 $\{k_s,y_s\}$ 识别完毕。

21.2　拉-压非对称金属橡胶隔振器参数识别方法

21.2.1　金属橡胶隔振器结构及非线性泛函本构关系

1. 金属橡胶隔振器结构

一般，典型的拉-压非对称金属橡胶隔振器结构如图 21－15 所示。

图 21－15 中，考虑到设备隔振设计的需要，金属橡胶元件 G_1 和 G_2 具有不同的非线性

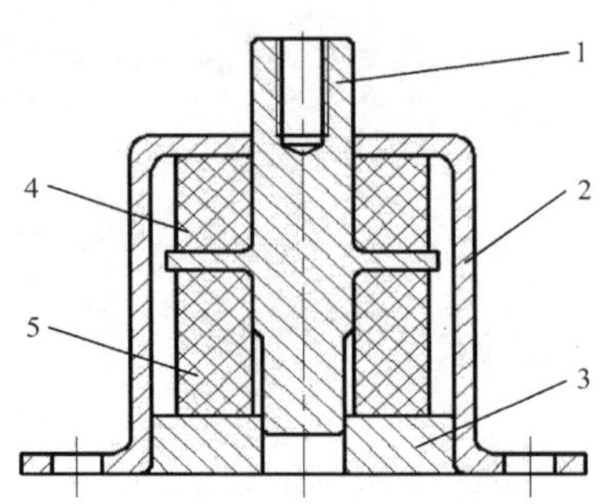

图 21－15　拉-压非对称金属橡胶隔振器结构示意

1—中心拉杆；2—壳体；3—底座；4—金属橡胶元件 G_1；5—金属橡胶元件 G_2

泛函本构关系。

2. 非线性泛函本构关系

假设在中心拉杆上施加一个作用力 $f(t)+f_0$，记 f_0 作用下中心拉杆静变形 x_0，它可以用图 21－16 所示力学模型近似表示。

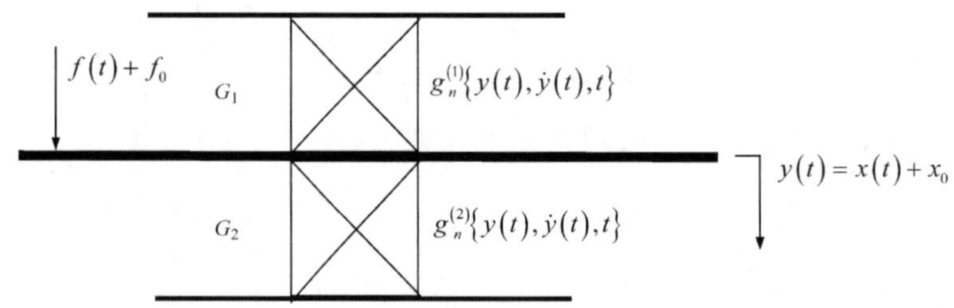

图 21－16　非对称结构力学模型

f_0 是质量为 M 的待隔振设备产生的等效重力。G_1、G_2 为忽略自身质量的金属橡胶弹性阻尼元件，$g_n^{(1)}\{y(t),\dot{y}(t),t\}$，$g_n^{(2)}\{y(t),\dot{y}(t),t\}$ 分别为 G_1、G_2 的非线性本构关系。取施加 f_0 后中心拉杆的位置为静平衡位置，并假定金属橡胶隔振器装配时采用预压缩装配，保证中心拉杆上下运动时始终与 G_1、G_2 接触不脱开。非对称结构运动方程为

$$\sum_{i=1}^{2} g_n^{(i)}\{y(t),\dot{y}(t),t\}=f(t)+f_0 \tag{21-91}$$

一般，非线性元件 G_1、G_2 的本构关系可以分解为有记忆环节和无记忆环节的并联，即有

$$g_n^{(i)}\{y(t),\dot{y}(t),t\}=g_0^{(i)}\{y(t),\dot{y}(t)\}+z^{(i)}(t)\ (i=1,2) \tag{21-92}$$

式中，无记忆环节的本构关系取为线性模型，表述为

$$\begin{aligned} g_0^{(i)}\{y(t),\dot{y}(t)\}=&\ a_0^{(i)}\operatorname{sgn}\{y(t)\}+\sum_{n=1}^{n_1}a_n^{(i)}\ |y(t)|^{n-1}y(t)+b_0^{(i)}\operatorname{sgn}\{\dot{y}(t)\} \\ &+\sum_{n=1}^{n_2}b_n^{(i)}\ |\dot{y}(t)|^{n-1}\dot{y}(t)\ (i=1,2) \end{aligned} \tag{21-93}$$

为简便记，G_1,G_2 无记忆环节本构关系线性模型中，求和式中取相同项数。G_1,G_2 中有记忆环节 $z^{(i)}(t)$ $(i=1,2)$ 采用图 21－17 所示接触模型描述。

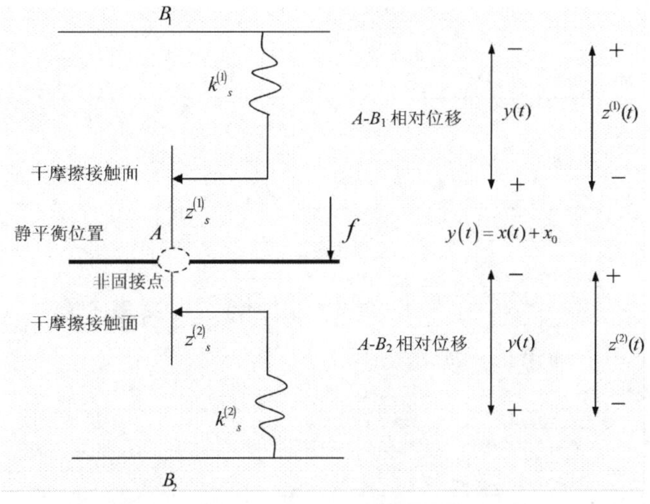

图 21－17　G_1，G_2 中有记忆环节模型

图 21－17 中，A 上下运动，而 B_1、B_2固定不动。

假定当采用电液伺服疲劳试验机正弦位移加载进行参数识别时，中心拉杆在试验机上夹头带动下在静平衡位置附近做正弦位移运动，并调整振幅使中心拉杆始终与 G_1,G_2 接触不脱开。

设 G_1、G_2 装配前高度为 h_1、h_2。初始装配时，G_1、G_2 分别被预先压缩 $\Delta^{(1)}y_0$、$\Delta^{(2)}y_0$，在 f_0 作用下 G_1、G_2 分别伸张和压缩 $\Delta^{(1)}y_{f_0}=\Delta^{(2)}y_{f_0}=x_0$，$y_{p-p}$ 为正弦运动峰一峰值，则使中心拉杆始终与 G_1、G_2 接触不脱开需满足如下条件

$$\Delta^{(1)}y_0-x_0>\frac{1}{2}y_{p-p}\text{，}\Delta^{(2)}y_0+x_0>\frac{1}{2}y_{p-p} \tag{21-94}$$

则当中心拉杆按图 21－18 所示位移函数 $y(t)$ 运动时，记忆环节 $z^{(i)}(t)$ $(i=1,2)$ 与 $y(t)$ 之间的迟滞曲线如图 21－19 所示。

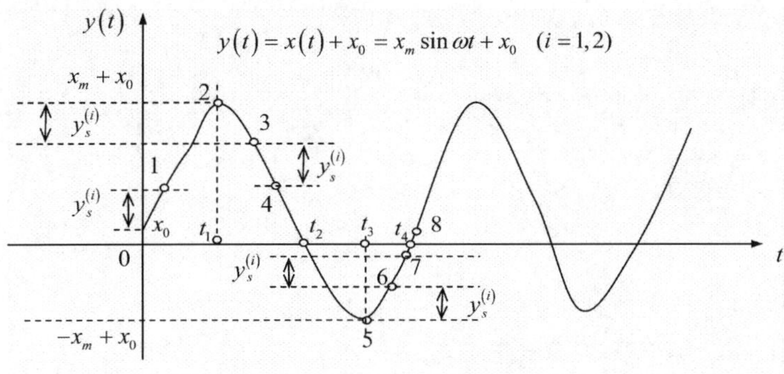

图 21－18　位移函数 $y(t)$

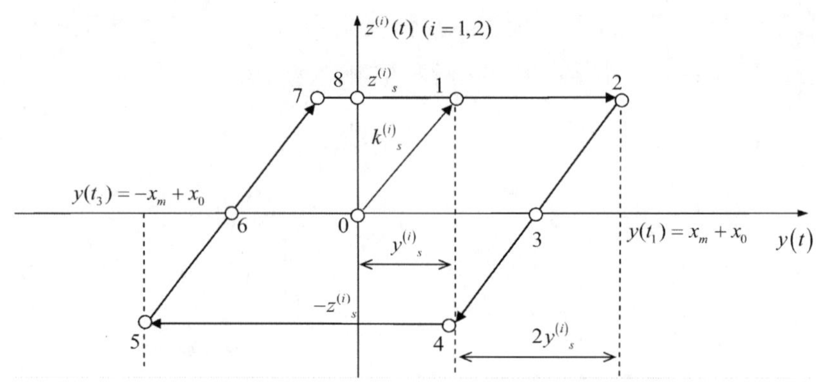

图 21-19　$z^{(i)}(t)$ $(i=1, 2)$ $-y(t)$ 迟滞曲线

G_1、G_2 中有记忆环节增量形式本构方程为

$$\frac{\mathrm{d}z^{(i)}(t)}{\mathrm{d}y(t)}=\frac{k_s^{(i)}}{2}[1+\operatorname{sgn}\{z_s^{(i)}-|z^{(i)}(t)|\}]$$
$$=\begin{cases}k_s^{(i)},-x_m+x_0\leqslant y(t)\leqslant -x_m+x_0+2y_s^{(i)}, & \dot{y}(t)>0\\ 0,-x_m+x_0+2y_s^{(i)}<y(t)\leqslant x_m+x_0, & \dot{y}(t)>0\\ k_s^{(i)},x_m+x_0-2y_s^{(i)}\leqslant y(t)\leqslant x_m+x_0, & \dot{y}(t)<0\\ 0,-x_m+x_0\leqslant y(t)<x_m+x_0-2y_s^{(i)}, & \dot{y}(t)<0\end{cases}\quad (i=1,2)\tag{21-95}$$

式中有关符号含义参见 21.1 节。

21.2.2　非线性泛函本构关系级数展开

1. 间接 Fourier 级数展开

中心拉杆按图 21-20 所示正弦位移函数 $y(t)$ 运动时，记忆环节 $z^{(i)}(t)$ $(i=1,2)$ 与 $y(t)$ 之间的迟滞曲线如图 21-21 所示。

则参照 21.1.2 小节推导不难写出 $z^{(i)}(t)$ $(i=1,2)$ 的 Fourier 级数展开式

$$z^{(i)}(t)=\alpha_0^{(i)}\{y(t)-y(t_m^*)\}+\sum_{k=1}^{\infty}\alpha_k^{(i)}\sin\left\{\frac{2k\pi\{y(t)-y(t_m^*)\}}{\Delta y}\right\}$$
$$+\operatorname{sgn}\{\dot{y}(t)\}\beta_k^{(i)}\left\{1-\cos\left\{\frac{2k\pi\{y(t)-y(t_m^*)\}}{\Delta y}\right\}\right\}+\operatorname{sgn}\{y(t_m^*)\}z_s^{(i)}$$
$$t_m^*<t<t_{m+1}^*(m=1,2,3,4,5\cdots),\ i=1,2\tag{21-96}$$

式中

$$\alpha_0^{(i)}=\frac{2z_s^{(i)}}{\Delta y}\ (i=1,2)\tag{21-97a}$$

$$\alpha_k^{(i)}=\frac{k_s^{(i)}\Delta y}{\{\sqrt{2}\pi k\}^2}\sin\left\{\frac{4k\pi y_s^{(i)}}{\Delta y}\right\},k=1,2\cdots\ (i=1,2)\tag{21-97b}$$

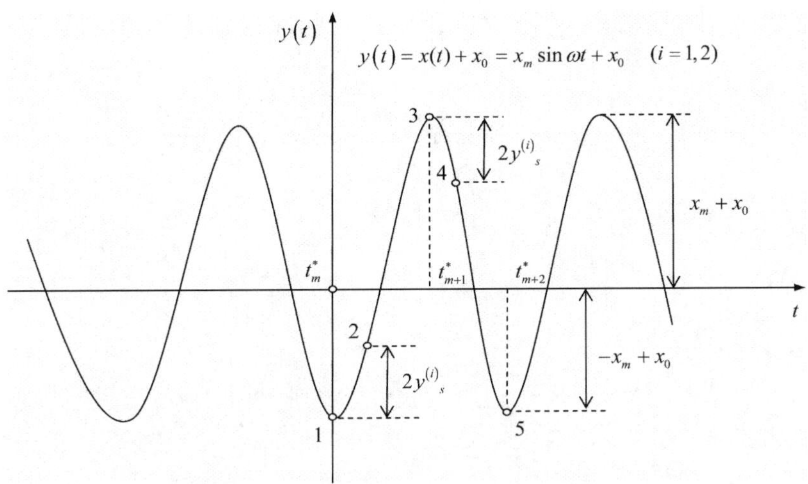

图 21-20　正弦位移函数 $y(t)$

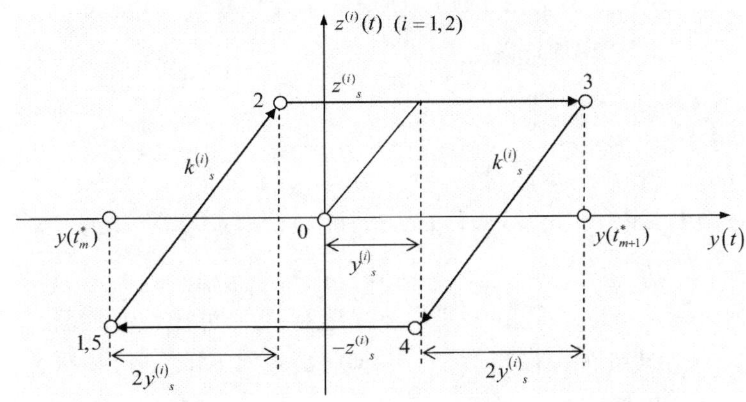

图 21-21　$z^{(i)}(t)\ (i=1,\ 2)-y(t)$（正弦位移）迟滞曲线

$$\beta_k^{(i)}=\frac{k_s^{(i)}\Delta y}{\{\sqrt{2}\pi k\}^2}\left\{1-\cos\left\{\frac{4k\pi y_s^{(i)}}{\Delta y}\right\}\right\},k=1,2\cdots\ (i=1,2) \qquad (21\text{-}97c)$$

这样，就得到了一个关于参数 $\{z_s^{(i)},\alpha_k^{(i)},\beta_k^{(i)}\}$ $(i=1,2)$ 的线性模型。物理参数 $\{z_s^{(i)},y_s^{(i)}\}$ $(i=1,2)$ 通过比较简单的非线性关系式（21-97a）～式（21-97c）与上述线性参数相联系。

2. 直接 Chebyshev 级数展开

参照 21.1.2 小节推导不难写出 $z^{(i)}(t)$ $(i=1,2)$ 的 Chebyshev 级数展开式

$$\begin{aligned}z^{(i)}\{y(t),\dot{y}(t),t\}&=\frac{c_0^{(i)}}{2}\mathrm{sgn}\{\dot{y}(t)\}+\sum_{k=1}^{\infty}c_k^{(i)}(\mathrm{sgn}\{\dot{y}(t)\})^{k+1}\cos\{k\arccos\{\overline{y}(t)\}\}\\&=\frac{c_0^{(i)}}{2}\mathrm{sgn}\{\dot{y}(t)\}+\sum_{k=1}^{\infty}c_k^{(i)}(\mathrm{sgn}\{\dot{y}(t)\})^{k+1}\\&\quad\times\cos\left\{k\arccos\left\{\frac{2\{y(t)-y(t_m^*)\}}{\Delta y}-\mathrm{sgn}\{\dot{y}(t)\}\right\}\right\}\end{aligned}$$

$$t_m^* \leqslant t \leqslant t_{m+1}^* (m = 1,2,3,4\cdots),\ i = 1,2 \tag{21-98}$$

式中

$$c_0^{(i)} = \frac{k_s^{(i)} \Delta y}{\pi}\left\{-\sin\theta^* + \theta^* \cos\theta^* + \pi \sin^2 \frac{\theta^*}{2}\right\}\ (i = 1,2) \tag{21-99a}$$

$$c_1^{(i)} = \frac{k_s^{(i)} \Delta y}{2\pi}\left\{\frac{1}{2}\sin 2\theta^* - \theta^* + \pi\right\}\ (i = 1,2) \tag{21-99b}$$

$$c_k^{(i)} = \frac{k_s^{(i)} \Delta y}{\pi} \frac{1}{k(k^2-1)}\{k\sin\theta^* \cos\{k\theta^*\} - \sin\{k\theta^*\}\cos\theta^*\},\theta^* = \arccos\left\{\frac{4y_s^{(i)}}{\Delta y} - 1\right\}$$
$$(k = 2,3\cdots;\ i = 1,2) \tag{21-99c}$$

而物理参数 $\{z_s^{(i)}, y_s^{(i)}\}$ $(i = 1,2)$ 通过比较复杂的非线性关系式（21-99a）～式（21-99c）与上述线性参数相联系。

21.2.3　参数识别

测量到非线性元件的静变形 x_0 及激励、响应的采样信号 $f_k, \ddot{x}_k, \dot{x}_k, x_k (k = 1,2,\cdots,N)$ 后，由方程式（21-91）可形成参数识别问题。

$$\sum_{i=1}^{2} g_n^{(i)}\{x_k + x_0, \dot{x}_k, t_k, \xi\} = f_k + f_0 \quad (k = 1,2,\cdots,N) \tag{21-100}$$

式中，ξ 为待识别的元件物理参数向量

$$\xi = \begin{Bmatrix} a_0^{(1)}, a_1^{(1)}, \cdots, a_{n_1}^{(1)}, b_0^{(1)}, b_1^{(1)}, \cdots, b_{n_2}^{(1)}, z_s^{(1)}, y_s^{(1)}, a_0^{(2)}, a_1^{(2)}, \cdots, \\ a_{n_1}^{(2)}, b_0^{(2)}, b_1^{(2)}, \cdots, b_{n_2}^{(2)}, z_s^{(2)}, y_s^{(2)} \end{Bmatrix}^T \tag{21-101}$$

由 $g_n^{(i)}$ 的表达式（21-92）、式（21-93）及式（21-95）可知，参数识别问题式（21-100）是关于 $z_s^{(i)} (i = 1,2)$ 非线性的。但目前这一非线性参数识别问题可简化为扩充参数的线性参数估计问题，现按不同展开方法讨论。

1. 间接 Fourier 展开的参数识别方法

参照 21.1.3 小节推导，不难写出识别方程

$$A \times \begin{bmatrix} \eta_1 \\ \eta_2 \end{bmatrix} = F \tag{21-102}$$

式中

$$\eta_1 = \begin{bmatrix} a_0^{(1)}, a_1^{(1)}, a_2^{(1)}, \cdots, a_{n_1}^{(1)}, b_0^{(1)}, b_1^{(1)}, b_2^{(1)}, \cdots, b_{n_2}^{(1)}, z_s^{(1)}, \\ \alpha_1^{(1)}, \alpha_2^{(1)}, \cdots, \alpha_{n_3}^{(1)}, \beta_1^{(1)}, \beta_2^{(1)}, \cdots, \beta_{n_3}^{(1)} \end{bmatrix}^T \tag{21-103a}$$

$$\eta_2 = \begin{bmatrix} a_0^{(2)}, a_1^{(2)}, a_2^{(2)}, \cdots, a_{n_1}^{(2)}, b_0^{(2)}, b_1^{(2)}, b_2^{(2)}, \cdots, b_{n_2}^{(2)}, z_s^{(2)}, \\ \alpha_1^{(2)}, \alpha_2^{(2)}, \cdots, \alpha_{n_3}^{(2)}, \beta_1^{(2)}, \beta_2^{(2)}, \cdots, \beta_{n_3}^{(2)} \end{bmatrix}^T \tag{21-103b}$$

$$F = [f_1 + f_0 \quad f_2 + f_0 \cdots \quad f_{k^{(1)}} + f_0 \quad f_{k^{(1)}+1} + f_0 \cdots \quad f_{k^{(2)}} + f_0]^T \tag{21-103c}$$

$$A = [\{\varphi_1\}\{\varphi_2\}\cdots\{\varphi_{k^{(1)}}\}\{\varphi_{k^{(1)}+1}\}\cdots\{\varphi_{k^{(2)}}\}]^T \tag{21-103d}$$

式（21-103d）中

$$\{\varphi_1\}=$$

$$\left[\begin{array}{l}\operatorname{sgn}\{x_1+x_0\},\{x_1+x_0\},|x_1+x_0|\{x_1+x_0\},\cdots,|x_1+x_0|^{n_1-1}\{x_1+x_0\},\\ \operatorname{sgn}\{\dot{x}_1\},\dot{x}_1,|\dot{x}_1|\dot{x}_1,\cdots,|\dot{x}_1|^{n_2-1}\dot{x}_1,\left\{\operatorname{sgn}\{x_0+x_1^*\}+\dfrac{2}{\Delta y}\{x_1-x_1^*\}\right\},\\ \sin\left\{\dfrac{2\pi\{x_1-x_1^*\}}{\Delta y}\right\},\sin\left\{\dfrac{4\pi\{x_1-x_1^*\}}{\Delta y}\right\},\cdots,\sin\left\{\dfrac{2n_3\pi\{x_1-x_1^*\}}{\Delta y}\right\},\\ \operatorname{sgn}\{\dot{x}_1\}\left\{1-\cos\left\{\dfrac{2\pi\{x_1-x_1^*\}}{\Delta y}\right\}\right\},\operatorname{sgn}\{\dot{x}_1\}\left\{1-\cos\left\{\dfrac{4\pi\{x_1-x_1^*\}}{\Delta y}\right\}\right\},\cdots,\\ \operatorname{sgn}\{\dot{x}_1\}\left\{1-\cos\left\{\dfrac{2n_3\pi\{x_1-x_1^*\}}{\Delta y}\right\}\right\},\operatorname{sgn}\{x_1+x_0\},\{x_1+x_0\},\\ |x_1+x_0|\{x_1+x_0\},\cdots,|x_1+x_0|^{n_1-1}\{x_1+x_0\},\operatorname{sgn}\{\dot{x}_1\},\dot{x}_1,|\dot{x}_1|\dot{x}_1,\cdots,\\ |\dot{x}_1|^{n_2-1}\dot{x}_1,\left\{\operatorname{sgn}\{x_0+x_1^*\}+\dfrac{2}{\Delta y}\{x_1-x_1^*\}\right\},\sin\left\{\dfrac{2\pi\{x_1-x_1^*\}}{\Delta y}\right\},\\ \sin\left\{\dfrac{4\pi\{x_1-x_1^*\}}{\Delta y}\right\},\cdots,\sin\left\{\dfrac{2n_3\pi\{x_1-x_1^*\}}{\Delta y}\right\},\\ \operatorname{sgn}\{\dot{x}_1\}\left\{1-\cos\left\{\dfrac{2\pi\{x_1-x_1^*\}}{\Delta y}\right\}\right\},\operatorname{sgn}\{\dot{x}_1\}\left\{1-\cos\left\{\dfrac{4\pi\{x_1-x_1^*\}}{\Delta y}\right\}\right\},\cdots,\\ \operatorname{sgn}\{\dot{x}_1\}\left\{1-\cos\left\{\dfrac{2n_3\pi\{x_1-x_1^*\}}{\Delta y}\right\}\right\}\end{array}\right] \tag{21-104a}$$

$$\{\varphi_2\}=$$

$$\left[\begin{array}{l}\operatorname{sgn}\{x_2+x_0\},\{x_2+x_0\},|x_2+x_0|\{x_2+x_0\},\cdots,|x_2+x_0|^{n_1-1}\{x_2+x_0\},\\ \operatorname{sgn}\{\dot{x}_2\},\dot{x}_2,|\dot{x}_2|\dot{x}_2,\cdots,|\dot{x}_2|^{n_2-1}\dot{x}_2,\left\{\operatorname{sgn}\{x_0+x_1^*\}+\dfrac{2}{\Delta y}\{x_2-x_1^*\}\right\},\\ \sin\left\{\dfrac{2\pi\{x_2-x_1^*\}}{\Delta y}\right\},\sin\left\{\dfrac{4\pi\{x_2-x_1^*\}}{\Delta y}\right\},\cdots,\sin\left\{\dfrac{2n_3\pi\{x_2-x_1^*\}}{\Delta y}\right\},\\ \operatorname{sgn}\{\dot{x}_2\}\left\{1-\cos\left\{\dfrac{2\pi\{x_2-x_1^*\}}{\Delta y}\right\}\right\},\operatorname{sgn}\{\dot{x}_2\}\left\{1-\cos\left\{\dfrac{4\pi\{x_2-x_1^*\}}{\Delta y}\right\}\right\},\cdots,\\ \operatorname{sgn}\{\dot{x}_2\}\left\{1-\cos\left\{\dfrac{2n_3\pi\{x_2-x_1^*\}}{\Delta y}\right\}\right\},\operatorname{sgn}\{x_2+x_0\},\{x_2+x_0\},|x_2+x_0|\\ \{x_2+x_0\},\cdots,|x_2+x_0|^{n_1-1}\{x_2+x_0\},\operatorname{sgn}\{\dot{x}_2\},\dot{x}_2,|\dot{x}_2|\dot{x}_2,\cdots,|\dot{x}_2|^{n_2-1}\dot{x}_2,\\ \left\{\operatorname{sgn}\{x_0+x_1^*\}+\dfrac{2}{\Delta y}\{x_2-x_1^*\}\right\},\sin\left\{\dfrac{2\pi\{x_2-x_1^*\}}{\Delta y}\right\},\sin\left\{\dfrac{4\pi\{x_2-x_1^*\}}{\Delta y}\right\},\cdots,\\ \sin\left\{\dfrac{2n_3\pi\{x_2-x_1^*\}}{\Delta y}\right\},\operatorname{sgn}\{\dot{x}_2\}\left\{1-\cos\left\{\dfrac{2\pi\{x_2-x_1^*\}}{\Delta y}\right\}\right\},\\ \operatorname{sgn}\{\dot{x}_2\}\left\{1-\cos\left\{\dfrac{4\pi\{x_2-x_1^*\}}{\Delta y}\right\}\right\},\cdots,\operatorname{sgn}\{\dot{x}_2\}\left\{1-\cos\left\{\dfrac{2n_3\pi\{x_2-x_1^*\}}{\Delta y}\right\}\right\}\end{array}\right] \tag{21-104b}$$

$$\{\varphi_{k(1)}\}=$$

$$\begin{bmatrix}
\mathrm{sgn}\{x_{k(1)}+x_0\},\{x_{k(1)}+x_0\},|x_{k(1)}+x_0|\{x_{k(1)}+x_0\},\cdots,\\
|x_{k(1)}+x_0|^{n_1-1}\{x_{k(1)}+x_0\},\mathrm{sgn}\{\dot{x}_{k(1)}\},\dot{x}_{k(1)},\\
|\dot{x}_{k(1)}|\dot{x}_{k(1)},\cdots,|\dot{x}_{k(1)}|^{n_2-1}\dot{x}_{k(1)},\\
\left\{\mathrm{sgn}\{x_0+x_1^*\}+\dfrac{2}{\Delta y}\{x_{k(1)}-x_1^*\}\right\},\\
\sin\left\{\dfrac{2\pi\{x_{k(1)}-x_1^*\}}{\Delta y}\right\},\\
\sin\left\{\dfrac{4\pi\{x_{k(1)}-x_1^*\}}{\Delta y}\right\},\cdots,\sin\left\{\dfrac{2n_3\pi\{x_{k(1)}-x_1^*\}}{\Delta y}\right\},\\
\mathrm{sgn}\{\dot{x}_{k(1)}\}\left\{1-\cos\left\{\dfrac{2\pi\{x_{k(1)}-x_1^*\}}{\Delta y}\right\}\right\},\\
\mathrm{sgn}\{\dot{x}_{k(1)}\}\left\{1-\cos\left\{\dfrac{4\pi\{x_{k(1)}-x_1^*\}}{\Delta y}\right\}\right\},\cdots,\\
\mathrm{sgn}\{\dot{x}_{k(1)}\}\left\{1-\cos\left\{\dfrac{2n_3\pi\{x_{k(1)}-x_1^*\}}{\Delta y}\right\}\right\},\\
\mathrm{sgn}\{x_{k(1)}+x_0\},\{x_{k(1)}+x_0\},|x_{k(1)}+x_0|\{x_{k(1)}+x_0\},\cdots,\\
|x_{k(1)}+x_0|^{n_1-1}\{x_{k(1)}+x_0\},\mathrm{sgn}\{\dot{x}_{k(1)}\},\dot{x}_{k(1)},\\
|\dot{x}_{k(1)}|\dot{x}_{k(1)},\cdots,|\dot{x}_{k(1)}|^{n_2-1}\dot{x}_{k(1)},\\
\left\{\mathrm{sgn}\{x_0+x_1^*\}+\dfrac{2}{\Delta y}\{x_{k(1)}-x_1^*\}\right\},\sin\left\{\dfrac{2\pi\{x_{k(1)}-x_1^*\}}{\Delta y}\right\},\\
\sin\left\{\dfrac{4\pi\{x_{k(1)}-x_1^*\}}{\Delta y}\right\},\cdots,\sin\left\{\dfrac{2n_3\pi\{x_{k(1)}-x_1^*\}}{\Delta y}\right\},\\
\mathrm{sgn}\{\dot{x}_{k(1)}\}\left\{1-\cos\left\{\dfrac{2\pi\{x_{k(1)}-x_1^*\}}{\Delta y}\right\}\right\},\\
\mathrm{sgn}\{\dot{x}_{k(1)}\}\left\{1-\cos\left\{\dfrac{4\pi\{x_{k(1)}-x_1^*\}}{\Delta y}\right\}\right\},\cdots,\\
\mathrm{sgn}\{\dot{x}_{k(1)}\}\left\{1-\cos\left\{\dfrac{2n_3\pi\{x_{k(1)}-x_1^*\}}{\Delta y}\right\}\right\}
\end{bmatrix} \tag{21-104c}$$

$$\{\varphi_{k^{(1)}+1}\}=\begin{bmatrix}\operatorname{sgn}\{x_{k^{(1)}+1}+x_0\},\{x_{k^{(1)}+1}+x_0\},|x_{k^{(1)}+1}+x_0|\{x_{k^{(1)}+1}+x_0\},\cdots,\\ |x_{k^{(1)}+1}+x_0|^{n_1-1}\{x_{k^{(1)}+1}+x_0\},\operatorname{sgn}\{\dot{x}_{k^{(1)}+1}\},\\ \dot{x}_{k^{(1)}+1},|\dot{x}_{k^{(1)}+1}|\dot{x}_{k^{(1)}+1},\cdots,|\dot{x}_{k^{(1)}+1}|^{n_2-1}\dot{x}_{k^{(1)}+1},\\ \left\{\operatorname{sgn}\{x_0+x_2^*\}+\frac{2}{\Delta y}\{x_{k^{(1)}+1}-x_2^*\}\right\},\sin\left\{\frac{2\pi\{x_{k^{(1)}+1}-x_2^*\}}{\Delta y}\right\},\\ \sin\left\{\frac{4\pi\{x_{k^{(1)}+1}-x_2^*\}}{\Delta y}\right\},\cdots,\sin\left\{\frac{2n_3\pi\{x_{k^{(1)}+1}-x_2^*\}}{\Delta y}\right\},\\ \operatorname{sgn}\{\dot{x}_{k^{(1)}+1}\}\left\{1-\cos\left\{\frac{2\pi\{x_{k^{(1)}+1}-x_2^*\}}{\Delta y}\right\}\right\},\\ \operatorname{sgn}\{\dot{x}_{k^{(1)}+1}\}\left\{1-\cos\left\{\frac{4\pi\{x_{k^{(1)}+1}-x_2^*\}}{\Delta y}\right\}\right\},\cdots,\\ \operatorname{sgn}\{\dot{x}_{k^{(1)}+1}\}\left\{1-\cos\left\{\frac{2n_3\pi\{x_{k^{(1)}+1}-x_2^*\}}{\Delta y}\right\}\right\},\\ \operatorname{sgn}\{x_{k^{(1)}+1}+x_0\},\{x_{k^{(1)}+1}+x_0\},|x_{k^{(1)}+1}+x_0|\{x_{k^{(1)}+1}+x_0\},\cdots,\\ |x_{k^{(1)}+1}+x_0|^{n_1-1}\{x_{k^{(1)}+1}+x_0\},\operatorname{sgn}\{\dot{x}_{k^{(1)}+1}\},\\ \dot{x}_{k^{(1)}+1},|\dot{x}_{k^{(1)}+1}|\dot{x}_{k^{(1)}+1},\cdots,|\dot{x}_{k^{(1)}+1}|^{n_2-1}\dot{x}_{k^{(1)}+1},\\ \left\{\operatorname{sgn}\{x_0+x_2^*\}+\frac{2}{\Delta y}\{x_{k^{(1)}+1}-x_2^*\}\right\},\sin\left\{\frac{2\pi\{x_{k^{(1)}+1}-x_2^*\}}{\Delta y}\right\},\\ \sin\left\{\frac{4\pi\{x_{k^{(1)}+1}-x_2^*\}}{\Delta y}\right\},\cdots,\sin\left\{\frac{2n_3\pi\{x_{k^{(1)}+1}-x_2^*\}}{\Delta y}\right\},\\ \operatorname{sgn}\{\dot{x}_{k^{(1)}+1}\}\left\{1-\cos\left\{\frac{2\pi\{x_{k^{(1)}+1}-x_2^*\}}{\Delta y}\right\}\right\},\\ \operatorname{sgn}\{\dot{x}_{k^{(1)}+1}\}\left\{1-\cos\left\{\frac{4\pi\{x_{k^{(1)}+1}-x_2^*\}}{\Delta y}\right\}\right\},\cdots,\\ \operatorname{sgn}\{\dot{x}_{k^{(1)}+1}\}\left\{1-\cos\left\{\frac{2n_3\pi\{x_{k^{(1)}+1}-x_2^*\}}{\Delta y}\right\}\right\}\end{bmatrix} \tag{21-104d}$$

$$
\{\varphi_{k(2)}\}=
\begin{bmatrix}
\mathrm{sgn}\{x_{k(2)}+x_0\},\{x_{k(2)}+x_0\},|x_{k(2)}+x_0|\{x_{k(2)}+x_0\},\cdots,\\
|x_{k(2)}+x_0|^{n_1-1}\{x_{k(2)}+x_0\},\mathrm{sgn}\{\dot{x}_{k(2)}\},\\
\dot{x}_{k(2)},|\dot{x}_{k(2)}|\dot{x}_{k(2)},\cdots,|\dot{x}_{k(2)}|^{n_2-1}\dot{x}_{k(2)},\\
\left\{\mathrm{sgn}\{x_0+x_2^*\}+\dfrac{2}{\Delta y}\{x_{k(2)}-x_2^*\}\right\},\sin\left\{\dfrac{2\pi\{x_{k(2)}-x_2^*\}}{\Delta y}\right\},\\
\sin\left\{\dfrac{4\pi\{x_{k(2)}-x_2^*\}}{\Delta y}\right\},\cdots,\\
\sin\left\{\dfrac{2n_3\pi\{x_{k(2)}-x_2^*\}}{\Delta y}\right\},\mathrm{sgn}\{\dot{x}_{k(2)}\}\left\{1-\cos\left\{\dfrac{2\pi\{x_{k(2)}-x_2^*\}}{\Delta y}\right\}\right\},\\
\mathrm{sgn}\{\dot{x}_{k(2)}\}\left\{1-\cos\left\{\dfrac{4\pi\{x_{k(2)}-x_2^*\}}{\Delta y}\right\}\right\},\cdots,\\
\mathrm{sgn}\{\dot{x}_{k(2)}\}\left\{1-\cos\left\{\dfrac{2n_3\pi\{x_{k(2)}-x_2^*\}}{\Delta y}\right\}\right\},\\
\mathrm{sgn}\{x_{k(2)}+x_0\},\{x_{k(2)}+x_0\},|x_{k(2)}+x_0|\{x_{k(2)}+x_0\},\cdots,\\
|x_{k(2)}+x_0|^{n_1-1}\{x_{k(2)}+x_0\},\mathrm{sgn}\{\dot{x}_{k(2)}\},\\
\dot{x}_{k(2)},|\dot{x}_{k(2)}|\dot{x}_{k(2)},\cdots,|\dot{x}_{k(2)}|^{n_2-1}\dot{x}_{k(2)},\\
\left\{\mathrm{sgn}\{x_0+x_2^*\}+\dfrac{2}{\Delta y}\{x_{k(2)}-x_2^*\}\right\},\\
\sin\left\{\dfrac{2\pi\{x_{k(2)}-x_2^*\}}{\Delta y}\right\},\sin\left\{\dfrac{4\pi\{x_{k(2)}-x_2^*\}}{\Delta y}\right\},\cdots,\\
\sin\left\{\dfrac{2n_3\pi\{x_{k(2)}-x_2^*\}}{\Delta y}\right\},\mathrm{sgn}\{\dot{x}_{k(2)}\}\left\{1-\cos\left\{\dfrac{2\pi\{x_{k(2)}-x_2^*\}}{\Delta y}\right\}\right\},\\
\mathrm{sgn}\{\dot{x}_{k(2)}\}\left\{1-\cos\left\{\dfrac{4\pi\{x_{k(2)}-x_2^*\}}{\Delta y}\right\}\right\},\cdots,\\
\mathrm{sgn}\{\dot{x}_{k(2)}\}\left\{1-\cos\left\{\dfrac{2n_3\pi\{x_{k(2)}-x_2^*\}}{\Delta y}\right\}\right\}
\end{bmatrix}
\tag{21-104e}
$$

式（21-104a）～式（21-104e）中符号含义参见 21.1.3 小节。

参数向量 η 可由如下最小二乘法进行估计

$$
\begin{Bmatrix}\hat{\eta}_1\\ \hat{\eta}_2\end{Bmatrix}=\{A^TA\}^{-1}A^TF \tag{21-105}
$$

由式（21-105）得到 $z_s^{(i)}(i=1,2)$ 的一个估计 $\hat{z}_s^{(i)}(i=1,2)$。

参见21.1.3小节，不难得到 $y_s^{(i)}(i=1,2)$ 的一个估计

$$\hat{y}_s^{(i)}=\hat{y}_s^{(i)}(1)=\frac{\Delta y}{2\pi}\left\{\arctan\left\{\frac{\hat{\beta}_1^{(i)}}{\hat{\alpha}_1^{(i)}}\right\}+\frac{\pi}{2}\{1-\mathrm{sgn}(\hat{\alpha}_1^{(i)}\hat{\beta}_1^{(i)})\}\right\}(i=1,2) \tag{21-106}$$

极值 x_m^* 的二次代数精度估计也参见21.1.3小节参数识别方法。

以上是采用1个完整周期正弦波进行参数识别的算法，为提高识别精度，可用不同周期正弦波进行参数识别，最后取平均值。

2. 直接Chebyshev展开的参数识别方法

参照21.1.3小节推导，不难写出识别方程。

$$A\times\begin{bmatrix}\eta_1\\ \eta_2\end{bmatrix}=F \tag{21-107}$$

式中，F 表达式同式（21-103c），η_1、η_2、A 分别为

$$\eta_1=\left[a_0^{(1)},a_1^{(1)},a_2^{(1)},\cdots,a_{n_1}^{(1)},\left\{b_0^{(1)}+\frac{c_0^{(1)}}{2}\right\},b_1^{(1)},b_2^{(1)},\cdots,b_{n_2}^{(1)},c_1^{(1)},\cdots,c_{n_3}^{(1)}\right]^T \tag{21-108a}$$

$$\eta_2=\left[a_0^{(2)},a_1^{(2)},a_2^{(2)},\cdots,a_{n_1}^{(2)},\left\{b_0^{(2)}+\frac{c_0^{(2)}}{2}\right\},b_1^{(2)},b_2^{(2)},\cdots,b_{n_2}^{(2)},c_1^{(2)},\cdots,c_{n_3}^{(2)}\right]^T \tag{21-108b}$$

$$A=\left[\{\varphi_1\}\quad\{\varphi_2\}\quad\cdots\quad\{\varphi_{k^{(1)}}\}\quad\{\varphi_{k^{(1)}+1}\}\quad\cdots\quad\{\varphi_{k^{(2)}}\}\right]^T \tag{21-108c}$$

式（21-108c）中

$\{\varphi_1\}=$

$$\begin{bmatrix}\mathrm{sgn}\{x_1+x_0\},\{x_1+x_0\},|x_1+x_0|\{x_1+x_0\},\cdots,|x_1+x_0|^{n_1-1}\{x_1+x_0\},\\ \mathrm{sgn}\{\dot{x}_1\},\dot{x}_1,|\dot{x}_1|\dot{x}_1,\cdots,|\dot{x}_1|^{n_2-1}\dot{x}_1,\\ (\mathrm{sgn}\ \{\dot{x}_1\})^2\cos\left\{\arccos\left\{\frac{2\{x_1-x_1^*\}}{\Delta y}-\mathrm{sgn}\{\dot{x}_1\}\right\}\right\},\cdots,\\ (\mathrm{sgn}\ \{\dot{x}_1\})^{n_3+1}\cos\left\{n_3\arccos\left\{\frac{2\{x_1-x_1^*\}}{\Delta y}-\mathrm{sgn}\{\dot{x}_1\}\right\}\right\},\\ \mathrm{sgn}\{x_1+x_0\},\{x_1+x_0\},|x_1+x_0|\{x_1+x_0\},\cdots,|x_1+x_0|^{n_1-1}\{x_1+x_0\},\\ \mathrm{sgn}\{\dot{x}_1\},\dot{x}_1,|\dot{x}_1|\dot{x}_1,\cdots,|\dot{x}_1|^{n_2-1}\dot{x}_1,\\ (\mathrm{sgn}\ \{\dot{x}_1\})^2\cos\left\{\arccos\left\{\frac{2\{x_1-x_1^*\}}{\Delta y}-\mathrm{sgn}\{\dot{x}_1\}\right\}\right\},\cdots,\\ c_{n_3}^{(2)}(\mathrm{sgn}\ \{\dot{x}_1\})^{n_3+1}\cos\left\{n_3\arccos\left\{\frac{2\{x_1-x_1^*\}}{\Delta y}-\mathrm{sgn}\{\dot{x}_1\}\right\}\right\}\end{bmatrix} \tag{21-109a}$$

$$\{\varphi_2\}=$$

$$\begin{bmatrix}\operatorname{sgn}\{x_2+x_0\},\{x_2+x_0\},|x_2+x_0|\{x_2+x_0\},\cdots,|x_2+x_0|^{n_1-1}\{x_2+x_0\},\\ \operatorname{sgn}\{\dot{x}_2\},\dot{x}_2,|\dot{x}_2|\dot{x}_2,\cdots,|\dot{x}_2|^{n_2-1}\dot{x}_2,\\ (\operatorname{sgn}\{\dot{x}_2\})^2\cos\left\{\arccos\left\{\dfrac{2\{x_2-x_1^*\}}{\Delta y}-\operatorname{sgn}\{\dot{x}_2\}\right\}\right\},\cdots,\\ (\operatorname{sgn}\{\dot{x}_2\})^{n_3+1}\cos\left\{n_3\arccos\left\{\dfrac{2\{x_2-x_1^*\}}{\Delta y}-\operatorname{sgn}\{\dot{x}_2\}\right\}\right\},\\ \operatorname{sgn}\{x_2+x_0\},\{x_2+x_0\},|x_2+x_0|\{x_2+x_0\},\cdots,|x_2+x_0|^{n_1-1}\{x_2+x_0\},\\ \operatorname{sgn}\{\dot{x}_2\},\dot{x}_2,|\dot{x}_2|\dot{x}_2,\cdots,|\dot{x}_2|^{n_2-1}\dot{x}_2,\\ (\operatorname{sgn}\{\dot{x}_2\})^2\cos\left\{\arccos\left\{\dfrac{2\{x_2-x_1^*\}}{\Delta y}-\operatorname{sgn}\{\dot{x}_2\}\right\}\right\},\cdots,\\ (\operatorname{sgn}\{\dot{x}_2\})^{n_3+1}\cos\left\{n_3\arccos\left\{\dfrac{2\{x_2-x_1^*\}}{\Delta y}-\operatorname{sgn}\{\dot{x}_2\}\right\}\right\}\end{bmatrix}$$

(21-109b)

$$\{\varphi_{k(1)}\}=$$

$$\begin{bmatrix}\operatorname{sgn}\{x_{k(1)}+x_0\},\{x_{k(1)}+x_0\},|x_{k(1)}+x_0|\{x_{k(1)}+x_0\},\cdots,\\ |x_{k(1)}+x_0|^{n_1-1}\{x_{k(1)}+x_0\},\operatorname{sgn}\{\dot{x}_{k(1)}\},\dot{x}_{k(1)},\\ |\dot{x}_{k(1)}|\dot{x}_{k(1)},\cdots,|\dot{x}_{k(1)}|^{n_2-1}\dot{x}_{k(1)},\\ (\operatorname{sgn}\{\dot{x}_{k(1)}\})^2\cos\left\{\arccos\left\{\dfrac{2\{x_{k(1)}-x_1^*\}}{\Delta y}-\operatorname{sgn}\{\dot{x}_{k(1)}\}\right\}\right\},\cdots,\\ (\operatorname{sgn}\{\dot{x}_{k(1)}\})^{n_3+1}\cos\left\{n_3\arccos\left\{\dfrac{2\{x_{k(1)}-x_1^*\}}{\Delta y}-\operatorname{sgn}\{\dot{x}_{k(1)}\}\right\}\right\},\\ \operatorname{sgn}\{x_{k(1)}+x_0\},\{x_{k(1)}+x_0\},|x_{k(1)}+x_0|\{x_{k(1)}+x_0\},\cdots,\\ |x_{k(1)}+x_0|^{n_1-1}\{x_{k(1)}+x_0\},\operatorname{sgn}\{\dot{x}_{k(1)}\},\dot{x}_{k(1)},\\ |\dot{x}_{k(1)}|\dot{x}_{k(1)},\cdots,|\dot{x}_{k(1)}|^{n_2-1}\dot{x}_{k(1)},\\ (\operatorname{sgn}\{\dot{x}_{k(1)}\})^2\cos\left\{\arccos\left\{\dfrac{2\{x_{k(1)}-x_1^*\}}{\Delta y}-\operatorname{sgn}\{\dot{x}_{k(1)}\}\right\}\right\},\cdots,\\ (\operatorname{sgn}\{\dot{x}_{k(1)}\})^{n_3+1}\cos\left\{n_3\arccos\left\{\dfrac{2\{x_{k(1)}-x_1^*\}}{\Delta y}-\operatorname{sgn}\{\dot{x}_{k(1)}\}\right\}\right\}\end{bmatrix} \quad (21\text{-}109c)$$

$$
\{\varphi_{k^{(1)}+1}\}=
\begin{bmatrix}
\mathrm{sgn}\{x_{k^{(1)}+1}+x_0\},\{x_{k^{(1)}+1}+x_0\},|x_{k^{(1)}+1}+x_0|\{x_{k^{(1)}+1}+x_0\},\cdots,\\
|x_{k^{(1)}+1}+x_0|^{n_1-1}\{x_{k^{(1)}+1}+x_0\},\mathrm{sgn}\{\dot{x}_{k^{(1)}+1}\},\\
\dot{x}_{k^{(1)}+1},|\dot{x}_{k^{(1)}+1}|\dot{x}_{k^{(1)}+1},\cdots,|\dot{x}_{k^{(1)}+1}|^{n_2-1}\dot{x}_{k^{(1)}+1},\\
(\mathrm{sgn}\{\dot{x}_{k^{(1)}+1}\})^2\cos\left\{\arccos\left\{\dfrac{2\{x_{k^{(1)}+1}-x_2^*\}}{\Delta y}-\mathrm{sgn}\{\dot{x}_{k^{(1)}+1}\}\right\}\right\},\cdots,\\
(\mathrm{sgn}\{\dot{x}_{k^{(1)}+1}\})^{n_3+1}\cos\left\{n_3\arccos\left\{\dfrac{2\{x_{k^{(1)}+1}-x_2^*\}}{\Delta y}-\mathrm{sgn}\{\dot{x}_{k^{(1)}+1}\}\right\}\right\},\\
\mathrm{sgn}\{x_{k^{(1)}+1}+x_0\},\{x_{k^{(1)}+1}+x_0\},|x_{k^{(1)}+1}+x_0|\{x_{k^{(1)}+1}+x_0\},\cdots,\\
|x_{k^{(1)}+1}+x_0|^{n_1-1}\{x_{k^{(1)}+1}+x_0\},\mathrm{sgn}\{\dot{x}_{k^{(1)}+1}\},\\
\dot{x}_{k^{(1)}+1},|\dot{x}_{k^{(1)}+1}|\dot{x}_{k^{(1)}+1},\cdots,|\dot{x}_{k^{(1)}+1}|^{n_2-1}\dot{x}_{k^{(1)}+1},\\
(\mathrm{sgn}\{\dot{x}_{k^{(1)}+1}\})^2\cos\left\{\arccos\left\{\dfrac{2\{x_{k^{(1)}+1}-x_2^*\}}{\Delta y}-\mathrm{sgn}\{\dot{x}_{k^{(1)}+1}\}\right\}\right\},\cdots,\\
(\mathrm{sgn}\{\dot{x}_{k^{(1)}+1}\})^{n_3+1}\cos\left\{n_3\arccos\left\{\dfrac{2\{x_{k^{(1)}+1}-x_2^*\}}{\Delta y}-\mathrm{sgn}\{\dot{x}_{k^{(1)}+1}\}\right\}\right\}
\end{bmatrix}
\tag{21-109d}
$$

$$
\{\varphi_{k^{(2)}}\}=
\begin{bmatrix}
\mathrm{sgn}\{x_{k^{(2)}}+x_0\},\{x_{k^{(2)}}+x_0\},|x_{k^{(2)}}+x_0|\{x_{k^{(2)}}+x_0\},\cdots,\\
|x_{k^{(2)}}+x_0|^{n_1-1}\{x_{k^{(2)}}+x_0\},\mathrm{sgn}\{\dot{x}_{k^{(2)}}\},\\
\dot{x}_{k^{(2)}},|\dot{x}_{k^{(2)}}|\dot{x}_{k^{(2)}},\cdots,|\dot{x}_{k^{(2)}}|^{n_2-1}\dot{x}_{k^{(2)}},\\
(\mathrm{sgn}\{\dot{x}_{k^{(2)}}\})^2\cos\left\{\arccos\left\{\dfrac{2\{x_{k^{(2)}}-x_2^*\}}{\Delta y}-\mathrm{sgn}\{\dot{x}_{k^{(2)}}\}\right\}\right\},\cdots,\\
(\mathrm{sgn}\{\dot{x}_{k^{(2)}}\})^{n_3+1}\cos\left\{n_3\arccos\left\{\dfrac{2\{x_{k^{(2)}}-x_2^*\}}{\Delta y}-\mathrm{sgn}\{\dot{x}_{k^{(2)}}\}\right\}\right\},\\
\mathrm{sgn}\{x_{k^{(2)}}+x_0\},\{x_{k^{(2)}}+x_0\},|x_{k^{(2)}}+x_0|\{x_{k^{(2)}}+x_0\},\cdots,\\
|x_{k^{(2)}}+x_0|^{n_1-1}\{x_{k^{(2)}}+x_0\},\mathrm{sgn}\{\dot{x}_{k^{(2)}}\},\\
\dot{x}_{k^{(2)}},|\dot{x}_{k^{(2)}}|\dot{x}_{k^{(2)}},\cdots,|\dot{x}_{k^{(2)}}|^{n_2-1}\dot{x}_{k^{(2)}},\\
(\mathrm{sgn}\{\dot{x}_{k^{(2)}}\})^2\cos\left\{\arccos\left\{\dfrac{2\{x_{k^{(2)}}-x_2^*\}}{\Delta y}-\mathrm{sgn}\{\dot{x}_{k^{(2)}}\}\right\}\right\},\cdots,\\
(\mathrm{sgn}\{\dot{x}_{k^{(2)}}\})^{n_3+1}\cos\left\{n_3\arccos\left\{\dfrac{2\{x_{k^{(2)}}-x_2^*\}}{\Delta y}-\mathrm{sgn}\{\dot{x}_{k^{(2)}}\}\right\}\right\}
\end{bmatrix}
\tag{21-109e}
$$

式（21-109a）～式（21-109e）中符号含义参见 21.1.3 小节。

参数向量 η 可由如下最小二乘法进行估计

$$\begin{Bmatrix} \hat{\eta}_1 \\ \hat{\eta}_2 \end{Bmatrix} = \{A^T A\}^{-1} A^T F \tag{21-110}$$

我们用 $\hat{c}_0^{(i)}(b_0^{(i)}=0)$、$\hat{c}_1^{(i)}(i=1,2)$ 来估计记忆环节的物理参数。

根据 21.1.3 小节推导可建立代数方程组

$$\frac{\hat{c}_0^{(i)}}{\hat{c}_1^{(i)}} = \frac{2\left(-\sin\hat{\theta}^{(i)*} + \hat{\theta}^{(i)*}\cos\hat{\theta}^{(i)*} + \pi\sin^2\dfrac{\hat{\theta}^{(i)*}}{2}\right)}{\dfrac{1}{2}\sin 2\hat{\theta}^{(i)*} - \hat{\theta}^{(i)*} + \pi}(i=1,2) \tag{21-111}$$

求解式（21-111）并参照式（21-89）、式（21-90）得到

$$\hat{y}_s^{(i)} = \frac{\Delta y}{4}\{1+\cos\hat{\theta}^{(i)*}\}\ (i=1,2) \tag{21-112a}$$

$$\hat{k}_s^{(i)} = \frac{\pi\hat{c}_0^{(i)}}{\Delta y}\left\{-\sin\hat{\theta}^{(i)*} + \hat{\theta}^{(i)*}\cos\hat{\theta}^{(i)*} + \pi\sin^2\frac{\hat{\theta}^{(i)*}}{2}\right\}^{-1}\quad(i=1,2) \tag{21-112b}$$

极值 x_m^* 的二次代数精度估计也参见 21.1.3 小节参数识别方法。

以上是采用 1 个完整周期正弦波进行参数识别的算法，为提高识别精度，可用不同周期正弦波进行参数识别，最后取平均值。

21.3 金属橡胶隔振垫参数识别方法

21.3.1 金属橡胶隔振垫及非线性泛函本构关系

一般，典型的金属橡胶隔振垫如图 21－22 所示。

工程中使用时，将图 21－22 所示的隔振垫安放到基础上，通过中间的圆孔和螺栓将基础和被隔振设备连接在一起。

假设在上表面施加一个作用力 $f(t)+f_0$，记 f_0（设备质量产生的等效静力）作用下金属橡胶隔振垫 G 静变形 x_0，它可以用图 21－23 所示的力学模型近似表示。

图 21－22　圆柱形金属橡胶隔振垫

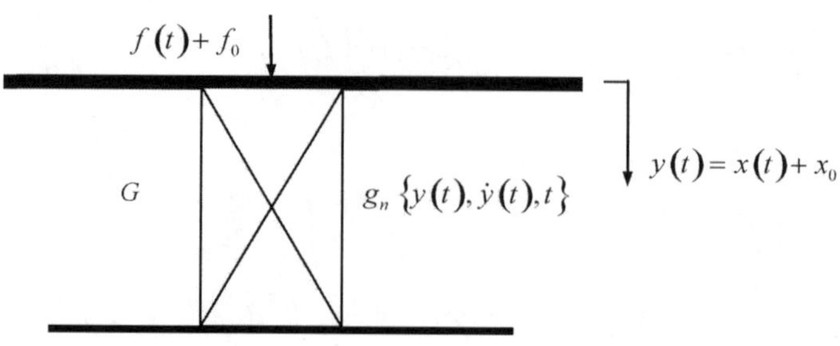

图 21－23　隔振垫力学分析模型

其中，G 为忽略自身质量的金属橡胶隔振垫，$g_n\{y(t),\dot{y}(t),t\}$ 为 G 的非线性本构关系。取施加 f_0 后金属橡胶隔振垫上表面位置为静平衡位置，并假定施加作用力的压板上下运动时始终与 G 接触不脱开。G 的运动方程为

$$g_n\{y(t),\dot{y}(t),t\}=f(t)+f_0 \tag{21-113}$$

设 y_{p-p} 为压板正弦运动峰一峰值，则压板始终与 G 接触不脱开需满足如下条件

$$\frac{1}{2}y_{p-p}<x_0 \tag{21-114}$$

式（21-113）中的非线性本构关系 $g_n\{y(t),\dot{y}(t),t\}$ 参见式（21-2）～式（21-4）。

21.3.2 非线性泛函本构关系级数展开及参数识别

1. 非线性泛函本构关系级数展开

电液伺服材料试验机正弦位移控制模式工作时，压板的位移函数 $y(t)$ 如图 21－24 所示。

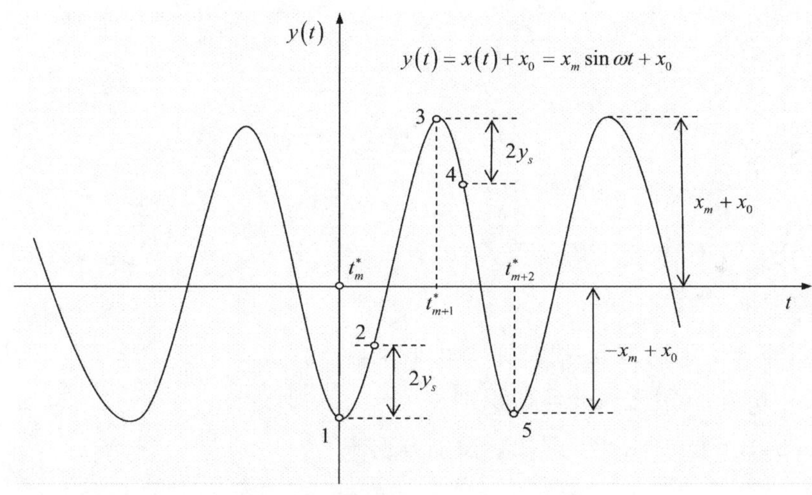

图 21－24 压板的位移函数 $y(t)$

非线性本构关系 $g_n\{y(t),\dot{y}(t),t\}$ 中有记忆环节示意参见图 21－2。$y(t)$ 输入此环节后，记忆恢复力 $z\{y(t)\}$ 与 $y(t)$ 之间的关系如图 21－25 所示。

记忆恢复力 $z\{y(t)\}$ 的间接 Fourier 级数展开参见式（21-32），直接 Chebyshev 级数展开参见式（21-53）。

2. 参数识别

测量到非线性元件的静变形 x_0 及激励、响应的采样信号 $f_k,\ddot{x}_k,\dot{x}_k,x_k(k=1,2,\cdots,N)$ 后，由方程式（21-113）可形成参数识别问题。

$$g_n\{x_k+x_0,\dot{x}_k,t_k,\xi\}=f_k+f_0,k=1,2,\cdots,N \tag{21-115}$$

式中，ξ 为待识别的元件物理参数向量［参见式（21-55）］。

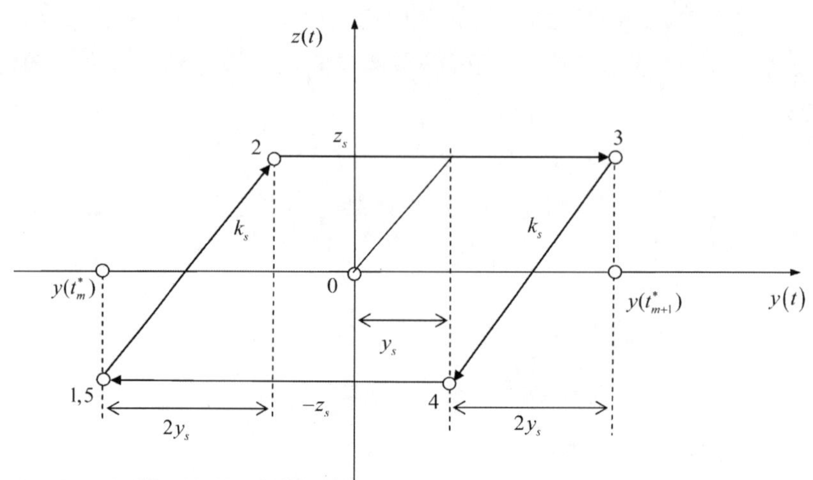

图 21-25 $z\{y(t)\}-y(t)$ 关系曲线

1）间接 Fourier 级数展开参数识别

参照 21.1.3 小节推导，可得到如下识别方程

$$A\eta = F \tag{21-116}$$

式中，F 表达式参见式（21-103c），η 表达式参见式（21-67b），A 为

$$A = \left[\{\varphi_1\} \quad \{\varphi_2\} \quad \cdots \quad \{\varphi_{k(1)}\} \quad \{\varphi_{k(1)+1}\} \quad \cdots \quad \{\varphi_{k(2)}\}\right]^T \tag{21-117}$$

式中，$\{\varphi_1\}\sim\{\varphi_{k(2)}\}$ 具体表达式参见式（21-59b）、式（21-60b）、式（21-61b）、式（21-62b）、式（21-63b）。

物理参数 $\{z_s, y_s\}$ 识别过程参见 21.1.3 小节。

2）直接 Chebyshev 级数展开参数识别

参照 21.1.3 小节推导，可得到如下识别方程

$$\widetilde{A}\widetilde{\eta} = F \tag{21-118}$$

式中，F 表达式参见式（21-103c），$\widetilde{\eta}$ 表达式参见式（21-86），$\widetilde{A}$ 为

$$\widetilde{A} = [\{\varphi_1\}\{\varphi_2\}\cdots\{\varphi_{k(1)}\}\{\varphi_{k(1)+1}\}\cdots\{\varphi_{k(2)}\}]^T \tag{21-119}$$

式中，$\{\varphi_1\}\sim\{\varphi_{k(2)}\}$ 具体表达式参见式（21-85a）～式（21-85e）。

物理参数 $\{k_s, y_s\}$ 识别过程参见 21.1.3 小节。

◇◇◇ 参考文献 ◇◇◇

[1] 白鸿柏，张培林，郑坚，等．迟滞振动系统及其工程应用．北京：科学出版社，2002.

第22章 金属橡胶隔振器参数识别方法Ⅱ

本章的核心内容是介绍基于迟滞回线分段拟合技巧的金属橡胶隔振器参数识别方法，包括拉—压对称/非对称隔振器参数识别方法。

22.1 拉-压对称/非对称结构迟滞回线及非线性泛函本构关系[1,2]

22.1.1 迟滞回线

如图 14-1（b）所示的金属橡胶隔振器具有拉—压对称结构，在正弦位移激励下，隔振器恢复力 g_n 和变形 y 之间形成关于 y 轴的变形反对称迟滞回线，如图 22-1（a）所示。

如图 21-14 所示的金属橡胶隔振器具有拉—压非对称结构，在正弦位移激励下，隔振器恢复力 g_n 和变形 y 之间形成关于 y 轴的变形反非对称迟滞回线，如图 22-1（b）所示。

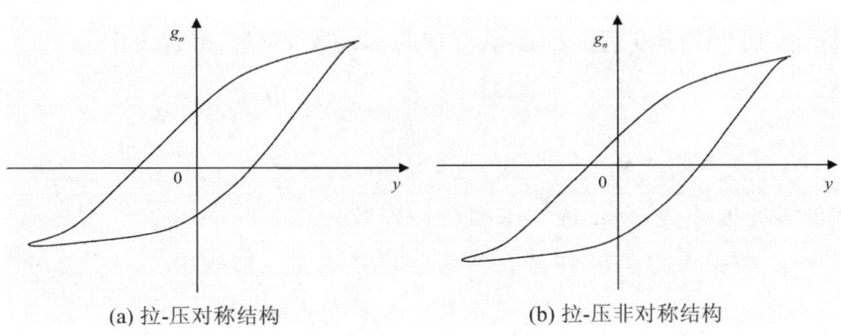

图 22-1　迟滞回线

22.1.2 非线性泛函本构关系

金属橡胶隔振器的本构关系可以分解为有记忆环节和无记忆环节的并联。

$$g_n\{y(t),\dot{y}(t),t\} = g_0\{y(t),\dot{y}(t)\} + z(t) \tag{22-1}$$

式中，无记忆环节 $g_0\{y(t),\dot{y}(t)\}$ 的本构关系取为线性模型，表述为

$$g_0\{y(t),\dot{y}(t)\} = F_k(\mathrm{sgn}y(t),y(t)) + F_c(\dot{y}(t))$$

$$=F_k(\mathrm{sgn}y(t),y(t))+c\dot{y}(t) \tag{22-2}$$

式中，$F_k(\mathrm{sgn}y(t),y(t))$表示非线性弹性恢复力（对称或非对称）；$c$表示与一次速度有关的黏性阻尼系数。可见，与式（21-3）相比，忽略了与高次速度有关的阻尼部分。

具有记忆特性的非线性恢复力$z(t)$采用双折线模型近似描述，其增量形式的本构方程为

$$\begin{aligned}\mathrm{d}z(t)&=\frac{k_s}{2}[1+\mathrm{sgn}\{z_s-|z(t)|\}]\mathrm{d}y(t)\\ k_s&=\frac{z_s}{y_s}\end{aligned} \tag{22-3}$$

式中，y_s为两固体接触面发生宏观滑移时的弹性变形极限；z_s为滑移时的记忆恢复力；$y(t)$为迟滞环节两端（A，B）的相对位移（变形量）（参见图21－2）。

22.2 对称结构参数的分离识别方法

22.2.1 迟滞回线多项式拟合

根据图22－1（a），迟滞回线可以分为上、下半支，分别对应于速度大于零和速度小于零。

这样，上半支迟滞回线可以用幂级数多项式拟合表示为

$$Q_h(y(t))=\sum_{i=0}^{n}a_iy(t)^i,\quad \dot{y}(t)>0 \tag{22-4a}$$

根据反对称关系，下半支迟滞回线也可以用幂级数多项式拟合表示为

$$Q_l(y(t))=\sum_{i=0}^{n}(-1)^{i+1}a_iy(t)^i,\quad \dot{y}(t)<0 \tag{22-4b}$$

式中，Q_h、Q_l分别为迟滞回线的上、下半支曲线；$y(t)$为变形；a_i为幂级数多项式系数。其中，幂级数多项式所取项数n（奇数）按拟合精度取舍。

将式（22-4a）和式（22-4b）中的幂级数多项式的奇、偶次项分开写，可进一步表示为

$$Q_h(y(t))=\sum_{i=1}^{\frac{(n+1)}{2}}a_{2i-1}y(t)^{2i-1}+\sum_{i=0}^{\frac{(n-1)}{2}}a_{2i}y(t)^{2i},\quad \dot{y}(t)>0 \tag{22-5a}$$

$$Q_l(y(t))=\sum_{i=1}^{\frac{(n+1)}{2}}a_{2i-1}y(t)^{2i-1}-\sum_{i=0}^{\frac{(n-1)}{2}}a_{2i}y(t)^{2i},\quad \dot{y}(t)<0 \tag{22-5b}$$

这样，式（22-5a）、式（22-5b）可以统一写为

$$g_n\{y(t),\dot{y}(t),t\}=\sum_{i=1}^{\frac{(n+1)}{2}}a_{2i-1}y(t)^{2i-1}+\sum_{i=0}^{\frac{(n-1)}{2}}a_{2i}y(t)^{2i}\mathrm{sgn}(\dot{y}(t))=Q_1(t)+Q_2(t) \tag{22-6}$$

经以上处理，动态迟滞回线可以分解为Q_1、Q_2两部分。其中，Q_1为单值非线性函数，Q_2为双值非线性闭合曲线。

联系式（22-1）～式（22-3）、式（22-6）可以看出

$$Q_1 = F_k(y(t)),\quad |y(t)| < y_m - 2y_s \tag{22-7a}$$

$$Q_2 = z(t) + c\dot{y}(t),\quad |y(t)| < y_m - 2y_s \tag{22-7b}$$

22.2.2　黏性阻尼系数 c 和滑移时记忆恢复力 z_s 分离识别

采用电液伺服材料试验机对隔振器进行正弦位移加载识别时，首先采集到金属橡胶隔振器变形 $y(t)$［式（20-2）］的离散值，然后确定滞后角 φ，最后根据坐标变换式（20-3）得到 $y(\tau)$ 的离散值。

一般情况下，一次黏性阻尼力 $c\dot{y}(\tau)$、具有双线性本构关系的迟滞干摩擦阻尼力 $z(\tau)$ 是阻尼的主要成分，与位移形成纯迟滞回线，因此在一定的变形区间（图 20－17），有关系

$$Q_2(\tau) = g_n(\tau) - Q_1(\tau) = c\dot{y}(\tau) + z(\tau),\quad |y(\tau)| < y_m - 2y_s \tag{22-8}$$

由图 22－1（a）和图 20－17 不难发现，在速度取极大值点 $\tau = \tau_m = m\Delta\tau$（$\Delta\tau = \Delta t$ 为采样间隔）附近，式（22-8）可表述为

$$Q_2(\tau_{m+l}) = c\dot{y}(\tau_{m+l}) + \mathrm{sgn}\{\dot{y}(\tau_{m+l})\}z_s \tag{22-9}$$

采样时刻 τ_{m+l} 满足条件

$$|y(\tau_{m+l})| < y_m - 2y_s,\quad l = nl_1, nl_2, nl_3, \cdots, nl_M \tag{22-10}$$

式中，l 为整数，表示采样点标号。

这样可形成关于待识别参数的线性识别矩阵方程

$$A\eta = B \tag{22-11}$$

式中，$\eta = [c, z_s]^T$ 为待识别参数向量；$B = [Q_2(\tau_{m+nl_1}), Q_2(\tau_{m+nl_2}), \cdots Q_2(\tau_{m+nl_M})]^T$ 为黏性阻尼力、双折线迟滞恢复力向量；A 为系数矩阵

$$A = \begin{bmatrix} y(\tau_{m+nl_1}) & \mathrm{sgn}\{\dot{y}(\tau_{m+nl_1})\} \\ y(\tau_{m+nl_2}) & \mathrm{sgn}\{\dot{y}(\tau_{m+nl_2})\} \\ \vdots & \vdots \\ y(\tau_{m+nl_M}) & \mathrm{sgn}\{\dot{y}(\tau_{m+nl_M})\} \end{bmatrix} \tag{22-12a}$$

一般情况下，大位移条件时具有很高的信噪比，可以直接利用普通最小二乘算法识别出一次黏性阻尼系数 c 和滑移时记忆恢复力 z_s 的估计 $\hat{c}$、$\hat{z}_s$。

22.2.3　滑移极限 y_s 分离识别

一次黏性阻尼力 $\hat{c}\dot{y}(\tau)$ 识别出来后，可进行如下运算

$$\bar{z}(\tau) = g_n(\tau) - \hat{c}\dot{y}(\tau) \tag{22-12b}$$

联系式（20-9）、式（22-6）、式（22-7a）、式（22-7b），$\bar{z}(\tau)$ 可近似表述为

$$\begin{aligned}\bar{z}(\tau) &= z(\tau) + F_k(y(\tau)) \\ &= \sum \alpha_n \cos n\tilde{\theta} + \beta_n \sin n\tilde{\theta} + \sum_{i=1}^{\frac{(n+1)}{2}} \bar{a}_{2i-1}(y_m \cos\tilde{\theta})^{2i-1}\end{aligned} \tag{22-13}$$

式中，$\bar{a}_{2i-1}$ 表示非线性弹性恢复力系数；$\tilde{\theta}$ 参见式（20-9）。

在 $\tilde{\theta}(\tau) \to \tilde{\theta}(\tau) + 2\pi$ 一个周期内，考虑到有如下积分关系

$$\int_{\tilde{\theta}(\tau)}^{\tilde{\theta}(\tau)+2\pi} \cos n\tilde{\theta} \cdot \sin\tilde{\theta} \cdot \mathrm{d}\tilde{\theta} = 0 \tag{22-14a}$$

$$\int_{\tilde{\theta}(\tau)}^{\tilde{\theta}(\tau)+2\pi} \cos^{2i-1}\tilde{\theta} \cdot \sin\tilde{\theta} \cdot \mathrm{d}\tilde{\theta} = 0 \tag{22-14b}$$

$$\int_{\tilde{\theta}(\tau)}^{\tilde{\theta}(\tau)+2\pi} \sin n\tilde{\theta} \cdot \sin\tilde{\theta} \cdot \mathrm{d}\tilde{\theta} = \begin{cases} 0, n \neq 1 \\ \pi, n = 1 \end{cases} \tag{22-14c}$$

这样，有如下积分关系成立

$$\int_{\tilde{\theta}(\tau)}^{\tilde{\theta}(\tau)+2\pi} \bar{z}(\tau) \cdot \sin\tilde{\theta} \cdot \mathrm{d}\tilde{\theta} = \pi\beta_1 \tag{22-15}$$

根据式（22-15）可以得到双折线迟滞恢复力 $z(\tau)$ 的 Fourier 级数展开系数 β_1 的估计 $\hat{\beta}_1$。

联系式（20-13b），可以立即得到滑移极限 y_s 的估计 $\hat{y}_s$

$$\hat{y}_s = \left\{1 + \frac{\pi\hat{\beta}_1}{4\hat{z}_s}\right\} \cdot y_m \tag{22-16}$$

22.2.4 非线性弹性恢复力 F_k 识别

我们得到滑移极限和滑移时记忆恢复力估计 $\hat{y}_s$ 和 $\hat{z}_s$ 后，根据式（20-8）立即得到双折线迟滞恢复力 $z(\tau)$ 的估计 $\hat{z}(\tau)$。这样，存在关系

$$\bar{z}(\tau) - \hat{z}(\tau) = \sum_{i=1}^{\frac{(n+1)}{2}} \bar{a}_{2i-1} y^{2i-1}(\tau) \tag{22-17}$$

运用多项式最小二乘法拟合，可得到非线性弹性恢复力系数 $\bar{a}_{2i-1}(i = 1,2\cdots)$ 的估计 $\hat{\bar{a}}_{2i-1}(i = 1,2\cdots)$。

至此，所有参数识别完毕。

22.3　非对称结构参数的分离识别方法

22.3.1　迟滞曲线多项式拟合

根据图22－1（b），迟滞回线按速度、位移符号可以分为 $Q_h(y(t)\geqslant 0,\dot{y}(t)\geqslant 0)$、$\widetilde{Q}_h(y(t)\geqslant 0,\dot{y}(t)<0)$、$Q_l(y(t)\leqslant 0,\dot{y}(t)\leqslant 0)$、$\widetilde{Q}_l(y(t)\leqslant 0,\dot{y}(t)>0)$ 四部分。

其中，Q_h 可以用幂级数多项式拟合表示为

$$Q_h(y(t))=\sum_{i=0}^{n}a_i^{(h)}y(t)^i,\quad y(t)\geqslant 0,\quad \dot{y}(t)\geqslant 0 \tag{22-18a}$$

同时，Q_l 也可以用幂级数多项式拟合表示为

$$Q_l(y(t))=\sum_{i=0}^{n}a_i^{(l)}y(t)^i,\quad y(t)\leqslant 0,\quad \dot{y}(t)\leqslant 0 \tag{22-18b}$$

式（22-18a）、式（22-18b）中，$y(t)$ 为位移；$a_i^{(h)}$、$a_i^{(l)}$ 为幂级数多项式系数。其中，幂级数多项式所取项数 n 按拟合精度取舍，一般取为奇数。

将式（22-18a）和式（22-18b）中的幂级数多项式的奇、偶次项分开写，可进一步表示为

$$Q_h(y(t))=\sum_{i=1}^{\frac{(n+1)}{2}}a_{2i-1}^{(h)}y(t)^{2i-1}+\sum_{i=0}^{\frac{(n-1)}{2}}a_{2i}^{(h)}y(t)^{2i}=Q_{h1}+Q_{h2},\ y(t)\geqslant 0,\dot{y}(t)\geqslant 0 \tag{22-19a}$$

$$Q_l(y(t))=\sum_{i=1}^{\frac{(n+1)}{2}}a_{2i-1}^{(l)}y(t)^{2i-1}+\sum_{i=0}^{\frac{(n-1)}{2}}a_{2i}^{(l)}y(t)^{2i}=Q_{l1}+Q_{l2},\ y(t)\leqslant 0,\dot{y}(t)\leqslant 0 \tag{22-19b}$$

经以上处理，Q_h 可以分解为 Q_{h1}、Q_{h2} 两部分；Q_l 可以分解为 Q_{l1}、Q_{l2} 两部分。其中，Q_{h1}、Q_{l1} 为单值非线性函数，Q_{h2}、Q_{l2} 为双值非线性非闭合曲线。

在 $0<y(t)<y_m-2y_s$ 区间，Q_{h1} 的物理含义为正向变形时的弹性恢复力，Q_{h2} 的物理含义为一次黏性阻尼力 $c\dot{y}(t)$ 与双折线迟滞恢复力 $z(t)$ 之和；

在 $-y_m+2y_s<y(t)<0$ 区间，Q_{l1} 的物理含义为反向变形时的弹性恢复力，Q_{l2} 的物理含义为一次黏性阻尼力 $c\dot{y}(t)$ 与双折线迟滞恢复力 $z(t)$ 之和。

这样，根据 Q_{h1}、Q_{l1} 可构建 $|y(t)|<y_m-2y_s$ 区间内非线性弹性恢复力。

$$F_k(y(t))=Q_1(t)=Q_{h1}(t)+Q_{l1}(t),\quad |y(t)|<y_m-2y_s \tag{22-20}$$

$Q_1(t)$ 的物理含义为在 $|y(t)|<y_m-2y_s$ 区间，非对称弹性恢复力随时间的变化。

22.3.2 参数分离识别

参数 $\{c,z_s,y_s\}$ 的分离识别参见 22.2。

我们得到滑移极限和滑移时记忆恢复力估计 $\hat{y}_s$ 和 $\hat{z}_s$ 后，根据式（20-8）立即得到双折线迟滞恢复力 $z(\tau)$ 的估计 $\hat{z}(\tau)$，并构建非线性弹性恢复力 $F_k(\tau)$。

$$F_k(\tau)=g_n(\tau)-\hat{c}\dot{y}(\tau)-\hat{z}(\tau) \tag{22-21}$$

式中，非线性弹性恢复力 $F_k(\tau)$ 可用如下多项式表示

$$F_k(\mathrm{sgn}(y(\tau)),y(\tau))=\frac{1}{2}\sum_{i=1}^{\frac{(n+1)}{2}}\{(1+\mathrm{sgn}(y(\tau)))a_{2i-1}^{(+)}+(1-\mathrm{sgn}(y(\tau)))a_{2i-1}^{(-)}\}y^{2i-1}(\tau) \tag{22-22}$$

取 $F_k(\tau)$ 的正向变形部分为

$$F_k^{(+)}(\tau)=F_k(\tau),\quad y(\tau)>0,\dot{y}(\tau)>0 \tag{22-23a}$$

将 $F_k^{(+)}(\tau)$ 沿反向变形延拓为 $\widetilde{F}_k^{(+)}(\tau)$，即有

$$F_k^{(+)}(y(\tau))=-\widetilde{F}_k^{(+)}(-y(\tau)) \tag{22-23b}$$

最后，利用多项式最小二乘法拟合，可得到正向变形非线性弹性系数的估计 $\hat{a}_{2i-1}^{(+)}(i=1,2\cdots)$。

再取 $F_k(\tau)$ 的反向变形部分为

$$F_k^{(-)}(\tau)=F_k(\tau),\quad y(\tau)<0,\dot{y}(\tau)<0 \tag{22-24a}$$

将 $F_k^{(-)}(\tau)$ 沿正向变形延拓为 $\widetilde{F}_k^{(-)}(\tau)$，即有

$$F_k^{(-)}(y(\tau))=-\widetilde{F}_k^{(-)}(-y(\tau)) \tag{22-24b}$$

同样，运用多项式最小二乘法拟合，可得到反向变形非线性弹性系数的估计 $\hat{a}_{2i-1}^{(-)}(i=1,2\cdots)$。

至此，所有参数识别完毕。

22.4 参数识别数值模拟实验研究

取模拟对称结构金属橡胶隔振器的本构关系为

$$\begin{aligned}g_n\{y(t),\dot{y}(t),t\}&=g_0\{y(t),\dot{y}(t)\}+z(t)\\&=a_1y(t)+a_3y^3(t)+b_1\dot{y}(t)+z(t)\end{aligned} \tag{22-25}$$

式中，物理参数设定为

$$a_1=1.0,a_3=0.1,b_1=0.1,y_s=0.2,z_s=0.1 \tag{22-26}$$

位移控制加载条件下，参数识别结果见表 22-1 和表 22-2 所示。

表 22-1　无噪声条件识别结果

$\hat{a}_1$	$\hat{a}_3$	$\hat{b}_1$	$\hat{y}_s$	$\hat{z}_s$
0.987 24	0.109 38	0.099 63	0.220 13	0.109 71

表 22-2　10%Gauss 白噪声条件识别结果

$\hat{a}_1$	$\hat{a}_3$	$\hat{b}_1$	$\hat{y}_s$	$\hat{z}_s$
1.003 45	0.122 34	0.101 25	0.179 12	0.096 70

根据表 22-1、表 22-2 可以看出，基于位移加载的分离识别算法具有很好的估计精度和抗噪能力，能够满足工程应用的要求。

◇◇◇ 参考文献 ◇◇◇

[1] 李冬伟，白鸿柏，杨建春，等．金属橡胶动力学建模及参数识别．振动与冲击，2005，24（6）：57-60，138.

[2] 李冬伟．金属橡胶弹性联轴器弹性阻尼性能研究．石家庄：军械工程学院硕士论文，2003.

第23章 金属橡胶隔振器参数识别方法Ⅲ

本章的核心内容是介绍基于迟滞回线近似分解技巧的金属橡胶隔振器参数识别方法[1,2]，包括将非线性弹性恢复力、一次黏性阻尼力及双线性迟滞恢复力各自的曲线或回线从总的恢复力曲线中分离出来进行识别等。

23.1 非线性泛函本构关系及迟滞回线分解

金属橡胶隔振器非线性泛函本构关系描述如下

$$\begin{aligned} g_n(y(t),\dot{y}(t),t) &= F_k(y)+F_c(\dot{y})+z(t) \\ &= k_1 y(t)+k_3 y^3(t)+c\dot{y}(t)+z(t) \end{aligned} \tag{23-1}$$

由式（23-1）可知，隔振器总的恢复力 $g_n(y(t),\dot{y}(t),t)$（图 23－1）是由非线性弹性恢复力 $F_k(y)$［图 23－2（a）］、黏性阻尼力 $F_c(\dot{y})$［图 23－2（b）］及双折线迟滞恢复力 $z(t)$［图 23－2（c）］叠加而成的。

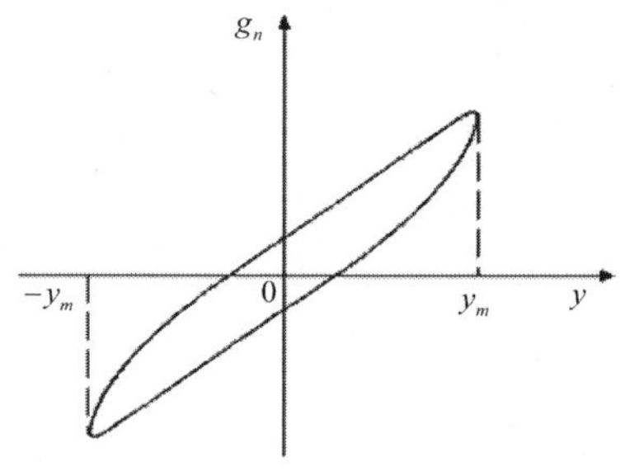

图 23－1　迟滞回线

在 $-y_m \leqslant y \leqslant y_m$ 变形区间，非线性弹性恢复力 $F_k(y)$ 为单值函数，均值就是它本身；黏性阻尼力 $F_c(\dot{y})$ 是关于横坐标 y 对称的双值曲线，均值为零；而双折线迟滞恢复力 $z(t)$ 在 $-y_m+2y_s \leqslant y \leqslant y_m-2y_s$ 范围内，是关于横坐标 y 对称的双值曲线，均值为零，在该范围外，均值不为零，如图 23－3（a）所示。

因此，在 $-y_m \leqslant y \leqslant y_m$ 变形区间内，隔振器总的恢复力 $g_n(y,\dot{y},t)$ 的均值 $\bar{g}_n(y,\dot{y},t)$ 即为非线性弹性恢复力 $F_k(y)$ 与双折线迟滞恢复力 $z(t)$ 的均值 $\bar{z}(t)$ 之和

$$\bar{g}_n(y,\dot{y},t) = F_k(y)+\bar{z}(t) \tag{23-2}$$

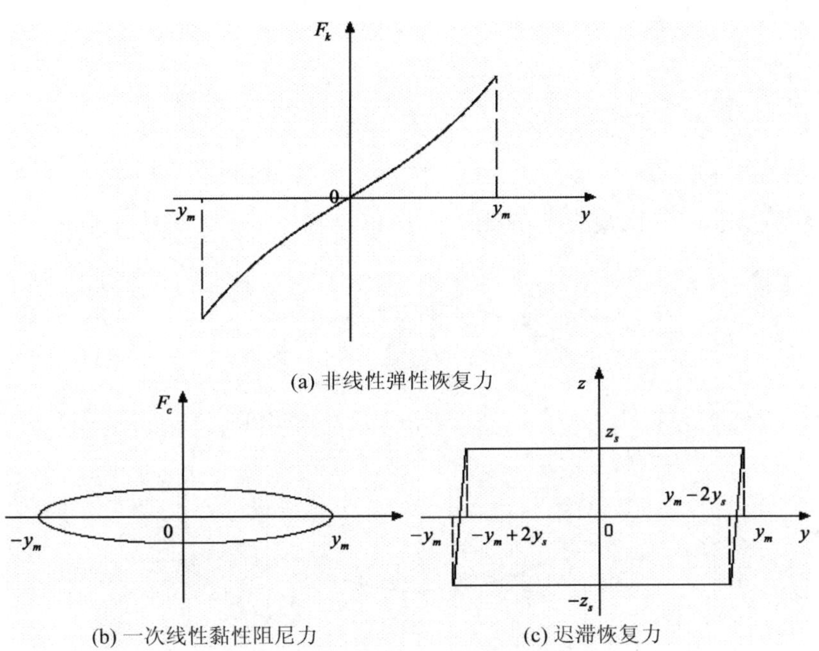

图 23-2　迟滞回线近似分解示意

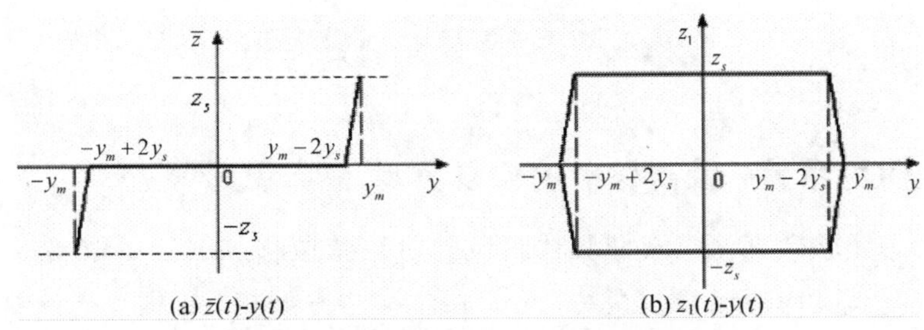

图 23-3　$\dot{z}(t)$ 与 $z_1(t)$ 的图形

用总的恢复力 $g_n(y,\dot{y},t)$ 减去其均值 $\bar{g}_n(y,\dot{y},t)$ 可得

$$\begin{aligned} F_1(y,\dot{y},t) &= g_n(y,\dot{y},t) - \bar{g}_n(y,\dot{y},t) \\ &= F_k(y) + c\dot{y} + z(t) - F_k(y) - \bar{z}(t) \\ &= c\dot{y} + (z(t) - \bar{z}(t)) \\ &= c\dot{y} + z_1(t) \end{aligned} \tag{23-3}$$

式中，$z_1(t)$ - $y(t)$ 曲线如图 23-3（b）所示；$F_1(y,\dot{y},t)$ - $y(t)$ 曲线如图 23-4 所示。

由图 23-3（b）可知，在 $-y_m+2y_s \leqslant y \leqslant y_m-2y_s$ 范围内，$z_1(t)$ 为 $\pm z_s$。因此，$F_1(y,\dot{y},t)$ 可以表示为

$$F_1(y,\dot{y},t) = c\dot{y} + z_s \operatorname{sgn}(\dot{y}) \quad (-y_m + 2y_s \leqslant y \leqslant y_m - 2y_s) \tag{23-4}$$

式中，$\operatorname{sgn}(\dot{y})$ 为符号函数

$$\mathrm{sgn}(\dot{y})=\begin{cases}1 & (\dot{y}>0)\\ 0 & (\dot{y}=0)\\ -1 & (\dot{y}<0)\end{cases} \tag{23-5}$$

由式（23-4）可知，在 $-y_m+2y_s\leqslant y\leqslant y_m-2y_s$ 范围内，$F_1(y,\dot{y},t)$ 为黏性阻尼力 $c\dot{y}(t)$ 与记忆环节滑移时的恢复力 z_s 之和。

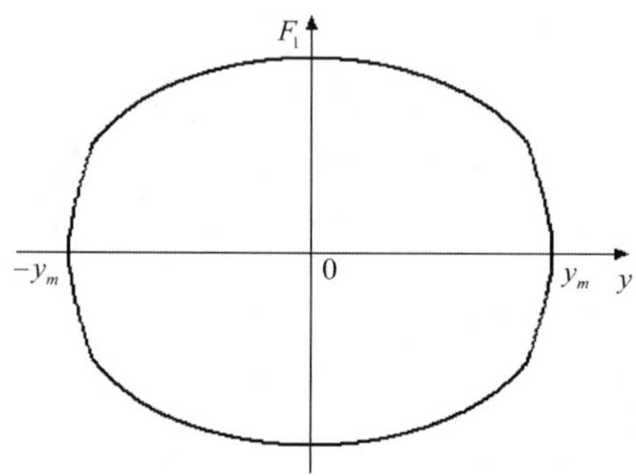

图 23－4 F_1（y，$\dot{y}$）－y 曲线

23.2 参数识别

23.2.1 黏性阻尼系数 c 及滑移时的恢复力 z_s 分离识别

从隔振器动态实验数据（电液伺服材料试验机正弦位移加载）中取出一个周期的位移及与其对应的恢复力采样数据 $[y_i,g_n(i),i=1,2,\cdots,2N+1]$，则恢复力迟滞回线 $g_n(y,\dot{y},t)-y$ 的平均值 $\bar{g}_n(j)$ 为

$$\bar{g}_n(j)=\frac{1}{2}(g_n(j)+g_n(2N+2-j)),\quad j=1,2,\cdots,N+1 \tag{23-6}$$

则 $g_n(i)$ 与其均值 $\bar{g}_n(j)$ 之差 $F_1(i)$ 为

$$\begin{cases}F_1(i)=g_n(i)-\bar{g}_n(j), & i=1,2,\cdots,N+1;\ j=i\\ F_1(i)=g_n(i)-\bar{g}_n(N+2-j), & i=N+2,N+3,\cdots 2N+1;\ j=i-N\end{cases} \tag{23-7}$$

将计算所得 $F_1(i)$ 代入式（23-4），即可形成黏性阻尼系数 c 及滑移时的恢复力 z_s 的识别方程

$$F_1(i)=c\dot{y}_i+z_s\mathrm{sgn}(\dot{y}_i)\quad(i=1,2,\cdots,m;\ -y_m+2y_s\leqslant y_k\leqslant y_m-2y_s) \tag{23-8}$$

大量的实验研究表明，记忆环节的滑移极限 y_s 一般都很小。因此，只要在 $y=0$ 附近取足够多的数据点，即可识别出参数。

将式（23-8）表示为矩阵形式

$$Y\xi = Q \tag{23-9}$$

式中，Y 为系数矩阵；$\xi = \{c, z_s\}^T$ 为待识别参数向量；$Q = \{F_1(1), F_1(2), \cdots, F_1(m)\}^T$。

考虑到实际测试信号均含有一定的随机噪声，列满秩条件容易得到满足，因此利用最小二乘法由式（23-9）即可获得参数向量 ξ 的无偏估计 $\hat{\xi}$

$$\hat{\xi} = (Y^T Y)^{-1}(Y^T Q) \tag{23-10}$$

至此，利用最小二乘法识别出了黏性阻尼系数 c 及滑移时的恢复力 z_s 的估计 $\hat{c}$ 及 $\hat{z}_s$

$$\hat{c} = \hat{\xi}(1),\ \hat{z}_s = \hat{\xi}(2) \tag{23-11}$$

23.2.2　滑移极限 y_s 及滑移前线性刚度 k_s 分离识别

由式（23-1）可知，在位移变化的一个周期内，隔振器总的恢复力 g_n 有如下积分关系

$$\oint g_n(y, \dot{y}, t)\mathrm{d}y = \oint F_k(y)\mathrm{d}y + \oint c\dot{y}\mathrm{d}y + \oint z(t)\mathrm{d}y \tag{23-12}$$

联系 $z(t)$［图 23－2（c）］及位移 $y = y_m \sin\omega t$，积分式（23-12）得

$$\oint g_n(y, \dot{y}, t)\mathrm{d}y = \pi\hat{c}\omega y_m^2 + 4\hat{z}_s(y_m - \hat{y}_s) \tag{23-13}$$

将识别结果 $\hat{c}$ 及 $\hat{z}_s$ 代入式（23-13），即可得到滑移极限 y_s 的估计 $\hat{y}_s$

$$\hat{y}_s = y_m - \left\{\frac{\oint g_n(y, \dot{y})\mathrm{d}y - \pi\hat{c}\omega y_m^2}{4\hat{z}_s}\right\} \tag{23-14}$$

滑移前线性刚度 k_s 的估计 $\hat{k}_s$ 由下式计算

$$\hat{k}_s = \frac{\hat{z}_s}{\hat{y}_s} \tag{23-15}$$

23.2.3　非线性弹性恢复力的刚度系数 k_1、k_3 分离识别

由识别出的滑移极限 $\hat{y}_s$ 及滑移时记忆恢复力 $\hat{z}_s$，根据式（20-1）即可构建双折线迟滞恢复力 $\hat{z}(t)$，则各个采样点的非线性弹性恢复力 $F_k(y_i, \dot{y}_i, i\Delta t)$ 为

$$\begin{aligned} F_k(y_i, \dot{y}_i, i\Delta t) &= k_1 y_i + k_3 y_i^3 \\ &= g_n(y_i, \dot{y}_i, i\Delta t) - \hat{c}\dot{y}_i - \hat{z}(y_i, \dot{y}_i, i\Delta t) \end{aligned} \tag{23-16}$$

式中，y_i 、$\dot{y}_i$ 、$g_n(y_i, \dot{y}_i, i\Delta t)$ 分别为由隔振器动态实验测量到的位移、速度及恢复力采样信号。采用 3 阶幂级数多项式进行最小二乘拟合，即可得到非线性弹性恢复力的刚度系数 k_1 、k_3 的估计 $\hat{k}_1$ 、$\hat{k}_3$。

至此，模型中的所有未知参数辨识完毕。

23.3 参数识别实验

实验系统参见 17.2.1，纯剪切试件及工装夹具参见 20.1.2 中图 20－7（b）、图 20－8（b）。

分别对振幅 4mm、频率 1Hz 和振幅 6mm、频率 2Hz 两种工况下的隔振器动力学模型进行了参数识别，结果见表 23－1 和表 23－2。

表 23－1　振幅 4mm，频率 1Hz 的识别结果

k_1/（kN/mm）	k_3/（kN/mm^3）	c/（kN·s/mm）	z_s/kN	y_s/mm
0.1569	0.0014	0.0083	0.0340	0.0626

表 23－2　振幅 6mm，频率 2Hz 的识别结果

k_1/（kN/mm）	k_3/（kN/mm^3）	c/（kN·s/mm）	z_s/kN	y_s/mm
0.1301	0.0008	0.0032	0.0463	0.0608

用表 23－1、表 23－2 中识别出来的参数进行迟滞回线预估，如图 23－5、图 23－6 所示。

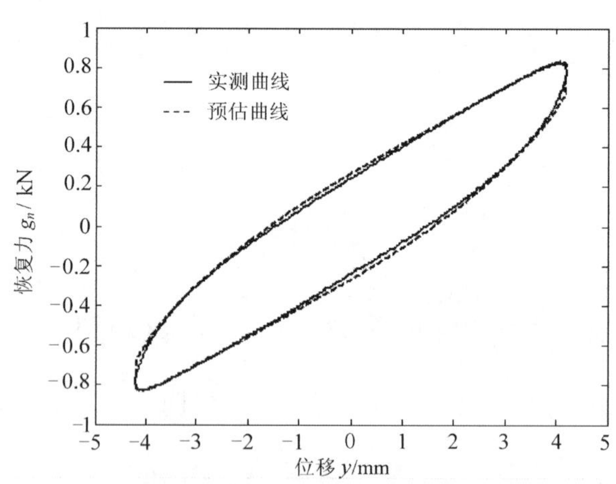

图 23－5　实测与预估曲线对比（振幅 4mm，频率 1Hz）

由表 23－1、表 23－2 及图 23－5、图 23－6 可以看出：

（1）随着变形幅值增大，一次线性刚度系数 k_1 、三次非线性刚度系数 k_3 有逐渐减小的趋势，这与第 20 章关于（k_1,k_3）随变形幅值（纯剪切变形）增大而逐渐减小的分析结果完全吻合。

（2）实测曲线与预估曲线之间的误差比较小，一方面说明忽略三次以上高次非线性弹

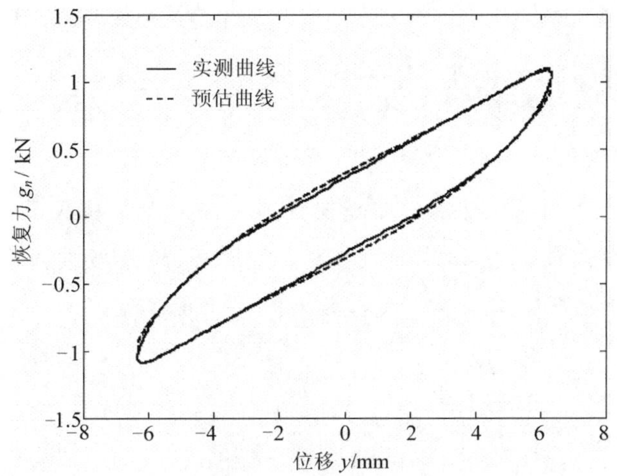

图 23－6　实测与预估曲线对比（振幅 6mm，频率 2Hz）

性恢复力、与速度有关的高次非线性阻尼力及同时与变形和速度有关的复杂阻尼力比较合理，另一方面也说明所提出的参数分离识别方法具有很好的工程精度。

◇◇◇ 参考文献 ◇◇◇

[1] 路纯红．金属橡胶/橡胶复合叠层耗能器实验及理论研究．石家庄：军械工程学院博士论文，2009.

[2] 路纯红，白鸿柏．金属橡胶/橡胶复合叠层耗能器实验建模与参数辨识．振动与冲击，2007，26 (11)：5-8.

第24章 金属橡胶隔振器参数识别方法Ⅳ

本章的核心内容是介绍基于迟滞回线精确分解技巧的金属橡胶隔振器参数识别方法[1]，包括确定一次线性刚度系数 k_1 、三次非线性刚度系数 k_3 随变形幅值的变化规律，以及阻尼系数 c 及阻尼成分因子 α 随变形幅值、变形频率的变化规律等。

24.1 非线性本构关系及迟滞曲线分解

金属橡胶隔振器非线性泛函本构关系描述如下

$$\begin{aligned} g_n(y(t),\dot{y}(t),t) &= F_k\{y(t)\}+F_c\{\dot{y}(t)\} \\ &= k_1(A)y(t)+k_3(A)y^3(t)+c(A,f)\,|\dot{y}(t)|^{\alpha(A,f)}\mathrm{sgn}(\dot{y}(t)) \end{aligned} \tag{24-1}$$

由式（24-1）可知，隔振器总的恢复力 $g_n(y(t),\dot{y}(t),t)$ 是由非线性弹性恢复力 $F_k(y)$ 、非线性阻尼力 $F_c(\dot{y})$ 叠加而成的（图 24－1）。

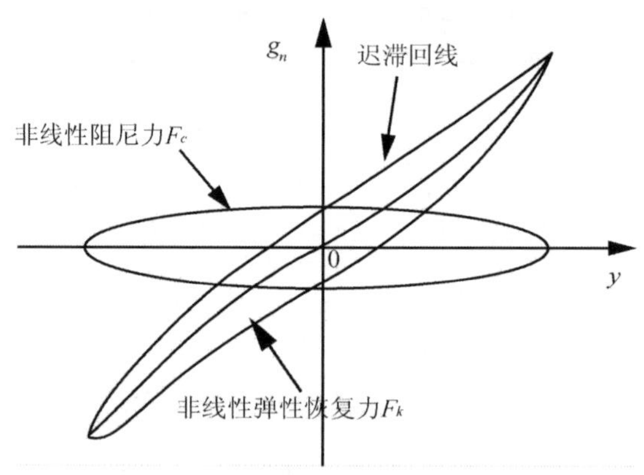

图 24－1　迟滞曲线精确分解示意

24.2　参数识别

24.2.1　各工况（A，f）下参数识别

1. 非线性弹性恢复力刚度系数 k_1、k_3 识别

从隔振器动态实验数据（电液伺服材料试验机正弦位移加载）中取出某个工况下位移及与其对应的恢复力采样数据（$y_i, g_n(i), i=1,2,\cdots,N$），对迟滞曲线进行最小二乘多项式拟合，得到幂级数多项式

$$g_n(y(t),\dot{y}(t),t)=\sum_{i=1}^{\frac{(n+1)}{2}}a_{2i-1}y(t)^{2i-1}+\sum_{i=0}^{\frac{(n-1)}{2}}a_{2i}y(t)^{2i}\operatorname{sgn}(\dot{y}(t)) \tag{24-2}$$

式中，幂级数多项式所取项数 n（奇数）按拟合精度取舍。

则根据 20.3.2 中的动力学建模研究，式（24-2）中奇数项系数即为待识别的非线性弹性恢复力刚度系数，如忽略三次以上高次非线性弹性恢复力，则有

$$\hat{k}_1=a_1,\hat{k}_3=a_3 \tag{24-3}$$

2. 非线性阻尼力阻尼系数 c 及阻尼成分因子 α 识别

用已识别出的 $\hat{k}_1$ 、$\hat{k}_3$ 及测量得到的位移采样信号 y_i（$i=1,2,3,\cdots,N$），即可重构非线性弹性恢复力 $F_k(y_i)$ 为

$$F_k(y_i)=\hat{k}_1y_i+\hat{k}_3y_i^3 \tag{24-4}$$

从实验测量得到的总迟滞恢复力采样数据 $g_n(i)$ 中减去 $F_k(y_i)$，即得到各个采样点的非线性阻尼力 $F_c(y_i,\dot{y}_i)$ 为

$$F_c(y_i,\dot{y}_i)=g_n(i)-\hat{k}_1y_i-\hat{k}_3y_i^3 \tag{24-5}$$

根据非线性阻尼力模型式（20-62），采用非线性最小二乘法（Gauss-Newton 法）即可识别出阻尼系数 $\hat{c}$ 及阻尼成分因子 $\hat{\alpha}$。

24.2.2　$k_1(A)$、$k_3(A)$、$c(A, f)$、$\alpha(A, f)$ 识别

根据 24.2.1 介绍的步骤，即可得到刚度系数（k_1,k_3）、阻尼系数 c 及阻尼成分因子 α 在各种工况下的值。通过分析它们随频率和振幅的变化趋势，从而可确定其函数关系表达式。

1. k_1（A）、k_3（A）识别

各阶刚度系数随振幅变化的曲线如图 24-2 所示。

由一阶刚度系数 $k_1(A)$ 随振幅变化的曲线可知［图 24-2（a）］，随着振幅 A 的增大，一阶刚度系数 $k_1(A)$ 逐渐减小，呈软特性，可采用幂级数多项式拟合其随振幅 A 的变化曲线，即有

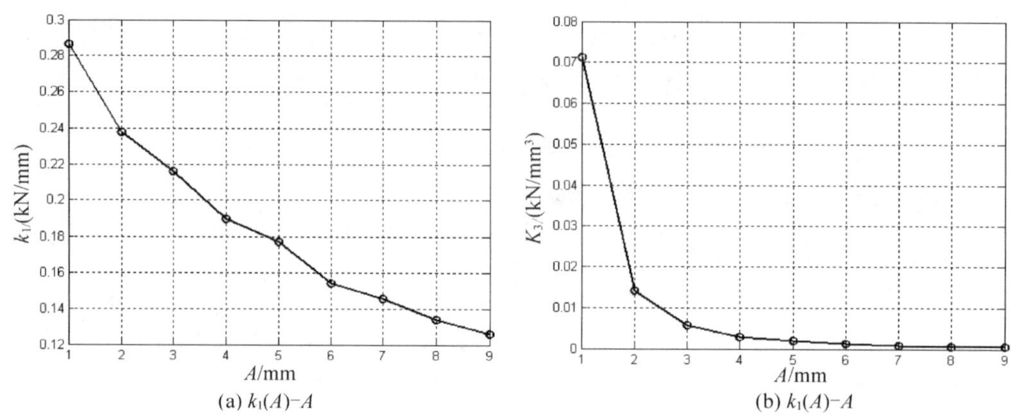

图 24－2 刚度系数 k_1 (A)、k_3 (A) 随振幅 A 的变化曲线

$$k_1(A)=\sum_{i=0}^{3}a_iA^i=a_0+a_1A+a_2A^2+a_3A^3 \tag{24-6a}$$

由三阶刚度系数 $k_3(A)$ 随振幅变化的曲线可知［图 24－2（b）］，振幅在 1～2mm 范围内变化时，三阶刚度系数 $k_3(A)$ 下降得很快；振幅在 2～5mm 范围内变化时，三阶刚度系数 $k_3(A)$ 逐渐减小；随着振幅 A 的继续增大，逐渐趋于稳定，可采用幂函数拟合其随振幅 A 的变化曲线，即有

$$k_3(A)=b_1A^{b_2} \tag{24-6b}$$

根据识别得到的隔振器各个工况下的一次刚度及三次刚度系数（$k_1(A)$、$k_3(A)$），分别对式（24-6a）、式（24-6b）进行最小二乘多项式拟合及非线性最小二乘拟合，即可得到各待定参数（a_0,a_1,a_2,a_3,b_1,b_2）的辨识结果（$\hat{a}_0,\hat{a}_1,\hat{a}_2,\hat{a}_3,\hat{b}_1,\hat{b}_2$），将其代入式（24-6a）、式（24-6b）得到

$$k_1(A)=0.3327-0.0545A+0.0057A^2-0.0002A^3 \tag{24-7a}$$

$$k_3(A)=\frac{0.0711}{A^{2.3123}} \tag{24-7b}$$

2. c（A，f）识别

通过对各工况下的隔振器迟滞曲线进行参数识别，阻尼系数 $c(A,f)$ 识别结果见表 24－1。

表 24－1 各工况下的阻尼系数 c（A，f）

A/mm \ f/Hz	0.5	1	1.5	2	A/mm \ f/Hz	0.5	1	1.5	2
1	0.0434	0.0249	0.0185	0.0147	6	0.0405	0.0310	0.0262	0.0188
2	0.0427	0.0286	0.0231	0.0188	7	0.0491	0.0378	0.0287	0.0192
3	0.0486	0.0344	0.0290	0.0246	8	0.0417	0.0318	0.0253	0.0187
4	0.0434	0.0410	0.0272	0.0228	9	0.0507	0.0366	0.0277	0.0172
5	0.0520	0.0390	0.0312	0.0239					

绘制阻尼系数 $c(A,f)$ 随振幅 A 及频率 f 变化空间曲面，如图 24－3 所示。

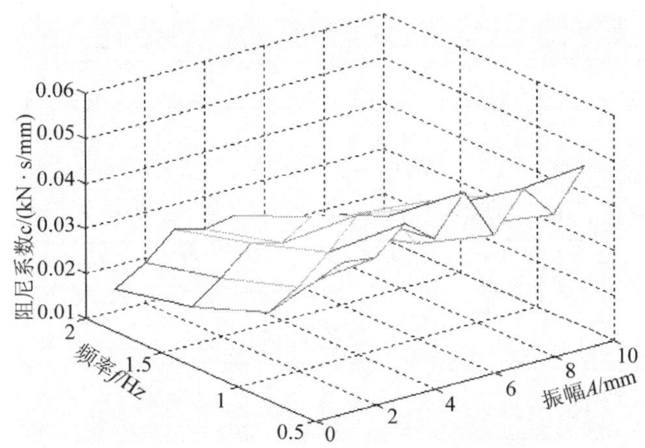

图 24－3　阻尼系数 c （A，f）随振幅 A 频率 f 变化形成的空间曲面

阻尼系数 $c(A,f)$ 随振幅 A 及频率 f 的变化情况非常复杂（表 24－1、图 24－3）。

分别用线性函数（ a_0+a_1A 、b_0+b_1f ）、n 阶多项式函数（ $\sum_{i=0}^{n>1}a_iA^i$ 、$\sum_{i=0}^{n>1}b_if^i$ ）、幂函数（ $a_1A^{a_2}$ 、$b_1f^{b_2}$ ）以及指数函数（ $a_1a_2^A$ 、$b_1b_2^f$ ）等去拟合阻尼系数 $c(A,f)$ 随振幅 A 及频率 f 的变化曲线。

经大量的计算分析，采用 n 次多项式与幂函数相结合的函数形式来描述阻尼系数 $c(A,f)$ 随振幅 A 及频率 f 的变化时曲面拟合精度较高，其函数关系式为

$$c(A,f)=\left(\sum_{i=0}^{7}d_iA^i\right)\cdot f^e \tag{24-8}$$

采用最小二乘多项式拟合及非线性参数辨识算法对式（24-8）中的待定参数进行辨识，可得到参数 $(d_i(i=0,1,\cdots 7),e)$ 辨识结果 $(\hat{d}_i(i=0,1,\cdots 7),\hat{e})$，将其代入式（24-8）得到

$$\begin{aligned}c(A,f)=&(1.7867\times10^{-5}\mathrm{A}^7-6.1613\times10^{-4}\mathrm{A}^6+0.0086\mathrm{A}^5-0.0623\ \mathrm{A}^4\\&+0.2509\ \mathrm{A}^3-0.5468\ \mathrm{A}^2+0.5994\ \mathrm{A}-0.2234)\cdot f^{-0.6108}\end{aligned} \tag{24-9}$$

3. α（A，f）识别

通过对各工况下的隔振器迟滞曲线进行参数识别，阻尼成分因子 $\alpha(A,f)$ 识别结果见表 24－2。

绘制阻尼成分因子 $\alpha(A,f)$ 随振幅 A 及频率 f 变化空间曲面，如图 24－4 所示。

阻尼成分因子 $\alpha(A,f)$ 随振幅 A 及频率 f 的变化情况非常复杂（表 24－2、图 24－4）。

表 24-2 各工况下的阻尼成分因子 α (A, f)

A/mm \ f/Hz	0.5	1	1.5	2	A/mm \ f/Hz	0.5	1	1.5	2
1	0.9596	0.9560	0.9576	0.9575	6	0.6679	0.6405	0.6354	0.6769
2	0.8248	0.8030	0.7919	0.7921	7	0.6099	0.5986	0.6134	0.6637
3	0.7394	0.7204	0.7050	0.7022	8	0.6217	0.6030	0.6133	0.6571
4	0.7154	0.6635	0.6800	0.6872	9	0.5740	0.5732	0.5904	0.6518
5	0.6512	0.6402	0.6427	0.6670					

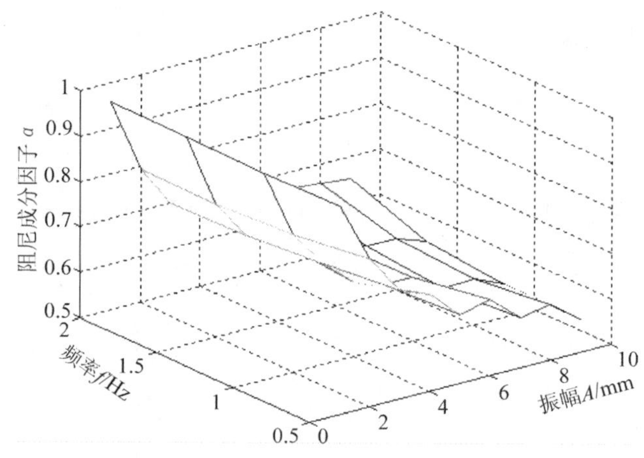

图 24-4 阻尼成分因子 α (A, f) 随振幅 A 及频率 f 变化形成的空间曲面

经大量的计算分析，采用幂函数来描述其随振幅 A 及频率 f 变化的关系

$$\alpha(A,f) = n_1 A^{n_2} f^{n_3} \tag{24-10}$$

采用最小二乘多项式拟合及非线性参数辨识算法对式（24-10）中的待定参数进行辨识，可得到参数 (n_1,n_2,n_3) 的辨识结果 $(\hat{n}_1,\hat{n}_2,\hat{n}_3)$，将其代入式（24-10）得到

$$\alpha(A,f) = 0.9296A^{-0.2063} f^{0.0071} \tag{24-11}$$

24.3 模型验证

将识别出的各参数的函数表达式（24-7a）、式（24-7b）、式（24-9）、式（24-11）代入式（24-1），即可得金属橡胶隔振器非线性泛函本构关系模型为

$$\begin{aligned} g_n(y(t),\dot{y}(t),t) &= k_1(A)y + k_3(A)y^3 + c(A,f)\mid \dot{y} \mid^{\alpha(A,f)} \mathrm{sgn}(\dot{y}) \\ &= (0.3327 - 0.0545A + 0.0057A^2 - 0.0002A^3)y + \frac{0.0711}{A^{2.3123}}y^3 \\ &\quad + (1.7867\times10^{-5}A^7 - 6.1613\times10^{-4}A^6 + 0.0086A^5 - 0.0623A^4 \\ &\quad + 0.2509A^3 - 0.5468A^2 + 0.5994A - 0.2234)\cdot f^{-0.6108} \end{aligned}$$

$$\times |\dot{y}|^{0.9296A^{-0.2063}f^{0.0071}}\operatorname{sgn}(\dot{y}) \tag{24-12}$$

由隔振器总的恢复力数学模型式（24-12）可以预估不同激励振幅 A 和频率 f 下隔振器恢复力迟滞曲线，并将其与相应的实测隔振器恢复力一位移迟滞曲线进行对比，如图 24－5 和图 24－6 所示。

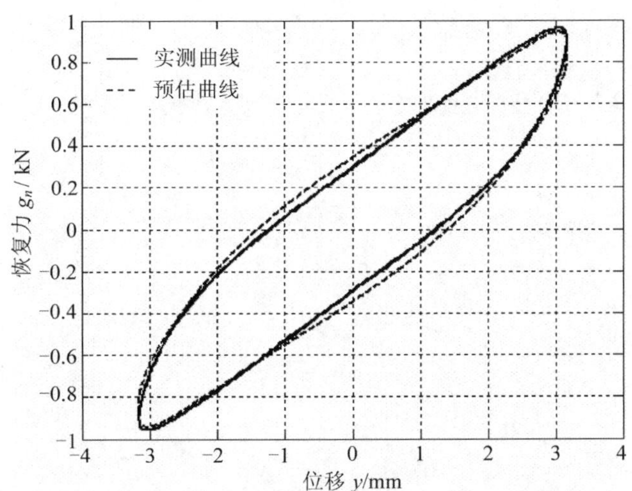

图 24－5　实测与预估曲线对比（振幅 3mm，频率 2Hz）

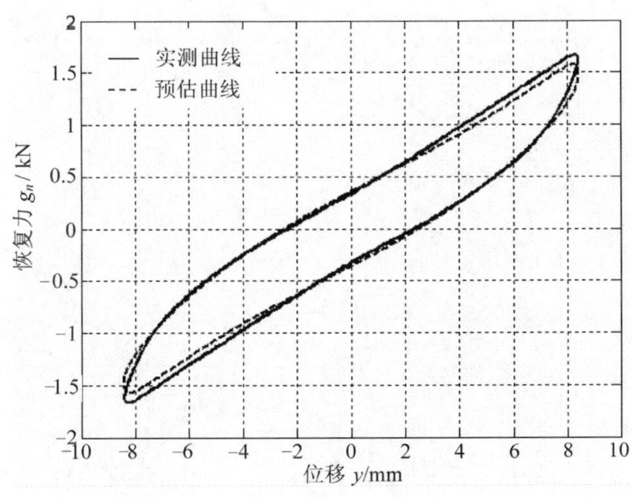

图 24－6　实测与预估曲线对比（振幅 8mm，频率 2Hz）

由表 24－1、表 24－2 、图 24－5、图 24－6 可以看出：

（1）阻尼系数 $c(A,f)$ 反映了金属橡胶隔振器耗能水平的大小，阻尼系数 $c(A,f)$ 随变形幅度 A、变形频率 f 的变化规律（表 24－1）与 20.2.4 中关于滞环曲线包围面积随变形幅度、频率变化的解释基本吻合。

（2）所建立的隔振器恢复力数学模型式（24-12）能够很好地描述恢复力 $g_n(y(t),$

$\dot{y}(t),t)$ 随振幅 A、频率 f、位移 y 及速度 $\dot{y}$ 的变化规律，能够满足工程应用的要求（图 24-5、图 24-6）。

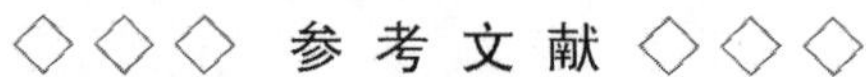

[1] 路纯红．金属橡胶/橡胶复合叠层耗能器实验及理论研究．石家庄：军械工程学院博士论文，2009.

第25章 金属橡胶隔振系统响应计算方法

本章的核心内容是介绍基于等效线性化技巧的金属橡胶隔振系统响应计算方法[1,2]，包括基于耗能相等原则的等效黏性阻尼系数计算等。

25.1 金属橡胶隔振器本构关系及系统力学模型

金属橡胶隔振器非线性本构关系描述如下

$$\begin{aligned} g_n(y(t),\dot{y}(t),t) &= F_k\{y(t)\}+F_c\{\dot{y}(t)\} \\ &= k_1 y(t)+k_3 y^3(t)+c\,|\dot{y}(t)|^{\alpha}\operatorname{sgn}(\dot{y}(t)) \end{aligned} \tag{25-1}$$

式（25-1）与式（20-62）相比忽略了一次线性刚度系数 k_1 、三次非线性刚度系数 k_3 随变形幅值的变化，以及阻尼系数 c 、阻尼成分因子 α 随变形幅值、频率的变化，是对金属橡胶隔振器复杂非线性泛函本构关系满足工程精度的近似处理。

金属橡胶隔振系统力学模型如图 25－1 所示。

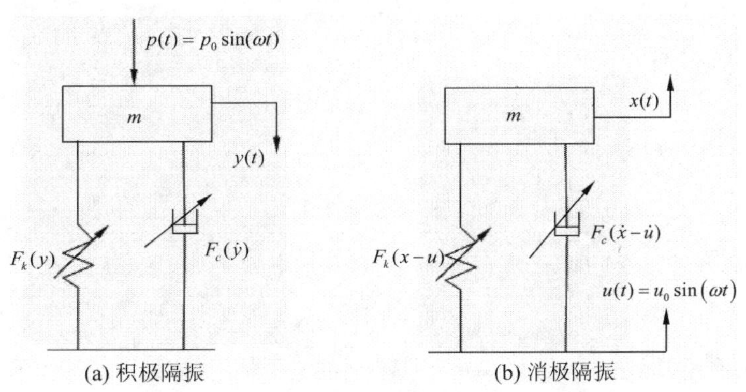

图 25－1　金属橡胶隔振系统力学模型

25.2 金属橡胶隔振器等效黏性阻尼系数 c_{eq}

由式（25-1）可知，非线性复合阻尼力 $F_c(\dot{y})$ 表示为

$$F_c(\dot{y}) = c\,|\dot{y}|^{\alpha}\operatorname{sgn}(\dot{y}) \tag{25-2}$$

式中，$\dot{y}$ 为速度；c 为非线性阻尼系数；$\alpha(0<\alpha<1)$ 为阻尼成分因子。

设系统作简谐振动，令

$$y(t)=y_m\sin(\omega t-\varphi) \tag{25-3}$$

引入坐标变换

$$\tau=t-t_s, t_s=(\frac{\pi}{2}+\varphi)\cdot\frac{1}{\omega} \tag{25-4}$$

则式（25-3）变为

$$y(\tau)=y_m\cos(\omega\tau) \tag{25-5}$$

非线性复合阻尼力 $F_c(\dot{y})$ 在一个周期内的耗能为

$$\begin{aligned}\Delta E&=\oint F_c\mathrm{d}y\\&=\int_0^{2\pi/\omega}F_c\cdot\dot{y}\mathrm{d}\tau\\&=4c\cdot y_m^{\alpha+1}\cdot\omega^\alpha\int_0^{\pi/2}\sin^{\alpha+1}(\omega\tau)\mathrm{d}(\omega\tau)\end{aligned} \tag{25-6}$$

考虑到

$$\begin{aligned}\int_0^{\pi/2}\sin^{\alpha+1}\theta\mathrm{d}\theta&=\int_0^{\pi/2}-\sin^\alpha\theta\mathrm{d}(\cos\theta)\\&=\int_0^{\pi/2}-(1-\cos^2\theta)^{\frac{\alpha}{2}}\mathrm{d}(\cos\theta)\\&=-\int_0^{\pi/2}\left(1-\frac{\alpha}{2}\cos^2\theta+\cdots+(-1)^{2n-1}\cdot\frac{(2n-3)!!}{(2n)!!}\cos^{2n}\theta+\cdots\right)\mathrm{d}(\cos\theta)\\&\approx1-\frac{\alpha}{6}\end{aligned} \tag{25-7}$$

将式（25-7）代入到式（25-6）得到

$$\Delta E=4\cdot(1-\frac{\alpha}{6})\cdot c\cdot y_m^{\alpha+1}\cdot\omega^\alpha \tag{25-8}$$

等效黏性阻尼力 $F_{ceq}(\dot{y})$ 表示为

$$F_{ceq}(\dot{y})=c_{eq}\dot{y} \tag{25-9}$$

式中，c_{eq} 为等效黏性阻尼系数。

等效黏性阻尼力 $F_{ceq}(\dot{y})$ 在一个周期内的耗能 ΔE_{eq} 为

$$\begin{aligned}\Delta E_{eq}&=\oint c_{eq}\dot{y}\mathrm{d}y\\&=\int_0^{2\pi/\omega}c_{eq}\dot{y}^2\mathrm{d}\tau\\&=c_{eq}y_m^2\omega^2\int_0^{2\pi/\omega}\sin^2(\omega\tau)\mathrm{d}\tau=\pi c_{eq}\omega y_m^2\end{aligned} \tag{25-10}$$

根据等效原则

$$\Delta E_{eq} = \Delta E \tag{25-11}$$

由式（25-8）及式（25-10）可求得等效黏性阻尼系数 c_{eq}

$$c_{eq} = \frac{4}{\pi} \cdot (1 - \frac{\alpha}{6}) \cdot c \cdot (y_m \cdot \omega)^{\alpha-1} \tag{25-12}$$

25.3　金属橡胶隔振系统响应计算

25.3.1　积极隔振系统响应计算

图 25－1（a）为积极隔振力学模型，由式（25-1）可得振动系统的运动微分方程为

$$m\ddot{y} + c\,|\dot{y}|^{\alpha}\mathrm{sgn}(\dot{y}) + k_1 y + k_3 y^3 = p(t) \tag{25-13}$$

由于迟滞振动系统在简谐激振作用下，其响应频谱中高次谐波位移与基频谐波位移之比一般小于 1%，故设

$$y(t) = y_m \sin(\omega t - \varphi) \tag{25-14}$$

由式（25-14）得到变形速度 $\dot{y}(t)$ 、加速度 $\ddot{y}(t)$。

$$\dot{y}(t) = y_m\omega\cos(\omega t - \varphi) \tag{25-15a}$$

$$\ddot{y}(t) = -y_m\omega^2\sin(\omega t - \varphi) \tag{25-15b}$$

将非线性复合阻尼力用等效黏性阻尼力代替，即将式（25-9）代入系统运动微分方程式（25-13）得到

$$m\ddot{y} + \frac{4}{\pi}(1 - \frac{\alpha}{6})\,(y_m \cdot \omega)^{\alpha-1}c\dot{y} + k_1 y + k_3 y^3 = p_0 \sin(\omega t) \tag{25-16}$$

再将 $\dot{y}(t)$ 、$\ddot{y}(t)$ 具体表达式式（25-15a）、式（25-15b）代入式（25-16）得到

$$\begin{aligned} & -m\omega^2 y_m \sin(\omega t - \varphi) + \frac{4}{\pi}(1 - \frac{\alpha}{6})(y_m \cdot \omega)^{\alpha} c \cdot \cos(\omega t - \varphi) + k_1 y_m \sin(\omega t - \varphi) \\ & + k_3 y_m^3\left(\frac{3}{4}\sin(\omega t - \varphi) - \frac{1}{4}\sin3(\omega t - \varphi)\right) = p_0 \sin(\omega t) \\ & = p_0 \sin(\omega t - \varphi)\cos\varphi + p_0 \cos(\omega t - \varphi)\sin\varphi \end{aligned} \tag{25-17}$$

根据谐波平衡法，$\sin(\omega t - \varphi)$，$\cos(\omega t - \varphi)$ 项前的系数相等（一次谐波平衡，忽略高次谐波），可得到如下非线性方程组

$$-m\omega^2 y_m + k_1 y_m + \frac{3}{4}k_3 y_m^3 = p_0 \cos\varphi \tag{25-18a}$$

$$\frac{4}{\pi}\left(1 - \frac{\alpha}{6}\right)(y_m \cdot \omega)^{\alpha} c = p_0 \sin\varphi \tag{25-18b}$$

根据三角关系式

$$\sin^2\varphi + \cos^2\varphi = 1 \tag{25-19}$$

可由式（25-18a）、式（25-18b）推出如下高次超越代数方程

$$\left(-m\omega^2 y_m + k_1 y_m + \frac{3}{4}k_3 y_m{}^3\right)^2 + \left(\frac{4}{\pi}(1-\frac{\alpha}{6})\ (y_m \cdot \omega)^\alpha c\right)^2 = p_0{}^2 \tag{25-20}$$

滞后相角表达式为

$$\varphi = \arctan\left[\frac{\frac{4}{\pi}\left(1-\frac{\alpha}{6}\right)(y_m \cdot \omega)^\alpha c}{-m\omega^2 y_m + k_1 y_m + \frac{3}{4}k_3 y_m{}^3}\right] \tag{25-21}$$

用解非线性方程的 Newton 迭代法求解式（25-20）可得 y_m，然后根据式（25-21）计算滞后相角，就可以得到系统在简谐力激励下的稳态周期响应。

令 $p_f(y,\dot{y},t)$ 表示基础承受的反力，则不难推出

$$p_f(y,\dot{y},t) = k_1 y + k_3 y^3 + c_{eq}\dot{y} \approx p_{f_0}\sin(\omega t - \widetilde{\varphi}) \tag{25-22}$$

式中

$$p_{f_0} = \sqrt{A^2 + B^2} \tag{25-23a}$$

$$\widetilde{\varphi} = \varphi - \arctan(\frac{B}{A}) \tag{25-23b}$$

式中

$$A = k_1 y_m + \frac{3}{4}k_3 y_m{}^3 \tag{25-24a}$$

$$B = \frac{4}{\pi}(1-\frac{\alpha}{6})\ (y_m \cdot \omega)^\alpha c \tag{25-24b}$$

则可由下式计算简谐力激励时对基础的力传递率 T_f。

$$T_f = \frac{p_{f_0}}{p_0} \tag{25-25}$$

25.3.2　消极隔振系统响应计算

图 25－1（b）为消极隔振力学模型，设基础振动为正弦激励，即 $u(t) = u_0 sin(\omega t)$，由式（25-1）可得系统运动微分方程为

$$m\ddot{x} + c\ |\dot{x}-\dot{u}|^\alpha \mathrm{sgn}(\dot{x}-\dot{u}) + k_1(x-u) + k_3\ (x-u)^3 = 0 \tag{25-26}$$

引入相对位移

$$y = x - u \tag{25-27}$$

则系统运动微分方程式（25-26）变为

$$m\ddot{y} + c\ |\dot{y}|^\alpha \mathrm{sgn}(\dot{y}) + k_1 y + k_3 y^3 = mu_0\omega^2\sin(\omega t) \tag{25-28}$$

再将 $\dot{y}(t)$、$\ddot{y}(t)$ 具体表达式式（25-15a）、式（25-15b）以及式（25-9）代入式（25-

28）得到

$$-m\omega^2 y_m \sin(\omega t-\varphi)+\frac{4}{\pi}(1-\frac{\alpha}{6})(y_m \cdot \omega)^{\alpha} c \cdot \cos(\omega t-\varphi)+k_1 y_m \sin(\omega t-\varphi)$$
$$+k_3 y_m^3\left(\frac{3}{4}\sin(\omega t-\varphi)-\frac{1}{4}\sin 3(\omega t-\varphi)\right)=m u_0 \omega^2 \sin(\omega t) \tag{25-29}$$

根据谐波平衡法，$\sin(\omega t-\varphi)$，$\cos(\omega t-\varphi)$ 项前的系数相等（一次谐波平衡，忽略高次谐波），可得到如下非线性方程组

$$-m\omega^2 y_m+k_1 y_m+\frac{3}{4}k_3 y_m^3=m u_0 \omega^2 \cos\varphi \tag{25-30a}$$

$$\frac{4}{\pi}(1-\frac{\alpha}{6})(y_m \cdot \omega)^{\alpha} c=m u_0 \omega^2 \sin\varphi \tag{25-30b}$$

根据三角关系式（25-19），可由式（25-30a）、式（25-30b）推出如下高次超越代数方程

$$\left(-m\omega^2 y_m+k_1 y_m+\frac{3}{4}k_3 y_m{}^3\right)^2+\left(\frac{4}{\pi}(1-\frac{\alpha}{6})(y_m \cdot \omega)^{\alpha} c\right)^2=(m u_0 \omega^2)^2 \tag{25-31}$$

滞后相角表达式为

$$\varphi=\arctan\left[\frac{\frac{4}{\pi}(1-\frac{\alpha}{6})(y_m \cdot \omega)^{\alpha} c}{-m\omega^2 y_m+k_1 y_m+\frac{3}{4}k_3 y_m{}^3}\right] \tag{25-32}$$

用解非线性方程的Newton迭代法求解式（25-31）可得 y_m，然后根据式（25-32）可计算滞后相角，就可以得到系统在简谐力激励下的稳态周期响应。

由式（25-27）可得系统输出位移为

$$\begin{aligned} x &= y+u=y_m \sin(\omega t-\varphi)+u_0 \sin(\omega t) \\ &= x_m \sin(\omega t-\tilde{\varphi}) \end{aligned} \tag{25-33}$$

则不难推出

$$x_m=\sqrt{y_m{}^2+u_0{}^2+2y_m u_0 \cos\varphi} \tag{25-34}$$

$$\tilde{\varphi}=\arctan\left[\frac{y_m \sin\varphi}{y_m \cos\varphi+u_0}\right] \tag{25-35}$$

将 u_0 及求得的 y_m、φ 代入式（25-34）、式（25-35），即可求出 x_m 及 $\tilde{\varphi}$，这样就得到了系统在基础正弦位移激励下的稳态周期响应。

则可由下式计算基础振动时位移传递率 T_d

$$T_d=\frac{x_m}{u_0} \tag{25-36}$$

25.4 解析解与数值解的比较

为了验证近似解析法的精确程度，分别对图 25-1（a）和图 25-1（b）所表示的模型，根据式（25-20）、式（25-21）和式（25-31）、式（25-32）编程计算出各种参数条件下减振系统的位移—时间曲线及速度—时间曲线，同时利用四阶 Runge-Kutta 变步长数值积分算法计算式（25-13）、式（25-26）的数值解，将所得近似解析解与数值解进行对比。

25.4.1 积极隔振

系统参数取 $m=2.0\times10^3\text{kg}, k_1=1.775\times10^5\text{N/m}$，$p_0=0.7\times10^3\text{N}$，$c=4.34\times10^4\text{N}\cdot\text{s/m}$，$\alpha=0.7154$，$k_3=2.6\times10^9\text{N/m}^3$，则系统线性部分（$k_3=0$）无阻尼自然振动频率

$$f_0=\frac{1}{2\pi}\sqrt{\frac{k_1}{m}}\approx1.49\text{Hz} \tag{25-37}$$

激励频率 $f=1\text{Hz}$ 时振子 m 的位移—时间 $y(t)-t$ 曲线、速度—时间 $\dot{y}(t)-t$ 曲线如图 25-2、图 25-3 所示。不同激励频率下的幅频特性曲线如图 25-4 所示。

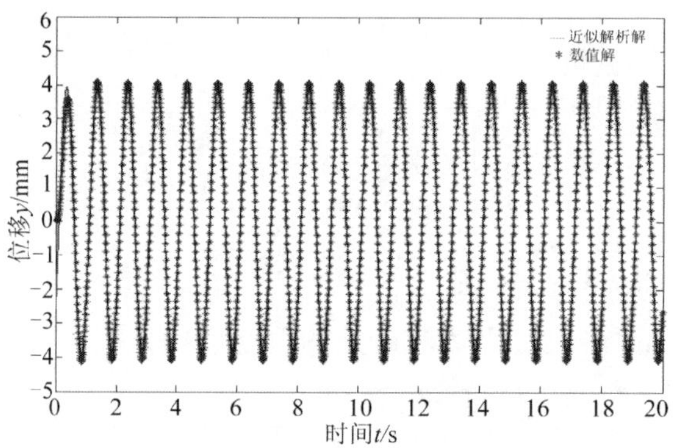

图 25-2 位移-时间 $y(t)-t$ 曲线（$f=1\text{Hz}$）

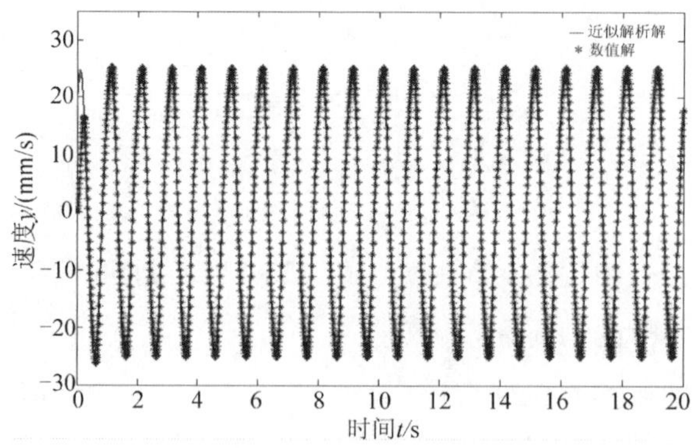

图 25-3 速度-时间 $\dot{y}(t)-t$ 曲线（$f=1\text{Hz}$）

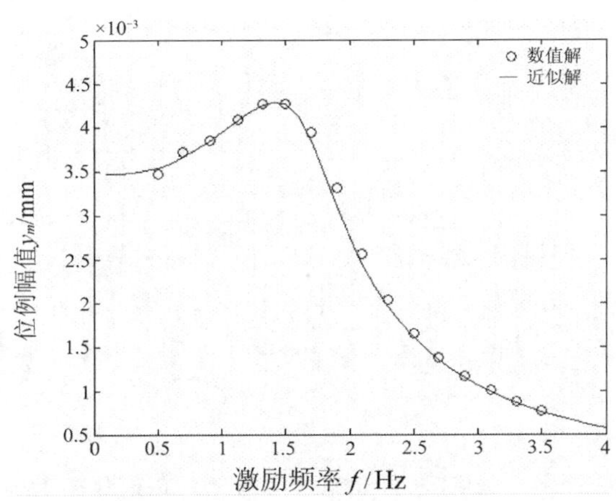

图 25-4　幅频特性曲线

25.4.2　消极隔振

系统参数取 $m = 2.0 \times 10^3$kg，$k_1 = 1.775 \times 10^5$N/m，$u_0 = 8 \times 10^{-3}$m，$c = 4.34 \times 10^4$N·s/m，$\alpha = 0.7154$，$k_3 = 2.6 \times 10^9$N/m³，则系统线性部分（$k_3 = 0$）无阻尼自然振动频率

$$f_0 = \frac{1}{2\pi}\sqrt{\frac{k_1}{m}} \approx 0.75\text{Hz} \tag{25-38}$$

激励频率 $f = 1$Hz 时振子 m 的相对位移—时间 $y(t)-t$ 曲线、相对速度—时间 $\dot{y}(t)-t$ 曲线如图 25-5、图 25-6 所示。

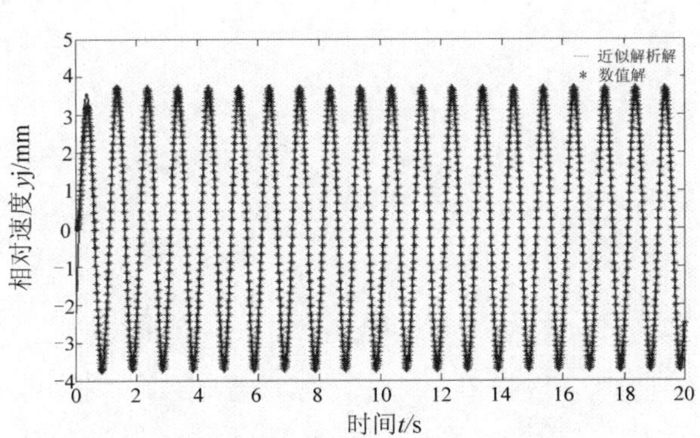

图 25-5　相对位移-时间 $y(t)-t$ 曲线（f=1Hz）

由图 25-2～图 25-6 不难看出，近似解析法与四阶 Runge-Kutta 变步长数值积分结果吻合得很好，说明这种近似解法是可行的，其精度可以满足一般工程应用的需要。

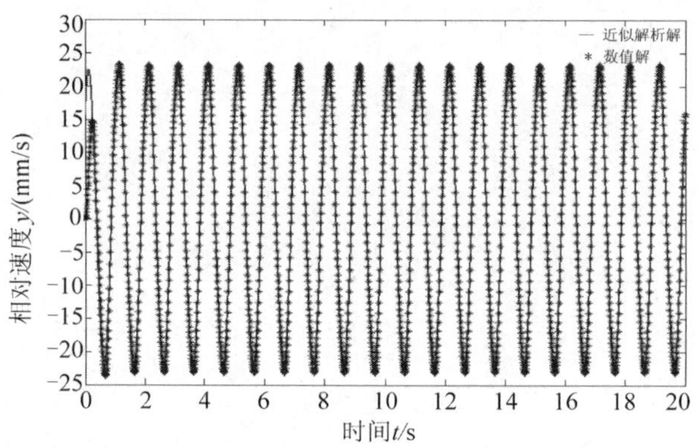

图 25-6　相对速度-时间 $\dot{y}(t)-t$ 曲线（$f=1$Hz）

参考文献

[1] 路纯红．金属橡胶/橡胶复合叠层耗能器实验及理论研究．石家庄：军械工程学院博士论文，2009.
[2] 路纯红，白鸿柏．一类非线性振动系统的响应计算方法．振动与冲击，2008，11（27）：147-149.

第26章 金属橡胶非线性组合结构动力学分析方法

本章的核心内容是介绍基于脉冲响应矩阵来描述结构线性部分（A，B）的动态特性，便于用实验与计算相结合的对接面积分方法来解决振动控制中对响应预先估计的方法[1]。

26.1 非线性组合结构问题描述

如图 26－1 所示的积极隔振物理结构具有普遍意义，可以描述安装在各种武器载体上的设备 B 通过金属橡胶隔振元件 G 减少传递到基础 A 上的作用力，以减少基础的振动和噪声水平。

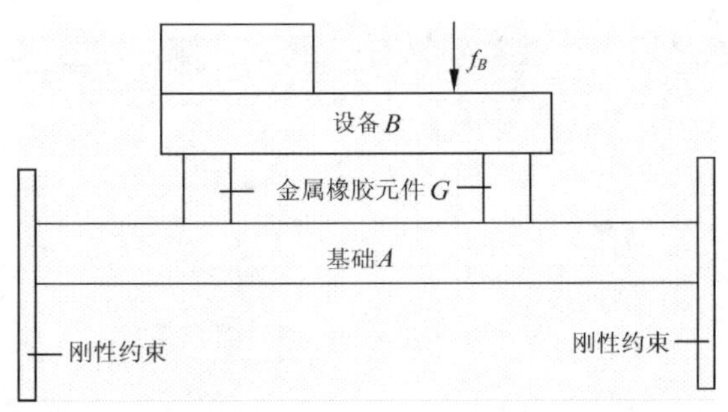

图 26－1 积极隔振物理结构

一般情况下，设备 B 通过金属橡胶隔振元件 G 以四点支承方式安装固定在基础 A 上的情况比较常见。

26.1.1 基础 A 和设备 B 物理特性

如图 26－2 所示，假定基础 A 是一块规则的厚度（t）均匀弹性矩形板（$a\times b$），具有弹性模量 E_A 、泊松比 μ_A 、密度 ρ_A 等力学性能参数，采用两端固定支承边界条件，因此，在外力作用下，A 只有弹性模态（无刚体位移）。

如图 26－3 所示，设备 B 为一规则长方体（$c\times d\times e$），具有弹性模量 E_B 、泊松比 μ_B 、密度 ρ_B 等力学性能参数，内部因安装有电机或其他运动部件产生激励 f_B，一般 f_B 未知或难

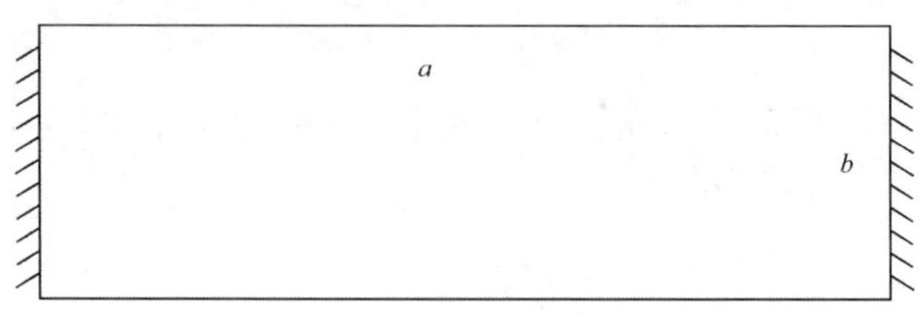

图 26-2　基础 A 几何尺寸及边界条件

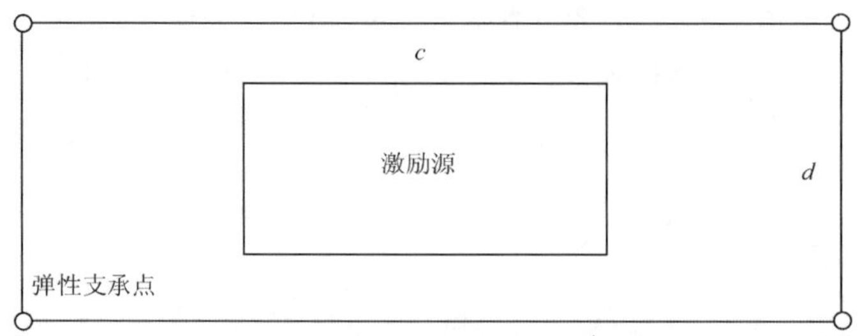

图 26-3　设备 B 几何尺寸及边界条件

以测取。设备 B 弹性地支承在金属橡胶元件 G 上，因此，在内部激励作用下具有弹性模态和刚体模态。

26.1.2　坐标系建立

采用大地绝对坐标系，原点选在基础 A 刚性约束一侧，如图 26-4 所示。

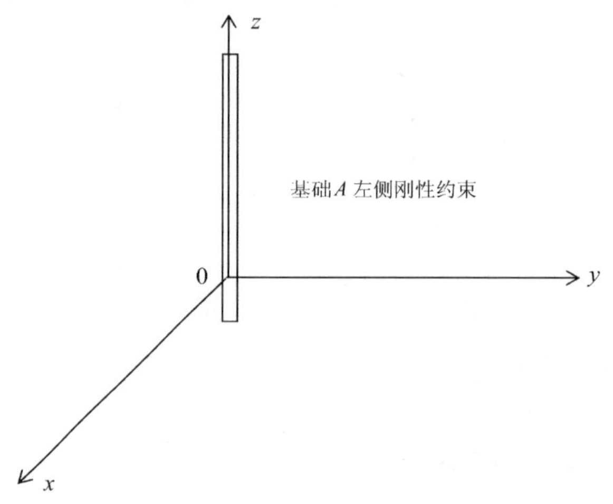

图 26-4　坐标系

26.1.3　对接面描述

基础 A 上对接点 $A_i(i=1,2,3,4)$ 和设备 B 上对接点 $B_i(i=1,2,3,4)$ 一一对应，如图 26-5 所示。

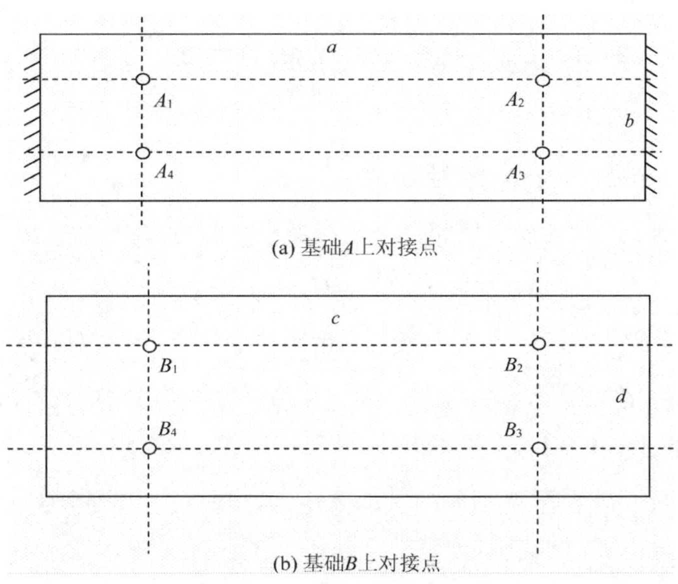

图 26－5　A、B 上对接点

假定金属橡胶元件具有（x，y，z）三向刚度和阻尼特性，为简化分析，进一步假定四只金属橡胶元件在（x，y，z）方向上各自具有相同的刚度和阻尼特性。

对于基础 A 而言，对接自由度集 I 定义为

$\{x_{A_1},y_{A_1},z_{A_1}\},\{x_{A_2},y_{A_2},z_{A_2}\},\{x_{A_3},y_{A_3},z_{A_3}\},\{x_{A_4},y_{A_4},z_{A_4}\}$

$\{fx_{A_1},fy_{A_1},fz_{A_1}\},\{fx_{A_2},fy_{A_2},fz_{A_2}\},\{fx_{A_3},fy_{A_3},fz_{A_3}\},\{fx_{A_4},fy_{A_4},fz_{A_4}\}$

对于设备 B 而言，对接自由度集 J 定义为

$\{x_{B_1},y_{B_1},z_{B_1}\},\{x_{B_2},y_{B_2},z_{B_2}\},\{x_{B_3},y_{B_3},z_{B_3}\},\{x_{B_4},y_{B_4},z_{B_4}\}$

$\{fx_{B_1},fy_{B_1},fz_{B_1}\},\{fx_{B_2},fy_{B_2},fz_{B_2}\},\{fx_{B_3},fy_{B_3},fz_{B_3}\},\{fx_{B_4},fy_{B_4},fz_{B_4}\}$

可见，对接自由度集 I，J 一一对应，且自由度数均为 12。

其中，$\{x_{A_i},y_{A_i},z_{A_i}\},\{x_{B_i},y_{B_i},z_{B_i}\}(i=1,2,3,4)$ 分别为对接点 $\{A_i,B_i\}$ 的绝对位移分量；$\{fx_{A_i},fy_{A_i},fz_{A_i}\},\{fx_{B_i},fy_{B_i},fz_{B_i}\}(i=1,2,3,4)$ 分别为对接点 $\{A_i,B_i\}$ 处对 A、B 施加的对接力分量；而 $\{-fx_{A_i},-fy_{A_i},-fz_{A_i}\},\{-fx_{B_i},-fy_{B_i},-fz_{B_i}\}(i=1,2,3,4)$ 分别为对接点 $\{A_i,B_i\}$ 处对 G 施加的作用力分量。

一般情况下

$$\{x_{A_i},y_{A_i},z_{A_i}\}\neq\{x_{B_i},y_{B_i},z_{B_i}\}(i=1,2,3,4) \tag{26-1}$$

故对接自由度集 I、J 上存在相对位移。考虑到作用力与反作用力之间的关系，则有

$$\{fx_{A_i},fy_{A_i},fz_{A_i}\}=-\{fx_{B_i},fy_{B_i},fz_{B_i}\}(i=1,2,3,4) \tag{26-2}$$

式（26-2）中符号“－”表示方向相反。

26.2 I 上脉冲响应函数矩阵（弹性部分）

26.2.1 *I* 到整个 *A* 脉冲响应函数矩阵

考虑 A 的黏性阻尼 $n_A DOF$ 离散振动系统运动微分方程由式（26-3）描述。

$$M_A\ddot{x}_A + C_A\dot{x}_A + K_A x_A = f_A(t) \tag{26-3}$$

式中，M_A、C_A、$K_A \in R^{n_A\times n_A}$；$n_A$ 为 A 离散自由度数（$I \in n_A$）；$f_A(t)$ 为离散自由度集 n_A 上的外激励（包括对接力 $\{fx_{A_i}, fy_{A_i}, fz_{A_i}\}(i=1,2,3,4)$）列向量；$\ddot{x}_A$、$\dot{x}_A$、$x_A$ 是离散自由度集 n_A 上的加速度、速度、位移列向量。

因此时限定求取 I 到整个 A 脉冲响应函数矩阵，故 $f_A(t)$ 只考虑 I 上的外激励（对接力），即有

$$\begin{aligned} & f_A(t) \in R^{n_A\times 1} \\ & = \{0,\cdots,fx_{A_1},fy_{A_1},fz_{A_1},\cdots,fx_{A_2},fy_{A_2},fz_{A_2},\cdots,fx_{A_3},fy_{A_3},fz_{A_3},\cdots, \\ & \quad fx_{A_4},fy_{A_4},fz_{A_4},\cdots,0\}^{\mathrm{T}} \end{aligned} \tag{26-4}$$

记 fx_{A_1} 在 $f_A(t)$ 中的位置 $n_A\{fx_{A_1}\}$ 为 $\tilde{n}_{1A}$，则有 $n_A\{fy_{A_1}\}=\tilde{n}_{1A}+1$，$n_A\{fz_{A_1}\}=\tilde{n}_{1A}+2$；$fx_{A_2}$ 在 $f_A(t)$ 中的位置 $n_A\{fx_{A_2}\}$ 为 $\tilde{n}_{2A}$，则有 $n_A\{fy_{A_2}\}=\tilde{n}_{2A}+1$，$n_A\{fz_{A_2}\}=\tilde{n}_{2A}+2$；$fx_{A_3}$ 在 $f_A(t)$ 中的位置 $n_A\{fx_{A_3}\}$ 为 $\tilde{n}_{3A}$，则有 $n_A\{fy_{A_3}\}=\tilde{n}_{3A}+1$，$n_A\{fz_{A_3}\}=\tilde{n}_{3A}+2$；$fx_{A_4}$ 在 $f_A(t)$ 中的位置 $n_A\{fx_{A_4}\}$ 为 $\tilde{n}_{4A}$，则有 $n_A\{fy_{A_4}\}=\tilde{n}_{4A}+1$，$n_A\{fz_{A_4}\}=\tilde{n}_{4A}+2$。

同理，对于离散自由度集 n_A（$I \in n_A$）上的加速度、速度、位移列向量有

$$x_A \in R^{n_A\times 1} = \{\cdots,x_{A_1},y_{A_1},z_{A_1},\cdots,x_{A_2},y_{A_2},z_{A_2},\cdots,x_{A_3},y_{A_3},z_{A_3},\cdots,x_{A_4},y_{A_4},z_{A_4},\cdots\}^{\mathrm{T}} \tag{26-5a}$$

$$\dot{x}_A \in R^{n_A\times 1} = \{\cdots,\dot{x}_{A_1},\dot{y}_{A_1},\dot{z}_{A_1},\cdots,\dot{x}_{A_2},\dot{y}_{A_2},\dot{z}_{A_2},\cdots,\dot{x}_{A_3},\dot{y}_{A_3},\dot{z}_{A_3},\cdots,\dot{x}_{A_4},\dot{y}_{A_4},\dot{z}_{A_4},\cdots\}^{\mathrm{T}} \tag{26-5b}$$

$$\ddot{x}_A \in R^{n_A\times 1} = \{\cdots,\ddot{x}_{A_1},\ddot{y}_{A_1},\ddot{z}_{A_1},\cdots,\ddot{x}_{A_2},\ddot{y}_{A_2},\ddot{z}_{A_2},\cdots,\ddot{x}_{A_3},\ddot{y}_{A_3},\ddot{z}_{A_3},\cdots,\ddot{x}_{A_4},\ddot{y}_{A_4},\ddot{z}_{A_4},\cdots\}^{\mathrm{T}} \tag{26-5c}$$

$$n_A\{x_{A_i}\} = n_A\{\dot{x}_{A_i}\} = n_A\{\ddot{x}_{A_i}\} = \tilde{n}_{iA} \quad (i=1,2,3,4) \tag{26-6}$$

考虑到对 A 进行有限元分析和模态实验分析的一致性，建议两者取相同的网格剖分，每个网格节点取 $\{x,y,z\}$ 坐标（自由度）描述，按节点及 $x\to y\to z$ 顺序连续标注，此时 $\tilde{n}_{iA}$ 可由此唯一确定。

引入如下分块矩阵和向量

$$R=\begin{bmatrix}C_A & \cdots & M_A\\ \vdots & & \vdots\\ M_A & \cdots & 0\end{bmatrix},\quad S=\begin{bmatrix}K_A & \cdots & 0\\ \vdots & & \vdots\\ 0 & \cdots & -M_A\end{bmatrix},y=\begin{Bmatrix}x_A\\ \vdots\\ \dot{x}_A\end{Bmatrix},z'=\begin{Bmatrix}f_A(t)\\ \vdots\\ 0\end{Bmatrix} \tag{26-7}$$

式（26-3）可表示为如下状态方程形式

$$R\dot{y}+Sy=z' \tag{26-8}$$

令 $z'=0$，设式（26-8）齐次方程的解为 $y=\phi' e^{\lambda t}$，于是

$$(\lambda R+S)\phi'=0 \tag{26-9}$$

其特征方程为

$$\det(\lambda R+S)=0 \tag{26-10}$$

解式（26-10）得 $2n_A$ 个特征值，对于欠阻尼振动系统，特征值呈复共轭对出现，记为 λ_1、λ_2、…、λ_{n_A}、λ_1^*、λ_2^*、…、$\lambda_{n_A}^*$。将每个特征值逐个代入式（26-9）得相应 n_A 对复共轭特征向量，记为 ϕ'_1、ϕ'_2、…、ϕ'_{n_A}、ϕ'^*_1、ϕ'^*_2、…、$\phi'^*_{n_A}$，任一阶特征值 λ_i 和相应的特征向量 $\phi'_i\left\{=\begin{Bmatrix}\phi_i\\ \vdots\\ \lambda_i\phi_i\end{Bmatrix}\right\}$（$\phi_i$ 为系统的复振型）都应满足式（26-9），于是

$$(\lambda_i R+S)\phi'_i=0 \tag{26-11}$$

同理，对于 λ_j、ϕ'_j 有

$$(\lambda_j R+S)\phi'_j=0 \tag{26-12}$$

以 ϕ'^{T}_j 前乘式（26-11），然后再进行转置，由于 R、S 是对称矩阵，于是有

$$\phi'^{\mathrm{T}}_i S\phi'_j+\lambda_i\phi'^{\mathrm{T}}_i R\phi'_j=0 \tag{26-13}$$

再以 ϕ'^{T}_i 前乘式（26-12）得

$$\phi'^{\mathrm{T}}_i S\phi'_j+\lambda_j\phi'^{\mathrm{T}}_i R\phi'_j=0 \tag{26-14}$$

若 $\lambda_i\neq\lambda_j$，式（26-13）减去式（26-14）得

$$\phi'^{\mathrm{T}}_i R\phi'_j=0 \tag{26-15}$$

而记

$$\phi'^{\mathrm{T}}_i R\phi'_i=a_i \tag{26-16a}$$

$$\phi'^{\mathrm{H}}_i R\phi'^*_i=a_i^* \tag{26-16b}$$

同理可得

$$\phi'^{\mathrm{T}}_i S\phi'_j=0 \tag{26-17}$$

而记

$$\phi'^{\mathrm{T}}_i S\phi'_i=b_i \tag{26-18a}$$

$$\phi'^{\mathrm{H}}_i S\phi'^*_i=b_i^* \tag{26-18b}$$

称式（26-15）～式（26-18b）为复特征向量对矩阵 R、S 的加权正交性质。而由式（26-13）可得

$$\lambda_i = -\frac{b_i}{a_i}, \lambda_i^* = -\frac{b_i^*}{a_i^*} \tag{26-19}$$

式（26-15）～式（26-18b）可简便地用下式来表示

$$U^{\mathrm{T}} R U = \mathrm{diag}(a_i, a_i^*) \tag{26-20a}$$

$$U^{\mathrm{T}} S U = \mathrm{diag}(b_i, b_i^*) \tag{26-20b}$$

式中

$U = \begin{bmatrix} \boldsymbol{\Psi} & \cdots & \boldsymbol{\Psi}^* \\ \vdots & & \vdots \\ \boldsymbol{\Psi}\Lambda & \cdots & \boldsymbol{\Psi}^* \Lambda^* \end{bmatrix}$—复特征向量矩阵；$\boldsymbol{\Psi} = [\phi_1, \phi_2, \cdots, \phi_{n_A}]$—复振型矩阵

$\boldsymbol{\Psi}^* = [\phi_1^*, \phi_2^*, \cdots, \phi_{n_A}^*]$—复振型矩阵的共轭矩阵；$\Lambda = \mathrm{diag}(\lambda_i)$—复频率矩阵；$\Lambda^* = \mathrm{diag}(\lambda_i^*)$—复频率矩阵的共轭矩阵。

为了简便表达起见，我们称第 i 个复频率共轭对为第 i 阶复频率，第 i 个复振型共轭对为第 i 阶复振型。此外，为了便于与固有频率的表达式 $\omega_{0i}^2 = k_i/m_i$（参见实模态分析理论）相对照，分别称 b_i、a_i 为复频率模态刚度、模态质量。

作坐标变换

$$y = Uz \tag{26-21}$$

式中，z 为复模态坐标向量。

将式（26-21）代入式（26-8），然后以 U^{T} 前乘等式两边，利用式（26-20）的加权正交性质得

$$\mathrm{diag}(a_i, a_i^*)\dot{z} + \mathrm{diag}(b_i, b_i^*)z = \begin{Bmatrix} \boldsymbol{\Psi}^{\mathrm{T}} f_A(t) \\ \vdots \\ \boldsymbol{\Psi}^{\mathrm{H}} f_A(t) \end{Bmatrix} \tag{26-22}$$

记

$$z = \begin{Bmatrix} w \\ \vdots \\ w' \end{Bmatrix} \tag{26-23}$$

$$w = \{W_1, W_2, \cdots, W_{n_A}\}^{\mathrm{T}} \tag{26-24a}$$

$$w' = \{W'_1, W'_2, \cdots, W'_{n_A}\}^{\mathrm{T}} \tag{26-24b}$$

由式（26-22）可得到系统在 n_{A} 自由度上的外激励 $f_A(t)$ 作用下的强迫振动方程

$$a_i \dot{W}_i + b_i W_i = \phi_i^{\mathrm{T}} f_A(t) \tag{26-25a}$$

$$a_i^* \dot{W}'_i + b_i^* W'_i = \phi_i^{\mathrm{H}} f_A(t) \tag{26-25b}$$

式（26-25a）、式（26-25b）的解为

$$W_i(t)=W_i(0)\mathrm{e}^{\lambda_i t}+\frac{1}{a_i}\int_0^t \mathrm{e}^{\lambda_i(t-\tau)}\phi_i^{\mathrm{T}}f_A(\tau)\mathrm{d}\tau \tag{26-26a}$$

$$W'_i(t)=W'_i(0)\mathrm{e}^{\lambda_i^* t}+\frac{1}{a_i^*}\int_0^t \mathrm{e}^{\lambda_i^*(t-\tau)}\phi_i^{\mathrm{H}}f_A(\tau)\mathrm{d}\tau \tag{26-26b}$$

由式（26-21）、式（26-26a）、式（26-26b）得到零初始条件下系统在物理坐标系下的位移表达式

$$\begin{aligned}x_A(t)&=\Psi w(t)+\Psi^* w'(t)=\sum_{i=1}^{n_A}\{\phi_i W_i(t)+\phi_i^* W'_i(t)\}\\&=\sum_{i=1}^{n_A}\left\{\frac{\phi_i\phi_i^{\mathrm{T}}}{a_i}\int_0^t \mathrm{e}^{\lambda_i(t-\tau)}f_A(\tau)\mathrm{d}\tau+\frac{\phi_i^*\phi_i^{\mathrm{H}}}{a_i^*}\int_0^t \mathrm{e}^{\lambda_i^*(t-\tau)}f_A(\tau)\mathrm{d}\tau\right\}\end{aligned} \tag{26-27}$$

对式（26-27）两边进行拉氏变换，利用卷积的拉氏变换性质得到

$$L[x_A(t)]=X_A(s)=\sum_{i=1}^{n_A}\left\{\frac{\phi_i\phi_i^{\mathrm{T}}}{a_i(s-\lambda_i)}+\frac{\phi_i^*\phi_i^{\mathrm{H}}}{a_i^*(s-\lambda_i^*)}\right\}L[f_A(t)] \tag{26-28}$$

为进一步推导 $I\rightarrow$整个 A 传递函数矩阵，需要仔细考察式（26-28）。

事实上，$\left\{\frac{\phi_i\phi_i^{\mathrm{T}}}{a_i(s-\lambda_i)}+\frac{\phi_i^*\phi_i^{\mathrm{H}}}{a_i^*(s-\lambda_i^*)}\right\}$ 可如下展开

$$\begin{aligned}&\frac{\phi_i\phi_i^{\mathrm{T}}}{a_i(s-\lambda_i)}+\frac{\phi_i^*\phi_i^{\mathrm{H}}}{a_i^*(s-\lambda_i^*)}\\&=\frac{1}{a_i(s-\lambda_i)}\phi_i\phi_i^{\mathrm{T}}+\frac{1}{a_i^*(s-\lambda_i^*)}\phi_i^*\phi_i^{\mathrm{H}}\\&=\frac{1}{a_i(s-\lambda_i)}\{\phi_i\phi_{i1}\quad \phi_i\phi_{i2}\quad \cdots\phi_i\phi_{in_A-1}\quad \phi_i\phi_{in_A}\}\\&\quad+\frac{1}{a_i^*(s-\lambda_i^*)}\{\phi_i^*\phi_{i1}^*\quad \phi_i^*\phi_{i2}^*\quad \cdots\phi_i^*\phi_{in_A-1}^*\quad \phi_i^*\phi_{in_A}^*\}\end{aligned} \tag{26-29a}$$

式中，ϕ_{ij} 为 ϕ_i 的第 j 个元素；ϕ_{ij}^* 为 ϕ_i^* 的第 j 个元素。

如将 $f_A(t)$ 中 $\{\tilde{n}_{iA},\tilde{n}_{iA}+2\}(i=1,2,3,4)$ 元素抽出组合成一新的向量 $\tilde{f}_A(t)$

$$\tilde{f}_A(t)\in R^{12\times 1}=\{fx_{A_1},fy_{A_1},fz_{A_1},fx_{A_2},fy_{A_2},fz_{A_2},fx_{A_3},fy_{A_3},fz_{A_3},fx_{A_4},fy_{A_4},fz_{A_4}\}^{\mathrm{T}} \tag{26-29b}$$

同时将 $\{\phi_i\phi_{i1}\quad \phi_i\phi_{i2}\quad \cdots\phi_i\phi_{in_A-1}\quad \phi_i\phi_{in_A}\}$ 中 $\{\tilde{n}_{iA},\tilde{n}_{iA}+2\}(i=1,2,3,4)$ 矩阵元素也抽出组合成一新的 $n_A\times 12$ 阶矩阵

$$\{\phi_i\phi_{i\tilde{n}_{1A}}\quad \phi_i\phi_{i\tilde{n}_{1A}+1}\quad \phi_i\phi_{i\tilde{n}_{1A}+2}\quad \phi_i\phi_{i\tilde{n}_{2A}}\quad \phi_i\phi_{i\tilde{n}_{2A}+1}\quad \phi_i\phi_{i\tilde{n}_{2A}+2}\quad \phi_i\phi_{i\tilde{n}_{3A}}\quad \phi_i\phi_{i\tilde{n}_{3A}+1}\quad \phi_i\phi_{i\tilde{n}_{3A}+2}\quad \phi_i\phi_{i\tilde{n}_{4A}}\quad \phi_i\phi_{i\tilde{n}_{4A}+1}\quad \phi_i\phi_{i\tilde{n}_{4A}+2}\}$$

同理将 $\{\phi_i^*\phi_{i1}^*\quad \phi_i^*\phi_{i2}^*\quad \cdots\phi_i^*\phi_{in_A-1}^*\quad \phi_i^*\phi_{in_A}^*\}$ 中 $\{\tilde{n}_{iA},\tilde{n}_{iA}+2\}(i=1,2,3,4)$ 矩阵元素也抽出组合成一新的 $n_A\times 12$ 阶矩阵

$\{\phi_i^* \phi_{i\tilde{n}_{1A}}^* \quad \phi_i^* \phi_{i\tilde{n}_{1A}+1}^* \quad \phi_i^* \phi_{i\tilde{n}_{1A}+2}^* \quad \phi_i^* \phi_{i\tilde{n}_{2A}}^* \quad \phi_i^* \phi_{i\tilde{n}_{2A}+1}^* \quad \phi_i^* \phi_{i\tilde{n}_{2A}+2}^* \quad \phi_i^* \phi_{i\tilde{n}_{3A}}^* \quad \phi_i^* \phi_{i\tilde{n}_{3A}+1}^*$
$\phi_i^* \phi_{i\tilde{n}_{3A}+2}^* \quad \phi_i^* \phi_{i\tilde{n}_{4A}}^* \quad \phi_i^* \phi_{i\tilde{n}_{4A}+1}^* \quad \phi_i^* \phi_{i\tilde{n}_{4A}+2}^*\}$

引入振型向量 ϕ_i，ϕ_i^* 在 I 上分量的概念，即用 ϕ_{Ii}，ϕ_{Ii}^* 分别表示 ϕ_i，ϕ_i^* 在 I 上振型向量分量

$$\begin{aligned}\phi_{Ii} &= \{\phi_{i\tilde{n}_{1A}}, \phi_{i\tilde{n}_{1A}+1}, \phi_{i\tilde{n}_{1A}+2}, \phi_{i\tilde{n}_{2A}}, \phi_{i\tilde{n}_{2A}+1}, \phi_{i\tilde{n}_{2A}+2}, \phi_{i\tilde{n}_{3A}}, \phi_{i\tilde{n}_{3A}+1}, \phi_{i\tilde{n}_{3A}+2}, \phi_{i\tilde{n}_{4A}}, \phi_{i\tilde{n}_{4A}+1}, \phi_{i\tilde{n}_{4A}+2}\}^{\mathrm{T}} \\ &= \{\phi_{Ii1} \quad \phi_{Ii2} \quad \phi_{Ii3} \quad \phi_{Ii4} \quad \phi_{Ii5} \quad \phi_{Ii6} \quad \phi_{Ii7} \quad \phi_{Ii8} \quad \phi_{Ii9} \quad \phi_{Ii10} \quad \phi_{Ii11} \quad \phi_{Ii12}\}^{\mathrm{T}}\end{aligned} \tag{26-29c}$$

$$\begin{aligned}\phi_{Ii}^* &= \{\phi_{i\tilde{n}_{1A}}^*, \phi_{i\tilde{n}_{1A}+1}^*, \phi_{i\tilde{n}_{1A}+2}^*, \phi_{i\tilde{n}_{2A}}^*, \phi_{i\tilde{n}_{2A}+1}^*, \phi_{i\tilde{n}_{2A}+2}^*, \phi_{i\tilde{n}_{3A}}^*, \phi_{i\tilde{n}_{3A}+1}^*, \phi_{i\tilde{n}_{3A}+2}^*, \phi_{i\tilde{n}_{4A}}^*, \phi_{i\tilde{n}_{4A}+1}^*, \phi_{i\tilde{n}_{4A}+2}^*\}^{\mathrm{T}} \\ &= \{\phi_{Ii1}^* \quad \phi_{Ii2}^* \quad \phi_{Ii3}^* \quad \phi_{Ii4}^* \quad \phi_{Ii5}^* \quad \phi_{Ii6}^* \quad \phi_{Ii7}^* \quad \phi_{Ii8}^* \quad \phi_{Ii9}^* \quad \phi_{Ii10}^* \quad \phi_{Ii11}^* \quad \phi_{Ii12}^*\}^{\mathrm{T}}\end{aligned} \tag{26-29d}$$

这样

$$\left\{\frac{\phi_i \phi_i^{\mathrm{T}}}{a_i(s-\lambda_i)} + \frac{\phi_i^* \phi_i^{\mathrm{H}}}{a_i^*(s-\lambda_i^*)}\right\} L[f_A(t)] = \left\{\frac{\phi_i \phi_{Ii}^{\mathrm{T}}}{a_i(s-\lambda_i)} + \frac{\phi_i^* \phi_{Ii}^{\mathrm{H}}}{a_i^*(s-\lambda_i^*)}\right\} L[\tilde{f}_A(t)] \tag{26-30}$$

将式（26-30）代入式（26-28）有

$$L[x_A(t)] = X_A(s) = \sum_{i=1}^{n_A} \left\{\frac{\phi_i \phi_{Ii}^{\mathrm{T}}}{a_i(s-\lambda_i)} + \frac{\phi_i^* \phi_{Ii}^{\mathrm{H}}}{a_i^*(s-\lambda_i^*)}\right\} L[\tilde{f}_A(t)] \tag{26-31}$$

则，I→整个 A 传递函数矩阵为

$$H_{AI}(s) = \frac{X_A(s)}{L[\tilde{f}_A(t)]} = \frac{X_A(s)}{\tilde{F}_A(s)} = \sum_{i=1}^{n_A} \left\{\frac{\phi_i \phi_{Ii}^{\mathrm{T}}}{a_i(s-\lambda_i)} + \frac{\phi_i^* \phi_{Ii}^{\mathrm{H}}}{a_i^*(s-\lambda_i^*)}\right\} \tag{26-32}$$

于是由式（26-32）推导得 I→整个 A 脉冲响应函数矩阵为

$$h_{AI}(t) = \sum_{i=1}^{n_A} \frac{\phi_i \phi_{Ii}^{\mathrm{T}}}{a_i} e^{\lambda_i t} + \frac{\phi_i^* \phi_{Ii}^{\mathrm{H}}}{a_i^*} e^{\lambda_i^* t} \tag{26-33}$$

26.2.2　I 到 I 脉冲响应函数矩阵

事实上，式（26-31）可展开成如下形式

$$\begin{aligned}&L\{\cdots, x_{A_1}, y_{A_1}, z_{A_1}, \cdots, x_{A_2}, y_{A_2}, z_{A_2}, \cdots, x_{A_3}, y_{A_3}, z_{A_3}, \cdots, x_{A_4}, y_{A_4}, z_{A_4}, \cdots\}^{\mathrm{T}} \\ &= \sum_{i=1}^{n_A} \left\{\frac{1}{a_i(s-\lambda_i)}\{\phi_i \phi_{Ii1} \ \phi_i \phi_{Ii2} \ \cdots \ \phi_i \phi_{Ii12}\} + \frac{1}{a_i^*(s-\lambda_i^*)}\{\phi_i^* \phi_{Ii1}^* \quad \phi_i^* \phi_{Ii2}^* \quad \cdots \quad \phi_i^* \phi_{Ii12}^*\}\right\} \tilde{F}_A(s)\end{aligned} \tag{26-34a}$$

考虑将 $x_A(t)$ 中 $\{\tilde{n}_{iA}, \tilde{n}_{iA}+2\}(i=1,2,3,4)$ 元素抽出，组成一新的 I 上位移列向量 $\tilde{x}_A(t)$，即有

$$\tilde{x}_A(t) = \{x_{A_1}, y_{A_1}, z_{A_1}, x_{A_2}, y_{A_2}, z_{A_2}, x_{A_3}, y_{A_3}, z_{A_3}, x_{A_4}, y_{A_4}, z_{A_4}\}^{\mathrm{T}} \tag{26-34b}$$

根据式（26-34a）、式（26-34b）不难推出 I→I 脉冲响应函数矩阵 $h_{II}(t)$

$$h_{II}(t)=L^{-1}[H_{II}(s)]=L^{-1}\left[\frac{\widetilde{X}_A(s)}{\widetilde{F}_A(s)}\right]$$
$$=L^{-1}\left[\sum_{i=1}^{n_A}\left\{\frac{\phi_{Ii}\phi_{Ii}^{\mathrm{T}}}{a_i(s-\lambda_i)}+\frac{\phi_{Ii}^*\phi_{Ii}^{\mathrm{H}}}{a_i^*(s-\lambda_i^*)}\right\}\right]=\sum_{i=1}^{n_A}\frac{\phi_{Ii}\phi_{Ii}^{\mathrm{T}}}{a_i}e^{\lambda_i t}+\frac{\phi_{Ii}^*\phi_{Ii}^{\mathrm{H}}}{a_i^*}e^{\lambda_i^* t} \tag{26-35a}$$

考虑到A、B相同参数区分问题，以下记 $a_i\rightarrow a_{Ai}, \lambda_i\rightarrow\lambda_{Ai}, a_i^*\rightarrow a_{Ai}^*, \lambda_i^*\rightarrow\lambda_{Ai}^*$，则式(26-35a)可重写为

$$h_{II}(t)=\sum_{i=1}^{n_A}\frac{\phi_{Ii}\phi_{Ii}^{\mathrm{T}}}{a_{Ai}}e^{\lambda_{Ai}t}+\frac{\phi_{Ii}^*\phi_{Ii}^{\mathrm{H}}}{a_{Ai}^*}e^{\lambda_{Ai}^*t} \tag{26-35b}$$

26.3 J上脉冲响应函数矩阵

26.3.1 J上脉冲响应函数矩阵（弹性部分）

设备B因与基础A弹性对接，在外激励作用下存在弹性模态和刚体模态，情况比较复杂，我们首先考虑弹性模态。

考虑B的黏性阻尼 $n_B DOF$ 离散振动系统运动微分方程由式（26-36a）描述

$$M_B\ddot{x}_B+C_B\dot{x}_B+K_Bx_B=f_B(t) \tag{26-36a}$$

式中，M_B、C_B、$K_B\in R^{n_B\times n_B}$；n_B 为B离散自由度数（$J\in n_B$）；$f_B(t)$ 为离散自由度集 n_B 上的外激励（包括对接力 $\{fx_{B_i}, fy_{B_i}, fz_{B_i}\}(i=1,2,3,4)$）列向量；$\ddot{x}_B$、$\dot{x}_B$、$x_B$ 为离散自由度集 n_B 上的加速度、速度、位移列向量。

因此时限定求取 J 到整个 B 脉冲响应函数矩阵，故 $f_B(t)$ 只考虑 J 上的外激励（对接力），即有

$$f_B(t)\in R^{n_B\times 1}=\{0,\cdots,fx_{B_1},fy_{B_1},fz_{B_1},\cdots,fx_{B_2},fy_{B_2},fz_{B_2},\cdots,fx_{B_3},fy_{B_3},$$
$$fz_{B_3},\cdots,fx_{B_4},fy_{B_4},fz_{B_4},\cdots,0\}^{\mathrm{T}} \tag{26-36b}$$

引入类似的向量元素位置符号 $\tilde{n}_{iB}(i=1,2,3,4)$，$B$ 网格划分方法参考 A。

引入如下分块矩阵和向量

$$R=\begin{bmatrix}C_B & \cdots & M_B\\ \vdots & & \vdots\\ M_B & \cdots & 0\end{bmatrix},S=\begin{bmatrix}K_B & \cdots & 0\\ \vdots & & \vdots\\ 0 & \cdots & -M_B\end{bmatrix},y=\begin{Bmatrix}x_B\\ \vdots\\ \dot{x}_B\end{Bmatrix},z'=\begin{Bmatrix}f_B(t)\\ \vdots\\ 0\end{Bmatrix} \tag{26-37}$$

经过与 A 类似的推导过程，不难得到 J→整个 B 传递函数矩阵（弹性部分）为

$$\widetilde{H}_{BJ}(s)=\frac{X_B(s)}{\widetilde{F}_B(s)}=\sum_{i=1}^{n_B}\left\{\frac{\phi_i\phi_{Ji}^{\mathrm{T}}}{a_i(s-\lambda_i)}+\frac{\phi_i^*\phi_{Ji}^{\mathrm{H}}}{a_i^*(s-\lambda_i^*)}\right\} \tag{26-38}$$

J→整个 B 脉冲响应函数矩阵（弹性部分）为

$$\widetilde{h}_{BJ}(t)=\sum_{i=1}^{n_B}\frac{\phi_i\phi_{Ji}^{\mathrm{T}}}{a_i}e^{\lambda_i t}+\frac{\phi_i^*\phi_{Ji}^{\mathrm{H}}}{a_i^*}e^{\lambda_i^* t} \tag{26-39}$$

$J\to J$ 脉冲响应函数矩阵 $h_{JJ}(t)$（弹性部分）为

$$\widetilde{h}_{JJ}(t)=\sum_{i=1}^{n_B}\frac{\phi_{Ji}\phi_{Ji}^{\mathrm{T}}}{a_i}e^{\lambda_i t}+\frac{\phi_{Ji}^*\phi_{Ji}^{\mathrm{H}}}{a_i^*}e^{\lambda_i^* t} \tag{26-40}$$

考虑到 A、B 相同参数区分问题，以下记 $a_i\to a_{Bi}$，$\lambda_i\to\lambda_{Bi}$，$a_i^*\to a_{Bi}^*$，$\lambda_i^*\to\lambda_{Bi}^*$，式（26-40）可重写为

$$\widetilde{h}_{JJ}(t)=\sum_{i=1}^{n_B}\frac{\phi_{Ji}\phi_{Ji}^{\mathrm{T}}}{a_{Bi}}e^{\lambda_{Bi} t}+\frac{\phi_{Ji}^*\phi_{Ji}^{\mathrm{H}}}{a_{Bi}^*}e^{\lambda_{Bi}^* t} \tag{26-41}$$

式（26-38）～式（26-41）中有关符号含义参见 A 推导过程。

26.3.2　J 上脉冲响应函数矩阵（刚体部分）

1. B 上坐标系及 p 自由度施加作用力时传递函数

1）B 上坐标系

如图 26-6 所示，L 为 B（质量 m_B，转动惯量 $\{J_x,J_y,J_z\}$）上任意一点，$L\{x_l,y_l,z_l,\theta_{x_l},\theta_{y_l},\theta_{z_l}\}$ 描述 L 点刚体 6 自由度运动，$\{x_l,y_l,z_l\}\in x_B(t)$。$L\{x_L,y_L,z_L\}$ 表示 L 点在 $\{x_c,y_c,z_c\}$ 坐标系中位置（$\{x_c,y_c,z_c\}$ 坐标系与图 26-4 定义的坐标系 $\{x,y,z\}$ 平行，原点在 B 的质心处）；$P\{x_P,y_P,z_P\}\in\{B_1,B_2,B_3,B_4\}$，表示 P 点在 $\{x_c,y_c,z_c\}$ 坐标系中位置。$p\in J$ 为 J 上任意一自由度，$f_p\in f_B(t)$ 为 p 自由度施加的对接力矢量，$\{x_p,y_p,z_p\}$ 表示矢量 f_p 与 $\{x_c,y_c,z_c\}$ 之间的垂向距离。

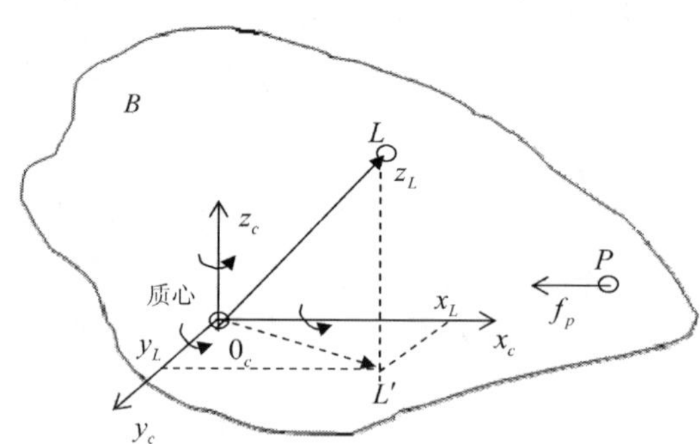

图 26-6　B 上坐标系

2）p 自由度施加作用力时传递函数

A. f_p 平行于 x_c 方向（图 26-6）

a. 关于物理坐标 x_l 的传递函数

(1) f_p 作用下 L 点沿 x_c 向位移 $x_l^{\{1\}}$ 产生的 $H_{lp}^{\{1\}}(s)$

关于 B 质心的运动方程为

$$f_p(t)=m_B\ddot{x}_c=m_B\ddot{x}_l^{\{1\}} \tag{26-42}$$

零初始条件对式（26-42）两边进行拉氏变换得到

$$F_p(s)=m_Bs^2X_l^{\{1\}}(s) \tag{26-43}$$

式中，$F_p(s)$ 为 $f_p(t)$ 的拉氏变换；$X_l^{\{1\}}(s)$ 为 $x_l^{\{1\}}(t)$ 的拉氏变换。

根据式（26-43）得到

$$H_{lp}^{\{1\}}(s)=\frac{X_l^{\{1\}}(s)}{F_p(s)}=\frac{1}{m_Bs^2} \tag{26-44}$$

(2) f_p 作用下 L 点绕 z_c 旋转 θ_{z_l} 产生的 $H_{lp}^{\{2\}}(s)$

关于B质心的绕 z_c 旋转运动方程为

$$M_{f_p}=f_p(t)z_p=J_z\ddot{\theta}_{z_l} \tag{26-45}$$

考虑到 θ_{z_l} 很小，$0_cL'\perp L'L''$ 近似成立［图 26－7（a)］，则有

$$r_z=\sqrt{x_L^2+y_L^2} \tag{26-46a}$$

$$L'L''\approx r_z\theta_{z_l} \tag{26-46b}$$

同时，有几何关系

$$\sin\alpha=\frac{x_l^{\{2\}}}{r_z\theta_{z_l}}=\frac{y_L}{r_z} \tag{26-46c}$$

由式（26-46c）推得

$$\theta_{z_l}=\frac{x_l^{\{2\}}}{y_L} \tag{26-46d}$$

将式（26-46d）代入式（26-45）可得

$$f_p(t)=\frac{J_z}{z_py_L}\ddot{x}_l^{\{2\}} \tag{26-47}$$

零初始条件对式（26-47）两边进行拉氏变换得到

$$H_{lp}^{\{2\}}(s)=\frac{X_l^{\{2\}}(s)}{F_p(s)}=\frac{z_py_L}{J_zs^2} \tag{26-48}$$

式中，$F_p(s)$ 为 $f_p(t)$ 的拉氏变换；$X_l^{\{2\}}(s)$ 为 $x_l^{\{2\}}(t)$ 的拉氏变换。

(3) f_p 作用下 L 点绕 y_c 旋转 θ_{y_l} 产生的 $H_{lp}^{\{3\}}(s)$

关于 B 质心的绕 y_c 旋转运动方程为

$$M_{f_p}=f_p(t)y_p=J_y\ddot{\theta}_{y_l} \tag{26-49}$$

根据绕 z_c 旋转推导不难得到

$$H_{lp}^{\{3\}}(s)=\frac{X_l^{\{3\}}(s)}{F_p(s)}=\frac{y_pz_L}{J_ys^2} \tag{26-50}$$

式中，$F_p(s)$ 为 $f_p(t)$ 的拉氏变换；$X_l^{\{3\}}(s)$ 为 $x_l^{\{3\}}(t)$ 的拉氏变换。

综合式（26-44)、式（26-48)、式（26-50）可得

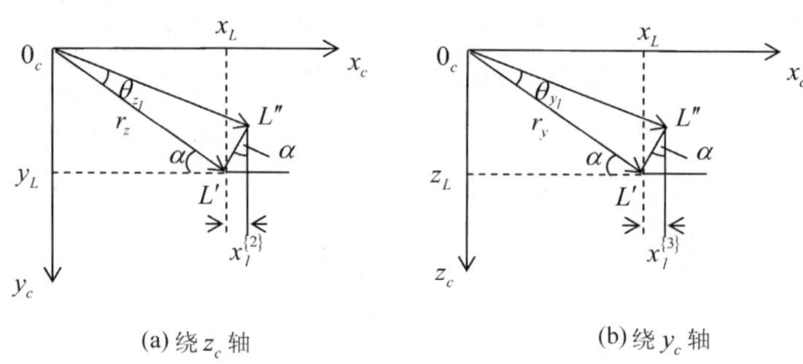

图 26－7 f_p 作用下 L 点绕 z_c 轴和 y_c 轴旋转时矢量分解示意

$$H_{lp}(s)=\frac{X_l(s)}{F_p(s)}=\{H_{lp}^{\{1\}}(s)+H_{lp}^{\{2\}}(s)+H_{lp}^{\{3\}}(s)\}=\left\{\frac{1}{m_B s^2}+\frac{z_p y_L}{J_z s^2}+\frac{y_p z_L}{J_y s^2}\right\} \tag{26-51}$$

式（26-51）就是 $p\in J$ 自由度上施加 $f_p(t)\in f_B(t)$（平行于 x_c 方向）作用力时，物理坐标 $x_l\in x_B(t)$ 上的传递函数。

考虑 $p\rightarrow x_l$、$p\rightarrow y_l$、$p\rightarrow z_l$ 区分问题，及 p 分别平行于 $\{x_c,y_c,z_c\}$ 时区分问题，则可将式（26-51）记为

$$H_{x_l p_x}(s)=\left\{\frac{1}{m_B s^2}+\frac{z_{p_x} y_L}{J_z s^2}+\frac{y_{p_x} z_L}{J_y s^2}\right\} \tag{26-52a}$$

式中，$H_{x_l p_x}(s)$ 表示在 P 点沿 x_c 施加作用力矢量 f_{p_x}，在 x_l 坐标得到的传递函数；z_{p_x}、y_{p_x} 分别表示 f_{p_x} 与 z_c，y_c 垂直距离。以下各符号具有类似物理意义。

b. 关于物理坐标 y_l、z_l 的传递函数

根据坐标轮换，不难推得

$$H_{y_l p_x}(s)=\left\{\frac{z_{p_x} x_L}{J_z s^2}\right\} \tag{26-52b}$$

$$H_{z_l p_x}(s)=\left\{\frac{y_{p_x} x_L}{J_y s^2}\right\} \tag{26-52c}$$

B. f_p 平行于 y_c 方向

$p\in J$ 自由度上施加 $f_p(t)\in f_B(t)$（平行于 y_c 方向）作用力时，物理坐标 $\{x_l,y_l,z_l\}\in x_B(t)$ 上的传递函数根据类比法由式（26-52a）和坐标轮换可推得

$$H_{x_l p_y}(s)=\left\{\frac{z_{p_y} y_L}{J_z s^2}\right\} \tag{26-53a}$$

$$H_{y_l p_y}(s)=\left\{\frac{1}{m_B s^2}+\frac{z_{p_y} x_L}{J_z s^2}+\frac{x_{p_y} z_L}{J_x s^2}\right\} \tag{26-53b}$$

$$H_{z_l p_y}(s)=\left\{\frac{x_{p_y} y_L}{J_x s^2}\right\} \tag{26-53c}$$

C. f_p 平行于 z_c 方向

$p \in J$ 自由度上施加 $f_p(t) \in f_B(t)$（平行于 z_c 方向）作用力时，物理坐标 $\{x_l, y_l, z_l\} \in x_B(t)$ 上的传递函数根据类比法由式（26-52a）和坐标轮换可推得

$$H_{x_l p_z}(s) = \left\{\frac{y_{p_z} z_L}{J_y s^2}\right\} \tag{26-54a}$$

$$H_{y_l p_z}(s) = \left\{\frac{x_{p_z} z_L}{J_x s^2}\right\} \tag{26-54b}$$

$$H_{z_l p_z}(s) = \left\{\frac{1}{m_B s^2} + \frac{x_{p_z} y_L}{J_x s^2} + \frac{y_{p_z} x_L}{J_y s^2}\right\} \tag{26-54c}$$

2. J 到整个 B 脉冲响应函数矩阵

为了推导方便，做如下记号约定：假设 B 被离散为 N_B 个单元体或网格节点，$n_B = 3 \times N_B$，任意节点 $L\{\{x_L, y_L, z_L\}, \{x_l, y_l, z_l\} \in x_B(t)\} \in N_B$，$l$ 关联于 L；$P\{\{x_P, y_P, z_P\} \in J, \{x_{p_x}, x_{p_y}, x_{p_z}\}, \{y_{p_x}, y_{p_y}, y_{p_z}\}, \{z_{p_x}, z_{p_y}, z_{p_z}\}\} \in N_B$，$p$ 关联于 P。

在如上描述的基础上，我们约定：$\{x_l, y_l, z_l\}$ 记为 $\{x_{Ll}, y_{Ll}, z_{Ll}\}, L = 1, 2, \cdots, N_B$；$\{x_P, y_P, z_P\} \in J, P = 1, 2, 3, 4$；$\{x_{p_x}, x_{p_y}, x_{p_z}\}, \{y_{p_x}, y_{p_y}, y_{p_z}\}, \{z_{p_x}, z_{p_y}, z_{p_z}\}, p = 1, 2, 3, 4$。

事实上，J 到整个 B 传递函数矩阵（刚体部分）$H_{BJ}(s)$ 应该是一个 $n_B \times 12$ 阶矩阵。

首先固定激励 $f_{p_x}|_{p=1}$，在不同测点 $\{x_{Ll}, y_{Ll}, z_{Ll}\}(L = 1, 2, \cdots, N_B)$ 测量或计算可得到 $\bar{H}_{BJ}(s)$ 中的第 1 列；固定激励 $f_{p_y}|_{p=1}$，在不同测点 $\{x_{Ll}, y_{Ll}, z_{Ll}\}(L = 1, 2, \cdots, N_B)$ 测量或计算可得到 $\bar{H}_{BJ}(s)$ 中的第 2 列；固定激励 $f_{p_z}|_{p=1}$，在不同测点 $\{x_{Ll}, y_{Ll}, z_{Ll}\}(L = 1, 2, \cdots, N_B)$ 测量或计算可得到 $\bar{H}_{BJ}(s)$ 中的第 3 列；逐次令 $p = 2$、$p = 3$、$p = 4$ 可得剩余 9 列。可见，J 到整个 B 传递函数矩阵（刚体部分）$\bar{H}_{BJ}(s)$ 可表述为

$$\bar{H}_{BJ}(s)_{n_B \times 12} = [\bar{H}_{BJ}(s)|_1, \bar{H}_{BJ}(s)|_2, \bar{H}_{BJ}(s)|_3, \cdots, \bar{H}_{BJ}(s)|_{12}] \tag{26-55a}$$

式中，矩阵元素 $\bar{H}_{BJ}(s)|_i (i = 1, 2, \cdots, 12)$ 为

$$\bar{H}_{BJ}(s)|_1 = \{H_{x_{1l}1_x}(s), H_{y_{1l}1_x}(s), H_{z_{1l}1_x}(s), \cdots, H_{x_{N_B l}1_x}(s), H_{y_{N_B l}1_x}(s), H_{z_{N_B l}1_x}(s)\}^{\mathrm{T}}$$

$$\bar{H}_{BJ}(s)|_2 = \{H_{x_{1l}1_y}(s), H_{y_{1l}1_y}(s), H_{z_{1l}1_y}(s), \cdots, H_{x_{N_B l}1_y}(s), H_{y_{N_B l}1_y}(s), H_{z_{N_B l}1_y}(s)\}^{\mathrm{T}}$$

$$\bar{H}_{BJ}(s)|_3 = \{H_{x_{1l}1_z}(s), H_{y_{1l}1_z}(s), H_{z_{1l}1_z}(s), \cdots, H_{x_{N_B l}1_z}(s), H_{y_{N_B l}1_z}(s), H_{z_{N_B l}1_z}(s)\}^{\mathrm{T}}$$

$$\bar{H}_{BJ}(s)|_4 = \{H_{x_{1l}2_x}(s), H_{y_{1l}2_x}(s), H_{z_{1l}2_x}(s), \cdots, H_{x_{N_B l}2_x}(s), H_{y_{N_B l}2_x}(s), H_{z_{N_B l}2_x}(s)\}^{\mathrm{T}}$$

$$\bar{H}_{BJ}(s)|_5=\{H_{x_{1l}2_y}(s),H_{y_{1l}2_y}(s),H_{z_{1l}2_y}(s),\cdots,H_{x_{N_Bl}2_y}(s),H_{y_{N_Bl}2_y}(s),H_{z_{N_Bl}2_y}(s)\}^{\mathrm{T}}$$

$$\bar{H}_{BJ}(s)|_6=\{H_{x_{1l}2_z}(s),H_{y_{1l}2_z}(s),H_{z_{1l}2_z}(s),\cdots,H_{x_{N_Bl}2_z}(s),H_{y_{N_Bl}2_z}(s),H_{z_{N_Bl}2_z}(s)\}^{\mathrm{T}}$$

$$\bar{H}_{BJ}(s)|_7=\{H_{x_{1l}3_x}(s),H_{y_{1l}3_x}(s),H_{z_{1l}3_x}(s),\cdots,H_{x_{N_Bl}3_x}(s),H_{y_{N_Bl}3_x}(s),H_{z_{N_Bl}3_x}(s)\}^{\mathrm{T}}$$

$$\bar{H}_{BJ}(s)|_8=\{H_{x_{1l}3_y}(s),H_{y_{1l}3_y}(s),H_{z_{1l}3_y}(s),\cdots,H_{x_{N_Bl}3_y}(s),H_{y_{N_Bl}3_y}(s),H_{z_{N_Bl}3_y}(s)\}^{\mathrm{T}}$$

$$\bar{H}_{BJ}(s)|_9=\{H_{x_{1l}3_z}(s),H_{y_{1l}3_z}(s),H_{z_{1l}3_z}(s),\cdots,H_{x_{N_Bl}3_z}(s),H_{y_{N_Bl}3_z}(s),H_{z_{N_Bl}3_z}(s)\}^{\mathrm{T}}$$

$$\bar{H}_{BJ}(s)|_{10}=\{H_{x_{1l}4_x}(s),H_{y_{1l}4_x}(s),H_{z_{1l}4_x}(s),\cdots,H_{x_{N_Bl}4_x}(s),H_{y_{N_Bl}4_x}(s),H_{z_{N_Bl}4_x}(s)\}^{\mathrm{T}}$$

$$\bar{H}_{BJ}(s)|_{11}=\{H_{x_{1l}4_y}(s),H_{y_{1l}4_y}(s),H_{z_{1l}4_y}(s),\cdots,H_{x_{N_Bl}4_y}(s),H_{y_{N_Bl}4_y}(s),H_{z_{N_Bl}4_y}(s)\}^{\mathrm{T}}$$

$$\bar{H}_{BJ}(s)|_{12}=\{H_{x_{1l}4_z}(s),H_{y_{1l}4_z}(s),H_{z_{1l}4_z}(s),\cdots,H_{x_{N_Bl}4_z}(s),H_{y_{N_Bl}4_z}(s),H_{z_{N_Bl}4_z}(s)\}^{\mathrm{T}}$$

(26-55b)

而 J 到整个 B 脉冲响应函数矩阵（刚体部分）$\bar{h}_{BJ}(t)$ 可表述为

$$\begin{aligned}\bar{h}_{BJ}(t)_{n_B\times 12}&=L^{-1}[\bar{H}_{BJ}(s)]\\&=L^{-1}[[\bar{H}_{BJ}(s)|_1,\bar{H}_{BJ}(s)|_2,\bar{H}_{BJ}(s)|_3,\cdots,\bar{H}_{BJ}(s)|_{12}]]\end{aligned}\quad(26\text{-}56)$$

而式（26-55b）、式（26-56）中各元素可根据式（26-52a）～式（26-54c）计算或测量。

3. J 到整个 B 脉冲响应函数矩阵的模态表示

首先考察式（26-56）中的第 1 列

$$\begin{aligned}\bar{h}_{BJ}(t)|_1&=L^{-1}[\bar{H}_{BJ}(s)|_1]\\&=L^{-1}[\{H_{x_{1l}1_x}(s),H_{y_{1l}1_x}(s),H_{z_{1l}1_x}(s),\cdots,H_{x_{N_Bl}1_x}(s),H_{y_{N_Bl}1_x}(s),H_{z_{N_Bl}1_x}(s)\}^{\mathrm{T}}]\\&=\{h_{x_{1l}1_x}(t),h_{y_{1l}1_x}(t),h_{z_{1l}1_x}(t),\cdots,h_{x_{N_Bl}1_x}(t),h_{y_{N_Bl}1_x}(t),h_{z_{N_Bl}1_x}(t)\}^{\mathrm{T}}\end{aligned}\quad(26\text{-}57)$$

根据式（26-52a）～式（26-52c）及 $\{x_l,y_l,z_l\}\Rightarrow\{x_{Ll},y_{Ll},z_{Ll}\}(L=1,2,\cdots,N_B)$ 记号约定可得

$$h_{x_{Ll}p_x}(t)=\left\{\frac{1}{m_B}+\frac{z_{p_x}y_L}{J_z}+\frac{y_{p_x}z_L}{J_y}\right\}t\quad(t\geqslant 0)\quad(26\text{-}58a)$$

$$h_{y_{Ll}p_x}(t)=\left\{\frac{z_{p_x}x_L}{J_z}\right\}t\quad(t\geqslant 0)\quad(26\text{-}58b)$$

$$h_{z_{Ll}p_x}(t)=\left\{\frac{y_{p_x}x_L}{J_y}\right\}t\quad(t\geqslant 0)\quad(26\text{-}58c)$$

令 $p=1,L\rightarrow 1,2,\cdots,N_B$，则有

$$\bar{h}_{BJ}(t)|_1 = \{h_{x_{1l}1_x}(t), h_{y_{1l}1_x}(t), h_{z_{1l}1_x}(t), \cdots, h_{x_{N_B l}1_x}(t), h_{y_{N_B l}1_x}(t), h_{z_{N_B l}1_x}(t)\}^{\mathrm{T}}$$

$$= \left\{\begin{array}{l} h_{x_{1l}1_x}(t) = \left\{\frac{1}{m_B} + \frac{0}{m_B} + \frac{0}{m_B} + \frac{0}{J_x} + \frac{y_{1_x} z_1}{J_y} + \frac{z_{1_x} y_1}{J_z}\right\} t \\ h_{y_{1l}1_x}(t) = \left\{\frac{0}{m_B} + \frac{0}{m_B} + \frac{0}{m_B} + \frac{0}{J_x} + \frac{0}{J_y} + \frac{z_{1_x} x_1}{J_z}\right\} t \\ h_{z_{1l}1_x}(t) = \left\{\frac{0}{m_B} + \frac{0}{m_B} + \frac{0}{m_B} + \frac{0}{J_x} + \frac{y_{1_x} x_1}{J_y} + \frac{0}{J_z}\right\} t \\ \vdots \\ h_{x_{N_B l}1_x}(t) = \left\{\frac{1}{m_B} + \frac{0}{m_B} + \frac{0}{m_B} + \frac{0}{J_x} + \frac{y_{1_x} z_{N_B}}{J_y} + \frac{z_{1_x} y_{N_B}}{J_z}\right\} t \\ h_{y_{N_B l}1_x}(t) = \left\{\frac{0}{m_B} + \frac{0}{m_B} + \frac{0}{m_B} + \frac{0}{J_x} + \frac{0}{J_y} + \frac{z_{1_x} x_{N_B}}{J_z}\right\} t \\ h_{z_{N_B l}1_x}(t) = \left\{\frac{0}{m_B} + \frac{0}{m_B} + \frac{0}{m_B} + \frac{0}{J_x} + \frac{y_{1_x} x_{N_B}}{J_y} + \frac{0}{J_z}\right\} t \end{array}\right\} (t \geqslant 0) \tag{26-59}$$

实际上，式（26-59）又可写成

$$\bar{h}_{BJ}(t)|_1 = \{h_{x_{1l}1_x}(t), h_{y_{1l}1_x}(t), h_{z_{1l}1_x}(t), \cdots, h_{x_{N_B l}1_x}(t), h_{y_{N_B l}1_x}(t), h_{z_{N_B l}1_x}(t)\}^{\mathrm{T}}$$

$$= \frac{t}{m_B}\begin{Bmatrix} 1 \\ 0 \\ 0 \\ \vdots \\ 1 \\ 0 \\ 0 \end{Bmatrix} + \frac{t}{m_B}\begin{Bmatrix} 0 \\ 0 \\ 0 \\ \vdots \\ 0 \\ 0 \\ 0 \end{Bmatrix} + \frac{t}{m_B}\begin{Bmatrix} 0 \\ 0 \\ 0 \\ \vdots \\ 0 \\ 0 \\ 0 \end{Bmatrix} + \frac{t}{J_x}\begin{Bmatrix} 0 \\ 0 \\ 0 \\ \vdots \\ 0 \\ 0 \\ 0 \end{Bmatrix} + \frac{t}{J_y}\begin{Bmatrix} y_{1_x} z_1 \\ 0 \\ y_{1_x} x_1 \\ \vdots \\ y_{1_x} z_{N_B} \\ 0 \\ y_{1_x} x_{N_B} \end{Bmatrix} + \frac{t}{J_z}\begin{Bmatrix} z_{1_x} y_1 \\ z_{1_x} x_1 \\ 0 \\ \vdots \\ z_{1_x} y_{N_B} \\ z_{1_x} x_{N_B} \\ 0 \end{Bmatrix} (t \geqslant 0) \tag{26-60}$$

考察式（26-56）中的第 2 列

$$\begin{aligned} \bar{h}_{BJ}(t)|_2 &= L^{-1}[\bar{H}_{BJ}(s)|_2] \\ &= L^{-1}[\{H_{x_{1l}1_y}(s), H_{y_{1l}1_y}(s), H_{z_{1l}1_y}(s), \cdots, H_{x_{N_B l}1_y}(s), H_{y_{N_B l}1_y}(s), H_{z_{N_B l}1_y}(s)\}^{\mathrm{T}}] \\ &= \{h_{x_{1l}1_y}(t), h_{y_{1l}1_y}(t), h_{z_{1l}1_y}(t), \cdots, h_{x_{N_B l}1_y}(t), h_{y_{N_B l}1_y}(t), h_{z_{N_B l}1_y}(t)\}^{\mathrm{T}} \end{aligned} \tag{26-61}$$

根据式（26-53a）～式（26-53c）及 $\{x_l, y_l, z_l\} \Rightarrow \{x_{Ll}, y_{Ll}, z_{Ll}\}(L = 1, 2, \cdots, N_B)$ 记号约定可得

$$h_{x_{1l}p_y}(t)=\left\{\frac{z_{p_y}y_L}{J_z}\right\}t\quad(t\geqslant 0)\tag{26-62a}$$

$$h_{y_{1l}p_y}(t)=\left\{\frac{1}{m_B}+\frac{z_{p_y}x_L}{J_z}+\frac{x_{p_y}z_L}{J_x}\right\}t\quad(t\geqslant 0)\tag{26-62b}$$

$$h_{z_{1l}p_y}(t)=\left\{\frac{x_{p_y}y_L}{J_x}\right\}t\ (t\geqslant 0)\tag{26-62c}$$

令 $p=1,L\rightarrow 1,2,\cdots,N_B$，则有

$$\bar{h}_{BJ}(t)|_2=\{h_{x_{1l}1_y}(t),h_{y_{1l}1_y}(t),h_{z_{1l}1_y}(t),\cdots,h_{x_{N_Bl}1_y}(t),h_{y_{N_Bl}1_y}(t),h_{z_{N_Bl}1_y}(t)\}^{\mathrm{T}}$$

$$=\left\{\begin{array}{l}h_{x_{1l}1_y}(t)=\left\{\frac{0}{m_B}+\frac{0}{m_B}+\frac{0}{m_B}+\frac{0}{J_x}+\frac{0}{J_y}+\frac{z_{1_y}y_1}{J_z}\right\}t\\ h_{y_{1l}1_y}(t)=\left\{\frac{0}{m_B}+\frac{1}{m_B}+\frac{0}{m_B}+\frac{x_{1_y}z_1}{J_x}+\frac{0}{J_y}+\frac{z_{1_y}x_1}{J_z}\right\}t\\ h_{z_{1l}1_y}(t)=\left\{\frac{0}{m_B}+\frac{0}{m_B}+\frac{0}{m_B}+\frac{x_{1_y}y_1}{J_x}+\frac{0}{J_y}+\frac{0}{J_z}\right\}t\\ \vdots\\ h_{x_{N_Bl}1_y}(t)=\left\{\frac{0}{m_B}+\frac{0}{m_B}+\frac{0}{m_B}+\frac{0}{J_x}+\frac{0}{J_y}+\frac{z_{1_y}y_{N_B}}{J_z}\right\}t\\ h_{y_{N_Bl}1_y}(t)=\left\{\frac{0}{m_B}+\frac{1}{m_B}+\frac{0}{m_B}+\frac{x_{1_y}z_{N_B}}{J_x}+\frac{0}{J_y}+\frac{z_{1_y}x_{N_B}}{J_z}\right\}t\\ h_{z_{N_Bl}1_y}(t)=\left\{\frac{0}{m_B}+\frac{0}{m_B}+\frac{0}{m_B}+\frac{x_{1_y}y_{N_B}}{J_x}+\frac{0}{J_y}+\frac{0}{J_z}\right\}t\end{array}\right\}(t\geqslant 0)\tag{26-63}$$

实际上，式（26-63）又可写成

$$\bar{h}_{BJ}(t)|_2=\{h_{x_{1l}1_y}(t),h_{y_{1l}1_y}(t),h_{z_{1l}1_y}(t),\cdots,h_{x_{N_Bl}1_y}(t),h_{y_{N_Bl}1_y}(t),h_{z_{N_Bl}1_y}(t)\}^{\mathrm{T}}$$

$$=\frac{t}{m_B}\begin{Bmatrix}0\\0\\0\\\vdots\\0\\0\\0\end{Bmatrix}+\frac{t}{m_B}\begin{Bmatrix}0\\1\\0\\\vdots\\0\\1\\0\end{Bmatrix}+\frac{t}{m_B}\begin{Bmatrix}0\\0\\0\\\vdots\\0\\0\\0\end{Bmatrix}+\frac{t}{J_x}\begin{Bmatrix}0\\x_{1_y}z_1\\x_{1_y}y_1\\\vdots\\0\\x_{1_y}z_{N_B}\\x_{1_y}y_{N_B}\end{Bmatrix}+\frac{t}{J_y}\begin{Bmatrix}0\\0\\0\\\vdots\\0\\0\\0\end{Bmatrix}+\frac{t}{J_z}\begin{Bmatrix}z_{1_y}y_1\\z_{1_y}x_1\\0\\\vdots\\z_{1_y}y_{N_B}\\z_{1_y}x_{N_B}\\0\end{Bmatrix}(t\geqslant 0)\tag{26-64}$$

考察式（26-56）中的第 3 列

$$
\begin{aligned}
\bar{h}_{BJ}(t)|_3 &= L^{-1}[\bar{H}_{BJ}(s)|_3] \\
&= L^{-1}[\{H_{x_{1l}1_z}(s), H_{y_{1l}1_z}(s), H_{z_{1l}1_z}(s), \cdots, H_{x_{N_B l}1_z}(s), H_{y_{N_B l}1_z}(s), H_{z_{N_B l}1_z}(s)\}^{\mathrm{T}}] \\
&= \{h_{x_{1l}1_z}(t), h_{y_{1l}1_z}(t), h_{z_{1l}1_z}(t), \cdots, h_{x_{N_B l}1_z}(t), h_{y_{N_B l}1_z}(t), h_{z_{N_B l}1_z}(t)\}^{\mathrm{T}}
\end{aligned}
\tag{26-65}
$$

根据式（26-54a）～式（26-54c）及 $\{x_l, y_l, z_l\} \Rightarrow \{x_{Ll}, y_{Ll}, z_{Ll}\}(L=1,2,\cdots,N_B)$ 记号约定可得

$$h_{x_{Ll}p_z}(t) = \left\{\frac{y_{p_z} z_L}{J_y}\right\} t \quad (t \geqslant 0) \tag{26-66a}$$

$$h_{y_{Ll}p_z}(t) = \left\{\frac{x_{p_z} z_L}{J_x}\right\} t \quad (t \geqslant 0) \tag{26-66b}$$

$$h_{z_{Ll}p_z}(t) = \left\{\frac{1}{m_B} + \frac{x_{p_z} y_L}{J_x} + \frac{y_{p_z} x_L}{J_y}\right\} t \quad (t \geqslant 0) \tag{26-66c}$$

令 $p=1, L \to 1,2,\cdots,N_B$，则有

$$
\bar{h}_{BJ}(t)|_3 = \{h_{x_{1l}1_Z}(t), h_{y_{1l}1_Z}(t), h_{z_{1l}1_Z}(t), \cdots, h_{x_{N_B l}1_Z}(t), h_{y_{N_B l}1_Z}(t), h_{z_{N_B l}1_Z}(t)\}^{\mathrm{T}}
$$

$$
= \left\{
\begin{aligned}
h_{x_{1l}1_Z}(t) &= \left\{\frac{0}{m_B} + \frac{0}{m_B} + \frac{0}{m_B} + \frac{0}{J_x} + \frac{y_{1_z} z_1}{J_y} + \frac{0}{J_z}\right\} t \\
h_{y_{1l}1_Z}(t) &= \left\{\frac{0}{m_B} + \frac{0}{m_B} + \frac{0}{m_B} + \frac{x_{1_z} z_1}{J_x} + \frac{0}{J_y} + \frac{0}{J_z}\right\} t \\
h_{z_{1l}1_Z}(t) &= \left\{\frac{0}{m_B} + \frac{0}{m_B} + \frac{1}{m_B} + \frac{x_{1_z} y_1}{J_x} + \frac{y_{1_z} x_1}{J_y} + \frac{0}{J_z}\right\} t \\
&\vdots \\
h_{x_{N_B l}1_Z}(t) &= \left\{\frac{0}{m_B} + \frac{0}{m_B} + \frac{0}{m_B} + \frac{0}{J_x} + \frac{y_{1_z} z_{N_B}}{J_y} + \frac{0}{J_z}\right\} t \\
h_{y_{N_B l}1_Z}(t) &= \left\{\frac{0}{m_B} + \frac{0}{m_B} + \frac{0}{m_B} + \frac{x_{1_z} z_{N_B}}{J_x} + \frac{0}{J_y} + \frac{0}{J_z}\right\} t \\
h_{z_{N_B l}1_Z}(t) &= \left\{\frac{0}{m_B} + \frac{0}{m_B} + \frac{1}{m_B} + \frac{x_{1_z} y_{N_B}}{J_x} + \frac{y_{1_z} x_{N_B}}{J_y} + \frac{0}{J_z}\right\} t
\end{aligned}
\right\} (t \geqslant 0)
\tag{26-67}
$$

实际上，式（26-67）又可写成

$$\bar{h}_{BJ}(t)|_3=\{h_{x_{1l}1_z}(t),h_{y_{1l}1_z}(t),h_{z_{1l}1_z}(t),\cdots,h_{x_{N_B l}1_z}(t),h_{y_{N_B l}1_z}(t),h_{z_{N_B l}1_z}(t)\}^{\mathrm{T}}$$

$$=\frac{t}{m_B}\begin{Bmatrix}0\\0\\0\\\vdots\\0\\0\\0\end{Bmatrix}+\frac{t}{m_B}\begin{Bmatrix}0\\0\\0\\\vdots\\0\\0\\0\end{Bmatrix}+\frac{t}{m_B}\begin{Bmatrix}0\\0\\1\\\vdots\\0\\0\\1\end{Bmatrix}+\frac{t}{J_x}\begin{Bmatrix}0\\x_{1_z}z_1\\x_{1_z}y_1\\\vdots\\0\\x_{1_z}z_{N_B}\\x_{1_z}y_{N_B}\end{Bmatrix}+\frac{t}{J_y}\begin{Bmatrix}y_{1_z}z_1\\0\\y_{1_z}x_1\\\vdots\\y_{1_z}z_{N_B}\\0\\y_{1_z}x_{N_B}\end{Bmatrix}+\frac{t}{J_z}\begin{Bmatrix}0\\0\\0\\\vdots\\0\\0\\0\end{Bmatrix}\ (t\geqslant 0)$$

(26-68)

令 $p=2$，由式（26-60）、式（26-64）和式（26-68）不难得到

$$\bar{h}_{BJ}(t)|_4=\{h_{x_{1l}2_x}(t),h_{y_{1l}2_x}(t),h_{z_{1l}2_x}(t),\cdots,h_{x_{N_B l}2_x}(t),h_{y_{N_B l}2_x}(t),h_{z_{N_B l}2_x}(t)\}^{\mathrm{T}}$$

$$=\frac{t}{m_B}\begin{Bmatrix}1\\0\\0\\\vdots\\1\\0\\0\end{Bmatrix}+\frac{t}{m_B}\begin{Bmatrix}0\\0\\0\\\vdots\\0\\0\\0\end{Bmatrix}+\frac{t}{m_B}\begin{Bmatrix}0\\0\\0\\\vdots\\0\\0\\0\end{Bmatrix}+\frac{t}{J_x}\begin{Bmatrix}0\\0\\0\\\vdots\\0\\0\\0\end{Bmatrix}+\frac{t}{J_y}\begin{Bmatrix}y_{2_x}z_1\\0\\y_{2_x}x_1\\\vdots\\y_{2_x}z_{N_B}\\0\\y_{2_x}x_{N_B}\end{Bmatrix}+\frac{t}{J_z}\begin{Bmatrix}z_{2_x}y_1\\z_{2_x}x_1\\0\\\vdots\\z_{2_x}y_{N_B}\\z_{2_x}x_{N_B}\\0\end{Bmatrix}\ (t\geqslant 0)$$

(26-69)

$$\bar{h}_{BJ}(t)|_5=\{h_{x_{1l}2_y}(t),h_{y_{1l}2_y}(t),h_{z_{1l}2_y}(t),\cdots,h_{x_{N_B l}2_y}(t),h_{y_{N_B l}2_y}(t),h_{z_{N_B l}2_y}(t)\}^{\mathrm{T}}$$

$$=\frac{t}{m_B}\begin{Bmatrix}0\\0\\0\\\vdots\\0\\0\\0\end{Bmatrix}+\frac{t}{m_B}\begin{Bmatrix}0\\1\\0\\\vdots\\0\\1\\0\end{Bmatrix}+\frac{t}{m_B}\begin{Bmatrix}0\\0\\0\\\vdots\\0\\0\\0\end{Bmatrix}+\frac{t}{J_x}\begin{Bmatrix}0\\x_{2_y}z_1\\x_{2_y}y_1\\\vdots\\0\\x_{2_y}z_{N_B}\\x_{2_y}y_{N_B}\end{Bmatrix}+\frac{t}{J_y}\begin{Bmatrix}0\\0\\0\\\vdots\\0\\0\\0\end{Bmatrix}+\frac{t}{J_z}\begin{Bmatrix}z_{2_y}y_1\\z_{2_y}x_1\\0\\\vdots\\z_{2_y}y_{N_B}\\z_{2_y}x_{N_B}\\0\end{Bmatrix}\ (t\geqslant 0)$$

(26-70)

$$\bar{h}_{BJ}(t)|_6 = \{h_{x_{1l}2_z}(t), h_{y_{1l}2_z}(t), h_{z_{1l}2_z}(t), \cdots, h_{x_{N_B l}2_z}(t), h_{y_{N_B l}2_z}(t), h_{z_{N_B l}2_z}(t)\}^{\mathrm{T}}$$

$$= \frac{t}{m_B}\begin{Bmatrix} 0 \\ 0 \\ 0 \\ \vdots \\ 0 \\ 0 \\ 0 \end{Bmatrix} + \frac{t}{m_B}\begin{Bmatrix} 0 \\ 0 \\ 0 \\ \vdots \\ 0 \\ 0 \\ 0 \end{Bmatrix} + \frac{t}{m_B}\begin{Bmatrix} 0 \\ 0 \\ 1 \\ \vdots \\ 0 \\ 0 \\ 1 \end{Bmatrix} + \frac{t}{J_x}\begin{Bmatrix} 0 \\ x_{2_z}z_1 \\ x_{2_z}y_1 \\ \vdots \\ 0 \\ x_{2_z}z_{N_B} \\ x_{2_z}y_{N_B} \end{Bmatrix} + \frac{t}{J_y}\begin{Bmatrix} y_{2_z}z_1 \\ 0 \\ y_{2_z}x_1 \\ \vdots \\ y_{2_z}z_{N_B} \\ 0 \\ y_{2_z}x_{N_B} \end{Bmatrix} + \frac{t}{J_z}\begin{Bmatrix} 0 \\ 0 \\ 0 \\ \vdots \\ 0 \\ 0 \\ 0 \end{Bmatrix} \quad (t \geqslant 0) \tag{26-71}$$

$$\bar{h}_{BJ}(t)|_7 = \{h_{x_{1l}3_x}(t), h_{y_{1l}3_x}(t), h_{z_{1l}3_x}(t), \cdots, h_{x_{N_B l}3_x}(t), h_{y_{N_B l}3_x}(t), h_{z_{N_B l}3_x}(t)\}^{\mathrm{T}}$$

$$= \frac{t}{m_B}\begin{Bmatrix} 1 \\ 0 \\ 0 \\ \vdots \\ 1 \\ 0 \\ 0 \end{Bmatrix} + \frac{t}{m_B}\begin{Bmatrix} 0 \\ 0 \\ 0 \\ \vdots \\ 0 \\ 0 \\ 0 \end{Bmatrix} + \frac{t}{m_B}\begin{Bmatrix} 0 \\ 0 \\ 0 \\ \vdots \\ 0 \\ 0 \\ 0 \end{Bmatrix} + \frac{t}{J_x}\begin{Bmatrix} 0 \\ 0 \\ 0 \\ \vdots \\ 0 \\ 0 \\ 0 \end{Bmatrix} + \frac{t}{J_y}\begin{Bmatrix} y_{3_x}z_1 \\ 0 \\ y_{3_x}x_1 \\ \vdots \\ y_{3_x}z_{N_B} \\ 0 \\ y_{3_x}x_{N_B} \end{Bmatrix} + \frac{t}{J_z}\begin{Bmatrix} z_{3_x}y_1 \\ z_{3_x}x_1 \\ 0 \\ \vdots \\ z_{3_x}y_{N_B} \\ z_{3_x}x_{N_B} \\ 0 \end{Bmatrix} \quad (t \geqslant 0) \tag{26-72}$$

$$\bar{h}_{BJ}(t)|_8 = \{h_{x_{1l}3_y}(t), h_{y_{1l}3_y}(t), h_{z_{1l}3_y}(t), \cdots, h_{x_{N_B l}3_y}(t), h_{y_{N_B l}3_y}(t), h_{z_{N_B l}3_y}(t)\}^{\mathrm{T}}$$

$$= \frac{t}{m_B}\begin{Bmatrix} 0 \\ 0 \\ 0 \\ \vdots \\ 0 \\ 0 \\ 0 \end{Bmatrix} + \frac{t}{m_B}\begin{Bmatrix} 0 \\ 1 \\ 0 \\ \vdots \\ 0 \\ 1 \\ 0 \end{Bmatrix} + \frac{t}{m_B}\begin{Bmatrix} 0 \\ 0 \\ 0 \\ \vdots \\ 0 \\ 0 \\ 0 \end{Bmatrix} + \frac{t}{J_x}\begin{Bmatrix} 0 \\ x_{3_y}z_1 \\ x_{3_y}y_1 \\ \vdots \\ 0 \\ x_{3_y}z_{N_B} \\ x_{3_y}y_{N_B} \end{Bmatrix} + \frac{t}{J_y}\begin{Bmatrix} 0 \\ 0 \\ 0 \\ \vdots \\ 0 \\ 0 \\ 0 \end{Bmatrix} + \frac{t}{J_z}\begin{Bmatrix} z_{3_y}y_1 \\ z_{3_y}x_1 \\ 0 \\ \vdots \\ z_{3_y}y_{N_B} \\ z_{3_y}x_{N_B} \\ 0 \end{Bmatrix} \quad (t \geqslant 0) \tag{26-73}$$

$$\bar{h}_{BJ}(t)|_9 = \{h_{x_{1l}3_z}(t), h_{y_{1l}3_z}(t), h_{z_{1l}3_z}(t), \cdots, h_{x_{N_B l}3_z}(t), h_{y_{N_B l}3_z}(t), h_{z_{N_B l}3_z}(t)\}^T$$

$$= \frac{t}{m_B}\begin{Bmatrix}0\\0\\0\\\vdots\\0\\0\\0\end{Bmatrix} + \frac{t}{m_B}\begin{Bmatrix}0\\0\\0\\\vdots\\0\\0\\0\end{Bmatrix} + \frac{t}{m_B}\begin{Bmatrix}0\\0\\1\\\vdots\\0\\0\\1\end{Bmatrix} + \frac{t}{J_x}\begin{Bmatrix}0\\x_{3_z}z_1\\x_{3_z}y_1\\\vdots\\0\\x_{3_z}z_{N_B}\\x_{3_z}y_{N_B}\end{Bmatrix} + \frac{t}{J_y}\begin{Bmatrix}y_{3_z}z_1\\0\\y_{3_z}x_1\\\vdots\\y_{3_z}z_{N_B}\\0\\y_{3_z}x_{N_B}\end{Bmatrix} + \frac{t}{J_z}\begin{Bmatrix}0\\0\\0\\\vdots\\0\\0\\0\end{Bmatrix} \quad (t \geqslant 0) \tag{26-74}$$

$$\bar{h}_{BJ}(t)|_{10} = \{h_{x_{1l}4_x}(t), h_{y_{1l}4_x}(t), h_{z_{1l}4_x}(t), \cdots, h_{x_{N_B l}4_x}(t), h_{y_{N_B l}4_x}(t), h_{z_{N_B l}4_x}(t)\}^T$$

$$= \frac{t}{m_B}\begin{Bmatrix}1\\0\\0\\\vdots\\1\\0\\0\end{Bmatrix} + \frac{t}{m_B}\begin{Bmatrix}0\\0\\0\\\vdots\\0\\0\\0\end{Bmatrix} + \frac{t}{m_B}\begin{Bmatrix}0\\0\\0\\\vdots\\0\\0\\0\end{Bmatrix} + \frac{t}{J_x}\begin{Bmatrix}0\\0\\0\\\vdots\\0\\0\\0\end{Bmatrix} + \frac{t}{J_y}\begin{Bmatrix}y_{4_x}z_1\\0\\y_{4_x}x_1\\\vdots\\y_{4_x}z_{N_B}\\0\\y_{4_x}x_{N_B}\end{Bmatrix} + \frac{t}{J_z}\begin{Bmatrix}z_{4_x}y_1\\z_{4_x}x_1\\0\\\vdots\\z_{4_x}y_{N_B}\\z_{4_x}x_{N_B}\\0\end{Bmatrix} \quad (t \geqslant 0) \tag{26-75}$$

$$\bar{h}_{BJ}(t)|_{11} = \{h_{x_{1l}4_y}(t), h_{y_{1l}4_y}(t), h_{z_{1l}4_y}(t), \cdots, h_{x_{N_B l}4_y}(t), h_{y_{N_B l}4_y}(t), h_{z_{N_B l}4_y}(t)\}^T$$

$$= \frac{t}{m_B}\begin{Bmatrix}0\\0\\0\\\vdots\\0\\0\\0\end{Bmatrix} + \frac{t}{m_B}\begin{Bmatrix}0\\1\\0\\\vdots\\0\\1\\0\end{Bmatrix} + \frac{t}{m_B}\begin{Bmatrix}0\\0\\0\\\vdots\\0\\0\\0\end{Bmatrix} + \frac{t}{J_x}\begin{Bmatrix}0\\x_{4_y}z_1\\x_{4_y}y_1\\\vdots\\0\\x_{4_y}z_{N_B}\\x_{4_y}y_{N_B}\end{Bmatrix} + \frac{t}{J_y}\begin{Bmatrix}0\\0\\0\\\vdots\\0\\0\\0\end{Bmatrix} + \frac{t}{J_z}\begin{Bmatrix}z_{4_y}y_1\\z_{4_y}x_1\\0\\\vdots\\z_{4_y}y_{N_B}\\z_{4_y}x_{N_B}\\0\end{Bmatrix} \quad (t \geqslant 0) \tag{26-76}$$

$$\bar{h}_{BJ}(t)\big|_{12}=\{h_{x_{1l}4_z}(t),h_{y_{1l}4_z}(t),h_{z_{1l}4_z}(t),\cdots,h_{x_{N_B l}4_z}(t),h_{y_{N_B l}4_z}(t),h_{z_{N_B l}4_z}(t)\}^{\mathrm{T}}$$

$$=\frac{t}{m_B}\begin{Bmatrix}0\\0\\0\\\vdots\\0\\0\\0\end{Bmatrix}+\frac{t}{m_B}\begin{Bmatrix}0\\0\\0\\\vdots\\0\\0\\0\end{Bmatrix}+\frac{t}{m_B}\begin{Bmatrix}0\\0\\1\\\vdots\\0\\0\\1\end{Bmatrix}+\frac{t}{J_x}\begin{Bmatrix}0\\x_{4_z}z_1\\x_{4_z}y_1\\\vdots\\0\\x_{4_z}z_{N_B}\\x_{4_z}y_{N_B}\end{Bmatrix}+\frac{t}{J_y}\begin{Bmatrix}y_{4_z}z_1\\0\\y_{4_z}x_1\\\vdots\\y_{4_z}z_{N_B}\\0\\y_{4_z}x_{N_B}\end{Bmatrix}+\frac{t}{J_z}\begin{Bmatrix}0\\0\\0\\\vdots\\0\\0\\0\end{Bmatrix}\ (t\geqslant 0)$$

(26-77)

分别将 $\bar{h}_{BJ}(t)_{n_B\times 12}$ 的第 1～12 列展开式中的 1～6 列抽出可组成如下 6 个 $n_B\times 12$ 阶矩阵：

$$A_1=\frac{t}{m_B}\begin{bmatrix}1&0&0&1&0&0&1&0&0&1&0&0\\0&0&0&0&0&0&0&0&0&0&0&0\\0&0&0&0&0&0&0&0&0&0&0&0\\1&0&0&1&0&0&1&0&0&1&0&0\\0&0&0&0&0&0&0&0&0&0&0&0\\0&0&0&0&0&0&0&0&0&0&0&0\\\vdots&\vdots&\vdots&\vdots&\vdots&\vdots&\vdots&\vdots&\vdots&\vdots&\vdots&\vdots\\\vdots&\vdots&\vdots&\vdots&\vdots&\vdots&\vdots&\vdots&\vdots&\vdots&\vdots&\vdots\\\vdots&\vdots&\vdots&\vdots&\vdots&\vdots&\vdots&\vdots&\vdots&\vdots&\vdots&\vdots\\1&0&0&1&0&0&1&0&0&1&0&0\\0&0&0&0&0&0&0&0&0&0&0&0\\0&0&0&0&0&0&0&0&0&0&0&0\end{bmatrix}\tag{26-78}$$

$$A_2 = \frac{t}{m_B}\begin{bmatrix} 0 & 0 & 0 & 0 & 0 & 0 & 0 & 0 & 0 & 0 & 0 & 0 \\ 0 & 1 & 0 & 0 & 1 & 0 & 0 & 1 & 0 & 0 & 1 & 0 \\ 0 & 0 & 0 & 0 & 0 & 0 & 0 & 0 & 0 & 0 & 0 & 0 \\ 0 & 0 & 0 & 0 & 0 & 0 & 0 & 0 & 0 & 0 & 0 & 0 \\ 0 & 1 & 0 & 0 & 1 & 0 & 0 & 1 & 0 & 0 & 1 & 0 \\ 0 & 0 & 0 & 0 & 0 & 0 & 0 & 0 & 0 & 0 & 0 & 0 \\ \vdots & \vdots & \vdots & \vdots & \vdots & \vdots & \vdots & \vdots & \vdots & \vdots & \vdots & \vdots \\ \vdots & \vdots & \vdots & \vdots & \vdots & \vdots & \vdots & \vdots & \vdots & \vdots & \vdots & \vdots \\ \vdots & \vdots & \vdots & \vdots & \vdots & \vdots & \vdots & \vdots & \vdots & \vdots & \vdots & \vdots \\ 0 & 0 & 0 & 0 & 0 & 0 & 0 & 0 & 0 & 0 & 0 & 0 \\ 0 & 1 & 0 & 0 & 1 & 0 & 0 & 1 & 0 & 0 & 1 & 0 \\ 0 & 0 & 0 & 0 & 0 & 0 & 0 & 0 & 0 & 0 & 0 & 0 \end{bmatrix} \tag{26-79}$$

$$A_3 = \frac{t}{m_B}\begin{bmatrix} 0 & 0 & 0 & 0 & 0 & 0 & 0 & 0 & 0 & 0 & 0 & 0 \\ 0 & 0 & 0 & 0 & 0 & 0 & 0 & 0 & 0 & 0 & 0 & 0 \\ 0 & 0 & 1 & 0 & 0 & 1 & 0 & 0 & 1 & 0 & 0 & 1 \\ 0 & 0 & 0 & 0 & 0 & 0 & 0 & 0 & 0 & 0 & 0 & 0 \\ 0 & 0 & 0 & 0 & 0 & 0 & 0 & 0 & 0 & 0 & 0 & 0 \\ 0 & 0 & 1 & 0 & 0 & 1 & 0 & 0 & 1 & 0 & 0 & 1 \\ \vdots & \vdots & \vdots & \vdots & \vdots & \vdots & \vdots & \vdots & \vdots & \vdots & \vdots & \vdots \\ \vdots & \vdots & \vdots & \vdots & \vdots & \vdots & \vdots & \vdots & \vdots & \vdots & \vdots & \vdots \\ \vdots & \vdots & \vdots & \vdots & \vdots & \vdots & \vdots & \vdots & \vdots & \vdots & \vdots & \vdots \\ 0 & 0 & 0 & 0 & 0 & 0 & 0 & 0 & 0 & 0 & 0 & 0 \\ 0 & 0 & 0 & 0 & 0 & 0 & 0 & 0 & 0 & 0 & 0 & 0 \\ 0 & 0 & 1 & 0 & 0 & 1 & 0 & 0 & 1 & 0 & 0 & 1 \end{bmatrix} \tag{26-80}$$

$$A_4 = \frac{t}{J_x}\begin{bmatrix} 0 & x_{1_y}\times 0 & x_{1_z}\times 0 & 0 & x_{2_y}\times 0 & x_{2_z}\times 0 & 0 & x_{3_y}\times 0 & x_{3_z}\times 0 & 0 & x_{4_y}\times 0 & x_{4_z}\times 0 \\ 0 & x_{1_y}z_1 & x_{1_z}z_1 & 0 & x_{2_y}z_1 & x_{2_z}z_1 & 0 & x_{3_y}z_1 & x_{3_z}z_1 & 0 & x_{4_y}z_1 & x_{4_z}z_1 \\ 0 & x_{1_y}y_1 & x_{1_z}y_1 & 0 & x_{2_y}y_1 & x_{2_z}y_1 & 0 & x_{3_y}y_1 & x_{3_z}y_1 & 0 & x_{4_y}y_1 & x_{4_z}y_1 \\ 0 & x_{1_y}\times 0 & x_{1_z}\times 0 & 0 & x_{2_y}\times 0 & x_{2_z}\times 0 & 0 & x_{3_y}\times 0 & x_{3_z}\times 0 & 0 & x_{4_y}\times 0 & x_{4_z}\times 0 \\ 0 & x_{1_y}z_2 & x_{1_z}z_2 & 0 & x_{2_y}z_2 & x_{2_z}z_2 & 0 & x_{3_y}z_2 & x_{3_z}z_2 & 0 & x_{4_y}z_2 & x_{4_z}z_2 \\ 0 & x_{1_y}y_2 & x_{1_z}y_2 & 0 & x_{2_y}y_2 & x_{2_z}y_2 & 0 & x_{3_y}y_2 & x_{3_z}y_2 & 0 & x_{4_y}y_2 & x_{4_z}y_2 \\ \vdots & \vdots & \vdots & \vdots & \vdots & \vdots & \vdots & \vdots & \vdots & \vdots & \vdots & \vdots \\ \vdots & \vdots & \vdots & \vdots & \vdots & \vdots & \vdots & \vdots & \vdots & \vdots & \vdots & \vdots \\ \vdots & \vdots & \vdots & \vdots & \vdots & \vdots & \vdots & \vdots & \vdots & \vdots & \vdots & \vdots \\ 0 & x_{1_y}\times 0 & x_{1_z}\times 0 & 0 & x_{2_y}\times 0 & x_{2_z}\times 0 & 0 & x_{3_y}\times 0 & x_{3_z}\times 0 & 0 & x_{4_y}\times 0 & x_{4_z}\times 0 \\ 0 & x_{1_y}z_{N_B} & x_{1_z}z_{N_B} & 0 & x_{2_y}z_{N_B} & x_{2_z}z_{N_B} & 0 & x_{3_y}z_{N_B} & x_{3_z}z_{N_B} & 0 & x_{4_y}z_{N_B} & x_{4_z}z_{N_B} \\ 0 & x_{1_y}y_{N_B} & x_{1_z}y_{N_B} & 0 & x_{2_y}y_{N_B} & x_{2_z}y_{N_B} & 0 & x_{3_y}y_{N_B} & x_{3_z}y_{N_B} & 0 & x_{4_y}y_{N_B} & x_{4_z}y_{N_B} \end{bmatrix} \tag{26-81}$$

$$A_5 = \frac{t}{J_y}\begin{bmatrix} y_{1_x}z_1 & 0 & y_{1_z}z_1 & y_{2_x}z_1 & 0 & y_{2_z}z_1 & y_{3_x}z_1 & 0 & y_{3_z}z_1 & y_{4_x}z_1 & 0 & y_{4_z}z_1 \\ y_{1_x}\times 0 & 0 & y_{1_z}\times 0 & y_{2_x}\times 0 & 0 & y_{2_z}\times 0 & y_{3_x}\times 0 & 0 & y_{3_z}\times 0 & y_{4_x}\times 0 & 0 & y_{4_z}\times 0 \\ y_{1_x}x_1 & 0 & y_{1_z}x_1 & y_{2_x}x_1 & 0 & y_{2_z}x_1 & y_{3_x}x_1 & 0 & y_{3_z}x_1 & y_{4_x}x_1 & 0 & y_{4_z}x_1 \\ y_{1_x}z_2 & 0 & y_{1_z}z_2 & y_{2_x}z_2 & 0 & y_{2_z}z_2 & y_{3_x}z_2 & 0 & y_{3_z}z_2 & y_{4_x}z_2 & 0 & y_{4_z}z_2 \\ y_{1_x}\times 0 & 0 & y_{1_z}\times 0 & y_{2_x}\times 0 & 0 & y_{2_z}\times 0 & y_{3_x}\times 0 & 0 & y_{3_z}\times 0 & y_{4_x}\times 0 & 0 & y_{4_z}\times 0 \\ y_{1_x}x_2 & 0 & y_{1_z}x_2 & y_{2_x}x_2 & 0 & y_{2_z}x_2 & y_{3_x}x_2 & 0 & y_{3_z}x_2 & y_{4_x}x_2 & 0 & y_{4_z}x_2 \\ \vdots & \vdots & \vdots & \vdots & \vdots & \vdots & \vdots & \vdots & \vdots & \vdots & \vdots & \vdots \\ \vdots & \vdots & \vdots & \vdots & \vdots & \vdots & \vdots & \vdots & \vdots & \vdots & \vdots & \vdots \\ \vdots & \vdots & \vdots & \vdots & \vdots & \vdots & \vdots & \vdots & \vdots & \vdots & \vdots & \vdots \\ y_{1_x}z_{N_B} & 0 & y_{1_z}z_{N_B} & y_{2_x}z_{N_B} & 0 & y_{2_z}z_{N_B} & y_{3_x}z_{N_B} & 0 & y_{3_z}z_{N_B} & y_{4_x}z_{N_B} & 0 & y_{4_z}z_{N_B} \\ y_{1_x}\times 0 & 0 & y_{1_z}\times 0 & y_{2_x}\times 0 & 0 & y_{2_z}\times 0 & y_{3_x}\times 0 & 0 & y_{3_z}\times 0 & y_{4_x}\times 0 & 0 & y_{4_z}\times 0 \\ y_{1_x}x_{N_B} & 0 & y_{1_z}x_{N_B} & y_{2_x}x_{N_B} & 0 & y_{2_z}x_{N_B} & y_{3_x}x_{N_B} & 0 & y_{3_z}x_{N_B} & y_{4_x}x_{N_B} & 0 & y_{4_z}x_{N_B} \end{bmatrix} \tag{26-82}$$

$$A_6 =$$

$$\frac{t}{J_z}\begin{bmatrix}
z_{1_x}y_1 & z_{1_y}y_1 & 0 & z_{2_x}y_1 & z_{2_y}y_1 & 0 & z_{3_x}y_1 & z_{3_y}y_1 & 0 & z_{4_x}y_1 & z_{4_y}y_1 & 0 \\
z_{1_x}x_1 & z_{1_y}x_1 & 0 & z_{2_x}x_1 & z_{2_y}x_1 & 0 & z_{3_x}x_1 & z_{3_y}x_1 & 0 & z_{4_x}x_1 & z_{4_y}x_1 & 0 \\
z_{1_x}\times 0 & z_{1_y}\times 0 & 0 & z_{2_x}\times 0 & z_{2_y}\times 0 & 0 & z_{3_x}\times 0 & z_{3_y}\times 0 & 0 & z_{4_x}\times 0 & z_{4_y}\times 0 & 0 \\
z_{1_x}y_2 & z_{1_y}y_2 & 0 & z_{2_x}y_2 & z_{2_y}y_2 & 0 & z_{3_x}y_2 & z_{3_y}y_2 & 0 & z_{4_x}y_2 & z_{4_y}y_2 & 0 \\
z_{1_x}x_2 & z_{1_y}x_2 & 0 & z_{2_x}x_2 & z_{2_y}x_2 & 0 & z_{3_x}x_2 & z_{3_y}x_2 & 0 & z_{4_x}x_2 & z_{4_y}x_2 & 0 \\
z_{1_x}\times 0 & z_{1_y}\times 0 & 0 & z_{2_x}\times 0 & z_{2_y}\times 0 & 0 & z_{3_x}\times 0 & z_{3_y}\times 0 & 0 & z_{4_x}\times 0 & z_{4_y}\times 0 & 0 \\
\vdots & \vdots & \vdots & \vdots & \vdots & \vdots & \vdots & \vdots & \vdots & \vdots & \vdots & \vdots \\
\vdots & \vdots & \vdots & \vdots & \vdots & \vdots & \vdots & \vdots & \vdots & \vdots & \vdots & \vdots \\
\vdots & \vdots & \vdots & \vdots & \vdots & \vdots & \vdots & \vdots & \vdots & \vdots & \vdots & \vdots \\
z_{1_x}y_{N_B} & z_{1_y}y_{N_B} & 0 & z_{2_x}y_{N_B} & z_{2_y}y_{N_B} & 0 & z_{3_x}y_{N_B} & z_{3_y}y_{N_B} & 0 & z_{4_x}y_{N_B} & z_{4_y}y_{N_B} & 0 \\
z_{1_x}x_{N_B} & z_{1_y}x_{N_B} & 0 & z_{2_x}x_{N_B} & z_{2_y}x_{N_B} & 0 & z_{3_x}x_{N_B} & z_{3_y}x_{N_B} & 0 & z_{4_x}x_{N_B} & z_{4_y}x_{N_B} & 0 \\
z_{1_x}\times 0 & z_{1_y}\times 0 & 0 & z_{2_x}\times 0 & z_{2_y}\times 0 & 0 & z_{3_x}\times 0 & z_{3_y}\times 0 & 0 & z_{4_x}\times 0 & z_{4_y}\times 0 & 0
\end{bmatrix} \tag{26-83}$$

此时，J 到整个 B 脉冲响应函数矩阵（刚体部分）$\bar{h}_{BJ}(t)$ 可表述为

$$\bar{h}_{BJ}(t)_{n_B\times 12} = \sum_{r=1}^{6} A_r = \sum_{r=1}^{6} \frac{\varphi_r \tilde{\varphi}_r^{\mathrm{T}}}{m_r} t \quad (t \geqslant 0) \tag{26-84}$$

$$(r = 1 \sim 3, m_r = m_B; r = 4, m_r = J_x; r = 5, m_r = J_y; r = 6, m_r = J_z)$$

根据式（26-84）可知

$$A_r = \frac{\varphi_r \tilde{\varphi}_r^{\mathrm{T}}}{m_r} t \quad (t \geqslant 0) \tag{26-85}$$

式中，$\varphi_r |_{n_B\times 1}$ 为第 r 阶刚体模态振型向量；$\tilde{\varphi}_r^{\mathrm{T}} |_{1\times 12}$ 事实上就是 $\varphi_r |_{n_B\times 1}$ 在 J 上分量（见 4 部分中的证明）的转置。

考虑到

$$\varphi_r = \{\varphi_{r1} \quad \varphi_{r2} \quad \cdots \quad \varphi_{m_B}\}^{\mathrm{T}}, \quad \tilde{\varphi}_r = \{\tilde{\varphi}_{r1} \quad \tilde{\varphi}_{r2} \quad \cdots \quad \tilde{\varphi}_{r12}\}^{\mathrm{T}} \tag{26-86}$$

对任意 r（任意刚体模态），$\varphi_r \tilde{\varphi}_r^{\mathrm{T}}$ 可如下展开

$$\varphi_r \tilde{\varphi}_r^{\mathrm{T}} |_{n_B\times 12} = [\varphi_r \tilde{\varphi}_{r1}, \varphi_r \tilde{\varphi}_{r2}, \cdots, \varphi_r \tilde{\varphi}_{r12}]$$

$$= \left[\tilde{\varphi}_{r1} \begin{Bmatrix} \varphi_{r1} \\ \varphi_{r2} \\ \vdots \\ \varphi_{m_B} \end{Bmatrix}, \tilde{\varphi}_{r2} \begin{Bmatrix} \varphi_{r1} \\ \varphi_{r2} \\ \vdots \\ \varphi_{m_B} \end{Bmatrix}, \cdots, \tilde{\varphi}_{r12} \begin{Bmatrix} \varphi_{r1} \\ \varphi_{r2} \\ \vdots \\ \varphi_{m_B} \end{Bmatrix} \right] \tag{26-87}$$

根据式（26-87）与式（26-78）比较不难推得第一阶 x 刚体平移模态

$$\varphi_r\big|_{n_B\times1,r=1}=\{1,0,0,1,0,0,\cdots,1,0,0\}^{\mathrm T} \tag{26-88a}$$

$$\widetilde{\varphi}_r\big|_{12\times1,r=1}=\{1,0,0,1,0,0,\cdots,1,0,0\}^{\mathrm T} \tag{26-88b}$$

根据式（26-87）与式（26-79）比较不难推得第二阶 y 刚体平移模态

$$\varphi_r\big|_{n_B\times1,r=2}=\{0,1,0,0,1,0,\cdots,0,1,0\}^{\mathrm T} \tag{26-89a}$$

$$\widetilde{\varphi}_r\big|_{12\times1,r=2}=\{0,1,0,0,1,0,\cdots,0,1,0\}^{\mathrm T} \tag{26-89b}$$

根据式（26-87）与式（26-80）比较不难推得第三阶 z 刚体平移模态

$$\varphi_r\big|_{n_B\times1,r=3}=\{0,0,1,0,0,1,\cdots,0,0,1\}^{\mathrm T} \tag{26-90a}$$

$$\widetilde{\varphi}_r\big|_{12\times1,r=3}=\{0,0,1,0,0,1,\cdots,0,0,1\}^{\mathrm T} \tag{26-90b}$$

根据式（26-87）与式（26-81）比较不难推得第四阶 θ_x 刚体转动模态

$$\varphi_r\big|_{n_B\times1,r=4}=\{0,z_1,y_1,0,z_2,y_2,\cdots,z_{N_B},y_{N_B}\}^{\mathrm T} \tag{26-91a}$$

$$\widetilde{\varphi}_r\big|_{12\times1,r=4}=\{0,x_{1_y},x_{1_z},0,x_{2_y},x_{2_z},0,x_{3_y},x_{3_z},0,x_{4_y},x_{4_z}\}^{\mathrm T} \tag{26-91b}$$

根据式（26-87）与式（26-82）比较不难推得第五阶 θ_y 刚体转动模态

$$\varphi_r\big|_{n_B\times1,r=5}=\{z_1,0,x_1,z_2,0,x_2,\cdots,z_{N_B},0,x_{N_B}\}^{\mathrm T} \tag{26-92a}$$

$$\widetilde{\varphi}_r\big|_{12\times1,r=5}=\{y_{1_x},0,y_{1_z},y_{2_x},0,y_{2_z},y_{3_x},0,y_{3_z},y_{4_x},0,y_{4_z}\}^{\mathrm T} \tag{26-92b}$$

根据式（26-87）与式（26-83）比较不难推得第六阶 θ_z 刚体转动模态

$$\varphi_r\big|_{n_B\times1,r=6}=\{y_1,x_1,0,y_2,x_2,0,\cdots,y_{N_B},x_{N_B},0\}^{\mathrm T} \tag{26-93a}$$

$$\widetilde{\varphi}_r\big|_{12\times1,r=6}=\{z_{1_x},z_{1_y},0,z_{2_z},z_{2_y},0,z_{3_x},z_{3_y},0,z_{4_x},z_{4_y},0\}^{\mathrm T} \tag{26-93b}$$

4. J 到 J 脉冲响应函数矩阵的模态表示

$J\to J$ 脉冲响应函数矩阵（刚体部分）$\bar{h}_{JJ}(t)_{12\times12}$ 可以根据式（26-84）推出。

如将 φ_r 中 $\{\tilde{n}_{iB},\tilde{n}_{iB}+2\}(i=1,2,3,4)$ 元素抽出，引入振型向量 φ_r 在 J 上分量 φ_{Jr}

$$\varphi_{Jr}=\{\varphi_{r\tilde{n}_{1B}},\varphi_{r\tilde{n}_{1B}+1},\varphi_{r\tilde{n}_{1B}+2},\varphi_{r\tilde{n}_{2B}},\varphi_{r\tilde{n}_{2B}+1},\varphi_{r\tilde{n}_{2B}+2},\varphi_{r\tilde{n}_{3B}},\varphi_{r\tilde{n}_{3B}+1},\varphi_{r\tilde{n}_{3B}+2},\varphi_{r\tilde{n}_{4B}},\varphi_{r\tilde{n}_{4B}+1},\varphi_{r\tilde{n}_{4B}+2}\}^{\mathrm T} \tag{26-94a}$$

则可将矩阵 $\varphi_r\widetilde{\varphi}_r^{\mathrm T}\big|_{n_B\times n_B}$ 中 $\{\tilde{n}_{iB},\tilde{n}_{iB}+2\}(i=1,2,3,4)$ 行抽出，组成一个新的矩阵 $\boldsymbol{Q}_{r,12\times12}$

$$\boldsymbol{Q}_{r,12\times12}=\varphi_{Jr}\widetilde{\varphi}_r^{\mathrm T} \tag{26-94b}$$

这样，$\bar{h}_{JJ}(t)_{12\times12}$ 可以表述为

$$\bar{h}_{JJ}(t)_{12\times12}=\sum_{r=1}^{6}\frac{\boldsymbol{Q}_{r,12\times12}}{m_r}t=\sum_{r=1}^{6}\frac{\varphi_{Jr}\widetilde{\varphi}_r^{\mathrm T}}{m_r}t\ \ (t\geqslant0) \tag{26-95}$$

$$(r=1\sim3,m_r=m_B;r=4,m_r=J_x;r=5,m_r=J_y;r=6,m_r=J_z)$$

为了将式（26-95）表示成更简练的形式，需要仔细考察 φ_{Jr} 与 $\widetilde{\varphi}_r$ 的关系。

$r=1$ 时，由式（26-88a）、式（26-88b）、式（26-94a）得到

$$\widetilde{\varphi}_r\big|_{12\times1,r=1}=\varphi_{Jr}\big|_{12\times1,r=1}=\{1,0,0,1,0,0,\cdots,1,0,0\}^{\mathrm{T}} \tag{26-96a}$$

$r=2$ 时，由式（26-89a）、式（26-89b）、式（26-94a）得到

$$\widetilde{\varphi}_r\big|_{12\times1,r=2}=\varphi_{Jr}\big|_{12\times1,r=2}=\{0,1,0,0,1,0,\cdots,0,1,0\}^{\mathrm{T}} \tag{26-96b}$$

$r=3$ 时，由式（26-90a）、式（26-90b）、式（26-94a）得到

$$\widetilde{\varphi}_r\big|_{12\times1,r=3}=\varphi_{Jr}\big|_{12\times1,r=3}=\{0,0,1,0,0,1,\cdots,0,0,1\}^{\mathrm{T}} \tag{26-96c}$$

$r=4$ 时，由式（26-91a）、式（26-91b）、式（26-94a）及 $\{z_{p_x},y_{p_x},z_{p_y},x_{p_y},x_{p_z},y_{p_z}\}$ 记号约定，不难得到

$$\widetilde{\varphi}_r\big|_{12\times1,r=4}=\varphi_{Jr}\big|_{12\times1,r=4}=\{0,x_{1_y},x_{1_z},0,x_{2_y},x_{2_z},0,x_{3_y},x_{3_z},0,x_{4_y},x_{4_z}\}^{\mathrm{T}} \tag{26-96d}$$

$r=5$ 时，由式（26-92a）、式（26-92b）、式（26-94a）及 $\{z_{p_x},y_{p_x},z_{p_y},x_{p_y},x_{p_z},y_{p_z}\}$ 记号约定，不难得到

$$\widetilde{\varphi}_r\big|_{12\times1,r=5}=\varphi_{Jr}\big|_{12\times1,r=5}=\{y_{1_x},0,y_{1_z},y_{2_x},0,y_{2_z},y_{3_x},0,y_{3_z},y_{4_x},0,y_{4_z}\}^{\mathrm{T}} \tag{26-96e}$$

$r=6$ 时，由式（26-93a）、式（26-93b）、式（26-94a）及 $\{z_{p_x},y_{p_x},z_{p_y},x_{p_y},x_{p_z},y_{p_z}\}$ 记号约定，不难得到

$$\widetilde{\varphi}_r\big|_{12\times1,r=6}=\varphi_{Jr}\big|_{12\times1,r=6}=\{z_{1_x},z_{1_y},0,z_{2_z},z_{2_y},0,z_{3_x},z_{3_y},0,z_{4_x},z_{4_y},0\}^{\mathrm{T}} \tag{26-96f}$$

综合式（26-96a）～式（26-96f）得到

$$\widetilde{\varphi}_r=\varphi_{Jr}(r=1,2,3,4,5,6) \tag{26-97}$$

这样 $\bar{h}_{JJ}(t)_{12\times12}$ 可以表述为

$$\bar{h}_{JJ}(_t=\sum_{r=1}^{6}\frac{\varphi_{Jr}\varphi_{Jr}^{\mathrm{T}}}{m_r}t\ (t\geqslant0)$$
$$(r=1\sim3,m_r=m_B;r=4,m_r=J_x;r=5,m_r=J_y;r=6,m_r=J_z) \tag{26-98}$$

最后联系式（26-41），$J\to J$ 脉冲响应函数矩阵 $h_{JJ}(t)_{12\times12}$ 可以表述为

$$h_{JJ}(t)=\widetilde{h}_{JJ}(t)+\bar{h}_{JJ}(t)=\sum_{i=1}^{n_B}\frac{\phi_{Ji}\phi_{Ji}^{\mathrm{T}}}{a_{Bi}}\mathrm{e}^{\lambda_{Bi}t}+\frac{\phi_{Ji}^{*}\phi_{Ji}^{\mathrm{H}}}{a_{Bi}^{*}}\mathrm{e}^{\lambda_{Bi}^{*}t}+\sum_{r=1}^{6}\frac{\varphi_{Jr}\varphi_{Jr}^{\mathrm{T}}}{m_r}t\ (t\geqslant0)$$
$$(r=1\sim3,m_r=m_B;r=4,m_r=J_x;r=5,m_r=J_y;r=6,m_r=J_z) \tag{26-99}$$

26.4 对接力 $f_A(t)\in I$、$f_B(t)\in J$ 引起的 A，B 上任意点响应分析

26.4.1 对接力 $f_A(t)\in I$ 引起的 A 上任意点响应

考虑到 A、B 相同参数区分问题，参考记号 $a_i\to a_{Ai},\lambda_i\to\lambda_{Ai},a_i^*\to a_{Ai}^*,\lambda_i^*\to\lambda_{Ai}^*$ 则式（26-27）可改写为

$$x_A(t)=\sum_{i=1}^{n_A}\left\{\frac{\phi_i\phi_i^{\mathrm{T}}}{a_{Ai}}\int_0^t \mathrm{e}^{\lambda_{Ai}(t-\tau)}f_A(\tau)\mathrm{d}\tau+\frac{\phi_i^*\phi_i^{\mathrm{H}}}{a_{Ai}^*}\int_0^t \mathrm{e}^{\lambda_{Ai}^*(t-\tau)}f_A(\tau)\mathrm{d}\tau\right\} \tag{26-100}$$

由于 $\frac{\phi_i\phi_i^{\mathrm{T}}}{a_{Ai}}\int_0^t \mathrm{e}^{\lambda_{Ai}(t-\tau)}f_A(\tau)$ 与 $\frac{\phi_i^*\phi_i^{\mathrm{H}}}{a_{Ai}^*}\int_0^t \mathrm{e}^{\lambda_{Ai}^*(t-\tau)}f_A(\tau)$ 是复共轭对，故有

$$x_A(t)=2R_e\left\{\sum_{i=1}^{n_A}\left\{\frac{\phi_i\phi_i^{\mathrm{T}}}{a_{Ai}}\int_0^t \mathrm{e}^{\lambda_{Ai}(t-\tau)}f_A(\tau)\mathrm{d}\tau\right\}\right\} \tag{26-101}$$

式（26-101）中 $\frac{\phi_i\phi_i^{\mathrm{T}}}{a_{Ai}}\int_0^t \mathrm{e}^{\lambda_{Ai}(t-\tau)}f_A(\tau)\mathrm{d}\tau$ 项考虑式（26-4）可如下展开

$$\begin{aligned}
&\frac{\phi_i\phi_i^{\mathrm{T}}}{a_{Ai}}\int_0^t \mathrm{e}^{\lambda_{Ai}(t-\tau)}f_A(\tau)\mathrm{d}\tau\\
&=\frac{1}{a_{Ai}}\{\phi_{i1}\phi_i,\phi_{i2}\phi_i,\cdots,\phi_{i(n_A-1)}\phi_i,\phi_{in_A}\phi_i\}\int_0^t \mathrm{e}^{\lambda_{Ai}(t-\tau)}f_A(\tau)\mathrm{d}\tau\\
&=\frac{1}{a_{Ai}}\int_0^t\{\phi_{i1}\phi_i,\phi_{i2}\phi_i,\cdots,\phi_{i(n_A-1)}\phi_i,\phi_{in_A}\phi_i\}\mathrm{e}^{\lambda_{Ai}(t-\tau)}f_A(\tau)\mathrm{d}\tau\\
&=\frac{1}{a_{Ai}}\int_0^t\left\{\sum_{j=\widetilde{n}_{1A}}^{\widetilde{n}_{1A}+2}\phi_{ij}\phi_i f_{Aj}(\tau)+\sum_{j=\widetilde{n}_{2A}}^{\widetilde{n}_{2A}+2}\phi_{ij}\phi_i f_{Aj}(\tau)+\sum_{j=\widetilde{n}_{3A}}^{\widetilde{n}_{3A}+2}\phi_{ij}\phi_i f_{Aj}(\tau)+\sum_{j=\widetilde{n}_{4A}}^{\widetilde{n}_{4A}+2}\phi_{ij}\phi_i f_{Aj}(\tau)\right\}\mathrm{e}^{\lambda_{Ai}(t-\tau)}\mathrm{d}\tau
\end{aligned} \tag{26-102}$$

式中，$f_{Aj}(t)$ 表示 $f_A(t)$ 中第 j 个元素；ϕ_{ij} 表示 ϕ_i 中第 j 个元素。

如将 $f_A(t)$ 中 $\{\widetilde{n}_{iA},\widetilde{n}_{iA}+2\}(i=1,2,3,4)$ 元素抽出组合成一新的向量 $\widetilde{f}_A(t)$［参见式（26-29b）］，同时将 ϕ_i 中 $\{\widetilde{n}_{iA},\widetilde{n}_{iA}+2\}(i=1,2,3,4)$ 元素也抽出组合成一新的向量 ϕ_{Ii}［ϕ_i 在 I 上的分量，参见式（26-29c）］。

则式（26-102）可以表示为更便于计算的形式

$$\frac{\phi_i\phi_i^{\mathrm{T}}}{a_{Ai}}\int_0^t \mathrm{e}^{\lambda_{Ai}(t-\tau)}f_A(\tau)\mathrm{d}\tau=\frac{1}{a_{Ai}}\int_0^t\left\{\sum_{j=1}^{12}\phi_{Iij}\phi_i\widetilde{f}_{Aj}(\tau)\right\}\mathrm{e}^{\lambda_{Ai}(t-\tau)}\mathrm{d}\tau \tag{26-103}$$

式中，ϕ_{Iij} 表示 ϕ_{Ii} 中第 j 个元素；$\widetilde{f}_{Aj}(t)$ 表示 $\widetilde{f}_A(t)$ 中第 j 个元素。

将式（26-103）代入式（26-101）可得到

$$x_A(t)=2R_e\left\{\sum_{i=1}^{n_A}\left\{\frac{1}{a_{Ai}}\int_0^t\left\{\sum_{j=1}^{12}\phi_{Iij}\phi_i\widetilde{f}_{Aj}(\tau)\right\}\mathrm{e}^{\lambda_{Ai}(t-\tau)}\mathrm{d}\tau\right\}\right\} \tag{26-104}$$

这样，A 上第 $k\in\{1,n_A\}$ 个由 I 引起的物理坐标响应（可能是某个节点 $\{x,y,z\}$ 中任意一个的位移响应）可以如下计算

$$x_{Ak}(t)=2R_e\left\{\sum_{i=1}^{n_A}\left\{\frac{1}{a_{Ai}}\int_0^t\left\{\sum_{j=1}^{12}\phi_{Iij}\phi_{ik}\widetilde{f}_{Aj}(t)\right\}\mathrm{e}^{\lambda_{Ai}(t-\tau)}\mathrm{d}\tau\right\}\right\} \tag{26-105}$$

式中，$x_{Ak}(t)$ 表示 $x_A(t)$ 中第 k 个元素；ϕ_{ik} 表示 ϕ_i 中第 k 个元素。

如 $1\leqslant k\leqslant 3$，则 $k=1$，为第 1 个节点 x 方向位移；$k=2$，为该节点 y 方向位移；$k=3$，

为该节点 z 方向位移；

如 $n_A-2\leqslant k\leqslant n_A$，则 $k=n_A-2$，为第 N_A 个节点 x 方向位移；$k=n_A-1$，为该节点 y 方向位移；$k=n_A$，为该节点 z 方向位移；

如 $4\leqslant k\leqslant n_A-3$，$k/3=N_k+\delta$（$N_k$ 为正整数，δ 为余数），若 $\delta=0$，为第 N_k 个节点 z 方向位移；$\delta=1$，为第 N_k+1 个节点 x 方向位移；$\delta=2$，为第 N_k+1 个节点 y 方向位移。

26.4.2 对接力 $f_B(t)\in J$ 引起的 B 上任意点响应

考虑到 A、B 相同参数区分问题，参考记号 $a_i\rightarrow a_{Bi},\lambda_i\rightarrow\lambda_{Bi},a_i^*\rightarrow a_{Bi}^*,\lambda_i^*\rightarrow\lambda_{Bi}^*$。

将式（26-39）改写，并考虑式（26-84）、式（26-97），得到

$$
\begin{aligned}
h_{BJ}(t) &= \tilde{h}_{BJ}(t)+\bar{h}_{BJ}(t)\\
&= \sum_{i=1}^{n_B}\frac{\phi_i\phi_{Ji}^{\mathrm{T}}}{a_{Bi}}\mathrm{e}^{\lambda_{Bi}t}+\frac{\phi_i^*\phi_{Ji}^{\mathrm{H}}}{a_{Bi}^*}\mathrm{e}^{\lambda_{Bi}^*t}+\sum_{r=1}^{6}\frac{\varphi_r\varphi_{Jr}^{\mathrm{T}}}{m_r}t\\
&= 2R_e\left\{\sum_{i=1}^{n_B}\frac{\phi_i\phi_{Ji}^{\mathrm{T}}}{a_{Bi}}\mathrm{e}^{\lambda_{Bi}t}\right\}+\sum_{r=1}^{6}\frac{\varphi_r\varphi_{Jr}^{\mathrm{T}}}{m_r}t \quad (t\geqslant 0)
\end{aligned}
$$

$$(r=1\sim 3,m_r=m_B;r=4,m_r=J_x;r=5,m_r=J_y;r=6,m_r=J_z) \tag{26-106}$$

则 B 上 J 引起的响应向量 $x_B(t)$ 可由矩阵与向量卷积 $h_{BJ}(t)*\tilde{f}_B(t)$ [$\tilde{f}_B(t)$ 含义同 $\tilde{f}_A(t)$] 得到

$$
\begin{aligned}
x_B(t) &= h_{BJ}(t)*\tilde{f}_B(t)\\
&= \left\{2R_e\left\{\sum_{i=1}^{n_B}\frac{\phi_i\phi_{Ji}^{\mathrm{T}}}{a_{Bi}}\mathrm{e}^{\lambda_{Bi}t}\right\}+\sum_{r=1}^{6}\frac{\varphi_r\varphi_{Jr}^{\mathrm{T}}}{m_r}t\right\}*\tilde{f}_B(t)\\
&= \int_0^t 2R_e\left\{\sum_{i=1}^{n_B}\frac{\phi_i\phi_{Ji}^{\mathrm{T}}}{a_{Bi}}\mathrm{e}^{\lambda_{Bi}(t-\tau)}\tilde{f}_B(\tau)\mathrm{d}\tau\right\}+\int_0^t\sum_{r=1}^{6}\frac{\varphi_r\varphi_{Jr}^{\mathrm{T}}}{m_r}(t-\tau)\tilde{f}_B(\tau)\mathrm{d}\tau\\
&= 2R_e\left\{\sum_{i=1}^{n_B}\frac{1}{a_{Bi}}\int_0^t\{\phi_i\phi_{Ji}^{\mathrm{T}}\tilde{f}_B(\tau)\}\mathrm{e}^{\lambda_{Bi}(t-\tau)}\mathrm{d}\tau\right\}+\sum_{r=1}^{6}\frac{1}{m_r}\int_0^t\{\varphi_r\varphi_{Jr}^{\mathrm{T}}\tilde{f}_B(\tau)\}(t-\tau)\mathrm{d}\tau \ (t\geqslant 0)
\end{aligned} \tag{26-107}
$$

式（26-107）同样可以表述为更便于计算的形式

$$
\begin{aligned}
x_B(t) = {} & 2R_e\left\{\sum_{i=1}^{n_B}\left\{\frac{1}{a_{Bi}}\int_0^t\left\{\sum_{j=1}^{12}\phi_i\phi_{Jij}^{\mathrm{T}}\tilde{f}_{Bj}(t)\right\}\mathrm{e}^{\lambda_{Bi}(t-\tau)}\mathrm{d}\tau\right\}\right\}\\
&+\sum_{r=1}^{6}\frac{1}{m_r}\int_0^t\left\{\sum_{j=1}^{12}\varphi_r\varphi_{Jrj}^{\mathrm{T}}\tilde{f}_{Bj}(\tau)\right\}(t-\tau)\mathrm{d}\tau \ (t\geqslant 0)
\end{aligned} \tag{26-108}
$$

$(r=1\sim 3,m_r=m_B;r=4,m_r=J_x;r=5,m_r=J_y;r=6,m_r=J_z)$

式中，ϕ_{Jij}^{T} 表示 ϕ_{Ji}^{T} 中第 j 个元素；φ_{Jrj}^{T} 表示 φ_{Jr}^{T} 中第 j 个元素；$\widetilde{f}_{Bj}$ 表示 $\widetilde{f}_{B}$ 中第 j 个元素。

同样，B 上第 $k \in \{1, n_B\}$ 个由 J 引起的物理坐标响应（可能是某个节点 $\{x, y, z\}$ 中任意一个的位移响应）可以如下计算

$$
\begin{aligned}
x_{Bk}(t) = 2R_e\left\{\sum_{i=1}^{n_B}\left\{\frac{1}{a_{Bi}}\int_0^t\left\{\sum_{j=1}^{12}\phi_{ik}\phi_{Jij}^{T}\widetilde{f}_{Bj}(t)\right\}e^{\lambda_{Bi}(t-\tau)}d\tau\right\}\right\} \\
+\sum_{r=1}^{6}\frac{1}{m_r}\int_0^t\left\{\sum_{j=1}^{12}\varphi_{rk}\varphi_{Jrj}^{T}\widetilde{f}_{Bj}(\tau)\right\}(t-\tau)d\tau \ (t \geqslant 0)
\end{aligned}
\tag{26-109}
$$

$(r = 1 \sim 3, m_r = m_B; r = 4, m_r = J_x; r = 5, m_r = J_y; r = 6, m_r = J_z)$

式中，$x_{Bk}(t)$ 表示 $x_B(t)$ 中第 k 个元素；ϕ_{ik} 表示 ϕ_i 中第 k 个元素；φ_{rk} 表示 φ_r 中第 k 个元素。

如 $1 \leqslant k \leqslant 3$，则 $k = 1$，为第 1 个节点 x 方向位移；$k = 2$，为该节点 y 方向位移；$k = 3$，为该节点 z 方向位移；

如 $n_B - 2 \leqslant k \leqslant n_B$，则 $k = n_B - 2$，为第 N_B 个节点 x 方向位移；$k = n_B - 1$，为该节点 y 方向位移；$k = n_B$，为该节点 z 方向位移；

如 $4 \leqslant k \leqslant n_B - 3$，$k/3 = N_k + \delta$（$N_k$ 为正整数，δ 为余数），若 $\delta = 0$，为第 N_k 个节点 z 方向位移；$\delta = 1$，为第 $N_k + 1$ 个节点 x 方向位移；$\delta = 2$，为第 $N_k + 1$ 个节点 y 方向位移。

不难看出，式（26-105）和式（26-109）的意义在于，如果我们通过有限元分析建立了 A、B 的 n_A、n_B 自由度离散模型，则结合 A、B 的原始激励响应和 G 的本构关系，可以对 A 与 I 或 B 与 J 对接后其上任意点 $k\{x, y, z\}$ 的响应进行预先估计仿真，从而可以进行 G 的优化设计。

26.5　对接面上的积分动力学方程及求解

26.5.1　组合结构响应分析与非线性元件运动方程

金属橡胶非线性组合结构及其综合过程如图 26－8 所示。

将线性结构 A、B 未相互耦联时各自受外激励引起的位移响应向量记为 $x'_A(t) \in R^{n_A \times 1}$、$x'_B(t) \in R^{n_B \times 1}$，当 A、$B$ 经 G 耦联为组合结构后，作用在对接自由度 I、J 上的对接力 $f_I(t)$、$f_J(t)$ 使上述响应变为 $x_A(t) \in R^{n_A \times 1}$、$x_B(t) \in R^{n_B \times 1}$。根据前述假设可写出

$$
x_A(t) = x'_A(t) - \int_0^t h_{AI}(t-\xi) f_I(\xi) d\xi \text{ , I} = A \cap G \tag{26-110a}
$$

$$
x_B(t) = x'_B(t) + \int_0^t h_{BJ}(t-\xi) f_J(\xi) d\xi \text{ , J} = B \cap G \tag{26-110b}
$$

式中

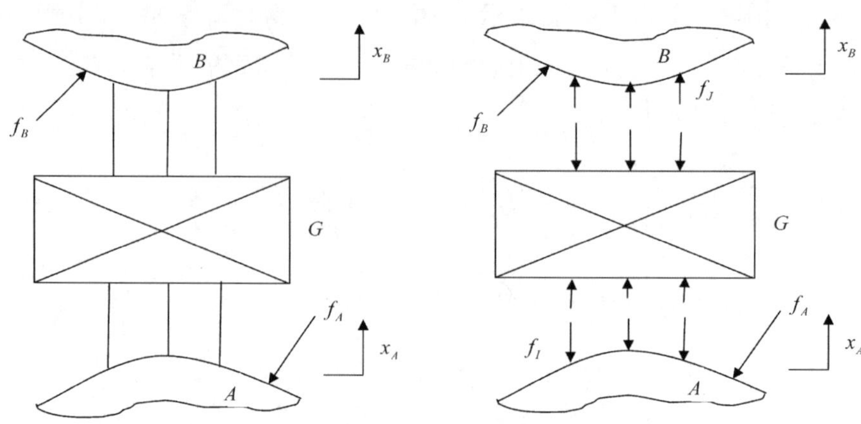

图 26-8　非线性组合结构及其综合过程示意

$$f_I(t) = \tilde{f}_A(t) \in R^{12\times 1} = \{fx_{A_1}, fy_{A_1}, fz_{A_1}, fx_{A_2}, fy_{A_2}, fz_{A_2}, fx_{A_3}, fy_{A_3}, fz_{A_3}, fx_{A_4}, fy_{A_4}, fz_{A_4}\}^{\mathrm{T}} \tag{26-111a}$$

$$f_J(t) = - f_I(t) \tag{26-111b}$$

式中，符号“—”表示方向相反。

单位脉冲响应矩阵 $h_{AI}(t)$、$h_{BJ}(t)$ 分别由式（26-33）（参考记号 $a_i \to a_{Ai}, \lambda_i \to \lambda_{Ai}, a_i^* \to a_{Ai}^*, \lambda_i^* \to \lambda_{Ai}^*$ 改写）、式（26-106）确定（有限元解析法）或实验测试得到。

随着现代数据采集及分析技术的发展，复杂结构上的单位脉冲响应矩阵的测取已经相当方便，所以组合结构中线性部分的上述描述比在模态空间中建模要简便得多，且勿需考虑结构中的阻尼形式。此外，相当多的振动控制问题中外载荷是未知的或不易测取的（如分布载荷），因此式（26-110a）、式（26-110b）着重描述了响应的变化。

这里自由度集 I 与 J 是一一对应的，引入 I 与 J 之间的相对状态向量

$$\begin{aligned} y(t) \in R^{12\times 1} &= x_J(t) - x_I(t) \\ &= \{x_{B_1}, y_{B_1}, z_{B_1}, x_{B_2}, y_{B_2}, z_{B_2}, x_{B_3}, y_{B_3}, z_{B_3}, x_{B_4}, y_{B_4}, z_{B_4}\}^{\mathrm{T}} \\ &\quad - \{x_{A_1}, y_{A_1}, z_{A_1}, x_{A_2}, y_{A_2}, z_{A_2}, x_{A_3}, y_{A_3}, z_{A_3}, x_{A_4}, y_{A_4}, z_{A_4}\}^{\mathrm{T}} \end{aligned} \tag{26-112a}$$

$$\begin{aligned} \dot{y}(t) \in R^{12\times 1} &= \dot{x}_J(t) - \dot{x}_I(t) \\ &= \{\dot{x}_{B_1}, \dot{y}_{B_1}, \dot{z}_{B_1}, \dot{x}_{B_2}, \dot{y}_{B_2}, \dot{z}_{B_2}, \dot{x}_{B_3}, \dot{y}_{B_3}, \dot{z}_{B_3}, \dot{x}_{B_4}, \dot{y}_{B_4}, \dot{z}_{B_4}\}^{\mathrm{T}} \\ &\quad - \{\dot{x}_{A_1}, \dot{y}_{A_1}, \dot{z}_{A_1}, \dot{x}_{A_2}, \dot{y}_{A_2}, \dot{z}_{A_2}, \dot{x}_{A_3}, \dot{y}_{A_3}, \dot{z}_{A_3}, \dot{x}_{A_4}, \dot{y}_{A_4}, \dot{z}_{A_4}\}^{\mathrm{T}} \end{aligned} \tag{26-112b}$$

则非线性元件 G 在忽略惯性的前提下具有如下运动方程

$$g_N(y(t),\dot{y}(t),t)+f_I(t)=0 \tag{26-113a}$$

或

$$g_N(y(t),\dot{y}(t),t)+f_J(t)=0 \tag{26-113b}$$

式中，$g_N(y(t),\dot{y}(t),t)\in R^{12\times1}$ 是 G 的本构关系向量，具有如下形式

$$\begin{aligned}
&g_N(y(t),\dot{y}(t),t)\in R^{12\times1}=g_0\{y(t),\dot{y}(t)\}+z(t)\\
&g_0\{y(t),\dot{y}(t)\}=a_0\mathrm{sgn}\{y(t)\}+\sum_{n=1}^{n_1}a_n\,|y(t)|^{n-1}y(t)+b_0\mathrm{sgn}\{\dot{y}(t)\}\\
&\qquad+\sum_{n=1}^{n_2}b_n\,|\dot{y}(t)|^{n-1}\dot{y}(t)\\
&\mathrm{d}z(t)=\frac{k_s}{2}[1+\mathrm{sgn}\{z_s-|z(t)|\}]\mathrm{d}y(t),k_s=\frac{z_s}{y_s}
\end{aligned} \tag{26-114}$$

式中，$\{g_0,z(t),a_0,a_n,n_1,b_0,b_n,n_2,k_s,z_s,y_s\}\in R^{12\times1}$。

根据方程式（26-110a）～式（26-114）可见，当已经知道组合结构各部分的特性 $h_{AI}(t)$、$h_{BJ}(t)$、$g_N(y(t),\dot{y}(t),t)$ 及相互解耦时的响应 $x'_A(t)$、$x'_B(t)$ 后，组合结构中维数最小的独立未知量就是非线性元件两端的物理量，即相对位移或对接力，即相对状态。因此，我们只需要设法解这些独立未知量，再由方程式（26-110a）～式（26-114）回代即可得到组合结构的响应。

26.5.2　对接面上的积分动力学方程

1. 相对位移的动力学方程组

对式（26-110a）、式（26-110b）、式（26-112a）分别进行 Fourier 变换，并以大写字母表示原时域函数的 Fourier 谱，则有

$$X_A(\omega)=X'_A(\omega)-H_{AI}(\omega)F_I(\omega) \tag{26-115a}$$

$$X_B(\omega)=X'_B(\omega)+H_{BJ}(\omega)F_J(\omega) \tag{26-115b}$$

$$Y(\omega)=X_J(\omega)-X_I(\omega) \tag{26-116}$$

如仅在对接自由度集上考虑式（26-115a）、式（26-115b），则有

$$X_I(\omega)=X'_I(\omega)-H_{II}(\omega)F_I(\omega) \tag{26-117a}$$

$$X_J(\omega)=X'_J(\omega)+H_{JJ}(\omega)F_J(\omega) \tag{26-117b}$$

式（26-117a）、式（26-117b）中单位脉冲响应函数的 Fourier 变换矩阵 $H_{II}(\omega)$、$H_{JJ}(\omega)$ 由式（26-35b）、式（26-99）解析确定或实验测试得到。

由式（26-117a）、式（26-117b），考虑式（26-116）及 $F_I(\omega)=F_J(\omega)$ 则有

$$\begin{aligned}
Y(\omega)&=X_J(\omega)-X_I(\omega)\\
&=X'_J(\omega)-X'_I(\omega)+H_{JJ}(\omega)F_J(\omega)+H_{II}(\omega)F_I(\omega)\\
&=X'_J(\omega)-X'_I(\omega)+H_{JJ}(\omega)F_I(\omega)+H_{II}(\omega)F_I(\omega)
\end{aligned}$$

$$=X'_J(\omega)-X'_I(\omega)+\{H_{II}(\omega)+H_{JJ}(\omega)\}F_I(\omega) \tag{26-118a}$$

由式（26-118a）推得

$$\{H_{II}(\omega)+H_{JJ}(\omega)\}F_I(\omega)=Y(\omega)+X'_I(\omega)-X'_J(\omega) \tag{26-118b}$$

因 $\{H_{II}(\omega)+H_{JJ}(\omega)\}\in C^{12\times12}$ 是复方阵，故式（26-118b）两边同乘以其逆矩阵 $\{H_{II}(\omega)+H_{JJ}(\omega)\}^{-1}$ 得

$$F_I(\omega)=\{H_{II}(\omega)+H_{JJ}(\omega)\}^{-1}\{Y(\omega)+X'_I(\omega)-X'_J(\omega)\} \tag{26-119}$$

引入时域函数向量

$$p(t)\in R^{12\times12}=F^{-1}\{\{H_{II}(\omega)+H_{JJ}(\omega)\}^{-1}\} \tag{26-120}$$

定义线性结构 A、B 未相互耦联时受外激励引起的对接面上相对位移响应向量

$$y'(t)\in R^{12\times1}=x'_J(t)-x'_I(t) \tag{26-121}$$

式中，$x'_I(t)$ 、$x'_J(t)$ 是线性结构 A、B 未相互耦联时各自受外激励引起的位移响应向量在 I、J 自由度集上的分量。

则式（26-119）的时域形式为

$$f_I(t)=\int_{-\infty}^{+\infty}p(t-\xi)\{y(\xi)-y'(\xi)\}\mathrm{d}\xi \tag{26-122}$$

将式（26-122）代回式（26-113a），并根据位移响应的因果性得到以相对位移为未知量的动力学方程组

$$\int_0^{+\infty}p(t-\xi)\{y(\xi)-y'(\xi)\}\mathrm{d}\xi+g_N(y(t),\dot{y}(t),t)=0 \tag{26-123}$$

注意到式（26-123）是一个奇异的非线性泛函的积分方程组，是很难做一般性研究的。

2. 对接力的动力学方程组

由式（26-118b）得到

$$Y(\omega)=\{H_{II}(\omega)+H_{JJ}(\omega)\}F_I(\omega)+X'_J(\omega)-X'_I(\omega) \tag{26-124}$$

对式（26-124）两边进行 Fourier 逆变换得到

$$\begin{aligned}y(t)&=\int_0^t\{h_{II}(t-\xi)+h_{JJ}(t-\xi)\}f_I(\xi)\mathrm{d}\xi+x'_J(t)-x'_I(t)\\&=\int_0^t q(t-\xi)f_I(\xi)\mathrm{d}\xi+y'(t)\end{aligned} \tag{26-125}$$

式中

$$q(t)=h_{II}(t)+h_{JJ}(t) \tag{26-126}$$

对式（26-125）两边应用含参变量积分求导法则得到

$$\dot{y}(t)=\int_0^t\dot{q}(t-\xi)f_1(\xi)d\xi+\dot{y}'(t) \tag{26-127}$$

将式（26-125）、式（26-127）代回式（26-113a）得到以对接力为未知量的动力学方程组

$$g_N\left\{\int_0^t q(t-\xi)f_I(\xi)\mathrm{d}\xi+y'(t),\int_0^t \dot{q}(t-\xi)f_I(\xi)\mathrm{d}\xi+\dot{y}'(t),t\right\}+f_I(t)=0 \tag{26-128}$$

式（26-128）虽然比式（26-123）复杂，但因卷积核比较简单而会使问题的求解变得方便。

3. 相对状态的动力学方程组

将式（26-113a）代入式（26-127）并补充一恒等微积分关系得到

$$y(t)=\int_0^t \dot{y}(\xi)\mathrm{d}\xi \tag{26-129a}$$

$$\dot{y}(t)=-\int_0^t \dot{q}(t-\xi)g_N(y(\xi),\dot{y}(\xi),\xi)\mathrm{d}\xi+\dot{y}'(t) \tag{26-129b}$$

式（26-129b）是一组第二类 Hammerst-in-Volterra 积分方程，关于它的解的存在性、唯一性和稳定性问题数学上已经研究得比较深入，数值解法方面也有不少可利用的结果。

26.5.3　积分型动力学方程数值求解

首先，我们将所关心的时间区间 $[0,T]$ 离散为

$$t_k=\frac{T}{N-1}\times k=k\Delta t\quad(k=0,1,2,\cdots,N-1) \tag{26-130}$$

以 Δt 为采样间隔获得结构的动态特性 $h_{II}(t_k)$、$h_{JJ}(t_k)$、$y'(t_k)$，$k=0,1,2,\cdots,N-1$。

$h_{II}(t_k)$、$h_{JJ}(t_k)$ 可以通过对式（26-35b）、式（26-99）直接离散化确定（有限元解析法）或实验测试数据得到。

1. 相对位移的动力学方程组离散化及求解

考虑积分方程组式（26-123）离散化。

对式（26-123）在 $[0,T]$ 区间进行截断，得到

$$\int_0^T p(t-\xi)\{y(\xi)-y'(\xi)\}\mathrm{d}\xi+g_N(y(t),\dot{y}(t),t)\approx 0 \tag{26-131}$$

考虑到式（26-131）对于任意时间 $t=t_k$ 均成立，将式（26-131）积分式变成带权系数 α_{kj} 的求和式，即离散化得到

$$\sum_{j=0}^{N-1}p(t_k-t_j)\{y(t_j)-y'(t_j)\}\alpha_{kj}\Delta t+g_N\{y(t_k),\dot{y}(t_k),t_k\}=0 \tag{26-132}$$
$$(k=0,1,2,\cdots,N-1)$$

考虑到 $\{p,y,y',g_N\}\in R^{12\times 1}$，则式（26-132）是一个规模为 $12\times N$ 的非线性方程组，当前相对位移值 $y(t_k)$ 不仅依赖于“过去历史”$y(t_j)(j<k)$，而且与“将来表现”$y(t_j)$ $(j>k)$ 也有关。因此，如采样点数 N 很大，则需要求解大规模非线性方程组，故不推荐采用这种动力学方程。

2. 对接力的动力学方程组离散化及求解

1）方程组离散化

考虑积分方程组式（26-128）离散化。

考虑到式（26-128）对于任意时间 $t = t_k$ 均成立，将式（26-128）积分式变成带权系数 α_{kj} 的求和式，即离散化得到

$$g_N\left\{\sum_{j=0}^{k} q(t_k - t_j) f_I(t_j)\alpha_{kj}\Delta t + y'(t_k), \sum_{j=0}^{k} \dot{q}(t_k - t_j) f_I(t_j)\alpha_{kj}\Delta t + \dot{y}'(t_k), t_k\right\} + f_I(t_k) = 0$$
$$(k = 0,1,2,\cdots,N-1) \tag{26-133}$$

2）方程组求解思路

我们仔细考察式（26-133）求解问题。

$k = 0(t_k = t_0 = 0)$ 时，式（26-133）成为

$$g_N\{q(0)f_I(0)\alpha_{00}\Delta t + y'(0), \dot{q}(0)f_I(0)\alpha_{00}\Delta t + \dot{y}'(0), 0\} + f_I(0) = 0 \tag{26-134}$$

注意式（26-134）是一个含有 12 个未知量 $f_I(0) \in R^{12\times1}$，规模为 12 阶的非线性方程组，求解式（26-134）可以得到对接力向量 $f_I(0) \in R^{12\times1}$。

$k = 1(t_k = t_1 = \Delta t)$ 时，式（26-133）成为

$$g_N\begin{Bmatrix} q(t_1)f_I(0)\alpha_{10}\Delta t + q(0)f_I(t_1)\alpha_{11}\Delta t + y'(t_1), \\ \dot{q}(t_1)f_I(0)\alpha_{10}\Delta t + \dot{q}(0)f_I(t_1)\alpha_{11}\Delta t + \dot{y}'(t_1), \end{Bmatrix} + f_I(t_1) = 0 \tag{26-135}$$

因 f_I（0）$\in R^{12\times1}$已经通过求解式（26-134）求出，式（26-135）是一个含有 12 个未知量 f_I（t_1）$\in R^{12\times1}$，规模为 12 阶的非线性方程组，求解式（26-135）可以得到对接力向量 f_I（t_1）$\in R^{12\times1}$。

按照以上思路继续求解，对于任意时刻 t_k（$t_k = k\Delta t$）有

$$g_N\begin{Bmatrix} \sum_{j=0}^{k-1} q(t_k - t_j)f_I(t_j)\alpha_{kj}\Delta t + q(0)f_I(t_k)\alpha_{kk}\Delta t + y'(t_k), \\ \sum_{j=0}^{k-1} \dot{q}(t_k - t_j)f_I(t_j)\alpha_{kj}\Delta t + \dot{q}(0)f_I(t_k)\alpha_{kk}\Delta t + \dot{y}'(t_k), t_k \end{Bmatrix} + f_I(t_k) = 0 \tag{26-136}$$

因 f_I（0）$\in R^{12\times1}$已经逐次求出，式（26-136）是一个含有 12 个未知量 f_I（t_k）$\in R^{12\times1}$，规模为 12 阶的非线性方程组，求解式（26-136）可以得到对接力向量 f_I（t_k）$\in R^{12\times1}$。

通过以上分析可以看出，对接力方程组式（26-133）可以按照时刻递推求解。当 f_I（t_j）（$j=1$，2，3，…，$k-1$）已知时，仅需求解以 f_I（t_k）为未知量的非线性代数方程组。

3）g_N｛f_I（t_k）｝$\in R^{12\times1}$计算

求解式（26-136）还需要解决向量 g_N｛f_I（t_k）｝$\in R^{12\times1}$计算问题，考虑到双折线泛函

本构关系的多值特性，解决这一问题比较复杂。

任意时刻 t_k，非线性方程组式（26-136）中任一分量方程可表述为

$$g_N^{(i)}\{y^{(i)}\{f_I(t_k)\},\dot{y}^{(i)}\{f_I(t_k)\},t\}+f_1^{(i)}(t_k)=0,\quad i=1,2,\cdots,12 \tag{26-137}$$

式中

$$\begin{aligned}g_N^{(i)}&=g_0^{(i)}\{y^{(i)}\{f_I(t_k)\},\dot{y}^{(i)}\{f_I(t_k)\}\}+z^{(i)}\{f_I(t_k)\}\\&=a_0^{(i)}\operatorname{sgn}\{y^{(i)}\{f_I(t_k)\}\}+\sum_{n=1}^{n_1^{(i)}}a_n^{(i)}\,|y^{(i)}\{f_I(t_k)\}|^{n-1}y^{(i)}\{f_I(t_k)\}\\&\quad+b_0^{(i)}\operatorname{sgn}\{\dot{y}^{(i)}\{f_I(t_k)\}\}+\sum_{n=1}^{n_2^{(i)}}b_n^{(i)}\,|\dot{y}^{(i)}\{f_I(t_k)\}|^{n-1}\dot{y}^{(i)}\{f_I(t_k)\}+z^{(i)}\{f_I(t_k)\}\end{aligned} \tag{26-138}$$

那么，式（26-138）中 $z^{(i)}\{f_I(t_k)\}$ 如何确定呢？

$t_0\sim t_{k-1}$ 时刻 $y^{(i)}\{f_I(t_0\sim t_{k-1})\},\dot{y}^{(i)}\{f_I(t_0\sim t_{k-1})\}$ 计算过程如图 26－9 所示。

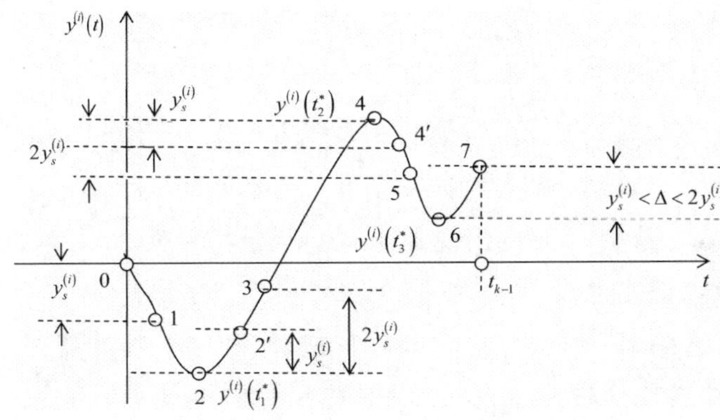

图 26－9　$y^{(i)}$（t）计算过程

$z^{(i)}(t)-y^{(i)}(t)$ 曲线如图 26－10 所示。

第 1 个点：初始时刻 $t_k|_{k=0}$

$z^{(i)}\{f_I(0)\}=0$，$y^{(i)}\{f_I(t_k)=0\}=\dot{y}^{(i)}\{f_I(t_k)=0\}=0$

第 2 个点：$t_k|_{k=1}$

计算 $y^{(i)}\{f_I(t_k)\},\dot{y}^{(i)}\{f_I(t_k)\}$

若 $|y^{(i)}(t_k)|<y_s^{(i)}$，则 $z^{(i)}(t_k)=k_s^{(i)}y_s^{(i)}(t_k)$

若 $|y^{(i)}(t_k)|>y_s^{(i)}$，则 $z^{(i)}(t_k)=\operatorname{sgn}\{\dot{y}(t_k)\}z_s^{(i)}$

如此计算 $\{t_{k=1},\cdots,t_1^*\}$，直到出现 $t_k=t_1^*$，$\dot{y}^{(i)}(t_1^*)\cdot\dot{y}^{(i)}(t_{k-1})<0$，此时 $y^{(i)}(t_1^*)$ 近似看作第一个峰值点，记此时 $k=m_1$。

第 m_1+1 个点：$t_k|_{k=m_1+1}$

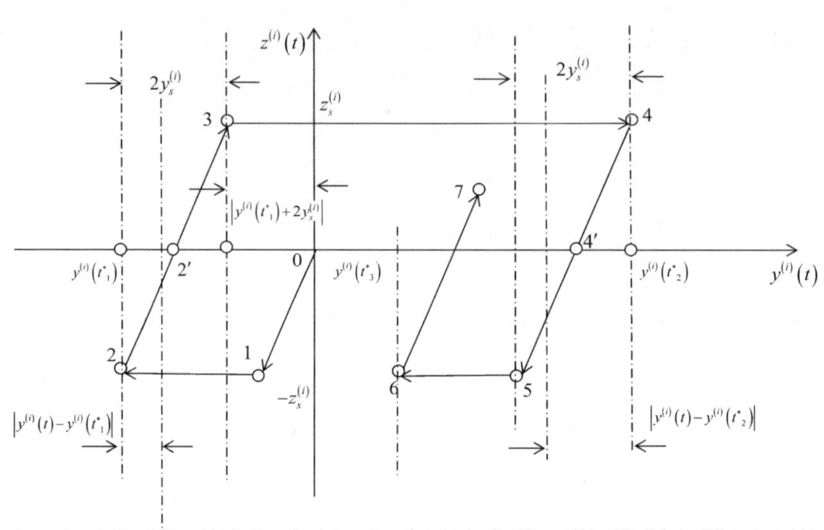

图 26-10　$z^{(i)}$ (t) - $y^{(i)}$ (t) 关系曲线

设直线方程 L_1:$z^{(i)}(t)=k_s^{(i)}y^{(i)}(t)+b$，将已经求出的点 $\{z^{(i)}(t_{k=m_1}),y^{(i)}(t_{k=m_1})\}$ 代入直线方程 L_1，可求出 b。

计算 $y^{(i)}\{f_I(t_k)\},\dot{y}^{(i)}\{f_I(t_k)\}$

若 $|y^{(i)}(t_k)-y^{(i)}(t_{m_1+1})|<2y_s^{(i)}$，则可由直线方程 L_1 求出 $z^{(i)}(t_k)$

若 $|y^{(i)}(t_k)-y^{(i)}(t_{m_1+1})|>2y_s^{(i)}$，则 $z^{(i)}(t_k)=\text{sgn}\{\dot{y}(t_k)\}z_s^{(i)}$

如此计算 $\{t_{k=m_1+1},\cdots,t_2^*\}$，直到出现 $t_k=t_2^*$，$\dot{y}^{(i)}(t_2^*)\cdot\dot{y}^{(i)}(t_{k-1})<0$，此时 $y^{(i)}(t_2^*)$ 近似看作第二个峰值点，记此时 $k=m_2$。

重复以上步骤，直到第 $N-1$ 个点，即可完成 $z^{(i)}\{f_I(t_k)\}$ 计算。

4）非线性方程组迭代算法

定义非线性函数

$$F_i\{f_I(t_k)\}=g_N^{(i)}\{y^{(i)}\{f_I(t_k)\},\dot{y}^{(i)}\{f_I(t_k)\},t\}+f_I^{(i)}(t_k),\ i=1,2,\cdots,12 \tag{26-139}$$

定义目标函数

$$F\{f_I(t_k)\}=\sum_{i=1}^{12}[F_i\{f_I(t_k)\}]^2 \tag{26-140}$$

可采用 Marquardt 法、Gauss-Newton 法求解式（26-140）。

◇◇◇ 参考文献 ◇◇◇

[1] 胡海岩．振动控制中的非线性组合结构动力学研究．南京：南京航空学院博士论文，1988.

【第五篇】

金属橡胶工程应用

第27章 金属橡胶在军事领域的应用

本章的主要内容是介绍金属橡胶在无人机、航空发动机、潜艇、鱼雷等武器装备中的应用情况及潜在的军事应用前景。

27.1 金属橡胶在无人机光电平台中的应用

27.1.1 无人机光电平台技术

近年来，随着现代军事技术的发展，情报侦察在战争中的地位越来越重要。由于固定站的侦察视野受到光学系统视场角的限制，获得的侦察信息相对较少，为弥补其不足，需要将侦察系统安放在卫星、火箭、飞机、舰船、装甲车辆等动载体上，用以增加光学系统的动态视场，扩大侦察范围。动载体光电平台就是基于这种需求发展起来的一门新兴技术，其上通常配有可见光、红外等多种类型任务载荷，以满足不同环境下的侦察需求，而且还可以完成图像数据的实时存储和传输，已经成为获得各种图像信息的主要平台[1]。以无人机为例，由于无人机具有机动灵活、活动范围广、针对性强、便于深入作战区域实地高空侦察的特点，利用载有光电平台侦察系统的无人机深入敌区侦察探测敌情、地形和有关作战情报，是实施正确指挥和精确打击的前提和取得作战胜利的重要保证。在科索沃战争、阿富汗战争、海湾战争、伊拉克战争以及利比亚战争中，欧美国家之所以能够很快取得胜利且损失却很小，与无人机能通过光电平台准确地获取敌情、地形等各种敌军的信息密切相关。例如，在伊拉克战争行动中，美英联军战术图像情报的主要来源是英国皇家空军的鹞式 GR. 7 战斗机所使用的 JRP 光电侦察平台和旋风 GR. 4A 攻击机使用的 RAPTOR 光电侦察平台，使美英联军能很快掌握伊拉克重要军事目标的位置，进而实施精确打击，瓦解伊拉克军队抵抗。可见，无人机光电平台在信息化作战条件下日益成为军事对抗

图 27-1 美空军 RQ21 捕食者无人机及其光电平台

的“杀手锏”装备，国内外军事专家也称它为战场力量的“倍增器”，从而被广泛应用于侦察、瞄准、导航、直接精确打击等军事领域，以及电视新闻采集、海事救援、渔政取证、国境巡逻等民用领域。图 27－1 为美空军 RQ21 捕食者无人机及其光电平台，光电平台安装于机体的前下端。

27.1.2 光电平台振动对载荷成像质量的影响

无人机光电平台完成目标侦察和探测定位的前提是获得高质量的图像信息，研究各种振动形式及其参数对光学系统成像质量的影响是设计出合理的减振器，以稳定系统，从而获取准确可靠的图像信息的基础。

1. 无人机光电平台振源分析

飞机在起飞、正常飞行和降落时会对动载体光电成像系统产生振动和冲击，使机载光电平台工作在复杂的振动环境中，其振动形式包括：

（1）无人机的线振动，包括光电侦察平台质量不平衡引起的视轴扰动，机械驱动组件结构响应将振动传给光电侦察平台；

（2）无人机的角振动，包括无人机的纵摇、横滚及偏航运动，这些角振动都将耦合进光电侦察平台；

（3）无人机光电侦察平台上扫描机构、泵辅、压缩机、驱动元件及伺服系统的不完善引起的振动；

（4）空气扰动也会引起无人机光电侦察平台视轴的振动。

这些振动都是客观存在且不可避免的，直接或间接地对摄像系统的成像质量产生不利的影响。

光电平台的任意振动都可以分解为沿 x、y、z 轴的线振动和绕 x、y、z 轴的角振动（图 27－2），尽管振动是不可避免的，但是可以通过隔振措施来衰减振动对成像系统像质的影响，将影响降到最低。

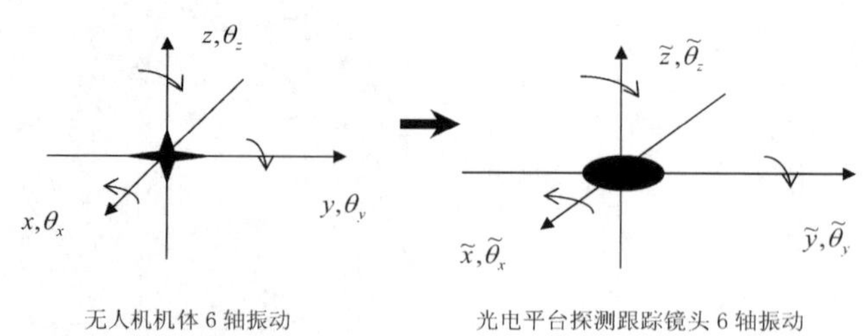

图 27－2 机载光电平台的振动形式

2. 振动对成像质量的影响研究

在航速引起的成像质量降低可由像移补偿装置来解决的假设下，建立航速为零时的直角坐标系（图 27－2）把振动分解。这些运动的结果使被摄取的物点曝光成像在光学系统焦平面的不同位置上，这种光学影像的相对位移使图像质量下降。分析沿光轴（z）的平动、沿垂直光轴平面（x，y）平动产生的像移的大小，同时考虑光学镜头固定点振动幅度、相

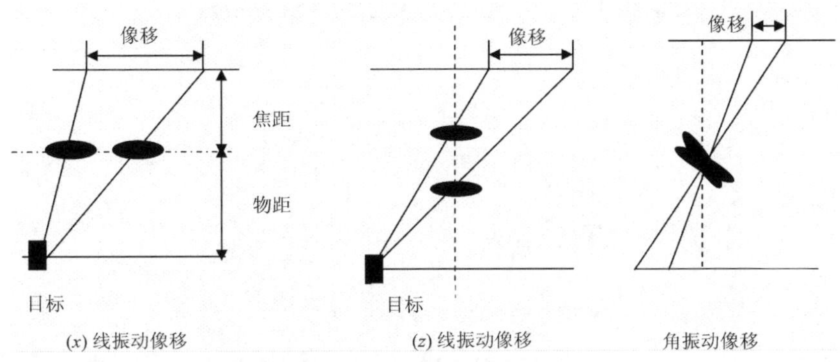

图 27－3　角振动产生的像移形式

位不一致时角振动产生的像移形式如图 27－3 所示。根据光学成像理论，图像模糊程度可按下式进行评价：

$$\delta = \int_t V\mathrm{d}t \tag{27-1}$$

式中，δ 为像移量，δ 越大，图像越模糊；V 为像移的速度；t 为快门反应时间。

像移速度 V 主要是由动载体的振动所引起的，振动越剧烈，V 越大，成像越模糊，可见隔离动载体的振动有利于提高光电平台的成像质量。还有学者对振动对成像质量的影响进行了量化分析[2]，把振动在惯性坐标系下进行分解，即沿三个惯性坐标轴的平动和绕三个惯性坐标轴的转动，这些运动使被摄取的物点在曝光成像过程中，成像在航空相机焦面的不同位置上，这种光学影像的相对位移会使像质下降，分别计算出各种振动情况下像在焦面上的相对位移，计算结果显示，当光学系统的焦距为 0.3 m，物距为 3000 m 时，振幅 30″ 的角振动产生的像移是振幅为 1 mm 线振动产生像移的 436 倍，即角振动对像质的影响大于线振动，尤其是在垂直于光轴的平面内的角振动对像质的影响最为严重[3]。

可见，对动载体光电平台采取减振措施十分必要，不但要求减振机构能够消除一定频率范围内的线振动，而且必须保证光电平台无角振动（角位移）。

27.1.3　二轴四框架光电平台

动载体光电平台按照框架结构形式分为二轴二框架式、三轴式、二轴四框架式。二轴二框架式光电平台是使用最多的一种，其技术成熟、结构简单、操作容易实现，但其存在过顶盲区及自锁问题；三轴式多了一个横滚轴，能够稳定跟踪半球空域内的目标；二轴四框架式光电平台能够有效隔离风阻对任务载荷的影响，稳定精度高，更利于侦察与跟踪。

二轴四框架式光电平台（图 27－4）设计有随动回路，当内俯仰框架运动时，其角度传感器（旋转变压器）输出信号，控制外俯仰框架同步跟踪，外俯仰框架运动必然带动内方

位框架，从而可以保证内俯仰框架与内方位框架始终基本处于相互垂直状态，保证了大俯仰角时的稳定精度和正常使用。它克服了两框架存在的不足，具有稳定性好、抗干扰能力强、响应快等优点，是目前国内外最先进的光电平台的框架结构。

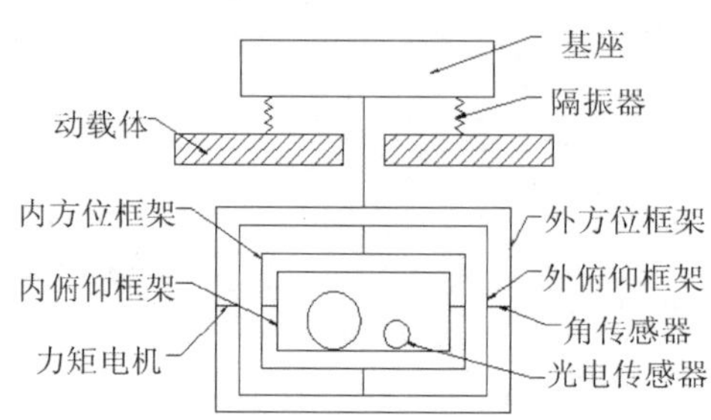

图 27-4　二轴四框架式光电平台结构

为消除振动对光电平台产生的影响，需要采用主动稳像和被动隔振稳像组合的方式对振动进行隔离。主动稳像主要是对低频振动（一般低于 20Hz），采用陀螺仪实时感知并修正，由于受到陀螺带宽、电机的运转特性以及机械结构固有频率等因素限制，目前陀螺稳定控制带宽低于 20Hz；被动隔振主要对中高频振动隔振（高于 20Hz），其作用等效于一个机械低通滤波器[4]。

长期以来，由于适用于无人机光电平台的高精度小型化无角位移减振器研究一直是一个空白，迫不得已，除外框架与基座连接处采用一级隔振器外，两轴四框架式结构在各框架之间均采用刚性连接，其缺点是外框架的振动直接传递到内框架及任务载荷上，不能有效地减少振动对成像质量的影响。如果内外框架采用小型化无角位移减振器柔性连接，并通过机械手段进行角位移限制，就可以同时保证图像质量和测量精度，具有重要的军事意义。

27.1.4　金属橡胶隔振系统

1. 内外框架二级隔振设计

平台的二级隔振设计如图 27-5 所示。

第一级隔振采用四只单向（z 向）外框架金属橡胶隔振器隔离平台垂直方向（z 向）振动；第二级隔振采用八只（四只一组安装在一侧，两组对称布置）两向（x、y 方向）内框架金属橡胶隔振器隔离平台水平方向（x、y 向）振动。考虑到内、外框架之间的运动干涉问题，设计一个过渡连接框架，内框架隔振器底座与外俯仰框架相连，连接杆与过渡框架相连。二级隔振采用的金属橡胶隔振器结构示意图如图 27-6 所示。

安装隔振器时应注意保证：图 27-6（a）中的轴（零件 1）均与 z 轴平行；图 27-6（b）中轴（零件 1）均与 y 轴平行；图 27-6（b）的导向槽均与 x 轴平行；同时保证每组隔振器安装时底面在同一个平面内，轴端连接处也在一个平面内。

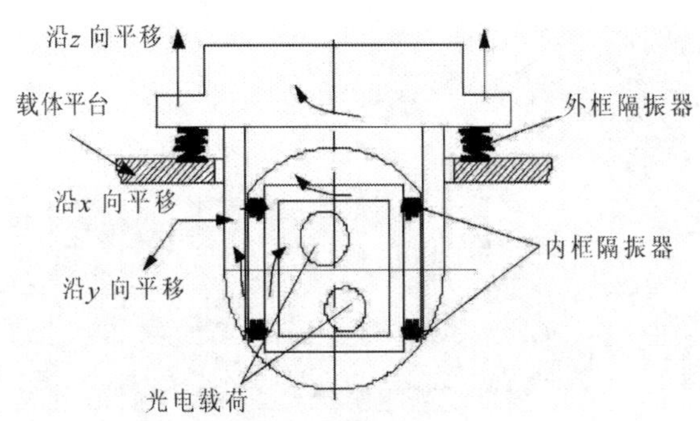

图 27-5　二轴四框架式光电平台二级隔振

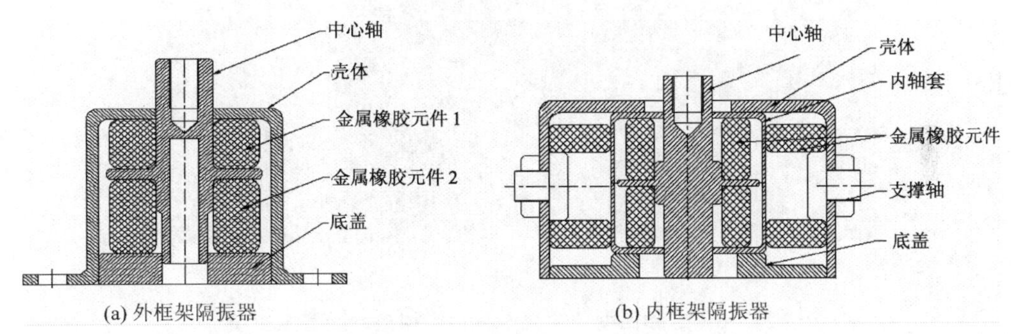

图 27-6　金属橡胶隔振器结构示意图

内、外框架隔振器中的金属橡胶弹性阻尼元件采用 304 不锈钢丝制造，如图 27-7 所示。

2. 实验研究

基于振动台对金属橡胶隔振系统进行了内、外框架正交位置的扫频实验，二轴四框架式光电平台模拟实验装置及安装如图 27-8 所示。

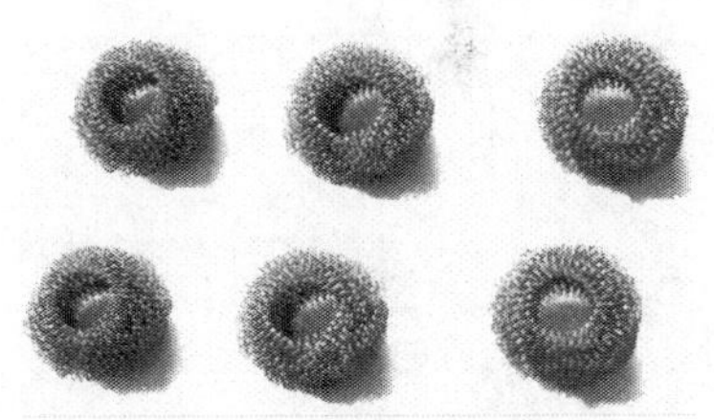

图 27-7　内、外框架隔振器中的金属橡胶弹性阻尼元件

如图 27-8 所示，在振动台台面（外框架连接基座）上安装一只加速度传感器用于控制施加给二轴四框架式光电平台模拟实验装置的振动激励（输入），在过渡框架上安装一只加速度传感器用于检测内框架（光电载荷）感受到的振动（输出）。实测的各激励方向输出与输入加速度幅值比随激励频率变化的加速度传递率响应曲线如图 27-9 所示。

由图 27-9 不难看出，设计的金属橡胶隔振系统不仅消除了（x、y、z）三个方向的振动耦合（各激励方向加速度传递率响应曲线均呈现单峰状态），减少了安装在内框架上的光电载荷的角摆动，而且在 20Hz 以上频带具有很好的振动衰减作用。

(a) x向扫频

(b) y向扫频

(c) z向扫频

图 27-8　二轴四框架式光电平台模拟实验装置及安装

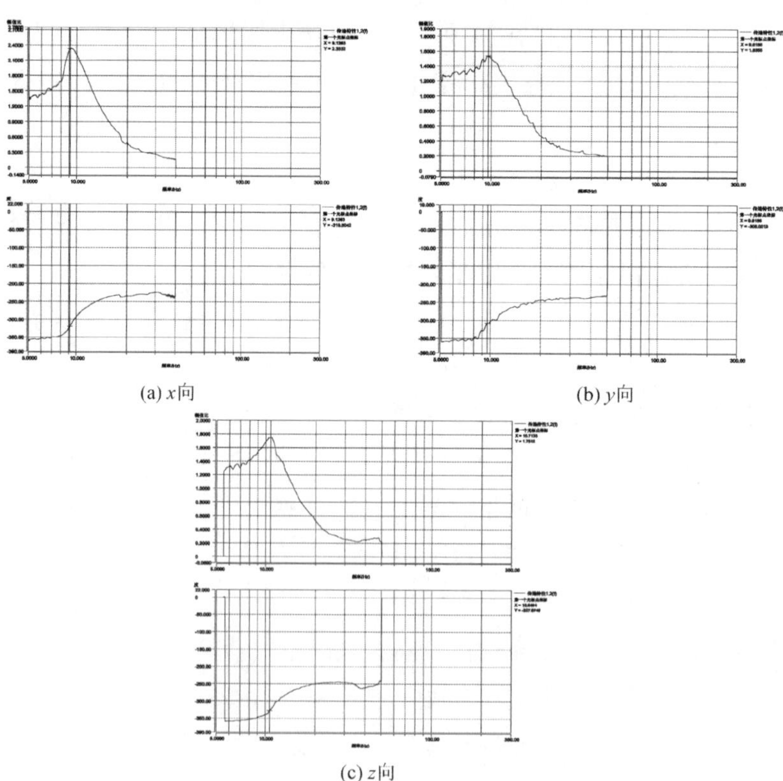

(a) x向

(b) y向

(c) z向

图 27-9　金属橡胶隔振系统动态扫频加速度传递率响应曲线

27.2　金属橡胶在潜艇光电桅杆中的应用

27.2.1　潜艇光电桅杆技术

1976年，美国科尔摩根公司正式提出最初的光电桅杆原理供海军评审。80年代，非穿透光电桅杆的开发计划正式启动。如今，光电桅杆已从概念、原理发展成为工程型号。美、英、法三国海军在新型核动力潜艇上淘汰了传统的穿透式潜望镜，更换为新型光电桅杆。光电桅杆成为现代潜艇设计中的关键技术之一。图27-10为装备有光电桅杆的潜艇。

图27-10　装备有光电桅杆的潜艇

1999年，美国海军开始建造一种没有潜望镜的新型攻击潜艇。这种新型“弗吉尼亚”级潜艇将使用被称为光电桅杆的非透视成像设备来执行侦察任务。每艘新潜艇都装备了两个光电桅杆，它们实际是由高分辨率相机组成的阵列，这些相机抓拍图像并将其送到控制室里的平板显示器上。光电桅杆和常规潜望镜的最大差别在于，光电桅杆是“非穿透桅杆”。它由光电桅杆观察头、非穿透桅杆和艇内操控台三部分组成。美国“弗吉尼亚”级潜艇上的光电桅杆系统是AN/BVS-1成像系统，它除了具有现代潜望镜系统的功能外，还能提供电子情报收集、监视和目标打击等功能[5]。

光电桅杆的头内装有电视摄像机、热像仪和像增强器等光电传感器，与传统的光电潜望镜相比，其主要特点如下：

(1) 光电桅杆直接安装在潜艇耐压壳体的上方，可以升降，但不穿透耐压壳体。这就给潜艇艇体节省了许多空间。

(2) 光电桅杆向控制室传输的图像信息是通过电缆或光缆，而不是用多个透镜，这就使图像传送系统大为简单。传送到控制室内的图像在屏幕上显示，可供多人同时观察和分析；并可与声呐、雷达或电子系统数据进行比较。光电桅杆的升降或其他功能亦由控制室经缆线传送来的信号进行控制。

(3) 采用光电潜望镜的潜艇指挥台围壳的位置设计由潜望镜的位置决定，因而难以使其处于最佳流体动力学位置。而采用光电桅杆的潜艇不仅可使指挥台围壳处于最佳位置，而且可使控制室更紧凑。另外，可升降的光电桅杆上可涂上雷达吸波材料，以降低被敌方雷达探测到的概率。

(4) 当光电桅杆用于搜索时，在它露出水而后只需快速旋转一周就可缩回，既大大缩短了搜索时间，又可防止受到敌方的攻击。

目前，世界范围内光电桅杆正在逐步取代穿透式潜望镜，逐渐成为潜艇作战信息系统的重要组成部分。

27.2.2 光电桅杆支撑升降装置及减振设计

支撑升降装置是潜艇的重要装置，其升降行程、力学性能和系统精度等直接影响到观通设备的作战使用效能，同时，其总体结构也直接关系到潜艇指挥台围壳结构的优化。因此，支撑升降装置的先进性既是发挥观通设备作战使用效能的保障，也是提高潜艇隐身性与机动性的重要途径。

国外第一代潜艇支撑升降装置为支撑与升降导向机构分立的圆柱式支撑升降装置。圆柱式升降桅杆顶载各种观通设备，工作时由艇内液压升降机顶升圆柱式升降桅杆实现升降运动[6]。这种圆柱式升降桅杆的缺点主要表现为：

(1) 圆柱形阻力系数大，在潜望状态，桅杆所承受的流体作用力较大，产生较大的弯曲变形，对测量精度高的观通设备造成不利影响；

(2) 在水中航行时，桅杆后卡门涡旋的分离产生垂直于航行方向的侧向力，当涡旋的发生频率与系统的固有频率相近时，引起整个系统的自激振动，为此观通设备使用时，必须限制艇的航速，不利于艇的机动性[7]；

(3) 圆柱形桅杆后产生较长、较宽的尾迹，易暴露潜艇目标；

(4) 产生较强的水动力噪声信号，易被水声探测设备发现；

(5) 圆柱段兼作导轨，无法涂敷防雷达涂层，露出水面部分具有对雷达信号的反射特性；

(6) 支撑装置采用圆柱式结构形式，外形尺寸大，占用指挥台围壳空间较大，导致圆柱式支撑升降装置必须与其搭载设备配套设计，造成同一艇上支撑升降装置各不相同，标准化程度低，适装性较差；

(7) 升降导向机构与支撑套柱采用上下分离串联布置方案，其升降行程受指挥台围壳高度限制，难以在低矮围壳条件下实现较大的升降行程。

国外自 20 世纪 70 年代以来开展了第二代支撑与升降导向机构一体化的导流罩式升降装置的研制。20 世纪 90 年代，随着耐海水液压技术、海洋环境精密导轨定位定向技术的发展和成熟，高强度轻质复合材料的应用，导流罩式升降装置的优势更加明显。与此同时，光电桅杆等新一代潜艇观通设备的发展以及对潜艇隐身性、机动性要求的提高，更进一步推动了导流罩式升降装置的应用。例如，美国的“弗吉尼亚”级，俄罗斯的“阿尔法”级和“阿库拉”级、德国的 U212A 潜艇以及瑞典的 2000 型潜艇都采用了多套导流罩式升降装置。该类系统不仅适用于光电桅杆、各型雷达、通信天线，而且适用于穿舱的进排气管。例如，英国的“机敏”级潜艇，列装七根导流罩式升降装置，分别用于光电桅杆、雷达、通信天线、进排气管等升降装置。

这一代的升降装置其典型的特点是全外置、模块化，与艇内的联系仅通过电气系统和液压系统的静态穿透部件。其主要特点如下：

(1) 升降桅杆为流线型截面设计，即导流罩。

(2) 支撑、升降、导流机构一体化，且液压升降机与支撑机构并行布置，结构紧凑，升降行程大，有利于潜艇指挥台围壳低矮化。

(3) 活动导流罩水动力性能好，可实现导流减振，一方面可提高其搭载的光电桅杆等设备的适用航速，充分发挥设备的探测效能；另一方面也可大大减小航行尾迹，提高潜艇的隐身性和机动性。

(4) 可满足不同升降行程搭载设备的升降要求，设备体积小，标准化程度高，适装性好。国外主要生产厂家有法国 DCN Cherbourg 公司、英国 GEC-marconi 公司、德国 Gabler 公司、意大利 Riva Calzoni 公司、英国 Mac Taggart Scott 公司。

(5) 液压升降机与下导流罩为并联安装，不单独占用高度尺寸，支撑构架、下导流罩、上导流罩设计为多级嵌套升降结构，可在较小的高度尺寸条件下实现较大的行程。

导流罩式升降装置本体由支撑构架罩、液压升降机、二级升降机构、下导流罩、关门机构、上导流罩、减振器、传感器等部分组成，如图 27 - 11 所示。

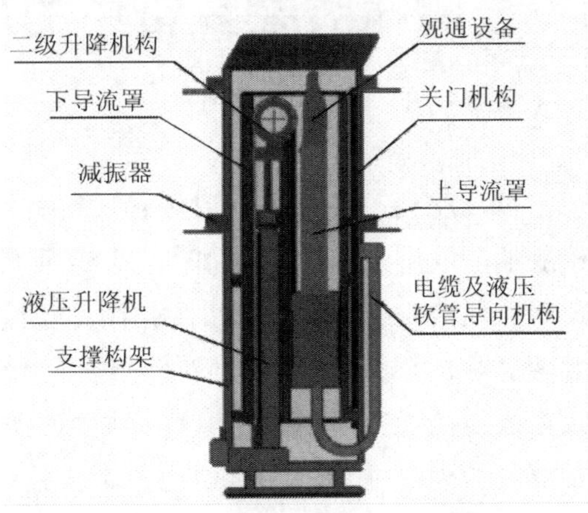

图 27 - 11　导流罩式升降装置本体

支撑构架是设备的安装基础，其底座与耐压艇体相连，通过减振器与上、中支撑平台相连，液压升降机固定在支撑构架的底座上，下导流罩在液压升降机的驱动作用下沿支撑构架内部导轨升降，二级升降机构通过固定在液压机活塞杆上的滑轮驱动上导流罩沿下导流罩内的导轨升降，上导流罩上端顶载观通设备。

如图 27-11 所示，减振组件（减振器）对于减少观通设备振动，保护观通设备及提高观通精度具有重要意义。

27.2.3 升降装置金属橡胶减振组件

考虑到升降装置安装在浸有海水的潜艇围壳内（图 27-10），采用具有一定耐海水浸泡能力的 304 不锈钢丝（304 不锈钢丝制备的金属橡胶海洋腐蚀性环境下的性能参见 18 章有关内容）制造长方体金属橡胶减振组件，如图 27-12 所示。

图 27-12 升降装置金属橡胶减振组件

大尺寸长方体金属橡胶组件的制造涉及高成型压力成型模具设计加工、大尺寸毛坯缠绕、同质金属细棒铠装增强、预冲压成型、分层起皱控制、分步多次冲压、二次无约束冲压修复等一系列复杂的制造过程，具有一定的技术难度。

27.3 金属橡胶在鱼雷中的应用

27.3.1 鱼雷技术

鱼雷是一种水中兵器。它可从舰艇、飞机上发射，它发射后可自己控制航行方向和深度，通过爆破或穿甲效应给舰船造成重大损伤。自 19 世纪 60 年代问世，20 世纪初应用于实战以来，鱼雷便一直在反舰、反潜作战中发挥着重要作用。现代鱼雷主要用于攻击潜艇，也用于攻击大、中型水面舰船。除由舰艇、飞机携载外，还可配置在要塞、港口和狭水道两侧的岸基发射台，用于攻击入侵的敌方舰艇。尽管反舰导弹的出现使鱼雷的地位有所下降，但它仍是海军的重要武器。特别是在攻击型潜艇上，鱼雷是最主要的攻击武器。鱼雷的外形如图 27-13 所示。

鱼雷雷身形状似柱形，头部呈半圆形，以避免航行对阻力太大。它由前段（雷头）、中

图 27－13　鱼雷的外形

段（雷身）和后段（雷尾）三段组成，分别装有装药引爆系统、导引控制系统和动力推进系统等。它的前部为雷头，装有炸药和引信；中部为雷身，装有导航及控制装置；后部为雷尾，装有发动机和推进器等动力装置。鱼雷的动力系统根据能源类型分为燃气型和电力型。

根据不同的需要，鱼雷分为大、中、小三种类型。直径为 533mm 以上的为大型鱼雷；直径为在 400～450mm 的为中型鱼雷；直径为 324mm 以下的为小型鱼雷。鱼雷主要用舰船携带，必要时也可以用飞机携带。在港口和狭窄水道两岸，也可以从岸上发射。鱼雷在水中航行的速度为 70～90km/h。

鱼雷在水中的运动受到重力和浮力的共同作用：若重力大于浮力，沿水平方向发射的鱼雷，将象石子那样向斜下方运动；若重力小于浮力，它将象氢气球那样向斜上方运动。要使鱼雷瞄准目标沿一定方向运动，必须使浮力和重力大小相等，恰当地选择鱼雷的体积，可以调整重力和浮力的关系。所以，鱼雷的体积是一个重要的技术指标。

鱼雷动力推进系统的种类很多，按照推进方式可分为叶片式（桨）与喷射式（分喷气和喷水）两种。

如果按能源种类来分，鱼雷动力装置可分为热动力装置与电动力装置两类。电动鱼雷主要是无航迹，供给系统较为简单，其工作不受海水背压的影响，但功率较低，热动力正好相反。世界各国近代鱼雷所用的热力发动机大致分三类，即活塞式发动机、涡轮发动机和火箭发动机。以活塞式发动机使用最为广泛。活塞式发动机按其工作过程可分为外燃机、内燃机和内外燃机三种。近代鱼雷活塞发动机均为外燃机，即推进剂在发动机以外的燃烧室中进行燃烧，生成高温高压的燃气作为发动机工质。工质经发动机配气机构按时送入汽缸，在汽缸内膨胀做功而带动主轴旋转。鱼雷活塞式发动机按其结构特点可分多种类型。目前常用的有卧式活塞发动机、凸轮式活塞发动机、周转斜盘式活塞发动机。

自 19 世纪 70 年代美国人约翰·霍兰开始研究新型潜艇以来，作为潜艇重要组成部分的鱼雷发射装置的研究设计，一直紧紧跟随着潜艇下潜深度的增大、续航力和自持力的提高而不断地改进提高，以更好地适应潜艇和所使用武器的需求。潜艇鱼雷发射装置的最大发射深度是指潜艇在水下隐蔽航行期间，实施鱼雷攻击时潜艇的航行深度。它是关系潜艇的隐蔽性、使用武器的快速性和武器系统作战反应时间的重要战术性能指标。所以，美、英、法与前苏联等海军强国均投入大量人力和物力，不断探索和寻找各种技术途径，来解决水下大深度发射鱼雷的技术难题，力求使潜艇鱼雷发射装置的最大发射深度与其所在潜艇的最大工作深度相一致，从而扩大潜艇在水下实施鱼雷攻击的范围，为反潜作战的隐蔽快攻奠定良好的基础和必备的条件。

现今世界各国海军所拥有的潜艇种类繁多，其所配置的鱼雷发射装置也各不相同。归纳起来，大体上可分为自航式发射装置、气动不平衡式发射装置、水压平衡式发射装置、气动冲压式发射装置、空气涡轮泵式发射装置以及美国正在研制的电磁式鱼雷发射装置等。潜艇鱼雷发射装置如图 27－14 所示。

图 27－14　潜艇鱼雷发射装置

目前，世界上装备和使用鱼雷的国家很多，但能够研制和生产鱼雷的国家却屈指可数，只有美国、俄罗斯、英国、法国、德国、意大利、日本、瑞典、中国等廖廖几个。其中美国的鱼雷研制水平一直居世界领先地位，而俄罗斯在与美国的激烈竞争中，其鱼雷发展独树一帜，是唯一可与美国分庭抗礼的鱼雷生产大国。

27.3.2　鱼雷的减振降噪

第二次世界大战后，鉴于鱼雷在反潜战、反舰战和破坏敌方海上交通线等方面的巨大杀伤力，各国相继大力发展鱼雷技术。随着声呐技术、各种反鱼雷软杀伤和硬杀伤技术的不断进步，如何提高鱼雷的命中率和保护鱼雷发射平台安全已成为鱼雷技术发展的关键，为此“隐身”鱼雷越来越受到各国海军的青睐[8]。

鱼雷的声学性能对鱼雷技战术性能的影响主要体现在以下方面：

1. 对声自导作用距离的影响

鱼雷壳体的辐射噪声及自噪声经过各种可能的途径传递到自导舱内，干扰声呐基阵的工作；此外鱼雷壳体振动也将直接影响到其声自导的作用距离。

2. 对敌声呐发现距离的影响

辐射噪声决定了鱼雷及发射艇被敌方舰艇发现并报警的距离，辐射噪声越低，敌方舰艇声呐发现并报警的距离越近。仿真计算表明，鱼雷辐射噪声降低6dB，敌方探测鱼雷的距离可减小一半。

3. 对声自导鱼雷航速的影响

鱼雷的噪声级与其航速有关，若能有效地控制鱼雷噪声，在保持其声自导作用距离不变的前提下，可提高航速。例如，前苏联的CAT－50M鱼雷在原型CAT－50的基础上增加了螺旋桨气幕屏蔽措施后，在保持原有自导作用距离的前提下，航速由原来的23km提高到29km。

4. 对鱼雷航行深度的影响

理论与实践均证明，鱼雷噪声随鱼雷航行深度变化，两者呈负指数关系。若能采取有效措施降低噪声，可允许鱼雷在更浅的深度上航行，满足攻击水面舰船的战术要求。

5. 对线导鱼雷作战效果的影响

降低线导鱼雷的辐射噪声，对提高鱼雷攻击效果具有特殊意义。线导鱼雷采用本艇声呐探测敌艇方位要素来对鱼雷进行导引，弥补了鱼雷自导作用距离小的缺陷，明显提高了鱼雷攻击命中率。为能对鱼雷实现导引，要求本艇声呐在其导引区域内能有效地探测并分辨敌艇和鱼雷两个目标，此时，位于敌我两艇之间的鱼雷辐射噪声在暴露自身的同时，也可能严重干扰本艇声呐对敌舰的探测和分辨，致使线导导引无法实施。因此，位于敌我两艇之间的鱼雷，其辐射噪声必须低于敌艇辐射噪声。

6. 对自导鱼雷命中率的影响

即使鱼雷其他性能不变，只要振动与噪声水平得到很好抑制，鱼雷的技战术指标，尤其在隐蔽性和进攻可靠性方面均可以提高。据有关资料介绍，鱼雷辐射噪声降低5dB，自导命中率可提高25%。

由此可见，声学性能是鱼雷的一个至关重要的性能指标，对鱼雷结构振动和声辐射特性的研究具有重大的学术价值和军事应用前景。

为了提高鱼雷的海上综合作战能力，世界各国海军将鱼雷声隐身设计作为鱼雷设计和建造的重要组成部分，水下噪声指标已成为必不可少的战技指标。美国和苏联等国早在20世纪50～60年代就开展了鱼雷减振降噪技术的研究，并成功用于多型鱼雷的研制中，取得了很好的效果。例如，美军现役的MK48鱼雷在MK46鱼雷的基础上又进一步采用了如下隔振降噪措施：

（1）采用低自噪声声呐基阵设计，并与先进的声呐信号处理算法与武器控制系统相结合；

（2）主动力装置安装于隔振座上，减小主动力装置振动向鱼雷壳体的传递；

（3）主动力装置与螺旋桨之间采用弹性轴连接，减小主动力装置振动与螺旋桨振动之间的耦合，隔离主动力装置振动通过轴系向壳体的传递，并提供位移补偿；

（4）壳体内表面敷设阻尼材料，抑制壳体振动，降低壳体的声辐射效率；

（5）采用泵喷推进技术，降低螺旋桨噪声。

热动力鱼雷的动力系统由发动机、燃烧室、润滑油泵、燃料泵、海水泵、齿轮传动机构以及轴系等组成，对鱼雷的声隐身设计而言，动力系统的振动与噪声控制是极其重要的环节，该舱段集中了鱼雷结构的大部分振动源，如果能将该部分传至鱼雷壳体的振动大大减小，将会对鱼雷的声隐身设计有重大的意义[9]。

27.3.3 鱼雷动力装置和发射装置金属橡胶减振组件

考虑到减少鱼雷攻击中的噪声水平，措施之一是在主动力装置输出与螺旋桨输入之间采用金属橡胶阻尼元件制作弹性联轴节，以减小主动力装置振动与螺旋桨振动之间的耦合，隔离主动力装置振动通过轴系向壳体的传递[10]。因此，设计了扇形金属橡胶减振组件，该金属橡胶组件采用 304 不锈钢丝制造，如图 27－15 所示。

图 27－15　扇形金属橡胶减振组件

经过模拟实验与试车实验，金属橡胶式弹性联轴节可以有效避免主动力装置与螺旋桨之间工作时出现的振动冲击，降低了鱼雷动力装置的振动水平。

另外，热动力鱼雷发射时发射装置会产生较大的振动，为控制潜艇壳体振动和噪声辐射水平，措施之一是在发射装置结构上采用圆环形金属橡胶弹性阻尼元件弹性连接，减少鱼雷发射装置自身的振动水平。发射装置局部结构及 A、B、C、D 四只圆环形金属橡胶弹性阻尼元件安装如图 27－16 所示。

A、B、C、D 圆环形金属橡胶减振组件采用 304 不锈钢丝制造，如图 27－17 所示。

经过室内模拟实验，金属橡胶减振器可以有效避免鱼雷发射装置转子工作时出现的振动冲击，控制了鱼雷壳体的噪声辐射水平，满足了性能指标要求。

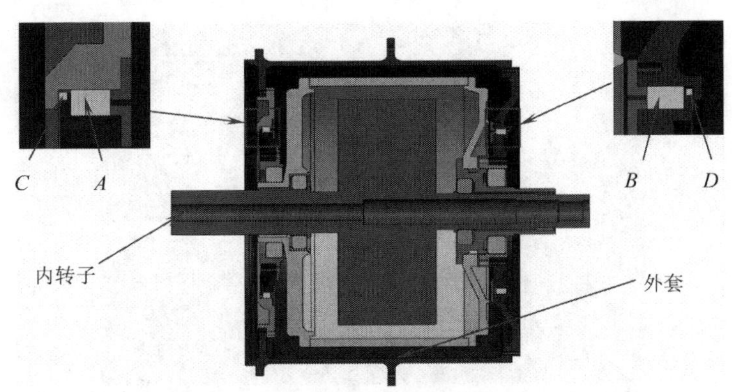

图 27－16　发射装置局部结构及圆环形金属橡胶弹性阻尼元件安装

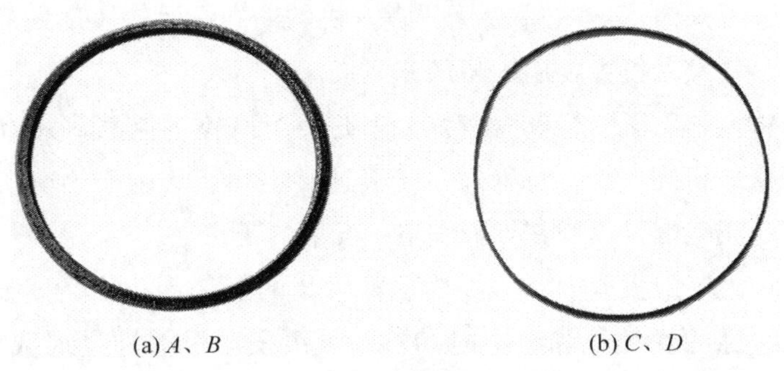

图 27－17　圆环形金属橡胶减振组件

27.4　金属橡胶在航空发动机中的应用

27.4.1　航空发动机技术

航空发动机（aero-engine）是为航空器提供飞行所需动力的发动机。作为飞机的心脏，被誉为“工业之花”，它直接影响飞机的性能、可靠性及经济性，是一个国家科技、工业和国防实力的重要体现。目前，世界上能够独立研制高性能航空发动机的国家只有美、英、法、俄、中等少数几个国家，技术门槛很高。其中，应用最广泛的燃气涡轮发动机如图 27－18 所示。

活塞式航空发动机是早期在飞机或直升机上应用的航空发动机，用于带动螺旋桨或旋翼。大型活塞式航空发动机的功率可达 2500kW。后来为功率大、高速性能好的燃气涡轮发动机所取代。但小功率的活塞式航空发动机仍广泛地用于轻型飞机、直升机及超轻型飞机。

燃气涡轮发动机应用最广，包括涡轮喷气发动机、涡轮风扇发动机、涡轮螺旋桨发动机和涡轮轴发动机，都具有压气机、燃烧室和燃气涡轮。涡轮螺旋桨发动机主要用于时速

图 27-18 燃气涡轮发动机

小于 800km 的飞机；涡轮轴发动机主要用作直升机的动力；涡轮风扇发动机主要用于速度更高的飞机；涡轮喷气发动机主要用于超声速飞机。

冲压发动机的特点是无压气机和燃气涡轮，进入燃烧室的空气利用高速飞行时的冲压作用增压。它构造简单、推力大，特别适用于高速高空飞行。由于不能自行起动和低速下性能欠佳，限制了应用范围，仅用在导弹和空中发射的靶机上。

上述发动机均由大气中吸取的空气作为燃料燃烧的氧化剂，故又称吸空气发动机。其他还有火箭发动机、脉冲发动机和航空电动机。火箭发动机的推进剂（氧化剂和燃烧剂）全部由自身携带，燃料消耗太大，不适于长时间工作，一般作为运载火箭的发动机，在飞机上仅用于短时间加速（如起动加速器）。脉冲发动机主要用于低速靶机和航空模型飞机。航空电动机由太阳电池驱动的航空电动机仅用于轻型飞机，尚处在实验阶段。

27.4.2 航空发动机管路振动与控制

航空发动机是一种高速旋转流体机械，其振动问题尤为突出。无论是在新机的研制过程，还是定型机的使用中，均曾遇到过严重的振动。对于定型使用的发动机，尽管出厂前均实施了严格的转子平衡及主要部件的振动测试，但由于运输途中的磕碰，使用中的磨损、损伤及腐蚀，其振动品质不断恶化。振动轻则影响飞行员的操作，造成情绪紧张，重则损伤部件，减少发动机的使用寿命，危及飞行安全。据统计，发动机的结构强度故障 90%以上由振动导致或与振动有关[11]。

引起发动机振动的激振力非常复杂，既有转子不平衡，轴承、齿轮碰磨引起的机械激振力，亦存在着气体流经发动机通道时产生的气体激振力（含燃烧不均、振荡燃烧）及噪声导致的随机激振力，但据外场使用及排故经验，实际中导致发动机振动程度加剧的激振力主要表现为旋转件的不平衡力、气体的激振力，产生故障的部位则以转子、轴承和叶片为主。这些剧烈的振动会传导到航空发动机的管路系统。

航空发动机的管路，主要是用于燃油、润滑油和空气等介质的输送，是发动机系统的重要组成部分。同时其工作环境也是相当恶劣的，一旦振动过大发生断裂，后果极其严重。因此，导管的可靠性直接影响飞机的安全使用性能。

目前，装配减振用弹性内衬的卡箍是航空发动机管路振动控制的一项有效措施[12]，如图 27－19 所示。

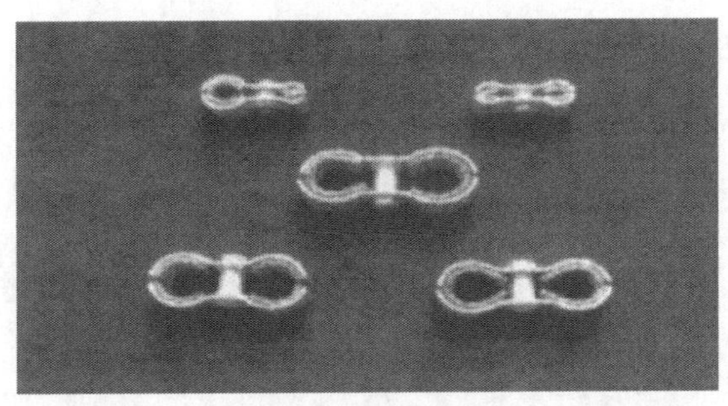

图 27－19 装配有减振作用的弹性内衬的卡箍

27.4.3 航空发动机管路卡箍金属橡胶内衬

航空发动机的工作条件比较恶劣，要求卡箍的内衬具有一定的强度、耐磨性、耐高/低温和较宽的工作范围。采用具有一定高温强度的 321 不锈钢丝制造金属橡胶内衬层，如图 27－20 所示。

图 27－20 金属橡胶内衬层

经过地面试车实验，金属橡胶内衬层工作良好，可以有效避免航空发动机管路出现的耦合振动，满足性能指标要求。

27.5 金属橡胶在潜艇管路中的应用

27.5.1 潜艇技术

潜艇（submarine），又称为潜舰、潜水艇、潜水船，是能够在水下运行的舰艇。潜艇的种类繁多，小到全自动或一两人操作、作业时间数小时的小型民用潜水探测器，大至可装载数百人、连续潜航 3～6 个月的俄罗斯台风级核潜艇。大型潜艇多为圆柱形，船中部通常设立一个垂直结构（舰桥或围壳），早期称为“指挥塔”，内有通信、感应器、潜望镜和控制设备等；船尾部安装有动力装置，船头部设计有武器发射系统。潜艇结构如图 27－21 所示。

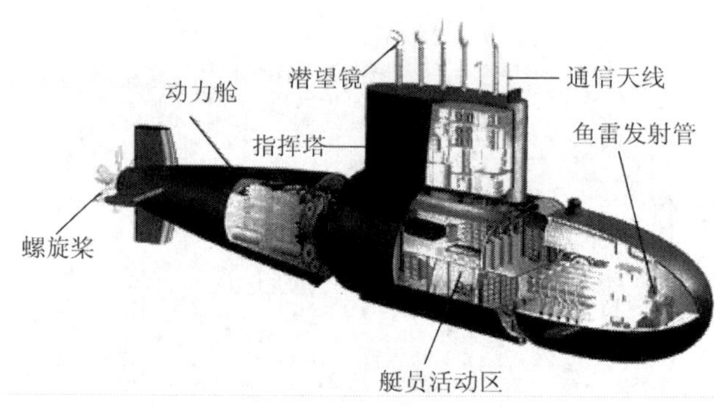

图 27－21　潜艇结构

潜艇按作战使命分为攻击潜艇与战略导弹潜艇；按动力分为常规动力潜艇（柴油机—蓄电池动力潜艇）与核潜艇（核动力潜艇）；按排水量分为常规动力潜艇有大型潜艇（2000t 以上）、中型潜艇（600～2000t）、小型潜艇（100～600t）和袖珍潜艇（100t 以下），核动力潜艇一般在 3000t 以上。

潜艇之所以能够发展到今天，是因为它具有以下特点：能利用水层掩护进行隐蔽活动和对敌方实施突然袭击；有较大的自给力、续航力和作战半径，可远离基地，在较长时间和较大海洋区域以至深入敌方海区独立作战，有较强的突击威力；能在水下发射导弹、鱼雷和布设水雷，攻击海上和陆上目标。

潜艇配套设备多样，技术要求高，全世界能够自行研制并生产潜艇的国家不多。潜艇自卫能力差，缺少有效的对空观测手段和对空防御武器；水下通信联络较困难，不易实现双向、及时、远距离的通信；探测设备作用距离较近，观察范围受限，容易受环境影响，掌握敌方情况比较困难；常规动力潜艇水下航速较低，水下高速航行时续航力极为有限，充电时须处于通气管航行状态，易于暴露。常规潜艇的自持力一般在 45 天左右，核潜艇最高纪录则可以达到 90 天。

随着科学技术的发展和反潜作战能力的不断提高，潜艇的战术技术性能将进一步提高。其发展趋势是：发展艇体“隐身”、“降噪”技术，提高隐蔽性；研制高强度耐压材料，增加潜艇下潜深度；发展核动力潜艇用大功率核反应堆，提高水下航速，延长堆芯使用寿命，提高在航时间；常规动力潜艇主要增大电池容量，研制性能良好的氢氧燃料电池、钠硫电池和超导电机，以提高水下机动性；装备高效能的综合声呐、拖曳声呐和水声对抗设备，增大水下探测距离和提高水声对抗能力；提高导弹的射程、命中精度、打击威力，增加分导多弹头等抗反导能力；提高鱼雷的航速、航程和航深，并使其实现智能化；进一步提高驾驶、探测、武器和动力等系统以及其他设备的操纵自动化水平。

27.5.2　潜艇管路减振降噪

潜艇由于具有隐蔽性，机动灵活，自给力、续航力大及突发攻击能力强等特点而成为现代海军的主战力量。

然而，随着反潜技术的飞速发展，潜艇受到的威胁也不断增加，已形成了卫星、空中、水面和水下的综合反潜侦察系统。影响潜艇隐身的因素主要有两大类：声因素和非声因素。由于非声物理场的现实检测约与艇长尺度同量级，而声波可远达数十至上千海里，所以潜艇的声隐身技术决定了潜艇的安全性和作战效能[13]。

噪声大小一直是衡量潜艇性能优劣的重要指标之一，越来越受到各国海军的高度重视。降低潜艇水下辐射噪声和声目标强度，不仅可以提高潜艇的隐身性，还可以提高潜艇实施先敌攻击的能力，延长潜艇的生存寿命。研究表明，潜艇水下噪声降低 10dB，则敌方探测发现我方潜艇的距离可缩短 32%；如果声呐平台自噪声降低 5dB，我方潜艇探测距离可增加 60%，探测目标的海区面积可增加至原来的 3 倍。因此，发展和应用潜艇的声隐身技术，成为提高潜艇生存力的重要手段，也一直是各国致力于提高潜艇性能的关键技术。

潜艇内部有着非常复杂的空间管路布置，如液压系统、冷却水系统等，以传递能量流、动量流或质量流，完成其特定的功能。潜艇内部的管路系统如图 27－22 所示。

图 27－22　潜艇内部的管路系统

对潜艇来说，噪声主要来自机械噪声、螺旋桨噪声和水动力噪声。降低噪声应从这三方面着手，针对不同噪声，需从噪声源传递辐射过程的基本环节进行综合治理[14]。

潜艇管路系统振动噪声是指管壁结构振动与管内流体声波的相互耦合作用，并沿管壁和管内流体传播与辐射，是机械噪声的一个重要来源。管路振动还会传递给其他结构，并激励其产生振动噪声，管路内的噪声还会通过流体介质和管壁向水中辐射，严重影响潜艇的隐身性能。研究发现，当螺旋桨噪声、水动力噪声和设备机座机械噪声被有效抑制后，管路系统便成了“安静型”潜艇的主要噪声源。所以有效控制管路系统振动噪声是潜艇隐身技术的一个重要问题，具有十分重要的军事意义。

目前，潜艇管路系统振动噪声被动控制措施主要包括：

（1）在管路和基座间安装阻尼器，抑制管路振动，降低液体脉动的幅值，加快其衰减速度；

（2）在管壁外敷设黏弹性高阻尼材料以吸收并耗散振动能量；

（3）在管路之间采用各类低刚度耐压挠性接管和挠性管接头以隔离管路之间的振动传递；

（4）管壁选用吸振材料增加对节波的吸收；

（5）设计和调整管路系统整体支撑；

（6）管路中连接脉动衰减器，如蓄能器、多腔共鸣器等；

（7）采用低噪声管路元件，如低噪声泵、阻尼阀等。

这些均是降低管路内流压力脉动，减小管路振动噪声传递的有效方法。其中，在管路和基座间安装具有弹性阻尼内衬层的卡箍（阻尼器）是一个非常有效的技术措施[15]。

27.5.3 金属橡胶管路减振组件

为抑制潜艇管路振动，采用弹性阻尼元件模块组合式卡箍结构，如图 27－23 所示。

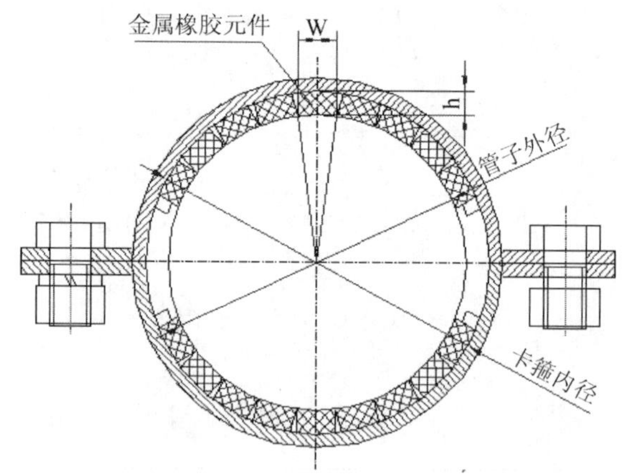

图 27－23 模块组合式卡箍结构

组合式卡箍中的金属橡胶弹性阻尼元件采用 304 不锈钢丝制造，共有 A、B 两种大小梯形结构根据不同的管路直径选用。A、B 两种大小梯形金属橡胶弹性阻尼元件如图 27－24 所示。

经过实验室振动模拟实验与试车实验，梯形金属橡胶组件可以有效避免潜艇内部管路出现的振动响应，满足了噪声指标要求。

(a) A型

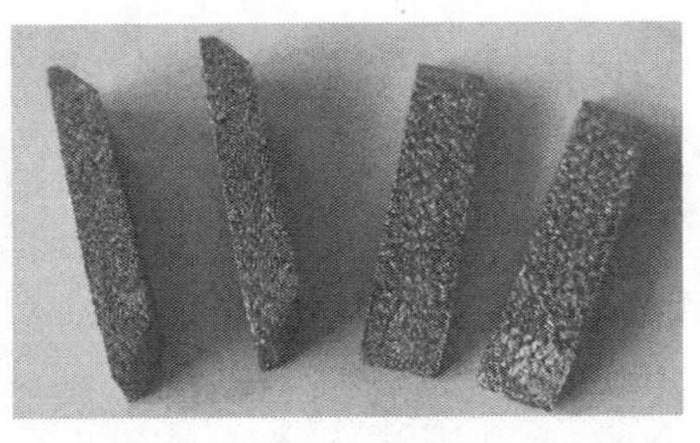
(b) B型

图 27－24 梯形金属橡胶弹性阻尼元件

27.6 金属橡胶在军事领域的应用前景

根据作者掌握的国内外资料以及上述金属橡胶材料在武器装备的已有应用情况，不难看出，随着金属橡胶材料制备技术水平的不断提高，制备工艺、产品性能参数的逐渐标准化、规范化，这种新型弹性阻尼材料在航空火控系统弹性支承、水面舰船光电探测系统减振、精确智能弹药导引头隔离舱、弹道导弹仪器舱等需要同时满足苛刻的减振缓冲性能与稳定性、可靠性指标的武器装备领域必将具有更为广阔的应用前景。

◇◇◇ 参 考 文 献 ◇◇◇

[1] 刘洵，王国华，毛大鹏，等．军用飞机光电平台的研发趋势与技术剖析．中国光学与应用，2009，2 (4)：269-288.
[2] 耿文豹，翟林培，丁亚林．振动对光学成像系统传递函数影响的分析．光学精密工程，2009：314-320.
[3] 朱华征，范大鹏，马东玺，等．载体运动对光电成像系统性能的影响分析．红外技术，2008，30 (10)：586-590.
[4] 甘至宏．光电吊舱内框架减振系统设计．光学精密工程，2010，18 (9)：2036-2043.
[5] 陈兆兵，郭 劲．光电桅杆的应用现状与发展趋势．光电技术应用，2012，27 (5)：13-16.
[6] 刘娟，宫经汉．潜艇光电桅杆升降装置用导流罩制造技术研究．光学与光电技术，2010，8 (3)：52-55.
[7] 戴德山，张珂相．光电桅杆水动力作用下的模态分析．光电技术应用，2010，8 (5)：72-75
[8] 刘凯，朱石坚．鱼雷减振降噪技术应用与发展．鱼雷技术，2008，16 (6)：24-27.
[9] 杨涛．浅谈现代鱼雷的声隐身技术．鱼雷与发射技术，2006，14 (2)：40-44.
[10] 程广涛，张振山．对潜用武器发射装置发射噪声控制研究的思考．鱼雷技术，2009，17 (4)：70-73.
[11] 李伟红，苏丹．填充橡胶构件在航空发动机中的应用．航空科学技术，2010 (4)：27-29.
[12] 邓吉宏，王轲．金属橡胶减振器用于发动机安装减振的研究．航空学报，2008，29 (6)：1507-1585.
[13] 王磊．潜艇噪声与综合降噪技术的应用．航海技术，2007，2：44-47.
[14] 王汉刚．美国核潜艇推进系统减振降噪技术发展分析．舰船科学技术，2013，35 (7)：149-153.
[15] 姚耀中．潜艇机械噪声控制技术综述．舰船科学技术，2007，29 (1)：21-26.

第28章

金属橡胶在民用领域的应用

本章的主要内容是介绍金属橡胶在诸如卫星激光角反射器、探空火箭、工业管路、变压器等民用装备中的应用情况及潜在的应用前景。

28.1 金属橡胶在伽利略卫星导航计划激光角反射器中的应用

28.1.1 伽利略卫星导航计划与激光角反射器技术

目前全世界使用的导航定位系统主要是美国的GPS系统，欧洲人认为这并不安全。为了建立欧洲自己控制的民用全球卫星导航系统，欧洲人决定实施伽利略计划。伽利略系统的构建计划最早在1999年欧盟委员会的一份报告中提出，经过多方论证后，于2002年3月正式启动。系统建成的最初目标是2008年，但由于技术等问题，延长到了2011年。2010年初，欧盟委员会再次宣布，伽利略系统将推迟到2014年投入运营。

与美国的GPS系统相比，伽利略系统更先进，也更可靠。美国GPS向别国提供的卫星信号，只能发现地面大约10m长的物体，而伽利略的卫星则能发现1m长的目标。

伽利略计划对欧盟具有关键意义，它不仅能使人们的生活更加方便，还将为欧盟的工业和商业带来可观的经济效益。更重要的是，欧盟将从此拥有自己的全球卫星导航系统，有助于打破美国GPS导航系统的垄断地位，从而在全球高科技竞争浪潮中获取有利位置，并为将来建设欧洲独立防务创造条件。

作为欧盟主导项目，伽利略计划初期并没有排斥外国的参与，中国、韩国、日本、阿根廷、澳大利亚、俄罗斯等国也在参与该计划，并向其提供资金和技术支持。伽利略计划也是我国自新中国成立以来参与的最大一个国际合作项目（后期由于复杂的政治原因我国转向独立开发北斗卫星导航系统）。

卫星激光角反射器是伽利略系统中一种重要的装置，它的作用是进行卫星的精密定轨。

目前，卫星定轨主要采用卫星激光测距、GPS定位和统一波段测速测距系统三种技术，要求把定轨精度提高到径向误差优于2～3m。三种技术中，卫星激光测距技术的单次测距精度最高，目前可达 1cm 左右。该技术的关键部件是一光学元件-激光角反射器。激光角反射器没有电子元件，不耗电，可靠性极高。因此国外有几十颗卫星安装了此类激光角反射器，用精密激光测距技术来进行卫星轨道测定和标校其他的观测设备。激光角反射器如图 28－1 所示。

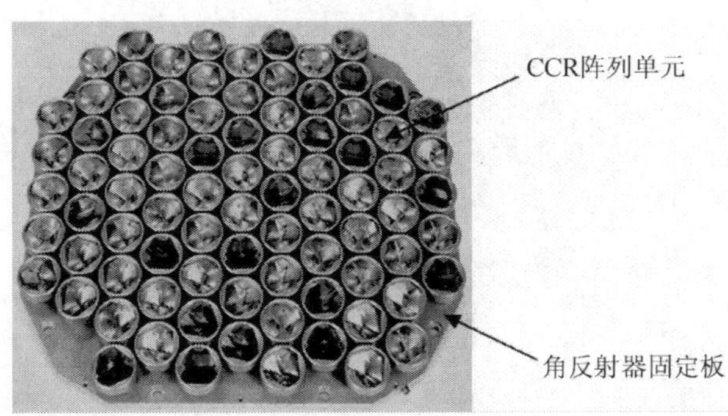

图 28－1　激光角反射器阵列

激光角反射器阵列由若干个激光后向反射器制成。反射器采用优质熔石英材料制成，能抗辐射、耐高低温，在宇宙空间具有优良光学性能。每个激光角反射器都是一个四面体棱镜，其中三个面互相垂直，地面发射来的脉冲激光经过三个直角面依次反射后，出射光线与入射光线平行，方向相反。这就使得地面激光站可以探测到卫星反射的激光回波，并精密测定激光脉冲往返的时间间隔，即可得到卫星的精确距离。

28.1.2　卫星激光角反射器减振

在地面环境实验过程、卫星发射段或轨道运行阶段（主要在变轨过程中），激光角反射器会承受高量级宽频带多次任意方向种类不同的振动或冲击（机械场和温度场）。过大的振动（尤其是中高频随机）和冲击（尤其是低频）会对激光反射器组件的结构，特别是对角反射器镜体造成严重变形或损伤（角反射器材料为高纯石英玻璃，易碎易裂、抗冲击性能极差），从而影响使用寿命和工作精度。

目前，短工作周期卫星一般可采用橡胶、聚氟乙烯、工程用软胶等非金属工程材料作为减振材料，对于要求温度范围极宽（可达－170～＋160℃），耐辐照性能很高（＞10^9 rads）的卫星项目（如伽利略卫星导航工程），固态橡胶或液态胶剂以及聚氟乙烯系列均很难满足长期工作的性能稳定和辐照要求；普通弹簧式减振结构，由于尺寸和质量限制，也不适合，因此必须采用体积小巧、质量轻便同时具有良好减振效果的金属材质减振器[1]。

28.1.3　卫星激光角反射器金属橡胶减振组件

为满足欧洲卫星导航计划（伽利略计划）对激光角反射器产品减振隔冲的要求，通过在激光角反射器阵列背板安装固定组件添加金属橡胶减振器来吸收低频段振动和冲击，实验效果良好。金属橡胶减振组件安装如图 28-2 所示。图中，背板的 10 个孔中各放置 1 对金属橡胶元件，1 颗星上有 1 组阵列，金属橡胶元件为竖直方向受力。

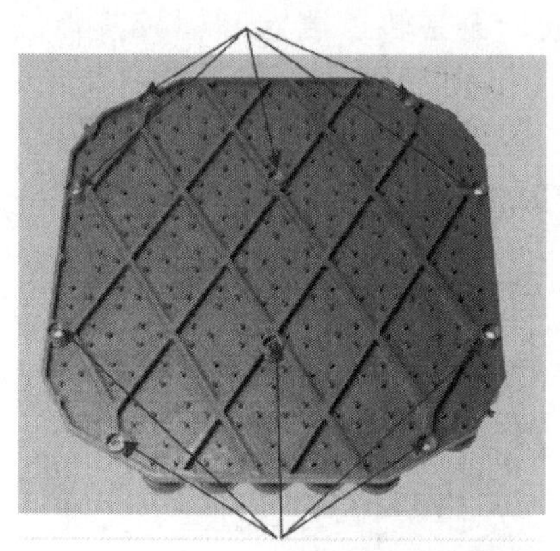

图 28-2　金属橡胶减振组件安装

考虑到复杂的空间环境，金属橡胶减振组件采用具有较好高/低温强度的 321 不锈钢丝制造，如图 28-3 所示。

图 28-3　卫星激光角反射器金属橡胶减振组件

目前，2009 年搭载中电 11 所研制的两颗 Galileo 卫星的激光角反射器均已从法属圭亚那库鲁航天发射中心用俄罗斯“联盟”运载火箭成功发射，经过多年的应用，测距效果良好。

工程实践表明：金属橡胶减振组件具有体积小、结构精致、阻尼大、弹性好、适应于空间高/低温、真空强辐射环境下工作的特点，能够满足空间仪器对减振组件极为苛刻的要求，这是普通材料无法做到的。

28.2　金属橡胶在子午工程探空火箭中的应用

28.2.1　子午工程与探空火箭技术

随着我国航天和空间技术的发展，对自主空间环境保障提出了日益迫切的需求。2008

年1月5日，国家重大科学基础设施项目——东半球空间环境地基综合监测子午链（简称“子午工程”）正式启动。

子午工程是利用东经120°子午线附近，北起漠河，经北京、武汉，南至海南并延伸到南极中山站，以及东起上海，经武汉、成都，西至拉萨的沿北纬30°纬度线附近现有的15个监测台站，建成一个以链为主、链网结合的，综合运用地磁（电）、无线电、光学和探空火箭等多种手段的监测网络。

子午工程的建成将使中国在空间环境的地基监测方面快速步入有重要国际影响的先进国家之列，在亚洲发挥主导（或中枢）作用。中国卫星的故障40%都与空间环境有关，若故障率下降10%，效益将十分巨大；带给通信、导航、资源、气象、地震、减灾、防灾、GPS应用、电力、生态和人类健康以及国家安全等领域的长期累积效益更是难以计算的。

探空火箭综合监测分系统是子午工程的重要组成部分，它将有助于我国自主监测空间环境，探空火箭如图28-4所示。

图28-4　探空火箭

探空火箭搭载的探空仪，包括双臂探针式电场仪、大气微量成分探测仪、朗缪尔探针三个科学探测有效载荷以及箭载公用设备、箭上发射系统、姿态测量仪、高动态GPS接收机等设备[2,3]。

28.2.2　探空火箭设备振动抑制

探空火箭在飞行、头体分离、设备展开、再入大气层过程中要经历比较复杂的振动，其中朗缪尔探针伸杆解锁、展开时会存在振动放大问题，严重时会影响发射时的安全性和可靠性。因此，在伸杆装置中采用紧凑小型的高性能减振组件可以有效地抑制探针的振动。

28.2.3　探空火箭箭载设备金属橡胶减振组件

火箭箭载探测设备用金属橡胶减振组件采用304不锈钢丝制造，如图28-5所示。

2011年5月，子午工程首枚探空火箭在中国科学院海南探空部发射场成功发射。金属

图 28－5　朗缪尔探针伸杆装置金属橡胶减振组件

橡胶减振组件在探空火箭飞行、头体分离、设备展开、再入大气层的全过程中工作正常，提高了箭载探测用朗缪尔探针设备工作的可靠性，有效地支持了子午工程探空火箭的飞行实验，对保障精密仪器设备在探空火箭类航天器发射时的可靠性与安全性具有重要的工程应用价值。

工程实践表明：金属橡胶减振组件弹性阻尼性能好、减振频带宽，而且体积小巧、质量轻便、环境适应性好，解决了子午工程探空火箭箭载关键设备在发射过程中存在的振动冲击问题。

28.3　金属橡胶在工业管路中的应用

28.3.1　工业管路振动抑制技术

随着我国经济建设的飞速发展，工业管路在各行各业得到了大量的应用。目前，由于性能参数的提高，主辅设备机械振动的传递，各管道内工质运行工况大幅变化及布置方式的改变，部分管道产生了较严重的振动现象。工业管路系统如图 28－6 所示。

图 28－6　工业管路系统

管道振动对于安全生产造成了很大的威胁，强烈的管道振动会使管路附件特别是管道的连接部件发生松动，轻则引起泄漏，重则由破裂引起爆炸，造成严重事故；引起基础和保温材料龟裂脱落；增加额外功率；振动引起设备疲劳破坏，降低整个装置使用寿命；将振动传递到厂房结构或其他静止设备，危及系统安全运行。另外，管道振动同时伴有噪声污染，影响操作人员的安全生产。

管道振动的原因包括：

(1) 设备动平衡性能差或基础设计不当都会引起机械振动，对管道提供激发，在这种激振力作用下管道和附属设备也会产生较大的振动响应。

(2) 若管道内的流体在流动过程中，由于管路的弯头、管径变化等因素，不可避免存在流速、压头和密度变化进而产生紊流。这种现象称为“管流脉动”，是管道及附属设备振动的主要原因。紊流既会引起随机的高频振动，也会激起结构或管路系自发振动；振动频率和幅值不规律变化，并伴有较大噪声。

(3) 振动对于管道是一种交变动载荷，其危害程度取决于激振力的大小和管道自身的抗振性能，当振动频率等于或接近管道的自振频率时，将引起共振。为了使管道有良好的热胀补偿性能，电厂汽水管道一般采用多吊架弹性布置，而这种弹性布置使管道的自振频率较低，所以在低频激振条件 下，管道产生共振的可能性较大。另外，若管道上设置的固定支架及限位支架少而刚性吊架较多，缺少必要的刚性约束，则管道的稳定性差，亦不能有效限制管道振动。

管道减振技术包括：

(1) 改善设备性能，同时尽量将转动设备产生的振动与管道隔绝开，以使管道不受外界振动力的激扰。

(2) 控制管流脉动，如减小弯头数和管道转弯角度，使管道平直，以减少激振力；采用管道减振器和液压式阻尼器；准确选取节流减压阀件，如疏水阀、节流阀、调节阀等，使介质流动顺畅；蒸汽管道的布置要尽可能增加坡度，使水流通畅，尽量不要出现U型段，形成积水，造成水击振动。

(3) 对管道增加支吊架调整支承位置和支承刚度，使管系的各阶固有频率避开激发频率，避免管道发生共振。但是对于高温管道振动，值得注意的是管道的刚度和强度是一对相互矛盾的问题，在增加了管道支吊架提高了管道刚度后，将对高温管道的热位移产生约束，可能使管道应力增加，其强度相应降低，加速了管道损伤。因此在对高温管道增加支吊架以前，必须同时进行严格的模态分析计算和应力分析计算，以保证改造方案既适当提高管道的固有频率又不大幅度增加管道应力。

28.3.2 工业管路支架卡箍金属橡胶内衬层

采用304不锈钢丝制造的工业管路支架卡箍金属橡胶内衬层如图28－7所示。

工程应用表明：金属橡胶内衬层具有很好的环境适应性，能够在室外恶劣的工作环境

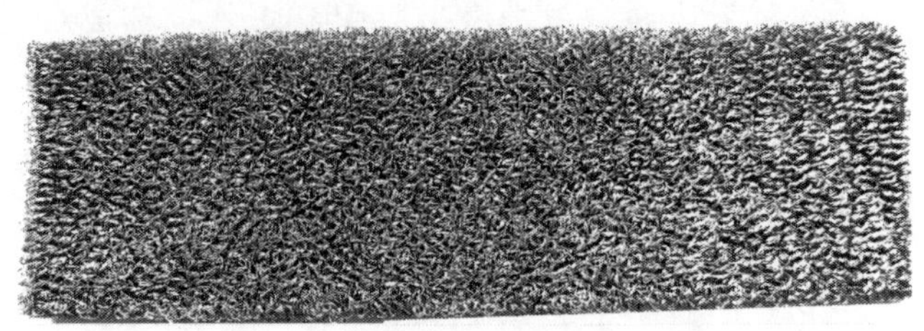

图 28-7　工业管路支架卡箍金属橡胶内衬层

中发挥良好的弹性阻尼作用，对于减少工业管路的振动和破坏具有一定的抑制作用。

28.4　金属橡胶在变压器中的应用

28.4.1　变压器噪声抑制技术

变压器是工业生产部门广泛应用的一种重要电力装置，如图 28-8 所示。

图 28-8　变压器

变压器噪声是由本体结构设计、选型布局、安装、使用过程中，变压器本体及冷却系统产生的不规则、间歇、连续或随机引起的机械噪声及空气噪声总和。

变压器所产生的噪声广泛影响住宅小区、商业中心、地铁站、机场、厂矿、企业、医院、学校等场所。

具体来说，变压器噪声共有三个声源，铁芯、绕组以及冷却器，即空载、负载和冷却系统引起噪声之和。其中，铁芯和绕组产生噪声的机理包括：

（1）铁芯产生噪声的原因是构成铁芯的硅钢片在交变磁场作用下，会发生微小变化即磁致伸缩，磁致伸缩使铁芯随励磁频率的变化而产生周期性振动，铁芯磁致伸缩变形和绕组、油箱及磁屏蔽内的电磁力均相关；

（2）绕组产生振动的原因是电流绕组中产生电磁力，漏磁场也能使结构件产生振动。

磁场诱发铁芯叠片沿纵向振动产生噪声，该振动幅值与铁芯叠片中磁通密度及铁芯材质磁性能有关，而与负载电流关系不大。电磁力（和振动幅值）与电流平方成正比，而发射声功率与振动幅值平方成正比。

运行中变压器的噪声通常是指变压器本体噪音和冷却装置噪声合成的噪声[4]。因此，为了降低变压器的噪声，也应从这两个方面来采取有效的技术措施，常用的包括：

（1）对变压器的本体噪音，通过减小铁芯的振动和降低噪声的发散能力来控制；也可通过减振及隔声、吸声等措施，使噪声在传播途径中得以衰减。其中，铁芯的磁致伸缩振动分别是通过垫脚和绝缘油这两条途径传给油箱的。在铁芯垫脚与箱底之间放置减振材料制造的弹性阻尼垫脚，能使变压器本体与油箱间的刚性接触变为弹性接触。从而阻断部分振动的传递，减小本体噪声。

（2）通过对冷却系统的噪声加以控制，使其噪声接近或低于本体噪声水平，也能有效降低变压器噪声[5]。

28.4.2 变压器中的金属橡胶减振组件

考虑到安装在油箱中的减振组件长期浸泡在变压器油中，因此采用具有较强耐腐蚀性能的 316 金属丝制造变压器金属橡胶垫脚组件，如图 28－9 所示。

图 28－9 变压器金属橡胶减振组件

测试结果表明：合理匹配金属橡胶减振组件的刚度和阻尼特性，可以有效地阻断部分振动的传递，减小变压器本体噪声。

28.5 金属橡胶在民用领域的应用前景

根据作者掌握的国内外资料以及上述金属橡胶材料在多种民用装备领域的已有应用情况，不难看出，随着金属橡胶材料制备技术水平的不断提高，制备工艺、产品性能参数的逐渐标准化、规范化，这种新型弹性阻尼材料在大型空间站弹性对接结构、外星球着陆系统缓冲装置、深海探测潜航器、极地漫游机器人等需要同时具备减振缓冲性能与恶劣环境适应能力的领域具有广阔的应用前景。

参考文献

[1] 吕华昌，郭丽娜．卫星激光后向反射器结构应力对衍射能量分布影响研究．激光与红外，2010，40(10)：1039-1042.

[2] 刘超，王世金．箭载朗缪尔探针电离层就位探测技术研究．电波科学学报，2012，27(6)：1081-1085.

[3] 史东波，韦峰．子午工程气象火箭探空仪及其探测结果．空间科学学报，2011，31(4)：492-497.

[4] 许碧芳．变压器异常噪声与振动的原因及对策分析．电网技术，2012，9：7-9.

[5] 耿明昕，吴健．油浸式电抗器（变压器）振动测量方法研究．华东电力，2012，40(5)：848-849.

彩　图

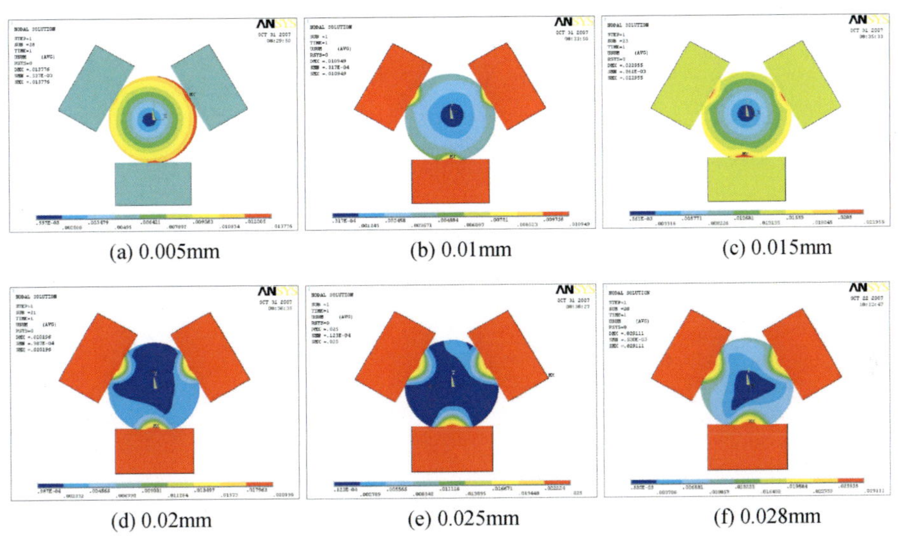

(a) 0.005mm　(b) 0.01mm　(c) 0.015mm

(d) 0.02mm　(e) 0.025mm　(f) 0.028mm

图 8－12　三角型不锈钢丝内部应变与压下量的关系

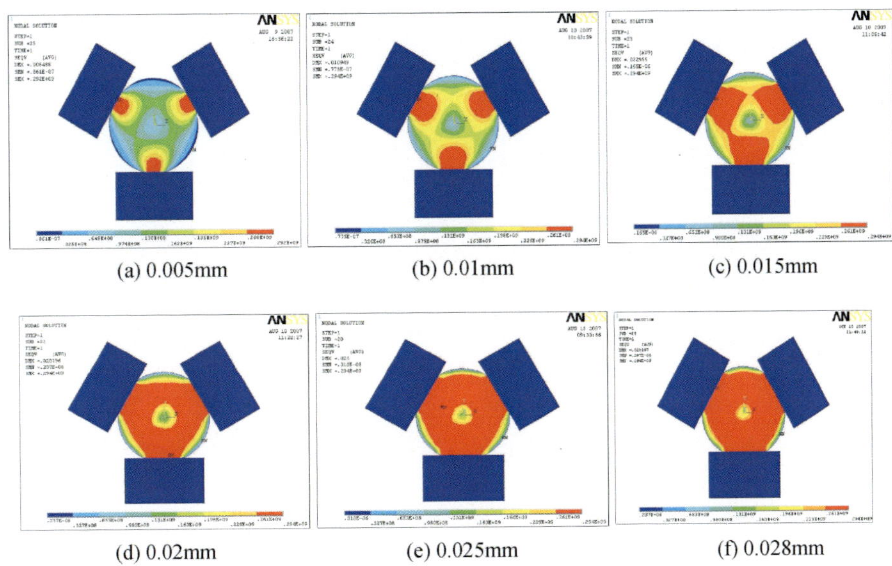

(a) 0.005mm　(b) 0.01mm　(c) 0.015mm

(d) 0.02mm　(e) 0.025mm　(f) 0.028mm

图 8－14　三角型不锈钢丝内部应力与压下量的关系

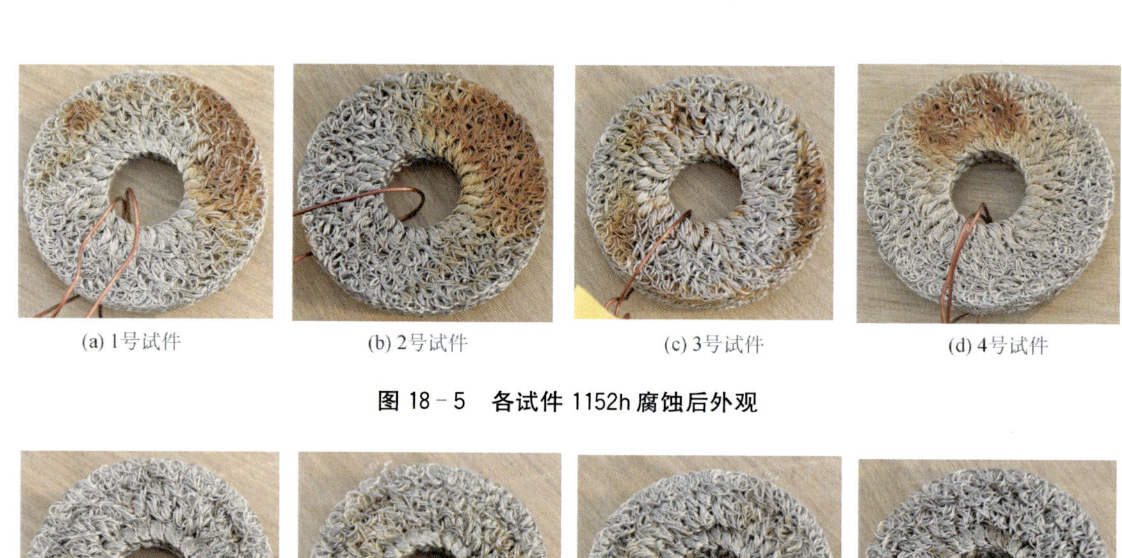

(a) 1号试件　(b) 2号试件　(c) 3号试件　(d) 4号试件

图 18－5　各试件 1152h 腐蚀后外观

(a) 1号试件　(b) 2号试件　(c) 3号试件　(d) 4号试件

图 18－8　试件平均腐蚀速率变化

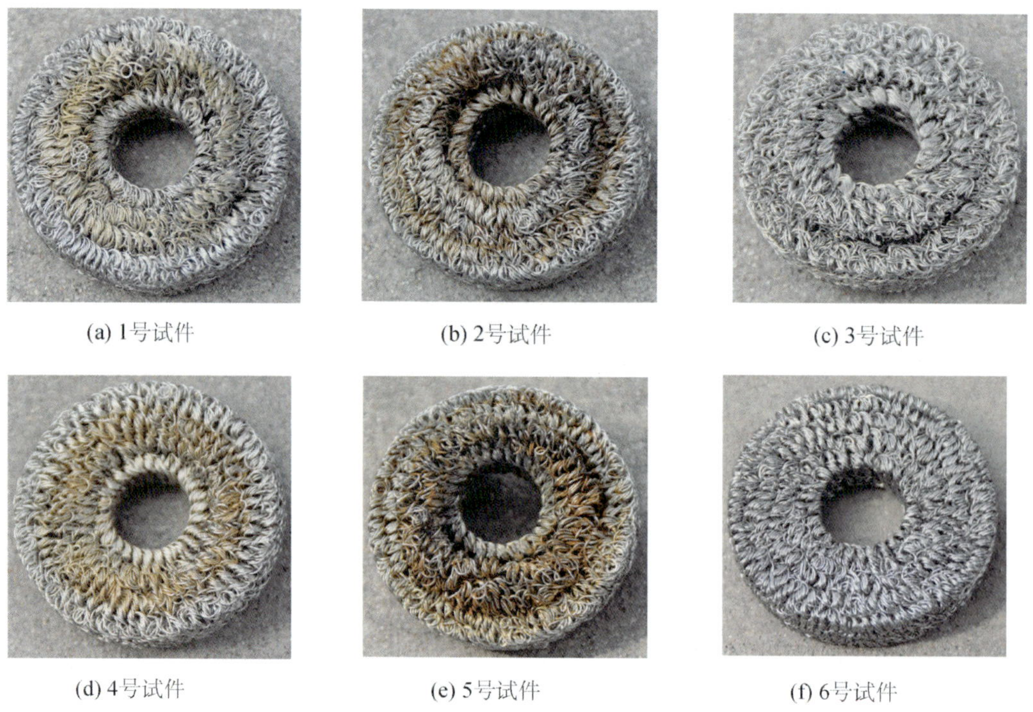

(a) 1号试件　(b) 2号试件　(c) 3号试件

(d) 4号试件　(e) 5号试件　(f) 6号试件

图 18－16　疲劳实验试件

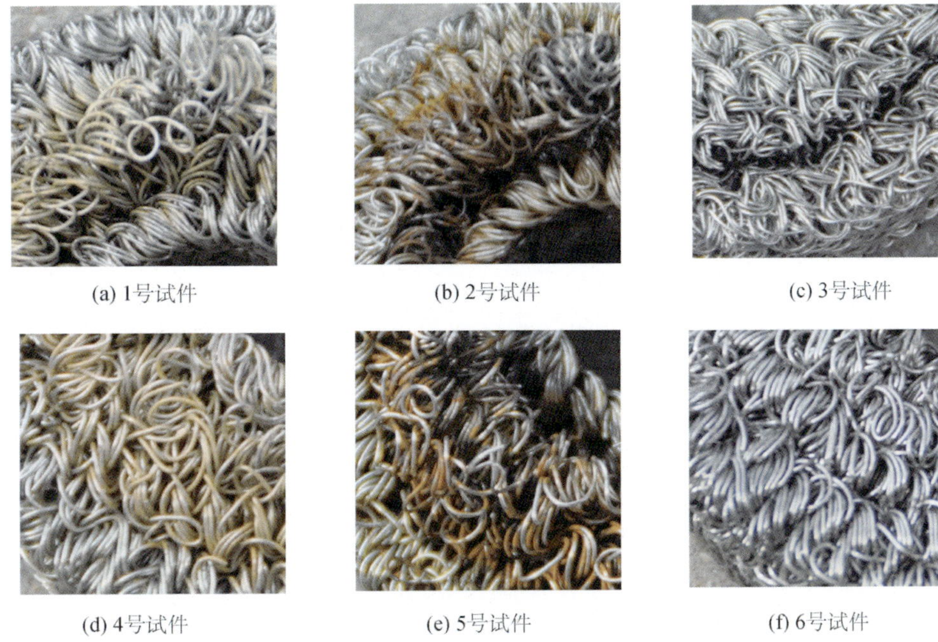
(a) 1号试件　(b) 2号试件　(c) 3号试件
(d) 4号试件　(e) 5号试件　(f) 6号试件

图 18-17　试件放大图